高等职业教育本科教材

现代精细化工生产技术

XIANDAI JINGXI HUAGONG
SHENGCHAN JISHU

吴海霞　王雪香 ◎ 主编

李树白 ◎ 主审

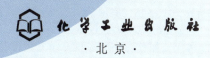

化学工业出版社

·北京·

内容简介

本书全面贯彻党的教育方针，落实立德树人根本任务，有机融入党的二十大精神。全书主要介绍表面活性剂、助剂、胶黏剂、涂料、食品添加剂、农药、水处理化学品、日用化学品、香精香料和绿色化工。各模块分别介绍一类精细化工产品的基本概念、分类、用途及性质，对典型产品的生产原料、反应原理、一般工艺流程、操作工艺、产品检测及复配应用进行详述，并配有典型双创实践项目。同时，书中以二维码的形式嵌入了文档、动画、视频等丰富的资源，使知识的呈现更具多样性、趣味性，有利于创设学习情景，提升学生实践和创新能力，给教和学带来新的应用体验。

本书可作为高等职业教育本科现代精细化工技术专业和高等职业教育专科精细化工技术以及化工技术类相关专业的教材，也可供从事精细化工生产的工程技术人员参阅。

图书在版编目（CIP）数据

现代精细化工生产技术 / 吴海霞，王雪香主编.
北京 ：化学工业出版社，2025. 7. --（高等职业教育本科教材）. -- ISBN 978-7-122-47407-0

Ⅰ. TQ062

中国国家版本馆CIP数据核字第2025AH8867号

责任编辑：提　岩
文字编辑：崔婷婷
责任校对：宋　夏
装帧设计：王晓宇

出版发行：化学工业出版社
　　　　　（北京市东城区青年湖南街13号　邮政编码100011）
印　　装：河北鑫兆源印刷有限公司
880mm×1230mm　1/16　印张24¾　字数729千字
2025年8月北京第1版第1次印刷

购书咨询：010-64518888　　　　售后服务：010-64518899
网　　址：http://www.cip.com.cn
凡购买本书，如有缺损质量问题，本社销售中心负责调换。

定　　价：58.00元　　　　　　　版权所有　违者必究

前　言

精细化工是我国化学工业的重要组成部分，精细化工产品总值与化学工业产品总值的比率反映了一个国家综合技术水平和化学工业集约化程度。我国要大力发展精细化工，培养服务一线的现代精细化工技术专业技术技能复合型人才是行业发展的需要和职业本科院校的任务。

本书以"立德树人"为根本，在各模块拓展阅读环节将专业精神、职业精神和工匠精神融入学习全过程；以"专创融合"为主线，将"引"创新法、"寻"创新点、"练"创新技和"研"创新路四个环节与各模块专业知识学习相融合；以"理实一体"为导向，确定了各模块先理论后实训的整体内容架构；以"工学结合"为核心，依托真实生产过程重构典型产品从原料性质到复配应用的内容布局，最终达到"学用相长"的编写宗旨。同时，书中大量引入文档、动画、微课等内容的二维码数字资源，在提升读者学习兴趣的同时，延伸学习的广度，使本教材成为一本凸显职业教育特点的富媒体教材。

全书内容包括表面活性剂、助剂、胶黏剂、涂料、食品添加剂、农药、水处理化学品、日用化学品、香精香料和绿色化工。各模块内容自成体系，教师可根据实际需要，以真实生产项目、典型工作任务、案例等为载体组织教学单元，进而实施结构化、模块化课程教学。每一模块均涉及产品的基本概念、分类、用途及性质，重点对各类精细化学品中的典型产品按照从原料性质、反应原理、生产流程、操作工艺、产品检测、复配应用到创新导引的思路进行了介绍，并配套设置了基于"创新"思维引领的实训项目用于练习。

本书由兰州石化职业技术大学吴海霞、王雪香担任主编。具体编写分工为：绪论、模块五、模块八由兰州石化职业技术大学张宇婷编写；模块一由吴海霞编写；模块二由王雪香编写；模块三由河南应用技术职业学院朱冰编写；模块四由陕西国防工业职业技术学院张军科编写；模块六由兰州石化职业技术大学王益民编写；模块七由兰州石化职业技术大学赵丽娟编写；模块九由淄博职业技术大学单明礼编写；拓展模块由兰州石化职业技术大学王同麟编写。全书由吴海霞、王雪香统稿，李树白主审，郭艳亮、耿化梅参与了部分文字整理工作。

本书还邀请了浙江巴陵恒逸己内酰胺有限责任公司高级工程师刘拥军、万华化学股份有限公司高级工程师王江参与，实现校企共育职业人才。此外，在编写过程中还得到了各相关院校及科研生产单位同仁的支持与帮助，在此深表谢忱。

精细化工产品涉及领域广、品种多，理论研究和实际产品生产过程较为复杂，新技术更是层出不穷。限于作者水平，书中不足之处在所难免，敬请广大读者批评指正，以便不断完善。

编　者

2025年2月

目 录

模块八　日用化学品 312

模块九　香精香料 353

参考文献 386

文　档

拓展模块
绿色化工

二维码资源目录

序号	资源名称	资源类型	页码
33	拓展习题	文档	163
34	拓展习题答案	文档	163
35	食品安全知多少	文档	165
36	食品添加剂的生产现状及发展动向	文档	165
37	人工智能在食品行业中的应用	文档	165
38	丙醛氧化法合成路线	文档	176
39	其他食品防腐剂	文档	177
40	抗氧化剂	微课	188
41	其他食品添加剂	微课	198
42	其他类型的酸味剂	文档	202
43	食品添加剂新品种	文档	212
44	科普知识：美味的化学反应	文档	213
45	拓展习题	文档	214
46	拓展习题答案	文档	214
47	农药的发展趋势	文档	217
48	智能化在农药领域的应用	文档	217
49	农药基础知识	微课	218
50	杀虫剂	微课	223
51	杀菌剂	微课	241
52	除草剂	微课	249
53	植物生长调节剂	微课	258
54	风云人物	文档	263
55	拓展习题	文档	265
56	拓展习题答案	文档	265
57	水处理化学品的生产现状及发展趋势	文档	267
58	人工智能赋能化学工业技术革新	文档	267
59	统筹水资源、水环境、水生态治理	文档	269
60	混凝机理	微课	270
61	凝聚剂	微课	272
62	阻垢分散剂	微课	291
63	缓蚀剂	微课	299
64	拓展习题	文档	310

序号	资源名称	资源类型	页码
65	拓展习题答案	文档	310
66	日用化学品的生产现状及发展趋势	文档	312
67	化妆品行业中的智能化生产技术	文档	312
68	污垢去除	文档	313
69	皮肤能呼吸吗?	文档	313
70	雪花膏的制备	微课	318
71	口红的制备	微课	323
72	牙齿与口腔清洁	文档	342
73	拓展习题	文档	351
74	拓展习题答案	文档	351
75	香精香料的生产现状及发展趋势	文档	353
76	人工智能在香精香料行业的应用	文档	353
77	香精香料主要生产商	文档	354
78	香与分子结构的关系	文档	363
79	简单蒸馏装置	动画	366
80	气相色谱工作流程	动画	381
81	拓展习题	文档	384
82	拓展习题答案	文档	384
83	其他参考文献	文档	386
84	拓展模块 绿色化工	文档	目录

绪　论

一、精细化工和精细化学品

化工产品（或化学品）是指利用石油、天然气、煤和生物质，采用化学和物理方法生产的原材料。而化学工业的发展过程是人类对自然资源利用逐步深入的过程，当人们尚处于直接利用自然资源或仅能对自然资源进行简单加工时，还不能称为精细化工，只有随着科学的进步，逐步达到能够利用合成和复配的方法获得在应用性能上可以替代或超过天然物质的产品时，精细化学工业才开始成立。

"精细化学工业"通常简称为"精细化工"，是生产精细化学品工业的统称。精细化工产品又称精细化学品，是化学工业用来与通用化工产品或大宗化学品相区分的一个专用术语。通用化工产品一般指基本原料经过初步加工得到的大吨位产品，它是合成许多重要化工产品的原料或中间体，如乙酸、乙烯、苯等；以及一些应用范围广泛，生产中化工技术要求高、产量大的产品，如石油化工中的合成树脂、合成橡胶及合成纤维三大合成材料等。"精细化学品"一词在国外沿用已久，欧美国家和地区大多将我国和日本所称的精细化学品分为精细化学品和专用化学品。其侧重于从产品的功能性来分，销售量小的化学型产品称为"精细化学品"，销售量小的功能型产品称为"专用化学品"。精细化学品和专用化学品的区别表现在以下六个方面：

（1）**组成**　精细化学品多为单一化合物，可以用化学式表示其成分；而专用化学品很少是单一的化合物，常常是若干种化学品组成的复合物或复配物，通常不能用化学式表示其成分。例如医药和农药的原药属于精细化学品，但是经过复配、剂型加工后商品化的医药和农药就都属于专用化学品了。

（2）**使用性能**　精细化学品不都是最终使用性产品，可进一步复配加工，故用途较广；而专用化学品大多为最终使用性产品，用途较窄。

（3）**制备方法**　精细化学品大体是用一种方法或类似的方法制造的，不同厂家的产品基本上没差别；而专用化学品的制造，各生产厂家互不相同，产品有差别，甚至可完全不同。

（4）**销售方式**　精细化学品是按其所含的化学成分来销售的，而专用化学品是按其功能销售的。

（5）**更新周期**　精细化学品的生命期相对较长，而专用化学品的生命期短，产品更新很快。

（6）**附加值**　专用化学品的附加价值率、利润率更高，技术秘密性更强，更需要依靠专利保护或对技术诀窍严加保密，新产品的生产可完全依靠本企业的技术开发。

对精细化学品的定义，到现在为止，还没有一个公认的比较严格的提法；其中得到了较多人公认的一种定义是：凡能增进或赋予一种或一类产品以特定功能，或自身具有某种特定功能的小批量、高纯度、深加工、附加值和利用率较高的化学品称为精细化学品（包括了上述的精细化学品和专用化学品）。

二、精细化学品的范畴和分类

精细化工的范畴相当广泛，包括的范围也无定论。各国对精细化工范畴的规定虽然有些不同但并无多大差别，只是划分的范围宽窄不同而已。《日本精细化工年鉴》中共分为 51 个行业类别。我国原化学工业部把精细化工产品分为 11 大类，具体分类如下：①农药；②染料；③涂料；④颜料；⑤试剂和高纯物；⑥信息用化学品（包括感光材料、磁性材料等能接受电磁波的化学品）；⑦食品和饲料添加剂；⑧黏合剂；⑨催化剂和各种助剂；⑩化学药品（原料药）和日用化学品；⑪ 功能高分子材料。

其中催化剂和各种助剂一项，又包括以下内容：

（1）催化剂　分为炼油用、石油化工用、有机化工用、合成氨用、硫酸用、环保用和其他用途的催化剂。

（2）印染助剂　含柔软剂、匀染剂、分散剂、抗静电剂、纤维用阻燃剂等。

（3）塑料助剂　含增塑剂、稳定剂、发泡剂、阻燃剂等。

（4）橡胶助剂　含促进剂、防老剂、活化剂等。

（5）水处理剂　含水质稳定剂、缓蚀剂、软水剂、杀菌灭藻剂、絮凝剂等。

（6）纤维抽丝用油剂　涤纶长丝用、涤纶短丝用、锦纶用、腈纶用、丙纶用、维纶用、玻璃丝用油剂等。

（7）有机抽提剂　含吡啶烷酮系列、脂肪烃系列、乙腈系列、糖醛系列等。

（8）高分子聚合添加剂　引发剂、阻聚剂、终止剂、调节剂、活化剂等。

（9）表面活性剂　除家用洗涤剂以外的阳离子型、阴离子型、非离子型和两性型表面活性剂。

（10）皮革助剂　合成鞣剂、加脂剂、涂饰剂、光亮剂、软皮油等。

（11）农药用助剂　乳化剂、增效剂、稳定剂等。

（12）油田用化学品　油田用降凝剂和破乳剂、钻井防塌剂、泥浆用助剂等。

（13）混凝土添加剂　减水剂、防水剂、脱模剂、泡沫剂等。

（14）机械、冶金用助剂　防锈剂、清洗剂、电镀用助剂、焊接用助剂、渗碳剂、渗氮剂、汽车等车辆防冻剂。

（15）油品添加剂　抗磨添加剂、抗氧化添加剂、抗腐蚀添加剂、抗静电添加剂、黏度调节添加剂、降凝剂、抗爆震添加剂、液压传动添加剂、变压器油添加剂等。

（16）炭黑　高耐磨、半补强、色素等各种功能炭黑。

（17）吸附剂　稀土分子筛系列、氧化铝系列、天然沸石系列、活性白土系列等。

（18）电子工业专用化学品（不包括光刻胶、掺杂物、MOS试剂等高纯物和高纯气体）　含显像管用碳酸钾、氟化物、助焊剂、石墨乳等。

（19）纸张用添加剂　如增白剂、补强剂、防水剂、填充剂等。

（20）其他助剂。

必须说明的是，上述分类是我国化学工业部在 1986 年从化学供应部的行业范围相关规定出发，并未包括精细化工的全部内容。生物技术产品、医药制剂、酶、精细陶瓷等也属于精细化工产品。随着精细化工的发展，新的品种还将不断地涌现，精细化工的范畴还将不断扩大。

三、精细化工的特点

与大宗化工产品不同，精细化工产品的生产过程包括化学合成和复配、剂型（制剂）的加工、商品化（或标准化）三个部分。每一过程中又包含多种化学、物理、生理、经济等方面的要求，使得精细化工行业必然是技术密集度高的产业，其主要特点体现在以下几个方面：

1. 小批量、多品种

精细化工品种繁多，每种产品都有其一定的适用范围，且不需很大用量就能满足社会的不同需要。例如病人对药物的服用量是以毫克计量的，染料在纺织品上的用量不超过织物重量的 3%～5%，香精和香料的用量约为 1mg/kg，因此它们不可能像大宗化工产品一样大批量生产。相对于大宗化工产品而言，其批量小，精细化学品的年产量从公斤级到几吨，但也有上千吨的。例如最常用的阴离子表面活性剂十二烷基苯磺酸钠的年产量就可达 100kt 以上。

多品种是精细化工产品的重要特点，首先由于产品应用面窄，针对性强，往往是一种类型的产品有多种牌号，例如全世界已有的食品添加剂有 14000 多种，我国现有的表面活性剂品种达 2000 多种；其次为了满足社会日益增长的各种要求，新产品和新剂型将不断出现。另外，精细化工产品都具有一定的市场寿命，产品更新换代快促使新的品种不断增加。

小批量、多品种的特点决定了其生产大多采用间歇生产方式，且多数精细化学品的生产，从原料出发，经过深度加工才能制得，因而生产流程长，工序多。为了提高设备的利用率，近年来许多工厂采用多品种综合生产流程，设计和制作用途广、功能多的生产装置。例如 1973 年，英国帝国化学工业公司就能以一套装备、三台计算机生产当时 74 种偶氮染料的 50 个品种。

2. 具有特定功能和专用性

与大宗化工产品的性能不同，精细化学品均具有特定的功能，专用性强而通用性弱。这种功能表现为特定的化学作用、物理作用和生物活性。例如材料中加入阻燃剂就是为了提高材料的难燃性，即在接触火源时燃烧速度很慢，离开火源时能很快停止燃烧并熄灭。阻燃剂阻燃作用的发挥是通过物理和化学的途径来切断燃烧循环。物理作用表现在耐高温、高强、超硬、导体、磁性、吸热、压电、热敏、光电等，有时伴随化学作用。生物活性体现在能增进或赋予生物某种生理活性，例如植物生长调节剂具有促进植物细胞的生长、分裂、生根、发芽、开花、结果等作用。

3. 高技术密集

精细化工是综合性较强的技术密集型工业，而且产品更新换代快、市场寿命短、技术专利性强、市场竞争激烈。精细化工产品的高技术密集体现在以下方面：

首先，精细化工产品从确定目标到生产一个优质的精细化工产品，流程较长，涉及各种化学、物理、工程、管理等方面，除了化学合成以外，还必须考虑如何使其商品化，这就要求多门学科知识的互相配合及综合运用。有些化合物的合成多达十几步反应，总收率有时会低于 20%。因此，要想获得高质量、高收率且性能稳定的产品，就需要掌握先进的生产技术和科学管理技术。不仅如此，同类精细化工产品之间的相互竞争也是十分激烈的。为了提高竞争力，必须坚持不懈地开展科学研究，注意采用新技术、新工艺和新设备，及时掌握国内外情报。因此，一个精细化学品的研究开发，要从市场调查、原料开发、产品合成、产品应用、市场开发以及技术服务等方面全面考虑和实施，这需要解决一系列的技术课题，渗透着多方面的技术、知识、经验和手段。

其次，技术密集体现在精细化工产品的开发费用高、时间长而成功率较低，特别是医药和农药，1993 年美国国会技术评价局称，开发一个新药品种的成功率仅为 1/5000，平均开发成本达 3.59 亿美元，历时 12 年。其他精细化工产品的开发情况亦大体如此，如染料的专利开发成功率也仅为 0.1%～0.2%。相对而言，剂型及系列不同牌号产品的开发，虽然也涉及多种学科及高密集技术，但其投资和风险毕竟小得多。因此，目前世界上新化合物的开发，通常都由技术和经济力量雄厚的大公司承担。

技术密集还表现在情报密集、信息量大且更新快。由于精细化学品常根据市场需求和用户需求不断提出应用上的新要求改进工艺过程，或是对原化学结构进行修饰，或是修改更新配方和设计，其结果必然产生新产品或新牌号。另一方面，大量的基础研究工作产生的新化学品，也需要不断地寻找新的用途。为此，有的大化学公司已经采用新型计算机信息处理技术对国际化学界研制的各种新化合物进行储存、分类以及功能检索，以达到快速设计和筛选的要求。

就技术密集度而言，化学工业是高技术密集指数工业，精细化工又是化学工业中的高技术密集指数工业。日本曾做过这方面的分析：以机械制造工业的技术密集度指数为 100，则化学工业为 248，而医药和涂料分别为 340 和 279。精细化工产品的高技术密集的结果必然导致技术保密性强、技术垄断性强、销售利润率高。

4. 经济效益显著

精细化工相对其他化学工业属于投资少、效率高的行业，资本密集度仅为化学工业平均指数的 0.3 ～ 0.5，为化肥工业的 0.2 ～ 0.3，一般投产 3 ～ 5 年即可收回全部设备投资。

精细化工产品的利润是较高的，这主要是缘于其技术的垄断。一些垄断技术及市场适销对路的产品，利润率甚至高达 100% 以上。一般精细化工产品的税前利润率通常可达 15% ～ 25%，而基本化工产品的税前利润率则仅在 7% ～ 15% 之间。举例来说，一美元石油化工原料加工到合成材料，可增值 8 美元，如加工到精细化学品，则可增值到 106 美元。

附加价值是指在产品的产值中扣去原材料、税金、设备和厂房等的折旧费后剩余部分的价值。这部分价值是指产品从原材料开始经加工到成品的过程中实际增加的价值。它包括利润、工人劳动、动力消耗以及技术开发等费用，所以称为附加价值（附加值率是指附加价值和产值的比值）。精细化学品的附加值率一般高达 50%，化肥和石油化工的附加值率仅为 20%。日本曾以氮肥 100 为基数推算其他行业的附加值指数为：石油化学品 335.8，涂料 732.4，医药制剂 4078，农药 310.6，塑料 1213.2，感光材料 589.4。

5. 大量采用复配技术

由于精细化学品应用对象的多种要求及特殊性，很难用一种原料来满足需要，必须采用复配技术。复配是指两种或两种以上物质按照恰当比例，通过一定的方式去混合，而获得一种新产品的技术或过程，体现出多种性能和协同效应。例如日常生活中用到的牙膏一般由保湿剂、胶黏剂、摩擦剂、发泡剂、香味剂、稳定剂和特殊添加剂等组成，普通牙膏按其配方中磨料不同可分为碳酸钙型、磷酸钙型、氢氧化铝型，其他由于特殊人群的需要又在配方中加入不同的药物使其具有防龋齿、脱敏、消炎、抗牙结石等功能。有些配方中的成分多达十几种。因此，在精细化工中，采用复配技术制得的商品数目，远远超过由化学合成制得的单一产品的数目。所以掌握复配技术，提高创新能力，不断开发新品种、新剂型、新配方，是当前精细化工发展的重要动向。

另外，剂型加工技术也广泛用于精细化学品的加工中。剂型是指将专用化学品加工制成适合使用的物理形态或分散形式，如制成液剂、混悬液、乳状液、可湿剂、半固体、粉剂、颗粒等以满足不同的使用需求。

6. 商业性强

精细化工产品的品种繁多，用户对商品的选择性高，市场竞争十分激烈，商品性强。由于精细化工产品技术性强，研究花费大，更新换代快，又多是采用复配技术，为了保护生产者长远的利益，延长产品的市场寿命，就必须对技术有很高的保密性。要适应市场变化，随着人们的生活水平不断提高，会对现有的精细化工品使用性能提出更高的要求，因此经常做好市场调查和预测，不断研究消费者的心理要求，不断了解科学发展所提出的新课题，不断调查国内外同行的新动向，才能取得市场的竞争能力，不断给企业带来新的活力。另外，要有配套的应用技术服务，精细化工的生产单位应在技术开发的同时，积极开发应用技术和开展技术服务工作，不断开拓市场，提高市场信誉，注意及时把市场信息反馈到生产计划中去，从而增强企业的经济效益。

四、精细化工在国民经济中的地位和作用

精细化学品与工农业生产、国防、尖端科技以及人们的日常生活密切相关。从国民经济的农、轻、重各部门，到国防科技、高新技术产业，从人们的衣食住行到文化生活的各个方面，

无不依赖精细化学品。例如人们平时穿的衣服材质主要有棉、麻、毛、合成纤维、皮革等，它们的加工制造过程中离不开染料、整理剂、鞣剂、光亮剂等精细化学品；平时吃的粮食、蔬菜、瓜果等，其种植、饲养、加工、贮运等过程离不开农药、食品添加剂、保鲜剂等精细化学品。

可以说，现代生活中使用的各种材料、器具等，在其生产制造过程中，都使用和涉及了各种各样的精细化学品，精细化学品几乎渗透到国民经济的各个领域并占据重要地位。

精细化工的作用体现在以下方面：

（1）产品直接作为最终成品或它的主要成分　例如，医药、兽药、农药、染料、颜料、香料、味精、糖精等。

（2）增加或赋予各种材料以特性　例如，塑料工业所用的增塑剂、稳定剂等各种助剂。

（3）产品增进和保障农、林、牧、渔业的丰产丰收　例如，选种、浸种、育秧、病虫害防治、土壤化学、改良水质、果品早熟、保鲜等都需要借助精细化学品来完成。

（4）丰富人民生活　例如，为人们生活提供丰富多彩的衣食住行等享受性用品，保障和促进人类健康、保护环境清洁卫生，提高人们生活水平，都离不开精细化学品。

（5）促进技术进步　例如，感光材料及其应用技术的突破，促进了勘探测量手段的提升，在植物资源调查，森林树木死亡率分析，地下、地质和石油矿藏勘查等方面均有重要的应用。

（6）高经济效益　这已影响到一些国家的技术经济政策，把精细化工视为生财之道，不断提高化学工业内部结构中精细化工所占的比重。

精细化工率（即精细化工总产值与化工总产值的比率）已成为衡量一个国家现代化程度的标准。发达国家的精细化工率已达到 60% 以上，我国目前只有 50% 左右。致使我国每年要消耗数十亿美元的外汇进口所需的精细化学品，而国内许多化工产品由于加工的精细程度不够高，在国际市场无竞争力，这已经引起国家的重视。我国在染料、涂料、表面活性剂、黏合剂、助剂、农药、医药、油品添加剂等行业都研究及制订了发展规划。今后精细化工依然是我国发展战略的重点之一。

五、精细化工的现状和发展趋势

我国从"六五"开始直到"十四五"国民经济发展计划中，都把精细化工，特别是新领域精细化工、高端精细化工作为发展的战略重点之一。经过数十年的努力，精细化工的地位已确立，我国的精细化工率 2021 年已经达到 50%。据统计，2020 年全球精细化工行业市场规模超过 1.6 万亿欧元。2021 年，中国精细化工市场规模超过 5.5 万亿元，年复合增长率达 8%，预计 2027 年有望超过 11 万亿元。虽然我国已跻身世界精细化工生产大国的行列，但与发达国家相比，我国的精细化工仍存在以下的不足：

一是生产技术水平低，装备落后，原材料消耗高。我国的精细化工基本上是通过自身力量发展起来，生产的装备水平相对落后，虽然某些产品在国际市场具有一定的价格竞争能力，但产品的原材料消耗水平却高于发达国家，低成本主要是通过较低的装置投资和较低的劳动力成本获得的。

二是企业规模小，集中度低，资源利用效率低。由于我国精细化工成长过程正值经济体制转型期，吸引了相当一批中小投资者参与国内精细化工的发展，企业的规模普遍较小，带来了资源利用效率低、污染源多、一些产品能力严重过剩等不良后果。

三是原料型产品多，深加工型产品少。精细化工产品的特点是具有较强的配方性，虽然我国已能生产上万种精细化工产品，但仍以原料型产品居多，复配技术弱，因此企业的经济效益不十分理想。

四是较多企业不具备研发能力，低水平重复严重。产品更新换代快是精细化工产品的特点之一，因此研发能力是企业竞争力的核心。但由于企业规模小，绝大多数企业不具备开发新产品的能力，缺乏可持续发展能力。

五是高端产品少，专用性能不突出。由于研发水平所限、产学研脱节和对市场的发展认识不足，我国精细化工高端产品的配套能力不强。

六是精细化工率低，附加值不高，影响企业经济效益。近些年我国精细化工率停滞不前，仅相当于国外发达国家和地区 20 世纪 90 年代水平，具有很大的提升空间。导致这一现象发生的主要原因包括：相关产品集中于较低档次的化工产品，产品积压浪费现象比较严重；企业技术及研发能力较弱，少有完全自主研发的产品推向市场；部分企业还保留着手工操作的生产模式，自动化水平不高，生产效率低下；许多精细化工产品都是在进行模仿，高精尖人才缺乏。

七是安全、环保和资源约束，影响企业可持续发展。在一些精细化工企业中，安全环保管理基础工作还不到位，安全环保监管措施尚未完全落实，企业法律意识和安全风险意识淡薄，安全责任体系不健全，在安全管理考核、人员素质要求、安全责任层级和岗位责任制等许多方面存在严重缺失。

相较于精细化工的传统应用领域，一些新兴领域精细化学品的生产和应用呈现快速发展态势，主要包括催化剂和各种助剂、功能高分子材料、医药、食品添加剂、电子化学品等十余个门类，具有更高技术含量和应用价值，市场需求广泛。未来我国经济发展的首要任务是调整经济结构，将高消耗型转为"节约型"，将高污染型转为"清洁型"。在这一调整进程中，国民经济各领域都将不断优化升级，向更高水平发展。另外，我国化学工业正在全方位地由粗放型向专业化和精细化方向发展，正在实现化学工业自身的结构调整，精细化工产业在全球化工产业格局中地位突出、优势显现，并整体逐渐步入绿色发展、高效安全、转型升级的阶段，这将对国内的精细化工行业的发展产生很大的促进作用。

近年来，随着智能化技术的不断发展，精细化工行业开始积极探索智能化转型之路。目前，智能化技术在精细化工领域的应用主要体现在"人工智能赋能材料研发与合成"和"人工智能赋能化工智能制造"两个大方向。例如：①通过引入智能制造系统，实现生产过程的自动化、数字化和智能化，提高生产效率和产品质量。②利用人工智能技术，对生产数据进行深度挖掘和分析，为生产决策提供科学依据。③通过收集、整合和分析生产数据，利用大数据实现生产过程的可视化和优化，提高资源利用率。④将生产设备、原材料、产品等连接成物联网，实现生产过程的实时监控和远程管理。⑤通过机器学习和深度学习技术，对大量材料数据进行分析和挖掘，以预测材料的性质、寻找新的材料组合或优化材料配方，有助于加快材料研发周期，降低试验成本，并推动新材料的应用。⑥实施智能分子工程包括三层含义，一是分子功能智能化，具有自动识别、执行、恢复功能；二是分子设计智能化，能够实现结构性能智能自主学习；三是分子制造智能化，即制造环节具有合成路径自主学习与智能制造的功能。未来，随着智能化技术的不断提高和应用，精细化工行业将迎来更加广阔的发展前景，高校和企业都应积极研究智能化技术，加强技术创新和人才培养，进而推动精细化工行业的转型升级。

拓展阅读

精细化工专家——吴慰祖：以钉钉子精神扎根国防建设事业

吴慰祖，江苏南通人，精细化工专家，中国工程院院士，中国人民解放军少将，任某部第五十五研究所研究员，兼任中国化工学会精细化工专业委员会高级顾问等职务。1950 年考入清华大学化学系，后转入北京大学就读。1953 年毕业后，他怀着知识报国的初心携笔从戎，进入我军科研院所工作，长期从事精细化工技术的研究。

他经历的是一场"沉默长跑"。当时他所从事专业领域国内无人涉足、工作环境条件一穷二白、技术资料储备一无所有，且无人辅导、无处进修、无法对外咨询。吴慰祖面对记者采访曾说过："只能硬着头皮自己摸索、自己干。"但没过多久，在大学里学到的知识就不够用了，导致工作迟迟打不开局面，心急如焚的吴慰祖遭遇了前所未有的本领恐慌。他想方设法、如饥似渴地到医学院旁听，到原子能研究所学习，试图从别的专业学科汲取知识养分。吴慰祖认为"凡是创新领域，总是拓荒者刨下第一锄，后来人才能继续耕种"，回忆起当年的自己，他经常陷入"山重水复疑无路"的困境，这足以让一般人感到绝望，但吴慰祖从来没有因此打退堂鼓，因为"走着走着就会柳暗花明又一村"，瞬间让他成就感满满、干劲十足。

正是因为这样的坚持不懈和艰苦奋斗，吴慰祖科研成就非凡。他以科技工作者的崇高使命感和严谨的治学精神，紧密跟踪国内外相关学科的最新理论和研究成果，奋力攀登技术高峰，攻克了许多关键性难题，开辟了我国精细化工军事应用新的研究领域，使精细化工成为一门与物理、生物、微电子等学科紧密相关，达到国际先进水平的综合性学科。他先后主持近30个国家和军队重点项目科研攻关，取得40多项重大科研成果，获得国家科技进步奖二等奖1项、军队科技进步奖20余项，这些研究创造了巨大的军事效益。

"待到山花烂漫时，她在丛中笑。"这是吴慰祖挚爱的诗句，他说这很能代表他的心境：因所从事的工作保密性极高，科研成果不能写成论文发表，有的不便参与评奖，无法得到学术界认同，属于"俏也不争春，只把春来报"。这是吴慰祖的名利观，也是他的荣誉观。在吴老眼里，参军入伍就应该为国防事业作贡献，而不是为了高官厚禄。他经常告诫研究所里年轻的后辈：既然选择了奉献的职业，就不要过多纠结个人得失。

吴慰祖治学严谨、道德高尚，时刻不忘自己是一名革命军人、共产党员，具有高尚的职业道德，淡泊名利，默默奉献，艰苦奋斗，以甘当"无名英雄"而自豪，把个人的理想追求融入了国家科技事业之中，融入了战斗保障之中。他心怀祖国国防事业，无私奉献青春才华，用实际行动传承着"工匠精神"，乃吾辈楷模，其光辉事迹和伟大精神值得青年一代奋力学习和发扬光大。

模块一

表面活性剂

学习目标

知识目标 掌握表面活性剂的定义、结构特点；理解表面活性剂的应用；理解磺化反应、乙氧基化反应的基本原理，理解典型产品的结构、性质、生产工艺及其应用；理解配方在最终商品中的地位。

技能目标 能够进行典型表面活性剂的生产；能够掌握操作技术要点、产品分析检测方法。

素质目标

认识到我国自古以来就能利用天然资源生产表面活性剂，树立文化自信；了解表面活性剂对于现代工业的重要意义；培养科学、认真、严谨的学习态度；培养为祖国精细化工事业奋斗终身的责任感和使命感。

■ 文 档

表面活性剂的生产现状及发展动向

■ 文 档

智能响应型表面活性剂的原理、应用与发展趋势

项目一
表面活性剂概述

表面活性剂是一类既有亲油基团又有亲水基团的化合物，分子中一般含有两种不同极性的基团。表面活性剂具有改变表面润湿性、乳化、破乳、起泡、分散等多方面的作用。目前，表面活性剂的应用已经渗透到纺织、皮革、塑料、食品、化工、采矿等几乎所有的领域和技术部门。表

面活性剂虽然用量小，但对改进工艺、提高质量、增产节约收效显著，有"工业味精"的美称。人们对其进行系统的理论和应用研究时间并不长，但是由于其上述独特的多功能性，发展十分迅速。目前全世界表面活性剂产量年增长 9.1%，已有 5000 多个品种，上万种商品号。

一、表面活性剂定义

　　界面是指由不同相的物质相互接触，形成的相与相的分界面。通常我们见到的物质聚集状态有气相、液相和固相，它们两两组合后，界面可分为气 - 液、气 - 固、液 - 固、液 - 液、固 - 固五种类型。由于人眼看不见气相，所以常把气 - 液、气 - 固界面称作表面。当液体与其他物体接触时，液体内部分子的受力与液体表面层分子的受力不相同。例如，当液体与空气相接触时，液体内部分子对液体表面层的吸引力大于空气对液体表面层的吸引力。所以，液体表面就产生内向聚集呈球形的现象，液体保持这种现象的力称为表面张力。同样，其他两相之间所具有的张力都可称为界面张力。

　　某些物质具有使溶剂的表面张力下降的性质，称为表面活性；而把具有表面活性，加入很少量就能显著降低溶剂（一般为水）的表面张力，改变体系界面状态的物质称为表面活性剂。

二、表面活性剂的结构和亲水亲油平衡值

　　表面活性剂分子都是双亲化合物，分子具有不对称的极性结构，一般由两部分组成，一部分易溶于水，具有亲水性质，叫作亲水基；另一部分不溶于水而易溶于油，具有亲油性质，叫作亲油基或疏水基。两类结构和性能截然相反的分子碎片或基团处于同一分子的两端并以化学键相连，这种结构赋予了该类分子既亲水又亲油，但又不是整体亲水或亲油的特性。

　　表示表面活性剂的亲水性、亲油性好坏的指标叫作亲水亲油平衡值（HLB）。一般 HLB 值越大，说明该表面活性剂的亲水性越强，HLB 值越小，说明其亲油性越强。获得 HLB 值的方法有实验法和计算法两种。HLB 值没有绝对值，是相对于某个标准所得的值。一般以石蜡的 HLB 值为 0，没有亲油基的聚乙二醇的 HLB 值为 20 作为标准。

　　HLB 值的计算可采用 Davies 法，即 HLB 作为结构因子的总和来处理，把表面活性剂结构分解为一些基团，每一基团对 HLB 均有确定的贡献。自实验结果可得各种基团的 HLB 数值，称为 HLB 基团数值。一些 HLB 基团数值见表1-1，将 HLB 值代入下式，即可算出表面活性剂的 HLB 值。

$$HLB = 7 + \Sigma(亲水的基团数值) - \Sigma(亲油的基团数值)$$

　　对于非离子表面活性剂，则可用下式计算：

$$HLB = (E+P)/5$$

　　式中，E 代表表面活性剂分子中的环氧乙烷的质量分数；P 为多元醇的质量分数。阴、阳离子型表面活性剂的 HLB 值在 1 ～ 40 之间，而非离子表面活性剂的 HLB 值在 1 ～ 20 之间。

表1-1　一些HLB基团数值

亲水的基团数值		亲油的基团数值		亲水的基团数值		亲油的基团数值	
—SO$_4$Na	38.7			酯（自由）	2.4	—(C$_3$H$_6$O)—	0.5
—COOK	21.1	—CH—		—COOH	2.1	（氧丙烯基）	
—COONa	19.1	—CH$_2$— } 0.475		—OH（自由）	1.9		
—SO$_3$Na	11.0	—CH$_3$		—O—	1.3	—CF$_2$—	0.87
—N（叔胺）	9.4			—OH（失水山梨醇环）	0.5		
酯（失水山梨醇环）	6.8			—(C$_2$H$_4$O)—	0.33	—CF$_3$	0.87

　　表面活性剂的性质由其化学结构所决定，而 HLB 值的大小与化学结构紧密相关，因此根据表面活性剂的 HLB 值的大小就可判定其大体的性质及用途。HLB 值在 1.5 ～ 3.0 时，可作为消泡剂；HLB 值在 3 ～ 6 时，可作为 W/O（油包水型乳状液）的乳化剂；HLB 值在 7 ～ 9 时，可作为润湿

剂；HLB 值在 8～18 时，可作为 O/W（水包油型乳状液）的乳化剂，HLB 值在 13～15 时，可作为洗涤剂；HLB 值在 15～18 时可作为增溶剂。使用 HLB 值时应该注意的是，它只是一种由经验式得来的数值，其方法比较粗糙，所以单靠 HLB 值来确定表面活性剂的性质往往是靠不住的。

三、表面活性剂的分类

表面活性剂的分类方法有很多，例如根据疏水基的结构进行分类，分为直链、支链、芳香链、含氟长链等；根据亲水基进行分类，分为羧酸盐、硫酸盐、季铵盐、内酯等。最常用的分类方法是根据表面活性剂在水溶液中能否解离出离子和解离出什么样的离子来分类。凡是在水溶液中能解离成离子的叫离子型表面活性剂，按照离子所带的电荷不同，又分为阴离子型、阳离子型及两性型表面活性剂。在水溶液中不能电离，只能以分子状态存在的叫非离子型表面活性剂。一些具有特殊功能或特殊组成的新型表面活性剂，未按照离子型、非离子型划分，而是按照其特性列入特殊表面活性剂类。

1. 阴离子型表面活性剂

这类表面活性剂在水溶液中能解离出带负电荷的亲水性原子团，按其亲水基又可分为：

（1）羧酸盐类　　　　R—COOM
（2）磺酸盐类　　　　R—SO₃M（R 包括芳基）
（3）硫酸酯盐类　　　R—OSO₃M
（4）磷酸酯盐类　　　R—OPO₃RM　　　R—OPO₃M₂
（5）酰基氨基酸盐类　R′CONHR″COOM

由于 R 和 M 不同，每一种又可衍生出许多种类的表面活性剂，其中烷基苯磺酸钠的产量最大，是合成洗涤剂的重要成分之一。阴离子型表面活性剂一般都具有良好的渗透、润湿、乳化、分散、增溶、起泡、去污等作用。

2. 阳离子型表面活性剂

该类表面活性剂在水溶液中能解离出带正电荷的亲水性原子团，工业上一般不直接应用阳离子表面活性剂，多利用其派生性质。它除用作纤维柔软剂、抗静电剂、防水剂、染色助剂等之外，还用作矿物浮选剂、防锈剂、杀菌剂、防腐剂等。阳离子表面活性剂以胺系为主，分类如下：

（1）脂肪胺盐

伯胺盐类　　R—NH₂·HX
仲胺盐类　　R—NH(CH₃)·HX
叔胺盐类　　R—N(CH₃)₂·HX
季铵盐类　　R—N⁺(CH₃)₃·X⁻

（2）烷基咪唑盐

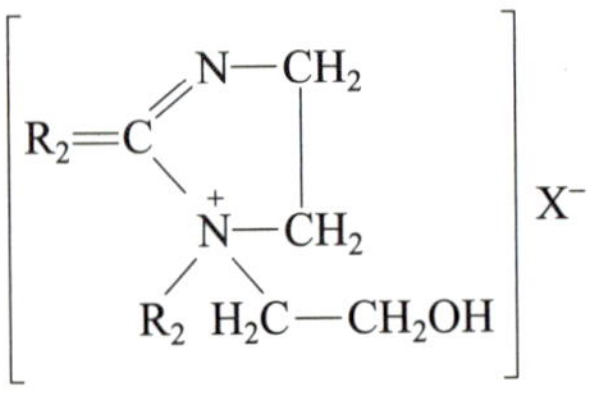

（3）烷基吡啶盐

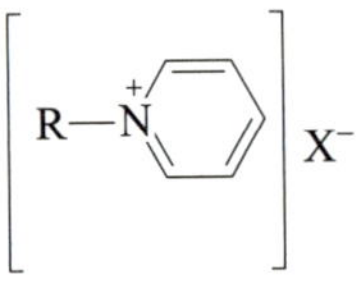

（4）β-羟基胺

$$RCHCH_2N \begin{array}{c} \diagup \\ \diagdown \end{array}$$
$$| \\ OH$$

（5）磷化合物

$$\left[\begin{array}{c} R \\ | \\ R-P^+-R \\ | \\ R \end{array} \right] X^-$$

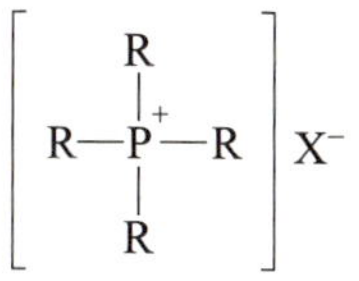

3. 两性型表面活性剂

该类表面活性剂在它的分子中同时含有可溶于水的正电荷基团和负电荷基团。在酸性溶液中，正电荷基团呈阳离子性质，显示阳离子型表面活性剂性质；在碱性溶液中，带负电荷基团呈阴离子性质，表现为阴离子型表面活性剂性质；而在中性溶液中呈非离子性质。主要包括以下几类：

（1）羧酸盐类

氨基酸型　　$R-NHCH_2CH_2COOH$

甜菜碱型

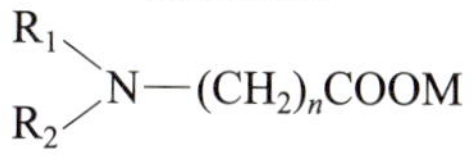

$$\begin{array}{c} R_1 \\ \diagdown \\ N-(CH_2)_nCOOM \\ \diagup \\ R_2 \end{array}$$

（2）磺酸盐类（磺化内铵盐）

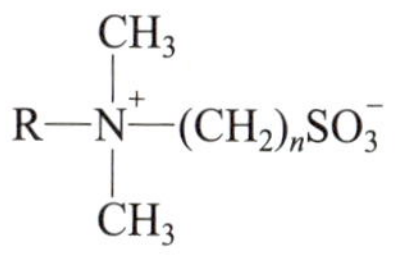

$$\begin{array}{c} CH_3 \\ | \\ R-N^+-(CH_2)_nSO_3^- \\ | \\ CH_3 \end{array}$$

（3）硫酸酯盐类（氨基硫酸酯盐）

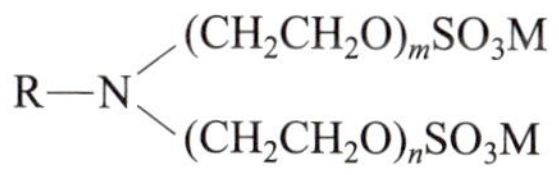

$$\begin{array}{c} (CH_2CH_2O)_mSO_3M \\ \diagup \\ R-N \\ \diagdown \\ (CH_2CH_2O)_nSO_3M \end{array}$$

（4）咪唑啉盐

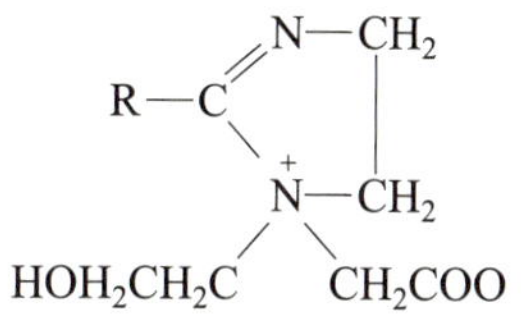

$$\begin{array}{c} N-CH_2 \\ \diagup \quad | \\ R-C \quad\quad | \\ \diagdown \quad | \\ N^+-CH_2 \\ \diagup \quad \diagdown \\ HOH_2CH_2C \quad CH_2COO \end{array}$$

（5）氧化铵

$$\begin{array}{c} R_2 \\ | \\ R_1-N \rightarrow O \\ | \\ R_3 \end{array}$$

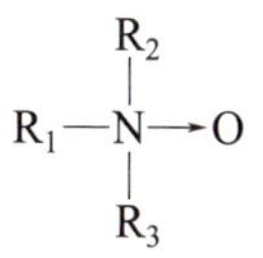

4. 非离子型表面活性剂

该类表面活性剂溶于水后不解离成离子，因而不带电荷，但同样具有亲水性和亲油性。分子中构成亲水基团的是甘油、聚乙二醇和山梨醇等多元醇，构成亲油基团的是长链脂肪酸或长链脂肪醇以及烷基或芳基等，它们以酯键或醚键与亲水基团结合，品种很多，广泛用于外用、口服制剂和注射剂，个别品种也用于静脉注射剂。

可分为以下几类：

（1）聚乙二醇型

脂肪醇聚环氧乙烷醚　　　脂肪酸聚环氧乙烷酯　　　　烷基酚聚环氧乙烷醚

$RO\!+\!C_2H_4O\!+_n\!H$　　　　$RCOO\!+\!C_2H_4O\!+_n\!H$　　　$R\!-\!\bigcirc\!-\!O\!+\!C_2H_4O\!+_n\!H$

聚环氧乙烷烷基胺　　　　　　　　　聚环氧乙烷烷基醇酰胺

$$R\!-\!N\!\!\begin{array}{l}(C_2H_4O)_x\!H\\(C_2H_4O)_y\!H\end{array}\qquad RCON\!\!\begin{array}{l}(C_2H_4O)_x\!H\\(C_2H_4O)_y\!H\end{array}\quad RCONH(C_2H_4O)_n\!H$$

$$\begin{array}{l}R_1\\R_2\end{array}\!N\!+\!C_2H_4O\!+_n\!H$$

（2）多元醇型

甘油脂肪酸　　　　　　　季戊四醇脂肪酸酯

$$\begin{array}{l}CH_2\!-\!OOCR\\CH\!-\!OH\\CH_2\!-\!OH\end{array}\qquad RCOOCH_2\!-\!\underset{\displaystyle CH_2OH}{\overset{\displaystyle CH_2OH}{C}}\!-\!CH_2OH$$

蔗糖脂肪酸酯　　　$RCOOC_{12}H_{23}O_{10}$
山梨醇脂肪酸酯　　　$RCOOC_6H_8(OH)_5$
失水山梨醇脂肪酸酯　　　$RCOOC_6H_8(OH)_3$

（3）聚醚

$$RO\!+\!C_2H_4O\!+_a\!+\!C_3H_6O\!+_b\!+\!C_2H_4O\!+_c\!H$$

（4）烷基醇酰胺

$$RCON\!\!\begin{array}{l}CH_2CH_2OH\\CH_2CH_2OH\end{array}$$

（5）烷基多苷

α-型

β-型

5. 特殊表面活性剂

有氟系列、硅系列、含硼、聚合物表面活性剂等。含氟型是指表面活性剂中的碳氢链中，氢原子全部被氟原子取代。含硅型是指以聚硅烷链为疏水基团。它们均具有高表面活性。

四、表面活性剂的性质和作用

1. 基本性质

表面活性剂的一个显著特征是会使水溶液的表面张力或油／水体系的界面张力降低，这也是

表面活性剂最重要的性质之一，因此可用表示表面张力降低的相关物理量作为表面活性剂表面活性大小的度量。主要有两种度量形式：表面活性剂表面张力降低的效率（降低溶剂表面张力至一定值时所需表面活性剂的浓度）和表面活性剂表面张力降低的能力（表面张力降低能达到的最大程度），表面活性剂的效率和能力不一定平行。对于表面活性同等物，若以 CMC（临界胶束浓度）的倒数代表降低表面张力的效率，则随碳原子数的增加，其效率也增加，但降低表面张力的能力则基本不发生变化。一般来说，在水溶液中，表面活性剂的效率随其亲油性增加而增加，即随碳原子数的增加而增加。与同碳原子数的直链相比，亲油基上有支链时，效率变低。对于有相同亲油基的聚氧乙烯化非离子表面活性剂，其降低表面张力的效率，随氧乙烯基数目的增加而缓慢下降。前已述及，表面活性剂具有双亲结构，因此当表面活性剂水溶液浓度比较低时，表面活性剂分子便会聚集在界面上，以亲水基朝向水相、疏水基背向水相插入气相或油相形成定向吸附排列。表面活性剂的这种界面吸附、定向排列的界面活性是许多界面现象的基础。当表面活性剂在界面吸附达到饱和时，疏水作用将导致溶液中的表面活性剂以亲水基朝向水相，疏水基相互吸引，形成胶团（或胶束）。与刚刚形成胶束相对应的浓度称为临界胶束浓度。事实上，表面活性剂的许多性质如渗透压、电导率、表面张力、增溶力、去污力均发生突变。图 1-1 显示了表面活性剂界面定向和形成胶束的过程。

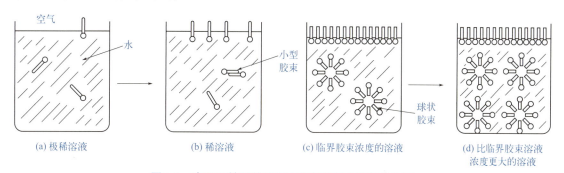

图 1-1 表面活性剂的浓度变化及其活动情况的关系

表面活性剂的溶解行为也与一般有机化合物不同，有两种特殊的现象。离子型表面活性剂在低温时溶解度小，随温度升高，溶解度逐渐增大，但到达某一温度时，溶解度急剧增加，该温度称为临界溶解温度［也叫克拉夫特点（Krafft point）］。其实质是此温度以下表面活性剂的溶解度小于 CMC，没有胶束形成，高于此温度时，表面活性剂的溶解度增大到大于其 CMC，于是体系先形成胶束而不会析出固体。实际上，在克拉夫特点的溶解度即为 CMC。克拉夫特点低，表面活性剂的低温水溶性好。对于非离子表面活性剂（特别有醚基和酯基的）在低温时易与水混溶，温度升到一定值后，则会析出、分层，这一析出、分层并发生浑浊的温度称为浊点。这种现象是由于分子内醚键和酯基容易与水分子形成氢键，但又很不稳定，升高温度，氢键断裂而析出导致的。

对于应用而言，Krafft 点是一个下限温度，而浊点是上限温度。

2. 分散作用

分散是指内相为不溶性固体微粒分布在外相为液体或半固体中组成的粗分散体系，这种体系也叫悬浮液。悬浮液至少由三部分组成：分散相、连续相和分散剂。表面活性剂常用作分散剂或悬浮剂。在分散过程中，表面活性剂的作用是可以通过静电作用在亲水粒子表面形成反向吸附层，增大油溶性（或通过疏水作用在亲油粒子表面形成正向吸附层，增大水溶性）。非离子表面活性剂利用其庞大亲水头造成空间阻碍，阻止分散微粒重新靠近和合并；加大离子性表面活性剂浓度，在反向吸附层上形成第二层带电吸附层会使分散粒子因电性排斥而得到分散。

3. 润湿作用

固体和液体接触时，原来的固 - 气界面消失，形成新的固 - 液界面，此过程称为润湿。在清洁的玻璃上滴一滴水，水会在玻璃表面铺展开，而在石蜡上滴一滴水，则不能铺展而保持滴状。

表面活性剂能提高水的润湿及渗透能力,润湿性的大小可用接触角 θ 表示。接触角指的是在固液气三相交界处,自固液经过液体内部到气液界面的夹角,如图1-2所示。通常将 $\theta=90°$ 定为是否润湿的标准,$\theta > 90°$ 叫不润湿,$\theta < 90°$ 叫润湿,θ 越小,润湿越好。

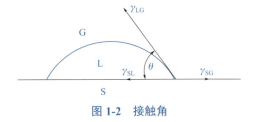

图1-2 接触角

4. 乳化作用

两种互不相溶的液体,一种以微粒(液滴或液晶)形式分散于另一中形成的体系为乳状液。为使乳状液稳定,需要加入第三种组分——乳化剂。乳状液中以液滴存在的那一相称为分散相(或内相、不连续相),连成一片的一相叫分散介质(或外相、连续相)。表面活性剂的乳化作用主要依赖于表面活性剂的亲水亲油性和在油/水界面的吸附,降低了两相的界面张力,并在界面形成稳定的吸附层防止分散液滴重新聚并,最终形成水为连续相(O/W型)或油为连续相(W/O型)的乳状液。乳状液是热力学不稳定体系。因为要把一种液体高度分散于另一种液体中,就大大地增加了体系的界面,要对体系做功。这就增加了体系的总能量,这部分能量以界面形式存在于体系之中。被分散的液珠有力图减少界面、降低界面能、自发凝结的倾向。因此说乳状液是热力学不稳定体系。

5. 增溶作用

表面活性剂在水溶液中形成胶束后具有能使不溶或微溶于水的有机物的溶解度显著增大的能力,且此时溶液呈透明状,胶束的这种作用称为增溶。能产生增溶作用的表面活性剂叫增溶剂,被增溶的有机物称为被增溶物。增溶体系和乳状液不同,它在热力学上是稳定的。

6. 起泡作用

泡沫是由液体薄膜或固体薄膜隔离开的气泡聚集体,可分为液体泡沫和固体泡沫。仅由液体和气体形成的泡沫为两相泡沫,当其中含有固体粉末时,形成的是多相泡沫。只有溶液才能明显起泡,纯液体则不能,即使压入气泡,也不能形成泡沫。起泡作用可用于矿物的浮选。首先采用能大量起泡的表面活性剂(起泡剂),当向水中通入空气或由于水的搅动引起空气进入水中时,表面活性剂的疏水端在气-液界面上向气泡中空气的一方定向,亲水端留在溶液中,形成气泡。另一种起捕集作用的表面活性剂,在固体矿粉的表面吸附,这种吸附随矿物的不同而具有选择性,向外的疏水端部分插入气泡内。这样在浮选过程中气泡可把指定的矿粉带走,达到选矿的目的。浮选过程如图1-3所示。

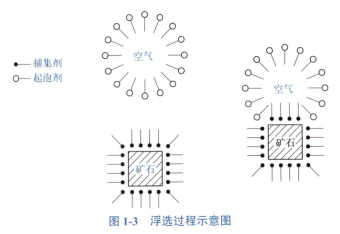

—● 捕集剂
—○ 起泡剂

图1-3 浮选过程示意图

表面活性剂除了具有以上作用外还具有去污、消泡、保湿、润滑、杀菌、柔软、抗静电、防腐蚀、凝聚、平滑、减磨、防锈、防水、防冰、防雾、脱脂等作用。作为精炼剂、洗净剂、乳化剂、渗透剂、扩散剂、分散剂、抑制剂、防结块剂等在纺织、石油、医药、造纸、农业、化工、冶金、建筑等领域广泛应用。

五、表面活性剂特点

（1）双亲性 表面活性剂分子中应同时具有亲水性和亲油性的官能团。

（2）溶解性 表面活性剂至少应溶于液相中的某一相。

（3）界面吸附 达到平衡时，表面活性剂在溶液内部的浓度小于溶液表面的浓度。

（4）界面定向 吸附在界面的表面活性剂分子会定向排列成分子层。

（5）生成胶束 当表面活性剂在溶剂中浓度达到一定值时，它的分子会聚集而形成胶束。开始出现这一变化的极限浓度为临界胶束浓度（CMC）。

（6）多功能性 表面活性剂通常具有多种功能，如清洗、发泡、乳化、分散等。

六、表面活性剂的用途

表面活性剂用途极其广泛，其应用几乎渗透到所有工业领域，很难找到哪项工业与表面活性剂无关。在许多行业中，表面活性剂起到画龙点睛的作用，作为最重要的助剂常能极大地改进生产工艺和产品性能。

工业表面活性剂可以分成两大类。一类是作为工业清洗剂，例如，火车等交通工具、机器及零件、电子仪器、印刷设备、油贮罐、核污染物、锅炉、羽绒制品、食品等的清洗剂。根据被洗物品的性质及特点而有各种配方，这主要利用表面活性剂的乳化、增溶、润湿、渗透、分散等性能辅以其他有机或无机助剂，达到清洗祛除油渍和锈迹、杀菌及保护表面层的目的。

另一类是利用表面活性剂的派生性质作为工业助剂使用，如润滑、柔软、催化、杀菌、抗静电、增塑、消泡、去味、增稠、降凝、防锈、防水、驱油、防结块、浮选、相转移催化等，应用于电子工业、仿生材料、聚合反应、基因工程、生物技术等方面，还有许多应用正在不断开发中。

工业表面活性剂除了一般的阴离子、非离子、阳离子、两性表面活性剂以外，为满足合成橡胶、合成树脂、涂料生产中乳液聚合的需要，还开发了功能型表面活性剂，如反应型表面活性剂，可解离型表面活性剂，含硅、氟、硼等的特种表面活性剂等，广泛应用于纺织、印染、化纤、石油开采、建材、冶金、交通运输、造纸、水处理、农药乳化、化肥防结块、油田化学品、食品、胶卷、制药、皮革和国防等各个领域。

项目二

阴离子表面活性剂

阴离子表面活性剂指的是在溶于水时，能够解离出发挥表面活性作用的带负电荷基团的表面活性剂。人们很早就开始使用阴离子表面活性剂，从古代的草木灰到肥皂，揭开了近代表面活性剂工业的序幕，接着出现了磺化蓖麻油（俗称红油），红油长期应用于纺织纤维的染色整理，后来出现了高级醇硫酸酯盐及烷基苯磺酸盐等。由于其价格和性能比较适宜，因此它是各类表面活性剂中应用最广、产量最大的一类。

一、主要品种

（一）羧酸盐型阴离子表面活性剂

作为重要的皮肤清洁用品，可单独使用，也可作为添加剂与合成洗涤剂一起复配使用。实际生产应用的脂肪酸皂都是用几种不同碳链长度的混合化脂肪酸制造，以获得较好的去污力和乳化性能，但脂肪酸皂的缺点是不耐硬水，不耐酸，水溶液呈碱性。而且在配方体系中，脂肪酸皂在遇到无机酸时，脂肪酸会游离析出，使得肥皂的乳化作用减弱甚至完全消失。

硬脂酸钠，别名：十八酸钠盐。白色固体，具有脂肪气味，溶解于热水、乙醇中，HLB 值为18。硬脂酸钠作为洗涤剂，是肥皂的主要成分之一；作为乳化剂，是雪花膏中的主要成分。

视频
肥皂的制备

1. 肥皂

肥皂是历史悠久、产量较大的一种阴离子表面活性剂产品，其化学式为 RCOOM，其中 R 为 $C_8 \sim C_{22}$ 烃基，M 为 Na、K 或 NH_4，一般为 Na。肥皂是由天然动植物油脂与碱皂化制得，其化学反应式为：

$$R-COOCH_2 \\ | \\ R-COOCH + 3NaOH \longrightarrow 3R-COONa + \begin{matrix} CH_2-OH \\ | \\ CH-OH \\ | \\ CH_2-OH \end{matrix} \\ | \\ R-COOCH_2$$

工业制皂有盐析法、中和法和直接法，盐析法和直接法的原理都是油脂皂化法。传统盐析法是将油脂和碱液放入皂化釜，加热煮沸，待皂化后注入盐析池，加浓盐水进行盐析，上层肥皂精加工得产品，下层甘油回收加工得副产品。生产周期需数日。为缩短生产周期可采用中和法，即采用氧化锌、石灰作催化剂，先将油脂高压水解，再加碱中和。较先进的工艺是连续皂化法，即利用油脂在高温 200℃、高压 20 ~ 30MPa 下快速皂化，4min 即可得 40% ~ 80% 的肥皂，产品质优价廉。

皂化所用的碱可以是氢氧化钠或氢氧化钾，前者得到的肥皂叫钠皂，主要制作洗衣皂和香皂；后者叫钾皂，主要做化妆皂。肥皂的性质除与金属离子的种类有关外，还与脂肪酸部分烃基组成有关。钠皂质地最硬，钾皂次之，胺皂最软，脂肪酸的碳链越长，饱和度越大，凝固点越高，用其制成的肥皂越硬。

硬脂酸钠（$C_{17}H_{35}COONa$）是具有脂肪气味的白色粉末，易溶于热水和热乙醇，用于制造皂类洗涤剂，是常用的化妆品乳化剂。

2. 多羧酸皂类

多羧酸皂的典型产品是琥珀酸（即丁二酸）系列制品，主要用作润滑油添加剂、防锈剂。其制备一般是 $C_3 \sim C_{24}$ 的烯烃与顺丁烯二酸酐在 200℃ 下直接加成为烷基琥珀酸酐。其反应为：

$$R-CH_2-CH=CH_2 + \begin{matrix} CH-C=O \\ | \quad\quad \searrow O \\ CH-C=O \end{matrix} \longrightarrow \begin{matrix} R-CH_2-CH-CH_2 \\ | \quad\quad | \\ CH-CH \\ | \quad\quad | \\ O=C \quad C=O \\ \searrow O \swarrow \end{matrix} \xrightarrow{H_2O} \begin{matrix} R-CH_2-CH-CH_2 \\ | \quad\quad | \\ CH-CH \\ | \quad\quad | \\ O=C \quad C=O \\ | \quad\quad | \\ OH \quad OH \end{matrix}$$

由于分子中含有两个亲水基，其表面活性不是很强，所以常将此系列产品中两个羧基中的一个用丁醇或戊醇酯化，生成单羧酸钠盐，即变为润湿、洗净、乳化作用良好的表面活性剂。

3. 酰基氨基羧酸盐

人们在使用过程中发现肥皂有冷水溶解度差、不耐硬水的缺点，因而开发了一批以脂肪酸为长链疏水基，通过各种桥接成分与羧基连接的羧酸盐型表面活性剂，这类表面活性剂也叫作改性肥皂。酰基氨基羧酸盐是典型代表品种，其主要由相应链长的脂肪酰氯与各种氨基酸或氨基酸缩合物反应制得。结构为：

$$R-CONH(CONHR_2)_n COONa \\ | \\ R_1$$

其中 R 为长链烷基，R_1 和 R_2 为蛋白质分解产物带有的低碳烷基。常用的氨基酸原料是肌氨酸和蛋白质水解物，脂肪酰氯为月桂酰氯、肉豆蔻酰氯、棕榈酰氯、硬脂酰氯及油酰氯。

酰基肌氨酸盐（ASA）是开发较早的一种改性皂。ASA 的制备可在 pH 为 10.5，温度为 50℃的条件下，由肌氨酸钠水溶液与酰氯、氢氧化钠反应制得：

$$CH_3NHCH_2COONa + C_{11}H_{23}COCl + NaOH \longrightarrow C_{11}H_{23}CON(CH_3)CH_2COONa + NaCl + H_2O$$

ASA 具有良好的综合性能，是个人卫生用品优秀的原材料，由于其丰富奶油质的泡沫特性，可以用在香波、泡沫浴中；由于其独特的抗龋齿性，可以作为牙膏的发泡剂和杀菌剂。ASA 在油田中也可用作杀菌剂，还可用作润滑脂的增稠剂，金属电镀的添加剂。

N- 酰基多缩氨基酸钠有良好的去污和乳化能力，具有良好的钙皂分散力，对羊毛亲和，是纺织工业优良助剂，对皮肤具有亲和、护肤作用，可用于化妆品的制备。其分子式是：

$$RCONH-\overset{R_1}{\underset{H}{CH}}-\overset{O}{C}-N-\overset{R_2}{\underset{H}{CH}}-\overset{O}{C}-N-\overset{R_3}{\underset{H}{CH}}-\overset{O}{C}-N-\overset{R_4}{\underset{H}{CH}}-\overset{O}{C}\cdots N-\overset{R_n}{\underset{}{CH}}-COOH$$

R 是 $C_{11} \sim C_{17}$ 烃基，M 是 Na，也可以是 K、NH_4 或二乙醇胺。工业生产是将动物皮屑（或脱脂蚕蛹等），用碱液加热水解，得到蛋白质水解物，再与脂肪酰氯反应制得。

4. 聚醚羧酸盐

聚醚羧酸盐分子式为 $R-(OC_2H_4)_n OCH_2COONa$，主要用于润湿剂、钙皂分散剂及化妆品。以高级醇聚环氧乙烷醚非离子表面活性剂为原料，与氯乙酸钠反应或与丙烯酸酯反应均可制得本品。

$$R-(OCH_2CH_2)_nOH + ClCH_2COONa \longrightarrow R-(OCH_2CH_2)_nO-CH_2COONa$$
$$R-(OCH_2CH_2)_nOH + CH_2=CHCOOR_1 \longrightarrow R-(OCH_2CH_2)_nO-CH_2CH_2COONa$$

（二）磺酸盐型表面活性剂

磺酸盐表面活性剂是阴离子表面活性剂的主要品种，其亲油基为长链烃基，烷基芳基，含有酯、醚、酰胺基的烃基，亲水基的 C-S 键对氧化和水解较稳定，在硬水中不易产生钙、镁磺酸盐沉淀物。磺酸盐表面活性剂是生产洗涤剂的主要原料，并广泛用作渗透剂、润湿剂、防锈剂等。

1. 烷基磺酸盐

烷基磺酸盐的通式为 $RSO_3M_{(1/n)}$，M 为碱金属或碱土金属离子，n 为离子的价数。烷基的碳数应在 $C_{12} \sim C_{20}$ 范围内，以 $C_{13} \sim C_{17}$ 为佳。

烷基磺酸盐的性质已有详细的研究。由于其价格较高，实用性并不比价格较低的烷基苯磺酸钠优越多少，而且高碳化合物在水中的溶解度也低，抗硬水性也稍差，故在工业上产量也较小。烷基磺酸盐的优点是生物降解性能好。正构烷烃在引发剂作用下与 SO_2、O_2 反应得到仲烷基磺酸盐（SAS，混合物），其在水中的溶解性优于伯烷基磺酸盐。

与羧酸盐和硫酸酯盐相比，烷基磺酸盐 Kraft 点高，水溶性差，但其抗硬水性能优于羧酸盐和硫酸酯盐。研究表明，虽然烷基磺酸盐的水溶性比烷基硫酸盐差，但当与阳离子表面活性剂复配时，混合体系的水溶性次序正好相反，即烷基磺酸盐 - 烷基季铵盐的水溶性优于烷基硫酸盐 - 烷基季铵盐。

2. 烷基苯磺酸盐

烷基苯磺酸盐的结构式为 R—⟨苯环⟩—SO_3M，R 是 $C_{10} \sim C_{18}$ 烷基，M 可以是 Na、K、NH_4。而烷基苯磺酸钠是其中产量最大的阴离子表面活性剂，占阴离子表面活性剂总量的 90% 左右。烷基苯磺酸钠是一种乳白色的流动性浆状物，经钝化后可形成六角形或斜方形薄片状晶体。从分子结构来看，它由亲油性烷基基团、离子性的亲水磺酸基团及作为连接手段的亲油性苯环基团三部分构成。经过对其结构与性能关系的研究，从其表面活性与生物降解性两方面考虑，理想的烷基苯磺酸钠盐的结构应该是 $C_{10} \sim C_{14}$ 的直链烷基，苯环在烷基的第三或第四个碳原子上连接，亲水基为苯环对位的单磺酸基团，例如：$C_{12}H_{25}C_6H_4SO_3Na$。

烷基苯磺酸盐是阴离子表面活性剂中最重要的一个品种，也是我国合成洗涤剂活性物的主要品种。目前，大多数日用洗衣粉中的表面活性剂为烷基苯磺酸钠。有时在其他应用中也用钙盐及铵盐。三乙醇胺盐常用于液体洗涤剂和化妆品中，一些胺盐则由于其油溶性而用于“干洗”洗涤剂中。烷基苯磺酸钠在一定程度上克服了肥皂的缺点，抗硬水性能好，去污力强。烷基苯磺酸钠的工业生产过程包括：烷基苯的生产，烷基苯的磺化和烷基苯磺酸的中和，后面部分对此有详细介绍，此处不再赘述。

3. *α*- 烯烃磺酸盐（AOS）

α- 烯烃磺酸盐是由 *α*- 烯烃与 SO_3 直接反应并经中和、水解制得的产品，主产物为 60% ～ 70% 的烯烃磺酸盐和 30% ～ 40% 的羟基磺酸盐混合物。其制备过程见图 1-4。

α-烯烃
RCH═CH2 + SO3
很快
RCHCH2
O—SO2
β-磺内酯
CH
快
+ SO2
希望的产物
烯烃磺酸
RCH═CHCH2SO3H
老化
R
CH—CH
O
SO2
SO2—O
SO3
β-焦磺内酯
γ-磺内酯
RCHCH2CH2
O—SO2
δ-磺内酯
RCHCH2CH2CH2
O—SO2
+SO3
不希望的产物
RCH═CHCH(CH2)4SO3H
SO3H
烯烃二磺酸

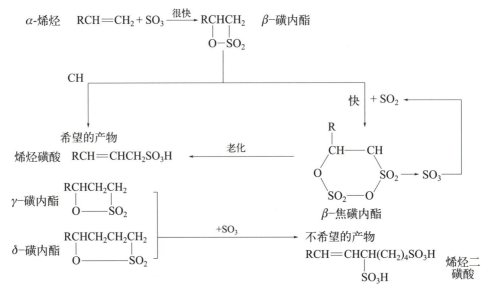

图 1-4　AOS 的磺化过程

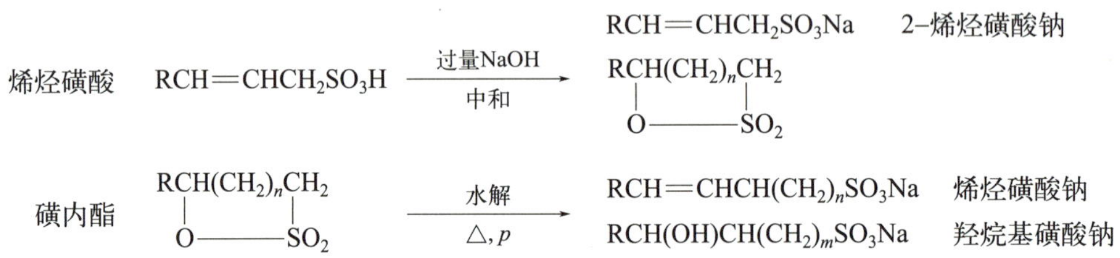

烯烃磺酸
RCH═CHCH2SO3H
过量NaOH
中和
RCH═CHCH2SO3Na
2-烯烃磺酸钠
RCH(CH2)nCH2
O—SO2
磺内酯
RCH(CH2)nCH2
O—SO2
水解
△, p
RCH═CHCH(CH2)nSO3Na
烯烃磺酸钠
RCH(OH)CH(CH2)mSO3Na
羟烷基磺酸钠

图 1-5　AOS 的中和、水解过程

磺化产物在中和前必须在 30 ～ 35℃下放置 5 ～ 10min 使其老化，以使 *β*- 磺内酯异构化为烯烃磺酸和 *γ*、*δ*- 磺内酯的混合物，并使亚稳态的 *β*- 焦磺内酯分解为烯烃磺酸并产生 SO_3，减少生成溶解度低的 *α*- 羟基磺酸盐的概率。老化后的产物与过量碱中和。由于磺内酯不可能被中和，因此还要在 150℃左右进行水解，水解过程如图 1-5 所示，最终可以得到含烯烃磺酸钠 55% ～ 60%，羟烷基磺酸钠 25% ～ 30%，烯烃二磺酸二钠 5% ～ 15%。

α- 烯烃磺酸盐与烷基磺酸盐的性能相似，但 AOS 对皮肤的刺激性较小，生物降解性较好，可用于个人卫生用品中；AOS 还在硬水中表现出良好的去污力和起泡力，具有很好的水溶性。

AOS 是 20 世纪 30 年代发展起来的，但自从 20 世纪 80 年代证明 AOS 在正常用量下不会造成环境公害，也不会对人体健康有明显影响后才得到进一步的开发和应用。

AOS 是一种高泡、水解稳定性好的阴离子表面活性剂。AOS 具有优良的抗硬水能力，低毒、温和、刺激性低，在硬水中有良好的去污力，生物降解性好。

4. 仲烷基磺酸盐（SAS）

仲烷基磺酸盐是 $C_{13} \sim C_{18}$ 的正构烷烃通过氧磺化或氯磺化制得，商品名为 Teepol。其反应式如下：

$$RH+2SO_2+O_2+H_2O \xrightarrow{\text{紫外光}} RSO_3H+H_2SO_4$$
$$RSO_3H+NaOH \longrightarrow RSO_3Na+H_2O$$
$$RH+SO_2+Cl_2 \longrightarrow RSO_2Cl+HCl$$
$$RSO_2Cl+2NaOH \longrightarrow RSO_3Na+NaCl+H_2O$$

在反应中，磺酸基可能出现在直链烷烃的任一个碳原子上。SAS 在碱性、弱酸及水中有良好的稳定性，在硬水中也具有良好的润湿、乳化、分散、去污和发泡能力，生物降解性优于 LAS（直链烷基苯磺酸钠），是配制液体洗涤剂、洗发香波、浴液的有效表面活性剂，也是工业清洗剂的良好原料和纺织助剂。

5. 琥珀酸酯磺酸盐（MS）

琥珀酸酯磺酸盐是由亚硫酸钠或亚硫酸氢钠对顺丁烯二酸酐（也叫琥珀酸或马来酸酐）与各种含羟基或胺基的化合物酯化而得到的，按照琥珀酸上两个羧基的酯化情况分为单酯和双酯，其通式为：

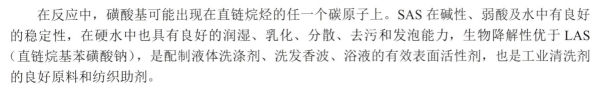

单酯   双酯

式中，R 及 R′ 均为烷基，由于 R 的结构不同可得到具有不同亲油性能和使用性能的系列表面活性剂。双酯是极好的润湿剂，广泛用于纺织印染工业，促进水溶液渗透到纤维中并使染料分散，但双酯在硬水中，水溶性不好，作用也不温和，因此在洗涤用品中，双酯的作用不大。单酯产物具有优良的起泡性和泡沫稳定性，优良的钙皂分散能力，是较好的洗净剂和发泡剂；单酯还具有毒性低、性能温和的特点，广泛用于个人卫生用品中。其工业生产方法是在硫酸或甲苯磺酸等酸性催化剂下，加热羟基化合物或其盐与顺丁烯二酸酐，生成单酯或双酯，然后再用亚硫酸盐与单酯或双酯发生加成反应得到相应的磺酸盐产物。反应式如下：

ROH + [顺丁烯二酸酐] $\xrightarrow{70\sim100℃}$ [HC—COOR / HC—COOH] $\xrightarrow[H_2O]{Na_2SO_3}$ ROOCCH_2CHCOONa（SO_3Na）

2ROH + [顺丁烯二酸酐] $\xrightarrow{\geq80℃}$ [HC—COOR / HC—COOR] $\xrightarrow{NaHSO_3}$ ROOCCH_2CHCOOR（SO_3Na）

能与顺丁烯二酸酐反应的羟基化合物有脂肪醇、脂肪醇聚环氧乙烷醚、烷醇酰胺、乙氧基化烷醇酰胺、单甘油酯、聚甘油酯、聚乙二醇、有机硅醇等上百种化合物，因此可以通过使用不同的羟基化合物改变分子结构合成出某种独特性能的产品。MS 目前除大量应用于日用化工领域作为发泡剂和清洗剂外，还在涂料、医药、造纸、皮革加工、采矿等行业广泛使用。

6. 高碳脂肪酸酯磺酸盐（MES）

高碳脂肪酸酯磺酸盐是利用天然油脂制得，具有良好的洗涤能力和钙皂分散能力，生物降解性好，用于肥皂粉、钙皂分散剂和液体洗涤剂中。其合成方法是：以脂肪酸或天然油脂为原料经过酯化或酯交换得到脂肪酸甲酯或脂肪酸乙酯，再和SO_3反应后与NaOH中和得到。其合成式如下：

$$RCOOH + R'OH \xrightarrow{H_2SO_4} RCOOR' \xrightarrow[NaOH]{SO_3} R-\overset{\displaystyle SO_3Na}{\underset{}{CH}}COOR'$$

(R=C_{13}~C_{19}烷基；R'=C_1~C_4烷基，通常为甲基)

7. 石油磺酸盐

石油磺酸盐是以硫酸、发烟硫酸、三氧化硫精炼矿物油的副产物。其主要成分是烷基苯磺酸盐和烷基萘磺酸盐，其次是脂肪烃的磺酸盐和脂环烃的磺酸盐及其氧化物等。商品石油磺酸盐主要是钠盐和钙盐，其次是钡盐、镁盐、铵盐、胺盐。石油磺酸盐大多是油溶性的，常用于切削油和农药中作为乳化剂；在矿物浮选中用作泡沫剂；在燃料油中用作分散剂；用于石油采收，提高采油率。

（三）硫酸酯盐型阴离子表面活性剂

1. 脂肪醇硫酸盐（FAS）

脂肪醇硫酸盐的化学结构式为$ROSO_3Na$。早在1930年就已经商品化，目前约有40%的椰油醇用于生产FAS。FAS是优良的发泡剂和净洗剂，主要用途是配制液体洗涤剂、餐具洗涤剂、牙膏、纺织用润湿剂以及化工生产中的乳化聚合等。其工业生产通常用氯磺酸或三氧化硫与脂肪醇酯化，产物再与氢氧化钠或醇胺反应。

$$ROH+ClSO_3H \longrightarrow ROSO_3H+HCl$$
$$ROH+SO_3 \longrightarrow ROSO_3H$$
$$ROSO_3H+NaOH \longrightarrow ROSO_3Na+H_2O$$
$$ROSO_3H+H_2NCH_2CH_2OH \longrightarrow ROSO_3{}^\ominus H_3N^\oplus CH_2OH$$

十二醇硫酸钠，也叫月桂醇硫酸钠（K_{12}）是FAS中的典型代表。其商品包装有两种形式：粉状和液体，液体产品为无色或淡黄色浆状物，浆状物活性物含量在25%～60%之间，粉状物在80%～90%之间。它是牙膏中常用的发泡剂，也在香波、化妆品、地毯清洁剂中用作润湿剂和洗涤剂，以及用于化工中的乳化聚合等。此外，粉状的FAS可用于配制粉状清洗剂、农药用润湿剂。十二醇硫酸钠的生产工艺流程见图1-6。

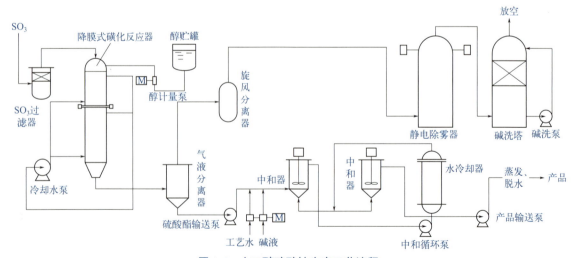

图1-6 十二醇硫酸钠生产工艺流程

经干燥空气稀释的SO_3气体通过SO_3过滤器除去酸雾后进入降膜式磺化反应器的头部，与经过计量的脂肪醇沿反应器内壁流下形成的液膜并流发生硫酸化反应，得到硫酸酯，生成的硫酸酯在气液分离器中与未反应的尾气分流后，送往中和器，与工艺水和碱液混合发生中和反应，得到一定浓度的十二醇硫酸钠水溶液；反应系统的尾气在静电除雾器中除去所含有机物和微量 SO_3 后再在碱洗塔中洗去 SO_2，达到环保要求后放空。

2. 脂肪醇聚氧乙烯醚硫酸盐（AES）

脂肪醇聚氧乙烯醚硫酸盐是近些年发展较快的硫酸酯盐，分为钠盐和铵盐。易溶于水，具有优良的去污、乳化、发泡性能和抗硬水性能，温和的洗涤性质不会损伤皮肤。其通式为 $RO(CH_2CH_2O)_nSO_3M$，R 是 $C_{12} \sim C_{18}$ 的烃基，通常为 $C_{12} \sim C_{14}$，$n=3$，M 是钠盐、钾盐、胺盐或铵盐。

脂肪醇聚氧乙烯醚硫酸盐主要用途是制备液体洗涤剂、洗发香波、餐具洗涤剂、乳胶发泡剂、纺织工业助剂和聚合反应的乳化剂。

（四）磷酸酯盐型阴离子表面活性剂

磷酸酯类表面活性剂具有优良的抗静电、乳化、防锈和分散性能，广泛用于纺织、化工、国防和轻工业等部门。磷酸酯盐型阴离子表面活性剂包括烷基磷酸酯盐（高级醇磷酸酯盐）和脂肪醇（烷基酚）聚氧乙烯醚磷酸酯盐。其中高级醇磷酸盐分为单酯和双酯，脂肪醇（烷基酚）聚氧乙烯醚磷酸酯盐包括单酯、双酯和三酯。其结构式为：

高级醇磷酸酯二钠盐　　　高级醇磷酸双酯钠盐

单酯型　　　　　双酯型　　　　　三酯型

二、直链烷基苯磺酸钠盐的生产技术

（一）反应原理

向有机化合物中引入磺基（—SO_3H）或它相应的盐或磺酰卤基的反应称磺化反应。磺化是磺基（或磺酰卤基）中的硫原子与有机分子中的碳原子相连接形成 C—S 键的反应，得到的产物为磺酸化合物（RSO_2OH 或 $ArSO_2OH$）、磺酸盐（R—SO_3M，M 为 NH_4 或金属离子）和磺酰氯（R—SO_2Cl）。

磺化的意义体现在使得产物具有水溶性、酸性、乳化、润湿和发泡等特性，可被广泛用于合成表面活性剂、水溶性染料、食用香料、离子交换树脂及某些药物；引入磺基可以得到另一官能团化合物的中间产物或精细化工产品；合成中需要暂时引入磺基，在完成特定的反应以后，再将磺基脱去。此外，可通过选择性磺化来分离异构体等。

1. 磺化剂

工业上常用的磺化剂和硫酸化剂有三氧化硫、硫酸、发烟硫酸和氯磺酸。此外，还有亚硫酸盐、二氧化硫与氯、二氧化硫与氧以及磺烷基化剂等。

三氧化硫也叫硫酸酐，其分子式为 SO_3 或 $(SO_3)_n$，在室温下容易发生聚合，通常有 α、β、γ 三种聚合形式。在室温下只有 γ 型为液体，α、β 型均为固态，工业上常用液体 SO_3（即 γ 型）及气态 SO_3 作磺化剂，由于 SO_3 反应活性很高，故使用时需稀释，液体用溶剂稀释，气体用干燥空气或惰性气体稀释。SO_3 的三种聚合体共存并可互相转化。在少量水存在下，γ 型能转化成 β 型，即从环状聚合体变为链状聚合体，由液态变为固态，从而给生产造成困难，为此要在 γ 型中加入稳定剂。

视频

洗衣液的制备

浓硫酸和发烟硫酸用作磺化剂适用范围很广。工业硫酸有两种规格，即 92% ~ 93% 的硫酸（亦称绿矾油）和 98% 的硫酸。如果有过量的 SO_3 存在于硫酸中就成为发烟硫酸，它也有两种规格，即含游离的 SO_3 分别为 20% ~ 25% 和 60% ~ 65%，在常温下均为液体。

烟酸的浓度可以用游离 SO_3 的含量 $c(SO_3)$（质量分数，下同）表示，也可以用 H_2SO_4 的含量 $c(H_2SO_4)$ 表示。两种浓度的换算公式如下：

$$c(H_2SO_4)=100\% + 0.225c(SO_3)$$
$$或\ c(SO_3)=4.44[c(H_2SO_4)-100\%]$$

2. 磺化反应历程及动力学

以硫酸、发烟硫酸或三氧化硫作为磺化剂进行的磺化反应是典型的亲电取代反应。磺化剂自身的解离提供了各种亲电质点，如 100% 硫酸能按下列几种方式解离：

$$2H_2SO_4 \rightleftharpoons SO_3+H_3O^++HSO_4^-$$
$$2H_2SO_4 \rightleftharpoons H_3SO_4^++HSO_4^-$$
$$3H_2SO_4 \rightleftharpoons H_2S_2O_7+H_3O^++HSO_4^-$$
$$3H_2SO_4 \rightleftharpoons HSO_3^++H_3O^++2HSO_4^-$$

若在 100% 硫酸中加入少量水时，则按下式完全解离：

$$H_2O+H_2SO_4 \rightleftharpoons H_3O^++HSO_4^-$$

发烟硫酸可按下式发生电离：

$$SO_3+H_2SO_4 \rightleftharpoons H_2S_2O_7$$
$$H_2S_2O_7+H_2SO_4 \rightleftharpoons HS_2O_7^-+H_3SO_4^+$$

因此硫酸和发烟硫酸是一个多种质点的平衡体系。这些质点实质上是不同溶剂化的 SO_3 分子，都能参加磺化反应，其含量随磺化剂浓度的改变而变化。各种质点参加磺化反应的活性差别较大，在 SO_3、$H_2S_2O_7$、$H_3SO_4^+$ 三种常见亲电质点中，SO_3 的活性最大，$H_2S_2O_7$ 次之，$H_3SO_4^+$ 最小，而反应选择性则正好相反。

芳香化合物进行磺化反应时，分两步进行。首先，亲电质点向芳环进行亲电攻击，生成 σ 配合物，然后在碱（如 HSO_4^-）作用下脱去质子得到芳磺酸。

采用发烟硫酸或硫酸磺化芳烃时，其反应动力学可表示如下：

当磺化质点为 SO_3 时：

$$v=k_{(SO_3)}[ArH][SO_3]=k'_{(SO_3)}[ArH][H_2O]^{-2}$$

当磺化质点为 $H_2S_2O_7$ 时：

$$v=k_{(H_2S_2O_7)}[ArH][H_2S_2O_7]=k'_{(H_2S_2O_7)}[ArH][H_2O]^{-2}$$

当磺化质点为 $H_3SO_4^+$ 时：

$$v=k_{(H_3SO_4^+)}[ArH][H_3SO_4^+]=k'_{(H_3SO_4^+)}[ArH][H_2O]^{-1}$$

以上三式可以看出，磺化反应速率与磺化剂中的含水量有关。当以浓硫酸为磺化剂，水很少时，磺化反应速率与水浓度的平方成反比，即生成的水量越多，反应速率下降越快。因此，用硫酸作磺化剂的磺化反应中，硫酸浓度及反应中生成的水量对磺化反应速率的影响是一个十分重要的因素。

3. 磺化影响因素

（1）有机化合物结构及性质　被磺化物的结构、性质对磺化的难易程度有着很大影响。磺化反应是典型亲电取代反应，芳环上有供电子基，有利于反应的进行。芳环上取代基的体积大小也能对磺化反应产生影响。环上取代基的体积越大，磺化速度就越慢。这是因为磺基的体积较大，若环上已有的取代基体积也较大，占据了有效空间，则磺基便难以进入。同时，环上取代基的位阻效应还能影响磺基的进入位置，使磺化产物中异构体组成比例也不同。

（2）磺化剂的浓度及用量　当用浓 H_2SO_4 作磺化剂时，每引入一个磺基就生成 1mol 水，随着磺化反应的进行，硫酸的浓度逐渐降低，对于具体的磺化过程，随着生成的水量增加，硫酸不断被稀释，反应速度会迅速下降，直至反应几乎停止。因此，对一个特定的被磺化物，要使磺化能够顺利进行，磺化剂浓度必须大于某一值，这种使磺化反应能够顺利进行的最低磺化剂（硫酸）浓度称为磺化极限浓度。当用SO_3的质量浓度来表示磺化极限浓度时，称为磺化π值。显然，容易磺化的物质其π值较小，而难磺化的物质的π值较大。为加快反应及提高生产强度，通常工业上所用原料酸浓度须远大于π值。用SO_3磺化时，反应不生成水，反应不可逆。因此，工业上为控制副反应，避免多磺化，多采用干空气-SO_3混合气，其SO_3的体积分数为2%～8%。

当磺化剂起始浓度确定后，根据被磺化物π值概念，可利用下式计算出磺化剂用量：

$$x=\frac{80(100-\pi)n}{a-\pi}$$

式中　x——原料酸（磺化剂）的用量，kg/kmol 被磺化物；

　　　a——原料酸（磺化剂）起始浓度，用 SO_3 质量分数表示；

　　　n——被磺化物分子上引入的磺基数。

由上式可以看出，当用 SO_3 作磺化剂，对有机化合物进行一磺化时，其用量为80kg/kmol 被磺化物，即相当于理论量；当采用硫酸或发烟硫酸作磺化剂时，其起始浓度降低，磺化剂用量则增加，当 a 降低到接近于 π 时，磺化剂的用量将增加到无穷大。

利用π值的概念，只能定性地说明磺化剂的起始浓度对磺化剂用量的影响。实际上，对于具体的磺化过程，所用硫酸的浓度、用量以及磺化温度和时间，都是通过大量最优化实验而综合确定的。

（3）磺酸基的水解与异构化　芳磺酸在一定温度下于含水的酸性介质中可发生脱磺水解反应，即磺化的逆反应。此时，亲电质点为H_3O^+，它与带有供电子基的芳磺酸作用，使其磺基水解。

$$ArSO_3H+H_2O \rightleftharpoons ArH+H_2SO_4$$

对于带有吸电子基的芳磺酸，芳环上的电子云密度降低，其磺基不易水解；相反，对于带有供电子基的芳磺酸，磺基易水解。此外，介质中 H_3O^+ 浓度愈高，水解速度越快。

磺基不仅可以发生水解反应，而且在一定条件下还可以发生磺基的异构化。

由于磺化-水解-再磺化和磺基异构化的共同作用，使芳烃衍生物最终的磺化产物含有邻、间、对位的各种异构体。温度、磺化剂种类、浓度及用量不同，各种异构体的比例也不同。

（4）磺化温度和时间　磺化反应是可逆反应，正确选择温度与时间，对于保证反应速率和产物组成有十分重要的影响。通常，反应温度较低时，反应速率慢，反应时间长；温度高时，反应速率快而时间短，但易引起多磺化、氧化、生成砜和树脂物等副反应。温度还能影响磺基进入芳环的位置，如对于甲苯一磺化过程，采用低温反应时，主要为邻、对位磺化产物，随着温度升高，则间位产物比例升高，邻位产物比例则明显下降，对位产物比例也下降。另外，用硫酸磺化时，当到达反应终点后不应延长反应时间，否则将促使磺化产物发生水解反应，若采用高温反应，则更有利于水解反应的进行。

（5）添加剂　磺化过程中加入少量添加剂，对反应常有明显的影响，主要表现在抑制副反应：磺化时的主要副反应是多磺化、氧化及生成异构体和砜。当磺化剂的浓度和温度都比较高时，有利于砜的生成：

$$ArSO_3H+2H_2SO_4 \rightleftharpoons ArSO_2^++H_3O^++2HSO_4^-$$
$$ArSO_2^++ArH \longrightarrow ArSO_2Ar+H^+（Ar代表芳香基）$$

在磺化液中加入无水硫酸钠可以抑制砜的生成，这是因为硫酸钠在酸性介质中能解离产生HSO_4^-，使平衡向左移动。加入醋酸与苯磺酸钠也有同样作用。

除此之外，添加剂还能起到改变定位和加速化学反应的作用。

（6）搅拌　在磺化反应中，良好的搅拌可以加速有机物在酸相中的溶解，提高传热、传质效率，防止局部过热，提高反应速率，有利于反应的进行。

4. 磺化方法

(1) 三氧化硫磺化法 三氧化硫磺化法具有反应迅速；磺化剂用量接近于理论用量，磺化剂利用率高达90%以上；反应无水生成，无大量废酸，"三废"少；经济合理等优点。常用于脂肪醇、烯烃和烷基苯的磺化。主要包括：①液体三氧化硫法。液体三氧化硫的制备是将20%～25%发烟硫酸加热到250℃，蒸出的SO_3蒸气通过一个填充粒状硼酐的固定床层，再经冷凝，即可得到稳定的SO_3液体。液态三氧化硫使用方便，但成本较高。此法适用于不活泼液态芳烃的磺化，生成的磺酸在反应温度下必须是液态，而且黏度不大。②三氧化硫-溶剂法。此法应用广泛，优点是反应温和且易于控制；副反应少，产物纯度和磺化收率较高；适用于被磺化物或磺化产物是固态的情况。常用的溶剂有硫酸、二氧化硫等无机溶剂和二氯甲烷、1,2-二氯乙烷、四氯乙烷、石油醚、硝基甲烷等有机溶剂。

采用三氧化硫磺化法应注意的问题有：SO_3的液相区狭窄（熔点为16.8℃，沸点为44.8℃），室温下易自聚形成固态聚合体，使用不便。为防止SO_3形成聚合体，可添加适量的稳定剂，如硼酐、二苯砜和硫酸二甲酯等。SO_3反应活性高，反应激烈，副反应多，特别是使用纯SO_3磺化时。为避免剧烈的反应，工业上常用干燥的空气稀释SO_3，以降低其浓度。对于容易磺化的苯、甲苯等有机物，可加入磷酸或羧酸以抑制砜的生成。用SO_3磺化，反应热效应显著，瞬时放热量大，容易造成局部过热而使物料焦化。由于有机物的转化率高，所得磺酸黏度大。为防止局部过热，抑制副反应，避免物料焦化，必须保持良好的换热条件，及时移除反应热。此外，还要适当控制转化率或使磺化在溶剂中进行，以免磺化产物黏度过大。SO_3不仅是活泼的磺化剂，而且是氧化剂。使用时必须注意安全，特别是使用纯净的SO_3时。要注意控制温度和加料次序，防止发生爆炸事故。

(2) 过量硫酸磺化法 被磺化物在过量的硫酸或发烟硫酸中进行磺化称为过量硫酸磺化法，生产上也称为"液相磺化"。硫酸在体系中起到磺化剂、溶剂及脱水剂的作用。过量硫酸磺化法虽然副产较多的酸性废液，而且生产能力较低，但因该法适用范围广而受到广泛的重视。

过量硫酸磺化法既可连续操作，也可间歇操作。连续操作常采用多釜串联操作法。采用间歇操作时，加料次序取决于原料的性质、反应温度以及引入磺基的位置和数目。若被磺化物在磺化温度下呈液态，常常是先将被磺化物加入釜中，然后升温，在反应温度下将磺化剂徐徐加入。这样可避免生成较多的二磺化物。如果被磺化物在反应温度下呈固态，则先将磺化剂加入釜中，然后在低温下加入固体被磺化物，待其溶解后再缓慢升温反应。例如，萘和2-萘酚的低温磺化。

5. 中和过程

中和过程包括如下两个反应：

$$R \!-\!\!\boxed{}\!\!-\! SO_3H + NaOH \longrightarrow R \!-\!\!\boxed{}\!\!-\! SO_3Na + H_2O$$

$$H_2SO_4 + 2NaOH \longrightarrow Na_2SO_4 + 2H_2O$$

直链烷基苯磺酸与碱中和的反应与一般的酸碱中和反应有所不同，它是一个复杂的胶体化学反应，由于直链烷基苯磺酸黏度很大，在强烈的搅拌下，磺酸被粉碎成微粒，反应是在粒子界面上进行的。产物是在搅拌作用下移去，新的碱分子在磺酸粒子表面再进行中和；照此下去，磺酸粒子逐步减少，直至磺酸和碱全部反应完，形成均相的胶体。中和后的产物俗称单体，主要有直链烷基苯磺酸钠（称为活性组分或有效物）、无机盐（主要是硫酸钠和氯化钠）、不皂化物（不与碱反应的物质，主要是不溶于水、无洗涤能力的油类，如石蜡烃、烷基苯等）。影响中和工序及单体质量的因素包括中和温度、工艺水加入量、pH值、搅拌、无机盐以及磺酸中有机杂质等。

(1) 中和温度 中和温度对中和反应本身影响不大，它的影响主要反映在单体的表观黏度，即表现为单体的流动性。温度对单体黏度的影响和对一般流体的影响不一样。在一定温度范围内，单体黏度随温度升高而降低，但超过一定温度后，由于单体的表面活性及胶溶性，随着温度的升高，它的黏度又继续升高，黏度越高，流动性越差。

中和温度太高，会发生局部过热，使单体颜色变差。因此，在中和反应过程中，温度必须控制在 40 ～ 50℃，连续中和稍高点如 50℃ 左右，半连续中和可低些，如 35 ～ 45℃。在保证单体流动性的前提下，要尽可能降低温度，以防止着色。因此，中和系统必须有足够的换热能力，把反应热及时移走，以维持中和温度。

（2）**工艺水的加入量**　中和时，加入工艺水的目的是调节单体的稀稠度，并使中和反应均匀完全。为保证单体总固体含量高，相对密度大，一般应尽量少加水。但是，单体过于稠厚也会使酸碱混合不均匀，搅拌效果差，反应效果不好，流动性变差，因此必须控制加水量。

（3）**pH值**　在反应中，要求控制单体的pH值在7～10。这是因为酸性介质对设备有腐蚀，且酸对碱中的碳酸盐有分解作用。分解产物中的二氧化碳会使单体发松，甚至造成溢釜现象；同时由于中和反应在酸性介质中的反应不均匀，也会使单体结构发松。另外，操作中出现忽酸忽碱现象，更易使单体变色，影响产品质量。所以，中和过程中一定要严格控制pH值。

（4）**搅拌**　根据磺酸中和反应的特点，良好的搅拌能使酸碱充分接触并移走反应热。中和反应时，碱水是连续相而酸是分散相，磺酸分散状况取决于搅拌作用的强弱。分散成粒状的磺酸和氢氧化钠在酸粒子表面发生反应，生成的胶状物质也借助于搅拌从酸滴表面及时移去，使反应继续直至最后完成。因此，搅拌既有粉碎和分散磺酸液滴的作用，又有将液滴表面的生成物及时移去的作用，中和过程中，若单体稠厚，又无良好的搅拌，就容易发生磺酸结团，或出现单体反酸现象。

（5）**无机盐**　单体中所含的无机盐大部分是硫酸钠（俗称芒硝）和氯化钠，氯化钠的量较少，硫酸钠是硫酸与氢氧化钠中和的产物，磺酸中所含硫酸的量决定了单体中硫酸钠的含量。硫酸钠对单体的流动性具有很大的影响。由于硫酸钠是一种无机电解质，而直链烷基苯磺酸钠是一种具有胶体属性的表面活性剂。所以，在单体中，硫酸钠具有凝结和去水作用，使胶体结构变得紧密，单体流动性变好。当总固体含量一定时，硫酸钠含量越高，单体流动性越好。因此，在中和操作过程中还要加入一些硫酸钠溶液。但是，硫酸钠的含量太高，使总固体含量增加，在有效物一定的情况下，又会使单体变稠，流动性变差。此外，如果硫酸钠过多，当温度低于30℃时，由于硫酸钠的溶解度急剧下降，硫酸钠就会饱和析出结晶，造成输送管堵塞。因此，硫酸钠的加入必须适量。

（6）**磺酸中有机杂质**　直链烷基苯磺酸中的有机杂质有两类：一类是未磺化油，另一类是副反应或二次反应产物，主要有磺酸酐、砜、二磺酸、烯烃、氧化物、有色物质等。这些不皂化物的存在使单体发松、发黏，流动性变差，严重者在成型喷雾干燥时使粉粒呈锯末状，密度小，易潮解。有色物质的存在会使单体色泽加深。

（二）原料准备

用三氧化硫黄化生产十二烷基苯磺酸钠所使用的原料主要有硫黄、烷基苯及 NaOH。

硫黄		溴价 /（g/100g）	≤ 0.03
水分 /%	≤ 0.1	水分 mg/kg	≤ 100
硫含量 /%	≥ 99.5	可磺化物 /%	≥ 97.5
钾含量 /%	≤ 0.01	平均分子量	238 ～ 250
灰分 /%	≤ 0.04	消耗定额（按生产 1t 100% 磺酸计）	
烷基苯		烷基苯（平均分子量为245）/kg	765
色泽 /Hazen	≤ 20	硫黄 /kg	100

（三）工艺过程

1. 直链烷基苯磺酸的生产

〔1〕燃硫法生产十二烷基苯磺酸　世界上合成的十二烷基苯磺酸大多是采用SO_3气相薄膜磺化连续生产法，工艺流程见图1-7，其优点是停留时间短、原料配比精确、热量移除迅速、能耗低和生产能力大。工艺流程包括：

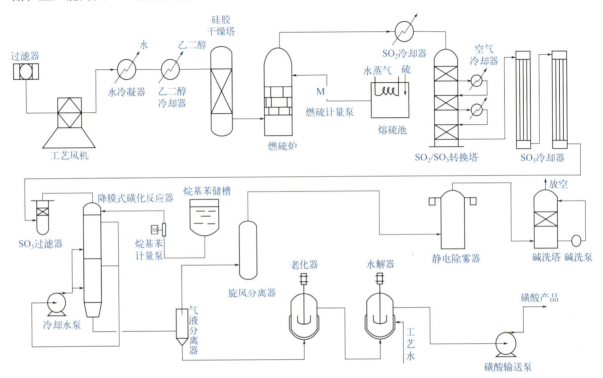

图 1-7　工业烷基苯磺酸生产工艺流程图

① 空气干燥和压缩。大气经过滤器被工艺风机送入系统，经过水冷却器和乙二醇冷却器冷却到5℃，除去大部分水，冷却后的空气被送入硅胶干燥塔进行干燥吸附，使其出口露点达到−60℃（一般要求露点在−40℃以下）。

② SO_3 制备。固体硫黄在熔硫池中经蒸汽加热熔化（温度140～150℃），被燃硫计量泵送入燃硫炉中与干燥空气相遇，燃烧后生成650℃左右的SO_2气体，通过SO_2冷却器进入SO_2/SO_3转化塔中，在V_2O_5催化剂作用下转化为SO_3，其中两个中间空气冷却器保证最佳催化温度430～450℃，其出口SO_2转化率可达98%，然后SO_3气体通过SO_3冷却器冷却至磺化工艺要求温度50～55℃。

③ 磺化反应。干燥空气稀释的SO_3气体通过SO_3过滤器（玻璃纤维静电除雾器）除去酸雾后进入降膜式磺化反应器，与经过计量的烷基苯沿反应器内壁流下形成的液膜并流发生磺化反应。生产热由夹套冷却水及时移走，生成的磺酸与未反应的尾气在气液分离器中分离后，经过5～10min老化，老化的作用让反应后的磺酸保持一定的停留时间，使包含在磺酸中的少量三氧化硫继续与烷基苯反应，减少产品中未磺化油和无机盐含量。老化后的磺酸送往水解器，约加入0.5%的水以破坏少量残存的酸酐，并降低其中游离硫酸和未反应原料的含量。最后通过输送泵送至产品储罐，得到质量稳定的产品。

$$R\!-\!\langle\ \rangle\!-\!SO_2\!-\!O\!-\!SO_2\!-\!\langle\ \rangle\!-\!R + H_2O \longrightarrow 2R\!-\!\langle\ \rangle\!-\!SO_3H$$

$$R\!-\!\langle\ \rangle\!-\!SO_2\!-\!O\!-\!SO_3H + H_2O \longrightarrow R\!-\!\langle\ \rangle\!-\!SO_3H + H_2SO_4$$

④ 尾气处理。根据环保要求，来自磺化单元的尾气在放空前需经处理，以微粒形式存在的有机物和微量的 SO_3 经静电除雾器除去。尾气中所含 SO_2 在碱洗塔中被连续循环的 NaOH 溶液吸收除去。尾气的排放浓度为 $SO_2 \leqslant 5 \times 10^{-6}$，$SO_3 \leqslant 15 \times 10^{-6}$。

SO_3 气相薄膜磺化法的关键技术是薄膜磺化反应器，迄今为止，已经出现了许多类型的三氧化硫薄膜磺化反应器。图 1-8 是目前应用比较广泛的一种双膜式磺化反应器。该反应器由一套直立式并备有内、外冷却夹套的两个不锈钢同心圆筒组成。整个装置分原料分配区、反应区和产物分离区三部分。液相烷基苯经顶部环形分布器均匀分布，沿内、外反应管壁自上而下流动，形成均匀的内膜和外膜。空气 $-SO_3$ 的混合物也被输送到分布器的上方，进入两同心圆管间的环隙（即反应区），与有机液膜并流下降，气液两相接触而发生反应。在反应区，SO_3 浓度自上而下逐渐降低，烷基苯的磺化率逐渐增加，磺化液的黏度逐渐增大，到反应区底部磺化反应基本完成，反应热由夹套冷却水移除。废气与磺酸产物在分离区进行分离，分离后的磺酸产品和尾气由不同的出口排出。

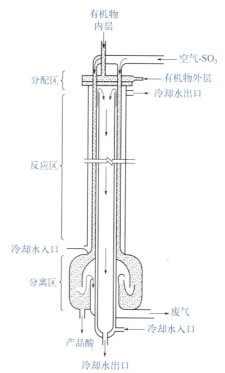

图 1-8　双膜式磺化反应器

气相 SO_3 磺化十二烷基苯具有如下特点：①反应属于气-液非均相反应，反应速率很快，几乎在瞬间完成；总反应速率取决于气相 SO_3 分子至液相烷基苯的扩散速度。②反应是一个强放热过程，反应热达到 711.75kJ/kg。大部分反应热在反应初期放出。因此，控制反应速率，快速移走反应热是生产的关键。③反应系统黏度急剧增加。烷基苯在 50℃时，黏度为 1×10^{-3}Pa·s，而磺化产物的黏度为 1.2Pa·s，黏度增加使传质传热困难，容易产生局部过热现象，加剧过磺化等副反应。④副反应极易发生。反应时间、SO_3 用量等因素如控制不当，会产生许多副产品。

基于以上反应特点，工业上除了选用合理的磺化反应器外，还应充分考虑磺化工艺条件，以确保生产的正常进行和产品质量。

① SO_3 浓度及用量。由于 SO_3 反应活性很高，为避免反应速率过快和减少副反应，须使用 SO_3- 干空气混合气，其中 SO_3 含量一般为 3%～7%（体积分数）。原料配比采用 SO_3：烃 =1.03：1（摩尔比），接近理论量。

② 气体停留时间。由于反应几乎在瞬间完成，且反应总速率受气体扩散控制，因此，进入连续薄膜反应器的气体应保持高速，以保证气-液接触呈湍流状态；同时，也为避免发生多磺化，这就要求气体在反应器内的停留时间一般应小于 2s。

③ 反应温度。温度能直接影响反应速率、副产物的生成和产品的黏度。由于磺化反应是强放热反应，且反应主要集中在反应区的上半部，因此，应快速移热、充分冷却，控制反应温度。一般控制反应器出口温度在 35～55℃；温度过低，磺化物黏度过高，不利于分离。

（2）发烟硫酸磺化法　以发烟硫酸作为磺化剂与烷基苯反应如下：

$$C_{12}H_{25}\text{—}\bigcirc\text{—} \xrightarrow{\text{发烟}H_2SO_4} C_{12}H_{25}\text{—}\bigcirc\text{—}SO_3H + H_2O$$

与三氧化硫磺化相比，发烟硫酸磺化较易控制，反应热效应较小，但由于反应过程中产生大量废酸，生产成本偏高。其生产工艺如图 1-9 所示。

① 磺化。将烷基苯和发烟硫酸分别由高位槽经转子流量计按 1.1～1.2：1.0 的质量比连续引入磺化反应泵内，反应物大部分进入冷却器冷却到 35～40℃，然后以 20：1 的回流质量比回流到反应泵进口和新鲜物料继续反应。磺化温度控制在 35～40℃。

② 分酸。将磺化后的混酸和水分别从高位槽中经转子流量计按 85：15 的质量比送入分酸

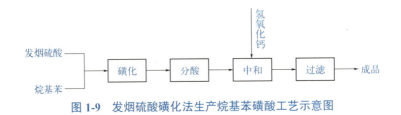

图 1-9 发烟硫酸磺化法生产烷基苯磺酸工艺示意图

泵中，使物料在分酸泵中充分混合后送入分酸冷却器，冷却后的大部分物料回入分酸泵中，少量物料送入分酸器分酸。进入分酸泵的物料经冷却器冷却后送入分酸器内分酸。分出的大部分废酸回流，小部分放入废酸贮槽，留作他用，上部分出的磺酸送入中和釜。分酸后的废酸中和值控制在 600mg/g 左右，磺酸中和值在 160mg/g 左右。分酸温度控制在 45～50℃。

2. 烷基苯磺酸的中和

烷基苯磺酸中和有间歇、半连续和连续中和三种操作方式。间歇中和是在 1 个耐腐蚀的中和釜中进行，中和釜为敞开式的反应器，内有搅拌器、冷却盘管、冷却夹套等。操作时，先在中和釜内放入一定数量的碱和水，在不断搅拌的情况下逐步分散加入烷基苯磺酸，当温度升至 30℃后，以冷却水冷却，pH 值至 7～8 时放料，反应温度控制在 30℃左右。间歇中和时，前釜要为后釜留部分单体，以使反应加快、均匀。所谓半连续中和是指进料中和为连续，pH 调整和出料是间歇的。它是由 1 个中和釜和 1～2 个调整釜组成。烷基苯磺酸和氢氧化钠在中和釜内反应，然后溢流至调整釜，在调整釜内将单体 pH 值调至 7～8 后放料。连续中和是目前较先进的一种操作方式。连续中和的形式很多，但大部分是采取主浴（泵）式连续中和。中和反应是在泵内进行的，以大量的物料循环使系统内各点均质化。根据循环方式又可分为内循环和外循环两种。

① 主浴式外循环连续中和的装置是由循环泵、均化泵（中和泵）和冷却器组成的。从水解器来的磺酸进入均化泵的同时，碱液和工艺水分别以一定流量在管道内稀释，稀释的碱液与从循环泵出来的中和料浆混合后也进入均化泵，在入口处磺酸与氢氧化钠立即中和，并在均化泵内充分混合，完成中和反应。从均化泵出来的中和料浆经 pH 测量仪后，进入冷却器，除去反应产生的热量，控制中和料浆温度为 50～60℃。冷却器出来的中和料浆大部分用循环泵送到均化泵入口，进行循环，以稀释中和热量，小部分通过单体储罐旁路出料。中和碱液的质量分数约为 12%，系统压力为 2～8MPa，中和料浆循环比 20∶1。

② 主浴式内循环连续中和也称塔式中和或闪激式中和，其生产工艺流程见图 1-10，中和反应器是由内外管组成的套管设备，外管外有冷却夹套。在内管底部装有轴流式循环泵的叶轮，叶轮下面装有磺酸水碱液的注入管。两只注入管上有蒸汽冲洗装置，以防止管路堵塞。内管上部装有折流板，用于调节其高度。套管上部为蒸发室，它和分离器相连，由蒸汽喷射泵抽真空，残压为 5.3kPa。整个操作均采用自动控制。磺酸和烧碱分别经转子流量计（或比例泵）计量后从中和器底部进入反应系统，随即和从外管流下的单体在轴泵中混合，借助泵叶片的剧烈搅拌及物料在内管的湍流运动使物料充分混合，并进行反应。单体从内管顶部喷入真空蒸发室，冲击在折流板

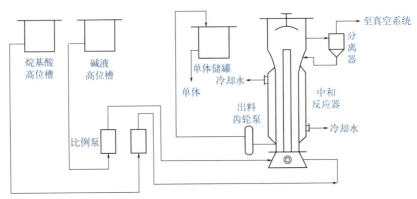

图 1-10 主浴式内循环连续中和生产工艺流程

上，分散形成薄膜，借助喷射泵形成的真空使单体部分水分闪激蒸发，从而使单体得到冷却和浓缩。由于真空脱气的作用，也使单体大部分从外管回到中和器底部，小部分从外管下侧处由齿轮泵抽出，送往单体储罐。总固体含量控制在 55% 左右。中和温度控制在 50 ～ 55℃，反应热主要靠水分蒸发带走，部分热量靠外管夹套冷却水冷却移走。

（四）产品分析检测

1. 烷基苯磺酸

烷基苯磺酸产品规格（GB/T 5177—2017）如下。

项目		指标	
		优等品	合格品
外观		从浅黄色到棕黄色的黏稠液体	
烷基苯磺酸含量（质量分数）/%	≥	97.0	96.0
游离油含量（质量分数）/%	≥	1.5	2.0
硫酸含量（质量分数）/%	≤	1.5	1.5
色泽 /Klett	≤	30	50

2. 烷基苯磺酸钠

GB/T 5178—2008 规定了直链烷基苯磺酸钠的平均分子量的测定。两家生产公司的烷基苯磺酸钠的质量规格如下。

项目	金陵石化公司烷基苯厂	美国开米松公司	项目	金陵石化公司烷基苯厂	美国开米松公司
活性物含量 /%	≥ 40	约 60	硫酸钠含量 /%	—	2.0
游离油含量 /%	≤ 2.5（按 100% 活性物计）	2.5	色泽 /Klett	外观乳白色	30

（五）复配应用

直链烷基苯磺酸钠的主要用途是作为洗涤剂的活性物质。例如宝石清洗剂，宝石首饰长期佩戴后，会出现色彩和光泽暗淡的现象，并因长时间佩戴沾染上油污和灰尘，要用适当的方法清洗。本品是以表面活性剂为主要原料制成，适用于多数宝石清洗，使用方便，不损伤宝石。

原料	组成（质量分数）/%	作用
脂肪醇聚氧乙烯醚	5 ～ 6	表面活性剂
十二烷基苯磺酸钠	13 ～ 16	表面活性剂
脂肪醇聚氧乙烯醚硫酸钠	4 ～ 6	表面活性剂
净洗剂 6501（椰子油酸二乙醇胺）	3 ～ 5	洗净剂
食盐	适量	增稠剂
乙二胺四乙酸	0.06 ～ 0.15	稳定剂
硫酸	适量	pH 调节剂
乙醇	2 ～ 4	增溶剂
苯甲酸钠	0.1	防腐剂
香料	0.1	—
纯水	加至 100	—

宝石清洗剂制备过程如下：先将水加入带有搅拌器的反应器中，慢慢加热，在水温保持 40 ～ 50℃ 下，加入脂肪醇聚氯乙烯醚，不断搅拌，直到全部溶解。在上述温度下，依次加入十二烷基苯磺酸钠、净洗剂 6501、脂肪醇聚氧乙烯醚硫酸钠等表面活性剂。不断搅拌，直至全部溶解均匀。降温至 40 ～ 45℃ 时，在不断搅拌下加入苯甲酸钠、乙二胺四乙酸、食盐，至全溶后，继续加入乙醇、香料，搅拌均匀，测定所制备溶液的 pH 值，加入适量硫酸，调节溶液 pH 值为 7 ～ 8 后即所得产品。

用本品清洗宝石如红宝石、蓝宝石等宝石首饰时，可在 50℃ 左右的热水中，滴入少量本品，将宝石放入浸泡数分钟后，用柔软的毛刷轻轻刷洗干净，再用清水冲净，擦干或阴干。清洗黄玉、玛瑙等首饰应浸泡在加有少量本品的冷水中，用毛刷轻轻刷净，再用清水冲洗干净，擦干。

（六）创新引导

（1）直链烷基苯磺酸钠已是产量和消耗量相当大的阴离子表面活性剂，虽然具有良好的清洁能力，但有研究表明，其对动植物的低毒性和环境安全性不容忽视（尽管易降解，但在环境中和生物体内有累积），尤其用作厨房洗涤剂已逐步被淘汰。目前，还有哪些环保型阴离子表面活性剂可替代它？

（2）三氧化硫磺化法具有反应迅速，磺化剂用量接近于理论用量，磺化剂利用率高达 90% 以上，反应无水生成，无大量废酸，三废少，经济合理等优点，所用的磺化剂主要有液体三氧化硫和三氧化硫 - 溶剂。液态三氧化硫使用方便，但成本较高，适用于不活泼液态芳烃的磺化；三氧化硫 - 溶剂法优点是反应温和且易于控制，副反应少，产物纯度和磺化收率较高，适用于被磺化物或磺化产物是固态的情况。是否有能同时应用于液态和固态的新型磺化剂可替代？

项目三

阳离子表面活性剂

阳离子表面活性剂是指在水溶液中解离生成带正电荷的亲水基的表面活性剂。其亲水基主要为碱性氮原子，也有磷、硫、碘等原子。含氮阳离子型表面活性剂主要为胺盐及季铵盐。胺盐常指伯、仲、叔胺的盐，它们可由相应的胺用盐酸、乙酸等中和得到。胺盐为弱碱性的盐，对 pH 较为敏感，在酸性条件下，形成可溶于水的胺盐，碱性条件则游离出胺。而季铵盐属于强碱，无论在酸性或碱性溶液中均能溶解。

阳离子表面活性剂很少用作清洗剂，原因是很多基质的表面都带有负电荷。在应用过程中，带正电荷的阳离子表面活性剂分子不去溶解碰到的油垢，反而吸附在基质的表面上。这种特定性质决定了阳离子表面活性剂的特殊用途。首先是抗静电性（由于其可中和负电荷）；其次是织物的柔软剂（在基质表面形成油膜，使织物具有憎水作用并能显著降低纤维表面的静摩擦系数，从而使纤维具有良好的平滑性）。另外，阳离子表面活性剂大量用于防霉和杀菌（可定向在细菌半透膜与水或空气的界面上，紧密排列的界面分子阻碍有机体的呼吸或切断营养物质的来源而导致细菌死亡）。

一、主要品种

1. 脂肪胺盐型表面活性剂

脂肪胺盐型表面活性剂是由脂肪胺与相应的酸生成的盐，即醋酸盐、油酸盐、环烷酸盐等。其中 $C_{12} \sim C_{18}$ 烷基的伯、仲、叔胺是主要的脂肪胺，结构式为 $R-N \begin{subarray}{l} R' \\ R'' \end{subarray}$，R 是 $C_{12} \sim C_{18}$ 烷基，R'、R'' 可以是氢、CH_3 或其他低碳烷基。伯胺可以由脂肪酸与氨反应制得脂肪腈，然后在镍催化剂作用下加氢还原制得。

$$RCOOH \underset{}{\overset{NH_3}{\rightleftharpoons}} RCOONH_4 \underset{+H_2O}{\overset{-H_2O}{\rightleftharpoons}} RCONH_2 \underset{+H_2O}{\overset{-H_2O}{\rightleftharpoons}} RC \equiv N$$

$$RC \equiv N \overset{H_2}{\longrightarrow} RCH_2NH_2$$

仲胺可由伯胺制备或脂肪醇和氨反应制得。叔胺可从伯胺或叔胺衍生得到。

伯胺盐主要用作纤维柔软剂、矿物浮选剂或沥青乳化剂，仲胺盐用得不多，主要是聚氧乙烯化胺盐（Soromin 系列），叔胺盐以含酯键或酰胺键的产品为主（Sapamine 系列）。

$$C_{17}H_{35}COOCH_2CH_2N(CH_2CH_2OH) \cdot HCOOH(Soromin\ A)$$
$$C_{17}H_{35}CONHCH_2CH_2N(C_2H_5)_2 \cdot CH_3COOH(Sapamine\ A)$$

这些物质均具有良好的抗静电性、柔韧性、匀染性、渗透性和分散性。

2. 季铵盐型阳离子表面活性剂

季铵盐型阳离子表面活性剂从形式上看是铵离子（NH_4^+）的 4 个氢离子被有机基团所取代，形成 $R_1R_2N^+R_3R_4$ 的形式。其中 R_1 是高碳烷基（$C_{12} \sim C_{18}$），R_2 可以是高碳烷基或甲基，R_3 是甲基，R_4 可以是甲基、苄基、烯丙基等。季铵盐和胺盐的区别在于季铵盐是强碱盐，无论在酸性还是在碱性溶液中均能溶解，并解离成带正电荷的脂肪链阳离子；而胺盐是弱碱盐，对 pH 较敏感，在碱性条件下游离成不溶于水的胺，失去表面活性。

季铵盐一般都有较好的水溶性，碳链长度增加，水溶性降低。$C_8 \sim C_{14}$ 的易溶于水，$C_{16} \sim C_{18}$ 的难溶于水。单长链烷基的季铵盐能溶于极性有机溶剂，但不溶于非极性溶剂。双长链烷基季铵盐几乎不溶于水，但溶于非极性溶剂。若季铵盐中含有不饱和的脂肪族或芳香族基团时，能增加其溶解度。季铵盐的商品通常为其含量在 $10\% \sim 75\%$ 的水溶液或有机溶剂的溶液。

季铵盐最简单的制备方法为叔胺与烷基化剂反应。烷基化剂有卤代烷、硫酸烷基酯和氯化苄等。例如：

其中脂肪烷基二甲基氯化铵通常用作消毒杀菌剂。但长时间应用单一品种易使某些微生物产生抗药性，因此国内外现已研制出第二代、第三代杀菌剂。双烷基二甲基氯化铵具有合成工艺简单、生产成本低、无毒、无味、杀菌效果好等优点，成为第三代杀菌剂（双烷基中以碳数为 $8 \sim 10$ 的季铵盐杀菌效果最佳）。若将其与第一代杀菌剂烷基二甲基苄基氯化铵复配使用，杀菌性能比前三代产品高出 $4 \sim 20$ 倍。$C_8 \sim C_{10}$ 双烷基甲基叔胺的长链烷基可以是双癸基、辛基癸基、双辛基等系列产物，常用的还有氯化十二烷基三甲基铵（表面活性剂 1231）、氯化十六烷基三甲基铵（表面活性剂 1631）等。

3. 氧化叔胺

氧化叔胺是烷基二甲基叔胺或烷基二羟乙基叔胺的氧化产物，其化学式为 $R(CH_3)_2N \rightarrow O$ 或 $R(CH_2CH_2OH)_2N \rightarrow O$，烷基为 $C_{16} \sim C_{18}$ 烃基。其中所含基团 $N \rightarrow O$ 是强极性基，电子云密度趋向氧原子，因而形成氢键的能力很强，具有吸湿性。它在酸性介质中呈阳离子性、在中性及碱性介质中呈非离子性。

工业上氧化叔胺由烷基二甲基叔胺、烷基二羟乙基叔胺和酰胺基胺氧化制得，过氧化氢是常用的氧化剂。反应式如下：

$$\text{R-N} \begin{matrix} \text{CH}_2\text{CH}_2\text{OH} \\ | \\ \\ \text{CH}_2\text{CH}_2\text{OH} \end{matrix} + \text{H}_2\text{O}_2 \longrightarrow \text{R-N} \begin{matrix} \text{CH}_2\text{CH}_2\text{OH} \\ | \\ \rightarrow \text{O} \\ \text{CH}_2\text{CH}_2\text{OH} \end{matrix} + \text{H}_2\text{O}$$

$$\text{RCONH(CH}_2)_3\text{N} \begin{matrix} \text{CH}_3 \\ | \\ \\ \text{CH}_3 \end{matrix} + \text{H}_2\text{O}_2 \longrightarrow \text{RCONH(CH}_2)_3\text{N} \begin{matrix} \text{CH}_3 \\ | \\ \rightarrow \text{O} \\ \text{CH}_3 \end{matrix} + \text{H}_2\text{O}$$

反应中常加入螯合剂抑制重金属离子，提高过氧化氢的利用率。

氧化叔胺具有优良的发泡性与泡沫稳定性，用于制备洗发香波、液体洗涤剂、手洗餐具洗涤剂。它还具有润湿、柔软、乳化、增稠、去污作用，除用于洗涤剂制备外，还用于工业洗净、纺织品加工、电镀加工等。

二、长链季铵盐型阳离子表面活性剂生产技术

（一）生产原理

长链季铵盐合成的基本反应为叔胺与烷基化剂的反应，是亲核取代反应，这是因为胺上的氮原子上有一对未共用的电子对，具有亲核作用，能够接受质子。季铵化反应的影响因素如下：

1. 胺类碱性

一般情况下，胺类的碱性越强，其亲核性也越强，季铵化反应越容易进行。若以 pK_b 的变化来考查反应过程，则有如下规律：pK_b 小于 6 的胺在室温下可与 CH_3I 反应，易于生成季铵盐；pK_b 在 $6 \sim 10$ 的胺在加热条件下才能生成季铵盐；pK_b 大于 10 的胺在醇中加热至沸也不能生成季铵盐。伯、仲、叔胺的碱性次序为：仲胺＞伯胺＞叔胺，说明取代烷基对增大胺类碱性有利，但叔胺由于空间位阻效应，碱性反而下降。胺的同系物中，分子量越大碱性越强，对于环状胺，氮原子在饱和环上的碱性比在不饱和环上的碱性强。

2. 烷基化试剂的结构

常用烷基化试剂卤代烷中，反应活性按下列顺序递减：I＞Br＞Cl＞F；烷基取代基越大，则空间位阻效应越大，因而反应难度增大。对不同烷基化试剂，反应的难易程度如下：$ROSO_2$—＞I—＞RCOO—＞HO—＞NR_2—。对 pK_b 小于 6 的胺，用碘甲烷或苄基氯在室温下即可发生季铵化反应，用碘甲烷在加压、100℃左右也能发生季铵化反应；对 pK_b 在 $6 \sim 10$ 之间的胺，在加热条件下或用硫酸二甲酯即可使其发生季铵化反应。

3. 溶剂的影响

一般来说，极性溶剂如甲醇、苯甲醇的存在可促进长链季铵盐的合成。醇中加入一部分水也可取得良好的结果，而非极性溶剂对反应的影响较小。

（二）原料准备

脂肪醇：含量≥95%　　　　　　氯甲胺：含量≥98%

甲胺：含量≥98%　　　　　　　氢氧化钠：含量＞90%

氢气：纯度＞99%，氧含量＜0.3%　　异丙醇：工业级

（三）生产工艺

以椰子油加氢制得的 $C_8 \sim C_{10}$ 醇为原料经一步法合成双烷基甲基叔胺，再用氯甲烷经季铵化反应得 $C_8 \sim C_{10}$ 双烷基二甲基季铵盐，反应式如下：

$$2RCH_2OH + CH_3NH_2 \longrightarrow CH_3-N\begin{matrix} CH_2R \\ | \\ CH_2R \end{matrix} \xrightarrow{CH_3Cl} RCH_2-N^+\begin{matrix} CH_3 \\ | \\ | \\ CH_3 \end{matrix}CH_2R \cdot Cl^-$$

由于双烷基甲基叔胺的季铵化是自催化反应,因此本工艺的关键是叔胺化反应。实现叔胺化反应需要采用多功能高活性和具有优良选择性与稳定性的催化剂。

工艺流程见图1-11。先由地槽9将脂肪醇打入高位槽11,计量后放入配料罐10,将催化剂称量后加入,启动搅拌大约5min后,将混合料通过泵16打入反应釜1,反应系统用氮气清洗5min;以380号导热油加热,搅拌下升温至100℃,通氢气循环,继续升温至200℃,保持约1h,即认为催化剂活化完成。降温至160℃,开始进甲胺气,以1℃/min的速度升温,以流量计12、13、14控制甲胺、氢气及混合气的流速,此时可以观察到油水分离器4中有大量水生成,水中有溶解的未反应一甲胺放入罐5,蒸发出的一甲胺导入罐18重复使用。

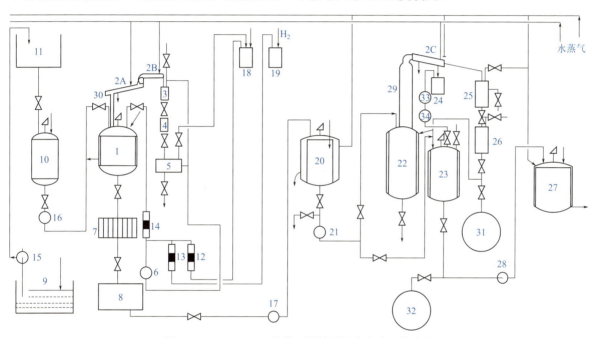

图1-11 $C_8 \sim C_{10}$ 双烷基二甲基季铵盐生产工艺流程

1—反应釜;2A,2B,2C—冷凝器;3,4—油水分离器;5—蒸发罐;6,15~17,21,28—泵;7—板框过滤机;8,31—叔胺贮罐;9—地槽;10—配料罐;11—高位槽;12~14—流量计;18—甲胺罐;19—氢气罐;20—萃取罐;22—蒸馏釜;23—季铵化罐;24—氯甲烷罐;25,26—分离器;27—混合罐;29,30—分馏柱;32—季铵盐贮罐;33,34—氯甲烷净化装置

通甲胺约3h后停止,保持温度205℃,直通氢气,总循环流保持不变条件1h后,停止通氢气,降温至150℃,由板框过滤机7过滤,过滤后的粗叔胺可储存于罐8。催化剂重复使用,第二批投料,不用活化催化剂,只需在氢循环下升温至160℃,直接通一甲胺反应即可重复其后操作。

萃取工序:粗叔胺产品中溶解一部分过渡金属离子,蒸馏前先通过泵17打入萃取罐20,将配制好的含10%的萃取剂溶液按粗胺量的20%(体积分数)打入,升温至60℃,搅拌40min,静置20min后放去下层萃取溶液,同样操作重复一次。第二次萃取液可作第二批的第一次萃取液使用,经过萃取的叔胺为淡黄色,当叔胺收率在98%以上时,可以直接通过泵21打入蒸馏釜22。

蒸馏工序:蒸馏可以提纯叔胺,回收未反应的醇和少量仲胺,降低消耗定额,蒸馏总收率大于96%,收集185~220℃馏分,作为叔胺可以直接放入季铵化罐23,也可以放入精叔胺的贮罐31。

季铵化工序:放入季铵化罐23的叔胺,在常压及50℃条件下,通入CH_3Cl反应5h,可使叔胺季铵化50%以上。在0.4~0.5MPa、(85±2)℃条件下反应4h,可使叔胺完全季铵化,无游离胺存在。需要注意的是本工艺所用的氯甲烷是农药副产品。因此增加了两步装置33、34净化氯甲烷,并加15%~25%异丙醇以均化基质的极性。但在通氯甲烷0.5h左右时,因季铵化是自催化的过程，又是放热反应，所以操作应特别谨慎，以免飞温，导致季铵化产物颜色变深。

（四）分析检测

双辛基甲基叔胺		双辛基二甲基氯化铵	
外观	无色至浅黄色液体	外观	浅黄色透明液体
色泽 /Hazen	< 100	活性物质含量 /%	80±2
叔胺含量 /%	≥ 94	未反应胺含量 /%	≤ 2
伯、仲胺含量 /%	≤ 2	pH 值	6 ~ 8
主组分 /%	≥ 85		

（五）复配应用

【饮料瓶及食品包装瓶清洗剂配方】

成分	组成（质量分数）/%	作用	成分	组成（质量分数）/%	作用
烷基磺酸钠	6 ~ 12	润湿剂、去污剂	马来酸酐 - 丙烯酸共聚物	1 ~ 3	污垢分散剂
烷基二甲基季铵盐	5 ~ 8	杀菌剂	六偏磷酸钠	1.5 ~ 3.5	除垢剂
三聚磷酸钠	1 ~ 3	除垢剂	纯水	加至 100	—
尿素	1 ~ 3	增溶剂			

食品及饮料行业使用大量器皿，用于暂存食物及原材料，许多饮品及乳品还使用各种类型的包装瓶。这些器皿和包装瓶在使用前都需要进行清洗。一些回收的饮料瓶、啤酒瓶也需要彻底清洗后再使用。本品具有去污力好、腐蚀性小、兼有消毒作用等特点，可用于洗涤食品及饮料行业的包装物、器皿、玻璃瓶等。

制备时，在搅拌槽中加入水、尿素、三聚磷酸钠、六偏磷酸钠，等全溶后再加入马来酸酐 - 丙烯酸共聚物、烷基苯磺酸钠、烷基二甲基季铵盐，搅拌使各组分充分混合，即得产品。使用方法同一般液体洗涤剂。

（六）创新引导

① 季铵盐型阳离子表面活性剂除了用作清洗剂之外，还可用作柔软剂、抗静电剂、杀菌剂等。我们日常生活中经常会遇到穿的衣物、鞋子等时间久了就会泛黄变硬的烦恼，通过本项目学习，思考能否通过对季铵盐进行改性，合成一种亲水性较强、柔软性好、抑制泛黄等多种功能的阳离子表面活性剂，赋予织物柔软性、亲水性和抗黄变性。

② 单长链烷基季铵盐型阳离子表面活性剂能溶于极性溶剂，但不溶于非极性溶剂，而双长链烷基季铵盐型阳离子表面活性剂几乎不溶于水，而溶于非极性溶剂，思考可否分别进行改性，增加它们在不同极性溶剂中的溶解度，改善溶解性能。

项目四

非离子表面活性剂

非离子表面活性剂不同于离子表面活性剂，它的亲水基在水中不电离，主要是由一定数量的含氧基团（一般为醚基和羟基）构成，正是这一点决定了非离子型表面活性剂在某些方面比离子型表面活性剂更优越。因为在溶液中不是离子状态，所以稳定性高，不易受强电解质无机盐的影响，也不易受 pH 值的影响，与其他类型表面活性剂相容性好。

非离子表面活性剂有以下特征。

① 是表面活性剂家族第二大类，产量仅次于阴离子表面活性剂。

② 由于非离子表面活性剂不能在水溶液中解离为离子，因此稳定性高，不受酸、碱、盐所影响，耐硬水性强。

③ 与其他表面活性剂及添加剂相容性较好，可与阴、阳、两性离子型表面活性剂混合使用。

④ 由于在溶液中不电离，故在一般固体表面上不易发生强烈吸附。

⑤ 聚氧乙烯型非离子表面活性剂的物理化学性质强烈依赖于温度，随温度升高，在水中变得不溶（浊点现象）。但糖基非离子表面活性剂的性质具有正常的温度依赖性，如溶解性随温度升高而增加。

⑥ 非离子表面活性剂具有高表面活性，其水溶液的表面张力低，临界胶束浓度低，胶束聚集数大，增溶作用强，具有良好的乳化力和去污力。

⑦ 与离子型表面活性剂相比，非离子表面活性剂一般来讲起泡性能较差，因此，适用于配制低泡型洗涤剂和其他低泡型配方产品。

⑧ 非离子表面活性剂在溶液中不带电荷，不易与蛋白质结合，因而毒性低，对皮肤刺激性也较小。如糖脂和吐温型产品常用于食品工业配方中。

⑨ 非离子表面活性剂产品大部分呈液态或浆状，这是与离子型表面活性剂不同之处。

一、主要品种

（一）聚氧乙烯醚型非离子表面活性剂

这类非离子表面活性剂一般随烷基链的增长其熔点和疏水性也相应地增加，聚氧乙烯基中单元数增加，则水溶性增加。

1. 脂肪醇聚氧乙烯醚型非离子表面活性剂

脂肪醇聚氧乙烯醚（AEO）是非离子表面活性剂的一大品种。具有优良的润湿性、低温洗涤、耐硬水和易生物降解等性能，广泛用于石油、金属加工、纺织、农药等领域。其制备是将环氧乙烷加成到醇的羟基上形成醚，反应式如下：

$$R{-}OH + nH_2C{-}CH_2 \longrightarrow R(CH_2CH_2O)_nOH \quad (R{=}C_{12}{\sim}C_{14}醇或C_{16}{\sim}C_{18}醇；n{=}3,9,12,25等)$$

2. 聚氧乙烯烷基酚非离子表面活性剂

聚氧乙烯烷基酚非离子表面活性剂是用烷基酚与环氧乙烷加成聚合制得的系列产品。20 世纪 60 年代中期前，由支链烷基酚制取，现在用直链烷基酚制成线性聚氧乙烯烷基酚（LAP）。国内生产的品种有各种环氧乙烯分子数的乳化剂 OP、清洗剂 TX 等系列产品。聚氧乙烯烷基酚的结构式为：

$$R{-}\boxed{}{-}O(C_2H_4O)_nH$$

式中，R 一般为 8～9 个 C 原子，聚氧乙烯烷基酚的化学性质很稳定，不怕强酸、强碱，即使在温度较高时也不易被破坏。聚氧乙烯烷基酚随环氧乙烷加成数的不同，性能也相应变化。当环氧乙烷分子数 n 为 1～6 时，加成物为油溶性，不溶于水；$n > 8$ 时，则为可溶于水的化合物。当 $n{=}8～10$ 时，水溶液的表面张力较低，此时具有较强的润湿性、去污力和乳化性能，之后随 n 变大则表面张力逐渐升高，而润湿能力降低；$n > 15$ 时没有渗透性、润湿性及去污能力，但可在强电解质溶液中用作洗涤剂与乳化剂。

工业上用得较多的是聚环氧乙烷壬基酚系列，其聚合反应如下：

$$C_9H_{19} \diagdown \bigcirc \diagup OH + nH_2C\overset{O}{\underset{}{—}}CH_2 \xrightarrow{催化剂} C_9H_{19} \diagdown \bigcirc \diagup O(C_2H_4O)_nH$$

3. 聚氧乙烯脂肪酸酯非离子表面活性剂

此类表面活性剂分子中存在酯基（—COOR），比起醚键显得较不稳定，在酸、碱性热溶液中易水解。在强酸、强碱中洗涤作用远不及肥皂。但由于脂肪酸来源较容易，并具有低泡、生物降解性好等特点，主要用作乳化剂、分散剂、纤维油剂及染色助剂。常用的脂肪酸有硬脂酸、椰子油酸、油酸、松香酸、合成脂肪酸等。碳链越长，产物的溶解度越小，浊点越高，但是含羟基或不饱和的脂肪酸是例外。聚氧乙烯脂肪酸酯可由脂肪酸和环氧乙烷的酯化制得：

$$RCOOH + H_2C\overset{O}{\underset{}{—}}CH_2 \xrightarrow{NaOH} RCOOCH_2CH_2OH$$

$$RCOOCH_2CH_2OH + (n-1)H_2C\overset{O}{\underset{}{—}}CH_2 \xrightarrow{NaOH} RCOO(CH_2CH_2O)_nH$$

副反应为：

$$2RCOO(CH_2CH_2O)_nH \rightleftharpoons RCOO(CH_2CH_2O)_nOCR + HO(CH_2CH_2O)_nH$$

生成的产品是聚氧乙烯脂肪酸单酯、双酯与聚乙烯乙二醇的混合物。另外，脂肪酸、脂肪酸酐、脂肪酰氯、脂肪酸金属盐、脂肪酸酯与聚乙二醇反应均可得到产品。

4. 聚氧乙烯烷基胺非离子表面活性剂

聚氧乙烯烷基胺是由胺与环氧乙烷反应而制得的一种表面活性剂，结构通式为：

$$RN\diagdown^{(CH_2CH_2O)_nH}_{(CH_2CH_2O)_nH} \quad 及 \quad \overset{R}{\underset{R}{\diagup}}N(CH_2CH_2O)_nH \quad n>1$$

低聚合度的具有阳离子表面活性剂的特征，随着聚合度的加大，在碱性溶液中较稳定，呈非离子性；在酸性溶液中呈现阳离子性，可以很强地吸附在物体表面，在纺织印染中作匀染剂或剥色剂，在金属塑料等硬表面作防水剂和防腐蚀剂，还可作为沥青乳化剂使用。脂肪胺与环氧乙烷极易反应，反应分两步进行：第一步是2mol环氧乙烷加成到胺的两个活泼氢上，此时不需催化剂，反应可在100℃进行；第二步为链增长反应，由于速率较慢，需加入粉状氢氧化钠或醇钠催化剂，温度提高至150℃以上。反应式如下：

$$R—NH_2 + 2H_2C\overset{O}{\underset{}{—}}CH_2 \longrightarrow R—N\diagdown^{CH_2CH_2OH}_{CH_2CH_2OH}$$

$$R—N\diagdown^{CH_2CH_2OH}_{CH_2CH_2OH} + nH_2C\overset{O}{\underset{}{—}}CH_2 \longrightarrow RN\diagdown^{(CH_2CH_2O)_xH}_{(CH_2CH_2O)_yH} \quad (x+y=n+2)$$

催化剂碱性越大，反应速率越快。聚氧乙烯烷基胺非离子表面活性剂主要有聚环氧乙烷脂肪胺、聚环氧乙烷脂肪叔胺及聚环氧乙烷脱氢松香胺。

（二）多元醇型非离子表面活性剂

多元醇型非离子表面活性剂含有多个羟基作为亲水基团。其亲水基原料主要为甘油、季戊四醇、山梨醇、失水山梨醇和糖类，所用亲油基原料主要为脂肪酸。这类表面活性剂具有良好的乳化、分散、润滑和增溶性，广泛用于食品、医药、化妆品、纺织印染和金属加工等行业。

1. 甘油脂肪酸单、双酯及聚甘油酯

甘油脂肪酸酯是脂肪酸多元醇酯的典型品种，由甘油和脂肪酸直接酯化可得到单酯、双酯和三酯的混合物。其中三酯没有乳化能力，双酯的乳化能力也只有单酯的 1% 以下，最常用的为甘油脂肪酸单酯。单酯的生产包括两种方法，一种是甘油直接酯化法，另一种是甘油醇解法（酯交换）。

$$RCOOH + \begin{array}{c} CH_2OH \\ | \\ CHOH \\ | \\ CH_2OH \end{array} \longrightarrow RCOOCH_2CHOHCH_2OH + RCOOCH_2CHOHCH_2COOCR$$

$$\begin{array}{c} CH_2OOCR \\ | \\ CHOOCR \\ | \\ CH_2OOCR \end{array} + \begin{array}{c} CH_2OH \\ | \\ CHOH \\ | \\ CH_2OH \end{array} \longrightarrow RCOOCH_2CHOHCH_2OH + RCOOCH_2CHOHCH_2COOCR$$

甘油醇解法是在碱性催化剂（氢氧化钠、氢氧化钾、甲醇钠、碳酸钾等）存在下加热至 $180 \sim 250℃$，反应制得。甘油在脂肪酸中的溶解度不高，$250℃$ 时才是 40%，所以限制了醇解的程度。若加入溶剂在低温和均相条件下反应，则可大大提高单酯的收率。为获得高含量单酯产品，可采用分子蒸馏，单酯含量可达 90% 以上。甘油在酸或碱的催化下，也可发生分子间脱水形成聚合甘油，聚甘油再与脂肪酸反应即可制得聚甘油脂肪酸酯，聚合度 n 一般小于 10，其结构式为：

$$R-\overset{O}{\overset{||}{C}}-O\overset{OH}{-[CH_2CHCH_2O]_n}H$$

其生产过程为甘油 500kg，溶解 5kg 氢氧化钠，蒸去水分后，于 $260℃$ 下，吹入 CO_2 加热搅拌缩合，除去生成的水后，在 0.27kPa 压力下，通入惰性气体，在 $220 \sim 225℃$ 下，蒸出甘油，冷却得暗琥珀色黏稠液体聚甘油。取 485kg 聚甘油和 450kg 硬脂酸加入反应釜，搅拌下在 $220 \sim 230℃$ 反应 2h，反应后在 CO_2 气流中冷却，静置后未反应的聚甘油与酯分离，生成的酯含游离脂肪酸在 0.3% 以下，无不愉悦气味，呈浅黄色，冷却后得脆状固体产品。

聚甘油脂肪酸酯主要用作化妆品和食品工业的乳化剂，无毒，对人体无副作用。

2. 失水山梨醇脂肪酸酯和聚氧乙烯山梨糖醇酐脂肪酸酯

失水山梨醇脂肪酸酯的商品名为司盘（Span），它的单、双、三酯均为商品。山梨醇可由葡萄糖加氢制得，是不含醛基而有六个羟基的多元醇，具有较好的热氧稳定性。山梨醇在 $140℃$ 硫酸中能从分子内脱水得到失水山梨醇及异失水山梨醇。

常用的脂肪酸有月桂酸、棕榈酸、硬脂酸、油酸与妥尔油脂肪酸等，酯化反应可直接将脂肪酸与失水山梨醇在 $225 \sim 250℃$、催化剂存在的条件下反应得到失水山梨醇脂肪酸酯。Span 系列不溶于水，但溶于许多矿物和植物油中，是水/油型乳化剂、增溶剂、柔软剂及纤维润滑剂，可用于合成纤维生产及化妆品中。另外，它低毒、无刺激且有利于人们消化，因此也广泛用于食物、饮料及医药方面的乳化及增溶。Span 作乳化剂时一般不单独使用，而是与其他水溶性好的表

面活性剂复配，尤其与聚氧乙烯山梨糖醇酐脂肪酸酯复配最为有效。聚氧乙烯山梨糖醇酐脂肪酸酯的商品名叫作吐温（Tween），它是失水山梨醇脂肪酸酯在 $130 \sim 170℃$、甲醇钠催化下与环氧乙烷作用得到的产物，一般分子中含有 $5 \sim 20$ 个氧乙烯基。例如吐温 80 合成如下：

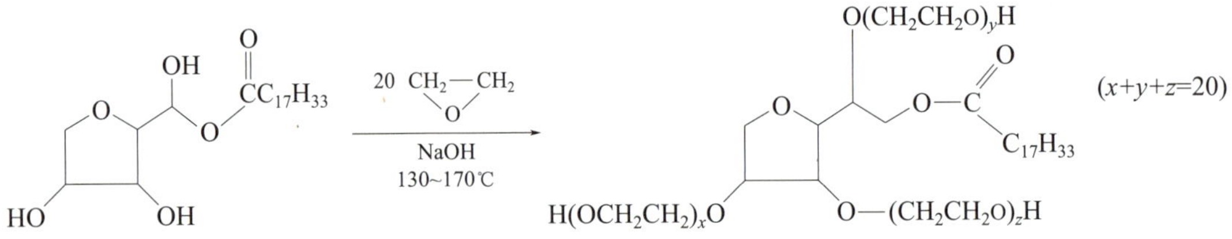

吐温80[失水山梨醇聚氧乙烯(20)单油酸酯]

Tween 广泛用于化妆品、食品、制革、农药、印染等工业领域作为 O/W 型乳化剂、增溶剂、稳定剂、抗静电剂等。

3. 烷基糖苷

烷基糖苷是由葡萄糖与脂肪醇在酸性催化剂的作用下，经缩醛脱水而得的化合物。一般组成为单苷、二苷、三苷和多苷的混合物，所以也称烷基多糖苷（简称 APG）。其结构通式为：

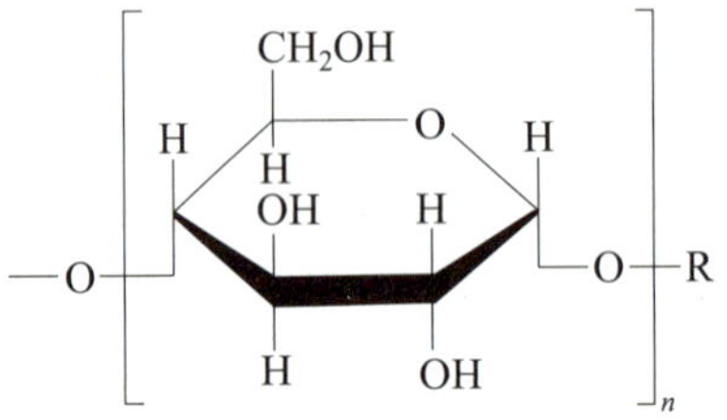

一般情况下，烷基多苷的聚合度 n 在 $1.1 \sim 3$ 之间，R 为 $C_5 \sim C_{18}$ 的烷基。APG 常温下是白色固体粉末或淡黄色油状液体，在水中溶解度大，较难溶于常用的有机溶剂。APG 是新一代温和、绿色、环保型表面活性剂。从分子结构上讲，APG 属非离子表面活性剂，其亲水性来自糖上多个羟基与水形成氢键，但与醇醚不同，不存在"浊点"。它兼有非离子和阴离子表面活性剂的优点：表面张力低；起泡能力强，泡沫细腻、丰富、稳定；润湿性好；去污力强；配伍性能极佳，对人体皮肤温和，与其他表面活性剂有良好的协同增效效应，尤其可以大大降低化妆品配方体系的刺激性；无浊点，易溶于水，易于稀释，无凝胶现象，使用方便，在电解质浓度很高的情况下，溶解度仍然很高；抗氧化、耐硬水，钙皂分散力强；绿色，无毒，无刺激，生物降解迅速彻底；具有较强的广谱抗菌活性。

4. 四元醇酯和五元醇酯

四元醇和五元醇如季戊四醇、赤藓四醇、赤藓五醇、木糖醇等与脂肪酸直接酯化，可得单酯、双酯、三酯、四酯等。产品常常是多种酯的混合物。

5. 聚氧乙烯多元醇酯

前面所示的多元醇酯，主要是亲油性的非离子表面活性剂。为使它具有亲水性，常常在剩余羟基上进行乙氧基化，从而获得聚氧乙烯多元醇酯。

此类产品的代表物为聚氧乙烯失水山梨醇脂肪酸酯，它是由失水山梨醇酯同环氧乙烷反应制得，商品名为"吐温"（Tween）。月桂酸、棕榈酸、硬脂酸和油酸的单酯分别为 Tween-20、Tween-40、Tween-60、Tween-80。

多元醇的脂肪酸酯一般是油溶性的，在水中一般不溶解。当引入聚氧乙烯链成为聚氧乙烯多元醇酯后则可溶于水。如 Span 系列是油溶性的，而 Tween 系列则是水溶性的；蔗糖单酯在水中的溶解度并不大。聚氧乙烯链（$30 \sim 35$）的蔗糖双酯具有水溶性。

多元醇表面活性剂除具有一般非离子表面活性剂的良好表面活性外，还有无毒性这一突出特点，故经常应用于食品工业、医药工业及化妆品中。如 Span 类产品具有低毒、无刺激等特性，在医药、食品、化妆品中广泛用作乳化剂和分散剂；它常与水溶性表面活性剂如 Tween 系列复合使用，可发挥出良好的乳化力。

（三）烷基醇酰胺

烷基醇酰胺是脂肪酸和乙醇胺的缩合产物。

常用的烷基醇酰胺有单乙醇酰胺和二乙醇酰胺。单乙醇酰胺一般不溶于水，二乙醇酰胺本身一般也不溶于水，但若在二乙醇酰胺中加入二乙醇胺，则可得到一种水溶性的复合物。如 1mol 脂肪酸和 2mol 二乙醇胺的反应产物即是水溶性的，此种产品的商品名叫尼洛尔或尼拉尔。反应式如下

$$RCOOH+2HN(C_2H_4OH)_2 \longrightarrow RCOON(C_2H_4OH)_2 \cdot HN(C_2H_4OH)_2$$

此反应中，有 1mol 二乙醇胺并未形成酰胺，而是与已形成的酰胺结合，生成可溶于水的复合物。如无此二乙醇胺，则 $RCOON(C_2H_4OH)_2$ 本身并不溶于水。

此外，虽然烷基醇酰胺产品中有一些溶解度很低，但在其他表面活性剂存在下，它们都很容易溶解。

烷基醇酰胺的特殊性质如下：

① 一般没有浊点；

② 水溶液黏度比较大，具有使表面活性剂水溶液变稠的特性，可大大提高制品的黏度，因此可用作增黏剂；

③ 能够稳定洗涤剂溶液的泡沫，特别是月桂酸烷醇酰胺产品，有很强的稳泡作用，因而可加少量于洗涤剂配方之中，作为稳泡剂；

④ 可提高洗涤剂的去污能力和携污性能，对动植物油、矿物油污垢都具有良好的脱除力，还能赋予纤维织物柔软性，兼有抗静电作用；

⑤ 具有防锈功能，很稀的烷基醇酰胺溶液，能抑制钢铁的生锈。

由于具有以上特性，烷基醇酰胺作为洗涤剂基料，能起到稳定泡沫、提高去污效果、增加液体洗涤剂黏度的作用。可作为羊毛净洗剂用于毛纺工业，作为纤维整理剂用于纺织工业。在金属加工上，可用于表面的除油、脱脂和清洗以及工件的短期防锈。

二、脂肪醇聚氧乙烯醚型非离子表面活性剂的生产技术

（一）反应原理

乙氧基化反应是指在脂肪酸、烷基酚或脂肪醇的羟基上用环氧乙烷作用引入聚氧乙烯醚基团的反应，催化剂可以是酸性也可以是碱性，工业上常采用碱性催化剂如氢氧化钠、醇钠等，机理如下：

$$ROH + NaOH \Longrightarrow RONa + H_2O \quad (1)$$

$$RONa \Longrightarrow R—O^- + Na^+ \quad (2)$$

$$R—O^- + H_2C—CH_2 \xrightarrow{慢} R—OCH_2CH_2O^- \quad (3)$$
（O）

$$ROH + R—OCH_2CH_2O^- \underset{快}{\Longleftarrow} R—O^- + ROCH_2CH_2OH \quad (4)$$

$$R—OCH_2CH_2O^- + H_2C—CH_2 \xrightarrow{快} R—OCH_2CH_2OCH_2CH_2O^- \quad (5)$$
（O）

决定反应速率的是第三步，不同亲油基的反应速率是伯醇＞苯酚＞羧酸，但苯酚和羧酸的酸性比伯醇高，从而提高了第一步的反应速率，当全部转化为一加成物后才开始进一步的反应，增长聚合度。伯醇则不同，单乙氧基化还未完成，就已经开始后面的反应了。

影响乙氧基化的主要因素包括：

（1）**反应物的结构** 脂肪醇同系物中，反应速率一般随碳链长度增加而降低，且按其羟基的位置不同，反应速率的排序为伯醇＞仲醇＞叔醇。仲醇、叔醇的反应性低于其乙氧基加成产物，因此它们的乙氧基化产物分子量分布较伯醇的乙氧基化产物宽。按醇、酚、酸的乙氧基加成反应速率，则伯醇＞酚＞羧酸，这是共轭酸随其酸度增加亲核性降低的缘故。由于酸、酚的反应速率比伯醇慢，所以表现为酸、酚的乙氧基化有诱导期，而伯醇则没有。取代酚的取代基对反应速率也有影响，其次序为$CH_3O->CH_3->H>Br->NO_2$。如苯酚比对硝基苯酚的反应速率要快17倍。

（2）**催化剂的影响** 工业上常用碱性催化剂，如金属钠、甲醇钠、氢氧化钾、氢氧化钠、碳酸钾、碳酸钠、醋酸钠等，当采用195～200℃反应温度时，前四种催化剂活性相近，后三种则较低；若温度降低，后三种催化剂则无催化活性，氢氧化钠的活性也显著低于前三种。显然碱性催化剂的碱性越强，则其效率也越高。醇钠的活性高于氢氧化钠，是由于在质子交换过程中，醇钠转化为醇，而氢氧化钠转化为水。一般情况下，催化剂浓度增高，反应速率加快，且在低浓度时，反应速率随浓度增加的幅度高于高浓度时。通常前四种催化剂的投入量为醇重量的0.1%～0.5%。

（3）**温度** 乙氧基化反应的加成速度随温度的提高而加快，但不呈线性关系，即在同一温度的增值下，高温区的反应速率的增加大于低温区。反应温度常在130～180℃。

（4）**压力** 环氧乙烷的压力和其浓度成正比，随压力增加反应速率增加。为了缩短反应时间，可在0.05～0.5MPa压力下反应。

（二）原料的准备（生产 AEO3、AEO9）

1. 环氧乙烷

环氧乙烷（EO）是带有乙醚气味的无色透明液体，其在空气中的着火点为429℃，它能与水以任何比例混合，易燃，空气中环氧乙烷的体积分数在3%～100%时会引起爆炸，把环氧乙烷加热到分解温度571℃，甚至在无空气的条件下也会引起爆炸。防止环氧乙烷爆炸的可靠办法是用氮气、二氧化碳等气体将其稀释至爆炸限以下。环氧乙烷在氮气和二氧化碳中的爆炸下限（体积分数）分别为75%、82%，为安全起见，环氧乙烷的体积分数要低于爆炸下限的10%以上。另外，如果稀释气体中含有空气，会使爆炸下限降低，因此，装满环氧乙烷的容器必须认真地排除空气。环氧乙烷对人有麻醉作用，同时有多种不良反应。环氧乙烷对人的呼吸道和眼睛有强烈的刺激作用。对于干燥皮肤，无水环氧乙烷不会造成伤害，含有质量分数为40%～80%的环氧乙烷水溶液会引起皮肤的灼伤或疱疹。大量环氧乙烷吸入体内会引起中毒，出现恶心、呕吐、头痛、腹泻等症状。因此，环氧乙烷在生产、贮运和使用过程中，必须采取预防措施。

环氧乙烷的物理性质如下：

外观：无色和透明液体 醛类/（mg/kg）：≤ 10
纯度（质量分数）/%：≥ 99.9 酸度/（mg/kg）：≤ 20
色度（APHA）：≤ 5 CO_2（质量分数）/%：≤ 5
水分（质量分数）/%：≤ 0.005 相对密度（0/4℃）：0.894～0.896

2. 脂肪醇

脂肪醇的物理性质如下：

脂肪醇	色度（APHA）≤	羟值/（mg KOH/g）	酸值/（mg KOH/g）≤	碘值≤	水分（质量分数）/% ≤	馏分（质量分数）/% ≤
$C_{12～14}$ 醇	10	280～290	0.1	0.5	0.1	95
$C_{16～18}$ 醇	25	204～220	0.2	0.8	0.1	95

3. 消耗定额

产品	环氧乙烷/kg	$C_{12～14}$ 醇/kg	催化剂/kg	冰醋酸/kg	双氧水（30%）/kg
AEO3	390	610	2	2	2
AEO9	650	350	3	3	3

（三）工艺过程

采用间歇循环式乙氧基化装置生产脂肪醇聚氧乙烯醚的工艺流程图见图 1-12。

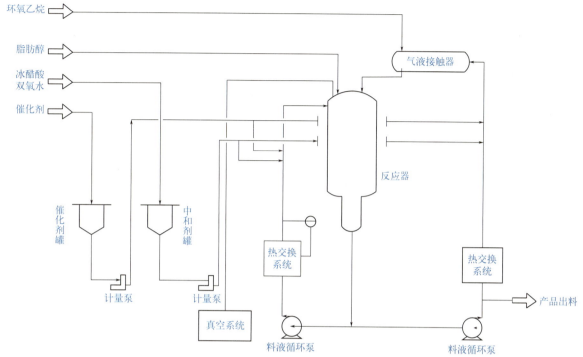

图 1-12 脂肪醇聚氧乙烯醚生产工艺流程图

脂肪醇聚氧乙烯醚的生产工艺有多种，我们以意大利的第三代 Press 乙氧基化工艺为例。将脂肪醇与催化剂定量加入反应器后升温至 90～110℃，同时启动料液循环泵喷雾干燥脱水。然后用氮气置换。继续升温至 160℃左右，通入液态环氧乙烷。环氧乙烷进入反应器后立即汽化并充满反应器，而溶有催化剂的脂肪醇经泵压和喷嘴以雾状均匀喷入反应器的环氧乙烷气相中，并迅速反应，液相物料连续循环喷雾与环氧乙烷反应，保持环氧乙烷分压为 0.2～0.4MPa。直至配比量的环氧乙烷反应完为止，取样分析。中和脱色，即出料包装。

Press 工艺的特点是：反应速率高，副产少，操作弹性大，安全性高。

（四）产品分析检测

产品	外观（25℃）	色度（APHA）≤	羟值/（mg KOH/g）	pH 值（1%，25℃）	浊点（1%）/℃	水分（质量分数）/% ≤	HLB 值
AEO3	无色液体	50	168～176	6～8	—	0.1	8.3
AEO9	白色膏体	50	90～100	6～8	66～70	0.1	13.6

（五）复配应用

【钢铁常温快速除锈液配方】

配方原料	草酸	十二烷基硫酸钠	磷酸（85%）	盐酸（33%）	脂肪醇聚氧乙烯醚	六亚甲基四胺	水
质量分数/%	0.6	0.5	2.3	51	0.6	0.5	44.5
作用	去油除锈剂	乳化剂	除锈剂	除锈剂	乳化剂	酸雾抑制剂	

对钢铁表面的锈蚀、氧化皮等杂质的处理方法通常是用加热的硫酸、常温的盐酸或混合酸清洗，但该法存在许多缺点，如耗能多，对基体金属产生氢脆，使钢材失重，产生酸雾等，因此用户需要一种常温下快速除锈和除氧化皮等杂质又不产生酸雾的除锈液。本产品除使用少量有机酸外，还添加缓冲剂及酸雾抑制剂，不但有很高的除金属氧化物能力，而且可以减缓钢铁腐蚀、抑制酸雾挥发等。

按配方比例将各种物料混合溶于水搅匀即可。使用时将锈蚀的钢铁浸在含有本品的除锈槽中。除锈时间为 10 分钟左右。随着多次使用，除锈效果会明显下降。这时应对除锈槽液体的浓度进行检测，当液体的酸浓度低于 14% 时，应添加除锈液再继续使用。一般只需添加槽液的 1/3 左右即可恢复功效。除锈液长期使用后应进行简单过滤，以保证除锈液洁净。

（六）创新引导

合成脂肪醇聚氧乙烯醚型非离子表面活性剂工艺当中要用到环氧乙烷，但其对人有诸多不良反应，对人的呼吸道和眼睛有强烈的刺激作用，大量吸入还会引起中毒，从化工责任关怀角度考虑，试探索新型环境友好原料替代环氧乙烷来合成此类非离子表面活性剂。

项目五

两性表面活性剂

两性表面活性剂是指在同一分子中既含有阴离子亲水基又含有阳离子亲水基的表面活性剂。它最大的特征是既能给出质子又能接受质子，它在酸性溶液中呈现阳离子性，在碱性溶液中呈现阴离子性，而在中性溶液中有类似非离子表面活性剂的性质。按亲水基和疏水基结构不同，两性表面活性剂分为甜菜碱型、咪唑啉型、氨基酸型和氧化胺型，其中最主要的是咪唑啉型，占全部产量的 50% 以上。两性表面活性剂对织物有优异的柔软平滑性和抗静电性，有一定的杀菌性和抑霉性，良好的乳化性和分散性，与其他类型表面活性剂良好的配伍性，低毒性和对皮肤、眼睛的低刺激性，极好的耐硬水性，并具有良好的生物降解性。因此在日用化工、纺织工业、染料、颜料、食品、制药、洗涤等方面的应用日益扩大。

一、主要产品

（一）甜菜碱型表面活性剂

甜菜碱最初从植物甜菜中分离而得，故以此命名这类表面活性剂。天然甜菜碱是三甲胺乙内酯 $(CH_3)_3N^+CH_2COO^-$，不具有表面活性。甜菜碱型表面活性剂阳离子部分为季铵盐型阳离子，阴离子部分可以是羧基、磺酸基、硫酸酯基等。在此类型中，开发最早、结构最简单、应用较广的为烷基二甲基甜菜碱，结构通式为：

$$R-\overset{\overset{\displaystyle CH_3}{|}}{\underset{\underset{\displaystyle CH_3}{|}}{N^+}}-CH_2COO^- \qquad R 为 C_{12\sim18} 的烷基$$

1. 羧基甜菜碱

羧基甜菜碱的典型品种是 N- 烷基二甲基甜菜碱，主要合成方法是由烷基二甲胺与氯乙酸钠溶液反应得到：

$$R-\overset{\overset{\displaystyle CH_3}{|}}{\underset{\underset{\displaystyle CH_3}{|}}{N}} + ClCH_2COONa \longrightarrow R-\overset{\overset{\displaystyle CH_3}{|}}{\underset{\underset{\displaystyle CH_3}{|}}{N^+}}-CH_2COO^- + NaCl$$

首先用等物质量的氢氧化钠中和氯乙酸至 pH 为 7，得到氯乙酸钠盐，然后依次加入等物质量的十二烷基二甲基胺，在 $50\sim150℃$ 反应 $5\sim10h$，制得 N- 十二烷基二甲基甜菜碱。

2. 磺基甜菜碱

磺基甜菜碱主要用于纺织工业的染色、匀染、润湿等工序，且对聚丙烯纤维、尼龙有足够的抗静电效果。它是由长链叔胺、N-酰基亚烷基胺等与磺烷基化试剂反应制得。磺烷基化试剂主要有溴乙磺酸钠、丙磺酸内酯、环氧氯丙烷/亚硫酸盐和烯丙基氯/亚硫酸盐等，由于丙磺酸内酯是致癌物，已不再使用。磺基甜菜碱合成如下：

$$R-\underset{\underset{CH_3}{|}}{\overset{\overset{CH_3}{|}}{N}} + BrCH_2CH_2SO_3Na \xrightarrow[70℃]{C_2H_5OH} R-\underset{\underset{CH_3}{|}}{\overset{\overset{CH_3}{|}}{N^+}}-CH_2CHSO_3^- + NaBr$$

（二）两性氨基酸

1. α-氨基酸衍生物

此类表面活性剂种类比较多，最为著名的是商品 Tego，该系列常用的 Tego51 的结构式为 $RNHCH_2CH_2NHCH_2CH_2NHCH_2COOH \cdot HCl$（R 为 $C_8 \sim C_{10}$），其合成可由氯代烷与亚乙基多胺反应，再与氯乙酸钠缩合制得：

$$RCl + NH\!-\!\!(\!CH_2CH_2NH\!)_{\!n}\!\!-\!H \longrightarrow RNH\!-\!\!(\!CH_2CH_2NH\!)_{\!n}\!\!-\!H \xrightarrow{ClCH_2COONa} RNH\!-\!\!(\!CH_2CH_2NH\!)_{\!n}\!\!-\!CH_2COOH$$

Tego 类产品具有生产工艺简单、产品性能温和、毒副作用很小的优点。

2. β-氨基丙酸衍生物

此类表面活性剂中最重要的是 N-十二烷基-β-氨基丙酸钠，它具有洗发用品所需的特殊性能，如低毒性、安全性、无刺激，特别是对眼睛无刺激、泡沫去污性能好及与皮肤亲和力强、相容性好的特点。其合成路线如下：

$$C_{12}H_{25}NH_2 \xrightarrow[H_2C=CHCN]{缩合} C_{12}H_{25}NHCH_2CH_2CN \xrightarrow[NaOH]{水解} C_{12}H_{25}NHCH_2CH_2COONa$$

$$C_{12}H_{25}NH_2 + H_2C=CHCOOCH_3 \xrightarrow{缩合} C_{12}H_{25}NHCH_2CH_2COOCH_3$$

$$\xrightarrow[NaOH]{水解} C_{12}H_{25}NHCH_2CH_2COONa + CH_3OH$$

（三）咪唑啉型

咪唑啉型两性表面活性剂是对分子中具有咪唑啉环的各种两性表面活性剂的总称。这类表面活性剂最突出的优点是具有极好的生物降解性能，除此以外，它对皮肤和眼睛的刺激性极小，发泡性很好。因此在化妆品助剂、香波及纺织助剂等方面应用较多，在石油、冶金、煤炭等工业中可作为全面缓蚀剂、清洗剂及破乳剂等使用。

咪唑啉型两性表面活性剂的品种较多，主要分为羧酸型、硫酸酯型、碳酸型、磷酸酯型等。例如 2-烷基 -N- 羧甲基 -N- 羟乙基咪唑啉，其结构为：

$$HOCH_2CH_2-N \overset{\overset{\displaystyle R}{\overset{\displaystyle |}{\underset{\displaystyle \|}{C}}}}{\underset{\underset{CH_2-CH_2}{\oplus}}{\diagdown}} N-CH_2COO^-$$

咪唑啉硫酸酯型两性表面活性剂：该类化合物可由 1-(β- 羟乙基)-2- 烷基咪唑啉衍生物与氯磺酸作用得到。其反应为：

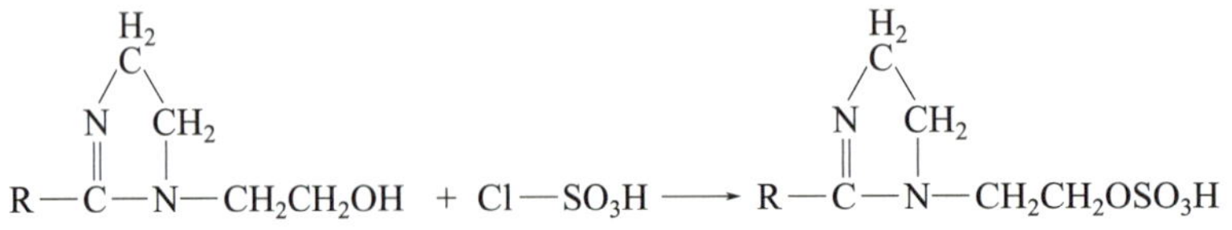

$$\underset{\substack{\\ R-C}}{\overset{\substack{H_2 \\ C}}{\underset{N}{\parallel}}}\!\!\begin{array}{c}CH_2\\N\end{array}\!\!-CH_2CH_2OH \ + \ Cl-SO_3H \longrightarrow R-C\overset{\substack{H_2 \\ C}}{\underset{N}{\parallel}}\!\!\begin{array}{c}CH_2\\N\end{array}\!\!-CH_2CH_2OSO_3H$$

二、咪唑啉两性表面活性剂生产技术

（一）反应原理

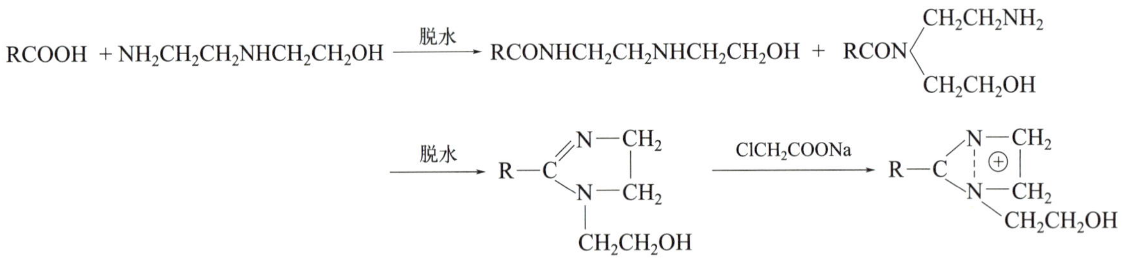

$$RCOOH + NH_2CH_2CH_2NHCH_2CH_2OH \xrightarrow{\text{脱水}} RCONHCH_2CH_2NHCH_2CH_2OH + RCON\underset{CH_2CH_2OH}{\overset{CH_2CH_2NH_2}{\big\langle}}$$

$$\xrightarrow{\text{脱水}} R-C\underset{\substack{N\\CH_2CH_2OH}}{\overset{N-CH_2}{\Big\langle\ \big|}}CH_2 \xrightarrow{ClCH_2COONa} R-C\underset{\substack{N\\CH_2CH_2OH}}{\overset{N-CH_2}{\Big\langle\ \oplus\ \big|}}CH_2$$

（二）原料准备

1. 原料

名称	外观	性质	
月桂酸	白色晶体	熔点	42～43℃
		酸价	278.0
AEEA（氨基乙基乙醇胺）			
	无色或淡黄色液体	含量	≥98%
		初馏点	240℃
氯乙酸	白色结晶	含量	≥98%
碱面	白色粉末	含量	≥98%

2. 消耗定额（按生产每吨产品计）

月桂酸：＜170kg	AEEA：＜90kg
氯乙酸：＜160kg	碱面：＜90kg

（三）工艺流程

工艺流程见图1-13：

（1）烷基咪唑啉中间体的制备（环化反应）　在反应釜内加入计量的月桂酸，加热熔化后加入计量的AEEA，在一定的时间内升温到指定温度，真空下不断蒸出反应生成的水，反应完成后，分析中间体的质量，达到预定的指标后进入下一步反应。

（2）氯乙酸钠的制备　在另一反应釜内加入计量的水，在一定温度和搅拌下，加入计量的氯乙酸，全部溶解后，用碳酸钠调节到预定的pH值（9～11），即得到反应所需的氯乙酸钠溶液。

（3）产品的制备（季铵化反应）　将氯乙酸钠溶液升温到85～90℃后，搅拌下慢慢加入环化反应制得的咪唑啉中间体，加完后，保温反应一定时间。当体系的pH从13降至8～8.5时，为反应终点，分析合格后包装。

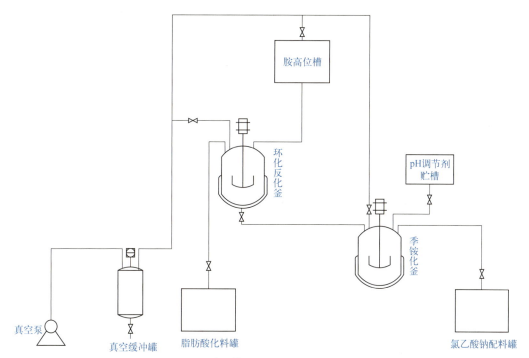

图 1-13　羧甲基型两性咪唑啉生产流程图

（四）产品分析检测

外观：琥珀色液体

盐含量：（7±1）%

含固量：（40±2）%

pH：9±1

（五）复配应用

【浓缩型织物用液体洗涤剂配方】

组成	椰油基羧甲基钠型咪唑啉醋酸盐	脂肪醇聚氧乙烯醚	硅酸钾溶液	碳酸钠	氢氧化钾	荧光增白剂	香精	水
重量/份	3～7	2～4	7～13	3～8	6～12	0.1～0.3	适量	加至100
作用	洗涤剂	活性剂	洗涤助剂	洗涤助剂	洗涤助剂	增白	加香	

目前，浓缩型织物用液体洗涤剂发展很快，它与粉状洗涤剂相比，具有使用设备简单，因不必成型而节约成本，可立即溶于水和使用方便的优点。本品是一种浓缩型洗衣机用清洗剂，具有去污力强、泡沫少、易漂洗等特点。

在带搅拌器的搪瓷釜中加入水，在搅拌下加入碳酸钠、氢氧化钾及荧光增白剂，使其全溶后加入硅酸钾溶液；加入椰油基羧甲基钠型咪唑啉醋酸盐、脂肪醇聚氧乙烯醚，充分搅匀；将混合液静置后进行过滤，滤液中加入香精，也可根据需要加入适量色素。混匀后即可包装为成品。本品使用方法与一般液体洗涤剂相同。

（六）创新引导

（1）咪唑啉型两性表面活性剂是国际上备受重视的一类表面活性剂，在"双碳"背景下，研发高质量的多功能环境友好型表面活性剂已成为表面活性剂工业的主要发展方向，试探索一种新型绿色环保多功能的咪唑啉型表面活性剂。

（2）氨基酸型两性表面活性剂有"工业味精"之美称，但其合成普遍采用化学合成方法，成本较高，且会产生环境污染。而酶合成法环境污染小，但产率较低。试讨论如何开发酶合成法和化学合成法相结合的方法促使氨基酸型两性表面活性剂的合成朝着绿色精细化工方向发展。

项目六

特种和新型表面活性剂

用碳、氢、氧、氮、硫、卤素（除氟外）等元素构成的表面活性剂一般归入普通表面活性剂范畴，而将氟、硅、硼，有时也包含磷元素构成的表面活性剂视为特种表面活性剂。

一、特种表面活性剂

（一）氟碳表面活性剂

氟碳表面活性剂是指表面活性剂的碳氢链中的氢原子全都被氟原子取代后形成的全氟表面活性剂。氟碳表面活性剂具有"三高两憎"的特点，即具有高表面活性、高热稳定性和高化学稳定性，并同时具有憎水性和憎油性。氟碳表面活性剂的最低表面张力为 $15 \sim 20 \text{mN} \cdot \text{m}^{-1}$，碳氢化合物表面活性剂水溶液表面张力通常为 $30 \sim 40 \text{mN} \cdot \text{m}^{-1}$。碳氢化合物表面活性剂一般在 12 个碳原子以上才有好的表面活性，而氟碳表面活性剂在 6 个碳原子就能呈现好的表面活性，一般 $8 \sim 12$ 为最佳。氟碳表面活性剂的临界胶束浓度要比相应碳氢表面活性剂低 $10 \sim 100$ 倍。氟碳表面活性剂中的碳氟键具有较高的键能（485.7kJ/mol），并由于氟原子的屏蔽，使 C-C 键的稳定性提高，因而氟碳表面活性剂具有较强的化学稳定性和热稳定性。例如，全氟烷基磺酸的热分解温度可达 $420℃$，甚至在浓硫酸和浓硝酸中也不被破坏。正是这些优点使得氟碳表面活性剂具有特殊用途。水溶性的氟碳表面活性剂主要用作氟树脂乳液聚合的乳化剂、电镀添加剂、高效灭火剂、渗透剂和精密电子仪器清洗剂等；油溶性的氟碳表面活性剂主要用作油墨均质剂、环氧系胶黏添加剂及氟树脂表面改质剂。

氟碳表面活性剂的制备方法通常有电解氟化法、四氟乙烯调聚或齐聚法以及六氟丙烯氧化和聚合法等。电解氟化法是将烷基磺酸、羧酸在氢氟酸介质中电解，制得带活性基的碳氟链，然后再如普通表面活性剂那样经过反应衍生为阴离子、阳离子、非离子、两性型表面活性剂。四氟乙烯调聚或齐聚可得到以五聚四氟乙烯为主的聚合物，六氟丙烯氧化和聚合法则为制备氧杂氟碳表面活性剂的主要方法。下面介绍电解氟化法。

电解氟化法是由 Simons 首先开发，把无水氟化氢和碳氢化合物在 Simons 电解槽中电解氟化，极间电压为 $4 \sim 6\text{V}$，电解控制在无氟气体排出的条件下。碳氢化合物在阳极氟化成全氟化有机物。以此作为合成含氟表面活性剂的原料，一般以八个碳的羧酰氯及磺酰氯用于氟化。电解过程中，由于 C—C 键断裂等大量副反应，收率较低，但使用较廉价的氢氟酸，并从原料酰氯经一步合成即得保存反应性官能团的全氯化合物，为进一步衍生氟碳表面活性剂提供了方便。

（二）含硅表面活性剂

含硅表面活性剂是指以硅烷基链或硅氧烷基链为亲油基，聚氧乙烯链、羧基、磺酸基或其他极性基团为亲水基所构成的表面活性剂。含硅表面活性剂按照亲油基不同可分为硅烷基型和硅氧烷基型；按照亲水基分类有阴离子型、阳离子型和非离子型。像碳氟键一样，C—Si 或 Si—O—Si 键也具有较高的疏水性，$3 \sim 5$ 个聚硅氧烷链节可达到 $12 \sim 18$ 个碳氢链的疏水效果，其降低水表面张力的能力仅次于含氟表面活性剂，可以达到 $20 \text{mN} \cdot \text{m}^{-1}$ 的水平。含硅表面活性剂具有很好的热稳定性，同时还具有优良的润湿性能。含硅表面活性剂的另一特点是在浊点以上作消泡剂，在浊点以下作稳泡剂，这一特点在聚氨酯泡沫塑料中得到应用，起到乳化、稳泡、匀泡等综合作用。含硅表面活性剂的毒性很小，属于低毒类，对黏膜刺激性很小。由于含硅表面活性剂的优良性能，其在化妆品和个人卫生用品、金属加工、纤维加工、涂料等行业中得到广泛应用。

含硅表面活性剂的合成包括有机硅亲油链的合成和亲水基团的引入两步。阴离子含硅表面活性剂由含卤硅烷与丙二酸酯反应后再水解或利用环氧乙烷有机硅化合物与亚硫酸盐反应制得。非离子含硅表面活性剂一般是由各种硅氧烷基在催化剂存在下与聚醚或环氧乙烷反应；阳离子含硅表面活性剂可通过含卤素的硅烷或硅氧烷和胺类反应或由硅烷与含烯烃的胺类加成反应后再进行季铵化制得。

$$R_3SiC_nH_{2n}Cl \ + \ H-\overset{\overset{\displaystyle COOC_2H_5}{|}}{\underset{\underset{\displaystyle COOC_2H_5}{|}}{C}}-H \ \longrightarrow \ R_3SiC_nH_{2n}-\overset{\overset{\displaystyle COOC_2H_5}{|}}{\underset{\underset{\displaystyle COOC_2H_5}{|}}{C}}-H \ \xrightarrow{NaOH} \ R_3SiC_nH_{2n}COONa$$

$$C_2H_5O-\overset{\overset{\displaystyle OC_2H_5}{|}}{\underset{\underset{\displaystyle OC_2H_5}{|}}{Si}}-OC_2H_5 \ + \ 4HO(C_2H_4O)_nR \ \xrightarrow{CF_3COOH} \ Si[(OC_2H_4)_nOR]_4$$

$$(CH_3O)_3Si(CH_2)_3Cl \ + \ C_{18}H_{37}N(CH_3)_2 \ \longrightarrow \ (CH_3O)_3Si(CH_2)_3-\overset{\overset{\displaystyle CH_3}{|}}{\underset{\underset{\displaystyle CH_3}{|}}{\overset{+}{H}}}-C_{18}H_{37}\cdot Cl^-$$

含硅氧烷的表面活性剂综合了含氟、含硅化合物的特点，具有高的热稳定性和化学稳定性，同时具有更低的表面张力。可作织物防水、防污、防油处理或作高效消泡剂使用。

二、高分子表面活性剂

分子量在数千以上，同时又具有表面活性的物质叫作高分子表面活性剂。高分子表面活性剂降低表面张力的能力并不显著，一般也没有形成胶束的特征，去污力、起泡力和渗透力均较差，这些特征与一般小分子表面活性剂有很大差别。但高分子表面活性剂在各种表面、界面上有很好的吸附作用，因而分散性、凝聚性和增溶性均较好，用量增大时，还具有很好的乳化性和乳化稳定性，并可作为稳泡剂使用。许多高分子表面活性剂还具有良好的保水作用、增稠作用，成膜性和黏附力也很优秀。

高分子表面活性剂可以分为阴离子、阳离子、两性和非离子几大类，有时也可按来源分为天然、半合成和合成三大类。天然高分子如各种树胶、淀粉、果胶等；半合成高分子是淀粉、纤维素、蛋白质经化学改性得到的各种聚合物，如羧甲基纤维素（CMC）、羟甲基淀粉（CMS）等；合成高分子则是由石油化工衍生聚合单体聚合得到的全合成高分子，如聚乙烯醇（PVA）、聚丙烯酸等。

三、生物表面活性剂

生物表面活性剂是指细菌、酵母、真菌等多种微生物在适宜的条件下代谢产生的表面活性物质。生物表面活性剂是细胞与生物膜正常生理活动所不可缺少的成分。生物表面活性剂的疏水基一般是脂肪酸或烃类，而亲水基为糖、多元醇、多糖及肽等。根据亲水基，可分为以糖为亲水基的糖脂系，以低缩氨基酸为亲水基的酰胺缩氨酸系，以磷酸基为亲水基的磷酸酯系，以羧酸为亲水基的脂肪酸系，结合多糖、蛋白质及脂的高分子生物表面活性剂。

生物表面活性剂的制备方法有两种：一种是直接从动植物及其他生物体内提取，对于相对分离容易、含量丰富、产量大的生物表面活性剂是一种简便易行的途径，例如磷脂类表面活性剂是从蛋或大豆中提取的。另一种方法是由微生物制备得到。其典型流程见图1-14。

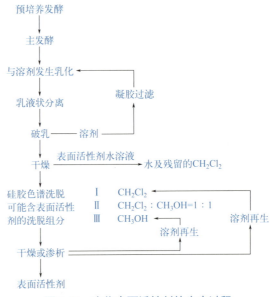

图1-14 生物表面活性剂的生产过程

生物表面活性剂因完全生物降解、无毒、具有高表面活性和生物活性，在食品、化妆品、医药等领域有较好的应用前景。

四、冠醚类表面活性剂

冠醚类表面活性剂是在疏水基上连有环状聚醚的化合物，是一类能选择性配合阳离子、阴离子及中性分子，又具有表面活性以及形成胶团等复合性能的表面活性剂。由于冠醚大环主要是由聚氧乙烯构成，与非离子表面活性剂极性相似，因此在冠醚上引入烷基，得到与非离子表面活性剂类似，但又有独特性质的新型表面活性剂。基本结构为：

(R为高碳烷基)

冠醚类表面活性剂在生物化学、分析化学、药物和有机化学中用处很大，例如作为相转移催化剂。当它们和极性基团或金属离子结合形成配合物后，就转变为离子性表面活性剂。在合成时，可以调节环的大小，使之适应大小不同的离子配合。

五、螯合性表面活性剂

螯合性表面活性剂是由有机螯合剂如EDTA、柠檬酸等衍生的具有整合功能的表面活性剂，其分子中含有一个长碳链烷基和几个相邻胺羧结构的离子型亲水基。早期的整合性表面活性剂是由EDTA与脂肪胺制备的混合酯或混合酰胺类产物，在20世纪90年代出现了一类由邻苯二甲酸酐、柠檬酸和聚乙二醇制备而成的柠檬酸性螯合表面活性剂，用于纺织加工过程。螯合性表面活性剂应用于许多领域。例如作为软水剂用于印染、纸浆、选矿、清洗等工业；作为配合剂用于制药、感光、稀有金属冶炼等工业。

拓展阅读

古代清洗物品的洗涤剂是如何发展的?

现在,我们生活中洗手要用到洗手液、香皂,洗衣服要用到洗衣粉、洗衣液、柔顺剂、皂液、肥皂等,那古人们是如何清洗衣服,如何清污除垢的? 古人最早使用的洗涤剂是草木灰。《礼记·内则篇》中记载:"冠带垢和灰清漱,衣裳垢和灰清浣。"这是利用草木灰中的碳酸钾来洗掉衣帽上的油污。

在魏晋时期有一种洗涤剂叫"澡豆",唐代孙思邈的《千金要方》和《千金翼方》曾记载,把猪的胰腺的污血洗净,撕除脂肪后研磨成糊状,再加入豆粉、香料等,均匀地混合后,经过自然干燥便可制作洗涤用途的澡豆。澡豆不但加强了洗涤能力,而且能滋润皮肤,所以它算是当时一种比较优质的洗涤剂。但由于原材料猪胰腺委实少,所以澡豆未能广泛普及,只在少数上层贵族中使用。

澡豆在晋朝竟也发生一件趣事。据《世说新语》记载:王敦被晋武帝招为驸马,刚到公主处,一天上完厕所,女婢拿金澡盆盛着一碗水,琉璃碗中放着澡豆,驸马王敦把澡豆倒入水中喝了,说这饭太干了,拜倒在地的女婢没有一个不掩口而笑的。澡豆本是用来作为净手用的洗涤剂,王敦不识货竟然吃下肚去,成为笑柄。但从中可见,澡豆看来是高级奢侈品,王家也属于世家大族,竟然没有见过澡豆。

后来,人们又在澡豆的制作工艺方面加以改进,他们在研磨猪胰时加入砂糖,又以碳酸钠(纯碱)或草木灰(主要成分是碳酸钾)代替豆粉,并加入熔融的猪脂,混合均匀后,压制成球状或块状,这就是"胰子"了。纯碱和碳酸钾就是现代肥皂的主要化学成分!

后来在宋代出现了一种人工合成的洗涤剂,是将天然皂荚捣碎细研,加上香料等物,制成橘子大小的球状,专供洗面浴身之用,俗称"肥皂团"。

宋代的周密在《武林旧事》卷六《小经纪》记载了南宋京都临安已经有了专门经营"肥皂团"的生意人。明代的李时珍在《本草纲目》中记录了"肥皂团"的制造方法:"肥皂荚生高山中,树高大,叶如檀及皂荚叶,五六月开花,结荚三四寸,肥厚多肉,内有黑子数颗,大如指头,不正圆,中有白仁,可食。十月采荚,煮熟捣烂,和白面及诸香作丸,澡身面,去垢而腻润,胜於皂荚也。"除了天然皂荚,如无患子等类的植物,也流传于民间,成为一种很好的洗涤剂。另相传以此搓洗头发,可常保青丝乌黑亮丽,兼具清洁与润丝的功效。洗涤剂经历了从草木灰到澡豆再到皂荚的阶段,古代人民利用生活的智慧发明了洗涤剂,可以颁发发明专利了,可截止到现在,都无从考证洗涤剂是哪位人物发明的。哀哉!

双创实践项目　十二烷基苯磺酸钠生产实训

【市场调研】

要求:1.自制市场调研表,多形式完成调研。

2.内容包括但不限于:了解洗衣粉的市场需求和用户类型、市场规模、分析竞争对手。

3.完成调研报告。

【基础实训项目卡】

实训班级	实训场地	学时数	指导教师
		6	
实训项目	十二烷基苯磺酸钠的合成		
所需仪器	烧杯(100mL、500mL)、四口烧瓶(250mL)、滴液漏斗(60mL)、分液漏斗(250mL)、量筒(100mL)、温度计(0～50℃、0～100℃)、锥形瓶(150mL)、托盘天平、碱式滴定管、滴定台、相对密度计、二孔水浴锅、电动搅拌机		

续表

所需试剂	NaOH 溶液（质量分数 15%）、NaOH 溶液（0.1mol/L）、NaOH 固体、发烟硫酸、十二烷基苯、酚酞指示剂、pH 试纸

实训内容

序号	工序	操作步骤	要点提示	工艺参数或数据记录
1	装置安装	装好四口烧瓶、滴液漏斗、电动搅拌器、温度计		
2	药品量取	用相对密度计分别测定烷基苯与发烟硫酸的相对密度，用量筒量取 50g（换算为体积，下同）烷基苯转移至干燥的预先称量的四口烧瓶中，用量筒取 58g 发烟硫酸倒入滴液漏斗中	发烟硫酸、磺酸、废酸、氢氧化钠均有腐蚀性，操作时注意安全	
3	磺化	在搅拌下将发烟硫酸逐滴加入烷基苯中，滴加时间 1h。控制反应温度在 30～35℃，加料结束后停止搅拌，保温反应 30min，反应结束后记下混酸质量	磺化反应为剧烈放热反应，需严格控制加料速度和反应液温度	
4	分酸	在原实验装置中，按混酸：水 =85：15（质量比）计算出需加水量，并通过滴液漏斗在搅拌下将水逐滴加到混酸中，温度控制在 45～50℃，加料时间为 0.5～1h。反应结束后将混酸转移到事先称量好的分液漏斗中，静置 30min，分去废酸（待用），称量，记录	应控制加料速度和温度，搅拌要充分，防止结块	
5	中和值测定	用量筒取 10mL 水加于 150mL 锥形瓶中，并称取 0.5g 磺酸于锥形瓶中，摇匀，使磺酸分散，加 40mL 水于锥形瓶中，轻轻摇动，使磺酸溶解，滴加 2 滴酚酞指示剂，用 0.1mol/L NaOH 溶液滴定至出现粉红色，按公式计算出中和值 H	计算公式：$$H = \dfrac{cV}{m} \times \dfrac{40}{100}$$ 式中 c——NaOH 溶液浓度，mol/L；V——消耗 NaOH 溶液的体积，mL；M——磺酸质量，g	
6	中和	按中和值计算出中和磺酸所需 NaOH 质量，称取 NaOH，并用 500mL 烧杯配成质量分数为 15% 的 NaOH 溶液，置于水浴中，在搅拌下，控制温度 35～40℃，用滴液漏斗将磺酸缓慢加入，时间 0.5～1h。当酸快加完时测定体系的 pH 值，控制反应终点的 pH 值为 7～8（可用废酸和质量分数 15%～20%NaOH 溶液调节 pH）	可用废酸和质量分数为 15%～20% 的 NaOH 溶液调节 pH 值	
7	称量	反应结束后称量所得烷基苯磺酸钠的质量	计算产品收率	

【创新思路】

要求：基于市场调研和基础实训，完成包括但不限于以下方面的创新思路 1 项以上。

1.生产原料方面创新：_____。

2.生产工艺方面创新：_____。

3.产品包装方面创新：_____。

4.销售形式方面创新：_____。

5.其他创新：_____。

【创新实践】

环节一：根据创新思路，制定详细可行的创新方案，如：写出基于新原料、新工艺、新包装或新销售形式等的实训方案。

环节二：根据实训方案进行创新实践，考察新产品的性能或市场反馈。（该环节可根据实际情况选做）

过程考核：

项目名称	市场调研 5%	基础实训 80%	创新思路 10%	创新实践 5%	合计
得分					

文档
拓展习题

文档
拓展习题答案

一、选择题

1. 下列属于两性表面活性剂的是（　　）。

A. 肥皂类　　　　　　　　　B. 脂肪酸甘油酯　　　　C. 季铵盐类　　　　　　D. 卵磷脂

2. 下列属于非离子型表面活性剂的是（　　）。

A. 十二烷基硫酸钠　　　　B. 十二烷基苯磺酸钠　　C. 苯扎溴铵　　　　　　D. 失水山梨醇脂肪酸酯

3. W/O 型的乳化剂是（　　）。

A. 硬脂酸钠　　　　　　　B. 三乙醇胺　　　　　　C. 硬脂酸钙　　　　　　D. 十二烷基硫酸钠

4. 下列产品中，属于表面活性剂的是（　　）。

A. 乙醇　　　　　　　　　B. 食盐水　　　　　　　C. 胰加漂 T　　　　　　D. 邻苯二甲酸二辛酯

5. 下列可用作织物的柔软剂、抗静电剂的表面活性剂是（　　）。

A. 阴离子表面活性剂　　　B. 生物表面活性剂　　　C. 两性表面活性剂　　　D. 阳离子表面活性剂

6. AES 是（　　）的简称。

A. 烷基苯磺酸钠　　　　　　　　　　　　　　　B. 脂肪醇聚氧乙烯醚硫酸盐

C. α-烯烃磺酸钠　　　　　　　　　　　　　　D. 脂肪硫酸盐

7. 表面活性剂 HLB 值在（　　）时，一般可作为油包水型乳化剂。

A. 2～6　　　　　　　　　B. 8～10　　　　　　　C. 12～14　　　　　　D. 16～18

8. 表面活性剂 HLB 值在（　　）时，一般可作为洗涤剂。

A. 2～6　　　　　　　　　B. 8～10　　　　　　　C. 12～14　　　　　　D. 16～18

9. W/O 型洗面奶指的是（　　）。

A. 水包油型　　　　　　　B. 油包水型　　　　　　C. 混合型　　　　　　D. 以上都不对

10. 表面活性剂表面张力降低的效率和表面活性剂表面张力降低的能力（　　）。

A. 一定平行　　　　　　　B. 一定不平行　　　　　C. 不一定平行　　　　D. 不确定

二、填空题

1. 根据亲水基的结构，阴离子表面活性剂的类型主要有＿＿＿＿＿＿、＿＿＿＿＿＿、＿＿＿＿＿＿＿、＿＿＿＿、＿＿＿＿＿＿＿等类别。

2. 工业化生产的阳离子表面活性剂主要有＿＿＿＿和＿＿＿＿两类，其中最重要的又是＿＿＿＿类。

3. 两性表面活性剂中最重要的是＿＿＿＿和＿＿＿＿两大类。

4. 非离子表面活性剂主要有＿＿＿＿和＿＿＿＿两大类。

5. 表面活性剂的结构特征为分子的一端为＿＿＿＿，另一端为＿＿＿＿。这两类结构与性能截然相反的分子碎片或基团分处于＿＿＿＿并以＿＿＿＿相连接，形成了一种＿＿＿＿的结构。

6. CMC 即临界胶束浓度，它可以作为表面活性剂表面活性的一种量度，CMC 越小，则表面活性剂形成胶束的浓度越＿＿＿＿，表面活性剂的吸附能力越＿＿＿＿。

7. 表面活性剂表面张力降低的效率和表面活性剂表面张力降低的能力＿＿＿＿。

8. 两性表面活性剂中产量和商品种类最多，应用最广的是＿＿＿＿。

9. 用＿＿＿＿衡量非离子型表面活性剂的亲水性。

10. 工业上，生产白乳胶的聚合方式是＿＿＿＿。

三、判断题

1. 表面活性剂是一类具有双亲结构的化合物，分子中一般含有两种不同极性的基团，既具有亲油基团也含有亲水基团。（　　）

2. 降低表面张力的物质都是表面活性剂。（　　）

3. 表面活性剂都具有双亲结构。（　　）

4. 浊点可用来衡量非离子型表面活性剂的亲水性，浊点越高，亲水性越强。（　　）

5. 甜菜碱属于两性表面活性剂。（　　）

6. 某表面活性剂的HLB值为18，比较适用于制造油包水的乳化体。（　　）

7. 在所有的有机溶剂中，石蜡的HLB值较大，十二烷基磺酸钠的HLB值较小。（　　）

8. 表面活性剂都具有良好的洗涤能力。（　　）

9. 表面活性剂形成胶束时的最低浓度称为临界胶束浓度。（　　）

10. 只有表面活性剂可以降低表面张力。（　　）

四、简答题

1. 什么是表面活性剂？什么又是表面张力？

2. 表面活性剂是怎样分类的？

3. 阳离子型表面活性剂主要有哪几类？分别写出每种类别的结构通式和主要用途。

4. 阴离子型表面活性剂主要有哪几类？分别写出每种类别的结构通式和主要用途。

5. 什么是HLB值？它有什么应用？

6. 表面活性剂的亲油基原料包括哪些？

7. 以苯为原料，选用合适的试剂合成十二烷基苯磺酸钠，简述合成过程。

8. 影响磺化反应的因素有哪些？

9. 膜式磺化器是三氧化硫连续磺化装置中应用最多的反应装置，具有哪些特点？

10. 简述双烷基二甲基季铵盐的生产工艺流程。

11. 何为乙氧基化反应？乙氧基化反应的影响因素有哪些？

12. 简述乙氧基化反应的工艺流程。

模块二

助剂

学习目标

| 知识目标 | 熟悉各种助剂的概念、分类、作用；掌握典型助剂产品的生产原理、工艺流程和复配应用。 |
| 技能目标 | 能根据应用要求，为合成材料塑料和橡胶的生产过程选择合适的助剂，能够在实验室合成邻苯二甲酸二辛酯。 |

素质目标

了解助剂在国民生产和生活中的重要性，树立发展祖国助剂事业的自信心；培养为祖国助剂事业学习和奋斗的使命感。

项目一

基本知识

目前，材料、能源、信息已经发展为当代科学技术的三大支柱，而材料又是一切技术发展的物质基础。高分子材料主要是指塑料、橡胶、合成纤维。目前高分子材料已成为国民经济各部门、尖端技术、国防建设和人民生活以及现代科学技术不可缺少的材料。高分子材料由于原料来源丰富，制造方便，品种繁多，节省能源和投资，用途广泛，相当于传统材料金属、木材和水泥之和，因此在材料领域中的地位日益突出，增长最快。然而，高分子材料也有许多需要克服的缺点，如某些塑料的弹性差，因此不耐冲击，耐热性差，无法在高温下使用，生胶加工困难且直接

文 档

助剂的生产现状
及发展动向

文 档

主要化工企业
人工智能布局和
应用进展

加工的产品无法满足使用要求。因此，在高分子加工和使用过程中需加入助剂。

"助剂"是一个很广泛的概念。塑料、橡胶、合成纤维等合成材料以及纺织、印染、涂料、农药、造纸、皮革、食品、石油炼制等工业部门，都需要各自的助剂。我们这里所说的是在塑料、橡胶、合成纤维等材料和产品的生产、加工、使用过程中，为改善工艺条件、提高产品质量或赋予产品某些特殊性能所添加的各种辅助化学品，通常被称为助剂或添加剂。合成材料的生产及制品加工过程中添加的助剂共分两类，一类是在合成树脂生产过程中添加的助剂，如引发剂、终止剂、乳化剂、分散剂等，称为合成助剂；另一类是塑料（合成树脂和天然树脂）或生胶加工成制品的过程中添加的助剂，称为加工助剂。加工助剂是本模块介绍的主要内容，包括增塑剂、稳定剂、阻燃剂、交联剂、抗静电剂及发泡剂等。因为这些助剂往往是在产品加工过程中添加进去的，故也常被称为"添加剂"或"配合剂"。

一、助剂的分类和作用

随着合成材料工业的发展，助剂的类别和品种不断增加，对制品的加工性能和应用性能所起的作用也更大。但助剂的分类比较复杂。从助剂的化学结构看，既有有机物，又有无机物；既有单一化学品，又有混合物；既有低分子化合物，又有聚合物。从助剂的应用对象看，有些助剂是针对某一种合成材料的，有些助剂则是各种材料通用的。目前比较通用的是按照助剂的功能分类，在功能相同的一类中，再按照作用机理或化学结构分类。

（1）防老化助剂 这类助剂的功能是防止或延缓聚合物在贮存、加工及使用过程中，由于光、热、氧、微生物、机械疲劳等环境因素的影响而引起的老化，防止聚合物材料性能的劣化。主要包括抗氧化剂（在橡胶工业中也称防老剂）、光稳定剂、热稳定剂和防霉剂等。

（2）改善力学性能的助剂 这类助剂的功能是改善聚合物材料某些力学性能。如抗张强度、硬度、刚性、抗冲击强度等。包括交联剂（在橡胶工业中常称作硫化剂）、填充剂、偶联剂、抗冲击剂等。

（3）改善加工性能的助剂 这类助剂的作用在于降低聚合物内外摩擦力，改善聚合物加热成型时的流动性、可塑性及脱模性，使加工过程更易进行。这类助剂有润滑剂、脱模剂、软化剂、塑解剂等。

（4）柔软化和轻质化助剂 主要有增塑剂、发泡剂等。发泡剂又分为物理发泡剂和化学发泡剂，主要用于泡沫、塑料、合成木材、海绵等的制造。

（5）改善表面性能和外观的助剂 防止制品在加工及使用过程中产生静电危害的抗静电剂；防止食品包装用及农业温床覆盖用塑料薄膜内壁形成雾滴的防雾滴剂以及着色剂；为改善表面手感，起润滑柔软作用而加入纤维纺织品的柔软剂；为使织物平整挺直而加入的硬挺剂等。

（6）难燃化助剂 难燃包括不燃和阻燃两个概念。这类助剂主要指阻燃剂。阻燃剂加入材料中可以防止由于聚合物燃烧造成的火灾危害。它可以使合成材料在接触火源时燃烧缓慢，脱离火源时自行熄灭。一般还包括抑制材料燃烧时产生大量烟雾的烟雾抑制剂。

助剂对聚合物性能的改善是多方面的，对聚合物工业的发展具有不可估量的促进作用。助剂的用量可能很小，但所起的作用却是十分显著的。例如，聚丙烯树脂极易老化，用纯树脂压制的薄片在150℃下只需0.5h便脆化，根本无法加工和使用。然而在树脂中加入适当抗氧化剂和其他稳定剂后，在同一温度下树脂便可经受2000h的老化试验，成为用途十分广泛的通用塑料。

二、影响助剂效果的因素

1. 助剂与聚合物的配伍性

助剂与聚合物的配伍性包括它们之间的相容性以及在稳定性方面的相互影响。这是首先考虑的问题。因为助剂必须长期、稳定、均匀地存在于制品中，才能发挥其应有的效能，所以通常要求两者要有良好的相容性，否则助剂就容易析出。如果析出的是固体助剂，俗称"喷霜"，若析出液体助剂则称作"渗出"或"出汗"。助剂析出后不仅影响产品的功效，而且影响制品的外观和手感。助剂与聚合物的相容性主要取决于它们结构的相似性。一般来说，极性强的助剂与极性强的聚合物相容性较好而与极性弱的聚合物相容性较差，反之亦然。

2. 助剂的耐久性

助剂的耐久性是指在聚合物的加工使用过程中，助剂应有部分损失。助剂主要是通过挥发、被萃取和迁移三条途径损失的。挥发性大小取决于助剂本身的结构，如分子量大，则挥发性低，耐久性好。当制品在使用过程中需要与某种液体相接触时，助剂在该液体中的溶解度越高，则助剂被该液体萃取的可能性越大。因此选择助剂时要考虑材料的使用环境。迁移是指助剂由制品向邻近物品的转移。助剂的损失不仅会造成聚合物制品性能变坏，同时也可能污染环境。

3. 助剂对加工条件的适应性

某些聚合物的加工条件比较苛刻，如加工温度高、时间长。因此必须考虑助剂能否适应。加工条件对助剂的要求，最主要的是耐热性，即要求助剂在加工温度下不分解、不挥发和升华。此外，还要考虑助剂对加工设备和模具是否产生腐蚀作用。

4. 制品用途对助剂的制约

助剂的选择常常受到制品最终用途的制约，这是选用助剂的重要依据。助剂的加入可能影响聚合物制品的外观、颜色、气味、毒性以及电性能、热性能、耐候性、污染性等，选用助剂时一定要考虑制品用途的制约。如有毒的助剂绝对不允许应用于接触食品、药品的制品及儿童玩具制品。

5. 助剂配合中的协同作用和相抗作用

一种聚合物常常同时使用多种助剂，这些助剂同处于一个聚合物体系里，彼此之间有所影响。如果一种助剂的存在可使另一种助剂作用增强，则它们之间具有"协同作用"；反之，如果一种助剂的加入削弱了另一种助剂的原有效能，则二者之间存在"相抗作用"，相抗作用是协同作用的反面。在设计聚合物配方时，应注意充分发挥助剂间的协同作用。另外，还应防止不同助剂可能发生化学反应或引起变色等不良后果。

项目二

增塑剂

一、增塑剂的定义和分类

凡是添加到聚合物体系中，能增加聚合物塑性、柔韧性或膨胀性的物质叫作增塑剂。一般均为高沸点液体或低熔点固体，主要为前者。增塑剂分类的方法很多，可以从不同的角度对增塑剂进行分类。

微课
增塑剂基础知识

1. 按化学结构分类

增塑剂可分为邻苯二甲酸酯类、脂肪族二元酸酯类、磷酸酯类、环氧化合物类、聚酯类、烷基苯磺酸酯类、含氯增塑剂类，以及其他类。

2. 按相容性分类

分为主增塑剂和辅助增塑剂。凡能和树脂充分高度相容的增塑剂称为主增塑剂，或称溶剂型增塑剂。它的分子不仅能进入树脂分子链的无定形区，也能插入分子链的结晶区。因此它不会渗出而形成液滴、液膜，也不会喷霜而形成表面结晶。这种主增塑剂可以单独应用。而辅助增塑剂一般只能进入树脂无定形区域而不能进入分子链的结晶区，也叫作非溶剂型增塑剂，它必须与主增塑剂配合使用，否则会出现渗出或喷霜现象。

3. 按分子结构分类

按分子结构来分类，增塑剂可分为单体型和聚合型两大类。单体增塑剂有固定的组成，绝大部分的增塑剂都属于此类。其分子量在 300 ~ 500 之间。聚合型增塑剂分子量一般在 1000 ~ 6000 之间。只有聚酯型和聚氨酯型等少量增塑剂为聚合型增塑剂。

4. 按作用方式分类

可以分为内增塑剂和外增塑剂。内增塑剂的作用分两种情况，一种是在聚合过程中加入第二单体，能进行共聚，对聚合物进行改性，因此内增塑剂实际上是聚合物分子的一部分；另一种是在聚合物分子链上引入支链，由于支链在分子结构中的存在，降低了聚合物链与链之间的作用力，也降低了分子链的规整性，从而使分子链之间互相移动的可能性增加，即增加了聚合物的塑性。

外增塑剂一般为低分子量的化合物或聚合物。将其添加到需要增塑的聚合物中，可增加聚合物的塑性。外增塑剂通常是高沸点、难挥发的液体或低熔点固体，不与聚合物起化学反应。和聚合物的相互作用主要是在升高温度时的溶胀作用，与聚合物形成一种固体溶液。外增塑剂性能全面，生产和使用比较方便。本模块讨论的增塑剂是指外增塑剂。

5. 按工作特性来分类

增塑剂可分为通用型和特殊型两种。可以普遍采用，但无特殊性能的增塑剂就是通用增塑剂；除增塑作用外还有其他功能的增塑剂称为特殊增塑剂，如耐寒增塑剂脂肪族二元酸酯、阻燃增塑剂磷酸酯等。

二、增塑剂的选择要求

1. 与聚合物具有良好的相容性

相容性是增塑剂在聚合物分子链之间处于稳定状态下相互掺混的性能，这是作为增塑剂最主要的基本条件，以保证增塑剂与聚合物之间形成长期稳定的均相组成，充分发挥增塑的作用。

2. 塑化效率高

增塑剂的塑化效率可以表示为树脂达到某一柔软程度时需要添加增塑剂的量。塑化效率和相容性是两个不同的概念。例如，如果有 A，B 两种增塑剂，虽然 A 对树脂的相容性比 B 大，但 B 相对于 A 用较少的量可以使树脂达到同样的柔韧度，则可以认为 B 的塑化效率比 A 高。塑化效率是一个相对比值，通常以邻苯二甲酸二辛酯（DOP）为基准（以 100% 来表示），和其他增塑剂的效率值进行比较，就可以计算出增塑剂间的相对效率值，用它可以比较增塑剂的塑化效果。例如对 PVC 而言，邻苯二甲酸二丁酯塑化效率为 28.5%，相对效率值为 0.81；磷酸三甲苯酯塑化效率为 35.3%，相对效率值为 1.12。相对效率值小于 1.0 的是较好的增塑剂，而大于 1 的则是相对 DOP 来说较差的增塑剂。

3. 低挥发性

增塑剂一般是蒸气压较低的高沸点液体，但是在热加工以及制品的存放使用过程中，还是会有部分增塑剂从制品表面挥发到环境中去，造成制品性能的下降。因此，要求增塑剂的挥发性越低越好。

4. 耐溶剂萃取性好

水、油、有机溶剂等在与增塑制品接触过程中会对增塑剂产生萃取作用，造成增塑剂从聚合物中被萃取出来而使制品性能下降以及造成其他不良影响。例如，经塑化的 PVC 表面发生粘连，增塑剂向被包装的食品中迁移，使食品带有增塑剂的气味。大多数增塑剂耐溶剂的萃取性较差。

5. 不迁移性

制品中的增塑剂应不向所接触的固体介质进行迁移，否则会引起软化、发黏、表面龟裂等现象。

6. 耐老化性好

抗老化主要是指对光、热、氧、辐射等的耐受力。由于增塑剂在聚合物中的加入量很大，所以增塑剂的耐老化能力直接影响到塑化制品的耐老化性。一般具有直链烷基的增塑剂比较稳定，烷基支链多的增塑剂耐热性相对差一些。环氧系列增塑剂具有良好的耐候性，并可防止制品加工时着色，同时具有较好的耐热、耐光性。

7. 耐寒性能好

增塑剂是否具有良好的耐寒性与结构有直接关系。一般相容性较好的增塑剂，耐寒性都较差。分子中带有环状结构的增塑剂耐寒性不好，而具有直链烷基结构的增塑剂耐寒性能好，而且烷基链越长，耐寒性能越好；支链增多，耐寒性下降。原因在于低温下具有环状结构与支链结构的增塑剂在分子间运动时黏滞阻力变大。

8. 具有阻燃性

在聚合物应用的许多场合中都要求具有阻燃性等，许多场合都要求制品具有难燃性能。在增塑剂中，氯化石蜡、氯化脂肪酸酯和磷酸酯类都具有阻燃性，特别是磷酸酯的阻燃性很强。

除以上要求外，增塑剂选用时还应考虑电绝缘性能好，耐霉菌性好，尽可能无色、无味、无毒，良好的耐化学药品和耐污染性以及价格低廉等。

三、增塑剂作用机理

增塑剂是能使聚合物塑性增加的物质。所谓塑性是指聚合物材料在应力作用下发生永久变形的性质。聚合物的玻璃化转变温度（T_g）高于室温时，处于玻璃态。如果加入增塑剂，则可将其玻璃化转变温度降到室温以下，这时聚合物处于高弹态，可呈现较大的回弹性、柔韧性和抗冲击强度。

处于聚集状态的物质，分子间存在着分子间作用力 - 范德华力，其作用范围在几十纳米以内。当物质分子内存在羟基（—OH）、氨基（—NH$_2$）等基团时，在分子内部和分子间还可存在氢键，其作用较范德华力强。范德华力和氢键还具有分子链上的加和性，阻碍了分子间的相互移动，成为对抗塑化作用的一个主要因素。同时，聚合物在满足分子链规整性和有序性的前提下，可以进行结晶。但聚合物的结晶一般是部分结晶，也就是说，从整体上讲，聚合物分子链处于卷绕和杂乱状态，而部分聚合物链段则可以形成折叠链晶体。三维有序的结晶结构散布在杂乱卷绕的分子链形成的非晶区域内。增塑剂分子插入聚合物结晶区比插入非结晶区要困难得多，聚合物的结晶成为对抗塑化作用的又一主要因素。

增塑剂分子首先必须克服聚合物内部各种对抗塑化的因素，插入大分子链之间，将分子链间的相互作用减弱，使链段和分子链的运动在较低的温度下就可以发生，即链段开始运动的温度（玻璃化转变温度 T_g）和分子链开始运动的温度（黏流化温度 T_f）降低，从而达到增塑的目的。表现为聚合物的硬度、模量、软化温度和脆化温度下降，伸长率、曲挠性和柔韧性提高。

以邻苯二甲酸二丁酯（DBP）为例，PVC 分子链的各链节，由于氯原子的存在而具有极性，分子链间的相互吸引也因此较为强烈。在温度升高时，分子热运动加剧，分子链间的间隔有所增加，DBP的酯基极性部分会使DBP的苯环发生极化，结果是DBP与PVC分子链紧密结合在一起。这样，即使冷却时 DBP 也仍然留在原来位置处；而 DBP 的非极性亚甲基链由于不发生极化，它夹在 PVC 分子链之间，显著削弱了 PVC 分子链间的作用力，从而使聚合物的可塑性增强。由此可见，一般增塑剂分子内部必须含有能与极性聚合物相互作用的极性部分和不与聚合物作用的非极性部分。

四、增塑剂的主要品种

1. 苯二甲酸酯类

此类增塑剂包括邻苯二甲酸酯类、间苯二甲酸酯类和对苯二甲酸酯类。邻苯二甲酸酯类是使用最广泛的增塑剂，大多数具有比较全面的性能，一般作主增塑剂使用，配合用量大，有通用增塑剂之称，其产量达增塑剂总产量的 80% 以上。其中最常用的是邻苯二甲酸二辛酯（DOP），邻苯二甲酸二丁酯（DBP）也用得较广泛，但由于挥发性较大，耐久性较差，DBP 的发展受到一定的限制。DOP 与聚氯乙烯（PVC）树脂可以很好地混合，由于它们有很好的电性能、较好的低温性、较低的挥发性和相当低的抽出性与毒害性以及其他许多优点，因此可以用于各种配方中，如电缆、薄膜等。

邻苯二甲酸酯类通式为：

$$\begin{array}{c} \text{苯环} \\ \overset{O}{\underset{\parallel}{C}}-O-R_1 \\ \overset{O}{\underset{\parallel}{C}}-O-R_2 \end{array}$$

其中 R_1 与 R_2 为 $C_1 \sim C_{18}$ 烷基、环烷基、苯基或苄基等，R_1 与 R_2 可以相同，也可以不同。

2. 脂肪族二元酸酯类

脂肪族二元酸酯是一类典型的耐寒增塑剂，它的结构通式为：

$$R_1-\overset{O}{\underset{\parallel}{C}}\mathopen{}\left(CH_2\right)_{n}\mathclose{}\overset{O}{\underset{\parallel}{C}}-R_2$$

式中，n 一般为 $2 \sim 11$，R_1 与 R_2 为 $C_4 \sim C_{11}$ 的烷基或环烷基。作为增塑剂使用的是饱和脂肪族二元酸酯，主要有己二酸酯、壬二酸酯及癸二酸酯。这类增塑剂的特点是具有优良的低温性能，加入高分子材料中，可以使材料或制品的脆化温度达到 $-70 \sim -300℃$，其中以癸二酸酯最为突出。它们的缺点是相容性较差，因此一般作为辅助增塑剂使用。

脂肪族二元酸酯一般是用二元酸和醇在催化剂存在下，通过酯化反应合成。生产工艺一般包括酯化、中和、水洗及压滤（或蒸馏）等工序，采用间歇法或半连续法生产。

（1）常压酯化工艺 一般均采用带水剂（如苯、甲苯等），例如癸二酸二辛酯生产过程：癸二酸（由蓖麻油制得）和辛醇（质量比1∶1.6）在硫酸（癸二酸和辛醇总质量的0.25%）的催化下进行酯化反应，先生成单辛酯，这步酯化较为容易。第二步生成双酯，较为困难。要控制在较高的温度（130～140℃）、0.093MPa真空度下进行脱水，反应时间为3～5h，才可获得高收率。粗酯用2%～5%的纯碱水溶液中和，然后在70～80℃下水洗，再于0.096～0.097MPa的真空度下脱醇，当粗酯闪点达到205℃时即为终点。粗酯经压滤即得成品。

$$\begin{array}{c} \text{COOH} \\ (CH_2)_8 \\ \text{COOH} \end{array} + 2\,HO-CH_2CH(CH_2)_3CH_3 \xrightarrow{H_2SO_4} \begin{array}{c} \text{COOCH}_2CH\overset{\displaystyle C_2H_5}{-}(CH_2)_3CH_3 \\ (CH_2)_8 \\ \text{COOH} \end{array} + H_2O$$

$$COOH \qquad C_2H_5 \qquad\qquad C_2H_5 \qquad\qquad\qquad\qquad\qquad COOCH_2CH-(CH_2)_3CH_3$$
$$(CH_2)_8COOCH_2CH(CH_2)_3CH_3 \ + \ HO-CH_2CH(CH_2)_3CH_3 \xrightarrow{H_2SO_4} (CH_2)_8$$
$$COOCH_2CH-(CH_2)_3CH_3$$
$$C_2H_5$$

（2）减压酯化工艺 生产流程如下：

己二酸，2-乙基己醇，硫酸→减压酯化→中和→水洗→脱醇→压滤→成品

3. 磷酸酯类

磷酸酯的化学结构通式表示如下：
$$R_2O-\overset{\displaystyle R_1O}{\underset{\displaystyle R_3O}{P}}=O$$

R_1、R_2、R_3 可以相同，也可以不同，可以是烷基、卤代烷基或芳基。磷酸酯类增塑剂主要有四种类型，即磷酸三烷基酯、磷酸三芳基酯、磷酸烷基芳基酯、含氯磷酸酯。磷酸酯除具有增塑作用外，还有阻燃作用。它们与多数树脂和合成橡胶有良好的相容性，是一种具有多功能的主增塑剂。但耐寒性差，价格高，并且大多数磷酸酯毒性较强，不能用于与食品接触的制品及儿童玩具制品中。

磷酸酯通常是由三氯氧磷或三氯化磷与醇或酚经酯化制得：

$$POCl_3 + 3ROH \longrightarrow (RO)_3PO + 3HCl\uparrow$$
$$3ROH + Cl_2 + PCl_3 + H_2O \longrightarrow (RO)_3PO + 5HCl\uparrow$$

在磷酸酯类增塑剂中，磷酸三甲苯酯（TCP）的产量最大，磷酸甲苯二苯酯（CDP）次之，磷酸三苯酯（TPP）第三。

4. 环氧化合物类

这类增塑剂是指分子中含有环氧基团的具有增塑效果的有机化合物。主要有环氧脂肪酸甘油酯、环氧脂肪酸单酯以及环氧四氢邻苯二甲酸酯三种类型。

环氧酯类增塑剂最大的特点是增塑的同时还具有热稳定作用，可改善制品对光、热的稳定性。能与稳定剂起协同作用。环氧化油（环氧甘油三羧酸酯）是使用得最多的一类环氧增塑剂，通常具有良好的抗萃取性、抗迁移性和低温性能。但其相容性较低，不能作为主增塑剂使用。其主要品种为环氧化大豆油。环氧大豆油是甘油的脂肪酸酯，其脂肪酸的成分是油酸 32% ～ 36%、亚油酸 51% ～ 57%、棕榈酸 2.4% ～ 6.8%、硬脂酸 4.4% ～ 7.3%。因此，它的成分也是比较复杂的，其结构式如下：

$$
\begin{array}{l}
H_2C-O-\overset{O}{\overset{\|}{C}}-R'-\overset{H}{\underset{O}{C}}\overset{H}{C}-R \\[8pt]
HC-O-\overset{O}{\overset{\|}{C}}-R'-\overset{H}{\underset{O}{C}}\overset{H}{C}-R \\[8pt]
H_2C-O-\overset{O}{\overset{\|}{C}}-R'-\overset{H}{\underset{O}{C}}\overset{H}{C}-R
\end{array}
$$

5. 聚酯类增塑剂

聚酯类增塑剂是由二元酸和二元醇制得的聚合型的增塑剂，其结构为：

$$R_3-\overset{O}{\overset{\|}{C}}\left(O-R_2-O-\overset{O}{\overset{\|}{C}}-R_1-\overset{O}{\overset{\|}{C}}\right)_n O-R_2-O-\overset{O}{\overset{\|}{C}}-R_3$$

式中，R_1 与 R_2 分别代表二元醇（乙二醇、丙二醇等）和二元酸（己二酸、壬二酸、癸二酸、邻苯二甲酸）的烃基。有时为了通过封闭端基进行改性，需加入少量一元醇或一元酸。

聚酯增塑剂的特点是挥发性小、迁移性小、耐久性优异，而且可以作为主增塑剂使用，主要用于耐久性要求高的制品，但价格较贵，多数情况下是和其他增塑剂配合使用。其应用领域广泛，既可用于 PVC 树脂，也可用于丁苯橡胶、丁腈橡胶以及压敏胶、热熔胶、涂料等。

6. 含氯增塑剂

这类增塑剂主要包括氯化石蜡、氯化脂肪酸等。氯化石蜡是指 $C_{10} \sim C_{30}$ 正构烷烃的氯代物，含氯量 40% ～ 70%，有液体和固体两种形式，具有阻燃性是含氯增塑剂的最大特点，用作增塑剂的氯化石蜡以含氯量 50% 较为合适，此时相容性、塑化效果及加工性能均良好；高含氯量的氧化石蜡一般作阻燃剂使用。氯化石蜡还具有较好的电绝缘性能和耐低温性能，但对光、热、氧的稳定性较差，这是由于在光热氧作用下易发生脱除 HCl 反应。一般只作为辅助增塑剂使用。

7. 其他增塑剂

除上述的增塑剂种类以外，还有苯多酸酯类（耐热性、耐久性好），烷基磺酸苯酯类（力学性能好、耐皂化、迁移性低、电性能好、耐候等），柠檬酸酯（无毒、防霉）等。下面列举几个常见品种：

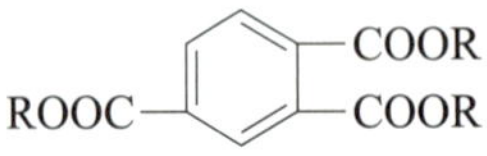

偏苯三酸酯

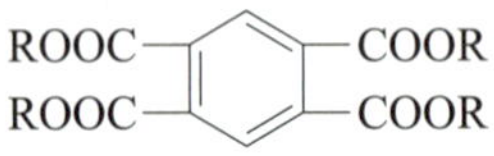

均苯四酸酯

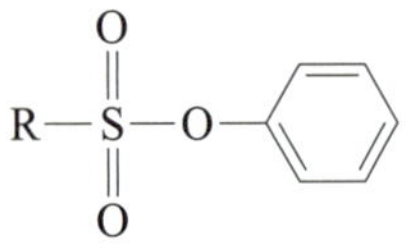

烷基磺酸苯酯
($R=C_{12}H_{25} \sim C_{18}H_{37}$)

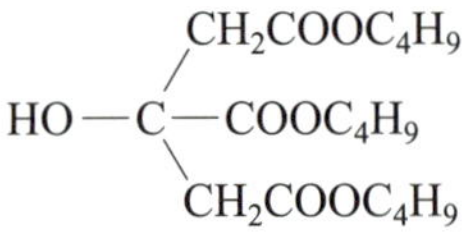

柠檬酸三丁酯

五、邻苯二甲酸酯生产技术

（一）反应原理

邻苯二甲酸酯的主要制备方法是由相应的醇和苯酐进行酯化反应。其反应式为：

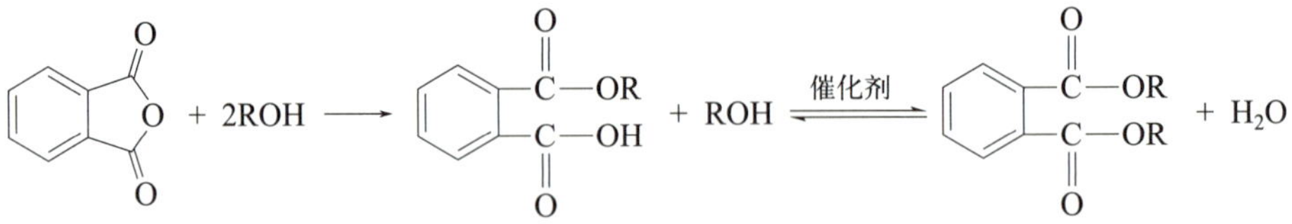

第一步反应是不可逆的，常温下就可反应；而第二步反应则是可逆反应，必须在催化剂和加热条件下才可进行。酯化反应最常用的催化剂是硫酸和对甲苯磺酸等。氢离子对酯化反应有很好的催化作用。此外，磷酸、过氯酸、苯磺酸、甲基磺酸以及铝、铁、钙等氧化物与金属盐等也可用作酯化反应的催化剂。反应时可用过量醇作为带水剂，也可外加带水剂，如苯、甲苯等。

（二）原料准备（DOP）

1. 主要原材料及其规格

【1】苯酐

纯度　　　　　　　　　　≥ 99.3%

熔点	≥ 131℃
色泽（铂 - 钴）：	≤ 10
色泽（铂 - 钴，硫酸试验）	≤ 150（100℃，3h）

（2）辛醇

密度（20℃）	0.833 ~ 0.835g/cm³
酸值（以醋酸计）	≤ 0.02%
水分	≤ 0.05%
沸程	183 ~ 185℃
醛（以 2- 乙基己醛计）	≤ 0.02%
色泽（铂 - 钴）	≤ 10
色泽（铂 - 钴，硫酸试验）	≤ 20

2. 消耗定额（按生产 1 吨 DOP 计）

苯酐（以苯酐计 DOP 收率 98.8%）	380kg
辛醇（以辛醇计 DOP 收率 99.3%）	672kg
硫酸（92%）	16kg
碳酸钠	9kg

（三）生产工艺

邻苯二甲酸酯类增塑剂的合成工艺流程如图 2-1 所示。

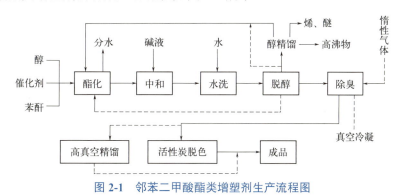

图 2-1　邻苯二甲酸酯类增塑剂生产流程图

1. 酯化

原料与催化剂等同时加入反应器，使两步反应在同一设备内完成。也可以将两步反应分开，在两个反应器内分别进行，而仅在后一反应器内加入催化剂。酯化反应是液相反应，规模不大时，间歇操作比较有利，间歇式反应器为带有搅拌和换热（夹套和蛇管热交换）的釜式设备，为了防腐和保证产物纯度，可以采用衬搪瓷反应釜。当产量大时，则采用连续操作的反应器。反应器可以采用管式、釜式、塔式反应器。

2. 中和

反应结束时，反应混合物中有残留的苯酐和未反应的单酯而呈酸性，若用酸性催化剂，则酸值更高，必须加碱中和。常用的碱液为 3% ~ 4% 碳酸钠，浓度太稀，中和不完全，且醇的损失和废水量会增加；碱液浓度太高，则会发生与酯的皂化反应。中和过程伴随的副反应包括碱与酸性催化剂反应、纯碱与单酯反应、纯碱和酯的皂化反应等，为减少副反应，控制中和温度不超过 85℃。另外，副反应产物单酯钠盐是表面活性剂，有很强的乳化作用，特别是在温度低、搅拌剧烈或反应混合物的密度与碱水相近的情况下更易发生乳化，此时可采用加热静置或加盐的方法来破乳。中和属于放热反应，主要采用连续中和，一般采用串联阶梯式装置。

3. 水洗

水洗的目的是除去粗酯中夹带的碱液、钠盐等杂质，以防止粗酯在后续工序高温作业时引起泛酸和皂化。国外常采用无离子水来进行水洗，可以减少成品中金属离子型杂质，提高体积电阻率。一般情况下，水洗进行两次后，反应液呈中性。当不采用催化剂或采用非酸性催化剂时，可以免去中和与水洗两道工序。

4. 醇的分离回收

俗称脱醇，通常采用水蒸气蒸馏法来把醇与酯分开，有时醇是与水共沸的溶剂（或称带水剂）一起被蒸汽蒸出来，然后用蒸馏法分开。由于脱醇是采用过热蒸汽，因此可以除去中和水洗后反应物中含有的少量水。国内脱醇装置一般有 1 ～ 2 台预热器和 1 台脱醇塔，预热器多为列管式蒸发器，脱醇塔为填料塔。国外与国内大同小异，有蒸发器、填料塔联用的，也有单用一种的，采用较多的是液膜式蒸发器。

5. 精制

采用酸性催化剂，要得到高质量产品，需采用真空蒸馏的方法，此法优点是温度低，保持反应物的热稳定性，几乎 100% 达到绝缘级质量要求。但是设备投资较大。对有些使用上要求不高的产物，通常只要加入适量脱色剂（如活性炭、活性白土）吸附微量杂质，再经压滤将吸附剂分离出去，也能符合要求。

6. "三废"处理

工业废水的主要来源有酯化反应中生成的水（包括原料和催化剂带入的水）、经多次中和后含有单酯钠盐等杂质的废碱液、洗涤粗酯用的水和脱醇时汽提蒸汽的冷凝水。治理废水首先应从工艺上减少废水排放，其次才是净化。减少工艺废水最好的方法是选用非酸性催化剂，省去中和、水洗两个工序，也可采取套用工艺水的方法。国内废水处理一般采用过滤、隔油、粗粒化、生化处理等方法。

图 2-2 是酸性催化剂生产 DOP 流程图。

文 档

DOP非酸催化
工艺

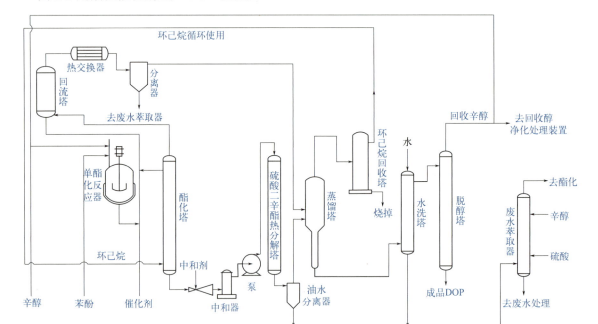

图 2-2　酸性催化剂生产 DOP 流程图

苯酐、辛醇分别以一定的流量进入单酯化反应器，单酯化温度为 130℃。所生成的单酯和过量的醇混入硫酸催化剂后，进入酯化塔。环己烷（帮助酯化脱水用）预热后以一定流量进入酯化塔。酯化塔顶温度为115℃，塔底为132℃。环己烷和水、辛醇以及夹带的硫酸从酯化塔顶部排出后进入回流塔。环己烷和水从回流塔顶馏出后，环己烷去蒸馏塔，水去废水萃取器。辛醇及夹带的少量硫酸从回流塔返回酯化塔。酯化完成后的反应混合物加压后经喷嘴喷入中和器，用10%碳酸钠水溶液在130℃下进行中和。经中和的硫酸盐、硫酸单辛酯钠盐和邻苯二甲酸单辛酯钠盐随中和废水排至废水萃取器。中和后的DOP、辛醇、环己烷、硫酸二辛酯、二辛基酯等经泵加压并加热至180℃后进入硫酸二辛酯热分解塔。在此塔中硫酸二辛酯皂化为硫酸单辛酯钠盐，随热分解废水排至废水萃取器。DOP、环己烷、辛醇和二辛基醚等进入蒸馏塔，塔顶温度为100℃，环己烷从塔上部馏出后进入环己烷回收塔，从该塔顶部得到几乎不含水的环己烷循环至酯化塔再用，塔底排出的重组分烧掉。分离环己烷后的DOP和辛醇从蒸馏塔底排出后进入水洗塔，用非离子水在90℃下进行水洗，水洗后的DOP、辛醇进入脱醇塔，在减压下用1.2MPa的直接蒸汽连续进行两次脱醇、干燥，即得成品DOP。从脱醇塔顶部回收的辛醇，一部分直接循环至酯化部分使用，另一部分去回收醇净化处理装置。

（四）产品分析检测

指标名称		一级品	二级品	绝缘材料级	备注（参考标准）
外观与色泽（Pt-Co 比色）/ 号		透明油状液体，不深于 40	透明油状液体，不深于 120	透明油状液体，不深于 40	GB/T 1664—1995《增塑剂外观色度的测定》
酯含量 /%	≥	99.0	99.0	99.0	GB/T 1665—2008《增塑剂皂化值及酯含量的测定》
相对密度（20℃）		0.982～0.988	0.982～0.988	0.982～0.988	GB/T 4472—2011《化工产品密度、相对密度测定》
酸值 /（mg KOH/g）	≤	0.10	0.20	0.07	GB/T 1668—2008《增塑剂酸值及酸度的测定》
加热减量（125℃,3h）/%	≤	0.3	0.5	0.2	GB/T 1669—2001《增塑剂加热减量的测定》
闪点（开杯）/℃	≥	192	190	195	GB/T 1671—2008《增塑剂闪点的测定　克利夫兰开口杯法》
体积电阻系数 /Ω·cm	≥			1×10^{11}	GB/T 1672—1988《液体增塑剂体积电阻率的测定》

（五）复配应用

【PVC 地板砖配方】

成分	聚氯乙烯树脂	邻苯二甲酸二辛酯	硬脂酸铅	硬脂酸	轻质碳酸钙
用量 /kg	100	30	3～5	0.5	150～200
作用	主原料、树脂	增塑	稳定剂	加工润滑剂	填料，改善流动性、耐磨性、耐冲击性

　　本品是塑料加工中使用最广泛的增塑剂，除了醋酸纤维素、聚醋酸乙烯外，与绝大多数工业上使用的合成树脂和橡胶均有良好的相容性。本品具有良好的综合性能，混合性能好、增塑效率高、挥发性较低、耐水抽出、电气性能好、耐热及耐候性良好。本品作为一种主增塑剂广泛应用于聚氯乙烯各种软质制品的加工。可用于硝基纤维素漆，使漆膜具有弹性和较高的抗张强度。还可用于与食物接触的包装材料，但由于易被脂肪抽出，故不宜用于脂肪性食物的包装材料。本品还可用作合成橡胶的软化剂，能够改善制品的回弹性，降低压缩永久变形，而且对胶料的硫化无影响。

　　按上述配方计量，将所有组分加入捏合机中，高速混合，并进行塑炼，进入挤出机，挤出板材，再进行压光贴合，冷却后裁切而得制品。

（六）创新导引

　　① 邻苯二甲酸酯增塑剂生产工艺中，国内外主要采用浓硫酸或钛酸酯类作为催化剂。浓硫酸具有催化活性高、成本低廉等特点，但易产生副反应，腐蚀设备严重、污染大；钛酸酯类催

化剂是一类非酸性催化剂，其优点在于对设备的腐蚀性小、副反应少、产品质量好、不会造成污染，但能耗高、成本高等。是否有新型的催化剂可以替代？

② 因卫生及环境安全等，全球环保法规对邻苯二甲酸酯类增塑剂的限制日趋严格，研发低（无）毒、高效、可再生、价廉的环保型增塑剂产品，用于替代传统的邻苯二甲酸酯类增塑剂已成为塑料助剂行业发展的重要趋势。目前有哪些环保型增塑剂可用来替代邻苯二甲酸酯类增塑剂？

项目三

抗氧剂

一、抗氧剂的定义和分类

塑料、橡胶以及其他的高分子材料在加工、储存、使用过程中会发生结构的变化，逐渐失去应用价值，这种现象称为高分子材料的老化。老化是一种不可逆过程，主要表现为外观的变化（如表面变暗、变色、发黏、脆化等）、物理性能（如耐热性、耐磨性、流变性能等）、机械强度（如硬度、抗冲击强度等）以及电性能（如绝缘电阻、击穿电压等）的劣化。引起老化的因素很多，内在因素如材料分子结构、助剂性质等；外界因素有光、热、氧、应力及微生物破坏等。外界因素中以光、热、氧三个因素最为重要，它们使聚合物发生降解和交联反应，破坏高分子材料原有的结构，引起老化。为了延长高分子材料的寿命，抑制或者延缓聚合物的氧化降解，通常使用抗氧剂。所谓抗氧剂是指那些能减缓高分子材料自动氧化反应速度的物质（在橡胶工业中，抗氧剂被叫作防老剂）。抗氧剂除了用在塑料、橡胶中以外，也广泛地用于石油、油脂及食品工业，以防止燃料油、润滑油酸值和黏度的上升及油脂、肉类和饲料的酸败。

抗氧剂的品种繁多，按其作用机理不同可以分为链终止型抗氧剂和预防型抗氧剂两类；按分子量来分，分为低分子量抗氧剂和高分子量抗氧剂等；按用途可以分为塑料抗氧剂、橡胶防老剂以及石油抗氧剂、食品抗氧剂等；按化学结构进行分类，主要有胺类、酚类、含硫化合物、含磷化合物、有机金属盐类等。

二、聚合物的氧化和抗氧化机理

（一）聚合物的氧化

聚合物的氧化过程属于自动氧化过程，一般认为，自动氧化反应是自由基机理，那么这个机理必然包括链的引发、增长和终止几个过程。下面是其链反应过程：

$$RH \longrightarrow R\cdot + H\cdot$$
$$RH + O_2 \longrightarrow R\cdot + \cdot OOH$$
$$R\cdot + O_2 \longrightarrow ROO\cdot$$
$$ROO\cdot + RH \longrightarrow R\cdot + ROOH$$
$$ROOH \longrightarrow RO\cdot + \cdot OH$$
$$R\cdot + \cdot R \longrightarrow R-R$$
$$R\cdot + \cdot OOR \longrightarrow ROOR$$
$$ROO\cdot + ROO\cdot \longrightarrow ROOR + O_2$$

以上过程导致了主链断裂，而主链断裂导致高分子的降解，结果使分子量大幅度下降，力学性能变坏。在链降解的同时，聚合物自由基还可相互结合发生交联反应，往往形成无控制的网状结构，导致高分子材料的脆化、变硬、强度降低等。

（二）抗氧剂作用机理

根据抗氧剂的作用机理不同，抗氧剂可以分为链终止型抗氧剂（主抗氧剂）和预防型抗氧剂（辅助抗氧剂或过氧化氢分解剂）两类。

1. 链终止型抗氧剂

（1）**自由基捕获剂**　具有很强的捕获自由基（特别是过氧自由基）的能力，能够中断链增长阶段的反应：

$$ROO\cdot+AH \longrightarrow ROOH+A\cdot$$
$$R\cdot+AH \longrightarrow RH+A\cdot$$

（2）**电子给予体**　能够给出电子而使自由基消失，例如一些变价金属：

$$RO_2\cdot+Co^{2+} \longrightarrow RO_2^-\cdot Co^{3+}$$

（3）**氢给予体**　可以与聚合物竞争自由基，从而降低聚合物的自动氧化反应速率，例如仲芳胺和受阻酚化合物：

$$ArO_2\cdot NH+RO_2\cdot \longrightarrow ROOH+Ar_2N\cdot$$
$$Ar_2N\cdot+RO_2\cdot \longrightarrow Ar_2NO_2R$$
$$ArOH+RO_2\cdot \longrightarrow ROOH+ArO\cdot$$
$$ArO\cdot+RO_2\cdot \longrightarrow RO_2OAr$$

2. 预防型抗氧剂

它的作用是能除去自由基的来源，抑制或延缓引发反应。这类抗氧剂包括一些过氧化物分解剂和金属离子钝化剂等。它们单独使用时效果不明显，一般作为辅助抗氧剂与主抗氧剂配合使用。

（1）**过氧化物分解剂**　包括一些酸的金属盐、硫化物、硫酯和亚磷酸酯等化合物。它们能与过氧化物反应并使之转变为稳定的非自由基产物，从而完全消除自由基的来源。

$$ROOH+R_1SR_2 \longrightarrow ROH+R_1SOR_2$$
$$ROOH+R_1SOR_2 \longrightarrow ROH+R_1SO_2R_2$$
$$ROOH+(RO)_3P \longrightarrow ROH+(RO)_3P{=}O$$

（2）**金属离子钝化剂**　变价金属能促进聚合物的自动氧化反应，使聚合物材料的使用寿命缩短，这在电线、电缆工业中尤为重要。工业上生产和研制的金属离子钝化剂主要是酰胺和酰肼两类化合物。

三、抗氧剂的选用原则

（1）**变色性和污染性**　在选择抗氧化剂时，首先应注意抗氧剂的变色性及污染性，是否会对制品的应用造成影响。

（2）**挥发性**　抗氧剂的挥发性应尽可能低，挥发性主要取决于抗氧剂分子结构和分子量，另外还与温度、暴露面积等有关。

（3）**溶解性**　理想情况是抗氧剂在聚合物中的溶解度高，而在其他介质中的溶解度低，因为环境萃取不仅降低抗氧化效率，同时也对制品卫生性有不利影响。

（4）**稳定性**　抗氧剂对光、热、氧、水等因素稳定性高。

（5）**物理状态与毒性**　在聚合物制造过程中应首选液体的、易乳化的抗氧剂；在加工过程中选用固体的、易分解的无尘抗氧剂；用于与食品接触的制品中应选无毒抗氧剂。

除了上述原则外，还需考虑其他的外界影响因素，如温度、臭氧的作用等。当两种或两种以上的抗氧剂配合使用时，抗氧剂的用量取决于复配抗氧剂的性质、协同效应、制品使用条件与成本价格等种种因素。

四、抗氧剂的主要品种

（一）胺类抗氧剂

胺类抗氧剂广泛应用在橡胶工业中，也称防老剂，是一类发展最早也是效果最好的抗氧剂。它不仅对氧，而且对臭氧也有很好的防护作用，对光、热、挠曲、铜害的防护也很突出。按照结构不同，胺类防老剂可进一步分为二芳基仲胺类、对苯二胺类、醛胺类和酮胺类。

1. 二芳基仲胺类

长期以来占有重要地位。主要品种有防老剂 A（甲）与防老剂 D（丁）。

N-苯基-α-萘胺(防老剂A)　　　　　　　N-苯基-β-萘胺(防老剂D)

两者具有较全面的防老能力。抗热、抗氧、抗挠曲和龟裂性都很好，广泛应用于橡胶工业中，用量一般为 1%～3%。由于防老剂 D 产品中含有微量 β- 萘胺致癌物，现已逐渐淘汰。

2. 对苯二胺类

这是一类对橡胶的氧、臭氧、屈曲疲劳、热等都有着良好的防护作用的抗氧剂，其通式为：

$$R_1HN \!\!-\!\!\!\boxed{}\!\!\!-\!\! NHR_2 \quad (R_1、R_2为烷基或芳基)$$

目前主要产品有 4010、4010NA、4020 等。对苯二胺型橡胶防老剂毒性中等，性能良好而全面，用于取代有致癌作用的防老剂 A 和防老剂 D。

N-环己基-N'-苯基对苯二胺 (防老剂4010)　　　　　N-异丙基-N'-苯基对苯二胺 (防老剂4010NA)

N-(1,3-二甲基丁基)-N'-苯基对苯二胺
(防老剂4020)

3. 醛胺或酮胺缩合物

醛酮分子中的羰基与胺发生加成缩合反应生成醛胺或酮胺缩合物：

$$C\!\!=\!\!O \ + \ H_2NR \ \longrightarrow \ C\!\!=\!\!NR \ + \ H_2O$$

其代表品种主要是低分子量防老剂 AP 和高分子量防老剂 AH 的两种缩合物，其结构式如下：

防老剂AP　　　　　　　　　　　　防老剂AH

防老剂 AP 为棕黄色粉末，遇光颜色变深，防老剂 AH 为淡黄色至深红色脆性玻璃状树脂，

遇光则颜色逐渐变深。醛胺缩合物主要用作橡胶抗氧剂，其抗热、抗氧性能良好，喷霜现象较少。一般用量为 0.5%～5%

（二）酚类抗氧剂

酚类抗氧剂是所有抗氧剂中不污染、不变色性最好的一种，主要用于塑料与合成纤维工业中。在橡胶加工工业中，由于防护作用较弱，通常只用于老化要求不太高的制品。但是近年来已大量采用酚类抗氧剂作为合成橡胶不污染的生胶稳定剂。作为抗氧剂，主要是阻碍酚类。它们的结构特征是酚羟基的邻位有一个或两个较大的基团，可分为单酚、双酚和多酚。

1. 烷基单酚

这类抗氧剂的合成主要是应用酚的烷基化反应，代表品种 BHT，也称抗氧剂 264（2,6-二叔丁基-4-甲基苯酚），其抗氧效果好、稳定、安全、易于解决环境污染等问题，广泛用于食品、塑料和合成橡胶，是需求量最大的一种酚类抗氧剂，合成反应如下：

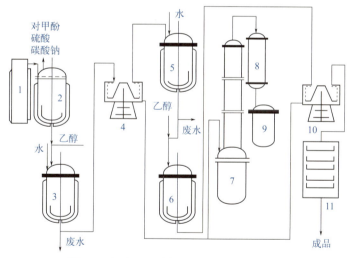

抗氧剂 264 的生产方法有间歇法和连续法两种。连续法和间歇法流程类似。间歇法的生产工艺流程见图 2-3。该法是以硫酸为催化剂，先将异丁烯在烷化中和釜中与对甲酚反应。反应一定时间后用碳酸钠中和至 pH 为 7（70℃）；再在烷化水洗釜中用水洗，分出水层后用乙醇重结晶。经离心机过滤后，在溶化水洗釜内溶化、水洗，分去水层。在重结晶釜中再用乙醇重结晶（80～90℃），经过滤、干燥即得成品。

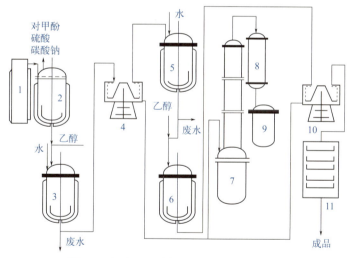

图 2-3　间歇法生产抗氧化剂 264 工艺流程
1—异丁烯气化罐；2—烷化中和釜；3—烷化水洗釜；4—离心机；5—溶化水洗釜；6—重结晶釜；7—乙醇蒸馏塔；
8—冷凝塔；9—乙醇贮罐；10—离心机；11—干燥箱

另一个有代表性的品种为抗氧剂 1076，即 β-（4-羟基-3，5-二叔丁基苯基）丙酸正十八碳醇酯，属于阻碍酚取代的酯。抗氧剂 1076 是优良的非污染性无毒抗氧剂，有较好的耐热及耐水萃取性能。可用作聚乙烯、聚丙烯、聚苯乙烯、ABS 树脂、聚氯乙烯、尼龙、聚酯、纤维素塑料和各种橡胶的抗氧剂。用量一般为 0.1～0.5 份。

2. 双酚类

双酚类主要有烷撑双酚及其衍生物和硫代双酚。烷撑双酚代表性品种有抗氧剂 2246，化学名称2,2′-亚甲基双（4-甲基-6-叔丁基苯酚）。它是通用性强的抗氧剂之一，具有挥发性小、不着色、不污染、不喷霜等优点，可用作多种工程塑料的抗氧剂，以及天然橡胶、合成橡胶的防老剂。其合成反应式如下：

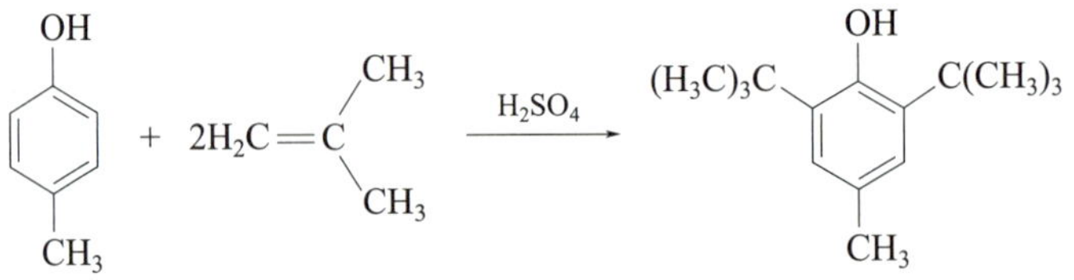

硫代双酚代表性品种为抗氧剂300，化学名称是4,4′-硫代双（6-叔丁基-3-甲基苯酚）。它是一种非污染性抗氧剂，与炭黑有很好的协同效应，因此在塑料、橡胶、石油制品、松香树脂（抗氧化减色作用）中获得广泛的应用。尤其对聚乙烯电线电缆料以及高密度聚乙烯管材料、户外用其他黑色聚乙烯材料等，更具独特的效果，适用于白色、浅色或透明制品。其合成反应式为：

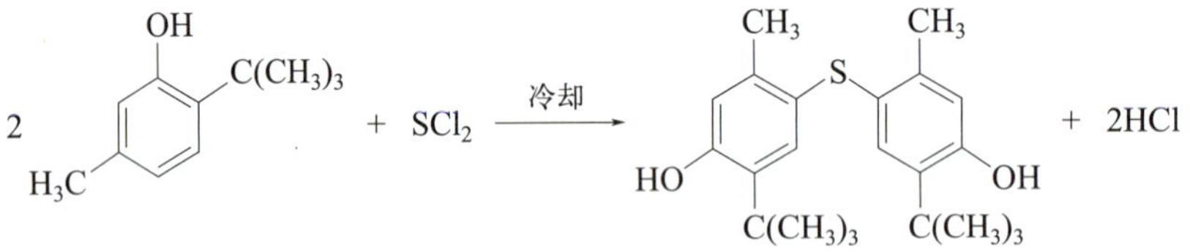

3. 多酚类

多酚类抗氧剂主要有烷撑多酚及其衍生物和三嗪阻碍酚两类。烷撑多酚及其衍生物的代表性品种有抗氧剂1010、抗氧剂CA等。抗氧剂1010为高分子量酚类抗氧剂，是目前抗氧剂中性能较优的品种之一，具有优良的耐热氧化性能。三嗪阻碍酚的代表性品种为抗氧剂3114，它是由2,6-二叔丁基苯酚与甲醛和氰尿酸进行缩合反应而制备的。抗氧剂3114是聚烯烃的优良抗氧剂，并有热稳定和光稳定作用，而且与光稳定剂和辅助抗氧剂并用有协同效应。

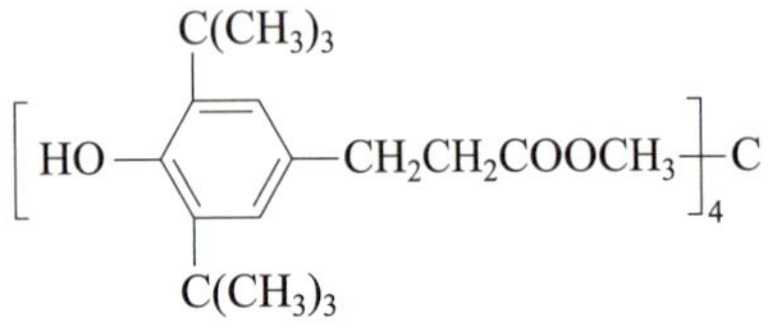

抗氧剂1010

四[(3,5-二叔丁基-4-羟基苯基)丙酸]季戊四醇酯

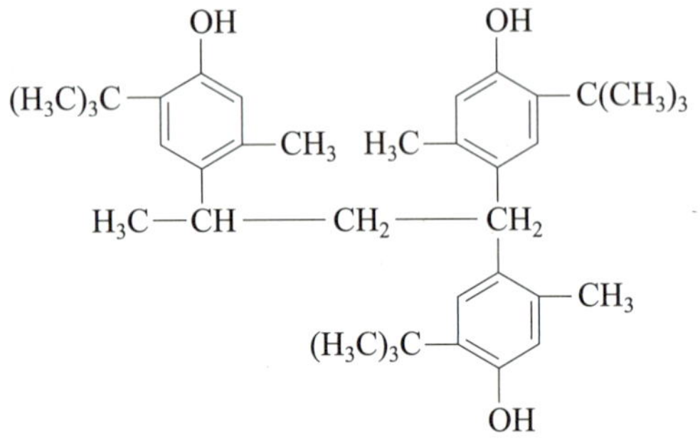

1,1,3-三(2-甲基-4-羟基-5-叔丁基苯基)丁烷(抗氧剂CA)

4. 含磷抗氧剂

主要是亚磷酸酯类化合物，其通式为：

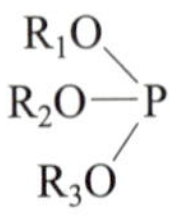

亚磷酸酯是一类常用的辅助抗氧剂，它与主抗氧剂并用，有良好的协同效应。在聚氯乙烯中，又是常用的辅助热稳定剂。典型品种如抗氧剂168，化学名称为亚磷酸三（2,4-二叔丁基苯基）酯，是一种性能优异的亚磷酸酯抗氧剂，其抗萃取性强，对水解作用稳定，并能显著提高制品的光稳定性，可以与多种酚类抗氧剂复合使用。它是由2,4-二叔丁基苯酚与PCl₃直接反应制备的。

$$\text{(H}_3\text{C)}_3\text{C} \text{—OH} + \text{PCl}_3 \longrightarrow \left[\text{(H}_3\text{C)}_3\text{C} \text{—O} \right]_3 \text{P}$$

五、对苯二胺类抗氧剂生产技术（防老剂4010NA）

（一）生产原理

$$\text{对氨基二苯胺} + (\text{CH}_3)_2\text{CO} \xrightarrow{\text{H}_2} N\text{-苯基-}N'\text{-异丙基对苯二胺(4010NA)} + \text{H}_2\text{O}$$

对氨基二苯胺　　　　　丙酮　　　　　　N-苯基-N′-异丙基对苯二胺(4010NA)　　水

（二）原料准备

对氨基二苯胺　　　　凝固点 68℃
丙酮　　　　　　　　纯度 98%
消耗定额（按生产 1t 产品计）：
对氨基二苯胺　　　　813kg
丙酮　　　　　　　　780kg
催化剂　　　　　　　50kg

（三）工艺流程

防老剂 4010NA 生产工艺流程见图 2-4。

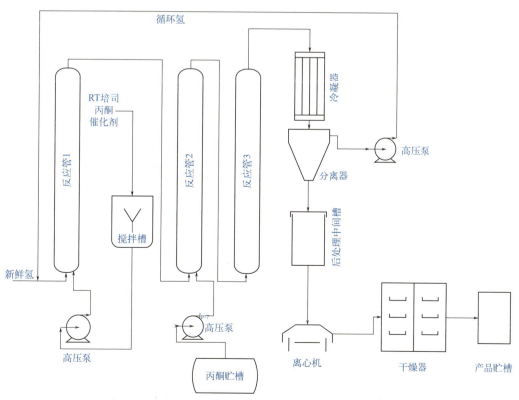

图 2-4　防老剂 4010NA 生产工艺流程图

将一定比例的对氨基二苯胺、丙酮及铜 - 铬催化剂用高压泵打入反应管 1，同时用高压泵以 15 ～ 18MPa，将丙酮从贮槽注入反应管 2，循环氢和新鲜氢按一定比例注入反应管 1，反应温度维持在 160℃以上，压力 18 ～ 20MPa，从反应管 3 出来的含有少量丙酮的异丙醇及 4010NA 在冷凝器中冷却至 60℃，经分离器分出过剩氢后，进入后处理中间槽，经分离、干燥后即得成品。

（四）产品分析检测

指标名称	外观	纯度 /%（面积归一）≥	熔点 /℃ ≥	加热减量 /% ≤	灰分 /% ≤
优等品	灰紫色至紫褐色片状或粒状	95.0	71.0	0.50	0.30
一等品		92.0	70.0		

备注：参考 GB/T 8828—2003《防老剂 4010NA》

（五）复配应用

【纯天然橡胶汽车轮胎胎面胶配方】

成分	用量 /kg
标准胶	100
氧化锌	5
硬脂酸	3
防老剂 4010NA	1.6
防老剂 264	1.5
炭黑	47
操作油	7
促进剂 CZ	0.65
硫黄	2.5

制法：将标准胶与促进剂混合，进行塑炼，再加入其余组分进行混炼，薄通成胶片，经压延、压出工艺，制成供轮胎成型用的胎面胶，再经成型、硫化制成汽车外胎。

（六）创新导引

胺类防老剂尤其是对苯二胺类防老剂的使用，大大延长了橡胶制品的寿命，但是也带来变色、污染、皮肤过敏等问题。寻找替代品或者改变其性质是研究领域的主要方向，目前在橡胶领域可以替代对苯二胺类防老剂的有哪些？效果如何？

项目四

热稳定剂

一、热稳定剂的定义和分类

为防止塑料在热和机械剪切力等作用下引起降解而加入的一类物质称热稳定剂。许多高分子材料，以聚氯乙烯最为突出，加工和使用时常需应用热稳定剂。因为聚氯乙烯是一种极性高分子，必须加热至 160℃以上才能塑化成型，但聚氯乙烯一般加热到 100℃就会分解，产生氯化氢。加工温度比分解温度还要高，因此就需添加热稳定剂。

热稳定剂的种类较多，可以分为铅稳定剂、金属皂类、有机锡稳定剂、液体复合稳定剂、有机主稳定剂、环氧化合物、亚磷酸酯、多元醇等。

二、聚氯乙烯的降解及热稳定剂的作用机理

PVC 加热高于 100℃时，即伴随有脱氯化氢反应，在 PVC 的加工温度下（170℃左右）降解速度加快，除了脱氯化氢之外，还发生变色和大分子交联。PVC 热降解脱氯化氢反应主要有自由基机理、离子机理和单分子机理三种解释。在 PVC 分子链中，由于氯原子电负性极强而引起邻近亚甲基上氢原子带部分正电荷，受热时可脱去一分子 HCl 而形成烯丙基氯：

$$\sim\sim\sim\text{CH}_2\text{CH}-\underset{|}{\text{CH}}\cdots\underset{|}{\text{CH}}\text{CH}_2\sim\sim\sim \xrightarrow{\triangle} \sim\sim\sim\text{CH}_2\text{CH}=\text{CHCHCH}_2\sim\sim\sim + \text{HCl}$$

烯丙基氯是极不稳定的，但在形成烯丙基正离子或自由基时都因存在 p-π 共轭而非常稳定。因此烯丙基上的氯原子反应性高，无论是离子型还是自由基反应都很容易进行，即在受热情况下，容易与邻近亚甲基上的氢原子结合成 HCl 脱出，形成共轭双烯结构：

$$\sim\sim\sim\text{CH}_2\text{CH}=\text{CHCHCH}_2\sim\sim\sim \xrightarrow{\triangle} \sim\sim\sim\text{CH}_2\text{CH}=\text{CHCH}=\text{CH}\sim\sim\sim + \text{HCl}$$

处于共轭双键邻位的氯原子则更加活泼，更易脱出 HCl 使脱 HCl 反应继续下去，逐渐形成更大共轭体系的聚烯结构，反应速度逐渐加快，形成了链式脱 HCl 反应：

$$\sim\sim\sim\text{CH}_2\text{CH}=\text{CHCH}-\text{CH}_2\text{CHCH}_2\sim\sim\sim \xrightarrow[-\text{HCl}]{\triangle} \cdots \xrightarrow[-\text{HCl}]{\triangle} \sim\sim\sim\text{CH}_2\left(\text{CH}=\text{CH}\right)_n\text{CH}-\text{CH}_2\sim\sim\sim$$

游离出来的 HCl 对上述反应起催化加速作用，使得脱 HCl 的反应越来越快，反应生成的共轭多烯序列本身是一种生色团，当共轭双键数目达到 5～7 个时，制品开始着色，随着共轭多烯链长的增加，色泽逐渐加深。同时，共轭多烯结构极具反应性，一方面易与氧作用发生分子断裂和氧化降解；另一方面发生分子内和分子间的共聚、加成和环化反应，导致 PVC 树脂的交联及低分子量芳香族化合物的生成，最终使 PVC 性能劣化。

根据上述 PVC 热降解机理，热稳定剂应具有以下一种或几种功能：①结合脱出的 HCl，终止其自动催化作用；②置换分子中的活泼的氯原子（即烯丙基氯原子），抑制脱氯化氢反应；③能与聚烯结构进行双键加成反应，破坏大共轭体系的形成，清除或减少制品的变色和颜色加深；④捕获自由基，防止聚烯结构的氧化。

三、主要品种

1. 铅稳定剂

铅稳定剂是 PVC 最早使用的稳定剂，现在仍大量使用，约占稳定剂用量的 60%。铅稳定剂主要是一些盐基性铅盐。盐基性铅盐是指带有未成盐的一氧化铅（俗称为盐基）的无机酸铅和有机酸铅。PbO 具有很强的结合氯化氢的能力，它本身也可作为热稳定剂，但它带有黄色，会使制品着色，而盐基性铅盐大多是白色的，常见的品种三盐基硫酸铅（$3\text{PbO} \cdot \text{PbSO}_4 \cdot \text{H}_2\text{O}$）、二盐基亚磷酸铅（$2\text{PbO} \cdot \text{PbHPO}_3 \cdot 1/2\text{H}_2\text{O}$）、二盐基邻苯二甲酸铅、二盐基硬脂酸铅和硬脂酸铅等。盐基性铅盐一般是用氧化铅与无机酸盐或有机酸盐，在乙酸或乙酸酐的存在下反应而成的，如：

$$4\text{PbO} + \text{H}_2\text{SO}_4 \xrightarrow{\text{HOAC}} 3\text{PbO} \cdot \text{PbSO}_4 \cdot \text{H}_2\text{O}$$

$$\text{PbO} + 2\text{HOAC} \longrightarrow \text{Pb(OAC)}_2 + \text{H}_2\text{O}$$

或

$$\text{Pb(OAC)}_2 + \underset{\text{CO}}{\overset{\text{CO}}{\bigcirc}}\text{O} + 2\text{PbO} + \text{H}_2\text{O} \longrightarrow \underset{\text{CO}}{\overset{\text{CO}}{\bigcirc}}\text{Pb} \cdot 2\text{PbO} + 2\text{HOAC}$$

这类稳定剂的优点是耐热性良好，电气绝缘性优良，具有白色颜料的性能，覆盖力大，因此耐候性也良好，可作发泡剂的活性剂，价格低廉。铅稳定剂的缺点是所得制品不透明、毒性大、有初期着色性、相容性和分散性差、没有润滑性，必须与金属皂、硬脂酸等润滑剂并用，容易产生硫化污染。就耐热性而言，亚硫酸盐＞硫酸盐＞亚磷酸盐，以盐基性亚硫酸铅为最好。

2. 金属皂类

这是一类高级脂肪酸的金属盐。金属元素一般为 Ca、Ba、Sr、Mg、Zn、Cd 等，脂肪酸基有硬脂酸、月桂酸、油酸等。另外，芳香族酸、酚及醇类的金属盐习惯上也归入此类。脂肪酸皂主要用金属的可溶性盐（如 $BaCl_2$、$CdSO_4$ 等）与脂肪酸钠盐复分解而制得，如：

$$2C_{17}H_{35}COONa+BaCl_2 \longrightarrow (C_{17}H_{35}COO)_2Ba \downarrow +2NaCl$$
$$2C_{17}H_{35}COONa+CdSO_4 \longrightarrow (C_{17}H_{35}COO)_2Cd \downarrow +Na_2SO_4$$

金属皂类除了作稳定剂外，还具有润滑剂的作用，广泛地与其他稳定剂配合用于各种软质和硬质制品中。在这类稳定剂中，处于周期表中ⅡB副族的 Zn、Cd 等制成的皂，都具有初期稳定作用大、长期耐热差的特点，被称为主金属皂稳定剂。Ca、Ba、Mg 等ⅡA主族元素金属，它们所制成的皂，都具有初期稳定作用小、长期耐热性好等共同特点，被称作辅助金属皂稳定剂，这两类金属皂各有所长，它们互相配合作用，就有明显的协同作用。一般钡皂和锡皂配合，广泛用于聚氯乙烯软质制品中；而钙皂和锌皂配合，则主要用于无毒的软质制品中。

3. 有机锡稳定剂

作为热稳定剂的有机锡化合物绝大多数是二烷基锡的衍生物，具有如下通式：

$$R_mSn—Y_{4-m} \quad (m=1 \text{ 或 } 2)$$

其中 R 为甲基、丁基、辛基等烷基，Y 为含硫、氧的有机基团。

根据 Y 的不同，有机锡稳定剂主要有三种类型：脂肪酸盐型（—OOCR）、马来酸盐型（—OOCCH＝CHCOOH）和硫醇盐型（—SR，—SCH_2COOR）。有机锡稳定剂的合成方法是：首先制备卤代烷基锡，后者与 NaOH 作用生成氧化烷基锡，最后再与羧酸、马来酸酐、硫醇等反应，即可得到有机锡的脂肪酸盐、马来酸盐、硫醇盐等。而合成上最重要的是合成卤代烷基锡。合成卤代烷基锡有两种途径：格利雅法是将卤代烷与镁作用，先制得卤代烷基镁（格氏试剂），再与四氯化锡作用就可制得二卤二烷基锡。直接法是用卤代烷与金属锡直接反应制成二卤二烷基锡，再将其与氢氧化钠水溶液作用，得到氧化二烷基锡。最后，将氧化二烷基锡与脂肪羧酸作用，即可制得有机锡稳定剂。例如二月桂酸二丁基锡，其直接法合成反应为：

$$2C_4H_9I+Sn \longrightarrow (C_4H_9)_2SnI_2$$
$$(C_4H_9)_2SnI_2+2RCOONa \longrightarrow (C_4H_9)_2Sn(OOCR)_2+2NaI$$

其生产工艺流程如图 2-5 所示。

常温下将红磷和丁醇投入碘丁烷反应釜，然后分批加入碘。加热使反应温度逐渐上升，当温度达到 127℃ 左右时停止反应，水洗蒸馏得到精制碘丁烷。再将规定配比的碘丁烷、正丁醇、镁粉、锡粉加入锡化反应釜内，强烈搅拌下于 120 ～ 140℃ 反应一定时间，蒸出正丁醇和未反应的碘丁烷，得到碘代丁基锡粗品。粗品在酸洗釜内用稀盐酸于 60 ～ 90℃ 洗涤得精制二碘代二正丁基锡。在缩合釜中加入水和碱，液碱升温到 30 ～ 40℃ 时逐渐加入月桂酸。加完后再加入二碘代二正丁基锡，于 80 ～ 90℃ 下反应 1.5h 后静置 10 ～ 15min，分出碘化钠，将反应液送往脱水釜减压脱水、冷却、压滤即得成品。

4. 液体复合稳定剂

液体复合稳定剂是以两类金属皂为主体，配合亚磷酸酯等有机辅助稳定剂及抗氧剂和溶剂等多种组分构成的复配物。一般来说，金属盐类是复合稳定剂的主体成分。从金属种类的配合来看，有钡／锡／锌（通用型）、钡／锌（耐硫化污染型）、钙／锌（无毒型）以及钙／锡和钡／锡复

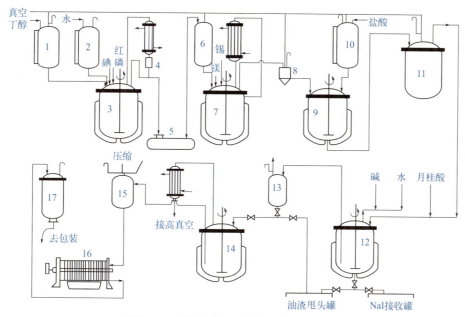

图 2-5　二月桂酸二丁基锡生产工艺流程

1,2—计量罐；3—碘丁烷反应釜；4—分水器；5,6—碘丁烷贮罐；7—锡化反应釜；8—沉降罐；9—酸洗釜；
10—盐酸计量罐；11—碘代丁基锡贮罐；12—缩合釜；13—油水分离罐；14—脱水釜；15—成品压缩罐；
16—板框压滤机；17—产品贮罐

合物等类型。有机酸的种类包括辛酸、油酸、环烷酸、合成脂肪酸、树脂酸、苯甲酸、水杨酸等。亚磷酸酯有亚磷酸三苯酯、亚磷酸一苯二异辛酯、三壬基苯基亚磷酸酯等。抗氧剂习惯使用双酚 A 等。溶剂一般可用矿物油、高级醇、液体石蜡或增塑剂等。

　　液体复合稳定剂与金属皂类相比，与树脂和增塑剂的相容性好，透明性好，不易析出，用量较少，使用方便。用于软质透明制品比用有机锡稳定剂便宜，没有初期着色，耐候性好。用于增塑糊时黏度稳定性高。液体复合稳定剂的主要缺点是润滑性较差（需与金属皂类或硬脂酸等并用），会使制品的软化点降低，长期储存会变质等。液体复合稳定剂主要用于软质制品。

5. 有机辅助稳定剂

　　有机辅助稳定剂本身没有或仅有微弱的稳定化作用，但与金属皂或有机锡配合可显示协同效果。这类助剂品种很多，包括亚磷酸酯、环氧化合物、多元醇、β- 二酮和一些含氮、含硫化合物。

　　亚磷酸酯是重要的辅助稳定剂之一，在金属皂配合物中，具有改善热稳定性、着色性、透明性、防垢性及耐候性等作用。混合烷基、芳基亚磷酸酯性能一般优于三芳基亚磷酸酯。代表品种有亚磷酸三苯酯、亚磷酸二苯基癸基酯、亚磷酸苯二癸酯等。

　　环氧化物对改善 Ca-Zn、Ba-Zn 复合稳定剂的热稳定性、耐候性和透明性效果极佳，对 Ba-Cd 系稳定性能也有改善，但对有机锡无影响，缺点是用量过大会析出。代表品种如环氧大豆油，还可作增塑剂使用，在软制品中可降低增塑剂用量。

项目五

光稳定剂

一、光稳定剂的定义及分类

　　塑料及其他高分子材料，暴露在日光或强荧光下，由于吸收了紫外线能量，引发了自动氧化反应，导致了聚合反应的降解，使得制品的外观和物理力学性能变坏，这一过程称为氧化或光老化，凡是能够抑制这一过程的物质称为光稳定剂，或称为紫外线稳定剂。

常用的光稳定剂根据其稳定机理的不同可分为紫外线吸收剂、光屏蔽剂和紫外线猝灭剂、自由基捕获剂等。

二、光屏蔽剂

光屏蔽剂一般指能够反射和吸收紫外线的物质，在聚合物材料中加入光屏蔽剂，可使制品屏蔽紫外光波，减少紫外线的透射作用，从而使其内部不受紫外线的危害，通常多为无机颜料或填料，主要有炭黑、二氧化钛、氧化锌、锌钡等。其中炭黑是效能最高的光屏蔽剂，因为炭黑能够抑制自由基反应，使用炭黑时必须考虑到炭黑的粒度、添加量、在聚合中的分散性、与其他稳定剂的协同效应等。炭黑的粒度以 15 ～ 25nm 为准，使用量以 2% 以内为宜，用量大于 2% 光稳定效果增加不明显，反而使耐寒性、电气性能下降。胺类、酚类抗氧剂与炭黑并用时有对抗作用，但含硫稳定剂与炭黑并用则有突出的协同效应。

三、紫外线吸收剂

紫外线吸收剂是目前使用最普遍的光稳定剂，它们是一类能够强烈地选择性吸收高能量的紫外线，并进行能量转换，以热能形式或无害的低能辐射将能量释放或消耗的物质。紫外线吸收剂是目前应用最广的一类光稳定剂，按其结构可分为水杨酸苯酯类、二苯甲酮类、苯并三唑类、取代丙烯腈类、三嗪类等，工业上应用最多的是二苯甲酮类和苯并三唑类。

1. 水杨酸苯酯类

结构式如下：

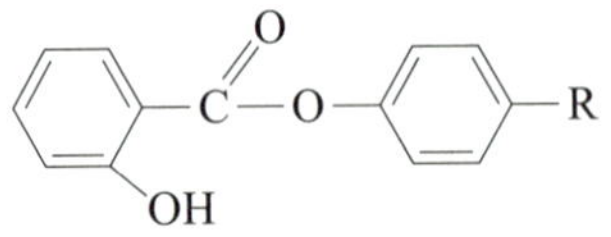

这是一类最老的紫外线吸收剂，优点是价廉，与树脂的相容性较好。缺点是紫外线吸收率低，吸收波段较窄（340nm 以下），本身对紫外线不够稳定，光照以后发生重排，明显地吸收可见光，使制品带色。可用于聚乙烯、聚氯乙烯、聚偏氯乙烯、聚苯乙烯、聚酯、纤维素酯等。一般用量为 0.2% ～ 1.5%，个别的可达 4%。

2. 二苯甲酮类

这是一类邻位带有羟基的二苯甲酮衍生物：

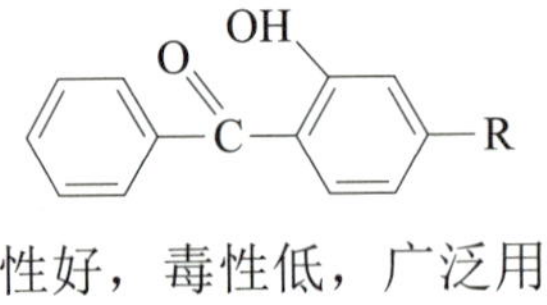

二苯甲酮类光稳定剂与树脂相容性好，毒性低，广泛用于各类合成材料中。含有一个邻位羟基时，只吸收 380nm 以下的紫外光，不吸收可见光，可用于制造无色或浅色制品；含有两个邻位羟基的二苯甲酮吸收紫外光的能力增强，但同时也吸收部分可见光，使制品略带黄色，相容性亦变差。这类化合物一般是由适当的酚与苯甲酰氯进行酰基化反应制得。

3. 苯并三唑类

这类紫外线吸收剂基本结构为：

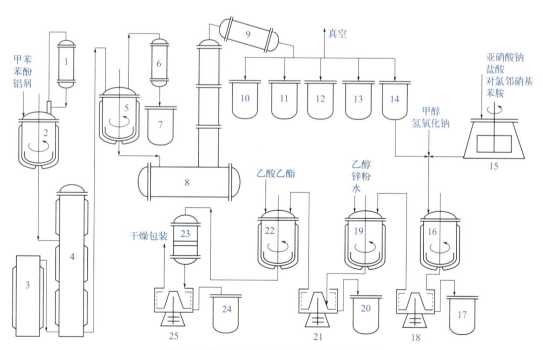

UV-327属苯并三唑类紫外线吸收剂，化学名称为2-（2′-羟基-3′，5′-二叔丁基苯基）-5-氯苯并三唑，一般由对氯邻硝基苯胺重氮化后与2，4-二叔丁基酚进行偶合，然后加锌还原制得：

其生产工艺流程见图2-6。在催化剂反应釜中，使苯酚和铝屑在甲苯中于（145±5）℃反应生成苯酚铝投入烷化釜。当温度升至135℃左右时，通入热的气态异丁烯，压力一般为1.0～1.4MPa。产品在烷化水洗釜中用水洗去氢氧化铝，蒸去大部分甲苯后，再在精馏塔中减压蒸馏，收集2,4-二叔丁基酚送入重氮化槽中，对氯邻硝基苯胺于低温（5℃以下）重氮化后，与2,4-二叔丁基酚在偶合反应釜中于0～5℃下以甲醇为溶剂进行偶合反应。反应混合物经过滤后，在还原反应釜中以乙醇为溶剂用锌粉还原。产物再于重结晶釜中用乙酸乙酯净化提纯，趁热过滤，弃去锌渣，冷却、过滤、水洗、烘干即得产品。

图2-6 紫外线吸收剂 UV-327 生产流程图

1,6,9—冷凝器；2—催化剂；3—异丁烯汽化罐；4—烷化釜；5—烷化水洗釜；6—甲苯贮罐；7—甲苯贮罐；8—精馏塔；
10—苯酚贮槽；11—前后馏分贮罐；12—邻位体贮罐；13—2,6体贮罐；14—2,4体贮罐；15—重氮化槽；16—偶合反应釜；
17—甲醇贮槽；18,21,25—离心机；19—还原反应釜；20—乙醇贮罐；22—重结晶反应釜；23—过滤器；24—乙酸乙酯贮槽

本品强烈地吸收 340 ～ 400nm 的紫外线，化学稳定性好，挥发性极小。与聚烯烃的相容性良好，可以耐高温加工。有优良的耐洗涤性能，特别适用于聚丙烯纤维，还可用于聚甲醛、聚甲基丙烯酸甲酯、聚氨酯和多种涂料。本品与抗氧剂并用，有优良的协同作用。

4. 三嗪类

三嗪类是近年来新出现的一类紫外线吸收剂，是 *a*- 羟基苯基三嗪衍生物。特点是含有邻位羟基，通式为：

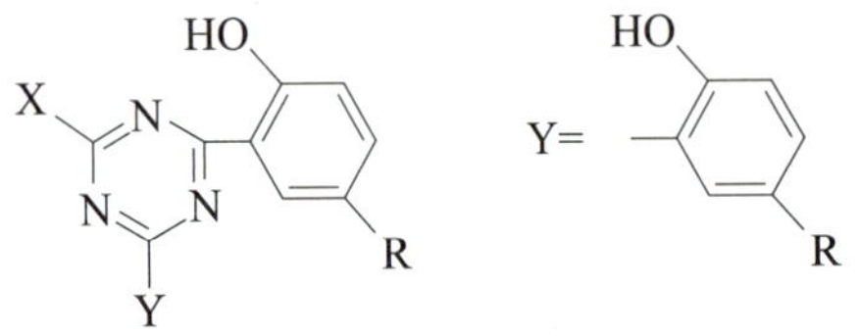

X=Y或X=R
R=H、烷基、4-羟基、4-烷基、4-烯链的酯基

三嗪类紫外线吸收剂的紫外线吸收范围宽，能强烈地吸收 300 ～ 400nm 的紫外线，其吸收能力较苯并三唑类更强。

四、猝灭剂

猝灭剂主要是镍的有机配合物，它不同于紫外线吸收剂，并不强烈地吸收紫外线，也不像紫外线吸收剂那样通过分子内的结构变化转移能量，而是通过分子间的能量转移，它能迅速而有效地将激发态的分子“猝灭”，使其回到基态，从而起到保护高分子材料，使其免受紫外线破坏的作用。主要是金属配合物，如二价镍配合物等，常和紫外线吸收剂并用，起协同作用。下面列举几个主要产品：

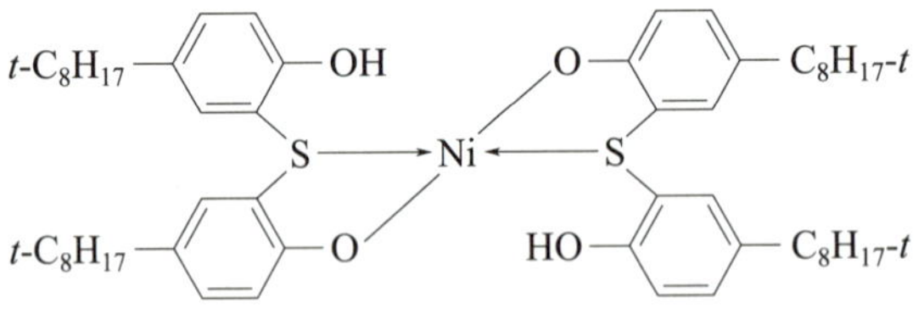

2,2′硫代双-(4-叔辛基苯酚)镍(光稳定剂 AM-101)

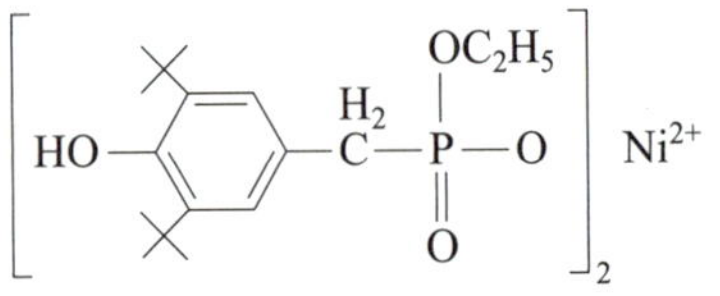

双(3,5)-二叔丁基-4-羟基苄基磷酸单乙酯镍(光稳定剂2002)

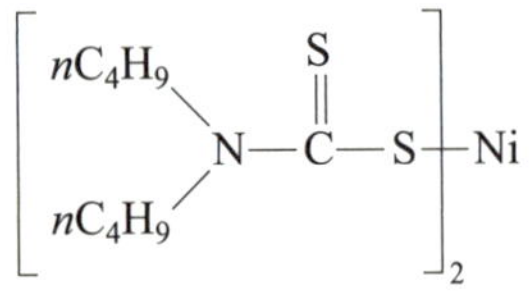

N,*N*-二正丁基二硫代氨基甲酸镍(光稳定剂NBC)

五、自由基捕获剂

自由基捕获剂是近年来新开发的一类具有空间位阻效应的胺类化合物，简称受阻胺类光稳定剂，此类化合物几乎不吸收紫外线，但通过捕获自由基、分解过氧化物、传递激发态能量多种途径，赋予聚合物以高度的光稳定性。其稳定效能比上述的光稳定剂高几倍，是目前公认的高效光稳定剂。其结构通式如下：

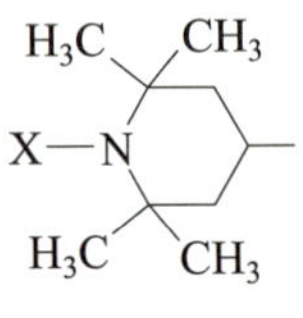

(X为H、烷基等)

项目六

阻燃剂

微课 ●
阻燃剂基础知识

一、阻燃剂的定义及分类

有机聚合物通常是可燃的，在燃烧时产生的热量大，火焰温度高，且易发生不完全燃烧而冒黑烟，同时产生大量有毒、有害、有刺激性、有腐蚀性的燃烧产物。随着聚合物材料应用范围的不断扩大，阻燃性成为聚合物材料越来越重要的性能。除了开发本身具有阻燃性质的新型聚合物材料外，添加阻燃助剂依然是最有效而简便的方法。

所谓阻燃剂是一类可以提高聚合物难燃性的助剂，一般还包括烟雾抑制剂和有毒气体捕捉剂。具有阻燃作用的物质，大多是元素周期表中第ⅤA、ⅦA族元素及 Al、B、Zr、Sn、Mo、W、Mg、Ca、Ti 等元素化合物，最常用的是磷、溴、氯、锑、铝和硼的化合物。

根据聚合物阻燃剂加工的方法，一般把阻燃剂分为添加型和反应型两大类。添加型阻燃剂主要包括磷酸酯、卤代烃和无机化合物等，它们使用时简单地掺和在高聚物之中，其优点是使用方便、适应面广，主要用于热塑性树脂中，缺点是对制品的使用性能有较大的影响。而反应型阻燃剂在聚合物制备过程中作为原料单体之一，通过化学反应使自己成为聚合物分子链的一部分，因此对合成材料的物理力学性能和电性能影响较小，而且阻燃性持久，多用于热固性树脂（如聚氨酯、环氧树脂、聚酯和聚碳酸酯等）。反应型阻燃剂主要包括卤代酸酐、含磷多元醇等。

目前所用的烟雾抑制剂有金属氧化物水合物（氢氧化铝和氢氧化镁）、碳酸盐（碳酸钙、碳酸镁等）、硼酸盐（硼酸锌等）、钼的化合物（三氯化钼和钼酸盐等）等。此外，烟雾抑制剂还有二茂铁，反丁烯二酸、马来酸等二元酸。二茂铁用于硬质聚氯乙烯制品，二元酸则主要用于硬质聚氨酯泡沫塑料中。

二、聚合物燃烧和阻燃剂作用机理

1. 聚合物的燃烧

燃烧过程的三要素包括可燃物、氧和温度。燃烧过程是一个非常复杂的急剧的氧化过程，分为加热、降解、分解、点燃和燃烧等几个阶段。在空气中，聚合物受热后温度上升，机械强度下降，软化成黏稠状进而熔融。随后发生聚合物降解，产生挥发性的可燃物（聚合物单体和易燃烃类等）及其热裂解物（不燃性气体以及交联反应生成的碳质残渣及液相物等）。根据这些挥发性可燃气体燃烧性的差异以及它们生成速度的不同，在外部热源的继续作用下，到达某一温度时聚合物就会着火，聚合物燃烧所放出的一部分热量通过传导、辐射和对流等途径又被正在降解的聚合物所吸收，于是挥发出更多的可燃性产物。如果燃烧的聚合物能充分吸收自己燃烧时所放出的热量，即使移去最初的热源之后，聚合物仍将继续燃烧。同时，在燃烧过程中火焰周围的空气会发生急剧的扰动，增加了可燃性挥发物与空气的混合速度，因此在实际着火情况下，火焰在非常短的时间里就会迅速传播而引起一场大火。这个过程可用图 2-7 来表示。

图 2-7 聚合物燃烧过程示意图

表征聚合物可燃性的重要参数是氧指数，定义为能使试样在氮-氧混合气流中像蜡烛状持续燃烧时所必需的最低氧含量：

$$氧指数（\%）=\frac{O_2}{O_2+N_2}\times 100\%$$

氧指数与聚合物的可燃性成反比，氧指数越大，聚合物的可燃性越小。如果氧指数在26%以上，即认为该物质在空气中具有自熄性。总的来说，聚苯乙烯、聚烯烃及丙烯酸树脂等是易燃的，而含卤树脂、尼龙、聚碳酸酯、酚醛树脂、硅酮树脂、脲醛树脂和三聚氰胺树脂等是较难燃的。

2. 阻燃剂作用机理

不同阻燃剂的阻燃作用各不相同。它们能对燃烧的某一个或多个阶段的速度加以抑制。最好能将燃烧抑制在萌芽状态，即截断某一阶段能量来源或中断连锁反应，停止游离基的产生。阻燃剂主要是通过物理和化学的途径来切断燃烧循环。其作用机理和影响因素主要可归纳为以下几个方面：

（1）吸热效应　利用阻燃剂在受热情况下发生分解反应（吸热过程）吸收热量以及热分解产生不燃性挥发物的汽化热，使聚合物在受热情况下温度难以升高而阻止聚合物热降解的发生，起到阻燃作用。具有吸热效应的多是一些含有结晶水的物质，如$Al(OH)_3$受热时放出结晶水并蒸发为水蒸气而吸收大量热量：

$$2Al(OH)_3 \longrightarrow Al_2O_3+3H_2O$$

由于燃烧热被大量吸收，降低了聚合物的温度，从而减缓了分解蒸发和燃烧。具有吸热效应的阻燃剂其分解温度应与聚合物的热分解温度具有一致性，阻燃剂分解温度过低可能造成阻燃剂在加工温度下分解，高于聚合物热分解温度则起不到阻燃作用。

（2）覆盖隔离效应　如果聚合物燃烧时能在其表面形成一隔离层，阻止热传递，降低可燃性气体释放量和隔绝氧气也能够达到同样目的。阻燃剂形成覆盖隔离层的方式有两种。第一，利用阻燃剂热产物促使聚合物表面迅速脱水并碳化，形成碳化层，由于单质碳不进行产生火焰的蒸发燃烧和分解燃烧，因此具有阻燃保护效果；第二，某些阻燃剂在燃烧温度下分解生成不挥发的玻璃状物质覆盖在聚合物表面，这种致密的保护层可起到隔绝热、氧及可燃物的作用。

（3）转移效应　由于阻燃剂的存在改变了聚合物材料热分解模式，使其不停留在产生可燃气体阶段而是一直分解到碳，从而抑制了可燃性气体的产生，达到阻燃目的。例如用磷酸盐或重金属盐的水溶液浸渍过的纤维素，干燥后加热至碳化变焦，难以燃烧，这是由于磷酸盐引起了纤维素的脱水反应，从而促进了单质碳的生成。

$$(C_6H_{10}O_5)_n \longrightarrow 6nC+5nH_2O$$

（4）稀释效应　阻燃剂在燃烧温度下分解产生大量不燃性气体，如水、二氧化碳、氨气、卤化氢气体等。这些不燃性气体将可燃性气体的浓度稀释到可燃烧浓度范围以下，阻止燃烧的发生。另外，稀释效应还可发生在固相。无机类阻燃剂同时兼作填充剂使用，填充量大，在一定程度上稀释了固相中可燃物质的浓度，提高了聚合物材料的阻燃性。

（5）抑制效应　指终止燃烧的连锁反应。阻燃剂具有与羟基自由基反复反应而生成水的能力，使燃烧速度降低直至火焰熄灭。

（6）协同效应　某些物质本身阻燃作用很小或不具有阻燃作用，但与其他阻燃剂并用时能显示出较强的阻燃性，即具有协同效应。

（7）抑制发烟机理　具有吸热、覆盖隔离、转移效应的阻燃剂，因其阻燃过程发生在凝聚相，抑制了可燃性气体的产生，同时具有抑烟作用。另外，通过促进碳粒氧化成CO、CO_2气体的反应和增加燃烧残渣中碳含量等途径也可达到抑烟作用，如金属氧化物、氢氧化物、硼酸盐、二茂铁等无机阻燃剂都显示出卓越的抑烟效果。

阻燃剂的作用往往是上述多种效应的综合结果。

三、添加型阻燃剂

添加型阻燃剂通常以液体或固体的形式，在聚合物加工成型时混入，与聚合物仅仅是单纯的混合，所以添加阻燃剂后虽然改善了聚合物的阻燃性能，但也往往影响聚合物的物理力学性能，因此使用时要细致地进行配方工作。添加型阻燃剂可分为无机阻燃剂和有机阻燃剂。

常用的无机添加型阻燃剂有氧化锑、硼化合物、红磷、氢氧化镁、氢氧化铝等。

常用的有机添加型阻燃剂有卤化物、磷酸酯等。

1. 卤化物

卤族元素阻燃效率的顺序是 I > Br > Cl > F。C—F 键很稳定，难分解，阻燃性差，而碘化物的热稳定性差，因此具有实用价值的仅是溴和氯的化合物。工业上用氯和溴化合物阻燃效能顺序为脂肪族>脂环族>芳香族。但脂肪族卤化物热稳定性差，加工温度不能超过 205℃。芳香族卤化物热稳定性好，加工温度可达 315℃，常见品种有氯化石蜡、全氯戊环癸烷、十溴二苯醚、六溴化环十二烷、六溴苯等。

氯化石蜡包括含氯量 50% 和含氯量 70% 的两大类产品，含氯量 50% 的主要用作聚氯乙烯树脂的辅助增塑剂，含氯量 70% 的则主要作为阻燃剂使用。氯化石蜡是以固体石蜡或液体石蜡为原料，用氯气氯化而制成，主要成分为：$C_{20}H_{24}Cl_{18} \sim C_{24}H_{29}Cl_{21}$。

含氯 70% 的氯化石蜡为白色粉末，化学稳定性好，价廉，用途广泛，常和 Sb_2O_3 混合使用。可用作聚乙烯、聚苯乙烯、聚酯、合成橡胶的阻燃剂。氯化石蜡的缺点是分解温度较低（120℃），在塑料成型时有时会发生热分解，使制品着色且腐蚀金属模具，这使它的应用受到限制。

2. 磷酸酯

有机磷化物是最主要的添加型阻燃剂，主要有磷酸酯、含卤磷酸酯以及红磷、磷酸铵等。其阻燃效果比溴化物和氯化物要好。一种是不含卤原子的磷酸酯，如磷酸三苯酯（TPP）、磷酸三甲苯酯（TCP），既是阻燃剂，又是增塑剂。另一种是含卤素的磷酸酯，含卤磷酸酯的分子中同时含有卤、磷两种阻燃元素，由于协同效应，性能优良，代表品种有：

$$(CH_2ClCH_2O)_3P{=}O \qquad\qquad O{=}P{-}(O{-}\underset{\underset{Cl}{|}}{\overset{H_2}{C}}{-}CHCH_2Cl)_3$$

磷酸三-(β-氯乙基)酯　　　　　　　　磷酸三-(2,3-二氯丙酯)

$$(CH_2Br{-}CH_2Br{-}CH_2{-}O)_3P{=}O$$

磷酸三-(2,3-二溴丙酯)

磷系阻燃剂在燃烧时，有机磷化物分解成磷酸、偏磷酸、聚偏磷酸。磷酸形成非燃性液膜，沸点达 300℃；偏磷酸、聚偏磷酸为强酸性，可使碳化物凝成保护性隔离膜，因此磷系阻燃剂具有覆盖隔离效应和转移效应双重作用，同时具有抑烟作用。磷系阻燃剂阻燃效果好，添加量小，含磷 1% 阻燃剂的效果相当于含溴 4%～7%、含氯 10%～30% 阻燃剂的效果。

3. 无机化合物

（1）氢氧化物　主要品种有氢氧化铝、氢氧化镁。它们兼具阻燃、抑烟及填充功能，阻燃效果差，需大量添加，因而对制品物理性能及机械加工性能有影响，经表面技术处理和微细化后可得到改善。氢氧化铝可适用于不饱和聚酯、聚氯乙烯、环氧树脂、酚醛树脂等的阻燃，氢氧化铝的脱水吸热温度较低，为 235～350℃，因此在塑料刚开始燃烧时的阻燃效果显著。氢氧化镁还具有安全无毒，高温加工时热稳定性好等优点。氢氧化镁分解温度较高，达 340～490℃，吸热量也较小，因此抑制材料温度上升的性能比氢氧化铝差，对聚合物的碳化阻燃作用却优于氢氧化铝。两者复合使用，互为补充，其阻燃效果比单独使用更好。

（2）金属氧化物　这类阻燃剂一般不单独使用，而是作为阻燃协效剂与卤、磷阻燃剂等配合使用。添加不同的金属氧化物可以调节氧化锑的热分解温度，使之与聚合物热分解行为相一致，如氧化铁可使氧化锑热分解温度降低50～100℃，CaO、ZnO可使氧化锑热分解温度升高25～30℃。胶体Sb_2O_3具有热稳定性能好、发烟量低、易添加、易分散且价格低廉的优点，作为卤系阻燃剂的协效剂广泛用于橡塑、化纤制品中。

四、反应型阻燃剂

在反应型阻燃剂分子中，除含有溴、氯、磷等阻燃性元素外，同时还具有反应性官能团。在聚合物制备过程中作为原料单体之一，通过化学反应使自己成为聚合物分子链的一部分，因此对合成材料的物理力学性能和电性能影响较小，而且阻燃性持久，但一般价格高，和添加型阻燃剂相比，反应型阻燃剂的种类较少，应用面也较窄，用于热固性树脂（如聚氨酯、环氧树脂、聚酯和聚碳酸酯等）。一些反应型阻燃剂也能作为添加型阻燃剂使用。

反应型阻燃剂主要品种有四氯苯二甲酸酐和四溴苯二甲酸酐、氯桥酸酐和氯桥酸、四氯双酚A和四溴双酚A等。

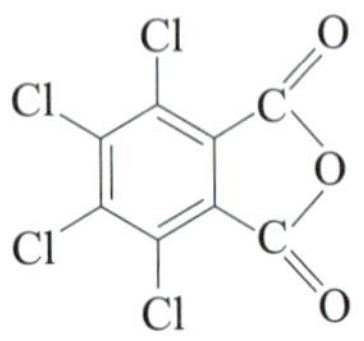

四氯苯二甲酸酐 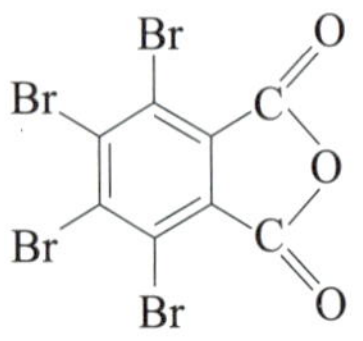　　　四溴苯二甲酸酐 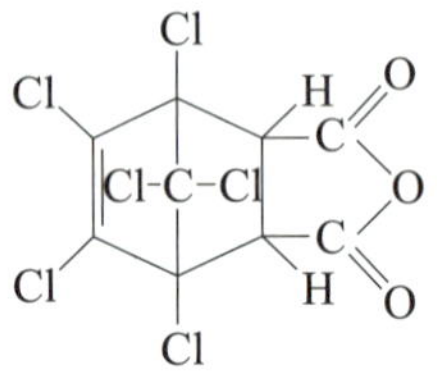　　　氯桥酸酐 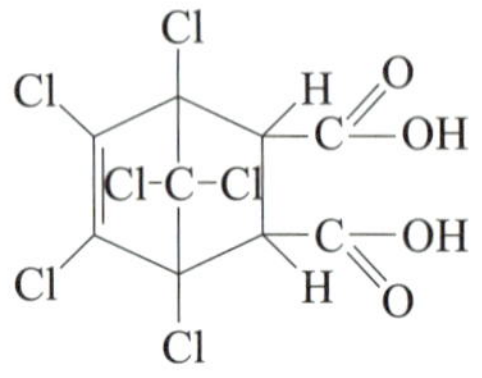　　　氯桥酸

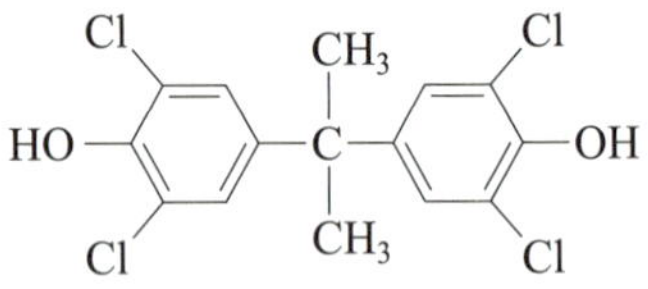

四氯双酚A 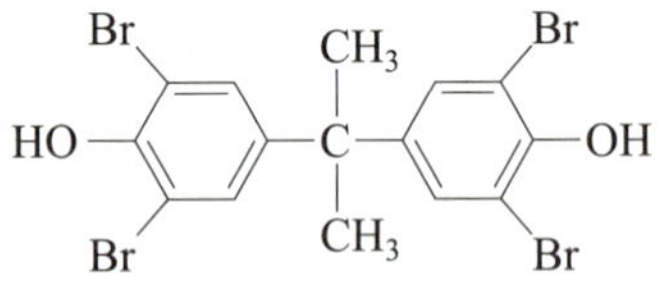　　　　　　　四溴双酚A

五、阻燃剂的选择要求

（1）阻燃剂不降低聚合物的物理力学性能，即塑料经阻燃加工后，其原来的物理力学性能不变坏，特别是不降低变形温度、机械强度和电气特性；

（2）阻燃剂的分解温度必须与聚合物的热分解温度相适应，以发挥阻燃作用，且不能在塑料加工成型时分解，以免分解产生的气体污染操作环境和使成品变色；

（3）具有持久性，其阻燃效果不会在材料使用期间消失；

（4）具有耐候性；

（5）价格低廉。

项目七

硫化体系助剂

橡胶在未经硫化时，分子间没有交联，其化学结构基本上属于线型或轻度支链型的大分子。

因而缺乏良好的物理力学性能，没有大的实用价值。然而，当橡胶经过硫化以后，其结构变为三维网状结构，使其性能有了本质上的改变，大大提高了它的弹性、硬度、拉伸强度、抗张强度等一系列物理力学性能。将线型高分子转变为体型（三维网形结构）高分子的化学过程称为交联，凡能导致聚合物发生交联作用的物质叫作交联剂。

应当指出，交联过程在不同的领域中，由于历史原因，可以有不同的术语。人们最早是从橡胶中发现这种现象的，1839 年固特异（Good year）将天然橡胶和硫黄共热后，发现它变为坚实有弹性的物质，不再发黏，而且对热稳定，当时称为硫化，而硫黄则为硫化剂，这个"硫化"术语一直沿用至今，而且是仅适用于橡胶。在以后的发展中，塑料工业（包括涂料和胶黏剂等）又将交联过程称为"固化""硬化""熟化"等。

在交联过程中，除添加交联剂外，还须加入一些其他助剂以提高交联效率，改进工艺条件，改善产品质量等。例如在橡胶硫化中除加入交联剂外，还加入硫化促进剂、活性剂和防焦剂（这些统称交联用助剂），共同构成硫化体系。

一、交联剂

交联剂按其作用不同可分为交联引发剂、交联催化剂、交联固化剂等。但通常交联剂按化学结构可分为硫黄及硫黄给予体、有机过氧化物、多元胺、醌类化合物、酚醛树脂类、金属氧化物等。

1. 硫黄

硫黄是橡胶最重要的硫化剂，其价格低廉，易于制取。用于硫化的硫黄要求不含酸（酸会使硫化延迟）、不含 SO_3。硫黄的溶解性随胶料而异，在天然橡胶或丁苯橡胶中易于溶解；在顺丁橡胶及丁腈橡胶中，在室温下难溶解，溶解性能直接影响橡胶的加工操作和硫化胶的质量。一般来说，温度上升可使溶解度增加，温度降低，会出现喷霜现象。工业中使用的硫黄硫化剂，主要有六种，即硫黄粉、沉淀硫黄、胶体硫黄、不溶性硫黄、表面处理的硫黄、硫黄与其他物质混合物。

2. 硫黄给予体

硫黄给予体是指在硫化温度下能释放出活性硫的含硫化合物。在使用时，在较低的温度下不发生硫化作用，只有当升高温度释放出活性硫后才开始硫化，因而操作安全，不会发生焦烧。另外，这种硫黄给予体硫化与普通硫黄硫化不同，它形成单硫醚和双硫醚的交联多，而多硫醚交联少，这样得到的硫化胶有较好的耐热老化性能。此外，硫黄给予体作为硫化促进剂与硫黄并用，具有良好的促进作用。

〔1〕秋兰姆类　通式为：

$$R_2N-C(=S)-S_x-C(=S)-NR_2 \quad x=2\sim4$$

其中主要品种是二硫化四甲基秋兰姆（TMTD），除用作硫化促进剂外，还可用作二烯类橡胶的硫化剂。TMTD 的硫化特点是硫化胶具有优良的耐热性。当同时要求耐油性时，TMTD 的效果也很好。为了提高硫化效果，通常在胶料中配合氧化锌和硬脂酸，使硫化胶耐热老化，压缩永久变形小。

〔2〕含硫吗啉衍生物　主要品种是二硫化二吗啉和4-（2-苯并噻唑二硫代）吗啉。前者主要用于二烯类橡胶、丁基橡胶和三元乙丙胶等。其硫化胶性能比硫黄硫化胶更好。后者操作安全性更高，硫化胶耐老化性能好。

二硫化二吗啉　　　　　4-(2-苯并噻唑基二硫代)吗啉

另外，由烷烃的二卤化物与多硫化钠反应制得多硫聚合物也常用于要求卓越抗油性和抗溶剂性合成橡胶的硫化。烷基苯酚的一硫化物和二硫化物可用于二烯类橡胶硫化。其硫化胶不喷霜，抗张强度高，耐热性能优良。

3. 有机过氧化物

有机过氧化物的结构可看作是过氧化氢（HOOH）的一端或两端有机过氧化物分子的氢原子被有机基团置换的衍生物。主要有烷基过氧化氢、二烷基过氧化物、二酰基过氧化物、过氧酯和酮过氧化物：

$$R-O-O-H$$
烷基过氧化氢

$$R-O-O-R$$
二烷基过氧化物

$$R''-[-O-\overset{\displaystyle R}{\underset{\displaystyle R'}{C}}-O-]_n-R'''$$
酮过氧化物

$$R-\overset{O}{C}-O-O-\overset{O}{C}-R$$
二酰基过氧化物

$$R-\overset{O}{C}-O-O-R$$
过氧酯

这里，R、R'可以是烷基、芳基，它们可以相同，也可以不同。R''、R''''也可以是H或OH，但分子中至少要有一个过氧基。有机过氧化物交联剂可交联绝大多数聚合物，特别是不能用硫黄等物质交联的饱和或低不饱和度聚合物。交联产物压缩永久变形小，无污染性且耐热性良好。与硫黄硫化相比，交联物的力学性能稍低，残存令人不快的臭味。过氧化物易受其他助剂的影响，防老剂和填充剂对其交联有阻化作用，降低交联效果。另外，过氧化物交联需在无氧状态下（密闭容器或惰性气体保护）进行反应，以避免由于氧的存在而促进聚合物氧化造成主链断裂。使用有机过氧化物交联剂不能添加酸性填料，因为有机过氧化物在酸性介质中易分解。有机过氧化物交联剂的主要品种有叔丁基过氧化氢、异丙苯过氧化氢、二叔丁基过氧化氢、二异丙苯过氧化氢、过氧化二苯甲酰、过氧化二月桂酰、过苯甲酸叔丁酯等。

4. 胺类

主要是含有两个或两个以上胺基的胺类，如乙二胺、己二胺、三（1,3-亚乙基）四胺、四（1,2-亚乙基）五胺、亚甲基双邻氯苯胺等，可用作氟橡胶、聚氨酯橡胶的硫化剂以及环氧树脂固化剂。

乙二胺	$H_2NCH_2NH_2$	无色液体，沸点116.5℃
三(1,3-亚乙基)四胺	$H_2NCH_2CH_2NHCH_2CH_2NHCH_2CH_2NH_2$	淡黄色黏稠液体，沸点266℃~267℃
四(1,2-亚乙基)五胺	$CH_2CH_2NHCH_2CH_2NH_2$ | NH | $CH_2CH_2NHCH_2CH_2NH_2$	淡黄色黏稠液体，沸点333℃
己二胺	$NH_2(CH_2)_6-NH_2$	无色片状晶体，熔点39~42℃
亚甲基双邻氯苯胺(MOCA)	（结构式）	白玉淡黄色疏松针状结晶，熔点124~125℃

二、硫化促进剂

在橡胶硫化过程中，除硫化剂外，往往还需加入硫化促进剂、活性剂，有时还需加入防焦剂，共同构成硫化体系。硫化促进剂的作用在于缩短硫化时间，降低硫化温度，减少硫化剂用量，并能改善硫化胶的物理力学性能和耐热老化性能。

按照化学结构，将硫化促进剂分为二硫代氨基甲酸盐类、秋兰姆类、黄原酸盐类、噻唑类、次磺酰胺类、硫脲类、胍类、醛胺类、胺类、混合促进剂及其他特殊促进剂。

1. 秋兰姆类

秋兰姆类作为硫化剂已在前面加以介绍。作为硫化促进剂的秋兰姆类化合物除一硫化物外，二硫化物及多硫化物均可作为硫化剂使用。秋兰姆促进剂多用于天然橡胶、丁苯橡胶、异戊橡胶、丁腈橡胶、顺丁橡胶等。还可作为噻唑类或次磺酰胺类的第二促进剂。秋兰姆促进剂不会使硫化胶变色，适于制白色透明及艳色制品。无毒，略有气味而易消失，可用于与食品接触的制品。

秋兰姆促进剂须用 ZnO 作活化剂，硬脂酸的加入可进一步提高硫化胶的硫化度及力学性能。

2. 二硫代氨基甲酸盐类

通式为：

$$\left[\begin{matrix} R \\ R' \end{matrix} N-C \begin{matrix} \\ \\ \end{matrix} \begin{matrix} S \\ \| \\ S \end{matrix} \right]_n -Me$$

Me为Zn、Cd、Cu、Na等

R,R′为烷基，芳基

代表品种有：

$$\left[\begin{matrix} H_3C \\ H_3C \end{matrix} N-C \begin{matrix} S \\ \| \\ S \end{matrix} \right]_2 -Zn$$

二甲基二硫代氨基甲酸锌(促进剂PZ)

$$\begin{matrix} C_2H_5 \\ C_2H_5 \end{matrix} N-C \begin{matrix} S \\ \| \\ S \end{matrix} \cdot N^+H_2(C_2H_5)_2$$

二乙基二硫代氨基甲酸二乙胺盐

3. 噻唑类

噻唑类指分子中含有噻唑环结构的促进剂，此类促进剂的主要产品为：

2-巯基苯并噻唑
(促进剂M)

2-巯基苯并噻唑锌
(促进剂MZ)

二硫化二苯并噻唑
(促进剂DM)

促进剂 M 的生产有高压法和常压法两种。

高压法：

$$\text{苯胺}(NH_2) + CS_2 + S \xrightarrow[80\text{atm}]{250\sim260℃} \text{苯并噻唑}(SH) + H_2S$$

常压法：

$$\text{邻硝基氯苯}(NO_2, Cl) + 2Na_2S_n + CS_2 + H_2O \longrightarrow \text{苯并噻唑}(C-SNa) + Na_2S_2O_3 + NaCl + H_2S + (2n-3)S\downarrow$$

$$2\ \text{苯并噻唑}(C-SNa) + H_2SO_4 \longrightarrow 2\ \text{苯并噻唑}(C-SH) + Na_2SO_4$$

4. 次磺酸胺类

主要是苯并噻唑次磺酰胺化合物，通式为：

$$\text{苯并噻唑}\left(S-N \begin{matrix} R_1 \\ R_2 \end{matrix} \right)$$

R_1、R_2 为烷基、芳基或环己基，也可以为 H 原子，可相同，也可不同，其主要品种有：

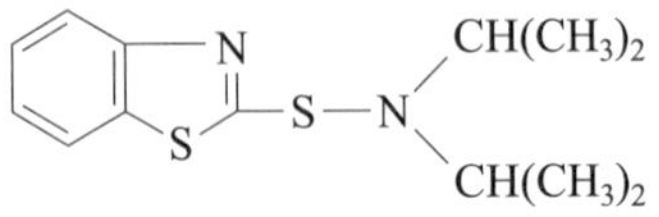

浅黄色粉末，熔点55~60℃

N,N-二异丙基-2-苯并噻唑次磺酰胺(促进剂DIBS)

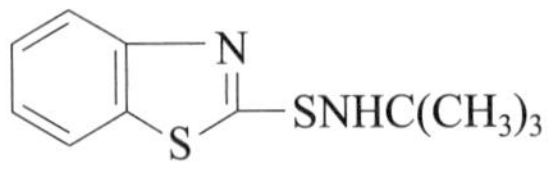

浅黄色粉末，熔点>104℃

N-叔丁基-2-苯丙噻唑次磺酰胺(促进剂NS)

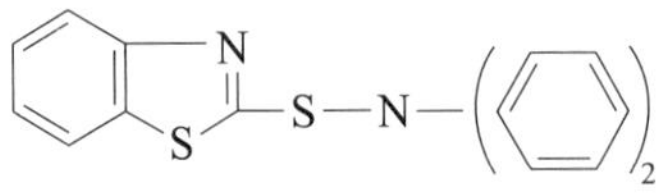

白色至浅灰色粉末，熔点90~108℃

噻唑次磺酰胺(促进剂DZ)

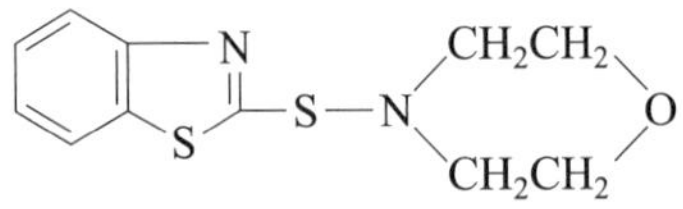

纯的工业品为淡黄色粉末，熔点80~90℃

N,O-二(1,2亚乙基)-2-苯并噻唑次磺酰胺(DOBS)

此类促进剂在低温下没有促进效果，温度升高到一定程度后，橡胶与硫黄反应形成硫化氢，在 H_2S 作用下次磺酰胺促进剂迅速发生分解生成巯基苯并噻唑和胺化合物：

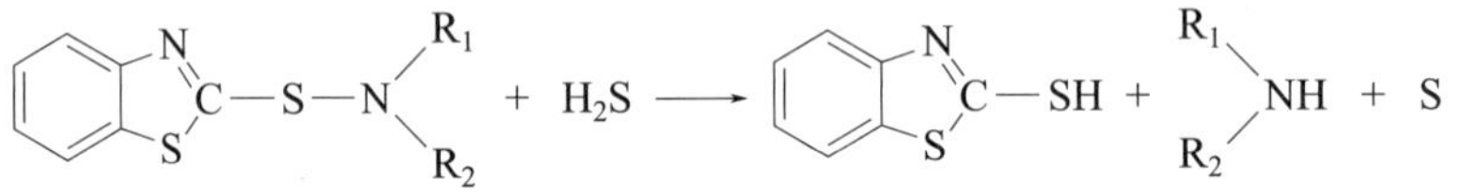

前者在后者的活化作用下发挥极大的促进作用使硫化很快完成，所以该类促进剂被称为"迟效高速"促进剂，其焦烧时间长，操作安全性好。硫化胶具有良好的物理力学性能和耐热性能。

三、硫化活性剂

某些物质配入橡胶后，能增加有机促进剂的活性，充分发挥其效能，从而起到减少促进剂用量或缩短硫化时间的目的，这类物质称为硫化活性剂，简称活性剂。

活性剂可以分为无机活性剂和有机活性剂两类，有些有机促进剂能作为活性剂使用。

无机活性剂主要是金属氧化物，如 ZnO、MgO、CaO、PbO 等，最重要的是 ZnO。

有机活性剂主要有硬脂酸、月桂酸、二乙醇胺，其中最重要的为硬脂酸。硬脂酸是天然和合成橡胶及胶乳广泛应用的硫化活性剂。

活性剂的一个特点是仅以少量加入胶料中，即可大大提高硫化度，而且在不少场合，假若没有活性剂的存在，硫化作用实际上就不能产生。

四、防焦剂

胶料在硫化之前的加工及储存期间，在较高温度下发生的早期硫化现象称为焦烧现象，焦烧导致胶料塑性降低难以加工。为防止焦烧现象的发生，可以加入防焦剂。防焦剂的作用就是防止胶料焦烧，提高操作安全性，延长胶料、胶浆的储存期。通常使用的防焦剂主要是有机酸类（主要有苯甲酸、邻苯二甲酸酐）、亚硝基化合物和硫代酰亚胺化合物三类。

亚硝基化合物的代表性品种为 *N*-亚硝基二苯胺，是用异丙醇作为介质，在盐酸存在的条件下使二苯胺亚硝基化制得的。对于以仲胺为基础的次磺酸胺促进剂效果较好，但具有污染性。

硫代酰亚胺化合物的代表性品种为 *N*-环己基硫代邻苯二甲酰亚胺（防焦剂 CTP），是各种促进剂的硫黄硫化过程的有效防焦剂。

水杨酸　　　　　　N-亚硝基二苯胺　　　　　N-环己基硫代邻苯二甲酰亚胺

拓展阅读

自主创新，刻在骨子里的基因

烟台磁山脚下，青山环抱中，一座座颇具未来感的建筑依地势而建。这里是万华化学集团全球研发中心及总部基地。悠然静谧的实验楼里，研发人员与分子式为伍，进行着各种复杂实验，一项项技术成果正在这里孕育。

2018年6月13日上午，习近平总书记来到万华烟台工业园。总书记深入中控室，向正在值班的工作人员了解企业中控系统运行情况，听取企业发展历程、产业布局、产品应用等情况介绍。得知企业走出一条引进、消化、吸收、再创新直至自主创造的道路，技术创新能力从无到有、从弱到强，成为全球异氰酸酯行业的领军者，总书记鼓励企业一鼓作气、一气呵成、一以贯之，朝着既定目标奋勇向前。总书记强调，要坚持走自主创新之路，要有这么一股劲，要有这样的坚定信念和追求，不断在关键核心技术研发上取得新突破。

"总书记鼓励我们走自主创新之路，不断在关键核心技术研发上取得新突破。这份深情厚望，所有万华人都铭记于心。"万华化学集团股份有限公司党委书记、董事长廖增太告诉记者，2018～2022年间，万华奋力攻关，在高端精细化学品尼龙12、柠檬醛、可降解塑料等方面接连获得突破，自主创新能力显著增强。销售收入也从600多亿元增长到1400多亿元，净利润从百亿元级跨入200亿元级。万华化学持续走在前的底气和密码，正是来源于刻在骨子里的创新基因，来源于永不服输的奋斗精神。

"万华鼓励创新，宽容失败，信任年轻人。我们可以安心做科研。"万华全球研发中心中央研究院研发工程师孙康告诉记者，投资将近40亿元的万华环氧丙烷（PO）项目启动时，团队成员大部分不到30岁，即便经过这么多年的项目开发，整个团队平均年龄仍不足40岁。来万华虽然只有8年，其所在团队实现产业化生产的催化剂已达8款。以氯化氢氧化技术所需催化剂为例，万华开发成功后，每生产一吨氯气的成本只有日本的1/10左右。

这些科技人才是万华最宝贵的资源。"四年来，我们员工总数从11000多人增长到19000多人，研发队伍从1300多人增长到3200多人。这几年，我们相继打破了20多项卡脖子技术，申请了3000多项重要的发明专利。"廖增太说。

这些突破，只因万华聚焦主业持续创新，深化改革增强活力。万华不搞短平快、不走捷径，持续走"上下游一体化、产业相关多元化"的发展路子。"万华已建成了世界上品种最齐全、产业链最完整、技术领先的ADI（脂肪族异氰酸酯）特色产业群，市场占有率位居全球第二。"万华全球研发中心中央研究院科技管理部部长胡兵波告诉记者，万华人有股"傻劲"，一个产品研究5年、10年到十几年，只要认准的事，头拱地也要做成。ADI是制备高端聚氨酯的核心材料，被誉为"聚氨酯产业皇冠上的明珠"，广泛应用于飞机、高铁、高端装备等涂层。经过十几年的持续投入、艰苦研发，万华成为全球第5个ADI供应商，该技术获2020年山东省科技进步奖一等奖。

这样的例子，在万华不胜枚举：历时13年，终于打破国外垄断，成为全球第二家拥有尼龙12全产业链的公司。今年刚刚实现产业化的共聚硅PC，历时6年的研发，产品含硅量达到20%，达到国际最高水准。

磁山向西60公里，万华化学低碳新材料产业园（蓬莱）于2022年3月正式开工，一片热火朝天的建设场景，未来这里将打造成万华第三代低碳甚至是零碳高端化工新材料产业园。

"我们将牢记总书记嘱托，以技术创新为核心，进一步加大研发投入和研发的力度，加快研发成果的落地转化，争取 2025 年进入全球化工十强，早日把万华建设成为国际一流的世界500 强企业。"说起发展愿景，廖增太信心满满。

双创实践项目 增塑剂邻苯二甲酸二辛酯生产实训

【市场调研】

　　要求：1. 自制市场调研表，多形式完成调研。

　　　　　2. 内容包括但不限于：了解增塑剂 DOP 的市场需求和用户类型、调研 DOP 的市场"痛点"。

　　　　　3. 完成调研报告。

【基础实训项目卡】

实训班级	实训场地	学时数	指导教师
		10	

实训项目	增塑剂邻苯二甲酸二辛酯的合成
所需仪器	三口烧瓶（250mL）、球形冷凝管、玻璃水泵、温度计（0～200℃）、缓冲瓶、量筒（100mL）、烧杯（250mL）、布氏漏斗、抽滤瓶（500mL）、分液漏斗、分馏装置、电热套
所需试剂	苯酐、2-乙基己醇、硫酸、纯碱、活性炭

实训内容				
序号	工序	操作步骤	要点提示	工艺参数或数据记录
1	酯化	将 25g 苯酐加入三口烧瓶中，再加入 50g 2-乙基己醇和 0.2～0.3mL 浓硫酸，加热至 150℃、减压酯化（真空度为 $9.332 \times 10^5 Pa$），酯化时间约 3h，随时分出酯化反应的水，酯化的同时加入 0.1g 的活性炭。酯化完后将粗 DOP 倒入烧杯中	减压酯化应事先检查装置的气密性	
2	中和	往烧杯中加入饱和的碳酸钠溶液中和至 pH 为 7～8，再加入 50mL 80～85℃热水洗涤两次。分离后将粗品倒入分馏烧瓶中并加入少量活性炭	可用试纸检测 pH 值	
3	精制分馏	加热，减压（真空度为 $9.332 \times 10^5 Pa$）蒸出水和未反应的 2-乙基己醇，温度控制在 190℃左右。为提高纯度可再蒸馏一次	分馏温度高，注意安全	
4	过滤	最后过滤除活性炭即得产品		
5	分析检测	产品检测指标：外观与色泽（Pt-Co 比色）、酯含量、相对密度、酸值、加热减量、闪点（开杯）、体积电阻系数		
6	复配应用	加到自选的 PVC 材料中，观察增塑效果		

【创新思路】

　　要求：基于市场调研和基础实训，完成包括但不限于以下方面的创新思路 1 项以上。

　　1. 生产原料方面创新：_____。

　　2. 生产工艺方面创新：_____。

　　3. 产品包装方面创新：_____。

　　4. 销售形式方面创新：_____。

　　5. 其他创新：_____。

【创新实践】

　　环节一：根据创新思路，制定详细可行的创新方案，如：写出基于新原料、新工艺、新包装或新销售形式等的实训方案。

　　环节二：根据实训方案进行创新实践，考察新产品的性能或市场反馈。（该环节可根据实际情况选做）

过程考核：

项目名称	市场调研 5%	基础实训 80%	创新思路 10%	创新实践 5%	合计
得分					

习题

文　档
拓展习题

文　档
拓展习题答案

一、选择题

1. 下列助剂属于功能性助剂的是（　　）。

A. 防霉剂　　　　　　　　B. 润滑剂　　　　　　　C. 塑解剂　　　　　　D. 发泡剂

2. 按增塑剂的（　　）分类，可将增塑剂分为单体型和聚合型。

A. 化学结构　　　　　　　B. 特性和使用效果　　　C. 分子结构　　　　　D. 树脂的相容性

3. 下列不属于磷酸酯类增塑剂缺点的是（　　）。

A. 价格贵　　　　　　　　B. 耐寒性差　　　　　　C. 毒性大　　　　　　D. 挥发性低

4. 下列物质不能作为酯化反应催化剂的是（　　）。

A. 三氟化硼乙醚　　　　　B. 钛酸四丁酯　　　　　C. 阳离子交换树脂　　D. 阴离子交换树脂

5. 在某一酯化混合物中，水的沸点最低且不与其他产物共沸，采用下列哪种方法可使反应尽可能完全（　　）。

A. 共沸精馏蒸水法　　　　B. 直接蒸出水　　　　　C. 直接蒸出酯　　　　D. 用过量的低碳醇

6. 下列化合物阻燃效果最好的是（　　）。

A. 磷酸甲苯二苯酯　　　　B. 磷酸三苯酯　　　　　C. 磷酸三（2,3-二氯丙酯）D. 氯化石蜡

7. 酸酐和咪唑类交联剂主要用于（　　）的交联。

A. 环氧树脂　　　　　　　B. 不饱和聚酯　　　　　C. 橡胶　　　　　　　D. 塑料

8. 下列各类化合物中，不能作为硫化促进剂的是（　　）。

A. 秋兰姆类　　　　　　　B. 噻唑类　　　　　　　C. 硫代氨基甲酸酯　　D. 黄原酸盐

9. 下列属于紫外线吸收剂的是（　　）。

A. 二价镍配合物　　　　　B. 二氧化钛　　　　　　C. 哌啶衍生物　　　　D. 苯并三唑类

10. 氯化石蜡可作增塑剂用或作阻燃剂用，如果主要用作阻燃剂时，最适宜的氯含量应为（　　）。

A. 45%　　　　　　　　　B. 50%　　　　　　　　C. 60%　　　　　　　D. 70%

二、填空题

1. 增塑剂自身的玻璃化转变温度越低，塑化效率越_____。

2. 作为增塑剂最主要的基本条件是_____。

3. 邻苯二甲酸酯是工业增塑剂中最主要的品种，其中以_____应用最广。

4. 阻燃剂氯化石蜡70，70代表_____。

5. 热稳定剂按其化学结构可分为盐基性铅盐、_____、有机锡化合物、_____及复合稳定剂。

6. 油溶性抗氧剂可以均匀地分布在_____中，对_____及_____的食品具有很好的抗氧化作用。常用的品种如丁基羟基茴香醚、二丁基羟基甲苯、没食子酸丙酯等。

7. 增塑剂是指_____，它的主要作用是_____、_____和_____。

三、名词解释

1. 交联剂　　　2. 促进剂　　　3. 热稳定剂　　　4. 光稳定剂

四、简答题

1. 什么叫助剂？分为哪几类？

2. 什么样的物质称为增塑剂？简述其增塑机理。

3. 什么是阻燃剂？对其有哪几方面要求？

4. 助剂的选择和应用中应注意的问题有哪些？

5. 合成材料助剂有哪些类别？

6. 简述增塑剂的性能及其基本要求。

7. 简述邻苯二甲酸酯类增塑剂的生产工艺并以框图形式画出其间歇式生产工艺过程。

8. 溴系阻燃剂是目前世界上产量最大的有机阻燃剂之一，请简要介绍溴系阻燃剂的阻燃机理。

9. 高分子合成材料中常用的光稳定剂根据其稳定机理不同可分为哪几类？并举例说明。

10. 用简图表示抗氧剂4010NA的生产过程。

11. 邻苯二甲酸二辛酯生产中，为什么要将酯化反应中生成的水及时分出？

12. 采用哪些工艺措施可减少酯化反应的副反应和提高DOP的纯度？

模块三

胶黏剂

学习目标

| 知识目标 | 掌握胶黏剂配方主要成分和对应功能；掌握不同粘接工艺流程及注意事项；了解各种粘接原理及其内容。 |

| 技能目标 | 能识别胶黏剂配方中的主要成分；能根据胶黏剂种类列出一种典型配方；能绘制典型胶黏剂的生产工艺流程图；能设计典型生产工艺。 |

素质目标

具有收集资料和分析内容的自学能力；具有对各类参数、方案、配方的对比、归纳、总结能力；具有对各类分析、总结结果的准确表述能力。

项目一
胶黏剂概述

一、胶黏剂的组成

（一）概述

胶黏剂又称黏合剂、粘接剂、胶等，它是一类能通过黏附作用将被粘接物体结合在一起的物质的总称。人类使用胶黏剂有着悠久的历史，最早使用的黏合剂大都来源于天然的胶黏物质，如木汁、血胶、骨胶、石灰、松脂、生漆、桐油等。在几千年前，人类就学会了以黏土和水作石料

文 档

胶黏剂生产现状及发展动向

文 档

智能智造技术助力提升胶黏剂质量

的胶黏剂，用动物胶作木船的填缝密封胶。埃及的金字塔和中国的万里长城就是大规模使用胶黏剂的集中体现。但将胶黏剂作为一个独立的行业而得到真正发展，是从 20 世纪人们合成出酚醛树脂胶黏剂开始的。

胶黏剂是现代工业发展和人类生活水平提高必不可少的重要材料，粘接技术与其他连接方式相比，具有不可比拟的特殊优点，在现代经济、现代国防、现代科技中发挥着重大作用。如木材加工业，其中胶合板、木屑板、装饰板、家具及办公用品等都大量使用胶黏剂。汽车行业中，胶黏剂用于车身、内衬材料、隔声隔热材料及座椅等的胶粘。在造船工业中，胶黏剂的应用也十分普遍，采用胶黏剂的蜂窝夹层板制造的船身，质量轻、浮力大，而且刚性好，船身可减轻 40%的重量。在电子电气工业中，胶黏剂主要用于绝缘材料，浸渍、灌封材料和印制电路板及集成电路的制造。在机床配件安装及机械零件加工中，如机床的托板、导向装置、油缸、油路元件的堵漏密封，以及机床的导轨修补都用到胶黏剂。在飞机制造中，世界采用胶黏结构的飞机有一百多种，胶黏剂做成的层压板被用于机尾和机舱的制造中，并可提供密封空气和密封燃料的连接方式，一个大的胶黏剂连接的机舱可少用 76300 个铆钉，阿波罗宇宙飞船的指挥舱、登月舱所用的钛合金蜂窝结构用的就是耐高温的环氧 - 酚醛胶黏剂。另外，导弹弹头装配过程中也要用胶黏剂。胶黏剂在医学上也有广泛的应用，如伤口的黏合。在建筑工程中的室内装饰与防水密封，胶黏剂都起着重要的作用。

（二）组成

胶黏剂一般由一种或多种材料组成，包括基料、溶剂、固化剂、增塑剂、填料、偶联剂、交联剂、促进剂、增韧剂、增黏剂、增稠剂、稀释剂、防老剂、阻聚剂、阻燃剂、引发剂、光敏剂、消泡剂、防腐剂、稳定剂、配合剂、乳化剂等。并非每种胶黏剂都必须含有上述各个组分，除了基料是必不可少的组分之外，其他组分则可以根据胶黏剂性能要求和施工工艺的需要进行取舍。

1. 基料

基料也被称为黏料，是胶黏剂的主要成分，在胶黏剂配方中发挥黏合作用，要求有良好的黏附性与湿润性。常见的基料有：天然聚合物（如蛋白质、皮胶、鱼胶、松香等）、合成聚合物（如环氧树脂、聚氨酯、聚丙烯酸酯等）、合成橡胶（如氯丁橡胶、丁腈橡胶、丁苯橡胶等）和无机化合物（如硅酸盐、磷酸盐等）。从目前市场胶黏剂基料使用量来看，人工合成聚合物占比重最大。

基料选择的基本依据：

（1）**流变性**　指基料在常态下或者是在加热、加压、溶剂的作用下呈液体状态，具有一定流动性。例如淀粉，常态下是固体，在水溶解后呈溶液状态，经过加热糊化后呈黏稠状并在一定外力作用下可以按照假塑性流体状态流动。常见的尼龙等合成树脂，既不容易在普通溶剂中溶解成液态，又需要很高温度才能具有流动性，所以很难被用于基料。

（2）**极性**　基料分子结构所具有的极性对黏合力影响较大，极性大的基料配制的胶黏剂对于极性材料有较好的黏合力。

（3）**聚合物的结晶性能**　对于合成聚合物而言，一定的结晶性能可以提升基料本身的内聚强度和初黏力，但是太容易结晶的聚合物黏合力反而会下降。

（4）**聚合物的分子量大小及分布**　如果选择热塑性聚合物充当基料，既要考虑聚合物本身的强度，又要考虑材料在溶剂和加热条件下的流动状态的均衡，一般选择分子量居中且分布均匀的材料为宜；如果选择热固性聚合物充当基料，还可以采用高分子量和低分子量互配的方式。

2. 固化剂和促进剂

固化剂又称硬化剂、熟化剂，是胶黏剂中最主要的配合材料，常和热固性合成聚合物基料相配合使用。它直接或通过催化剂与主体聚合物（基料）进行反应，把固化剂分子引进树脂中，使原来的热塑性线形主体聚合物变成坚韧或坚硬的体形网状结构，从而改变分子间距离、形态、热稳定性、化学稳定性等。由于固化剂作用的核心原理是交联反应，因此固化剂的种类，要根据基料参与交联的官能团来进行选择，例如环氧树脂基料选择胺、酸酐和聚硫醇均可发生交联反应。

促进剂是可加速胶黏剂中主体聚合物（基料）与固化剂的反应、缩短固化时间、降低固化温度的一种配合剂。

3. 溶剂

当胶黏剂的基料为固态物质或黏稠液体时，基料不发生或不容易发生流动，配制的胶黏剂不便于施工。溶剂则起到溶解和分散作用，提高胶黏剂的润湿能力和流平性，从而方便施工、提高粘接强度，因此也称为稀释剂。溶剂（稀释剂）分为活性稀释剂和非活性稀释剂，其中活性稀释剂因分子中具有活性基团，可参与胶黏剂固化时的反应，而非活性稀释剂只共混于胶黏剂体系中，起降低黏度的作用。常用的溶剂有烃类、酮类、酯类、卤烃类、醇醚类及强极性的砜类和酰胺类等。

溶剂选择时通常宜选择与基料（合成聚合物、高分子材料）极性相同或相近的液体；其次，一般要求选择挥发速度适当的溶剂。由于挥发是吸热的物理过程，溶剂挥发过快，会使胶液表面温度降低而凝结水汽，影响粘接质量，而挥发过慢，又需要延长晾置时间，影响工效。另外，挥发过快还会使胶液表面快速结膜，而膜下溶剂来不及挥发，存在于基料之中，影响黏合力。此外，选择溶剂时还要考虑溶剂的毒性、价格和来源等。

4. 填料

填料是一些可用来降低固化过程的收缩率，改变热膨胀系数及胶黏剂的硬度、力学强度、导电性，降低成本的物质。

填料选择的依据有：

（1）无化学反应活性，与胶黏剂配方中的其他组分不发生化学反应；

（2）容易分散，和基料具有较好的润湿性；

（3）密度和基料密度相接近；

（4）粒度大小适中，分散均匀；

（5）来源广泛，容易获得。

常见的填料有石英粉、炭黑、银粉、磁粉、钛白粉、滑石粉、石棉绒等。

5. 增塑剂与增韧剂

增塑剂是一种能降低高分子化合物玻璃化转变温度和熔融温度，改善胶层脆性，增进熔融流动性，使胶膜具有柔韧性的低熔点的固体或高沸点的液体。增塑剂分为内增塑剂（例如聚硫橡胶、液体丁腈橡胶等）和外增塑剂（例如邻苯二甲酸酯类、磷酸酯类等）两类。其中内增塑剂是通过与基料发生化学反应（一般是共聚合反应）来改变聚合物的化学结构，从而达到增塑作用；外增塑剂则是通过溶入聚合物链间隙，降低分子间作用力，实现增塑效果。

增韧剂是一种带有能与主体聚合物起反应的官能团的化合物，在胶黏剂中成为固化体系的一部分，从而改变胶黏剂的剪切强度、剥离强度、低温性能与柔韧性。常用增韧剂有橡胶类、缩醛树脂、聚酰胺树脂、聚砜树脂等。

6. 其他助剂

交联剂为使聚合物大分子主链间产生交联的物质，可提高粘接强度、耐热性、耐水性、耐化学药品性、抗蠕变性、耐老化性等。

偶联剂是用于提高难粘或不粘的两个表面间黏合能力的化学品。偶联剂中的反应基团应当可以和被粘物固体表面形成化学键，其选择需要考虑本身结构与所黏合材料结构。常用的偶联剂以硅烷及其衍生物为主。

引发剂是通过产生自由基来引发单体分子或预聚物活化而聚合成基料的物质。常用的引发剂有过氧化苯甲酰、异丙苯过氧化氢、过硫酸钾等。

增黏剂是为防止胶黏剂黏度较低产生流失或渗入被粘物孔隙中产生缺胶而添加的物质，可以增加胶黏剂的初黏性、压敏黏性、持黏性。常用的增黏剂有萜烯树脂、松香等。

防老剂是为了延长胶黏剂的使用寿命而加入的防止高分子化合物老化的物质，包括抗氧剂、光稳定剂、热稳定剂、紫外线吸收剂、变价金属抑制剂。

阻聚剂（也称抑制剂），是在含有不饱和双键的胶黏剂如瞬干胶、厌氧胶等中加入的延长使用期和储存期的物质，如对苯二酚、对叔丁基邻苯二酚等。

阻燃剂是一类能够阻止可燃物引燃或抑制火焰传播的助剂，常用的阻燃剂有磷酸酯、卤代烃、氧化锑、氢氧化铝等。

防腐剂是对微生物或霉菌具有杀灭、抑制或阻止生长作用的药剂，也包括对金属具有防腐作用的药品，有防霉剂、杀菌剂、防锈剂、缓蚀剂等。在用淀粉、骨胶等制造的水性胶黏剂中，细菌和霉菌容易繁殖，储存过程中胶液变黑、变臭、膨胀、腐败变质，以至于无法使用，必须加入适当的防霉、杀菌剂。

二、胶黏剂的分类

1. 按基料分类

按主体材料（或基料）成分可以分为三大类，即天然胶黏剂、无机胶黏剂和有机胶黏剂。具体材料举例和分类见表3-1。

表3-1　胶黏剂分类

天然材料	动物胶		皮胶、骨胶、虫胶、鱼胶等
	植物胶		淀粉、糊精、阿拉伯树脂胶、天然树脂胶（如松香、木质素等）、天然橡胶等
	矿物胶		矿物蜡、沥青等
有机材料	合成树脂型	热塑性	聚乙酸乙烯酯、氯乙烯-乙酸乙烯酯、丙烯酸酯、聚苯乙烯、聚酰胺、醇酸树脂、纤维素、氰基丙烯酸酯、饱和聚酯、聚氨酯等
		热固性	酚醛树脂、间苯二酚甲醛树脂、脲醛树脂、环氧树脂、不饱和聚酯树脂、聚异氰酸酯、丙烯酸双酯、有机硅、聚酰亚胺、聚苯并咪唑等
	合成橡胶型		再生橡胶、丁苯橡胶、丁基橡胶、氯丁橡胶、氰基橡胶、聚硫橡胶、硅橡胶、聚氨酯橡胶
	复合型		酚醛-聚乙烯丙缩醛、酚醛-丁腈橡胶、酚醛-氯丁橡胶、酚醛-氰基橡胶、环氧-酚醛、环氧-聚酰胺、环氧-聚硫橡胶、环氧-氰基橡胶、环氧-尼龙胶等
无机材料	热熔型		焊锡等低熔点金属、玻璃陶瓷等
	水固型		水泥、石膏等
	硅酸盐类		通式：$M_2O \cdot nSiO_2 \cdot mH_2O$，式中 M=Li、Na、K、$^+NR_4$
	磷酸盐类		正（偏、焦、多聚偏）硫酸盐与金属的氧化物、氢氧化物、硼酸盐等固化剂反应的产物

2. 按受力情况分类

胶黏剂按照粘接后是否受力分为结构胶、非结构胶。结构胶黏剂是用于受力结构件粘接，并能长期承受较大动、静负荷的胶黏剂，常用热固性树脂配制；非结构胶黏剂适用于非受力结构件粘接，常用热塑性树脂配制。

3. 按形态分类

胶黏剂按形态可分为溶液型（主要是树脂或橡胶，在适当的有机溶剂或水中溶解成黏稠的溶液）；乳液或乳胶型（树脂在水中分散为乳液，橡胶的分散物叫乳胶）；粉状（水溶性胶黏剂，使用前先加溶剂调成糊）或膏状型（高度不挥发的、具有间隙充填性的、高黏稠的胶黏剂，主要用于密封）；膜状型（以纸、布、玻璃纤维等为基材，涂敷或吸附黏合剂后，干燥成薄膜状使用，或者直接以胶黏剂与基材形成薄膜材料，有高的耐热性和黏合强度，主要用于结构件）；固体型（主要是热熔型胶黏剂）。

4. 按固化方式分类

胶黏剂按固化方式的不同分为溶剂型（是一种全溶剂蒸发型，溶剂从黏合端面挥发或者被被粘物自身吸收而消失，形成黏合膜而发挥黏合力）；反应型（由不可逆的化学变化引起固化，这种化学变化，系在主体化合物中加入催化剂，通过加热或不加热进行。按照配制方法及固化条件，可分为单组分、双组分甚至三组分等的室温固化型、加热固化型等多种形式）；热熔型（以热塑性的高聚物为主要成分，是不含水或溶剂的粒状、圆柱状、块状、棒状、带状或线状的固体聚合物。通过加热熔融黏合，随后冷却固化发挥黏合力）；压敏型（受指压即粘接且不固化的胶黏剂，俗称不干胶）。

三、胶黏剂的应用

（1）密封胶黏剂　密封胶主要用来填充构形间隙，以起到防泄漏、防振动及隔声、隔热等作用，常见于门、窗及其他建筑预制件的连接处。随着工艺发展，密封胶已拓展到电子、交通、机械制造等需要密封环节。车用挡风玻璃密封胶通常以聚氨酯为主，配合清洗剂、漆面/玻璃底剂一同使用，剪切强度较高、弹性突出，能将玻璃和车身紧密地结合为一个整体，增强车身刚性，保证密封效果，提高汽车安全性。以富康轿车为例，单车用量约1.2kg。双玻光伏组件多选用硅酮类，基料中硅氧键键能远远大于碳碳键和碳氧键，产生突出的耐老化性能，确保户外环境长期使用，目前广州市白云化工实业有限公司、天合光能股份有限公司、无锡尚德太阳能电力有限公司等单位联合起草团体标准T/CPIA 0008—2019《光伏组件用硅酮类结构胶》。

（2）建筑结构用胶黏剂　主要用于结构单元之间的连接。如钢筋混凝土结构外部修补，金属补强固定以及建筑现场施工时，一般考虑采用环氧树脂系列胶黏剂。结构胶相比于传统的焊接和铆接具有无应力集中、异质材料无接触腐蚀、工艺简单高效的优点，通过设计合理的粘接结构，系统可实现减重15%。李高明团队提出了一种以邻苯二酚衍生物替代单酚的曼尼希（Mannich）反应合成路线，以多聚甲醛、二乙烯三胺和4-叔丁基邻苯二酚为原料制备的DETA-CMB胶黏剂在抛光铝表面上的粘接强度最高 [（13.0±0.8）MPa]，在室温蒸馏水中的强度与室温干态粘接无差异。

（3）汽车用胶黏剂　目前我国汽车用胶黏剂年消耗量约为4万吨，其中使用量最大的是聚氯乙烯可塑胶黏剂、氯丁橡胶胶黏剂及沥青系列胶黏剂，用于车体焊接、车内装饰、挡风玻璃密封。刹车蹄与摩擦片粘接用的刹车蹄片胶，它是以改性酚醛树脂为主的胶黏剂，代替铆接具有可靠的粘接强度，能降低噪声，延长摩擦片使用寿命；滤芯器生产用的滤芯胶，是增黏树脂补强的PVC塑溶胶，粘接强度适中，工艺性好，能够满足流水线的作业要求；铸造用的合成树脂胶黏剂，主要有酚醛树脂、呋喃树脂及少量改性脲醛树脂3种，被广泛应用在发动机缸体、缸盖等零件的铸造工艺中。

（4）包装用胶黏剂　包装用胶黏剂主要是用于制作压敏胶带与压敏标签，对纸、塑料、金属等包装材料表面进行黏合。纸的包装材料用胶黏剂为聚醋酸乙烯乳液。塑料与金属包装材料用胶黏剂为聚丙烯酸乳液、VAE乳液、聚氨酯胶黏剂及氰基丙烯酸酯胶黏剂。瓦克化学用醋酸乙烯酯-乙烯（VAE）基乳液生产新型VINNAPAS®XD05产品，替代现有聚醋酸乙烯酯（PVAc）基包装材料胶黏剂，提高凝固速度，降低迁移速度，降低增塑剂的使用量。

（5）电子用胶黏剂　大部分用于集成电路及电子产品，现主要用环氧树脂、不饱和聚酯树脂、有机硅胶黏剂。光刻胶是微电子技术中微细图形加工的关键材料之一，特别是近年来大规模和超大规模集成电路的发展，更是大大促进了光刻胶的研究开发和应用。印刷工业是光刻胶应用的另一重要领域。光刻胶是一种有机化合物，它被紫外光曝光后，在显影溶液中的溶解度会发生变化。硅片制造中所用的光刻胶以液态涂在硅片表面，而后被干燥成胶膜。北京北旭电子材料有限公司公开了一种光刻胶组合物的制备方法及图案化方法，所述光刻胶组合物包括以下组分（质量分数）：1%～10%感光剂、10%～20%酚醛树脂、0.1%～5.5%添加剂以及75%～88%溶剂。该发明光刻胶组合物的最小分辨率可达1.5μm，同时感度较快，有利于精确图案化，提高OLED显示面板的产率。

（6）**鞋用胶黏剂**　鞋用胶黏剂主要用于鞋底和鞋帮等部位的连接，既实现制品美观轻质、舒适耐穿，又实现制作简便、可自动化连续化操作生产。鞋用胶黏剂目前仍然以溶剂型为主，包括聚氨酯胶黏剂、氯丁橡胶胶黏剂、氯丁胶乳胶黏剂。随着鞋材的不断更新，合成革、橡塑和软质聚氯乙烯（PVC）材料在鞋材中的比例不断增加，橡胶胶黏剂表现出对PVC材料、含油脂量高的皮革、橡胶等鞋材粘接强度不足的现象，同时生产过程中溶剂挥发问题也成为安全、绿色生产的一大短板。为了保证鞋靴质量、减少环境污染和改善人身安全，欧美发达国家已于20世纪80～90年代，逐步使其鞋用胶黏剂由氯丁橡胶向聚氨酯转化，特别是水性聚氨酯胶黏剂。

项目二
粘接理论

一、粘接理论概述

（1）**吸附理论**　吸附理论是把固体对胶黏剂的吸附看成是粘接主要原因的理论。主要观点为：粘接力的主要来源是粘接体系的分子间作用力，即范德华力和氢键力。胶黏剂分子与被粘物表面分子的作用过程有两个过程：第一阶段是液体胶黏剂分子借助于布朗运动向粘接件表面扩散，使两界面的极性基团或链节相互靠近。第二阶段是粘接力的产生。当胶黏剂与粘接件分子间的距离达到5～10Å时，界面分子之间便产生相互吸引力，使分子间的距离进一步缩短到处于最大稳定状态，由此产生粘接效果。

（2）**扩散理论**　扩散理论认为胶黏剂和粘接件在界面上具有一定相溶性。当它们相互紧密接触时，由于分子的布朗运动或链段的无规运动产生相互溶解的扩散现象。这种扩散作用穿越胶黏剂、粘接件的界面，导致界面消失并产生过渡区。在新生的过渡区内，胶黏剂和粘接件分子相互作用而产生粘接力。

（3）**电子（静电）理论**　电子理论认为胶黏剂和粘接件之间是一种电子的接受体-供给体的组合形式，电子会从供给体（如金属）转移到接受体（如聚合物），在界面区两侧形成了双电层，从而产生了静电引力。这种静电引力就是粘接力。

在干燥环境中从金属表面快速剥离粘接胶层时，可用仪器或肉眼观察到放电的光、声现象，证实了静电作用的存在。但静电作用仅存在于能够形成双电层的粘接体系，不具有普遍性。因此，静电力虽然确实存在于某些特殊的粘接体系，但绝不是起主导作用的因素。

（4）**机械互锁理论**　机械互锁理论，有人也称之为机械作用力理论，主要观点是粘接力之所以产生是因为胶黏剂渗透到被粘物表面的缝隙或凹凸之处，固化后在界面区产生了啮合力，类似钉子与木材的接合或树根植入泥土的作用，其本质属于摩擦力。该理论适用于对多孔物质粘接的解释，例如纸张、织物等，但对某些坚实而光滑的表面，这种理论并不能有效解释粘接原因。

（5）**化学键理论**　化学键理论认为胶黏剂与被粘物分子之间除相互作用力外，有时还有化学键产生，即化学键是粘接力产生的原因。例如硫化橡胶与镀铜金属的粘接界面、偶联剂对粘接的作用、异氰酸酯对金属与橡胶的粘接界面等的研究，均证明有化学键的生成。但化学键形成需要以能够发生化学反应的官能团和反应条件为基础，所以不可能所有胶黏剂与粘接件之间的接触点都形成化学键。

二、粘接破坏理论

根据不同胶接理论可以得知，影响和减弱粘接力的因素比较复杂，总体而言能够阻碍粘接原理所描述过程产生的任意一种因素都是影响粘接的原因。但从整个粘接破坏角度分析，大致可以分为以下4种发生破坏原因，见图3-1。

① 粘接件发生破坏。这种现象发生于粘接力强度大于粘接件强度时，即受到外力作用时粘接件先于固化后的胶黏剂达到破坏强度。

② 胶黏剂发生破坏。这种现象表现为受到外力作用时，固化后的胶黏剂先于粘接件达到破坏强度。此时，黏接强度取决于胶黏剂本身的内应力大小。

③ 界面破坏（黏附破坏）。此时，破坏发生在粘接件与胶黏剂的界面（粘接界面完整脱离）。粘接强度取决于界面吸附力。这种现象，人们常用弱边界层理论进行解释。

④ 混合破坏。破坏过程既有内聚破坏，又有界面破坏。

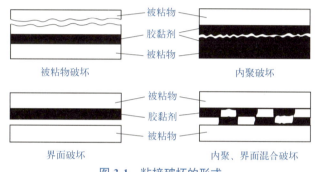

图 3-1 粘接破坏的形式

项目三

粘接工艺

粘接过程中不仅需要粘接力强的胶黏剂，还需要有合适的粘接工艺。粘接工艺是利用胶黏剂把被粘物连接成整体的操作步骤，其过程是：首先对被粘零件的待粘表面进行修配，使之配合良好；其次根据材质及强度的要求，对被粘表面进行不同的表面处理；然后涂布胶黏剂，将被粘表面合拢装配；最后通过物理或化学方法固化，就实现连接。粘接的一般工艺程序如下：

确定接头→选择胶黏剂→表面处理→配胶→涂胶→晾置→叠台→清理→初固化→固化→后固化→检查→整修

一、粘接头设计

1. 接头实际受力原理

粘接接头在实际的工作状态中其受力主要有下列几种基本类型：剪切、均匀扯离、不均匀扯离和剥离或撕离，见图3-2。

【1】剪切 作用力平行于粘接面。这种受力形式的接头最常用，因为它不但粘接效果好，而且简单易行，易于推广应用。

【2】均匀扯离 作用力垂直作用在粘接平面，应力均匀分配，可以近似认为粘接面受到拉伸作用力。高强度结构胶拉伸强度可达到58.8MPa。

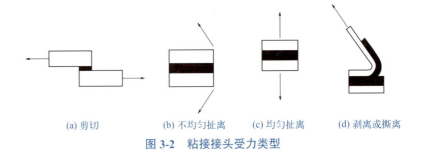

| (a) 剪切 | (b) 不均匀扯离 | (c) 均匀扯离 | (d) 剥离或撕离 |

图3-2　粘接接头受力类型

【3】**不均匀扯离**　作用力方向不完全垂直于粘接面，与垂直方向有不固定偏差。此时粘接面边缘区域内容易产生应力集中，接头容易破坏。这种类型的接头，其承载能力很低，一般只有理想的均匀扯离强度的1/10左右。

【4】**剥离或撕离**　作用力方向不完全垂直于粘接面，主要作用在粘接面边缘部分。当粘接材料为软质材料时，可以称为撕离；当粘接材料为刚性材料时，可以称为剥离。

一般情况下，胶黏剂承受剪切和均匀扯离的作用能力比承受不均匀扯离和剥离作用的能力大得多。

2. 接头设计基本原则

① 胶黏剂的拉伸剪切强度较高，设计接头尽量承受拉伸和剪切负载。

② 保证粘接面上应力分布均匀，尽量避免剥离和劈裂负载。剥离和劈裂破坏通常是从胶层边缘开始，在边缘处采取局部加强或改变胶缝位置的设计都是切实可行的。

③ 尽量增加粘接面的宽度（搭接）。

3. 常见的接头形式及对比情况

① 平板接头的形式

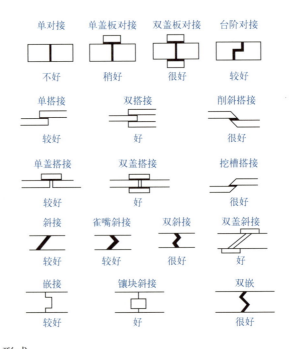

② 角接和 T 型接头形式

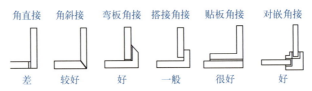

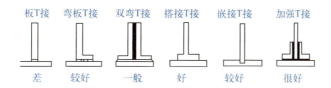

③ 管材、棒材接头形式

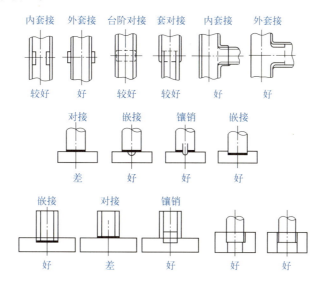

二、粘接面的处理

1. 表面处理作用

由于粘接材料在一系列加工、运输、贮存过程中，表面会存在不同程度的氧化物、锈迹、油污、吸附物及其他杂质等，根据弱边界理论，粘接强度会因此而降低。

表面处理的作用主要有以下三个方面：

（1）除去妨碍粘接的表面污物及疏松层；

（2）提高表面能；

（3）增加表面积。

表面处理效果的主要影响因素是清洁度、粗糙度和表面化学结构。

动　画

表面能与粘接
强度

2. 清洁度

要获得良好的粘接强度，必要的条件是胶黏剂完全浸润粘接材料的表面。要得到良好的粘接强度，粘接材料表面的接触角应当很小甚至为零。表 3-2 显示了部分金属材料在未处理和处理后的接触角的变化以及强度的变化。

以铝为例，当表面上的污物除去后，接触角大大降低以至到零，粘接强度也变化达到了最高。

表3-2　表面处理前后的接触角和粘接强度

粘接材料	处理方法	接触角 /（°）	抗剪强度 /MPa
铝	未处理	67	17.2
	脱脂	67	19.3
	化学处理	0	26.6
不锈钢	未处理	50～75	36.6
	脱脂	67	44.3
	化学处理	10	49.7

粘接材料	处理方法	接触角 / (°)	抗剪强度 /MPa
钛	未处理	50 ～ 75	9.5
	脱脂	61 ～ 71	22.4
	化学处理	10	43.2

3. 粗糙度

增加粗糙度的常用方法是机械打磨法，适当地将表面粗糙化，增加材料的粘接强度。首先是因为机械粗糙化的过程使表面得到了净化；其次是因为粗糙化改变了表面物理化学状态，形成了新的表面层，改变了接触面的面积；最后粗糙度的不同还会影响界面上的应力分布，从而获得较好的粘接强度。

但是，粗糙度太高反而会降低粘接强度，因为过于粗糙的表面不能被胶黏剂很好地浸润，凹处所残留的空气等对粘接反而会产生不利影响。

4. 表面化学结构

粘接材料表面的化学组成与结构对粘接性能、耐久性能、耐热老化性能等都有重要影响；而表面结构对粘接性能的影响往往是通过改变表面层的内聚强度、厚度、孔隙度、活性和表面自由能等而实现的。

表面化学结构既可引起表面物理化学性质的改变，也可引起表面层内聚强度的变化，因而对黏附性能产生明显的影响。例如，聚四氟乙烯是一种表面能很低的惰性高分子材料，一般的胶黏剂都无法牢固地进行粘接。粘接前，采用钠 - 萘 - 四氢呋喃溶液处理，使四氟乙烯发生断裂作用，表面上的部分氟原子被扯下来，并在表面上产生很薄的黑棕色碳层。这样，既改变了表面的化学结构，也增加了表面自由能，从而改进了粘接性能。

三、胶黏剂的配制（选择）与固化

（一）胶黏剂的配制

1. 根据被粘接材料的种类和性质配制

对极性被粘接材料，选用强极性胶黏剂，如环氧树脂胶、酚醛树脂胶、丙烯酸酯胶以及无机黏合剂；对弱极性被粘接材料，则选用高反应性黏合剂，如聚氨酯胶或用能溶解被粘材料的溶剂进行粘接。

粘接多孔而不耐热的材料，如木板、纸张、皮革等，可选用水基型、溶液型黏合剂；对于表面致密，而且耐热的被粘物，如金属、陶瓷、玻璃等，可选用反应型胶黏剂；对于难粘材料，如聚乙烯、聚丙烯，可选用乙烯 - 醋酸乙烯共聚物热熔胶或环氧树脂胶。

2. 根据被粘接材料应用的场合及受力情况配制

粘接件的使用场合主要指其受力的大小、种类、持续时间、使用温度、冷热交变周期和介质环境等。对粘接强度要求不高的一般场合，可选用价廉的非结构黏合剂；对粘接强度要求高的结构件，则要选用结构黏合剂；对要求耐热和抗蠕变的场合，可选用能固化生成三维网状结构的热固性树脂黏合剂；冷热交变频繁的场合，应选用韧性好的橡胶 - 树脂黏合剂；要求耐疲劳的场合，应选用合成橡胶胶黏剂；对特殊要求的考虑，如电导率、导磁、超高温、超低温等，则必须选择供这些特殊应用的黏合剂。

3. 根据粘接的目的和用途配制

使用胶黏剂时，除了粘接外，往往还具备连接、密封、固定、定位、修补、填充、堵漏、嵌缝、防腐、灌注、罩光等其他功效，在配制和选择胶黏剂时，既要遴选粘接强度，还要根据其他要求来遴选或配制胶黏剂。例如，用于连接，就要用粘接强度高的胶黏剂；用于密封，就要选用密封胶黏剂；用于填充、灌注、嵌缝等，就要选用黏度大、加入较多填料、室温固化的胶黏剂；用于固定、装配、定位、修补，就要选用室温快速固化的胶黏剂；用于罩光，就要选用黏度低、透明无色的胶黏剂；无线电工业的导电粘接，要用导电胶黏剂。

4. 根据粘接工艺配制

胶黏剂在施工过程中有的室温固化，有的需要加热固化，有的需要加压固化，有的需要加温、加压固化，有的要固化很长时间，还有的只要几秒钟……配制或选择胶黏剂不能只看强度高、性能好，还要考虑是否具备胶黏剂所要求的工艺条件。例如酚醛 - 丁腈胶黏剂综合性能较好，但需要加压 0.3 ～ 0.5MPa、150℃下高温固化，若不具备加压和高温的条件，则不适宜选用；如果被粘接材料在自动化生产流水线上作业，由于上、下工序衔接很快，就要选用快速固化的胶黏剂，如热熔胶；对于大型设备或异型工件，由于加热、加压都难以实现，就应选用室温固化胶黏剂。

5. 根据胶黏剂的成本和来源难易配制

选用的胶黏剂成本低、效果好、来源容易简便经济是选择黏合剂必须考虑的因素。

（二）胶黏剂的固化

通过适当方法使胶层由液态变成固态的过程称为胶黏剂的固化。

1. 热熔胶的固化

热熔胶的固化是一种简单的热传递过程，即加热熔化涂胶黏合，冷却即可固化。固化过程受环境温度影响很大，环境温度低，固化快。为了使热熔胶液能充分润湿被粘物，使用时必须严格控制熔融温度和晾置时间。对于基料具有结晶性的热熔胶尤应重视，否则将因冷却过快会使基料重结晶不完全而降低粘接强度。

2. 溶液型胶黏剂的固化

溶液塑胶黏剂有水溶型与有机溶液型的，主要是靠溶剂的挥发完成。其固化速度主要取决于溶剂的挥发速度，还受环境温度、湿度、被粘物的致密程度与含水量、接触面大小等因素的影响。配制溶液胶时应选择特定溶剂或混合溶剂以调节固化速度。挥发性太强的溶剂，易影响结晶基料的结晶速度与程度，甚至造成胶层结皮而降低粘接强度。

3. 乳液型胶黏剂的固化

乳液胶黏剂是聚合物胶体在水中的分散体，是一种相对稳定的体系。当乳液中的水分逐渐渗透到被粘物中并挥发掉时，其浓度就会逐渐增大，使胶粒凝聚而固化。环境温度对乳液的凝聚影响很大，温度足够高时乳液能凝聚成连续的膜；温度太低（低于最低成膜温度，该温度通常比玻璃化转变温度略低一点）时不能形成连续的膜，此时胶膜呈白色，粘接强度极差。不同聚合物乳液的最低成膜温度是不同的，因此在使用该类胶黏剂时一定要使环境温度高于其最低成膜温度，否则粘接效果不好。

4. 反应型胶黏剂的固化

反应型胶黏剂的基料中都存在着活性基因，在固化剂、引发剂及其他物理条件的作用下，因基料发生聚合、交联等化学反应而固化。固化反应可以由固化剂、催化剂、引发剂等引发。

（1）固化剂用量　加入量不足时难以固化完全，过量加入则胶层发脆，均不利于粘接。为了保证固化完全，固化剂一般略过量一些。

（2）引发剂用量　在一定范围内增大引发剂用量，可以增大固化速度而胶层性能受影响不大。用量不足易使反应过早终止，不能固化完全；用量过大，聚合度降低，均使粘接强度降低。

【3】**催化剂用量**　催化剂只改变反应速度，催化剂固化型胶黏剂在不加催化剂时反应极慢，因此常温下可以长期存放，加入催化剂后由于降低了固化反应的活化能而使固化反应变易，胶层可以固化。催化剂用量增大，固化速度变快，过量则会使胶层性能劣化。

项目四
合成树脂胶黏剂

一、合成树脂胶黏剂主要品种

文　档

改性松香乳液型
胶黏剂生产工艺

合成树脂胶黏剂是指以合成树脂作为基料的胶黏剂，一般可以根据树脂受热后的聚集态变化分为热固性树脂胶黏剂、热塑性树脂胶黏剂。常用于配制和合成胶黏剂的树脂品种有聚乙酸乙烯及其共聚物、丙烯酸酯及其衍生物、聚乙烯醇及其缩醛化聚合物、酚醛树脂、环氧树脂和聚氨酯。此外，还可以看到有三聚氰胺、不饱和聚酯等热固性树脂和聚氯乙烯、聚酰胺、聚砜等热塑性树脂。

由于合成树脂的表面能一般比较低，容易在大多数物质表面润湿，因此是理想的黏合材料。此外，合成树脂可以通过分子改性的方式实现基料极性等物理性质的变化，也可以通过不同树脂配伍丰富基料性能，因而胶黏剂配方和种类繁多。目前合成树脂胶黏剂已广泛用于航空、汽车、船舶、电子、机械、建筑、轻纺、医疗、塑料加工等工业部门以及人们生活的各个领域。

二、合成树脂胶黏剂典型产品生产技术

（一）聚乙酸乙烯酯胶黏剂

1. 反应原理

聚乙酸乙烯酯是乙酸乙烯酯单体经自由基反应而形成的。乳液聚合体系主要由单体、水、乳化剂及溶于水的引发剂四种基本组分组成，如图 3-3 所示。

聚合反应时，水相中产生的自由基扩散入单体增溶胶束内，进行引发、增长，不断形成乳胶粒。随着聚合的进行，乳胶粒内的单体不断消耗，液滴中单体溶入水相，不断向乳胶粒扩散补充，以保持乳胶粒内的单体浓度恒定。随着聚合的进行，乳胶粒体积不断增大，为保持稳定，必须从溶液中吸附更多的乳化剂分子；缩小的单体液滴上的乳化剂分子也不断补充吸附到乳胶粒上。当水相中乳化剂浓度低于 CMC 值时，未成核的胶束变得不稳定，将重新溶解分散于水中，最后未成核胶束消失，从此不再形成新的乳胶粒，乳胶粒数将固定下来。此阶段称为第一阶段（乳胶粒生成阶段）。此后聚合物乳胶粒数目恒定，而单体继续由单体液滴进入乳胶粒之中进行补充，使乳胶粒内单体浓度恒定，直到单体液滴消失为止，这个阶段为聚合第二阶段（恒速阶段）。单体液滴消失后，乳胶粒内继续进行引发、增长、终止，直到单体完成转化。但由于单体无补充来源，聚合速度随乳胶粒内单体浓度下降而下降，最后单体 - 聚合物乳胶粒转变成聚合物乳胶粒。此阶段为聚合第三阶段（降速阶段）。

经过上述聚合过程，即得到了由乳化剂分子均匀而稳定地将聚合物乳胶粒分散在水相中的乳液。

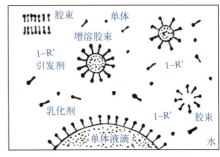

图 3-3　乳液聚合体系示意图

影响聚乙酸乙烯酯乳液质量的因素主要有：

(1)**乳化剂**　当单体用量、温度、引发剂等条件固定时，乳化剂用量增加，胶粒数目增多，乳胶粒数目也就越多，同时，乳胶粒粒径也就越小。乳胶粒数量增多可提高聚合反应速率，有利于得到颗粒度较细、稳定性好的乳液。但若用量太多，也会降低乳液的耐水性。乳化剂种类不同，其特性参数CMC值、单体的增溶度等也不同。当乳化剂用量和其他条件相同时，CMC值越小、单体增溶度越大的乳化剂成核概率大，所生成的乳胶粒多、乳胶粒直径小，此时聚合速率越大，则平均分子量越小。

(2)**引发剂用量**　引发剂用量多少直接影响到乙酸乙烯酯聚合反应的速率和聚合物的聚合（分子量）的大小。因引发剂用量增多，会增加链自由基的数量，但也同时增加了链终止的机会（链自由基与初级自由基碰撞而使链终止）。而这两种作用都会使分子量降低，从而影响乳液的粘接强度。因此在保证一定的聚合速率的前提下，减少引发剂用量可以提高产品的聚合度，得到高分子量的产物。

(3)**搅拌强度**　在乳液聚合过程中，搅拌的一个重要作用是把单体分散成单体液滴，有利于传质和传热。一方面，乳液聚合中搅拌速度越大，所得乳胶粒直径越大，乳胶粒数越少，因而导致聚合反应速率降低；另一方面，搅拌强度大时，混入乳液聚合体系中的空气增多，空气中的氧是自由基聚合反应的阻聚剂，也会使聚合反应速率降低。过于剧烈的机械作用还会使乳液产生凝胶或硬化，失去稳定性。但为了使反应液温度均匀，又要求有足够的搅拌速度。因此对乳液聚合过程来说，在保证反应液温度均匀的前提下，应采用较小的搅拌速度。

(4)**反应温度**　反应温度高时，自由基生成速率大，致使乳胶粒中链终止速率增大，故聚合物分子量降低；由于自由基生成速率大，使水相中自由基浓度增大，会使乳胶粒数目增多，粒径减小，同时胶粒中单体浓度也有所增加，因而聚合反应速率提高。反应温度升高的综合结果是使聚合速率增加，聚合度降低。但是温度升高，还可能引起许多副作用。如乳液反应凝聚破乳，产生支链和凝胶聚合物，并对聚合物微结构和分子量有影响。

(5)**其他影响因素**

① 单体或引发剂的滴加条件：在乳液聚合中，单体滴加时间越短，形成的乳液黏性越小，随着滴加时间的延长，黏度变大，结构黏性变大。在同样条件下滴加单体，若初期引发剂加入量相同，则后期引发剂的滴加量越多，黏度越大，结构黏性也越大。如果后期引发剂的滴加量相同，则初期引发剂加入量越多，黏度越大，结构黏性也越大。

② 乳胶粒中单体浓度：乳胶粒中单体浓度越大，聚合速率和聚合物的聚合度也越大。

③ 氧：在乙酸乙烯酯的聚合过程中，氧是有效的引发剂，但有时它又能当作阻聚剂。它之所以有这样的双重效果，是因为乙酸乙烯酯的活化分子易吸收氧而形成过氧化物。这种过氧化物有时因热不稳定而分解，形成自由基，引发了聚合反应；有时则相反，会形成稳定的聚合过氧化物而使增长链失去活性。反应究竟向哪个方向进行，取决于反应温度、吸氧量和其他条件。在升高温度时，过氧化物的热分解增强，产生一些新的活性中心，而使聚合反应加速。在室温下，过氧化物仅略有分解，这当然就要增大阻聚作用。另外，氧在量少时起引发剂的作用，而量多则起阻聚作用。

2. 原料准备

(1) 主要原材料及其规格

① 醋酸乙烯酯，即乙酸乙烯酯

闪点：−8℃

溶解性：微溶于水，溶于醇、丙酮、苯、氯仿

水溶性：23g/L（20℃）

相对密度：（水 =1）0.93

相对蒸气密度：（空气 =1）3.0

② 辛基苯酚聚氧乙烯醚

密度：0.984g/cm³

沸点：373.1℃

闪点：179.5℃

外观：亮黄色液体

③ 过硫酸铵

外观与性状：无色单斜晶体，有时略带浅绿色，有潮解性

熔点（℃）：120（分解）

相对密度（水 =1）：1.982

相对蒸气密度（空气 =1）：7.9

溶解性：易溶于水

【2】消耗定额（按生产1吨产品计）

乙酸乙烯酯	460～480kg
水	410～450kg
聚乙烯醇	40～50kg
过硫酸铵	8～12kg
辛基苯酚聚氧乙烯醚（OP-10）	1～3kg
碳酸氢钠	1～3kg
邻苯二甲酸二丁酯	30～70kg

3. 工艺流程

聚乙酸乙烯酯工艺流程见图3-4。

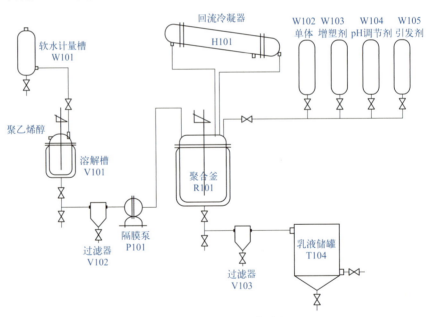

图 3-4　聚乙酸乙烯酯工艺流程图

4. 操作过程

将其过滤后投入聚合釜，再加入辛基苯酚聚氧乙烯醚、乙酸乙烯酯单体（占总用量的1/7）和过硫酸铵（占过硫酸铵总量的1/3），开始升温直到65℃左右，当回流视镜出现液滴时，关闭蒸汽阀。温度上升至75～78℃，达到温度即开始滴加单体，同时滴加过硫酸铵。这一阶段的温度偏高或偏低，可通过调整单体的滴加速度和引发剂的用量控制温度变化，但要注意单体和引发剂总量要符合配方要求。单体滴加完毕后，保温一段时间，然后冷却至50℃以下，加入碳酸氢钠溶液，搅拌均匀后加入邻苯二甲酸二丁酯，搅拌 1h 放料。

5. 质量标准

外观	固体含量	黏度	pH 值	粒度
乳白色黏稠液体，均匀而无明显粒子	50%±2%	1.4 ～ 1.5Pa·s	4 ～ 6	1 ～ 2μm

通常聚乙酸乙烯酯乳液质量需要实现外观、固体含量、粒度、pH 值和黏度的达标，有的国家除了要求达到上述质量指标外，还需测定乳液的稳定性（包括冻融稳定性、高温稳定性、对添加物的稳定性等）、乳液的最低成膜温度、涂胶后的开口陈化时间、与脲醛树脂的混合性、粘接强度等。

6. 产品应用

聚乙酸乙烯酯乳液胶大量用于建筑、家具等木工粘接方面，还用于将单板、布、塑料、纸等粘贴在木质人造板上，一般涂胶量为 $100 \sim 110g/m^2$（单面），胶按压力为 0.49MPa，胶压时间因温度高低而异，环境温度越高，胶压时间短。不加各种添加剂的聚乙酸乙烯酯乳液胶的最低成膜温度为 20℃，若添加增塑剂或溶剂，其最低成膜温度可下降至 0℃。因此使用环境温度需要注意高于它的最低成膜温度。

7. 创新引导

① 本节产品工艺中引发剂采用过硫酸铵。是否能用其他引发剂代替？如果可以，生产工艺中的哪些条件需要调整？

② 本节产品工艺中采用的乳化剂为辛基苯酚聚氧乙烯醚，属于非离子型乳化剂。在生产中，能否采用阴离子或阳离子乳化剂代替？如果可以，生产工艺中哪些条件需要调整？

③ 本节产品质量参数对黏稠度有一定要求。优化工艺流程中哪些参数有助于提升黏稠度？通过优化配方可以实现吗？怎么实现？

（二）丙烯酸酯及其衍生物胶黏剂

1. 反应原理

丙烯酸酯胶黏剂是指以丙烯酸甲酯、乙酯或丁酯作为主单体，与甲基丙烯酸酯类、苯乙烯、丙烯腈、偏二氯乙烯、醋酸乙烯酯等采用乳液聚合法共聚制得的胶黏剂。如果采用 x、y、z 代表三种单体，共聚反应方程式可以表达为：

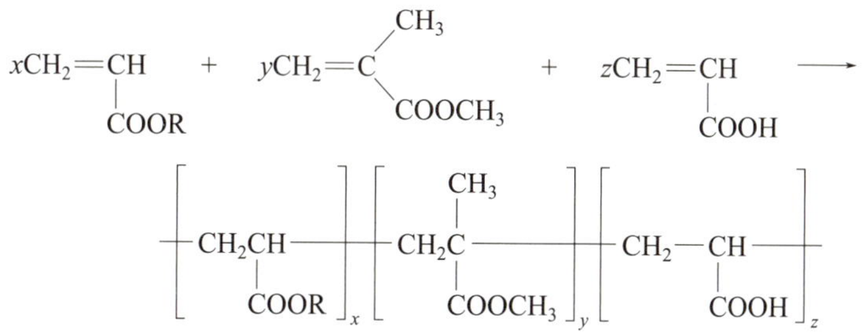

采用阴离子聚合法时，主要成分为 α-氰基丙烯酸的甲酯、乙酯、丁酯、异丙酯等。由于氰基和酯基具有很强的吸电子性，所以在弱碱或水存在下，可快速进行阴离子聚合而完成粘接过程。合成工艺是将相应的氰乙酸酯与甲醛发生加成缩合反应，然后加热裂解这种缩合产物，即得 α-氰基丙烯酸酯（快干胶），具体反应方程式和流程如下：

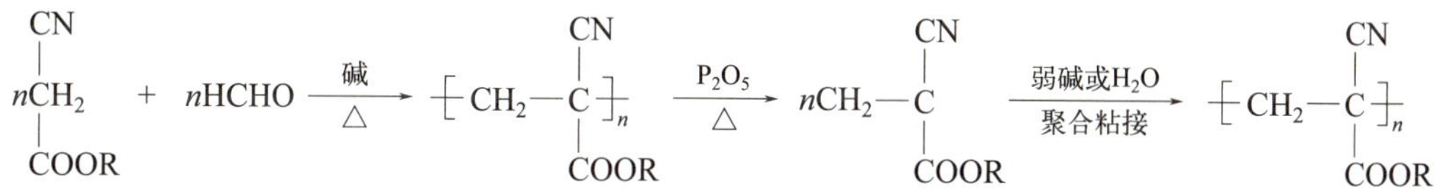

（α-氰基丙烯酸酯）

2. 原料准备

【1】主要原材料及其规格

① 氰乙酸乙酯

外观与性状：无色或略带黄色液体，略有气味

分子量：113.12

蒸气压：2.00kPa/99℃

闪点：110℃

熔点：−22.5℃

沸点：206～208℃

溶解性：微溶于水、碱液、氨水，可混溶于乙醇、乙醚

密度：相对密度（水=1）1.06

② 甲醛

相对蒸气密度：1.081～1.085（空气=1）

相对密度：0.82（水=1）

闪点：56℃（气体）、83℃（37%水溶液，闭杯）

沸点：−19.5℃（气体）、98℃（37%水溶液）

熔点：−92℃

自燃温度：430℃

蒸气压：13.33kPa（−57.3℃）

爆炸极限：空气中7%～73%（体积分数）

【2】消耗定额（按生产1吨产品计）

氰乙酸乙酯	150kg
37%甲醛	100kg
邻苯二甲酸二丁酯	34kg
哌啶	0.3kg
二氯乙烷	35kg

3. 工艺流程

乳液聚合法工艺流程可以参考聚乙酸乙烯酯胶黏剂工艺流程。下面重点描述阴离子聚合法工艺流程，见图3-5。

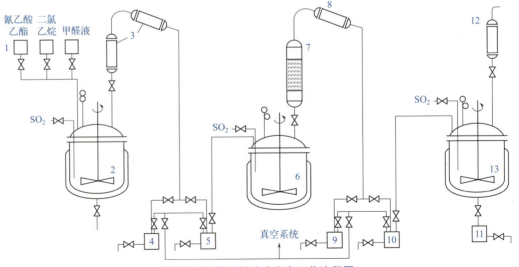

图3-5　氰基丙烯酸酯生产工艺流程图

1—高位槽；2—缩聚裂解釜；3,8,12—冷凝器；4,9—接收器；5—粗单体接收器；6—精馏釜；7—精馏塔；
10—单体接收器；11—成品槽；13—配胶釜

4. 操作过程

缩聚裂解釜中加入氰乙酸乙酯和哌啶、溶剂，控制 pH 值在 7.2 ～ 7.5 之间，逐步加入甲醛液，此时保持反应温度 65 ～ 70℃和充分地搅拌，加完后再保持反应 1 ～ 2h 使反应完全。然后加入邻苯二甲酸二丁酯，在 80 ～ 90℃下回流脱水至脱水完全。加入适量 P_2O_5、对苯二酚，将 SO_2 气体通过液面，作稳定保护用。在减压和夹套油温 180 ～ 200℃下进行裂解，先蒸去残留溶剂，至馏出温度为 75℃ /2.67kPa 时收集粗单体。粗单体加入精馏釜中再通入 SO_2 后，进行减压蒸馏，取 75 ～ 85℃ /1.33Pa 馏分即为纯单体。成品于配胶釜中加入少量对苯二酚和 SO_2 等配成胶黏剂，分装到塑料瓶中。

5. 质量标准

以 α- 氰基丙烯酸乙酯瞬间胶黏剂为代表，HG/T 2492—2018 对丙烯酸酯类胶黏剂性能作了基本规定，具体如下：

项目			S	T	Z		
					Z1	Z2	Z3
黏度（25℃）/（mPa·s）			≤ 5	≤ 5	≤ 70	71 ～ 400	≥ 401
固化时间 /s		≤	5	15	20	40	50
拉伸剪切强度 /MPa		≥	6	12	12	12	12
残余有害溶剂含量	卤代烃（二氯甲烷、三氯甲烷、1,2- 二氯乙烷）/（g/kg）	≤	1				
	芳香烃（苯、甲苯）总量 /（g/kg）	≤	1				
挥发性有机化合物含量 /（g/kg）		≤	20				

6. 产品应用

丙烯酸酯类胶黏剂应用领域比较广泛。在交通运输行业中用于汽车、大型卡车、游艇、机车制造中的塑料、金属结构的粘接和修补；在机电行业可以用来粘接直流电机磁钢和金属、电梯轿厢不锈钢与加强筋；在建筑行业中可以用来粘接锚固钢筋、玻璃及金属幕；在体育行业可以用来粘接塑胶跑道、草坪、地坪。

7. 创新引导

（1）丙烯酸酯类胶黏剂的生产原理可以采用乳液聚合和阴离子聚合两种。本节产品工艺介绍了阴离子聚合工艺。如果采用乳液聚合工艺该如何设计和调整？

（2）本节产品工艺采用阴离子聚合生产方法，添加了对苯二酚、二氧化硫稳定保护聚合体系。它们的加入在稳定反应体系的同时也引入了挥发物质。是否可以省略或替代稳定剂的加入，提升产品绿色化程度？

（3）本节产品工艺流程中设置有真空系统。从工艺简化和生产成本降低角度考虑，真空系统是否可以取消或者替换？

（三）聚乙烯醇类胶黏剂

1. 反应原理

聚乙烯醇是在甲醇或乙醇溶液中，以氢氧化钠作催化剂，由聚乙酸乙烯水解得到：

$$\left[\begin{array}{c} CH_2-CH \\ | \\ OCOCH_3 \end{array}\right]_n \xrightarrow{\text{NaOH}} \left[\begin{array}{c} CH_2-CH \\ | \\ OH \end{array}\right]_n$$

低浓度聚乙烯醇胶黏剂仍显示良好的粘接力，生成的胶膜强度高。聚合度在 500 ～ 2400 间有多种型号，作为胶黏剂一般用较高聚合度为宜。胶黏剂配方是将 5 ～ 10kg 聚乙烯醇与 90 ～ 95kg 水混合，搅拌下加热到 80 ～ 90℃直至浅黄色的透明液体即可。

　　PVA 分子中含有大量羟基，亲水性大，单纯以聚乙烯醇作为胶黏剂，因耐水性差而限制了其使用范围。目前普遍采用化学改性方法提高耐水性能。与醛类化合物进行缩聚反应制备聚乙烯醇缩醛类胶黏剂。缩合之后，减少了亲水的羟基，产生了疏水的亚甲基。反应式和配方如下：

$$\begin{array}{c} \left[\!\!\begin{array}{c} CH_2\!-\!CH \\ | \\ OH \end{array}\!\!\right]_n + RCHO \longrightarrow \left[\!\!\begin{array}{c} CH_2\!-\!CH\!-\!CH_2\!-\!CH \\ \quad | \qquad\qquad | \\ O\!-\!CH\!-\!O \\ | \\ R \end{array}\!\!\right]_n \end{array}$$

2. 原料准备

(1) 主要原材料及其规格

聚乙烯醇（1799）

相对密度（25℃ /4℃）：1.27 ～ 1.31（固体）、1.02（10% 溶液）

熔点：230℃

玻璃化转变温度：75 ～ 85℃

分解温度：200℃

外观：白色颗粒或粉末状

溶解性：易溶于水

溶解温度：75 ～ 80℃

(2) 消耗定额（按生产1吨产品计）

聚乙烯醇（1799）	100kg
37% 甲醛	40kg
15% 盐酸	7.2kg
15% 氢氧化钠	8.4kg
水	650kg
尿素	1kg

3. 工艺流程

聚乙烯醇缩醛类胶黏剂生产工艺流程见图 3-6。

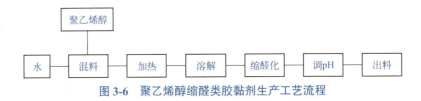

图 3-6　聚乙烯醇缩醛类胶黏剂生产工艺流程

4. 操作过程

　　在反应釜中加水，加热至 75 ～ 80℃，搅拌，缓慢加入聚乙烯醇，升温至 90℃ 左右，保温至溶解。加入盐酸搅拌 5 ～ 10min，测得 pH 为 2.0 ～ 2.5，在 90℃ 下缓慢加入甲醛液，反应到终点，加入 NaOH 溶液中和，并加入尿素调节 pH 至 7.2 ～ 7.5，冷却至 50℃ 以下出料。

5. 质量标准

　　根据水溶性聚乙烯醇建筑胶黏剂行业标准（JC/T 438—2019），聚乙烯醇胶黏剂质量如下。

项目	指标	
	无醛型	普通型
外观	无色或浅黄色透明液体	
固含量 /%	≥ 6.0	
粘接强度 /MPa	≥ 0.5	

项目		指标	
		无醛型	普通型
pH 值		6～10	
低温稳定性（0℃，24h）		室温下恢复到流动状态	
有害物质限量	游离甲醛／（g/kg）	≤ 0.1	≤ 1.0
	苯／（g/kg）	≤ 0.2	
	甲苯＋二甲苯／（g/kg）	≤ 10	
	总挥发性有机物／（g/L）	≤ 350	
	甲醛释放量／（mg/m³）	≤ 1.0	—

6. 产品应用

聚乙烯醇胶黏剂对纤维素类物质的黏着力是极大的，因此 PVA 胶黏剂可以直接作为各种纤维质材料的胶黏剂以及胶带、邮票、标签等的再湿胶黏剂，即使 PVA 低聚物和低醇解度 PVA 也可以制造水溶性热熔胶。PVA 胶黏剂在织物及织物加工行业，可以用于纱浆、印染浆、织物整理，也可用于毡等材料和无纺布等的黏合；在造纸工业中可以用于表面施胶剂、颜料胶黏剂和打浆机添加剂等，用以增强纸品表面强度和内部张力、耐破裂度、耐折和耐磨强度，改善纸张的光泽及平滑性，提高纸张耐水性、耐油及耐有机溶剂性。

7. 创新引导

（1）本节产品介绍了聚乙烯醇缩醛类胶黏剂缩醛化原料有甲醛、丁醛等。同时，可以查出糖类物质也是一种醛，却没有毒性。缩醛化反应原料是否能够遴选出一种无毒的醛类来替代甲醛、丁醛？

（2）产品工艺中采用先升温后保温的方式。为了提升效率，能否直接将温度升高至 90℃ 以上，简化工艺？

（3）本节产品 pH 调节剂为什么采用 NaOH 和尿素两种碱？尿素具有挥发性，是否能用其他非挥发性碱替代？

（四）酚醛树脂类胶黏剂

1. 反应原理

常用的醛是甲醛和糠醛，酚类化合物中用得最多的是苯酚。苯酚与甲醛（过量）在碱或酸性介质中进行缩聚，生成可熔性的热固性酚醛树脂。一般在碱性介质中反应，苯酚与甲醛的物质的量之比为 6∶7（pH8～11），可用的催化剂有氢氧化钠、氨水、氢氧化钡。

反应机理如下：

第一步，加成反应。苯酚与甲醛起始进行加成反应，生成多羟基酚：

第二步，羟甲基缩合反应。经羟甲酚进一步缩聚反应，随着反应程度不同，可将热固性酚醛树脂分为 A、B、C 三个阶段。受热时，A 阶酚醛树脂逐渐转变为 B 阶酚醛树脂，然后再变成不熔不溶的体型结构的 C 阶树脂。

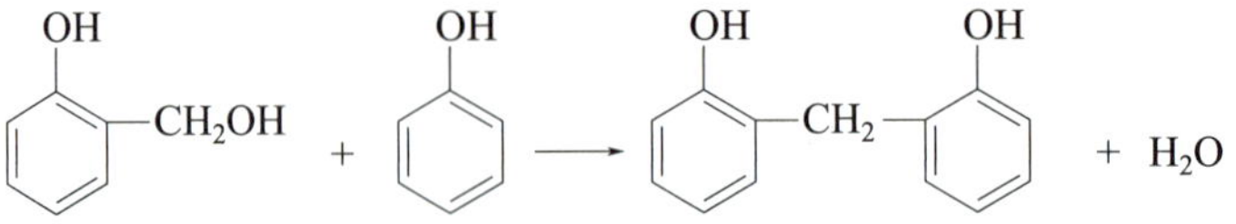

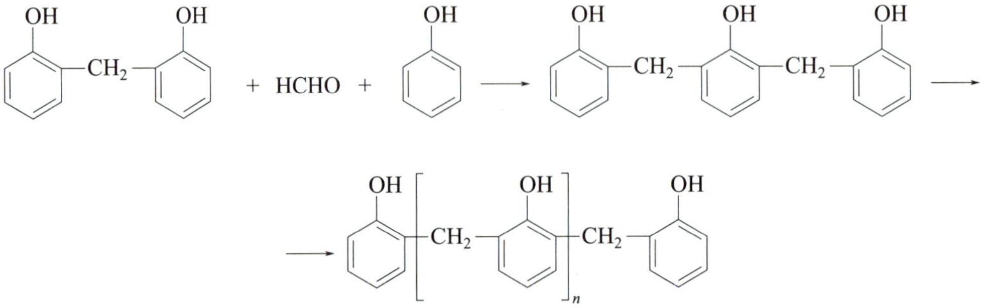

A 阶树脂又称可熔酚醛树脂。分子量在 800 ～ 1000 之间，属于热塑性树脂，有较好的流动性和润湿性，也能溶解于乙醇、丙酮及碱的水溶液中，能满足胶液和浸渍工艺的要求，因此一般合成的酚醛树脂胶黏剂均为此阶段的树脂。

B 阶树脂不溶于碱溶液，可以部分或全部溶解在丙酮或乙醇中，加热后能转变为不熔不溶的产物，也称半熔酚醛树脂。B 阶树脂的分子结构比可熔酚醛树脂要复杂得多，分子链产生支链，B 阶树脂具有溶胀性，加热可软化，在 110 ～ 150℃下，可拉伸成丝，冷却后即变成脆性的树脂。

C 阶树脂是不熔不溶的固体物质，不含或含有很少能被丙酮抽提出来的低分子物。C 阶树脂又称为不熔酚醛树脂，其分子量很大，具有复杂的网状结构，并完全硬化，失去其热塑性及可熔性。C 阶树脂结构可表示为：

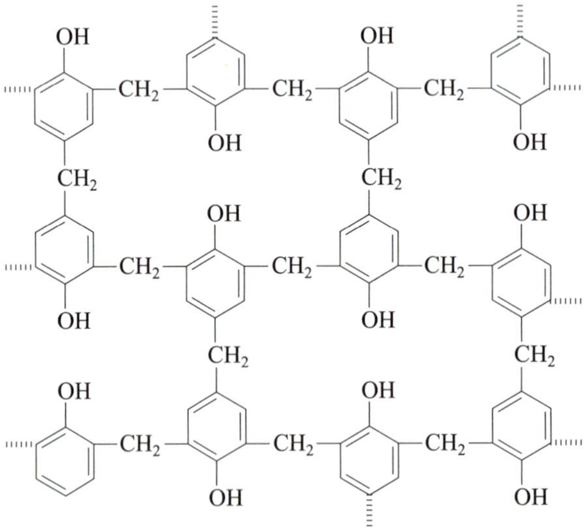

2. 原料准备

【1】主要原材料及其规格

苯酚

相对蒸气密度（空气 =1）：3.24

饱和蒸气压：0.13kPa（40.1℃）

引燃温度：715℃

爆炸上限（体积分数）：8.6%

爆炸下限（体积分数）：1.7%

溶解性：可混溶于醚、氯仿、甘油、二硫化碳、凡士林、挥发油、强碱水溶液。常温时易溶于乙醇、甘油、氯仿、乙醚等有机溶剂，室温时稍溶于水，与大约 8% 水混合可液化，65℃以上能与水混溶，几乎不溶于石油醚。

（2）消耗定额（按生产1吨产品计）

98% 苯酚	300kg
37% 甲醛	517.5kg
25% 氨水	21kg
95% 乙醇	275kg

3. 工艺流程

醇溶性酚醛树脂胶黏剂的工艺流程见图 3-7。

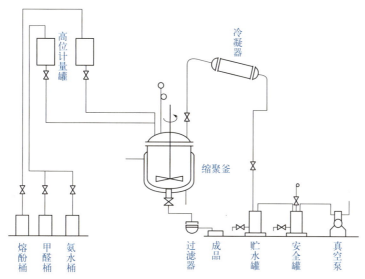

图 3-7　醇溶性酚醛树脂胶黏剂的工艺流程图

4. 操作过程

将熔化的苯酚加入缩聚釜中，开启搅拌机，依次加入甲醛和氨水，升温到 75 ~ 80℃，至反应出现发浑即到浑浊点，再进行减压脱水（真空度 80kPa 以上），液温达 80℃以上时，脱水达 350kg 以上，取样冷却到室温以不粘手为终点。加入乙醇稀释，搅拌均匀，过滤装桶。

5. 质量标准

根据国家产品最新标准《木材工业胶黏剂用脲醛、酚醛、三聚氰胺甲醛树脂》（GB/T 14732—2017），酚醛树脂胶黏剂质量指标如下。

指标	单位	技术指标		
		醇溶	浸漆用	胶黏剂用
外观	—	无机械杂质，金黄或浅红色透明液体		无机械杂质，红褐色到暗红色透明液体
pH 值	—	≥ 7		
固体含量	%	≥ 35		
黏度	mPa·s	20.0 ~ 300.0		≥ 60.0
含水率	%	≤ 7.0		
游离甲醛含量	%	≤ 0.3		
游离苯酚含量	%	≤ 2.0		≤ 1.0
胶合强度	MPa	—		≥ 0.7

6. 产品应用

酚醛树脂胶黏剂由于具有热固性的特点，而具有良好的耐热性和耐老化性，实现高温加工、高温使用条件下的适用性。酚醛树脂胶黏剂最主要的用途之一是用于胶合板的制造，加工条件为115～150℃和1.05～2.0MPa；在机械加工生产中，酚醛树脂可以用作铸造型砂胶黏剂，单个模具用胶量为2%～3%，也可以将液体或粉状酚醛树脂胶黏剂与磨料、填料混合制备砂轮，适应高温金属液体和切割产生的高温；在车辆生产中，常用于替代铆接粘接机动车制动片与制动铁蹄，防止频繁使用产生摩擦片破裂；在造船工业中，采用酚醛树脂、聚氨酯胶黏剂粘接硬质聚氯丁烯管与管件，采用酚醛树脂胶黏剂粘接软木与铜材。由于酚醛树脂胶黏剂会有部分游离甲醛和游离苯酚，因而在使用过程中，对皮肤、眼睛和呼吸系统有刺激风险，在施工过程中必须加强通风和注意个人保护，这也成为酚醛树脂广泛使用的一个短板。

7. 创新引导

① 酚醛树脂胶黏剂基料进入C阶聚合物时将不能溶解。本产品工艺中如何控制聚合程度？

② 本产品工艺存在苯酚和甲醛挥发的风险。如何调整工艺才能降低游离苯酚和甲醛的含量？

③ 热固性酚醛树脂胶黏剂施工需要升温加热，与一般胶黏剂施工相比不太方便。是否能通过工艺改良实现热固性胶黏剂施工不必进行加热？

（五）环氧树脂类胶黏剂

1. 反应原理

环氧树脂胶（简称环氧胶黏剂或环氧胶）是在一个分子结构中，含有两个或两个以上的环氧基，并在适当的化学试剂及合适条件下，能形成三维交联状固化化合物的总称。

环氧树脂胶黏剂由环氧树脂、固化剂、增塑剂、增韧剂、促进剂、稀释剂、填充剂、偶联剂、阻燃剂、稳定剂等组成。其中环氧树脂、固化剂、增韧剂是不可缺少的组分，其他则根据需要选择。环氧树脂胶黏剂根据包装形式可分成单组分环氧树脂胶黏剂和双组分环氧树脂胶黏剂两种。双组分环氧树脂胶黏剂一般由环氧树脂和固化剂两部分组成，使用前混合均匀。

2. 原料准备

【1】主要原材料及其规格

环氧树脂

熔点：145～155℃

外观与性状：根据分子结构和分子量的不同，其物态可从无臭、无味、黄色透明液体至固态。

闪点：−18℃≤闪点< 23℃

自燃温度：490℃（粉云）

【2】消耗定额（按生产1吨产品计）

A组分	环氧树脂	100kg
	聚醚树脂	15～20kg
B组分	苯酚	60kg
	37% 甲醛	13.6kg
	乙二胺	70kg
	2,4,6-三（二甲氨基甲基）苯酚等	26kg

3. 工艺流程

双组分环氧树脂胶黏剂生产工艺流程见图3-8、图3-9。

4. 操作过程

在釜中加入聚醚和环氧树脂，开始搅拌0.5h左右，

图3-8 双组分环氧树脂胶黏剂生产工艺流程简图

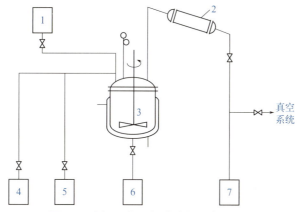

图 3-9 室温固化环氧胶黏剂生产流程图

1—甲醛槽；2—冷凝器；3—反应釜；4—乙二胺贮槽；5—熔酚桶；6—固化剂贮槽；7—贮水槽

混合后出料装桶即得到 A 组分。苯酚加热熔化后投入反应釜中，开动搅拌，加入乙二胺，保持物料在温度45℃下滴加甲醛溶液，加完后继续反应1h，减压脱水，放料为红棕色黏稠液体。反应物450kg 与2,4,6—三（二甲氨基甲基）苯酚（DMP-30）90kg 混合配成 B 组分。

环氧树脂胶黏剂也存在单组分情况，一般在配方组分中同时加入粉末状潜伏性固化剂和环氧树脂。配制成的单组分环氧树脂胶黏剂应马上灌装，然后低温储存，以免硬化。

5. 质量标准

环氧胶黏剂的生产标准有《装修防开裂用环氧树脂接缝胶》（GB/T 36797—2018），面层胶性能如下：

项目		指标
外观	胶枪填涂	外包装完好无溢胶，挤出细腻均匀膏状物，无气泡和凝胶
	手工刮涂	无结块均匀膏状物，不同组分颜色有明显区别
气味等级／级 ≤		3
施工性 ≤		填缝无障碍，垂直和水平方向均不流挂
挤出性 [a]/kN ≤		3.0
干燥时间（表干）/h ≤		商定
拉伸剪切强度 /mPa ≥	标准条件	5.0
	高低温交变	3.0
粘接强度 /MPa ≥		5.5
铅笔硬度（擦伤）≥		3H
耐磨性（750g，500r）/g ≤		0.050
光泽（60°）	标准条件	商定
	湿固化光泽保持率 [b]/% ≥	60
耐水性（24h）		无异常
耐碱性（2h）		无异常
耐污染性（1h）	醋	无异常
	茶	无异常
耐黄变性 [c]（168h）/ΔE ≤		6.0

a. 仅限于胶枪填涂面层胶，指标也可以由供需双方商定。

b. 仅限于明示具有湿固化特性的产品。

c. 仅限于明示具有耐黄变特性的产品。

6. 产品应用

由于环氧胶黏剂的粘接强度高、通用性强，曾有"万能胶""大力胶"之称，在航空、航天、汽车、机械、建筑、化工、轻工、电子、电器以及日常生活等领域得到广泛的应用。

环氧胶黏剂可用作航空航天制造粘接材料，在很多场合中可以替代焊接和机械连接，使机身的强度质量分别提高 30% 和 20%；在汽车制造过程中，环氧树脂胶黏剂主要用于替代焊接和铆接工艺，粘接车体、内饰、挡风玻璃、刹车蹄片、离合器、车体底盘和结合面液态封面；在电子行业中，环氧树脂胶黏剂常用于封装半导体器件、集成电路芯片；在印刷线路板表面贴装技术（SMT）中充当贴片胶，实现元器件的粘贴、定位和标记作用；环氧树脂发挥优异的耐油、耐酸碱性，密封设备的间隙，解决油密、水密、酸密和碱密的问题。

7. 创新引导

（1）本节产品介绍了室温固化环氧树脂胶黏剂双组分配方。如果不需要室温固化，环氧树脂配方将如何改变？

（2）从环氧树脂胶黏剂配方可以看出，本节介绍产品属于溶剂型胶黏剂。能否通过工艺改良实现该类型产品由溶剂型变为水溶型？

（3）常用的环氧树脂交联剂有哪些？是否有新型交联剂开发，用以实现环氧树脂产品由双组分变为单组分，提升产品使用灵活性？

（六）聚氨酯类胶黏剂

1. 反应原理

聚氨酯黏合剂不论是单组分还是双组分，都是由异氰酸酯与聚酯或聚醚聚合而成，反应方程式如下：

$$n R \begin{matrix} NCO \\ NCO \end{matrix} + n R' \begin{matrix} OH \\ OH \end{matrix} \longrightarrow \left[\begin{matrix} O \\ \| \\ C \end{matrix} - NH - R - NH - \begin{matrix} O \\ \| \\ C \end{matrix} - O R'O \right]_n$$

按照合成分子结构不同可以分为单组分法和双组分法。单组分法是将异氰酸酯、多元醇、扩链剂、交联剂、增塑剂等组分混合进行聚合反应，生成聚氨酯基料。因为交联高分子溶解性较差，所以单组分法生产的胶黏剂聚氨酯多呈线性分子结构；双组分法是将聚氨酯胶黏剂分为 A、B（也有称为甲、乙）两个组分分别包装，使用时将 A、B 组分混合，使其继续发生交联反应，实现提升基料强度的目的。一般情况下，A 组分（主剂）为羟基组分，B 组分（固化剂）为含游离异氰酸酯基团的组分。也有的主剂为端基 NCO 的聚氨酯预聚体，固化剂为低分子量多元醇或多元胺。

2. 原料准备

【1】主要原材料及其规格

① 异氰酸酯。异氰酸酯包括脂肪族异氰酸酯与芳香族异氰酸酯。常用的主要有甲苯二异氰酸酯（TDI）、二苯基甲烷-4,4'-二异氰酸酯（MDI）、多亚甲基多苯基异氰酸酯（PAPI）、六亚甲基-1,6-二异氰酸酯（HDI）等。

2,4-甲苯二异氰酸酯
简称：2,4体，2,4-TDI

2,6-甲苯二异氰酸酯
简称：2,6体，2,6-TDI

二苯基甲烷-4,4'-二异氰酸酯(MDI)

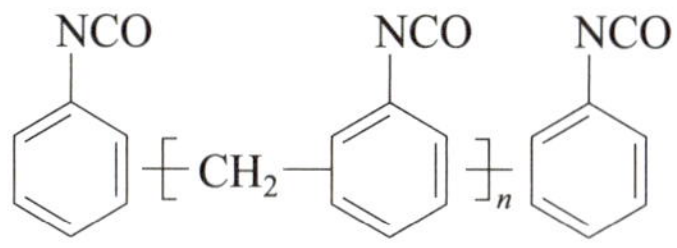

多亚甲基多苯基异氰酸酯(PAPI)

$$ONC(CH_2)_6CNO$$

六亚甲基-1,6-二异氰酸酯(HDI)

② 多元醇。聚酯多元醇主要有三种类型：聚羧酸酯多元醇、聚-ε-己内酯多元醇和聚碳酸酯二醇。聚酯多元醇大部分为二官能团，也有的采用支化度很低的聚酯多元醇。主要有聚己二酸乙二醇酯、聚己二酸乙二醇丙二醇酯、聚己二酸-1，4-丁二醇酯等。

$$HO-CH_2-CH_2-O\left[\overset{\overset{\displaystyle O}{\|}}{C}-(CH_2)_4-\overset{\overset{\displaystyle O}{\|}}{C}-OCH_2-CH_2-O\right]_nH$$

聚己二酸乙二醇酯

聚醚多元醇是端羟基的低聚物，主链上的烃基由醚键连接，聚氨酯胶黏剂制备中最常用的聚醚是聚氧化丙烯二醇、聚氧化丙烯三醇和聚四氢呋喃二醇。

$$H\left[O-\underset{}{\overset{\overset{\displaystyle CH_3}{|}}{CH}}-CH_2\right]_{n_1}O-R-O\left[\overset{\overset{\displaystyle CH_3}{|}}{CH}-CH_2-O\right]_{n_2}H$$

(R：起始剂主链，$-CH_2-\overset{\overset{\displaystyle CH_3}{|}}{CH}-$)

聚氧化丙烯二醇(PPG)

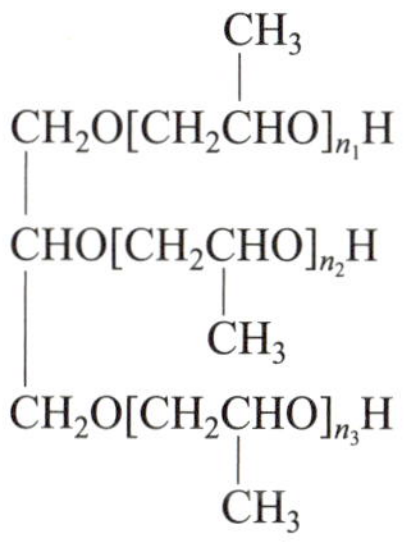

聚氧化丙烯三醇

$$HO\left[CH_2CH_2CH_2CH_2O\right]_nH$$

聚四氢呋喃二醇

聚氨酯胶黏剂采用的溶剂通常包括酮类（如甲乙酮、丙酮）、芳香烃（如甲苯）、二甲基甲酰胺等，用于调整聚氨酯胶黏剂的黏度。

制备聚氨酯树脂需用的催化剂有：有机锡类催化剂、叔胺类催化剂。有机锡类催化剂催化NCO/OH反应比催化NCO/H_2O反应要强，在制备聚氨酯胶黏剂时大多采用此类催化剂。叔胺类催化剂主要催化异氰酸酯和水的反应。

③ 扩链剂与交联剂。含羟基或含氨基的低分子量多官能团化合物与异氰酸酯共同使用时起扩链剂与交联剂的作用，常用的有1,4-丁二醇、3,3′-二氯-4,4′-氨基二苯基甲烷、三羟甲基丙烷。

（2）消耗定额（按生产1吨产品计）

甲组分	己二酸	735kg
	乙二醇	367.5kg
	乙酸乙酯	229.5kg
	甲苯二异氰酸酯	73.5kg
乙组分	三羟甲基丙烷	60kg
	甲苯二异氰酸酯	246.5kg
	乙酸乙酯	212kg

3. 工艺流程

（1）单组分聚氨酯密封胶制备流程 单组分聚氨酯密封胶制备流程见图3-10。

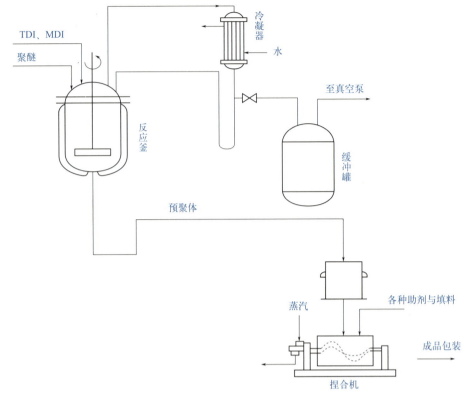

图 3-10   单组分聚氨酯密封胶制备流程简图

【2】双组分聚氨酯胶黏剂生产流程   双组分聚氨酯胶黏剂生产流程见图3-11。

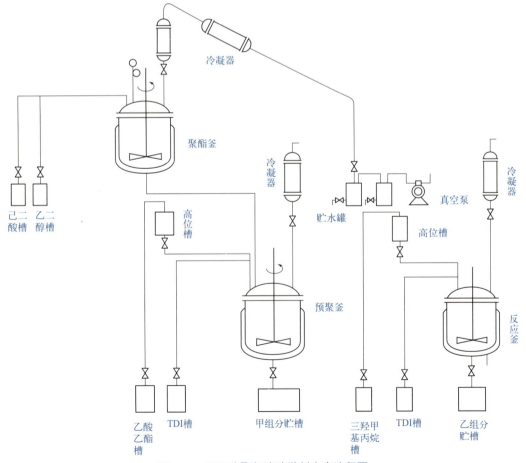

图 3-11   双组分聚氨酯胶黏剂生产流程图

4. 操作过程

（1）单组分聚氨酯密封胶制备　单组分聚氨酯密封胶生产实践，首先将聚醚置于反应釜中，进行真空脱水，温度为110～150℃，保持1h以除去原料中含有的微量水。在不断搅拌下，将TDI、MDI与松香加入脱水后的聚醚中，控制温度为80～90℃，反应2h左右后加入阻聚剂、催化剂和填料，搅拌均匀即可，然后装罐密封保存。

（2）双组分聚氨酯胶黏剂制备　双组分聚氨酯胶黏剂生产先要在聚酯釜中投入乙二醇，开搅拌及油夹套加热，加入己二酸，升温至200～210℃。至出水量185kg时，减压（53.3kPa）脱水8h，再高真空101.3kPa约5h，至取样测酸值和羟值合格出料。在另一预聚釜中加入5kg乙酸乙酯和60kg聚酯二醇，加热至60℃，加入5kg左右的TDI，反应放热，物料黏度增大，加入约151kg乙酸乙酯，溶解后出料为甲组分。在反应釜中投入乙酸乙酯和TDI，开动搅拌，滴加三羟甲基丙烷，保持内温65～70℃，滴完后，再保持1h，冷至室温出料，得乙组分。

5. 质量标准

聚氨酯胶黏剂在不同产品中使用需要不同的性能标准，已经建立的国家标准有《鞋用水性聚氨酯胶黏剂》（GB/T 30779—2014），性能要求见下表。

项目	指标
pH 值	6.0 ～ 9.0
固含量 /%	≥ 40.0
初黏性 /（N/mm）	≥ 2.0
剥离强度 /（N/mm）	≥ 4.0
耐热老化性 /（N/mm）	≥ 4.0
蠕变性 /mm	≤ 5.0
剪切强度 /MPa	≥ 1.8
耐水解性 /（N/mm）	≥ 3.5
耐热稳定性 /（N/mm）	≥ 3.5

6. 产品应用

由于聚氨酯胶黏剂对多种材料具有极强的黏附性能和突出的耐低温性能，使聚氨酯可以适用于多种材料，其中包括泡沫、塑料、陶瓷、木材、织物、金属、无机材料、塑料、橡胶和皮革等，比较典型应用有汽车用聚氨酯胶黏剂、鞋用聚氨酯胶黏剂等。在汽车生产行业上，主要用单组分湿固化聚氨酯密封胶装配挡风玻璃，粘接玻璃纤维增强塑料和片状模塑复合材料、内装件；在包装生产中常用于软包装复合膜粘接；在建筑行业中，常利用聚氨酯胶黏剂优良的耐低温、耐溶剂、耐老化、耐臭氧及耐细菌性能，用于弹性橡胶地垫、硬质橡胶地砖和塑胶跑道运动场中。

7. 创新引导

① 水溶型聚氨酯胶黏剂在综合性能方面虽然还不能完全达到油溶型胶黏剂的水平，但也取得了长足发展。请查阅资料，将以上双组分胶黏剂工艺改良为水溶型聚氨酯工艺。

② 聚氨酯原料异氰酸酯可以与水发生反应，因此在生产过程中需要脱水。此反应特性增加了聚氨酯胶黏剂生产环节的复杂性，也增加了原料存放有效性限制。能否提出一种胶黏剂设计方案，将此特性化害为利？

③ 本节产品原料采用了 TDI。如果用其他二异氰酸酯替换 TDI，生产工艺是否需要调整？如何调整？

项目五

合成橡胶胶黏剂

一、合成橡胶胶黏剂主要品种

橡胶胶黏剂是以合成橡胶或天然橡胶为基料配制成的胶黏剂。它具有优良的弹性，适用于粘接柔软的或热膨胀系数相差悬殊的材料，例如橡胶与橡胶、橡胶与金属、塑料、皮革、木材等材料之间的粘接，在飞机制造、汽车制造、建筑、轻工、橡胶制品加工等部门有着广泛的应用。常见的用于配制橡胶胶黏剂的橡胶树脂有氯丁橡胶、丁腈橡胶、丁苯橡胶等。

二、合成橡胶胶黏剂典型产品生产技术

（一）氯丁橡胶胶黏剂

1. 反应原理

氯丁橡胶胶黏剂的基料是由乳液法生产的聚氯代丁二烯，反应原理如下。

$$n\text{CH}_2=\overset{\displaystyle |}{\underset{\displaystyle \text{Cl}}{\text{C}}}-\text{CH}=\text{CH}_2 \longrightarrow \left(\text{CH}_2-\overset{\displaystyle |}{\underset{\displaystyle \text{Cl}}{\text{C}}}=\text{CH}-\text{CH}_2\right)_n$$

所有氯丁橡胶都可用于配制胶黏剂，但氯丁橡胶的结晶性和分子量对胶黏剂的性能影响很大。一般来说，结晶速度越快，初黏力越强；结晶度越高，粘接强度越大；结晶温度越高，耐热性越好；分子量过高或过低对胶黏剂稳定性均不利，采用宽分子量分布的氯丁橡胶制备的胶黏剂稳定性极差。

2. 原料准备

【1】**主要原材料**　氯丁橡胶胶黏剂配方组成包括基料、硫化剂、防老剂、促进剂、填料、溶剂、树脂等。各组分的作用具体如下：

① 基料。采用聚氯代丁二烯。

② 硫化剂。硫化剂是使聚氯代丁二烯链状结构形成网状或体状结构的物质或体系，其中最常用的硫化剂是氧化锌和氧化镁。轻度煅烧氧化镁的加入，能有效地吸收胶膜的残存溶剂，使胶膜结晶速度加快。氧化镁的加入可以吸收氯丁橡胶分解时放出的微量氯化氢，并能在胶片混炼时防止胶片烧焦。

③ 防老剂。加入防老剂可以提高氯丁橡胶的耐热性能，延缓其热分解，并提高胶液的稳定性。常用防老剂有苯胺类，如防老剂 D（N- 苯基 -β- 萘胺）、防老剂 A（N- 苯基 -α- 萘胺），也可以用污染性小的苯酚类防老剂，如防老剂 SP（苯乙烯化苯酚）、防老剂 BHT（2,6- 二叔丁基对甲酚）等。选择防老剂时除了要考虑其与氯丁橡胶的相容性好、延缓老化效果好外，还要考虑不影响加工性能、无毒等因素。防老剂在氯丁橡胶胶黏剂中的用量一般为 1%～2%。

④ 促进剂。为促使室温硫化加快，以及提高胶黏剂的耐热性而加入促进剂。常用的有多异氰酸酯、硫脲类及胺类。如均二苯硫脲、三乙基亚甲基二胺等，通常加入量为每 100 份橡胶中加入 2～4 份。硫化促进剂的加入，促进了氯丁橡胶分子链的交联，对强度提高有显著作用，但是对胶液的储存稳定性有影响，因而常常使用在双组分氯丁橡胶胶黏剂上。

⑤ 溶剂。溶剂的选择对于溶剂型的氯丁橡胶胶黏剂十分重要。它不但直接影响胶液的浓度、黏度、稳定性、挥发速度、黏性保持期、初黏力等方面，而且影响粘接强度。一般来讲，氯丁橡胶易溶于芳烃及氯化烃中，在汽油、丙酮、甲乙酮、乙酸乙酯等常用溶剂中微溶。选择溶剂时，

可以选择单一溶剂，也可以选用混合溶剂，例如采用乙酸乙酯和汽油混合溶剂。溶剂用量参照胶液浓度进行配制，浓度控制在30%左右。

⑥ 填料。具有补强和调节黏度，并降低成本的作用，常采用碳酸钙、陶土、炭黑等。但是在溶剂型氯丁橡胶胶黏剂中用得不多，因为胶黏剂溶剂量大，固含量低，容易沉淀，起不到预期的作用。

⑦ 树脂。氯丁橡胶胶黏剂加入树脂的目的主要是改进耐热性和粘接性，对提高坚硬非孔性物质，如金属、玻璃、聚氯乙烯塑料及树脂等的粘接强度十分有效。常添加的树脂有酚醛树脂210、萜烯树脂等。树脂的用量根据所用氯丁橡胶的性能和具体使用要求而定，通常的用量范围在 1 ～ 45 份。一般来说，用于橡胶与金属粘接时宜多用些树脂，用于橡胶与橡胶粘接时宜少用些树脂。

（2）主要原材料的规格

① 氯丁橡胶

外观：乳白色、米黄色或浅棕色的片状或块状物。

密度：1.23 ～ 1.25g/cm³

玻璃化转变温度：−40 ～ 50℃

碎化点：−35℃

软化点：约80℃

分解温度：230 ～ 260℃

溶解性：溶于甲苯、二甲苯、二氯乙烷、三钒乙烯，微溶于丙酮、甲乙酮、乙酸乙酯、环己烷，不溶于正己烷、溶剂汽油，在植物油和矿物油中溶胀而不溶解。

② 乙酸乙酯

外观：无色澄清黏稠状液体。

香气：有强烈的醚似的气味，清灵、微带果香的酒香，易扩散，不持久。

燃烧性：易燃

闪点：−4℃（闭杯），7.2℃（开杯）

引燃温度：426℃

爆炸下限：2.0%

爆炸上限：11%

黏度：0.45mPa·s

沸点：77.2℃

熔点：−83.6℃

溶解性：微溶于水，溶于醇、酮、醚、氯仿等多种有机溶剂。

（3）消耗定额（按生产1吨产品计）

粘接型氯丁橡胶 LDJ-240	100kg
氧化锌	4kg
氧化镁	8kg
乙二醇	0 ～ 50kg
甲苯	225kg
2402 酚醛树脂	30kg
乙酸乙酯	125kg
120# 汽油	150kg

3. 生产流程

氯丁橡胶胶黏剂生产工艺流程见图 3-12。

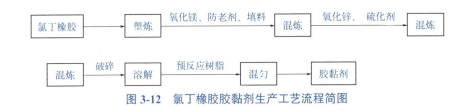

图 3-12　氯丁橡胶胶黏剂生产工艺流程简图

4. 操作过程

氯丁橡胶胶黏剂生产的工艺过程基本是炼胶→切胶→树脂预反应→溶胶。

（1）炼胶　炼胶是对氯丁橡胶进行机械处理发生力学作用的过程，其目的是降低分子量，增加可塑度，混匀各组分，提高溶解性。炼胶是炼胶法生产氯丁橡胶胶黏剂的关键工序，对产品质量影响很大。炼胶包括塑炼和混炼两个过程，一般是在开放式炼胶机上进行。

炼胶的工艺方法大致为：

① 根据炼胶机的容量和每次炼胶量按配方计算出各组分的实际加量。

② 准确称量各组分。

③ 将辊筒及接胶盘擦拭干净，调整好挡板的位置。

④ 启动机器，调整辊距为 2～3mm，将氯丁胶块投入辊筒的间隙，通过 2～3 次，使其软化成片。

⑤ 调整辊距 0.5～0.7mm 让胶片通过 3～5 次完成塑炼。

⑥ 调整辊距 2～2.5mm 加入轻质氧化镁、防老剂，混合 3～5 次加入固料做成配炼胶。

⑦ 调整辊距 0.5～0.7mm，薄通 6～8 次。

⑧ 混炼均匀后放大辊距，下片 2～3mm。

⑨ 下片后放在干净的架子上或隔塑编布冷却，以防互相粘连。塑炼和混炼时都要通冷水冷却辊筒，表面温度不超过 50℃（手感不烫）。连续炼胶时，每次应间隔 5～10min 以使辊筒降温。如果配方中有氧化锌，应在轻质氧化镁基本被混入后再加，以防产生焦烧，混炼胶存放时间一般不超过 10d。

（2）切胶　当混炼胶片稍冷却不粘时需要切成约 40mm×300mm 的胶条，放入干净的编织袋内等溶胶加料用。

（3）树脂预反应　树脂与轻质氧化镁进行预反应，按下述工艺方法进行。

① 将反应釜清理干净，关闭放料阀门。

② 于反应釜内加入规定量的溶剂（甲苯和环己烷）。

③ 开动搅拌，加入轻质氧化镁，搅拌混合 10min。

④ 连续加入称量好的树脂，搅拌溶解 3～4h，直至完全溶解为止。

⑤ 加入催化剂后开始记录反应时间。

⑥ 于 24～26℃反应 6～10h。当环境温度低于 15℃时预反应不能进行，需要反应釜夹套内通蒸汽或热水加温，维持 30～40℃，0.5h 促使螯合反应开始后停止加热。

⑦ 预定反应时间到达后，放料检查反应情况。具体做法是打开放料阀门，向容器内放出少量，立即关闭阀门，如预反应物马上凝成水流状，说明已反应完好，假如预反应物继续滴滴答答地下流，说明预反应不好，应延长反应时间 2～3h，再行检查。检查时也可将预反应物放在烧杯内，用搅拌棒蘸取观察凝结或流淌情况。预反应物最好是尽快用完，停放时间一般为 7～10d。

（4）溶胶　这是生产氯丁橡胶胶黏剂最后重要工序，具体工艺方法如下：

① 关闭溶胶釜的放料阀门。

② 加入甲苯、乙酸乙酯和投料量 1/2 的溶剂汽油。

③ 开动搅拌，加入萜烯树脂和石油树脂，搅拌 20～30min。

④ 如果是混合溶解法，应先溶生胶，搅拌 3～4h（若是生胶块大，可先溶少量混炼胶后再加入生胶溶解，可防止大块胶沉釜底）。

⑤ 加入规定量的预反应物，投入混炼胶条，密闭加料口，继续搅拌 5～6h，停车，密闭搅拌轴转动处，停放过夜。

⑥ 慢慢启动搅拌，然后停车搅拌加入二氯甲烷和剩余的汽油，搅拌 60min，停车倒料 2 次。继续搅拌 30min，停车密闭放置 1h。

⑦ 检验合格后即可出料包装。溶胶温度一般为 15～30℃，低于 15℃氯丁橡胶不能完全溶解，储存几天就会分层，必须在溶胶时加温。

塑炼时，炼胶机的滚筒温度不宜超过 40℃，混炼中各添加剂的加入顺序很重要，混炼温度也不超过 40℃，并在混匀的前提下尽量缩短混炼时间。溶解时，先用少量溶剂在密封容器中泡胀、溶匀后，加入预反应树脂，再加溶剂调配成所需浓度的胶液。

当在氯丁橡胶中使用多异氰酸酯、二苯硫脲或乙酰硫脲等硫化促进剂时，胶液的活性大，室温下数小时就会胶凝，故一般将这类硫化促进剂加溶剂另外包装，配成双包装氯丁橡胶胶黏剂。

5. 质量标准

氯丁橡胶胶黏剂分类及应用不同，标准也有所差别，目前还没有统一的国家标准。其中溶剂型氯丁橡胶胶黏剂标准如下。

项目	指标
固含量 /%	≥ 18
黏度 /（mPa·s）	≥ 650（喷胶 ≥ 250）
初黏剪切强度	≥ 0.7
初黏剥离强度 /（N/mm）	≥ 0.7
剪切强度 /MPa	≥ 1.6
剥离强度 /（N/mm）	≥ 2.6

6. 产品应用

氯丁橡胶胶黏剂有溶剂型、乳液型和无溶剂型。溶剂型氯丁橡胶胶黏剂虽然性能优异、应用广泛、用量最大，但因含有毒、有害、易燃的有机溶剂，从健康、安全、环境、资源的角度出发，受到限制会越来越大；水性（乳液型）氯丁橡胶胶黏剂优势凸显，前景诱人，但初黏性、耐水性、稳定性、防冻性还不如溶剂型氯丁橡胶胶黏剂。氯丁橡胶胶黏剂在机械加工行业，常用于将金属板如不锈钢、铝、冷轧钢和多种塑料黏附到其他基材上，也可以在建筑行业作为高性能层压胶黏剂。

7. 创新引导

① 橡胶胶黏剂制备中需要先将橡胶进行混炼以混合各类改性原料。能否改变工艺路径，实现先溶解橡胶基料，后溶解其他原料？

② 橡胶胶黏剂采用了汽油作为主要溶剂，挥发性较强。是否能够遴选其他溶剂降低溶剂挥发性？

③ 参照对比有机溶剂橡胶胶黏剂生产工艺，水性橡胶胶黏剂生产工艺是否与溶液聚合方法相同？

（二）丁腈橡胶胶黏剂

1. 反应原理

丁腈橡胶是丁二烯和丙烯腈在 30℃下进行乳液共聚所得的胶浆，用电解质（NaCl）凝聚后，经洗涤、干燥、包装成卷备用，其反应如下：

$$n\text{H}_2\text{C}=\text{CH}-\text{CH}=\text{CH}_2 \ + \ n\text{H}_2\text{C}=\text{CH}-\text{CN} \longrightarrow \left[\!\left(\text{CH}_2-\text{CH}=\text{CH}-\text{CH}_2\right)\!-\text{CH}_2-\underset{\underset{\text{CN}}{|}}{\text{CH}}\right]_n$$

2. 原料准备

【1】主要原材料及其规格　根据丙烯腈含量的不同，可分为高（35%～42%）、中（25%～35%）、低（18%～25%）丙烯腈三类，高丙烯腈含量的丁腈橡胶粘接力大，溶解性好，国内配制此类胶黏剂用得最多的是丁腈-40。

丁腈橡胶胶黏剂是以丁腈橡胶为主体，加入增黏剂、增塑剂、防老剂、溶剂等配制而成的15%～30%的胶液，具有优异的耐油性、较好的粘接性、良好的耐热性和贮存的稳定性。

丁腈橡胶耐油性（如耐矿物油、液体燃料、动植物油和溶剂）优于天然橡胶、氯丁橡胶和丁苯橡胶，与其他橡胶相比具有更宽的使用温度，长期使用温度可以达到120℃，最低玻璃化转变温度可达-55℃。

【2】消耗定额（按生产1吨产品计）

丁腈橡胶	630kg
氯化锌	31.5kg
硬脂酸	9.5kg
硫黄	9.5kg
促进剂 M 或 DM	5.04kg
炭黑	283kg

3. 生产工艺

丁腈橡胶胶黏剂生产工艺见图 3-13。

图 3-13　丁腈橡胶胶黏剂生产工艺简图

4. 操作过程

配制丁腈橡胶胶黏剂时，先塑炼生胶，再加入部分助剂（溶剂和能溶于溶剂的助剂以外的助剂）进行混炼。混炼均匀后，立即压片，将胶片剪碎后，与剩余助剂一起放入选定的溶剂中进行溶解，待完全溶解后，即得到浓度为15%～35%的丁腈橡胶胶黏剂。若混炼后的胶片放置时间过长，在溶解前应先在冷辊上补混炼5～10min，再立即溶解。

配制低黏度胶液时，先用1/3～1/2的溶剂浸泡胶料碎片，经4～6h，胶料充分膨胀后开始搅拌，至全部呈均匀黏稠状，再将剩余溶剂缓慢加入，稀释至所需浓度为止。

配制高黏度胶液时，可以使用捏合机。捏合初期先将20%的溶剂加入胶料碎片中，边搅拌边膨胀，然后将剩余的溶剂分次少量加入。由于搅拌生热，需进行冷却，温度应控制在30℃以下，否则有起火的危险。当采用混合溶剂时应先加入强溶剂，待溶解后，再加入溶解能力小的溶剂。

配制胶黏剂应当注意，凡是能溶于溶剂的助剂均可直接加入溶剂中，不能溶于溶剂的助剂应先混炼于胶料之中，不可直接加入溶剂中，否则分散效果较差。

5. 产品应用

丁腈橡胶胶黏剂有单组分和双组分、溶剂型和乳液型、室温固化和高温固化多种分类，适用于合成橡胶、塑料、皮革、织物、木材、橡胶与金属、橡胶与皮革等的粘接，尤其适合聚氯乙烯板、塑料、膜、软质材料等的粘接。

6. 创新引导

① 橡胶胶黏剂制备中需要先将橡胶进行混炼以混合各类改性原料。能否改变工艺路径，实现先溶解橡胶基料，后溶解其他原料？

② 橡胶胶黏剂采用了汽油作为主要溶剂，挥发性较强。是否能够遴选其他溶剂降低溶剂挥发性？

③ 丁腈橡胶采用一次塑炼工艺，若采用氯丁橡胶工艺，是否可行，同时是否有必要？

（三）丁苯橡胶胶黏剂

1. 反应原理

丁苯橡胶为丁苯橡胶胶黏剂基料，是由丁二烯和苯乙烯体系在松香酸皂或脂肪酸皂乳化作用下，配成乳胶，经过硫酸盐引发共聚而获得。反应方程式如下：

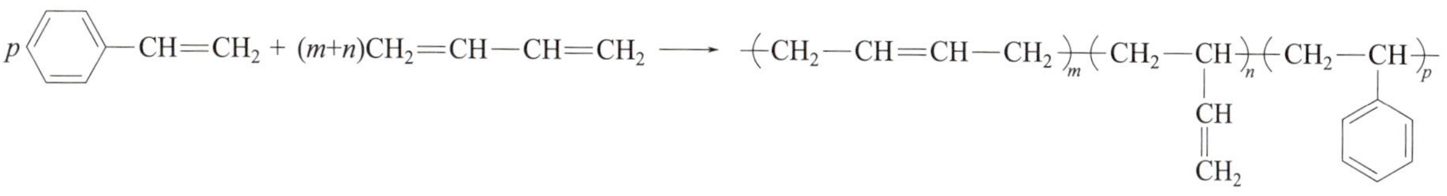

$$p\underset{}{\bigcirc}-CH=CH_2+(m+n)CH_2=CH-CH=CH_2 \longrightarrow \left(CH_2-CH=CH-CH_2\right)_m\left(CH_2-CH\right)_n\left(CH_2-CH\right)_p$$

2. 原料准备

（1）主要原材料及其规格

① 丁苯橡胶

密度：933kg/m³

溶解度参数：8.3

溶解性：能溶于大部分溶解度参数相近的烃类溶剂中。

② 二甲苯

外观：无色透明液体

密度：0.86g/cm³

沸点：138.35 ～ 144.42℃

溶解性：不溶于水，溶于乙醇和乙醚。

毒性：有毒，可通过皮肤吸入。

（2）消耗定额（按生产1吨产品计）

丁苯橡胶	200kg
氧化锌	2.5kg
硫黄	6.4kg
促进剂DM	2.5kg
防老剂	2.5kg
邻苯二甲酸二丁酯	25.6kg
炭黑	80.0kg
二甲苯	700kg

3. 生产工艺及操作过程

丁苯橡胶胶黏剂的生产工艺、操作过程与丁腈橡胶胶黏剂基本相似，通常制法是：先将橡胶进行塑炼，再加入配合剂进行混炼，将得到的混炼胶切割成小块，溶于溶剂中即可。

4. 产品应用

丁苯橡胶常做成的压敏胶带和密封膏，是建筑工业的通常用胶。随着胶黏剂水性化发展，乳液型的丁苯胶乳在市场上应用面非常广。

5. 创新引导

① 丁苯橡胶胶黏剂的黏附性和耐油性差，能否通过工艺改进提升丁苯橡胶的黏性和耐油性？具体实施方式如何？

② 以丁苯橡胶为基料的胶黏剂可以作为压敏胶带。是否可以采用其他橡胶基料替代丁苯橡胶？如果可以，具体生产工艺如何调整？

项目六

特种胶黏剂

一、特种胶黏剂主要品种

特种胶黏剂是满足特殊需要的一类胶黏剂，或需要呈现特殊的性能，或需要粘接特殊的对象，或用于特殊的场合。由于其特殊需要，基料多数情况下需要采用某一性能优良的合成树脂。

常见的特种胶黏剂有：密封胶、医用胶黏剂、厌氧胶、耐高温胶黏剂、耐低温胶黏剂等。

二、特种胶黏剂典型产品生产技术

（一）医用胶黏剂

1. 产品性质

因直接参与生物体粘接，所以要求材料具有无毒无害、适应性好、粘接能在温和的条件下瞬时完成、操作容易、同生物体黏合牢固、不妨碍生物体自身恢复等性能。

2. 生产方法

（1）软组织胶黏剂　适合于粘接皮肤、脏器、神经、肌肉、血管等。主要有α-氰基丙烯酸烷基酯类。单体结构中，碳原子连接着吸电子基团（氰基、酯基），单体具有强亲电性，遇到亲核性弱的物质（水、氨基、醇、弱碱）能迅速发生阴离子聚合反应，使双键电子云密度降低，液态的胶黏剂瞬间变成固态的黏合媒介物，使破裂损伤的组织两端黏合起来。此类胶黏剂还包括血纤蛋白胶黏剂、氰基丙烯酸酯类胶黏剂等。

（2）硬组织胶黏剂　适合于粘接和固定牙齿、骨骼、人体关节等。其中牙科用胶黏剂又分为粘固剂和合成树脂胶黏剂。粘固剂主要用于固定修复体粘固，或正畸矫治器及附件等粘固，也可用于窝洞的基衬和暂时填充，常见粘固剂有磷酸锌、磷酸硅等。合成树脂在牙科的临床应用较多，主要承担机械力的作用。如甲基丙烯酸酯系和聚羧酸系等；骨科用胶黏剂最常见的是丙烯酸酯类骨水泥，由甲基丙烯酸甲酯的均聚物或共聚物与甲基丙烯酸甲酯单体组成的室温自凝胶黏剂。

配方举例：改性磷酸钙骨水泥 50～80 份、海藻酸钠 5～10 份、α- 半水石膏 10～18 份、珍珠粉 3～5 份、麦饭石 3～5 份、聚丙烯酸钠 5～10 份、对羟基苯甲酸丙酯 1～3 份、壳寡糖 3～5 份、卵磷脂 3～5 份、无患子皂苷 1～3 份、麦芽糊精 5～10 份和胶原蛋白 10～15 份。其中改性磷酸钙骨水泥由磷酸钙骨水泥经过羧甲基纤维素和二甲基硅烷基笼形聚倍半硅氧烷改性制备产物。

（3）皮肤压敏胶　医用压敏胶由弹性体和增黏树脂组成。所用原料可以是天然橡胶、丙烯酸共聚物、有机硅共聚物、聚乙烯基醚、聚异丁烯、聚氯酯等。

（二）厌氧胶黏剂

1. 产品性质

厌氧胶黏剂指的是隔绝氧气就可自行固化的一类胶黏剂，是为了解决机械产品中液体与主体泄漏、各种螺纹件在振动下松动的问题及机械装配工艺改革而发展起来的工业用胶。

2. 生产方法

厌氧胶之所以能固化，其原因是聚合和阻聚这一对化学反应竞争的结果。当自由基生成速度很慢或氧气浓度很高时，由于氧气的阻聚作用抑制引发剂产生游离基，聚合反应进行得很慢。而氧气浓度低的情况下，引发剂产生游离基，微量氧还起到促进聚合反应作用，短时间内就可固化。

从厌氧胶的发展来看，可分为四个阶段或四代产品：首先是 20 世纪 60 年代逐渐兴起的甲基丙烯酸多元醇酯类，为单体的第一代厌氧胶品种；然后是 20 世纪 70 年代中期开始出现的聚氨酯改性厌氧胶，主要是结构胶，为第二代产品；后又发展出紫外光引发固化，可用于大间隙粘接的第三代产品；第四代为微胶囊化厌氧胶，应用场景进一步拓宽。第四代产品的出现在一定程度上解决了厌氧胶不易均匀涂布、定量涂布的问题，同时特性得以保留，更好地适应了不断发展的生产需要。厌氧胶的组成见表 3-3。

表 3-3　厌氧胶的组成表

组分	树脂	交联剂	催化剂	促进剂	稳定剂	表面处理剂
用量	70%～90%	0～30%	2%～5%	0～2%	0～0.1%	单独使用
作用	给予胶层内聚强度和粘接力	使树脂交联成体型聚合物	产生自由基引发交联反应	降低催化剂分解温度	防止胶液在使用前变质	加速胶液固化速度
常用物料	各种环氧树脂、聚酯、聚氨酯和丙烯酸双酯等	丙烯酸、甲基丙烯酸甲酯、甲基丙烯酰胺	过氧化二异丙苯、过氧化二苯甲酰等	三乙胺、二甲基苯胺、乙醇等	1,2-苯醌等	促进剂 M、环烷酸钴等

（三）密封胶黏剂

1. 产品性质

起密封作用的胶黏剂即密封胶。防止气体或液体的泄漏，防止灰尘、水分的浸入，以及防止机械振动、冲击损伤、隔声隔热等均属于密封的范畴。密封胶广泛应用于管理工程、建筑业、机械工业、电子工业。液态密封胶黏剂主要有无机密封胶、环氧树脂密封胶、聚氨酯密封胶、尼龙密封胶、聚硫橡胶密封胶、氯丁橡胶密封胶等。液态密封胶的主要成分是各种液态或半固体聚合物。

2. 生产方法

根据需要，选用不同性能的聚合物并选择一些相应填料和配合剂。液态密封胶的组分、用量和作用如表 3-4 所示。

表 3-4　液态密封胶的组分、用量和作用

组分	聚合物	填料	固化剂	促进剂	防老剂	溶剂	表面处理剂
用量	50%～95%	0～50%	0～10%	0～2%	0～2%	0～30%	单独使用
作用	赋予胶液内聚强度、黏附力及耐水、耐油、耐酸碱等性能	增加黏度、内聚力强度、耐热性，降低成本	用于干性密封胶树脂或橡胶的固化	促进胶液固化	延长使用寿命	便于施工	增加黏附力
常用原料	聚氨酯、环氧树脂、聚酯树脂、尼龙、丁腈橡胶等	石英粉、气相二氧化硅、硅藻土、氧化铁等	与树脂、橡胶相应的固化剂、硫化剂	与固化剂、硫化机相应的促进剂	防老剂甲、防老剂丁等	乙酸乙酯、丙酮、汽油等	各种偶联剂，如 KH-550、聚异氰酸酯等

密封胶是利用三辊混炼机按一定次序将树脂、橡胶、填料和防老剂进行混炼而成。对于干性液态密封胶，要先把硫化剂单独混炼成膏状，然后在使用之前再加入胶液混合均匀即可。

拓展阅读

培养和保持创新意识是新时代技术人员的必修课

胶黏剂基料的一种重要来源就是合成树脂，学术名称为高分子。胶黏剂的配制、研发、工艺设计都建立在高分子化学等相关基础理论之上。不少化学家都在基础理论创新方面，为中国化工、精细化工行业做出了重大贡献。唐敖庆先生就是其中的一位。

唐敖庆先生历经抗日战争、中华人民共和国成立、改革开放不同历史时期，始终发挥主观能动性、创造性开展工作。在东北人民大学化学系从教时条件极为艰苦，他和其他教师一起带领学生克服实验设备、仪器、药品缺乏的困难，利用地下室、旧木板、墨水瓶等极为简单的条件，开展最基本的化学实验。20世纪50年代中期开始，他率领团队对高分子的主要反应如缩聚、交联与固化、加聚、共聚及裂解等反应进行了深入探索和研究，提出了一种用概率论解动力学方程的新方法，为高分子结构与反应参数之间建立了定量关系，把凝胶化理论发展成为溶胶、凝胶分配理论，使研究范围从凝胶点之前扩展到全过程，形成了完整的高分子固化理论，为设计和合成预定结构的高分子材料、确定反应条件与生产工艺及配方提供了理论依据。

没有唐敖庆先生及其团队在理论研究时的创造性工作，就不会有新理论的发展和突破。创新精神和创新方法，不仅可以运用在理论创新方面，还可以运用在技术方法创新方面。不同层次研究人员、技术人员和学习者都必须要注意培养和保持创新意识。

培养和保持创新意识可以从以下几方面做起：

1. 勇气和担当是培养创新意识的基础

不论哪一行、哪一项工作的创新都不会一帆风顺，必然遇到来自任务、环境、舆论等各方面的困难险阻，这就是人们希望保持稳定的原因，也是不少创新半途而废的主观原因。凡事将"小我"融入"大我"，将工作、任务的价值和意义看得更深、更远一些，才能给个人的"善思"插上"敢为"的翅膀。

2. 充足的信息积累是培养创新意识的关键

事物变化都是由量变到质变的过程，创新也不例外。创新不是一时间的顿悟和灵光乍现，而是对一个问题和领域长时间了解后的系统反思，需要长期了解问题的起源、发展、状态、问题和各方面的关系。没有足够的知识、技能、经验的积累的创新也只能是一种不可复制的"运气"。

3. 掌握方法和工具是培养创新意识的捷径

每个人在工作、生活过程中对事物的观察和理解得到的有效信息是不同的，信息积累和创新思考的方向也不同。创新意识的培养不是天马行空的胡思乱想，而是借助创新方法和工具开展的系统思考。创新方法众多，其中由苏联海军部专利专家 Genrieh Alt-shuller 创立的 TRIZ 理论就是一套解决复杂技术问题的系统方法。

双创实践项目 乳液法制备聚醋酸乙烯胶黏剂生产实训

【市场调研】

要求：

1. 自制市场调研表，多形式完成调研。

2. 内容包括但不限于：调研聚醋酸乙烯胶黏剂的市场需求和用户类型以及胶黏剂性能改善提升方向。

3. 完成调研报告。

【基础实训项目卡】

实训班级	实训场地	学时数	指导教师		
		6			
实训项目	乳液法制备聚醋酸乙烯胶黏剂				
所需仪器	四口烧瓶（250mL）、球形冷凝管、滴液漏斗（60mL）、温度计（0～100℃）、量筒（10mL、100mL）、玻璃棒、烧杯（200mL）、电热套、电动搅拌机等				
所需试剂	醋酸乙烯、聚乙烯醇1799、乳化剂OP-10、邻苯二甲酸二丁酯、过硫酸钾、碳酸氢钠				
实训内容					
序号	工序	操作步骤	要点提示		工艺参数或数据记录
1	配方解读	醋酸乙烯单体　　　46%（质量分数，下同） 邻苯二甲酸二丁酯　　　5% 聚乙烯醇　　　2.5% 蒸馏水　　　45.76% 乳化剂OP-10　　　0.5% 过硫酸钾　　　0.09% 碳酸氢钠　　　0.15%	根据配方计算所需原料量		
2	聚乙烯醇的溶解	将聚乙烯醇与蒸馏水加入四口烧瓶中加热至90℃，搅拌1h左右溶解完全	聚乙烯醇除作乳化剂外，还兼保护胶体及作增稠剂		
3	加热反应	加乳化剂搅拌溶解均匀。之后加入醋酸乙烯单体总量的20%与过硫酸钾总量的40%，加热升温。当温度升至60～65℃时停止加热	醋酸乙烯单体必须是新精馏过的，因醛类和酸类有显著的阻聚作用，聚合物的分子量不易增大，使聚合反应复杂化		
4	继续投料	通常在66℃时开始共沸回流，待温度升至80～83℃且回流减少时，开始以每小时加入总量20%左右的速度连续加入醋酸乙烯单体，控制在3～4h将单体加完	回流时应注意控制温度		
5	反应完成	控制反应温度在78～82℃，每小时加入过硫酸钾总量的15%～20%。加完单体后加入余下的过硫酸钾，因放热体系温度升至90～95℃，保温30min	过硫酸钾在每次加入时使用水溶解成质量分数10%的水溶液		
6	加添加剂	冷却至50℃以下加入质量分数10%的碳酸氢钠水溶液，调整pH=6，再加入邻苯二甲酸二丁酯，搅拌30min，冷却即为成品			

【创新思路】

要求：基于市场调研和基础实训，完成包括但不限于以下方面的创新思路1项以上。

1. 生产原料方面创新：_____。

2. 生产工艺方面创新：_____。

3. 产品包装方面创新：_____。

4. 销售形式方面创新：_____。

5. 其他创新：_____。

【创新实践】

环节一：根据创新思路，制定详细可行的创新方案，如：写出基于新原料、新工艺、新包装或新销售形式等的实训方案。

环节二：根据实训方案进行创新实践，考察新产品的性能或市场反馈。（该环节可根据实际情况选做）

【过程考核】

项目名称	市场调研5%	基础实训80%	创新思路10%	创新实践5%	合计
得分					

拖展习题

拖展习题答案

习题

一、选择题

1. 在胶黏剂中起黏合作用的材料是（　　）。

A. 固化剂　　　　　　　　B. 填料　　　　　　　C. 偶联剂　　　　　　D. 基料

2. 下列物质可用作固化剂的是（　　）。

A. 邻苯二甲酸酯类　　　　B. 玻璃纤维　　　　　C. 间苯二胺　　　　　D. 多异氰酸酯

3. 下列物质可用作偶联剂的是（　　）。

A. 邻苯二甲酸酯类　　　　B. 玻璃纤维　　　　　C. 间苯二胺　　　　　D. 多异氰酸酯

4. 下列物质可用作增塑剂的是（　　）。

A. 邻苯二甲酸酯类　　　　B. 玻璃纤维　　　　　C. 间苯二胺　　　　　D. 多异氰酸酯

5. 下列不属于紫外光固化胶黏剂优点的是（　　）。

A. 固化速度快　　　　　　B. 机械强度高　　　　C. 环境污染小　　　　D. 固含量高

6. 酚与醛物质的量的比不同，所用催化剂不同，树脂性能也不同，采用下列哪种方法可得到热固性的酚醛树脂（　　）。

A. 酸性催化剂、苯酚过量　　　　　　　　　　B. 酸性催化剂、甲醛过量

C. 碱性催化剂、苯酚过量　　　　　　　　　　D. 碱性催化剂、甲醛过量

7.（　　）是生产水溶性酚醛树脂常用的催化剂。

A. 氢氧化钠　　　　　　　B. 氢氧化钡　　　　　C. 氢氧化铵　　　　　D. 碳酸钠

8. 酚醛树脂的固化温度分为高、中和常温三种，其中中温固化的条件是（　　）。

A. 强碱为催化剂，pH＞10，130～150℃固化

B. 弱碱为催化剂，pH＜9，130～150℃固化

C. 碱为催化剂，pH＞12，104～115℃固化

D. 强碱为催化剂，pH＜7，常温固化

9. 胶黏剂中加入一定量的填料，可提高胶黏剂的粘接强度、耐热性和尺寸稳定性，并可降低成本。如为提高硬度和抗压性，可添加（　　）。

A. 石棉纤维、玻璃纤维　　　　　　　　　　　B. 石墨粉、二硫化钼

C. 钛白粉、氧化铝粉　　　　　　　　　　　　D. 石英粉、瓷粉、铁粉

10. 某环氧树脂的环氧值为0.5，以二亚乙基三胺为固化剂，则二亚乙基三胺的用量为（　　）。

A. 11.32　　　　　　　　B. 11.5　　　　　　　C. 10.32　　　　　　　D. 10.58

11. 下列胶黏剂中，能用于人体器官、外科手术等医疗方面的胶黏剂是（　　）。

A. 氰基丙烯酸酯类胶黏剂　　　　　　　　　　B. 环氧树脂类胶黏剂

C. 聚氨酯胶黏剂　　　　　　　　　　　　　　D. 甲基丙烯酸酯胶黏剂

12. 胶黏剂的黏度、浓度与施胶方法密切相关，若采用喷涂法施胶，黏度为（　　）。

A. 3～4Pa·s　　　　　　B. 20～25Pa·s　　　C. 25～30Pa·s　　　D. 35Pa·s以上

13. 下列属于热熔胶的是（　　）。

A. 丁苯橡胶　　　　　　　B. 硅橡胶　　　　　　C. 丙烯酸酯　　　　　D. 乙烯-乙酸乙酯共聚物

14. 最早使用的合成胶黏剂是（　　），应用在木材工业。

A. 脲醛树脂胶　　　　　　B. 酚醛树脂胶　　　　C. 环氧树脂胶　　　　D. 聚醋酸乙烯酯胶黏剂

15. 合成树脂胶黏剂的使用温度应（　　）。

A. 高于玻璃化转变温度　　B. 等于玻璃化转变温度　　C. 低于玻璃化转变温度　　D. 以上都不对

16. 聚醋酸乙烯酯是（　　）。

A. 热固性胶黏剂　　　　　B. 热塑性胶黏剂　　　C. 改性的热固性树脂胶黏剂　　D. 改性涂料

17. 黏合剂的配制中，常使用填料，它的作用是改变黏合剂的某些性能及降低成本。如采用石棉纤维、玻璃纤维、铝粉、云母作填料可提高黏合剂的耐冲击强度。此外，铝粉还可（　　）。

A. 提高导热性　　　　　　B. 提高耐磨性　　　　C. 提高耐热性　　　　D. 提高硬度和耐压性

18. 下列黏合剂中，（　　）是无机黏合剂。

A. 多糖类黏合剂　　　　　　B. 骨胶黏合剂　　　　　C. 磷酸盐黏合剂　　　　D. 沥青黏合剂

19. 快干胶的化学名为（　　）。

A. 聚醋酸乙烯酯胶黏剂　　　B. 厌氧胶黏剂　　　　　C. 环氧树脂胶黏剂　　　D. α-氰基丙烯酸酯胶黏剂

20. 用于改善胶黏剂的力学性能和降低产品成本的是（　　）。

A. 固化剂　　　　　　　　　B. 基料　　　　　　　　C. 稀释剂　　　　　　　D. 填料

二、判断题

1. 一般情况下，当添加的偶联剂质量分数为1%～10%时，胶黏剂的强度可提高10%左右。（　　）

2. 热固性树脂胶黏剂的主要产品有三醛树脂胶黏剂、环氧树脂胶黏剂、不饱和聚酯和聚氨酯树脂胶黏剂，其中三醛树脂胶黏剂包括羟醛树脂、脲醛树脂和三聚氰胺甲醛树脂。（　　）

3. 三官能度的酚与甲醛反应可得到热塑性的酚醛树脂。（　　）

4. 苯酚与甲醛在碱作用下的树脂化过程，分A、B、C阶段，三阶树脂都能溶于丙酮、乙醇等有机溶剂。（　　）

5. 醇溶性的酚醛树脂一般采用一次缩聚法生产，水溶性的酚醛树脂一般采用二次缩聚法。（　　）

6. α-氰基丙烯酸酯的固化速度，与空气湿度有密切关系，空气湿度越大，固化速度越慢。（　　）

7. 聚乙烯醇不能由乙烯醇直接聚合。（　　）

8. 氧化镁和氧化锌均可作为氯丁橡胶的硫化剂。（　　）

9. 热熔胶是含水和溶剂100%的固体胶黏剂。（　　）

10. 聚乙烯醇可以由乙烯醇直接聚合而成。（　　）

三、简答题

1. 什么叫胶黏剂？胶黏剂由哪些成分组成，每组分的作用是什么？

2. 热塑性以及热固性树脂胶黏剂各有什么特点，每种胶黏剂又包括哪些主要品种？

3. 什么是橡胶胶黏剂？合成的橡胶胶黏剂可分为哪几类？

4. 如何选择胶黏剂？

5. 胶黏剂粘接工艺与其他连接方法相比，有哪些优点？

6. 聚醋酸乙烯乳液胶黏剂配方组成有哪些？各起何作用？简述其制备工艺。

7. 简述橡胶胶黏剂生产工艺。

8. 写出聚醋酸乙烯单体的聚合反应。

9. 为什么聚醋酸乙烯聚合的单体必须是新精馏的？

10. 聚醋酸乙烯聚合实验用什么引发剂？为什么要分期加入？

11. 聚乙烯醇在聚醋酸乙烯乳液聚合反应中起什么作用？

模块四

涂料

学习目标

知识目标
掌握涂料的定义、组成、作用、分类、命名、成膜机理等相关基本知识；了解涂料的一般生产过程与施工工艺，了解涂料成膜物质合成的基本原理；掌握典型涂料产品基本特点、性能、适用范围及发展趋势。

能力目标
能查询并计算涂料用成膜物质合成原料配比；能识读醇酸树脂、丙烯酸树脂、聚氨酯树脂的工艺流程图，并熟悉相关设备；能正确选择涂料产品通用性能检测方法。

素质目标

培养开展项目实施的沟通、交际及团队协作能力；能遵守生产法规及标准，具有涂料生产基本安全和环保意识；培养具有一定的过程管理能力和数据、信息处理能力，热爱涂料行业。

● 文　档

涂料工业的发展
趋势

● 文　档

人工智能
推动涂料行业
智能化变革

项目一

涂料概述

涂料指通过特定的施工方法涂布于物体表面，在一定条件下能形成连续性薄膜而起保护、装饰或其他特殊功能作用（绝缘、防锈、防霉、耐热等）的一类液体或固体材料。涂料在使用之前，是一种高分子溶液或分散体，或是粉末，它们经添加或不加颜填料调制而成，涂料涂覆于物体表面后通过不同方式固化成"连续薄膜"（涂膜、涂层）才成为成品，起到预期的作用。涂料是由成膜物质、颜料、溶剂和助剂等按一定配方配制而成，因早期的涂料大多以植物油为主要原料，故又称作油漆。涂料是人们美化环境及生活的重要产品，是国民经济和国防工业不可或缺的重要配套工程材料，也是重要的精细化工产品，广泛应用于工业、农业、科研和日常生活中。

一、涂料的作用、分类与命名

1. 涂料的作用

涂料与塑料、橡胶和纤维等高分子材料不同，不能单独作为工程材料使用，但可赋予涂装表面以特定的功能，其作用主要有以下几个方面：

（1）保护作用　涂料经固化后能在物体表面形成一层保护膜，可阻止或延迟物体因长期暴露于空气中受到水分、空气、微生物等的侵蚀而造成的金属锈蚀、木材腐蚀、水泥风化等破坏现象。另外，涂料还可提高材料的耐摩擦、抗冲击等力学性能，如汽车底盘用抗石击涂料后就能保护汽车底盘，防止在沙砾、碎石的高冲击作用下出现剥落、破损或裂痕等。因此涂料被称为"工业外衣"。

（2）装饰作用　随着人们生活水平的提高，选择商品的标准不只限于质量，其外表也越来越受到人们的重视。涂料能使物体表面带上鲜艳或明显的色彩，能给人们美的感受和轻快之感，使环境更加优雅别致，并提高产品的档次和销售价值。因此，涂料的装饰性也成为品种开发的重要因素。

（3）色彩标志作用　各种颜色的涂料不但可作绘画广告，还可用不同色彩来表示警告（如危险、安全或停止等信号），在各种管道、道路、容器及机械设备上涂上各种色彩，能调节人的心理、行动，使色彩功能充分发挥。国际上用涂料作标志的色彩逐渐趋于标准化。如氢气钢瓶是绿色的，氮气瓶是黑色的，氯气钢瓶则用深绿色；交通运输中常用不同色彩表示警告、危险、前进、停止等信号以保证安全。

（4）特殊功能作用　涂料可以起到很多特殊功能的作用，如电性能方面的电绝缘、导电、屏蔽电磁波、防静电；热能方面的区分高温、室温和一般温度标记；吸收太阳能、屏蔽射线；力学性能方面的防滑、自润滑、防碎裂飞溅等；还有防噪声、减振、卫生消毒、防结霜、防结冰、阻燃等各种不同作用。例如，阻燃涂料能提高木材的耐火性；防霉杀菌涂料可减少和防止微生物对材料的破坏；示温涂料可随着物体表面温度的不同而呈现不同的色彩；阻尼涂料可吸收声波、机械振动等引起的噪声和振动，用于舰船可吸收声呐波，提高舰船的隐蔽性。

2. 涂料的分类

涂料用途广泛，种类繁多，其分类各异。

（1）按涂料用途　可分为建筑涂料、工业涂料、通用涂料、特种涂料。工业涂料包括木器涂料、车用涂料、船舶涂料、轻工涂料等。

（2）按成膜物质　可分为酚醛树脂涂料、醇酸树脂涂料、硝基涂料、丙烯酸树脂涂料、聚氨酯涂料、环氧树脂涂料等，还有油基涂料，见表4-1。

表4-1　涂料的分类（按成膜物质分）

序号	代号	涂料产品类型	代表性成膜物质
1	Y	油脂涂料	天然动植物油、清油（熟油）、合成干性油
2	T	天然树脂涂料	松香及其衍生物、虫胶、乳酪素、动物胶、大漆及其衍生物
3	P	酚醛树脂涂料	纯酚醛树脂、改性酚醛树脂、二甲苯树脂

续表

序号	代号	涂料产品类型	代表性成膜物质
4	L	沥青树脂涂料	天然沥青、煤焦油沥青、石油沥青
5	C	醇酸树脂涂料	甘油（或季戊四醇等）醇酸树脂及各种改性醇酸树脂等
6	A	氨基树脂涂料	脲（或三聚氰胺）甲醛树脂等
7	Q	硝基树脂	硝化纤维素和改性硝化纤维素
8	M	纤维素涂料	醋酸纤维、苄基纤维、乙基纤维、羟甲基纤维等
9	X	乙烯树脂涂料	聚乙烯醇缩丁醛树脂、氯乙烯-偏氯乙烯共聚物、聚苯乙烯、氯化聚丙烯、石油树脂等
10	B	丙烯酸树脂涂料	丙烯酸酯、丙烯酸共聚物等
11	Z	聚酯树脂涂料	饱和聚酯和不饱和聚酯
12	H	环氧树脂涂料	环氧树脂、脂肪族聚烯烃环氧树脂、改性环氧树脂
13	S	聚氨酯涂料	多元醇与多异氰酸酯的加成物、预聚物、缩二脲及异氰脲酸酯多异氰酸酯（芳香族与脂肪族）
14	J	橡胶涂料	天然橡胶及其衍生物，如氯化橡胶；合成橡胶及其衍生物，如氯磺化聚乙烯橡胶
15	G	过氯乙烯树脂涂料	过氯乙烯树脂、改性过氯乙烯树脂
16	W	元素有机涂料	有机硅、有机钛、有机铝等元素有机聚合物
17	E	其他	未包括在以上所列的其他成膜物质，如无机高分子材料、聚酰亚胺树脂等

【3】按分散介质　可分为水性涂料、溶剂型涂料、粉末涂料等。

【4】按涂膜功能　可分为不粘涂料、铁氟龙涂料、装饰涂料、防腐涂料、导电涂料、防锈涂料、耐高温涂料、示温涂料、隔热涂料、防火涂料、防水涂料等。

【5】按成膜机理　可分为挥发性干燥涂料、热熔性干燥涂料、气干性涂料、烘干性涂料、多组分固化型涂料、辐射固化涂料等。

【6】按涂层作用　可分为底漆、腻子、面漆、罩光漆等。

【7】按施工方法　可分为喷漆、浸漆、电泳漆、自泳漆等。

3. 涂料的命名

涂料是以成膜物质为基础，结合其颜色、特性及用途进行命名。

涂料全名＝颜料或颜色名称＋成膜物质名称＋基本名称。如红醇酸磁漆、醇酸导电磁漆等。基本名称表示涂料的基本品种、特性和专业用途，例如清漆、磁漆、底漆、锤纹漆、甲板漆、汽车修补漆等。对于不含颜料的清漆，其全名一般是由成膜物质名称加上基本名称而组成。颜色名称通常由红、黄、蓝、白、黑、绿、紫、棕、灰等颜色，有时再加上深、中、浅等色构成。有些涂料的颜色对漆膜的性能起到显著作用，可用颜料的名称代替颜色的名称，例如铁红、锌黄、红丹等。为简便起见，成膜物质名称可适当简化，如聚氨基甲酸酯简称聚氨酯、环氧树脂简称环氧等。当基料中含有多种成膜物质时，选择起主要作用的一种成膜物质命名。有时也选取几种成膜物质命名，主要成膜物质名称在前，次要成膜物质名称在后，例如红环氧硝基磁漆。

《涂料产品分类和命名》（GB/T 2705—2003）规定了涂料产品的分类和命名构成与划分的原则和方法。第一种分类方法主要是以涂料产品的用途为主线，并辅以主要成膜物的分类方法，将涂料产品划分为建筑涂料、工业涂料和通用涂料及辅助材料等三个主要类别；第二种分类方法是除建筑涂料外，主要以涂料产品的主要成膜物为主线，并适当辅以产品主要用途，将涂料产品划分为建筑涂料、其他涂料及辅助材料等两个主要类别。

二、涂料组成

涂料主要由不挥发性物质和挥发性物质按一定比例配制而成，不挥发性物质（又称成膜物质）分为主要成膜物质、次要成膜物质、辅助成膜物质，挥发性物质主要指溶剂及稀释剂。见表4-2。

表4-2 涂料的组成

组成			原料
成膜物质	主要成膜物质	油料	动物油：鱼油、牛油 植物油：桐油、豆油、亚麻油、蓖麻油
		树脂	天然树脂：松香、动物性的虫胶、天然沥青等 合成树脂：酚醛、醇酸、聚氨酯、环氧、丙烯酸、有机硅树脂等
	次要成膜物质	无机颜料	钛白粉、氧化铁红、铬黄、锌白、铬绿、炭黑、石墨、红丹等
		有机颜料	甲苯胺红、苯胺黑、酞青蓝、耐晒黄等
		体质颜料	硫酸钡、碳酸钙、滑石粉
	辅助成膜物质	助剂	催干剂、增塑剂、固化剂、稳定剂、防霉剂、引发剂、防结皮剂、抗污剂、消泡剂、流平剂等
挥发性物质		溶剂及稀释剂	石油溶剂、苯、二甲苯、甲苯、氯苯、环戊二烯、乙酸乙酯、丙酮、环己酮、丁酮等

（一）成膜物质

成膜物质是指涂料中除挥发性成分之外的所有成分，这些是构成涂膜的物质。成膜物质又叫涂料的基料、漆料、漆基，用以黏结涂料中其他成分，对涂料和涂膜的性质起决定性作用。成膜物质在施工后形成薄的涂膜，并为涂膜提供所需要的各种性能，因此涂料常以主要成膜物质为基础，结合其颜色、特性与应用命名，如环氧铁红防锈底漆、丙烯酸聚氨酯面漆等。

成膜物质又分为主要成膜物质、次要成膜物质和辅助成膜物质三大类：

1. 主要成膜物质

主要成膜物质是指能单独形成有一定强度、连续的干膜的物质，是必不可少的成分。主要成膜物质是组成涂料的基础，它对涂料的性质起着决定性作用。可作为涂料主要成膜物质的品种很多，包括油脂、油脂加工产品、纤维素衍生物、天然树脂和合成树脂。

用于涂料的油脂主要是各种植物油，如月桂酸、硬脂酸、软脂酸、油酸、桐油、亚麻仁油和梓油等。在合成树脂出现以前，天然树脂是制备涂料主要成膜物质的主要原料，或者单独使用，或者与油合用。天然树脂涂料的涂膜比油脂涂料干得快，且坚硬光亮，是涂料工业初期的主要产品。用于涂料的天然树脂主要有松香及其衍生物、虫胶、乳酪素、动物胶、天然沥青、大漆及其衍生物等。随着聚合工业的发展，合成树脂已成为当今涂料工业中使用的主要成膜物质，常用的有醇酸树脂、丙烯酸树脂、酚醛树脂、环氧树脂、氨基树脂及聚氨酯树脂等。合成树脂是由一种或几种单体通过聚合反应而制得的高分子聚合物。几种主要成膜物质按一定比例使用，可互为补充或互相改性，以适应多方面性能的要求。

2. 次要成膜物质

次要成膜物质也是构成涂膜的重要组成部分，但它不能离开主要成膜物质单独构成涂膜，可改进漆膜的某些性能，如强度、老化、美观等。涂料中没有次要成膜物质照样可以形成涂膜，但是有了它可以使涂膜的性能得到改善，使涂料的品种增多，一般指颜料、填料等。

颜料是涂料配方中的重要组成部分，不仅赋予涂膜色彩和遮盖力，还对涂料的流变性、耐候性和耐化学品性有很大影响。它能使涂料具有遮盖、着色、保护、防腐蚀等基本功能，还能使一些专用涂料具有导电、伪装、光致发光、光致变色等特种功能。涂料用颜料分为无机颜料、有机颜料和体质颜料，其中体质颜料又称为填料。

无机颜料可分为白色颜料、黑色颜料、彩色颜料、防锈颜料及功能颜料等，主要包括炭黑及铁、钛、钡、锌、镉、铬和铅等金属氧化物及其盐。有机颜料具有鲜艳的色泽、较高的附着力、齐全的色谱，但其遮盖力相比无机颜料而言较弱，产量比后者小得多，按结构可分为偶氮颜料类、色淀类、铜酞菁类、稠环类及有机大分子类。近年来，一些高性能有机颜料能满足长期室外暴晒、耐酸碱、耐高温、耐溶剂、耐迁移等多方面性能要求，可与无机颜料相媲美。

(1) **白色颜料**　主要有钛白、锌白和锌钡白等。钛白的化学成分是二氧化钛，它是涂料工业用量最大的颜料，占涂料用颜料总量的90%以上，但其价格高，对涂料成本影响较大。钛白具有优异的遮盖性能、明亮的白度、很高的光泽以及良好的分散性，耐光、耐热、耐酸碱，无毒，可用于白色及浅色涂料。锌白即氧化锌，具有良好的耐光、耐热和耐候性，不易粉化，但遮盖力较小。锌钡白又称为立德粉，其主要化学成分为硫化锌和硫酸钡，其性能不如钛白，不耐酸，不耐暴晒，发达国家的涂料工业已基本上不用它作白色遮盖型颜料。

(2) **黑色颜料**　主要包括炭黑、氧化铁黑、苯胺黑等品种。炭黑是一种极细的、疏松的无定形炭末，具有高的不透明度和着色能力，化学性质稳定，耐酸碱、耐光、耐热，广泛应用于保护和装饰涂料，如汽车的喷漆和磁漆、房屋涂料、窗框漆和装潢磁漆等。氧化铁黑遮盖力强，对光和大气作用稳定，有一定的防锈作用。苯胺黑属有机类黑色颜料，是目前所知的最黑的颜料，具有优良的耐溶剂、耐碱、耐光、耐热性能，但毒性较大。

(3) **彩色颜料**　彩色颜料在涂料中起着着色、美观和遮盖作用。无机彩色颜料主要有氧化铁系的氧化铁黄、氧化铁红、氧化铁黑、氧化铁棕，还有钼铬红、镉黄、镉红、钒酸铋、氧化铬绿等；有机彩色颜料为可发色的有机大分子化合物，如联苯胺黄、铜酞菁、多氯代铜酞菁、大红粉等。

(4) **防锈颜料**　防锈颜料在涂料中起着防锈作用，防止钢铁、有色金属受自然因素的腐蚀，是不以着色为目的而用于配制防锈漆的一类颜料。早期的品种有红丹、黄丹、铬酸盐等，防锈效果好，但因含有铅、铬等有毒成分，影响环境及人类健康。

(5) **功能颜料**　功能性颜料可赋予涂料特殊性能，如特种装饰效果（金属质感、珠光光泽、夜光、荧光等）、防火、导电、抗静电、示温等。

体质颜料又称填料、填充料，它是折光率较低的白色或无色的细微固体粒子，用以增加着色颜料的体积，增加漆膜厚度和保护能力，几乎无着色能力和遮盖力。在涂料中使用填料还可降低涂料成本，但并非填料使用量越多越好。

在涂料配方的设计中，最重要的内容之一就是根据性能要求，决定颜填料和基料的比例。颜料体积浓度（PVC）就是涂料配方中的一个重要参数。其定义为在涂料的干膜中，颜料和体质颜料（填料）所占的体积分数。

$$PVC = \frac{涂膜中颜填料总体积}{涂膜总体积} \times 100\%$$

随着颜填料用量的增多，则PVC值增大，单位体积内用来包覆成膜的树脂和固化剂的用量就会相对减少，导致干膜内的疏松程度增加，内聚力下降，从而使涂膜的综合性能有所下降。但如果颜填料用量太少，不仅会导致成本增加，还会影响到涂膜的透气功能。

3. 辅助成膜物质

辅助成膜物质统称为涂料用助剂，指为改善涂膜或涂料的各种性能、延长贮存期、扩大应用范围、方便施工等而添加的化学品，包括乳化剂、润湿分散剂、消泡剂、增稠剂、催干剂、防腐防霉变剂、增塑剂、紫外线吸收剂等。助剂一般不能成膜，但对基料形成涂膜的过程与耐久性起着相当重要的作用。如催干剂能促进涂膜中油和树脂的氧化、聚合作用，大大缩短涂膜的干燥时间，并且使涂膜光滑不粘手。常用的催干剂有金属氧化物及盐类、亚油酸盐、松香酸盐、环烷酸盐等。增塑剂又称增韧剂、软化剂，可以增加漆膜的柔韧性，提高附着力，克服漆膜硬脆开裂的缺点。常用的增塑剂有磷酸酯类、苯二甲酸酯类。紫外线吸收剂可吸收和遮挡紫外线或者捕获由紫外线辐射引发的自由基，防止分子断裂，从而提高涂膜的抗紫外线性、耐老化性和耐候性。助剂的用量一般很小，但能对涂料性能产生重大影响，是涂料工业的"味精"。

（二）挥发性物质

1. 溶剂

溶剂是为了降低成膜物质的黏稠度，使之便于施工操作，从而获得连续性均匀涂膜而添加的挥发性物质，主要包括萜烯化合物、脂肪烃、醇、酯、酮、醇醚与醚酯、取代烃和环烷烃等。

溶剂按其在涂料中的作用，可以分为主溶剂、助溶剂和稀释剂。为了获得满意的溶解及挥发成膜效果，在产品中往往采用混合溶剂。

2. 稀释剂

稀释剂是挥发性的有机液体，主要用来稀释涂料，以达到便于施工的目的。它是多种溶剂组合成的混合溶剂。稀释剂与溶剂的区别首先在于它们对特定主要成膜物质的溶解能力有差别。稀释剂只稀释现成涂料，降低涂料的黏度，并且一般是在施工过程中才加入涂料中。而溶剂能独立溶解涂料中的成膜物质，且作为涂料的组成部分，已按一定的比例加入涂料产品中了。其次涂料中含有的溶剂都有可能作为该涂料的稀释剂，但是有的稀释剂不一定可以作为溶剂使用。

三、涂料性能检测

涂料的性能决定了涂料的质量和用途，而涂料的性能是多方面的。为了从不同的角度对涂料的性能进行评价，人们创造和制定了许多试验方法，这就是涂料的分析和检测。

涂料分析主要包括涂料原始状态性能分析、涂料施工性能分析、涂膜的性能分析。

（1）涂料原始状态性能分析　指涂料在未使用前应具备的性能分析，所表示的是涂料作为商品在储存过程中的各方面性能和质量情况。包括：涂料黏度、细度、密度、透明度及颜色、闪点、储存稳定性，以及涂料成分（漆基、颜料、水分、挥发性有机化合物、不挥发分、有害成分）等含量的测定。

（2）涂料施工性能分析　指涂料在使用时应具备的性能分析，所表示的是涂料的使用方式、使用条件，形成涂膜所要求的条件，以及在形成涂膜过程中涂料的表现等方面情况。包括：涂料使用量、流平性、流挂性、干燥时间、遮盖力等测定。

（3）涂膜的性能分析　涂膜的性能是涂料最主要的性能，涂料产品本身的性能，只是为了得到需要的涂膜，而涂膜性能才能表现涂料是否满足了被涂物件的使用要求，主要有装饰方面，与被涂物件附着方面，机械强度方面，抵抗外来介质和大自然侵蚀等方面各种性能。包括：光泽、硬度、厚度、附着力、柔韧性、耐冲击性、耐热性、耐洗刷性、耐水及耐酸碱性、耐霉菌性、耐候性等的测定。

四、涂料的主要性能指标

1. 颜色与外观

本项目是检查涂料的形状、颜色和透明度的，特别是对清漆的检查，外观更为重要，测定方法见 GB/T 9761—2008《色漆和清漆　色漆的目视比色》。

2. 细度

细度是指色漆中颜料颗料大小或分散的均匀程度，以 μm 表示，测定方法见 GB/T 1724—2019《色漆、清漆和印刷油墨　研磨细度的测定》。

3. 黏度

黏度测定的方法很多，涂料的黏度测定通常是在规定的温度下测量定量的涂料从仪器孔流出所需的时间，以秒（s）表示，如涂-4黏度计，具体方法见 GB/T 1723—1993《涂料黏度测定法》。

4. 固体分（不挥发分）

固体分是涂料中除去溶剂（或水）之外的不挥发分（包括树脂、颜料、增塑剂等）占涂料重量的百分比，用以控制清漆和高装饰性磁漆中固体分和挥发分的比例是否合适，从而控制漆膜的厚度。具体测定方法见 GB/T 1725—2007《色漆、清漆和塑料　不挥发物含量的测定》。

5. 涂料贮存稳定性

贮存稳定性是指涂料产品在正常的包装状态和贮存条件下，经过一定的贮存期限后，产品的物理或化学性能所能达到原规定的使用要求的程度，或者说是涂料产品抵抗在规定条件下，进行存放后可能发生的性能变化的程度。测定方法见 GB/T 6753.3—86《涂料贮存稳定性试验方法》。

6. 抗冻融稳定性

这是一项乳胶漆的重要考核指标，是指水性漆经受冷冻和随后融化（循环试验）后，保持其原有性能的能力。国家标准规定：涂料在 −5℃ (16h) 和 +23℃ (8h) 循环贮存三次，仍保持其原有性能不变才算合格。

7. 附着力

附着力是涂膜与被涂物体表面结合在一起的坚牢程度。附着力的大小取决于成膜物质对被涂物体表面的润湿程度、被涂物体表面的清洁程度及表面处理方法，而关键是成膜物质与被涂表面的相互作用力。测定方法见 GB/T 1720—2020《漆膜划圈试验》、GB/T 9286—2021《色漆和清漆　划格试验》。

8. 硬度

硬度指涂膜干燥后具有的坚实性，即涂膜表面对作用其上的另一个硬度较大的物质所表现的阻力，这个阻力可以通过一定重量的负荷作用在比较小的接触面积上，通过测定漆膜抗变形的能力而表现出来，因此硬度是表示漆膜机械强度的重要性能之一。测定方法见 GB/T 6739—2022《色漆和清漆　铅笔法测定漆膜硬度》及 GB/T 1730—2007《色漆和清漆　摆杆阻尼试验》。

9. 柔韧性和耐久性

柔韧性指涂膜随其底材一起变形而不发生损坏的能力。耐久性指涂层与基材的黏结力不随时间的延长而出现剥落、粉化等现象的能力。测定方法见 GB/T 1731—2020《漆膜、腻子柔韧性测定法》。

10. 耐冲击性（冲击强度）

耐冲击性指涂膜在高速负荷冲击下发生快速形变而不出现开裂或脱落的能力。它表现了成膜物质的柔韧性及涂层的附着力。测定方法见 GB/T 1732—2020《漆膜耐冲击测定法》。

11. 光泽

光泽指漆膜表面把投射其上的光线反射出去的能力，反射的光量越多，则其光泽越高。漆膜光泽对装饰性涂层来说是一项重要的指标。测定方法见 GB/T 9754—2007《色漆和清漆　不含金属颜料的色漆漆膜的20°、60°和85°镜面光泽的测定》。

12. 耐热及耐老化性

涂膜长期暴露在较高温度或大气中，涂层会逐渐被紫外线、空气中的氧气和水分侵蚀而使光泽和颜色变暗淡甚至消失，这是由于聚合物降解。在涂料配方中加入防老剂，可提高涂膜的抗老化性能。

有关涂料的性能指标及测试方法在相关标准中均有详细规定，性能指标的定义可参考 GB/T 5206—2015。

五、涂料生产

涂料生产，一般包括成膜物质（如树脂）的合成和涂料的配制。

（一）成膜物质的合成

成膜物质主要是由单体通过聚合反应（由低分子单体合成聚合物的反应）而获得的高聚物。

1. 聚合反应的类型

（1）按聚合前后组成是否变化　可将聚合反应分为加聚反应和缩聚反应。

加聚反应：主要指烯类单体在活性种进攻下打开双键、相互加成而生成大分子的聚合反应，单体、聚合物组成一般相同。

缩聚反应：主要指带有两个或多个可反应官能团的单体，通过官能团间多次缩合而生成大分子，同时伴有水、醇、氯化氢等小分子生成的聚合反应。

（2）按反应机理的不同　可分为连锁聚合反应和逐步聚合反应。

连锁聚合反应：其大分子的生成通常包括链引发、链增长、链转移和链终止等基元反应。

逐步聚合反应：其大分子的生成是一个逐步的过程。

（3）开环聚合反应　指由杂环状单体开环而聚合成大分子的反应。常见的单体为环醚、环酰胺（内酰胺）、环酯（内酯）、环状硅氧烷等。开环聚合反应的聚合机理可能是连锁聚合或者是逐步聚合。

（4）大分子反应　除了可以由小分子单体的聚合反应合成大分子之外，利用大分子结构上的可反应官能团的反应也可以合成新型的高分子化合物，这种方法实际上是对现有聚合物的化学改性。

涂料工业中的防腐树脂如氯化橡胶、高氯化聚乙烯（HCPE）、高氯化聚丙烯（HCPP）以及羟乙基纤维素（HEC）、聚乙烯醇缩丁醛（或甲醛）等，就是通过大分子反应合成的。

2. 聚合反应的实施

聚合反应的实施即聚合方法，按物料聚集状态分，有气相、液相及固相聚合；若按反应介质和条件不同可分为四种：本体聚合、溶液聚合、悬浮聚合和乳液聚合；按照单体在聚合介质中的分散情况可分为均相聚合和非均相聚合。聚合方法的选择，取决于单体性质和聚合物的用途。四种聚合方法的工艺特征及比较见表4-3。

表4-3　四种聚合方法的工艺特征及比较

聚合方法	本体聚合	溶液聚合	悬浮聚合	乳液聚合
定义	单体本身聚合，用加热或加少量引发剂使单体进行聚合的方法	将单体溶解于溶剂中进行聚合的方法	以水为介质，在分散剂作用下，经搅拌将单体分散成小液滴悬浮于水中进行聚合的方法	单体在乳化剂的作用及机械搅拌下，在水中形成乳状液而进行聚合的方法
主要原料	单体、引发剂	单体、引发剂、溶剂	单体、引发剂、水、分散剂	单体、引发剂、水、乳化剂
反应介质	本体	溶剂	水	乳液
聚合场所	本体内	溶液内	分散的小液滴内	胶束和乳胶粒内
温度控制	难	易，溶剂为热载体	易，水为热载体	易，水为热载体
生产特征	不易散热，可连续或间歇生产，设备简单，宜生产透明浅色制品	易于散热，可连续生产，不宜制成粉、粒状	易于散热，间歇生产，需有分离、洗涤、干燥等工序，由于分散剂的存在导致产品纯度下降	易于散热，可连续生产，反应后期黏度仍很低，特别适用于制备黏性较大的高聚物
产品特点	纯度高，块、粒、粉状皆可	纯度低，溶液或颗粒状	较纯净，含分散剂，粉状或珠粒状	含少量乳化剂等助剂，乳液、胶粒或粉状
三废情况	很少	含溶剂废水	有废水产生	胶乳废水
主要产品	有机玻璃、高压聚乙烯、聚苯乙烯、聚氯乙烯等	聚丙烯腈、聚醋酸乙烯酯等	聚乙烯、聚苯乙烯等	丁苯橡胶、丁腈橡胶、氯丁橡胶、聚醋酸乙烯乳液等

3. 成膜物质生产过程

涂料用成膜物质多为液态,包括溶液聚合物、非水分散聚合物、水分散聚合物及纯聚合物溶液等。生产过程主要有配料、聚合、过滤等工序,有时为提高聚合物含量,还增加脱溶剂过程。

合成树脂的种类虽多,但其生产流程具有一定共性。典型的生产工艺流程描述如下:原料经过计量,加料到反应釜中进行反应。先用热媒将反应釜加热到反应温度,使反应物发生反应,保持该温度到设定反应时间。合成反应一般为放热反应,温度过高,副反应增多,需要移走反应中所产生的热量。可采用冷却水在夹套中对反应釜进行冷却。为了充分混合反应物,也为防止局部过热,需要对反应物料进行搅拌。反应产生的水和轻组分通过冷凝器和油水分离器进行处理。水蒸气由反应釜上部气相排出,通过冷凝器冷凝;在油水分离器中,上层的溶剂溢流到反应釜(或收集槽),下层水通过排放阀进行定期排放收集。反应釜中的料液经冷却后一般浓度较高,加入适量的溶剂和助剂进行稀释以达到生产所要求的黏度和浓度。产品经过滤后,送往储罐进行储存或用专用桶包装存放。图 4-1 为液态成膜物质生产装置图。

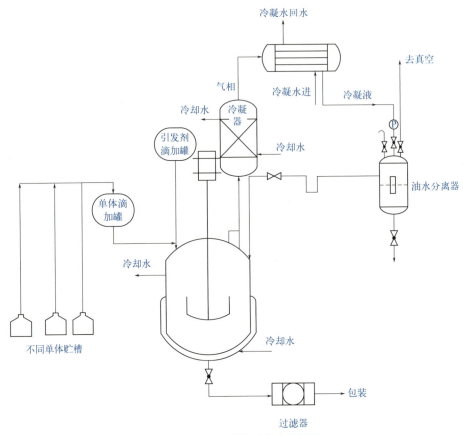

图 4-1　液态成膜物质生产装置图

（二）涂料的配制

涂料产品分为清漆和色漆两种。清漆不含颜料,主要用于家具的涂装和色漆罩光,清漆涂膜干燥快,涂膜透明、光亮而坚硬,耐候性、耐油性较好,但耐水性较差。色漆是由成膜物质和一定数量的颜料及其他助剂,经研磨调配而成的有色涂料,分为底漆和面漆。

底漆又分为头道底漆、腻子、二道底漆等。头道底漆是涂装于物体表面的第一层涂料,要求能为第二涂层提供良好的附着基础,涂膜细密坚牢,对金属表面具有防锈功能。腻子呈稠厚的浆状,涂在头道漆之上,用于填补被涂物体表面的缺陷如空洞、缝隙等,干燥后打磨平整,提高物体表面的装饰性,要求坚牢不裂、硬而易磨。打磨后的腻子表面粗糙、有小针眼,二道漆可予以填补,二道漆干透后也要打磨平整。面漆具有遮盖和改变物体表面颜色等功能,在整个涂层中发挥主要装饰和保护作用。面漆主要是磁漆，有有光、半光及无光等品种，有光色漆的品种数量最多。

为获得平整均匀的涂膜，对涂料细度有较高的要求，尤其是装饰性强的面漆，要求细度一般在 20pm 以下。研磨可将聚集成较大颗粒的颜料分离，并被成膜物质包覆而不再聚集成大颗粒，可持久、稳定地分散于液态成膜物质中。研磨是将配方中部分成膜物质、颜料及润滑剂、分散剂等，在适当的研磨机中研磨，直至符合细度要求后，再将配方中剩余成膜物质及其他组分加入，调配成色漆。常用的研磨设备是球磨机、三辊磨、砂磨机等。

配制色漆常需要用多种颜料。不同颜料的性质、分散性及纯净度不同。若将不同颜料按配方混合后研磨，其研磨效率较低并且影响色漆质量。一般是将各种颜料分别研磨，制成单一颜料的色浆，而后按配方将不同的色浆调配成所需色漆。

涂料的一般生产工艺流程包括配料、分散、研磨、调和、过滤及包装等步骤。其工艺流程见图 4-2，图中 1 ~ 5 表示加料次序。

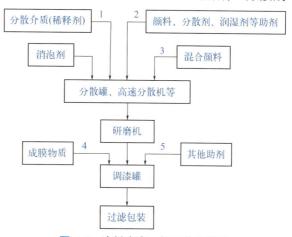

图 4-2　涂料生产一般工艺流程图

六、涂料施工

涂料的成膜就是将涂料（液体或粉末）转变成连续完整涂层的过程，它是通过选择适当的涂装方法，按照严格的施工工艺完成的复杂的物理化学过程。

1. 物理方式成膜

（1）溶剂挥发成膜　传统的热塑性溶剂型涂料，例如氯化聚烯烃、硝基纤维素、丙烯酸树脂、CAB（醋酸丁酸纤维素）和聚乙烯醇缩甲醛等成膜物质溶解于一定的溶剂体系制备成固体分小于50%的涂料，装涂后溶剂挥发固化成膜。

（2）聚合物分散体系成膜　聚合物分散体系包括以水为分散介质的乳液，以及非水分散的有机溶剂等，聚合物不溶于介质，以微粒状态稳定分散在分散介质中。成膜时分散介质挥发，在毛细管作用力和表面张力推动下，乳液粒子紧密堆积，并且发生形变，粒子壳层破裂，粒子之间界面逐渐消失，聚合物分子链相互渗透和缠绕，从而形成连续均一的涂膜。

2. 化学方式成膜

成膜物质在成膜过程中发生化学反应，分子间交联生成具有三维结构体型大分子的连续涂层称为化学方式成膜。

（1）单组分热固性涂料成膜　单组分涂料施工便利，省工、省时、省料，很受市场欢迎。如醇酸树脂、环氧树脂、聚氨酯改性醇酸树脂等通过吸收空气中的氧引起不饱和脂肪侧链氧化交联是典型代表。单组分湿气固化聚氨酯吸收空气中的水，与成膜物中过剩的—NCO反应生成聚脲聚氨酯涂层。反应交联型的粉末涂料也可以归入单组分涂料。

（2）自由基聚合反应成膜　以不饱和聚酯、丙烯酸或烯丙基化的环氧、聚氨酯、聚酯低聚物及环氧化合物与活性稀释剂等组成的成膜物在自由基引发剂作用下，或者紫外线、电子束等高能光束引发光敏剂分解产生的自由基或活性离子作用下发生聚合交联成膜，整个过程在几秒至几分钟内完成。成膜过程几乎没有有机溶剂挥发，环境友好且节能，这是目前涂料行业发展最快的领域之一。

（3）双组分涂料的成膜　环氧树脂与胺固化剂，聚合物多元醇或多元胺与多异氰酸酯固化

课件

涂膜的缺陷

剂之间发生加成聚合交联成膜，他们都是双组分包装，使用前按比例混合，涂装成膜。

【4】**非均相—涂分层成膜过程** 传统的涂料工艺要求成膜物质形成均相的、连续的涂层，而且不同涂层通过分层涂装和配套完成。20世纪90年代初开始开发一道涂装形成两层以上涂层的涂料，可以大大节省施工时间和费用。一涂分层成膜技术处于发展阶段，前景看好。

项目二

典型涂料成膜物质——树脂的生产

一、醇酸树脂的生产

醇酸树脂涂料是以醇酸树脂为主要成膜物质的合成树脂涂料。醇酸树脂是由脂肪酸（或其相应的植物油，如桐油、亚麻油、椰子油）、多元酸（如邻苯二甲酸酐、顺丁烯二酸酐等）及多元醇（甘油、季戊四醇、乙二醇等）经缩聚反应而成的高分子化合物。醇酸树脂以其原料来源广泛，配方灵活，善于通过多种改性赋予各种性能特色的优势而成为涂料行业用量最大、用途最广的合成树脂，在涂料行业合成树脂中应用比例可达 70%，对涂料的性能有着决定性的影响。由醇酸树脂调配的醇酸漆到目前为止仍然是涂料市场上最重要的涂料品种之一，其产量占涂料工业总量的 20% ~ 25%。

醇酸树脂涂料有以下特点：
① 漆膜干燥后形成高度网状结构，不易老化，耐候性好，光泽持久不退。
② 漆膜柔韧坚牢，耐摩擦。
③ 抗矿物油、抗醇类溶剂性良好。烘烤后的漆膜耐水性、绝缘性、耐油性都大大提高。

但醇酸树脂涂料也存在一些缺点：如干结成膜快，但完成干燥的时间长；耐水性差，不耐碱。因此为改善其性能可添加丙烯酸、松香、苯甲酸、有机硅等其他化学物质，与多元酸或油、多元醇和脂肪酸共聚制备成改性醇酸树脂。

（一）醇酸树脂的分类

1. 按油品种不同分类

用于制造醇酸树脂的植物油或脂肪酸通常根据其干燥性质，分为干性油、半干性油和不干性油三类。脂肪酸的干性与碘值、脂肪酸的结构特点的关系见表4-4。

表4-4 脂肪酸的干性与碘值、脂肪酸的结构特点的关系

分类	结构特点	碘值	油或脂肪酸名称
干性油	分子中双键数≥6 个	≥140	桐油、亚麻油、脱水蓖麻油等
半干性油	分子中双键数4 ~ 6 个	100 ~ 140	豆油、葵花籽油、棉籽油等
不干性油	分子中双键数< 4 个	≤100	蓖麻油、椰子油、米糠油等

干性油在空气中能逐渐干燥成膜。半干性油要经过较长时间才能形成黏性的膜。不干性油则不能成膜。油的干性除了与双键的数目有关外，还与双键的位置有关。处于共轭位置的油，如桐油，有更强的干性。工业上常用碘值，即100g 油所能吸收的碘的质量，来测定油类的不饱和度，并以此来区分油类的干燥性能。

【1】**干性油醇酸树脂** 由不饱和脂肪酸或干性油、半干性油为主改性制得的树脂能溶于脂肪烃、萜烯烃（松节油）或芳烃溶剂中，干燥快、硬度大而且光泽较强。桐油反应太快，漆膜易

起皱，与其他油类混用可以提高干燥速率和硬度。蓖麻油本身是不干性油，含有约85％的蓖麻油酸，在高温及催化剂存在下，可脱去一分子水而增加一个双键，其中20％～30％为共轭双键，因此脱水蓖麻油就成了干性油。

（2）**不干性油醇酸树脂**　由饱和脂肪酸或不干性油为主来改性制得的醇酸树脂，不能在室温下固化成膜，需与其他树脂经加热发生交联反应才能固化成膜。其主要用途是与氨基树脂并用，制成各种氨基醇酸漆，具有良好的保光、保色性，用于电冰箱、汽车、自行车、机械电器设备，性能优异；其次可在硝基漆和过氯乙烯漆中作增韧剂以提高附着力与耐候性。醇酸树脂加于硝基漆中，还可起到增加光泽，使漆膜饱满，防止漆膜收缩等作用。

（3）**半干性油醇酸树脂**　性能在干性油、不干性油醇酸树脂之间。

2. 按油含量不同分类

树脂中油含量用油度来表示。油度（OL）的含义是醇酸树脂配方中油脂的用量（m_o）与树脂理论产量（m_r）之比。其计算公式如下：$OL=m_o/m_r\times100\%$

如果以脂肪酸直接合成醇酸树脂，脂肪酸含量 $[OLf(\%)]$ 为配方中脂肪酸用量（m_f）与树脂理论产量之比：$OLf=m_f/m_r\times100\%$

$m_r=$ 单体用量－生成水量＝甘油（或季戊四醇）用量＋油脂（或脂肪酸）用量－生成水量

醇酸树脂的油度可区分为短、中、长和特长，见表4-5。

表4-5　醇酸树脂的油度（或苯二甲酸酐含量）区分值

油度	油量 /%	苯二甲酸酐 /%	油度	油量 /%	苯二甲酸酐 /%
短	35 ～ 45	＞ 35	长	60 ～ 70	20 ～ 30
中	45 ～ 60	30 ～ 40	特长	＞ 70	＜ 20

（1）**短油度醇酸树脂**　可由豆油、脱水蓖麻油和亚麻油等干性、半干性油制成，漆膜凝结快，自干能力一般，弹性中等，光泽及保光性好。烘干后，短油度醇酸树脂比长油度的硬度、光泽、保色、抗摩擦性能都好，用于汽车、玩具、机器部件等方面作面漆。

（2）**中油度醇酸树脂**　主要以亚麻油、豆油制得，是醇酸树脂中最主要的品种。这种涂料可以刷涂或喷涂。中油度漆干燥很快，有极好的光泽、耐候性、弹性，漆膜凝固和干硬都快，可自己烘干，也可加入氨基树脂烘干。

（3）**长油度醇酸树脂**　树脂的油度为60％～70％。它有较好的干燥性能，漆膜富有弹性，有良好的光泽，保光性和耐候性好，但在硬度、韧性和抗摩擦性方面不如中油度醇酸树脂。另外，这种漆有良好的刷涂性，可用于制造钢铁结构涂料、室内外建筑涂料。因为它能与某些油基漆混合，因而可用来增强油基树脂涂料，也可用来增强乳胶漆。

（4）**特长油度醇酸树脂**　树脂的油度在70％以上。其干燥速度慢、易刷涂。一般用于油墨及调色基料。

总之，对于不同油度的醇酸树脂，一般说来，油度越高，涂膜表现出油的特性越多，比较柔韧耐久，漆膜富有弹性，适用于室外用涂料。油度越短，涂膜表现出油的特性越少，比较硬而脆，光泽、保色、抗摩擦性能好，易打磨，但不耐久，适用于室内涂料。

3. 按改性单体名称不同分类

如苯乙烯改性醇酸、氨基甲酸酯改性醇酸、有机硅改性醇酸、丙烯酸改性醇酸等。醇酸树脂中的树脂二字往往略去，简称醇酸。

（二）醇酸树脂的合成原料

1. 多元醇

制造醇酸树脂的多元醇主要有丙三醇（甘油）、三羟甲基丙烷、三羟甲基乙烷等。用三羟甲基丙烷合成的醇酸树脂具有更好的抗水解性、抗氧化稳定性、耐碱性和热稳定性，与氨基树脂有良好的相容性，此外还具有色泽鲜艳、保色力强、耐热及快干的优点。乙二醇和二乙二醇主要同季戊四醇复合使用，以调节官能度，使聚合平稳，避免胶化。

2. 有机酸

有机酸可以分为两类：一元酸和多元酸。一元酸主要有苯甲酸、松香酸以及脂肪酸；多元酸包括邻苯二甲酸酐、间苯二甲酸、对苯二甲酸、顺丁烯二酸酐等。多元酸单体中以邻苯二甲酸酐最为常用，引入间苯二甲酸可以提高耐候性和耐化学品性，但其熔点高、活性低，用量不能太大；己二酸和癸二酸含有多亚甲基单元，可以用来平衡硬度、韧性及抗冲击性；偏苯三酸酐的酐基打开后可以在大分子链上引入羧基，经中和可以实现树脂的水性化，用作合成水性醇酸树脂的水性单体。一元酸主要用于脂肪酸法合成醇酸树脂，各种有机酸的性能不同，对应制备树脂性能各异。如苯甲酸可以提高耐水性，由于增加了苯环单元，可以改善涂膜的干性和硬度，但用量不能太多，否则涂膜变脆；亚麻油酸、桐油酸等干性油脂肪酸感性较好，但易黄变、耐候性较差；豆油酸、脱水蓖麻油酸、菜籽油酸、妥尔油酸黄变较弱，应用较广泛；椰子油酸、蓖麻油酸不黄变，可用于室外用漆和浅色漆的生产。

3. 植物油

植物油是一种三脂肪酸甘油酯，3个脂肪酸一般不同，可以是饱和酸、单烯酸、双烯酸或三烯酸，但大部分天然油脂中的脂肪酸主要为十八碳酸，也可能含有少量月桂酸（十二碳酸）、豆蔻酸（十四碳酸）和软脂酸（十六碳酸）等饱和脂肪酸。

植物油类有桐油、亚麻仁油、豆油、棉籽油、妥尔油（松浆油）、红花油、脱水蓖麻油等。植物油的质量指标包括外观、气味、密度、黏度、酸值、皂化值和不皂化物、碘值等。为使油品质量合格，适应醇酸树脂的生产，合成醇酸树脂的植物油必须经过精制才能使用。精制方法包括碱漂和土漂处理，俗称"双漂"。碱漂主要是去除油中的游离酸、磷脂、蛋白质及机械杂质，也称为"单漂"。"单漂"后的油再用酸性土漂吸附掉色素（脱色）及其他不良杂质，才能使用。

4. 催化剂

若使用醇解法合成醇酸树脂，醇解时需使用催化剂。常用的催化剂为氧化铅和氢氧化锂（LiOH），由于环保问题，氧化铅被禁用。醇解催化剂可以加快醇解进程，且使合成的树脂清澈透明。其用量一般占油量的0.02%。聚酯化反应也可以加入催化剂，主要是有机锡类，如二月硅酸二丁基锡、二正丁基氧化锡等。

5. 催干剂

干性油（或干性油脂肪酸）的"干燥"过程是氧化交联的过程，反应可以自发进行，但速率很慢，需要数天才能形成涂膜。加入催干剂可以促进这一反应。催干剂是醇酸涂料的主要助剂，其作用是加速漆膜的氧化、聚合、干燥，达到快干的目的。通常催干剂可分为两类：一类为主催干剂，主要是钴、锰、钒（V）和铈（Ce）的环烷酸（或异辛酸）盐，以钴、锰盐最为常用，用量（以金属计）为油量的0.02%～0.2%；另一类为助催干剂，通常是以一种氧化态存在的金属皂，它们一般和主催干剂并用，如钙（Ca）、铅（Pb）、锆（Zr）、锌（Zn）、钡（Ba）和锶（Sr）的环烷酸（或异辛酸）盐。

6. 溶剂

目前国内生产的醇酸树脂大多为溶剂型醇酸树脂，溶剂用量占一半以上。一般根据醇酸树脂的油度和用途选择使用不同的溶剂，长油度醇酸树脂可以全部使用200号漆用溶剂油；中油度醇酸树脂则需要用少量芳烃与200号漆用溶剂油配合使用；短油度醇酸树脂中多用甲苯、二甲苯和少量丁醇、醋酸酯等。

（三）醇酸树脂的合成

1. 醇酸树脂的合成原理

合成醇酸树脂时先将甘油与脂肪酸酯化或甘油与油脂醇解生成单脂肪酸甘油酯，使甘油由 3 官能度变为 2 官能度，然后再与 2 官能度的苯酐缩聚。如甘油与甘油三酸酯（油脂）进行酯交换（醇解），得到甘油一酸酯、甘油二酸酯以及油脂的混合物：

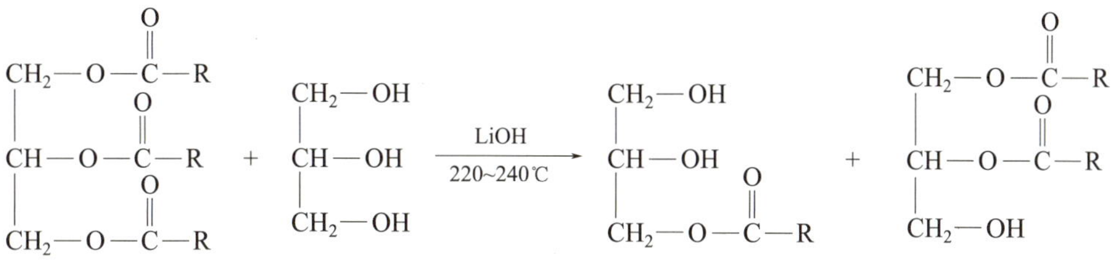

甘油一酸酯、甘油二酸酯和邻苯二甲酸酐进行酯化缩聚，所得醇酸树脂是近似于线型的高分子化合物：

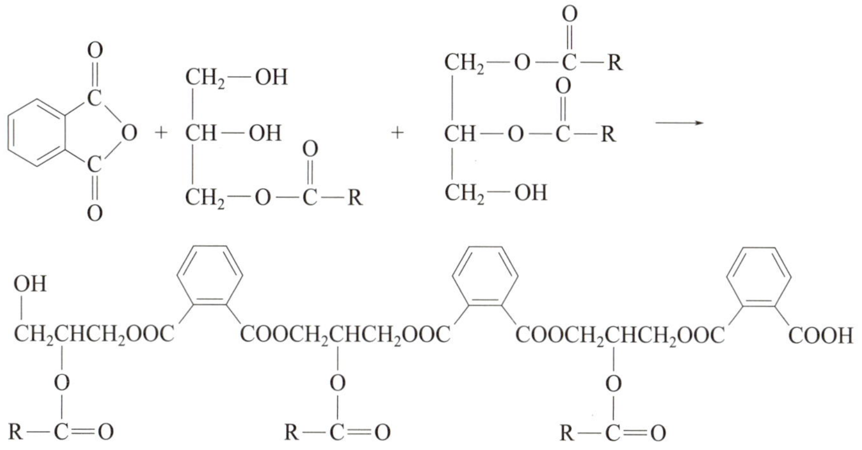

式中，R 代表脂肪酸基引入的不饱和烃基，如：

油酸	$CH_3(CH_2)_7CH=CH(CH_2)_7COOH$
亚油酸	$CH_3(CH_2)_4CH=CHCH_2CH=CH(CH_2)_7COOH$
亚麻酸	$CH_3CH_2CH=CHCH_2CH=CHCH_2CH=CH(CH_2)_7COOH$
桐油酸	$CH_3(CH_2)_3CH=CHCH=CHCH=CH(CH_2)_7COOH$
蓖麻油酸	$CH_3(CH_2)_6CHCH_2CH=CH(CH_2)_7COOH$
	$\quad\quad\quad\quad\quad\quad\quad\quad OH$

2. 醇酸树脂的合成工艺

工业上生产醇酸树脂，根据原料不同，可分为脂肪酸法和醇解法两种。前者用的是脂肪酸、多元醇与多元酸，能互溶形成均相体系进行酯化，避免了复杂的醇解工序，工时缩短，配方设计灵活，聚合速度快，质量容易控制，但原料对设备腐蚀性较强。后者是用多元醇先将油加以醇解，使之在与多元酸酯化时形成均相体系，原料对设备的腐蚀性小，生产成本较低，但酸值不易下降，树脂干性较差，涂膜较软。在缩聚酯化工艺上又分为溶剂法和熔融法两种。如在缩聚体系中加入共沸液体（如二甲苯）以除去酯化反应生成的水，则称为溶剂法；熔融法是将甘油、邻苯二甲酸酐、脂肪酸或油在惰性气氛中不加共沸液体直接加热至 200℃以上酯化，直到酸值达到要求，再加溶剂稀释。这种方法反应温度高（200～250℃）、反应速率慢，产品质量较差。溶剂法的优点是所制得的醇酸树脂颜色较浅，质量均匀，产率较高，酯化温度较低且易控制，设备易清洗等。但熔融法设备利用率高，比溶剂法安全。醇解-溶剂法合成醇酸树脂的工艺流程框图如图 4-3 所示。

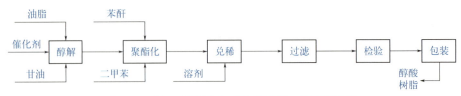

图 4-3　醇解 - 溶剂法合成醇酸树脂工艺流程框图

【1】**醇解法合成醇酸树脂**　醇解法是醇酸树脂合成的方法之一。由于油脂与多元酸（或酸酐）不能互溶，用油脂合成醇酸树脂时要先将油脂醇解为不完全的脂肪酸甘油酯（或季戊四醇酯），其中含有单酯、双酯和没有反应的甘油及油脂，再与多元酸或酸酐缩聚形成大分子树脂。

醇解时要注意甘油用量、催化剂种类和用量及反应温度，以提高反应速度和甘油一酸酯含量。此外，还要注意以下几点：

① 用油要经碱漂、土漂精制，至少要经碱漂除去原料中的磷脂、固醇、色素等。

② 通入惰性气体（CO_2 或 N_2）保护，也可加入抗氧剂，以防止油脂氧化。

③ 醇解时常用的催化剂是氢氧化锂（LiOH）。

④ 醇解反应是否进行到应有深度，须及时用醇容忍度法检验以确定其终点。

【2】**脂肪酸法合成醇酸树脂**　脂肪酸可以与苯酐、甘油互溶，因此脂肪酸法合成醇酸树脂可以单批反应。脂肪酸法合成醇酸树脂一般也采用溶剂法。如图4-4所示，反应釜为带夹套的不锈钢反应釜，装有搅拌器、冷凝器、惰性气体进口、加料口、放料口、温度计和取样装置。为实现油水分离，冷凝器下部配置一个油水分离器，分离后的二甲苯溢流回反应釜循环使用。

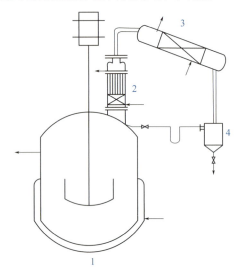

图 4-4　醇酸树脂生产设备简图
1—反应釜；2—回流冷凝器；3—横冷凝器；
4—油水分离器

【3】**醇酸树脂的合成实例——38%短油度椰子油醇酸树脂的合成**

① 原料准备

原料	用量 /kg	分子量	摩尔数 /kmol
精制椰子油	127.862	662	0.193
95% 甘油	79.310	92.1	0.818
苯酐	148.0	148	1.000
油内甘油			0.193
油内脂肪酸			3×0.193

② 合成工艺。将精制椰子油及甘油总量的 60% 加入反应釜，升温，同时通 CO_2，120℃时加入 LiOH；2h 内升温至 220℃，保温醇解至无水甲醇容忍度达到 5（即在 25℃，1mL 醇解油中加入 5mL 无水甲醇，体系仍透明）；降温到 180℃加入剩余甘油，用 20min 分批加入苯酐；停止通 CO_2，从油水分离器加入单体总量 6% 的二甲苯；在 2h 内升温至 195～200℃，保温 2h；取样测酸值、黏度。当酸值约 8mg KOH/g、黏度（加氏管）达到 10s 停止加热，出料到兑稀罐，110℃加适量二甲苯，过滤，收于贮罐。

3. 醇酸树脂涂料的配制

醇酸树脂可配制清漆、色漆、底漆、防锈漆、绝缘漆、皱纹漆（用于仪器仪表的涂装）等。将中油度或长油度醇酸树脂溶于适当溶剂，加入催干剂，过滤后即可制得醇酸树脂清漆。常用溶剂为 200 号溶剂油，若加入松节油及二甲苯可增加清漆稳定性；催干剂常采用几种配合使用。

醇酸清漆典型配方（kg）举例：

漆料成分	配方 1	配方 2
中油度醇酸树脂（50%）	84.0	—
长油度醇酸树脂（50%）	—	88.5
环烷酸钴（4%）	0.45	0.25
环烷酸锌（3%）	0.35	0.30
环烷酸钙（2%）	2.40	0.30
环烷酸锰（3%）	—	0.05
环烷酸铅（10%）	—	0.60
二甲苯	12.8	10.0
产品分析		
颜色（铁-钴比色）/号	< 12	< 14
外观	透明	透明
黏度（涂-4 杯）/s	40～60	40～80
不挥发分 /%	≥ 45	≥ 45
干燥时间（25℃）/h		
表干	≤ 6	≤ 5
实干	≤ 18	≤ 24
酸值	≤ 12	≤ 8

（四）醇酸树脂的改性

醇酸树脂涂料具有很好的施工性和初始装饰性，但也存在一些明显的缺点：涂膜干燥缓慢，硬度低，耐水性、耐腐蚀性差，户外耐候性不佳等，需要通过改性来满足性能要求。而醇酸树脂分子中含有羟基、羧基、双键、酯基等反应性基团，可以分别用含羧基、羟基、烷氧基、烯基、酯基等单体化合物、半成品或低聚物进行改性，通过化学反应构成新的醇酸树脂，获得新的性能，使产品升级换代。

从 20 世纪 60 年代开始，我国涂料行业开展了醇酸树脂化学改性的研究与开发工业。采用不同改性剂制得性能不同的改性醇酸树脂，如松香改性醇酸树脂、酚醛树脂改性醇酸树脂、丙烯酸改性醇酸树脂、有机硅改性醇酸树脂、乙烯类单体改性醇酸树脂等。

（五）创新导引

醇酸树脂涂料同其他溶剂型涂料一样，含有大量的溶剂（> 40%），因此在生产、施工过程中严重危害大气环境和操作人员身体健康。由于水无毒、无味、不燃而且廉价，由水来作溶剂不仅可以降低成本，同时也降低了 VOC（涂料中的挥发性有机化合物），近年来水性醇酸树脂的研究与应用得到了较快的发展。水作为溶剂给醇酸树脂涂料的性能及应用带来了哪些局限性？有没有更好的替代溶剂？

二、丙烯酸树脂的生产

以丙烯酸酯、甲基丙烯酸酯及苯乙烯等乙烯基类单体为主要原料合成的共聚物称为丙烯酸树脂，以其为成膜基料的涂料称作丙烯酸树脂涂料。该类涂料具有色浅、保色、保光、耐候、耐腐蚀和耐污染等优点，已广泛应用于汽车、飞机、机械、电子、家具、建筑、皮革、造纸、印染、木材加工、工业塑料及日用品的涂饰。近年来，国内外丙烯酸树脂涂料的发展很快，目前已占涂料的 1/3 以上，因此，丙烯酸树脂在涂料成膜树脂中居于重要地位。

（一）丙烯酸树脂的分类

从组成上分，丙烯酸树脂包括纯丙树脂、苯丙树脂、硅丙树脂、醋丙树脂、氟丙树脂、叔丙（叔碳酸酯－丙烯酸酯）树脂等。从涂料剂型上分，主要有溶剂型涂料、水性涂料、高固体组分涂料和粉末涂料。其中水性丙烯酸树脂涂料的研制和应用始于 20 世纪 50 年代，70 年代初得到了迅速发展。与传统的溶剂型涂料相比，水性涂料具有价格低、使用安全、节省资源和能源、减少环境污染和公害等优点，因而已成为当前涂料工业发展的主要方向之一。

涂料用丙烯酸树脂也经常按其成膜特性分为热塑性丙烯酸树脂和热固性丙烯酸树脂。

热塑性丙烯酸树脂其成膜主要靠溶剂或分散介质（常为水）挥发使大分子或大分子颗粒聚集融合成膜，成膜过程中没有化学反应发生，因此，热塑性树脂作为成膜物质，其玻璃化转变温度（T_g）应尽量低些，但又不能低到使树脂结成块或胶凝。它的性质取决于所采用的单体、单体配比和分子量及其分布。由于树脂本身不再交联，因此用它制成的涂料若不采用接枝共聚或互穿网络聚合，其性能如附着力、玻璃化转变温度、柔韧性、抗冲击力、耐腐蚀性、耐热性和电性能等就不如热固性树脂。一般地说，分子量大的树脂物理力学及化学性能好，但大的树脂在溶剂中溶解性能差、黏度大，喷涂时易出现"拉丝"现象。所以，一般漆用丙烯酸树脂的分子量都不是太高。这类树脂的主要优点是：水白色透明、有极好的耐水和耐紫外线等性能。因此，早先用它作为轿车的面漆和修补漆，近来也用作外墙涂料的耐光装饰漆。另一主要用途是作为水泥混凝土屋顶和地面的密封材料和用作塑料、塑料膜及金属箔的涂装。

热固性丙烯酸树脂也称为反应交联型树脂，这类树脂的分子链上必须含有能进一步反应而使分子链节增长的官能团。因此，在未成膜前树脂的分子量可低一些，而固体分则可高一些。这类树脂有两类，其中一类需要在一定温度下加热（有时还需加催化剂），使侧链活性官能团之间发生交联反应，形成网状结构；另一类则必须加入交联剂才能使之固化。交联剂可以在制漆时加入，也可在施工应用前加入（双组分包装）。除交联剂外，热固性丙烯酸树脂中还要加入溶剂、颜料、增塑剂等，根据不同的用途而有不同的配方，热固性丙烯酸树脂涂料耐溶剂性、耐化学品性好，适用于制备防腐涂料。

（二）丙烯酸树脂的合成原料

1. 聚合单体及其选择

丙烯酸类及甲基丙烯酸类单体是合成丙烯酸树脂的重要单体。该类单体品种多，用途广，活性适中，可均聚也可与其他许多单体共聚。此外，常用的非丙烯酸单体有：苯乙烯、丙烯腈、醋酸乙烯酯、氯乙烯、二乙烯基苯、乙（丁）二醇二丙烯酸酯等。一般根据共聚涂膜的使用要求，选择合适的单体对共聚物进行分子设计并通过实验研制符合要求的涂料用树脂。不同单体对涂膜性能的影响见表4-6。

表4-6　不同单体对丙烯酸系涂料涂膜性能的影响

单体名称	功能
甲基丙烯酸甲酯、甲基丙烯酸乙酯、苯乙烯、丙烯腈	提高硬度，称之为硬单体
丙烯酸乙酯、丙烯酸正丁酯、丙烯酸月桂酯、丙烯酸 -2- 乙基己酯、甲基丙烯酸月桂酯、甲基丙烯酸正辛酯	提高柔韧性，促进成膜，称之为软单体
丙烯酸 -2- 羟基乙酯、丙烯酸 -2- 羟基丙酯、甲基丙烯酸 -2- 羟基乙酯、甲基丙烯酸 -2- 羟基丙酯、甲基丙烯酸缩水甘油酯、丙烯酰胺、N- 羟甲基丙烯酰胺、N- 丁氧甲基（甲基）丙烯酰胺、二丙酮丙烯酰胺（DAAM）、甲基丙烯酸乙酰乙酸乙酯（AAEM）、二乙烯基苯、乙烯基三甲氧基硅烷、乙烯基三乙氧基硅烷、乙烯基三异丙氧基硅烷、甲基丙烯酰氧基丙基三甲氧基硅烷	引入官能团或交联点，提高附着力，称之为交联单体
丙烯酸与甲基丙烯酸的低级烷基酯、苯乙烯	抗污染性
甲基丙烯酸甲酯、苯乙烯、甲基丙烯酸月桂酯、丙烯酸 -2- 乙基己酯	耐水性

续表

单体名称	功能
丙烯腈、甲基丙烯酸丁酯、甲基丙烯酸月桂酯	耐溶剂性
丙烯酸乙酯、丙烯酸正丁酯、丙烯酸-2-乙基己酯、甲基丙烯酸甲酯、甲基丙烯酸丁酯	保光、保色性
丙烯酸、甲基丙烯酸、亚甲基丁二酸（衣康酸）、苯乙烯磺酸、乙烯基磺酸钠、AMPS	实现水溶性，增加附着力，称之为水溶性单体、表面活性单体

涂料用丙烯酸树脂常为共聚物，选择单体时必须考虑它们的共聚活性。选择单体时还应注意单体的毒性大小，一般丙烯酸酯的毒性大于对应甲基丙烯酸酯的毒性，此外丙烯酸乙酯的毒性也较大。在与丙烯酸酯类单体共聚用的单体中，丙烯腈、丙烯酰胺的毒性很大，应注意防护。

丙烯酸（酯）类单体在光、热或混入水以及铁作用下，极易发生聚合反应，为防止单体在运输和储存的过程中聚合，常加阻聚剂（如对苯二酚、对羟基二苯胺等）。阻聚剂必须在单体进行聚合前除去，否则将影响聚合反应的正常进行。通常采用蒸馏法、碱溶法或离子交换法除去。

2. 引发剂

溶剂型丙烯酸树脂的引发剂主要有过氧类和偶氮类两种。过氧类引发剂如过氧化二苯甲酰、过氧化二月桂酰、过氧化-2-乙基己酸叔丁酯、过氧化苯甲酸叔丁酯、异丙苯过氧化氢等；偶氮类引发剂品种较少，常用的主要有偶氮二异丁腈和偶氮二异庚腈。乳液型丙烯酸树脂合成用引发剂一般为无机的过硫酸盐。

为了使聚合平稳进行，溶液聚合时常采用引发剂同单体混合滴加的工艺，单体滴加完毕，保温数小时后，还需一次或几次追加滴加后消除引发剂，以尽可能提高转化率，每次引发剂用量为前者的10%～30%。

3. 溶剂

溶剂型涂料中的良溶剂可使丙烯酸树脂清澈透明，黏度下降，树脂及其涂料的成膜性能好。不同组成的涂料所用的溶剂有所不同，常用的溶剂为甲苯、二甲苯、乙酸乙酯、乙酸丁酯、丙酮、丁（甲乙）酮、甲基异丁基酮、乙醇、异丙醇、丁醇等。用作室温固化双组分聚氨酯羟基组分的丙烯酸树脂不能使用醇类、醚醇类溶剂，以防其和异氰酸酯基团反应，溶剂中含水量应尽可能低，可以在聚合完成后，减压脱出部分溶剂，以带出体系微量的水分。

4. 分子量调节剂

为调控分子量，需要加入分子量调节剂（或称为黏度调节剂、链转移剂）。常用品种为硫醇类化合物，如正、仲或叔十二烷基硫醇，巯基乙醇，巯基乙酸等。硫醇一般带有臭味，其残余将影响感官评价，因此其用量要很好地控制。目前，也有一些低气味转移剂可以选择，如甲基苯乙烯的二聚体。另外，通过提高引发剂用量也可以对分子量起到一定的调控作用。

5. 乳化剂

丙烯酸乳液主要用于乳胶漆的基料，在建筑涂料市场占有重要的地位。乳液型丙烯酸树脂合成时将油性单体在水介质中由乳化剂分散成乳状液，使互不相溶的油水两相借助搅拌的作用转变为能够稳定存在，久置亦难以分层的白色乳液。因此乳化剂是乳液聚合必不可少的组分。常用的有十二烷基硫酸钠、十二烷基磺酸钠、十二烷基苯磺酸钠、壬基酚聚氧化乙烯醚类等。

（三）丙烯酸树脂的合成工艺

丙烯酸系涂料从剂型上分，主要有溶剂型涂料、水性涂料、高固体组分涂料和粉末涂料。不同剂型的涂料用丙烯酸树脂，采用不同的单体配方及合成工艺。以下主要介绍溶剂型丙烯酸树脂和水性丙烯酸树脂的合成工艺。

动画
丙烯酸树脂生产工艺流程

1. 溶剂型丙烯酸树脂的合成

（1）溶剂型丙烯酸树脂的基本合成原理　溶剂型丙烯酸树脂聚合反应是自由基溶液聚合，其反应过程包括：链引发，链增长，链终止。

链引发：引发剂过氧化物在分解温度下分解产生自由基，乙烯类单体与自由基加成而生成一个新的活泼的单体自由基。

$$(RCOO)_2 \longrightarrow 2RCOO \longrightarrow 2R\cdot +2CO_2$$
$$R\cdot +CH_2=CHX \longrightarrow RCH_2-CHX\cdot$$

链增长：新的单体自由基继续与另一单体加聚，生成一个有较长链节的自由基。

$$RCH_2\text{-}CHX\cdot + CH_2=CHX \longrightarrow RCH_2\text{-}CHX\text{—}CH_2\text{-}CHX\cdot$$
$$R(CH_2\text{-}CHX\cdot)_n+CH_2=CHX \longrightarrow R(CH_2\text{-}CHX\cdot)_{n+1}$$

链终止：增长着的链自由基二者结合，或与其他化合物反应，夺得一个电子而将自己的自由基转移过去。

$$R(CH_2\text{-}CHX\cdot)_n+R(CH_2\text{-}CHX\cdot)_m \longrightarrow R(CH_2\text{-}CHX)_{n+m}R$$

（2）溶剂型丙烯酸树脂的合成工艺　树脂的合成主要采用溶液聚合，目前工业上所用的丙烯酸树脂多采用釜式间歇法生产。聚合釜一般采用带夹套的不锈钢或搪玻璃釜，通过夹套换热，方便加热、排出聚合热或使物料降温；反应釜装有搅拌和回流冷凝器，有单体及引发剂滴加罐、进料口，还有惰性气体入口，并且配有防火、防爆和防护措施。其基本工艺如下：

① 共聚单体的混合。计量要准确，无论大料（如硬、软单体）或是小料（如功能单体、引发剂、分子量调节剂等），最好精确到 0.2% 以内。原料应现配现用。

② 加入釜底料。将配方量的（混合）溶剂加入反应釜，缓慢升温至回流温度，保温约 0.5h，除氧。

③ 在回流温度下，按工艺要求滴加单体和引发剂的混合溶液。滴加速度要均匀，温升过快应降低滴料速度。

④ 保温聚合。单体滴完后，保温反应一定时间，使单体进一步聚合。

⑤ 保温结束后，可以分两次或多次间隔补加引发剂，提高转化率。

⑥ 再保温一段时间。取样分析。主要分析外观、固含量和黏度等指标。

⑦ 调整指标。

⑧ 过滤、包装、质检、入库。

（3）热塑性丙烯酸树脂合成实例　热塑性丙烯酸树脂可以熔融、在适当溶剂中溶解，大多以甲基丙烯酸酯类单体为主，有的含丙烯酸丁酯、苯乙烯等单体。这类树脂不含有羟基、环氧基等可参与交联反应的活性基团，因此成膜过程不发生进一步反应，其配制的涂料通过溶剂挥发后大分子的聚集成膜。

该类涂料具有丙烯酸类涂料的基本优点，耐候性好（接近交联型丙烯酸涂料的水平），保光、保色性优良，耐水、耐酸、耐碱良好。但也存在一些缺点：固体分低，涂膜丰满度差，低温易脆裂、高温易发黏，溶剂释放性差，实干较慢，耐溶剂性不好等。但上述弱点可通过配方设计或拼用其他树脂加以解决。

【配方】

序号	原料名称	用量（质量份）	序号	原料名称	用量（质量份）
01	甲基丙烯酸甲酯	27.00	06	二甲苯 -1	40.00
02	甲基丙烯酸正丁酯	6.000	07	重芳烃 S-100	5.000
03	丙烯酸	0.4000	08	二叔丁基过氧化物（1）	0.4000
04	苯乙烯	9.000	09	二叔丁基过氧化物（2）	0.1000
05	丙烯酸正丁酯	7.100	10	二甲苯 -2	5.000

【合成工艺】

先将 06、07 投入反应釜中，通氮气置换反应釜中空气，加热升温至 125℃，将 01、02、03、04、05、08 混合后于 4～4.5h 内滴入反应釜，保温 2h，再加入 09、10 于反应釜，继续保温 2～3h，降温，出料。该树脂固含量：（50±2）%，黏度：4000～6000mPa·s（25℃下的旋转黏度），主要性能是耐候性与耐化学性好。

（4）**热固性丙烯酸树脂合成实例**　热固性丙烯酸树脂也称为交联型或反应型丙烯酸树脂，主要包括羟基丙烯酸树脂、羧基丙烯酸树脂和环氧基丙烯酸树脂，其中羟基丙烯酸树脂应用最广，用于同多异氰酸酯固化剂配制室温干燥双组分丙烯酸-聚氨酯涂料和丙烯酸-氨基烘漆。热固性丙烯酸树脂可克服热塑性丙烯酸树脂的缺点，使涂膜的力学性能、耐化学品性能大大提高。

【配方】

序号	原料名称	用量（质量份）	序号	原料名称	用量（质量份）
01	甲基丙烯酸甲酯	21.0	07	过氧化二苯甲酰-1	0.800
02	丙烯酸正丁酯	19.0	08	过氧化二苯甲酰-2	0.120
03	甲基丙烯酸	0.100	09	二甲苯-2	6.00
04	丙烯酸-β-羟丙酯	7.50	10	过氧化二苯甲酰-3	0.120
05	苯乙烯	12.0	11	二甲苯-3	6.00
06	二甲苯-1	28.0			

【合成工艺】

将 06 打底用溶剂加入反应釜；用 N_2 置换系统内空气，升温使体系回流，保温 0.5h；将 01～05 单体、07 引发剂混合均匀，匀速加入反应釜，3.5h 加完；保温反应 3h；将 08 用 09 溶解，加入反应釜，保温 1.5h；将 10 用 11 溶解，加入反应釜，保温 2h；取样分析。外观、固含量、黏度合格后，过滤、包装。

该树脂可以与适当比例的聚氨酯固化剂（即多异氰酸酯）配制室温干燥型双组分聚氨酯清漆或色漆。催化剂用有机锡类，如二月桂酸二正丁基锡（DBTDL）。

2. 水性丙烯酸树脂的合成

水性丙烯酸树脂包括丙烯酸树脂乳液、丙烯酸树脂水分散体（亦称水可稀释丙烯酸）及丙烯酸树脂水溶液。从应用看，以前两者最为重要。乳液主要是由油性烯类单体乳化于水中，在水溶性自由基引发剂引发下合成的，而树脂水分散体则通过自由基溶液聚合或逐步溶液聚合等不同工艺合成。丙烯酸乳液大量用于乳胶漆的基料，在建筑涂料市场占有重要地位。根据单体组成可分为纯丙乳液、苯丙乳液、醋丙乳液、硅丙乳液、叔醋（叔碳酸酯-醋酸乙烯酯）乳液、叔丙（叔碳酸酯-丙烯酸酯）乳液等。以下重点介绍丙烯酸乳液的合成。

（1）**丙烯酸乳液的合成原料**　乳液聚合体系至少由单体、引发剂、乳化剂和水四个组分构成，一般水与单体的配比（质量）为70/30～40/60，乳化剂为单体总量的2%～5%，引发剂为单体的0.1%～0.5%。工业配方中常另加缓冲剂、分子量调节剂和表面张力调节剂等。

① **乳化剂**。乳化剂实际上是一种表面活性剂，它可以极大地降低界面（表面）张力，使互不相溶的油水两相借助搅拌的作用转变为能够稳定存在、久置亦难以分层的白色乳液，是乳液聚合必不可少的组分。

② **引发剂及其选择**。乳液聚合的引发剂常采用水溶性热分解型引发剂。一般使用过硫酸盐（$S_2O_8^{2-}$）：过硫酸铵、过硫酸钾、过硫酸钠。随着乳液聚合的进行，体系的 pH 值将不断下降，影响引发剂的活性，所以乳液聚合配方中通常还包括缓冲剂，如碳酸氢钠、磷酸二氢钠、乙酸钠等。另外，聚合温度对其引发活性影响较大。过硫酸钾引发剂的聚合温度一般在 60～80℃，当到达聚合终点时，可短时间可加热到 90℃，以使引发剂分解完全，进一步提高单体转化率。

此外，氧化-还原引发体系也是经常使用的引发剂品种。其中氧化剂有：无机化合物过硫酸盐，过氧化氢；有机化合物异丙苯过氧化氢，特丁基过氧化氢，二异丙苯过氧化氢等。还原剂有亚铁盐（Fe^{2+}），亚硫酸氢钠（$NaHSO_3$），亚硫酸钠（Na_2SO_3），连二亚硫酸钠（$Na_2S_2O_6$），硫代硫酸钠（$Na_2S_2O_3$），吊白粉。

③ 活性乳化剂。乳液聚合的常规乳化剂为低分子化合物，乳胶漆成膜时，乳化剂向漆膜表面迁移，对漆膜耐水性、光泽、硬度产生不利影响。活性乳化剂实际上是一种表面活性单体，其通过聚合借共价键连入高分子主链，从而克服常规乳化剂易迁移的缺点。目前，已有不少表面活性单体进入市场，如对苯乙烯磺酸钠、乙烯基磺酸钠、AMPS（2-丙烯酰胺基-2-甲基丙磺酸）。此外，也可以是合成的具有表面活性的大分子单体，如丙烯酸单聚乙二醇酯、端丙烯酸酯基水性聚氨酯等，该类单体具有独特的性能，一般属于企业保密技术。

④ 水。水是乳液聚合的分散介质，一般采用去离子水。聚合初期，物料为单体/水乳化体系；聚合后期，物料转化为聚合物/水乳化体系，一般呈流动性较好的乳液。若物料呈现黏稠膏状，则转化为水/聚合物乳液体系，不能作为涂料成膜物质。因此，水的用量十分重要。一般而言，水与其他物料的体积比大于1，乳液固体含量在50%以下。

⑤ 其他组分

a. 保护胶体：乳液聚合体系中经常加入水溶性保护胶体，如羟乙基纤维素（HEC）、明胶、阿拉伯胶、海藻酸钠等天然水溶性高分子，其中HEC最为常用，其特点是对耐水性影响较小。另外，合成型水溶性高分子更为常用，如聚乙烯醇（PVA1788）、聚丙烯酸钠、苯乙烯-马来酸酐交替共聚物单钠盐。

b. pH值调节剂和缓冲剂：树脂品种不同，选用的pH值调节剂也不同。阴离子型水性树脂使用碱性调节剂，如氨水、胺类；阳离子型水性树脂使用有机酸类调节剂，如甲酸、乙酸和乳酸等。常用的缓冲剂有碳酸氢钠、磷酸二氢钠、乙酸钠。如前所述，它们可使体系的pH值维持在相对稳定的水平，使链引发正常进行。

（2）乳液聚合原理 乳液聚合是一种重要的自由基聚合实施方法，油性单体在水介质中由乳化剂分散成乳状液，在水溶性引发剂的作用下引发聚合，这种方法主要用于橡胶用树脂（丁苯橡胶）、乳胶漆基料的聚合。乳液聚合具有以下特点：

① 水作分散介质，黏度低且稳定，价廉安全。

② 机理独特，可以同时提高聚合速率和聚合物分子量。若用氧化-还原引发体系，聚合可在较低的温度下进行。

③ 对直接应用胶乳（乳液）的场合更为方便，如涂料、胶黏剂、水性墨等。

④ 获得固体聚合物时须经破乳、洗涤、脱水、干燥等工序，纯化困难，生产成本较悬浮聚合高。

乳液聚合与其他自由基聚合方法相比，具有速度快、平均分子量高的特点，这是由它的聚合机理所决定的。参见胶黏剂模块。

（3）丙烯酸树脂乳液合成实例 丙烯酸树脂乳液在国内工业化生产已达80%以上，其中纯丙性能最好，但价格较高，多用于高层建筑的外墙涂料。苯丙、乙丙两者的成本比纯丙低，多用于内墙涂料和一般外墙涂料。丙烯酸乳胶涂料有内墙和外墙涂料两种，又可分为有光、平光和无光三种。

① 苯丙乳液的合成。苯丙乳液为苯乙烯和丙烯酸酯共聚物乳液，可配制外墙和内墙涂料，但填料比例不同，添加剂也不同。苯丙乳液的合成原料及典型配方如下。

【配方】

乳液组成		用量（质量比）/%			
		配方1	配方2	配方3	配方4
单体	苯乙烯	23	23	35	30
	丙烯酸	—	1	1	—
	丙烯酸丁酯	23	23	—	10
	丙烯酸异辛酯	—	—	11	7
	甲基丙烯酸	0.5	—	—	0.5
	甲基丙烯酸甲酯	2	—	—	—

续表

乳液组成		用量（质量比）/%			
		配方 1	配方 2	配方 3	配方 4
乳化剂	OP-10	—	2.5	1.5	2.0
	K-12	—	1	1	1
	MS-1	2.4	—	—	—
保护胶体	聚甲基丙烯酸钠	1.4	—	—	—
	聚丙烯酸钠	—	1	1.5	—
	聚苯乙烯 - 顺丁烯二酸酐共聚钠盐	—	—	—	1.5
分散剂	水	48.8	49.5	49	49
引发剂	过硫酸钾、过硫酸铵	0.24	0.24	0.24	0.24
缓冲剂	小苏打、磷酸氢二钠	0.22	0.22	0.22	0.22

说明：OP-10 为聚氧化乙烯烷基酚醚类非离子型乳化剂，"10" 代表分子中乙氧基（—CH_2CH_2O—）链节的数目；K-12 属阴离子型乳化剂十二烷基硫酸钠；MS-1 属阴离子型和非离子型乳化剂。

【合成工艺】

将乳化剂溶解于水中，加入混合单体，在激烈搅拌下进行乳化。然后将乳化剂的五分之一投入反应釜中，加入二分之一的引发剂，升温至 70 ～ 72℃，保温至物料呈蓝色荧光，此时出现放热高峰，温度有可能达到 80℃ 以上。待温度下降后开始滴加混合液，滴加速率以控制釜内温度稳定为原则，单体乳液滴加完毕后，升温至 95℃，保温 30min，再抽真空除去未反应单体，最后冷却，加入氨水调节 pH 值至 8 ～ 9，出料。

② 叔丙乳液的合成。叔丙乳液指叔碳酸乙烯酯与丙烯酸及其酯、甲基丙烯酸及其酯类的共聚物乳液。叔丙乳液的合成原料及典型配方如下。

【配方】

组分	原料名称	用量（质量份）	组分	原料名称	用量（质量份）
A 组分（底料）	去离子水	45	B 组分（预乳液）	N- 羟甲基丙烯酰胺	1.328
	K-12	0.0440		丙烯酸	0.664
	OP-10	0.0890	C 组分（引发剂液）	过硫酸钾（初加）	0.100
	NaHCO₃	0.0990		去离子水（初加）	2.000
B 组分（预乳液）	去离子水	15		过硫酸钾（滴加）	0.232
	K-12	0.1770		去离子水（滴加）	15.00
	OP-10	0.3540	D 组分（后消除）	TBHP	0.0720
	甲基丙烯酸甲酯	34.023		去离子水	1.500
	丙烯酸丁酯	13.788		SFS（吊白块）	0.0600
	VV-10	16.601		去离子水	1.500

说明：VV-10 指高度支链化的 10 个碳原子的叔碳酸乙烯酯；TBHP 为叔丁基过氧化氢；SFS 指次硫酸氢钠甲醛或甲醛合次硫酸氢钠，为半透明白色结晶或小块，易溶于水，高温下具有极强的还原性，有漂白作用。

【合成工艺】

将底料加入反应瓶，升温至 78℃；取组分 B 的 10% 加入反应瓶打底，升温至 84℃，加入初加 KPS（过硫酸钾）溶液；待兰光出现，回流不明显的同时滴加剩余预乳液及滴加引发剂液，约 4h 滴完；保温 1h；降温至 65℃，加 D 组分，保温 30min；降至 40℃，用氨水调 pH 为 7 ～ 8，过滤出料。

（四）创新导引

制备高固体分丙烯酸涂料的关键是合成出高固体分、低黏度的丙烯酸树脂。对于高固体分丙烯酸树脂，在配方设计时除了重视一般溶剂型丙烯酸树脂所要考虑的各种因素之外，还应更加关注树脂的黏度，应在提高树脂固体分和降低树脂黏度间建立一种平衡。对于固体分一定的丙烯酸树脂，其黏度的控制因素主要在于聚合物的分子量及其分布、玻璃化转变温度或链的自由度、官能团和溶剂。为了尽可能提高固体分，如何设计配方中的单体比例、选择高性能引发剂及匹配的溶剂体系？

三、聚氨酯树脂的生产

1937 年，德国化学家 Otto Bayer 及其同事用二或多异氰酸酯和多羟基化合物经逐步加成聚合合成的高分子化合物，其分子主链上除含有多个氨基甲酸酯基（—NH—$\overset{\overset{\displaystyle O}{\|}}{C}$—O—）链节外，还往往含有醚基、酯基、脲基和酰胺基等基团，习惯上总称为聚氨酯树脂。聚氨酯分子结构中羰基的氧原子可与氨基上的氢形成环状或非环状氢键。

聚氨酯分子中极性很强的异氰酸酯基、酯基、醚键、脲、酰氨基等，可使聚氨酯涂膜具有良好的附着力；而环状或非环状氢键在外力作用下，可吸收能量（20 ～ 25kJ/mol）以避免化学键的断裂，当外力消除后可重新形成氢键。因此，聚氨酯树脂的断裂伸长率、耐磨性和韧性等均优于其他树脂，漆膜光亮耐磨、坚硬，耐化学腐蚀性、耐热性能优异，并可根据需要而调节其成分配比，可以从极坚硬的调节到极柔软的弹性涂层。聚氨酯能在高温下烘干，也能在低温下固化，即使在 0℃ 以下也能正常固化，具有常温固化速度快、施工适应季节长等优点。

（一）聚氨酯树脂的分类

聚氨酯涂料有单、双包装之分，按成膜物质化学组成及固化机理，共可细分为五种。双包装的聚氨酯涂料有羟基固化型聚氨酯涂料和催化固化型聚氨酯涂料两种类型。单包装聚氨酯涂料主要有聚氨酯改性油涂料、潮气固化型聚氨酯涂料、封闭型聚氨酯涂料等品种。聚氨酯涂料在国防、基建、化工防腐、电气绝缘、木器涂料等各方面都得到广泛应用。

【1】**羟基固化型聚氨酯涂料** 这种涂料的一个组分是含有异氰酸酯基的加成物或预聚物（也叫低分子氨基甲酸酯聚合物），另一个组分是含羟基和聚醚、聚酯、环氧树脂等。使用时，将两个组分按一定比例混合，使异氰酸酯基与羟基反应而固化。这一类涂料的性能优良、品种很多、用途广泛，主要用于金属、水泥、木材、橡胶以及皮革等材料的涂布，有清漆、磁漆和底漆等品种。

【2】**催化固化型聚氨酯涂料** 是为避免空气湿度的影响、方便施工、保证较快干燥成膜而制备的另一种双组分聚氨酯涂料，即利用催化剂，使预聚物中的异氰酸酯基（—NCO）与空气中的水反应成膜。常用的催化剂为二甲基乙醇胺、环烷酸钴等。所用催化剂单独包装。此类涂料的品种多为清漆，干燥快，附着力、光泽、耐磨以及耐水性好，用于木材、混凝土表面等。

【3】**聚氨酯改性油（聚氨酯清漆）** 又称氨酯油，先将干性油与多元醇进行酯交换，再与二异氰酸酯反应而成。即以甲苯二异氰酸酯替代苯酐与甘油一、二脂肪酸酯反应，所得树脂分子链中含氨基甲酸酯基，而不含游离的—NCO基。它的干燥是在空气中通过双键氧化而进行的。此漆干燥快。由于酰胺基的存在而增加了其耐磨、耐碱和耐油性，适用于室内、木材、水泥的表面涂覆；缺点是流平性差、易泛黄、色漆易粉化。

【4】**潮气固化型聚氨酯涂料** 由多异氰酸酯与多羟基聚酯或聚醚反应而得。成膜物质分子结构中含游离的—NCO基，可与水反应形成脲键，故可在湿度较大的空气中固化。固化速度与空气湿度有关，湿度小固化慢，湿度大固化快。因固化产生二氧化碳，容易使涂膜产生针孔、麻点等，故此种涂料的喷涂次数较多。是一类非常重要的防腐涂料品种。

【5】**封闭型聚氨酯涂料** 以苯酚、酮肟、醇、己内酰胺等为封闭剂，将二异氰酸酯或其加成产物的游离—NCO基临时封闭，使—NCO暂时失活，然后再与聚酯或聚醚等含有—OH的组分混合配制，成为单组分聚氨酯涂料，室温下无反应活性，不受潮气影响，贮存期稳定。施工时高温烘烤涂膜（100～150℃），封闭剂解封，重新释放出—NCO，与涂料中的活性氢组分交联固化成膜。

（二）聚氨酯树脂的合成原料

1. 多异氰酸酯

多异氰酸酯可以根据异氰酸酯基与碳原子连接的结构特点，分为四大类：芳香族多异氰酸酯（如甲苯二异氰酸酯，即 TDI）、脂肪族多异氰酸酯（六亚甲基二异氰酸酯，即 HDI）、芳脂族多异氰酸酯（即在芳基和多个异氰酸酯基之间嵌有脂肪烃基，常为多亚甲基，如苯二亚甲基二异氰酸酯，即 XDI）和脂环族多异氰酸酯（即在环烷烃上带有多个异氰酸酯基，如异佛尔酮二异氰酸酯，即 IPDI）四大类。芳香族多异氰酸酯合成的聚氨酯树脂户外耐候性差，易黄变和粉化，属于"黄变性多异氰酸酯"，但价格低，来源方便，在我国应用广泛，如 TDI 常用于室内涂层用树脂；脂肪族多异氰酸酯耐候性好，不黄变，其应用不断扩大，欧、美等发达国家和地区已经成为主流的多异氰酸酯单体使用地；芳脂族和脂环族多异氰酸酯接近脂肪族多异氰酸酯，也属于"不黄变性多异氰酸酯"。聚氨酯树脂中 90% 以上采用芳香族多异氰酸酯，甲苯二异氰酸酯是最早开发、应用最广、产量最大的二异氰酸酯单体；根据其两个异氰酸酯（—NCO）基团在苯环上的位置不同，可分为 2,4- 甲苯二异氰酸酯（2,4-TDI，简称 2,4 体）和 2,6- 甲苯二异氰酸酯（2,6-TDI，2,6 体）。二苯基甲烷二异氰酸酯（MDI）是继 TDI 以后开发出来的重要的二异氰酸酯，有三种异构体。

以芳香族异氰酸酯为原料的聚氨酯涂料综合性能好、产量大、品种多、应用广，但有一个严重缺陷，其涂膜受太阳光照射后泛黄严重，易失光，耐候性较差，常应用于室内使用的深色漆。以脂肪族异氰酸酯为原料的涂料具有优良的耐候性，常用作户外使用的高档装饰涂料。

2. 含羟基化合物

主要有聚酯多元醇、聚醚多元醇及其他低聚多元醇等。聚酯多元醇是二元羧酸（如己二酸）和多元醇（如乙二醇、丙二醇、1，4- 丁二醇、新戊二醇等）的缩聚产物，目前比较常用的有：聚己二酸乙二醇酯二醇、聚己二酸 -1，4- 丁二醇酯二醇、聚己二酸己二醇酯二醇和聚碳酸酯二醇等。聚醚多元醇是以低分子量的多元醇、多元胺或含有活泼氢化合物为起始剂，与氧化烯烃在催化剂作用下开环聚合得到具有醚键和端羟基的低聚物：

$$YH_n \ + \ xCH_2-\overset{\displaystyle R}{\underset{\displaystyle O}{CH}} \xrightarrow{\ base\ } Y\left[\!\left(CH_2-\overset{\displaystyle R}{CH}-O\right)_{\!x}\!H\right]_n$$

其中 YH_n 为起始剂，常用的有多元醇（或胺），n 为官能度，x 为聚合度，R 为氢或烷基。

聚氨酯合成常用的聚醚型二醇主要产品有：聚环氧乙烷（聚乙二醇）二醇（PEG）、聚环氧丙烷（聚丙二醇）二醇（PPG）、聚四氢呋喃二醇（PTMEG）以及上述单体的均聚或共聚二醇或多元醇。其中 PPG 产量大、用途广。PTMEG 综合性能优于 PPG，PTMEG 由阳离子引发剂引发四氢呋喃单体开环聚合生成，其产量近年来增长较快，国内也已有厂家生产。

3. 扩链剂

为了调节大分子链的软、硬链段比例，同时也为了调节分子量，在聚氨酯合成中常使用扩链剂。扩链剂主要是多官能度的醇类。如乙二醇、一缩二乙二醇（二甘醇）、1,2- 丙二醇、一缩二丙二醇、1,4- 丁二醇（BDO）、1,6- 己二醇（HDO）、三羟甲基丙烷（TMP）或蓖麻油。加入少量的三羟甲基丙烷（TMP）或蓖麻油等三官能度以上单体可在大分子链上产生适量的分支，可以有效地改善力学性能，但其用量不能太多，否则预聚阶段黏度太大，极易凝胶，一般加 1%（质量分数）左右。

4. 溶剂

异氰酸酯基活性大，能与水或含活性氢（如醇、胺、酸、水等）的化合物反应（见涂料中常用的异氰酸酯反应）。因此，若所用溶剂或其他单体（如聚合物二醇、扩链剂等）含有这些杂质，必将严重影响树脂的合成、结构和性能，有时甚至导致事故，威胁生命及财产安全。缩聚用单体，溶剂的品质要求达到所谓的"聚氨酯级"。溶剂中能与异氰酸酯反应的化合物的量常用异氰酸酯当量来衡量，异氰酸酯当量为1mol异氰酸酯（苯基异氰酸酯为基准物）完全反应所消耗的溶剂的质量。换句话说，溶剂的异氰酸酯当量愈高，即其所含的活性氢类杂质愈低。聚氨酯树脂及其涂料的溶剂一般使用酯类、酮类和烃类溶剂配合使用，使用前一般要将溶剂进行精制以去除水分等杂质，保证产品贮存稳定和产品质量。

5. 催化剂

对于聚氨酯涂料，微量的催化剂可降低活化能，促进异氰酸酯的反应。聚氨酯化反应通常使用的催化剂为有机锡化合物、一些叔胺类化合物及有机膦化合物。比如二月桂酸二丁基锡酯（T-12，DBTDL）和辛酸亚锡。二者皆为黄色液体，前者毒性大，后者无毒。有机锡对—NCO与—OH的反应催化效果好，叔胺类催化剂有甲基二乙醇胺、二甲基乙醇胺、三乙胺、N,N-二甲基环己胺、三乙醇胺、三亚乙基二胺等，其中三亚乙基二胺最为常用，用量一般为固体分的0.01%～0.1%。有机膦如三丁基膦、三乙基膦。

（三）聚氨酯树脂的合成工艺

1. 异氰酸酯的反应

异氰酸酯的反应就是聚氨酯合成与固化的基础。异氰酸酯基具有两个杂累积双键，非常活泼，极易与其他含活性氢原子的化合物发生加成反应同时本身可以发生自聚合反应。—NCO基上氮原子和氧原子的电负性均大于碳原子，因此碳原子呈正电性，从偶极矩数据知—NCO基中的氮原子比氧原子电负性大，这可能因为键能C=O（733kJ）> C=N（553kJ）。碳呈正电性，异氰酸酯易被亲核试剂进攻，发生亲核加成反应，而进攻试剂的正性基团必与氮原子相连，也就是—NCO基的反应点是碳原子和氮原子。

涂料中常见的异氰酸酯反应主要有以下几类：

（1）异氰酸酯与醇反应

$$R-N=C=O \ + \ R'-OH \longrightarrow R-\overset{\overset{\displaystyle H}{|}}{N}-\overset{\overset{\displaystyle O}{\|}}{C}-OR'$$

这是涂料领域制造聚氨酯的加成物、预聚物、封闭物、氨酯油等以及双组分涂料的固化涉及的主要反应。此反应是剧烈的放热反应，因此在合成树脂时要注意控制温度，必要时减缓加料速度，或用夹套冷却。形成的氨基甲酸酯在高温或在催化剂作用下能与异氰酸酯反应，生成脲基甲酸酯：

$$R-\overset{\overset{\displaystyle H}{|}}{N}-\overset{\overset{\displaystyle O}{\|}}{C}-OR' \ + \ R-N=C=O \longrightarrow R-\overset{\overset{\displaystyle H}{|}}{N}-\overset{\overset{\displaystyle O}{\|}}{C}-\overset{\overset{}{\underset{\underset{\displaystyle R}{|}}{N}}}-\overset{\overset{\displaystyle O}{\|}}{C}-OR'$$

（2）异氰酸酯与水反应

$$R-N=C=O \ + \ H_2O \longrightarrow R-NH_2 \ + \ CO_2$$

生成的胺继续与异氰酸酯反应生成脲：

$$R-N=C=O \ + \ H_2NR \longrightarrow R-\overset{\overset{\displaystyle H}{|}}{N}-\overset{\overset{\displaystyle O}{\|}}{C}-NH-R$$

潮气固化型聚氨酯涂料就是通过上述两个反应固化成膜的，在制涂料时若所用的原料或半成品中含水，则会发生上述反应而凝胶。若成品含水则在涂料罐中会产生二氧化碳而鼓气，涂料含水则涂膜产生小泡。此外，异氰酸酯基和胺的反应常用于脂肪族水性聚氨酯合成时预聚体在水中的扩链，此时胺基的活性远大于水的活性，通过脲基生成高分子量的聚氨酯。

（3）异氰酸酯与脲反应

$$
\underset{\text{R—N—C—NH—R}'}{\underset{\mid}{H}\,\underset{\parallel}{O}} \quad + \quad R—N=C=O \quad \longrightarrow \quad \underset{\underset{R}{\mid}}{\underset{\mid}{H}\,\underset{\parallel}{O}\,\underset{\parallel}{O}}\!\!\text{R—N—C—N—C—NH—R}'
$$

在高温下异氰酸酯与脲反应生成缩二脲，这是一类聚氨酯固化剂。

此外，异氰酸酯还可与羧酸、酰胺等反应，或发生自聚。上述反应中，多异氰酸酯同羟基化合物的反应尤为重要，其反应条件温和，可用于合成聚氨酯预聚体、多异氰酸酯的加合物以及羟基型树脂（如羟基丙烯酸树脂、羟基聚酯和羟基短油醇酸树脂等）的交联固化。

2. 合成工艺

涂料用聚氨酯树脂一般分为单组分聚氨酯树脂和溶剂型双组分聚氨酯涂料树脂。不同类型的树脂其合成工艺不同，以下分别加以介绍。

（1）单组分聚氨酯树脂

① 聚氨酯改性油（聚氨酯油）

聚氨酯油大分子链上带有在钴、钙、锰等催干剂催化下可以氧化交联的干性或半干性油脂肪酸侧基，其干燥速度较醇酸树脂快，涂膜硬度高，耐磨、耐水、耐弱碱性好，可以视为醇酸树脂的升级产品，兼有醇酸树脂、聚氨酯树脂的一些优点。其合成原理如下：

$$
(n+1)\text{HO—R—OH} \; + \; n\text{OCN—R}'\text{—NCO} \; \longrightarrow \; \text{HO—R—O—C—N—R}' \backsim\!\!\backsim\!\!\backsim \text{R}'\text{—NHC—OR}
$$

聚氨酯油合成实例如下。

【配方】

原料	规格	用量（质量份）
豆油	双漂	893
三羟甲基丙烷	工业级	268
环烷酸钙	金属含量4%	0.2%（以油计）
二甲苯	聚氨酯级	100
异佛尔酮二异氰酸酯	工业级	559.4
二月桂酸二丁基锡	工业级	1.2%（以油计）
丁醇		5%（以油计）

【合成工艺】

a. 依配方将豆油、三羟甲基丙烷、环烷酸钙加入醇解釜，通入 N_2 保护，加热使体系呈均相后开动搅拌；使温度升至240℃；醇解约1.5h，测醇容忍度，合格后降温至180℃，加入5%的二甲苯共沸带水，至无水带出，降温度降至60℃。

b. 在 N_2 的继续保护下，将配方量二甲苯的 50％ 加入反应釜，将异佛尔酮二异氰酸酯滴入聚合体系，约 2h 滴完；用剩余二甲苯洗涤异佛尔酮二异氰酸酯滴加罐并加入反应釜。

c. 保温 1h，加入催化剂；将温度升至 90℃，保温反应；5h 后取样测—NCO 含量，当—NCO 含量小于 0.5％ 时，加入正丁醇封端 0.5h。降温，调固含量、过滤、包装。

② 潮气固化聚氨酯

潮气固化聚氨酯是一种端异氰酸酯基的聚氨酯预聚体，它由聚合物（如聚酯、聚醚、醇酸树脂、环氧树脂）多元醇同过量的二异氰酸酯聚合而成。为了调节硬度及柔韧性也可以引入一些小分子二元醇，如丁二醇、己二醇、1,4-环己烷二甲醇等。合成配方中—NCO 基团与—OH 基团的摩尔比一般在 3 左右，使异氰酸酯基过量，聚氨酯预聚体上—NCO 基团的质量含量在 5％～15％ 之间。该类树脂配制的涂料施工后，由大气中的水分起扩链剂的作用，预聚体通过脲键固化成膜。

潮气固化聚氨酯涂料具有聚氨酯涂料的优点，如涂层耐磨、耐腐蚀、耐水、耐油、附着力强、柔韧性好。该类涂料的特点是可以在高湿环境下使用，如地下室、水泥、金属、砖石的涂装。缺点是不能厚涂，否则容易形成气泡。另外，色漆配制工艺复杂，产品一般以清漆供应。

潮气固化聚氨酯的合成实例如下。

【配方】

原料	规格	用量（质量份）
精炼蓖麻油	工业级	932.0
三羟甲基丙烷	工业级	134.0
环烷酸钙	金属含量 4％	0.2％（以油计）
二甲苯	聚氨酯级	1321
甲苯二异氰酸酯	工业级	1388
二月桂酸二丁基锡	化学纯	1.225

【合成工艺】

a. 依配方将精炼蓖麻油、三羟甲基丙烷、环烷酸钙加入醇解釜，通入 N_2 保护，加热使体系呈均相后开动搅拌；使温度升至 240℃；醇解约 1h，测醇容忍度，合格（85％ 乙醇溶液，1∶4 透明）后，降温至 180℃，加入 5％ 的二甲苯共沸带水，至无水带出，降温至 60℃。

b. 在 N_2 的继续保护下，将剩余二甲苯的 50％ 加入反应釜，将甲苯二异氰酸酯滴入聚合体系，约 1.5h 滴完；用剩余二甲苯洗涤甲苯二异氰酸酯滴加罐，并加入反应釜。

c. 保温 2h，加入催化剂；将温度升至 80℃，保温反应；2h 后取样测—NCO 含量，当—NCO 含量稳定后（一般比理论值小 0.5％），降温、过滤、包装。

③ 封闭型异氰酸酯

将多异氰酸酯、端异氰酸酯加合物或端异氰酸酯预聚物用含有活性氢原子的化合物（如苯酚、乙醇、己内酰胺）先暂时封闭起来，使异氰酸酯基暂时失去活性，成为潜在的固化剂组分。该组分同聚酯、丙烯酸树脂等羟基组分在室温或稍高温度下没有反应活性，故可以包装于同一容器中，构成一种单组分聚氨酯涂料，即封闭型异氰酸酯。使用时，将涂装后形成的涂膜经高温烘烤（80～180℃），封闭剂解封闭挥发，—NCO 基团重新恢复，通过与—OH 反应交联成膜。烘烤温度（即解封温度）同封闭剂和多异氰酸酯结构有关。另外，合成聚氨酯用的有机锡类、有机胺类催化剂对解封也有催化性，可以降低解封温度，从节能角度考虑，降低解封温度有利于节能。封闭型异氰酸酯在漆包线涂料、聚氨酯粉末涂料、阴极电沉积涂料等中应用。

封闭型异氰酸酯是单包装，使用方便，同时—NCO 基被封闭成较为稳定的加合物，对水、醇、酸等活性含氢化合物不再敏感，对造漆用溶剂、颜料、填料无严格要求。施工时可以喷涂、浸涂，高温烘烤后交联成膜，漆膜具有优良的绝缘性能、力学性能、耐溶剂性能和耐水性能。但必须高温烘烤才能固化，能耗较大，不能用于塑料、木材材质及大型金属结构产品。此

外，封闭剂释放时对环境有一定污染。封闭型异氰酸酯主要用于配制电绝缘漆、卷材涂料、粉末涂料和阴极电泳漆。

（2）溶剂型双组分聚氨酯涂料树脂

溶剂型双组分聚氨酯涂料是最重要的涂料产品，该类涂料产量大、用途广、性能优，可以配制清漆、各色色漆、底漆，对金属、木材、塑料、水泥、玻璃等基材都可涂饰，可以刷涂、滚涂、喷涂，可以室温固化成膜，也可以烘烤成膜。溶剂型双组分聚氨酯涂料为双罐包装，一罐为羟基组分，由羟基树脂、颜料、填料、溶剂和各种助剂组成，常称为甲组分；另一罐为多异氰酸酯的溶液，也称为固化剂组分或乙组分。使用时两个组分按一定比例混合，施工后由羟基组分大分子的—OH 基团同多异氰酸酯的—NCO 基团交联成膜。

① 羟基树脂的合成

双组分聚氨酯涂料用羟基树脂有短油度的醇酸型、聚酯型、聚醚型和丙烯酸树脂型四种类型。醇酸型、聚醚型多元醇耐候性较差，可以用于室内物品的涂饰。而聚酯型、丙烯酸树脂型则室内、户外皆可以使用。以下是羟基树脂合成实例：

【配方】

原料	规格	用量（质量份）
丙二醇甲醚醋酸酯	聚氨酯级	111.0
二甲苯（1）	聚氨酯级	140.0
丙烯酸 -β- 羟丙酯	工业级	150.0
苯乙烯	工业级	300.0
甲基丙烯酸甲酯	工业级	100.0
丙烯酸正丁酯	工业级	72.00
丙烯酸	工业级	8.000
叔丁基过氧化苯甲酰（1）	工业级	18.00
叔丁基过氧化苯甲酰（2）	工业级	2.000
二甲苯（2）	聚氨酯级	100.0

【合成工艺】

先将丙二醇甲醚醋酸酯、二甲苯（1）加入聚合釜中，通氮气置换反应釜中的空气，加热升温到130℃。将丙烯酸 -β- 羟丙酯、苯乙烯、甲基丙烯酸甲酯、丙烯酸正丁酯、丙烯酸和叔丁基过氧化苯甲酰(1)混合均匀，用4h滴入反应釜，保温2h。将叔丁基过氧化苯甲酰(2)用50％的二甲苯(2)溶解，用0.5h滴入反应釜，继续保温2h。最后加入剩余的二甲苯(2)调整固含量，降温、过滤、包装。

产品检测。

固含量：（65±2)%；黏度：4000～6000mPa·s(25℃下的旋转黏度)；酸值：＜10mg KOH/g；色泽：＜1号。该产品涂膜光泽及硬度高，丰满度好，流平性佳，可以用于高档 PU 面漆与地板漆。

② 多异氰酸酯的合成

在双组分聚氨酯涂料中，多异氰酸酯组分也称为固化剂或乙组分。最初，人们直接使用甲苯二异氰酸酯作固化剂同羟基组分配制聚氨酯漆，但甲苯二异氰酸酯等二异氰酸酯单体蒸汽压高、易挥发，危害人们健康，应用受到限制。现在，将二异氰酸酯单体同多羟基化合物反应制成端异氰酸酯基的加合（成）物或预聚物，另外，二异氰酸酯单体也可以合成出缩二脲或通过三聚化生成三聚体，使分子量提高，降低挥发性，方便应用。以下仅介绍多异氰酸酯加合物的合成。

多异氰酸酯加合物是国内产量较大的固化剂品种，主要有 TDI-TMP 和 HDI-TMP。

TDI-TMP 加合物的合成原理如下：

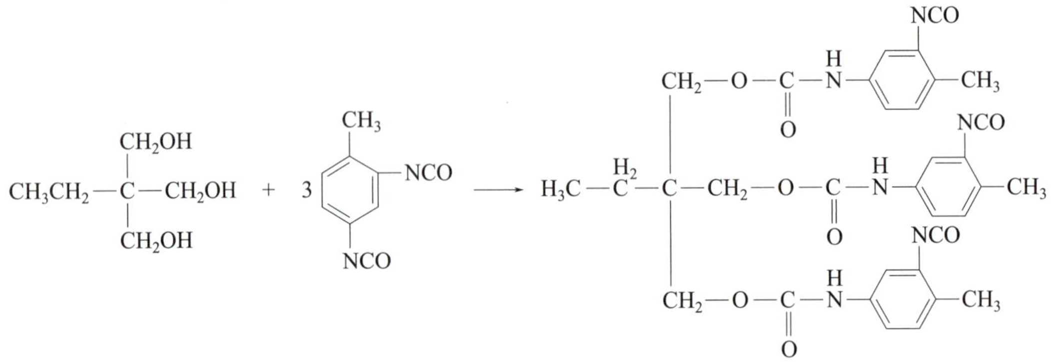

【配方】

原料	规格	用量（质量份）
三羟甲基丙烷	工业级	13.40
环己酮	工业级	7.620
乙酸丁酯	聚氨酯级	61.45
苯	工业级	4.50
甲苯二异氰酸酯	工业级	55.68

【合成工艺】

a. 将三羟甲基丙烷、环己酮、苯加入反应釜，开动搅拌，升温使苯将水全部带出，降温至60℃，得三羟甲基丙烷的环己酮溶液。

b. 将甲苯二异氰酸酯、80%的乙酸丁酯加入反应釜，开动搅拌，升温至50℃，开始滴加三羟甲基丙烷的环己酮溶液，3h加完；用剩余乙酸丁酯洗涤三羟甲基丙烷的环己酮溶液配制釜并加入反应釜。

c. 升温至75℃，保温2h后取样测—NCO含量。—NCO含量为8%～9.5%、固体分为50%±2%为合格，合格后经过滤、包装，得产品。

二异氰酸酯单体的残留是TDI-TMP加合物存在的主要问题。目前，国外产品的固化剂中游离TDI含量都小于0.5%，国标要求国内产品中游离TDI含量要小于0.7%。为了降低TDI残留，可以采用化学法和物理法。化学法即三聚法，这种方法在加成反应完成后加入聚合型催化剂，使游离的TDI三聚化。物理法包括薄膜蒸发和溶剂萃取两种方法。国内已有相关工艺的应用。

（四）创新导引

众所周知，聚氨酯树脂涂料因其优异的性能广泛应用于各个领域的装饰和保护。随着环保理念的增强和环保法规的日益严格，聚氨酯涂料市场也以环保、健康为发展方向。随着涂料中游离TDI的处理技术日趋成熟，各种环保型涂料被相继开发，这使得聚氨酯涂料更趋向于绿色化，为聚氨酯涂料开辟了更广泛的应用前景。水性聚氨酯涂料及聚氨酯粉末涂料下一步的发展方向是什么？进一步降低聚氨酯涂料中游离单体含量的方法有哪些？

项目三

涂料生产设备与生产过程

一、涂料生产设备

涂料生产的主要设备有分散设备、研磨设备、调漆设备、过滤设备、输送设备等。

1. 分散设备

预分散是涂料生产的第一道工序，通过预分散，颜、填料混合均匀，同时使基料取代部分颜料表面所吸附的空气使颜料得到部分润湿，在机械力作用下颜料得到初步粉碎。在色漆生产中，这道工序是研磨分散的配套工序，过去色漆的研磨分散设备以辊磨机为主，与其配套的是各种类型的搅浆机。近年来，研磨分散设备以砂磨机为主流，与其配套的也改用高速分散机，它是目前使用最广泛的预分散设备。

高速分散机由机体、搅拌轴、分散盘、分散缸等组成，主要配合砂磨机对颜、填料进行预分散，对于易分散颜料或分散细度要求不高的涂料也可以直接作为研磨分散设备使用，同时也可用作调漆设备。

高速分散机的关键部件是锯齿圆盘式叶轮，它由高速旋转的搅拌轴带动，搅拌轴可以根据需要进行升降。工作时，叶轮的高速旋转使漆浆呈现滚动的环流，并产生一个很大的旋涡，位于顶部表面的颜料粒子，很快呈螺旋状下降到旋涡的底部，在叶轮边缘 2.5 ～ 5cm 处，形成一个湍流区。在湍流区，颜料的粒子受到较强的剪切和冲击作用，快速分散到漆浆中。在湍流区外，形成上、下两个流束，使漆浆得到充分的循环和翻动。同时，由于黏度剪切力的作用，使颜料团粒得以分散。高速分散机具有以下优点：①结构简单、使用成本低、操作方便、维护和保养容易；②应用范围广，配料、分散、调漆等作业均可使用，对于易分散颜料和制造细度要求不高的涂料，通过混合、分散、调漆可直接制成产品；③效率高，可以一台高速分散机配合数台研磨设备开展工作；④结构简单，清洗方便。

高速分散机工作时漆浆的黏度要适中，太稀则分散效果差，流动性差也不合适。合适的漆料黏度范围通常为 0.1 ～ 0.4Pa·s。

2. 研磨设备

研磨设备是色漆生产的主要设备，常用研磨分散设备有砂磨机、辊磨机、高速分散机等。砂磨机分散效率高，适用于中、低黏度漆浆，辊磨可用于黏度很高的甚至成膏状物料的生产。

砂磨机依靠研磨介质在冲击和相互滚动时产生的冲击力和剪切力进行研磨分散，由于效率高、操作简便，成为当前最主要的研磨分散设备。

动画

砂磨机

砂磨机由电动机、传动装置、筒体、分散轴、分散盘、平衡轮等组成，分散轴上安装数个分散盘，筒体中盛有适量的玻璃珠、氧化锆珠、石英砂等研磨介质。经预分散的漆浆用送料泵从底部输入，电动机带动分散轴高速旋转，研磨介质随着分散盘运动，抛向砂磨机的筒壁，又被弹回，漆浆受到研磨介质的冲击和剪切得到分散。砂磨机主要分立式砂磨机和卧式砂磨机两大类。立式砂磨机研磨分散介质容易沉底，卧式砂磨机研磨分散介质在轴向分布均匀，避免了此问题。砂磨机具有生产效率高、分散细度好、操作简便、结构简单、便于维护等特点，因此成为研磨分散的主要设备。但是砂磨机必须要有高速分散机配合使用，而且深色和浅色漆浆互相换色生产时，较难清洗干净，目前主要用于低黏度的漆浆。

3. 过滤设备

在色漆制造过程中，仍有可能混入杂质，如在加入颜、填料时，可能会带入一些机械杂质，用砂磨分散时，漆浆会混入碎的研磨介质（如玻璃珠），此外还有未得到充分研磨的颜料颗粒，因此需经过滤处理。用于色漆过滤的常用设备有笠筛、振动筛、袋式过滤器、管式过滤器和自清洗过滤机等，一般根据色漆的细度要求和产量大小选用适当的过滤设备。

（1）袋式过滤器　袋式过滤器是由一细长筒体内装有一个活动的金属网袋，内套以尼龙丝绢、无纺布或多孔纤维织物制作的滤袋，接口处用耐溶剂的橡胶密封圈进行密封，压紧盖时，可同时使密封面达到密封，因而在清理滤渣、更换滤袋时十分方便。这种过滤器的优点是适用范围广，既可过滤色漆，也可过滤清漆，适用的黏度范围也很大。

（2）管式过滤器　管式过滤器也是一种滤芯过滤器。待过滤的油漆从外层进入，过滤后的油漆从滤芯中间排出。它的优点是：滤芯强度高，拆装方便，可承受较高压力，用于要求高的色漆过滤。但滤芯价格较高，效率低。

4. 输送设备

涂料生产过程中，原料、半成品、成品往往需要运输，这就需要用到输送设备，输送不同的物料需要不同的输送设备。常用的输送设备有液料输送泵，如隔膜泵、内齿轮泵和螺杆泵、螺旋输送机、粉料输送泵等。

二、涂料生产工艺过程

1. 清漆生产工艺

清漆生产中，由于不用颜、填料，故不涉及颜、填料的分散，工艺相对比较简单，包括树脂溶解、调漆（主要是调节黏度、加入助剂）、过滤、包装。

2. 色漆生产工艺

色漆生产工艺是指将颜、填料均匀分散在基料中加工成色漆成品的物料传递或转化过程，核心是颜、填料的分散和研磨，一般包括混合、分散、研磨、过滤、包装等工序。通常依据产品种类、原材料特点及其加工特点的不同，首先选用适宜的研磨分散设备，确定基本工艺模式，再根据多方面的综合考虑，选用其他工艺手段，制定生产工艺过程。

通常色漆生产工艺流程是以色漆产品或研磨漆浆的流动状态、颜料在漆料中的分散性、漆料对颜料的润湿性及对产品的加工精度要求这四个方面的考虑为依据，结合其他因素如溶剂等首先选定过程中所使用的研磨分散设备，从而确定工艺过程的基本模式。

砂磨机对于颗粒细小而又易分散的合成颜料、粗颗粒或微粉化的天然颜料和填料等易流动的漆浆，生产能力高、分散精度好、能耗低、噪声小、溶剂挥发少、结构简单、便于维护、能连续生产，是加工此类涂料的优选设备，在多种类型的磁漆和底漆生产中获得了广泛的应用。但是，它不适用于生产膏状或厚浆型的悬浮分散体，用于加工炭黑等分散困难的合成颜料时生产效率低，用于生产磨蚀性颜料时则易于磨损，此外换色时清洗比较困难，适合大批量生产。

球磨机同样也适用于分散易流动的悬浮分散体系，适用于分散任何品种的颜料，对于分散粗颗粒的颜料、填料、磨蚀性颜料和细颗粒难分散的合成颜料有着突出的效果。卧式球磨机由于密闭操作，故适用于要求防止溶剂挥发及含毒物的产品。由于其研磨精度差，且清洗换色困难，故不适用于加工高精度的漆浆及经常调换花色品种的场合。

三辊机由于开放操作，溶剂挥发损失大，对人体危害性强，而且生产能力较低，结构较复杂，手工操作劳动强度大，故应用范围受到一定限制。但是它适用于高黏度漆浆和厚浆型产品，因而被广泛用于厚漆、腻子及部分厚浆美术漆的生产。对于某些贵重颜料，三辊机中不等速运转的两辊间能产生巨大的剪切力，导致高固体含量的漆料对颜料润湿充分，有利于获得较好的产品质量，因而被用于生产高质量的面漆。三辊机清洗换色比较方便，也常和砂磨机配合应用，用于制造复色磁漆的少量调色浆。

确定研磨分散设备的类型是决定色漆生产工艺过程的前提和关键。研磨分散设备不同，工艺过程也随之变化。以砂磨机分散工艺为例，一般需要使用高速分散机进行研磨漆浆的预混合，使颜、填料混合均匀并初步分散以后再以砂磨机研磨分散，待细度达到要求后，输送到调漆罐中进行调色制得成品，最后经过滤净化后包装，入库完成全部工艺过程。由于砂磨机研磨漆浆黏度较低，易于流动，大批量生产时可以机械泵为动力，通过管道进行输送；小批量多品种生产也可使用移动调漆罐的方式进行漆浆的转移。球磨机工艺的配料、预混合研磨分散则在球磨筒体内一并进行，研磨漆浆可用管道输送和活动容器运送两种方式输入调漆罐调漆，再经过滤包装入库等环节完成工艺过程。三辊机分散因漆浆较稠，故一般用换罐式搅拌机混合，以活动容器运送的方式实现漆浆的传送，往往与单辊机串联使用进行工艺组合。

色漆的生产工艺一般分为砂磨机工艺、球磨机工艺、三辊机工艺和轧片工艺，核心在于分散手段不同。

以砂磨机工艺为例，如图 4-5 所示，是色漆生产工艺流程之一。这是以单颜料磨浆法生产白色磁漆或以白色漆浆为主色漆浆，调入其他副色漆浆，而制得多种颜色磁漆产品的工艺流程。现以酞菁天蓝色醇酸调和漆生产为例，将其工艺过程概述如下。

〔1〕**备料** 将色漆生产所需的各种袋装颜料和体质颜料用叉车送至车间，用载货电梯提升，手动升降式叉车运送到配料罐A（配制白色主色漆浆用）和配料罐B（配制酞菁蓝调色浆用）。将醇酸调和漆料、溶剂和混合催干剂分别置于各自的贮罐中储存备用（图中未表示出漆料、溶剂及催干剂贮罐）。

〔2〕**配料预混合** 按工艺配方规定的数量将漆料和溶剂分别经机械泵输送并计量后加入配料预混合罐A中，开动高速分散机将其混合均匀，然后在搅拌下逐渐加入配方量的白色颜料和体质颜料，提高高速分散机的转速，进行充分的润湿和预分散，制得待分散的主色漆浆。

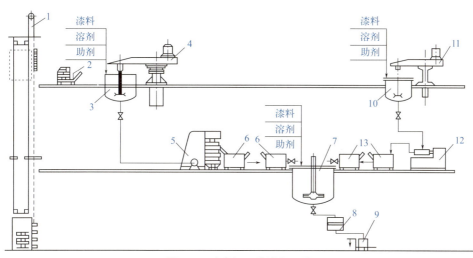

图 4-5 砂磨机工艺流程示意

1—载货电梯；2—手动升降式叉车；3—配料预混合罐（A）；4—高速分散机（A）；5—砂磨机；
6—移动式漆浆盒（A）；7—调漆罐；8—振动筛；9—磅秤；10—配料预混合罐（B）；11—高速分散机（B）；
12—卧式砂磨机；13—移动式漆浆盒（B）

〔3〕**研磨分散** 将白色的主色漆浆以砂磨机（或砂磨机组）分散至细度合格并置于移动式漆浆盆中，得合格的主色研磨漆浆。同时将配料预混合罐B中的酞菁蓝色调色漆浆，以砂磨机分散至细度合格并置于移动式漆浆盆中，得合格的调色漆浆。

〔4〕**调色制漆** 将移动式漆浆盆中的白色漆浆，通过容器移动或机械泵加压管道输送的方式，依配方量加入调漆罐中。在搅拌下，将移动式漆浆盆中的酞菁蓝调色漆浆逐渐加入其中，以调整颜色。待颜色合格后补加配方中漆料及催干剂，并加入溶剂调整黏度，以制成合格的酞菁天蓝色醇酸调和漆。

〔5〕**过滤包装** 经检验合格的色漆成品，经过滤器净化后，计量、包装、入库。

3. 乳胶漆生产工艺

乳胶漆是颜料的水分散体和聚合物的水分散体（乳液）的混合物，二者本身都已含有多种表面活性剂，为了获得良好的施工和成膜性质，又添加了许多表面活性剂。这些表面活性剂除了化学键合或化学吸附外，都在动态地做吸附/脱吸附平衡，而表面活性剂间又有相互作用，如使用不当，有可能导致分散体稳定性的破坏。

乳液涂料的调制与传统的油漆生产工艺大体相同，一般分为预分散、分散、调和、过滤、包装等工序。但是，就传统油漆来说，漆料作为分散介质在预分散阶段就与颜、填料相遇，颜、填料直接分散到漆料中。而对乳液涂料而言，则由于乳液对剪应力通常较为敏感，在低剪力搅拌阶段，使之与颜料分散浆相遇才比较安全。因而，颜料、填料在预分散阶段仅分散在水中，水的黏度低，欠润湿，因而分散困难。所以，在分散作业中须将增稠剂、润湿剂、分散剂加入。由于分散体系中，有大量的表面活性剂，容易发泡而妨碍生产进行，因而，分散作业中，必须加消泡剂。

乳液涂料的产品以白色和浅色为主，乳液涂料生产线上所直接生产的主要是白色涂料和调色的涂料，彩色涂料是另行制备的。生产作业线主要考虑钛白粉和填料的分散。乳液涂料生产线上通常只需装置高速分散机，并把预分散和分散作业合二为一。现代高档乳液涂料的生产，特别是有光乳液涂料的生产对细度要求较高，往往在高速分散机及调漆罐之间增加一台砂磨机以保证产品的质量。

调制作业，仅需使用低速搅拌缸，在低剪力下，将乳液加入已完成高速分散的涂料浆中，并投入防霉剂等与分散作业无关的助剂及浅色漆的调色浆，用氨水调整黏度，或在低剪力调制桶中先放入乳液，用氨水增稠，而后将研磨分散好的涂料浆放入调制桶中，搅拌均匀后加入有关助剂，并用水调整固含量及最终黏度。当前强调生产环保型乳液涂料，因而尽量不用高羧基含量的增稠剂而用氨水增稠，还可选用羟乙基纤维素之类的增稠剂。

典型的投料顺序如下：

①水；②杀菌剂；③成膜助剂；④增稠剂；⑤颜料分散剂；⑥消泡剂、润湿剂；⑦颜、填料；⑧乳液；⑨ pH 调整剂；⑩其他助剂；⑪水和 / 或增稠剂溶液。

操作步骤是：先将水放入高速搅拌机中，在低速下依次加入杀菌剂、成膜助剂、增稠剂、颜料分散剂、消泡剂、润湿剂，混合均匀后，将颜、填料缓缓加入叶轮搅起的旋涡中。加入颜、填料后，调节叶轮与调漆桶底的距离，使旋涡成浅盆状，加完颜料后，提高叶轮转速，为防止温度上升过多，应停车冷却，停车时刮下桶边黏附的颜、填料。随时测定刮片细度，当细度合格，即分散完毕。

分散完毕后，在低速下逐渐加入乳液、pH 调整剂，再加入其他助剂，然后用水或增稠剂溶液调整黏度，过筛出料。

4. 生产过程中应注意的问题

（1）絮凝　当用纯溶剂或高浓度的漆料调稀色浆时，容易发生絮凝。其原因在于调稀过程中，纯溶剂可从原色浆中提取出树脂，使颜料保护层上的树脂部分被溶剂取代，稳定性下降，当用高浓度漆料调稀时，因为有溶剂提取过程，使原色中颜料浓度局部增大，从而增加絮凝的可能。

（2）配料后漆浆增稠　色漆生产中，会在配料后或砂磨分散过程中遇到漆浆增稠的现象。一是颜料由于加工或储存，含水量过高，在溶剂型涂料中出现了假稠现象；二是颜料中的水溶盐含量过高，或含有其他碱性杂质，它与漆料混合后，脂肪酸与碱反应生成皂而导致增稠。解决方法：增稠现象较轻时，加少量溶剂，或补加适量漆料；增稠情况严重时，如原因是水分过高，可加入少量乙醇等醇类物质，如是碱性物质所造成的，可加入少量亚麻油酸或其他有机酸进行中和。

（3）细度不易分散　研磨漆浆时细度不易分散的原因主要有以下几点。

① 颜料细度大于色漆要求的细度，如云母氯化铁、石墨粉等颜料的原始颗粒大于色漆细度标准，解决办法是先将颜料进一步粉碎加工，使其达到色漆细度的要求。此时，单纯通过研磨分散解决不了颜料原始颗粒的细度问题。

② 颜料颗粒聚集紧密难以分散。如炭黑、铁蓝在生产中就很难分散，且易沉淀。解决办法是分散过程中不要停配料罐搅拌机，砂磨分散时快速进料过磨，经过砂磨机加工一遍后，再正常进料，两次分散作业。此外还可以在配料中加入环烷酸锌对颜料进行表面处理，提高颜料的分散性能，也可加入分散剂，提高分散效率。

③ 漆料本身细度达不到色漆的细度要求，也会造成不易分散，应严格把好进漆料的检验手续关。

（4）调色储存中变成胶状　某些颜料容易造成调色储存中变成胶状，容易产生变胶现象的是酞菁蓝浆与铁蓝浆。解决方法：可采用冷存稀浆法，即配色浆研磨后，立即倒入冷漆料中搅拌，同时加松节油稀释搅匀。

（5）醇酸色漆细度不合格　细度不合格的主要原因有：研磨漆浆细度不合格，调漆工序验收不严格；调色浆、漆料的细度不合格，调漆罐换品种时没刷洗干净，投放的稀料或树脂混溶性不好。

（6）**复色漆出现浮色和发花现象**　浮色和发花是复色漆生产时常见的两种漆膜病态。浮色是由于复色漆生产时所用的各种颜料的密度和颗粒大小及润湿程度不同，在漆膜形成但尚未固化的过程中向下沉降的速度不同造成的。粒径大、密度大的颜料（如铬黄、钛白、铁红等）的沉降速度快，粒径小、密度小的颜料（如炭黑、铁蓝、酞菁等）的沉降速度相对慢一些，漆膜固化后，漆膜表面颜色成为以粒径小、密度小的颜料占显著色彩的浮色，而不是工艺要求的标准复色。

发花是由于不同颜料表面张力不同，漆料的亲和力也有差距，造成漆膜表面出现因局部某一颜料相对集中而产生的不规则的花斑。解决上述问题的办法是在色漆生产中，加入降低表面张力的低黏度硅油或者其他流平助剂。

（7）**凝胶化**　涂料在生产或储存时黏度突然增大，并出现弹性凝胶的现象称为凝胶化。聚氨酯涂料在生产和储存过程中，异氰酸酯组分（又称甲组分）和羟基组分（又称乙组分）都可能出现凝胶化现象，其原因有：生产时没有按照配方用量投料；生产操作工艺（包括反应温度、反应时间及pH值等）失控；稀释溶剂没有达到氨酯级要求；涂料包装桶漏气，混入了水分或空气中的湿气；包装桶内积有反应性活性物质，如水、醇、酸等。预防与解决的办法：原料规格必须符合配方、工艺要求；严格按照工艺条件生产，反应温度、反应时间及pH值控制在规定的范围内。

（8）**发胀**　色浆在研磨过程中，浆料一旦静置下来就呈现胶冻状，而一经搅拌又变稀的现象称为发胀。这种现象主要发生在羧基组分中，导致羧基组分发胀的原因主要有：羧基树脂pH值偏低，采用的是碱性颜料，两者发生皂化反应使色浆发胀，聚合度高的羧基树脂会使一些活性颜料结成颜料粒子团而显现发胀。可以在发胀的浆料中加入适量的二甲基乙胺或甲基二乙醇胺，缓解发胀；用三辊机对发胀的色浆再研磨，使絮凝的颜料重新分散；在研磨料中加入适量的乙醇胺类，能消除因水而引起的发胀。

（9）**沉淀**　由于杂质或不溶性物质的存在，色漆中的颜料出现沉底的现象叫沉淀。产生的原因主要有：色漆组分黏度小，稀料用量过大，树脂含量少；颜料相对密度大，颗粒过粗；稀释剂使用不当；储存时间长。可以加入适量的硬脂酸铝或有机膨润土等涂料常用的防沉剂，提高色漆的研磨细度避免沉淀。

（10）**变色**　清漆在储存过程中由于某些原因颜色发生变化的现象叫变色。这种现象主要发生在羧基组分中，其原因有：羧基组分pH值偏低，与包装铁桶和金属颜料发生化学反应；颜料之间发生化学反应，改变了原来颜料的固有颜色；颜料之间的相对密度相差大，颜料分层造成组分颜色不一致。可以通过选用高pH值羧基树脂，最好是中性树脂避免变色；在颜料的选用上需考虑它们之间与其他组分不发生反应。

（11）**结皮**　涂料在储存中表层结出一层硬结漆膜的现象称为结皮。产生的原因有：涂料包装桶的桶盖密封不严；催干剂的用量过多。可通过加入防结皮剂丁酮肟以及生产时严格控制催干剂用量的方法解决。

拓展阅读

我国研制新型涂料挑战 120 年耐久性联合防护技术守护港珠澳大桥

图 4-6　港珠澳大桥

万众瞩目的港珠澳大桥（图4-6）于2018年正式开通。这座世界上最长的跨海大桥设计标准打破了国内通常的"百年惯例"，制定了120年设计标准。其背后有一项护航的关键技术，是由中国科学院金属研究所（简称中科院金属所）自主研发的联合防护技术。

中科院金属所耐久性防护与工程化课题组负责人李京告诉记者："我们完成了港珠澳大桥基础钢管复合桩防护涂层工艺设计、阴极保护系统设计、原位腐蚀监测系统设计等，研制出用于大桥混凝土结构用的新一代高性能环氧涂层钢筋，并参与了大桥基础的防腐涂装施工，保障了大桥基础120年耐久性设计要求。"

海水冲击腐蚀是对跨海大桥的直接挑战。针对港珠澳大桥特定的海泥环境，大桥论证时，课题组就开展了相关涂层的研发工作，先后从涂层的抗渗透性、耐阴极剥离性等关键性能指标着手，研制新型涂料，解决涂层的耐久性问题。科研人员通过调整涂层配方和改善涂装工艺，降低了涂层的吸水率和溶出率，有效提高了涂层的抗渗透能力，增强了涂层与金属的黏结强度。

120年的耐久性设计要求仅仅依靠涂层防腐的防护手段是远远达不到的，必须与阴极保护技术联合使用。阴极保护技术是指通过电化学的方法，将需要保护的金属结构极化，使之电位向负向移动，达到免腐蚀电位，使金属结构处于被保护状态。

据介绍，以往我国跨海大桥的阴极保护重点是浸在海水中的钢管桩，而港珠澳大桥的多数钢管复合桩均位于混凝土承台下的海泥中，如何实施阴极保护没有先例可以借鉴。

中科院金属所科研人员针对该腐蚀环境和结构特点，重点研究了钢管复合桩在灌入不同地质层后阴极保护面临的难题，采取巧妙方法，选取极端边界参数推算保护效果，即计算在土壤电阻率最大和最小两种情况下，阴极保护的电位是否能达到保护要求，并将此作为类似工程阴极保护设计的一种手段，有效解决了复杂环境中阴极保护设计问题。

为验证钢管复合桩阴极保护设计的可行性，科研人员按照1∶20的比例进行了模拟实验，并尽可能地模拟了港珠澳大桥钢管复合桩穿越的地质环境。缩比模型实验证明该设计计算方法是正确可行的，随后在港珠澳大桥实地进行1∶1工程足尺结构试验验证，结果表明新型阴极保护方式能满足大桥基础的防护要求。

在模拟实验后，科研人员采取钢管内壁安装保护设施监测探头的方法，将探头伴随打桩深入近百米的海泥下实施原位监测，有效解决了在海泥下安装探测设备难的问题。采用这种方式安装探测设备，在全球海洋工程界尚属首次。

港珠澳大桥基础桥墩使用的混凝土是海工混凝土，除应满足设计、施工要求外，在抗渗性、抗蚀性、防止钢筋锈蚀和抵抗施工撞击方面都有更高的要求。为此，中科院金属所科研人员开发出一种高性能涂层钢筋技术，专家鉴定认为其技术性能超过现有国内外相关涂层钢筋的技术指标，在同类产品中处于国际领先水平，可满足港珠澳大桥工程需求。

这些防护技术的研发和应用使得港珠澳大桥实现120年设计标准。

双创实践项目　高羟基丙烯酸树脂合成及涂料配制实训

【市场调研】

要求：1. 自制市场调研表，多形式完成调研。

2. 内容包括但不限于：了解高羟基丙烯酸树脂涂料市场需求和用户类型、调研该涂料的市场"痛点"。

3. 完成调研报告。

【实训项目卡】

实训班级	实训场地	学时数	指导教师
		6	
实训项目	高羟基丙烯酸树脂合成及涂料配制		

续表

所需仪器	烧杯（100mL、500mL）、三口烧瓶（250mL）、恒压滴液漏斗（100mL）、量筒（100mL）、回流冷凝器、温度计（0～50℃、0～100℃）、锥形瓶（150mL）、托盘天平、黏度仪、烘箱、硬度仪、电热套、电动搅拌机
所需试剂	丙烯酸，丙烯酸羟丙酯，甲基丙烯酸甲酯，过氧化二苯甲酰，甲基丙烯酸丁酯，二甲苯，乙酸丁酯，中铬黄（或氧化铁粉），环己酮，甲苯，交联固化剂（组分B）

		实训内容		
序号	工序	操作步骤	要点提示	工艺参数或数据记录
1	投料	聚合单体、引发剂及二甲苯按配方量混合后，将三分之一的量加入三口烧瓶中，其余反应物加入恒压滴液漏斗	根据配方和试验规模确定原料用量	
2	原料滴加	安装好回流装置、温度计，开启搅拌，升温至90℃后，打开滴液漏斗加料旋塞开始滴加，控制滴加速度及反应温度，2～3h滴完	注意控制滴加速度及反应温度，否则易造成聚合过度导致黏度过大	
3	反应完成	反应至黏度达到10～12s时，停止反应。降温，过滤出料，得树脂液	黏度测定要迅速、及时、准确，控制反应时间	
4	涂料配制	取自制的丙烯酸树脂700g，与配方量中铬黄（或氧化铁粉）、甲苯、乙酸丁酯、环己酮混合后，将其用高速搅拌机进行充分的搅拌与分散，制成组分A待用	涂料中各组分的混合一定要均匀、充分	
5	产品测试	使用时，将组分A与组分B（一般为多异氰酸酯）以3∶1的质量比进行混合即可		

【创新思路】

要求：基于市场调研和基础实训，完成包括但不限于以下方面的创新思路1项以上。

1. 生产原料方面创新：＿＿＿＿＿＿＿＿＿＿＿＿＿＿＿＿＿＿＿＿＿＿＿＿＿＿＿＿＿＿。

2. 生产工艺方面创新：＿＿＿＿＿＿＿＿＿＿＿＿＿＿＿＿＿＿＿＿＿＿＿＿＿＿＿＿＿＿。

3. 生产设备方面创新：＿＿＿＿＿＿＿＿＿＿＿＿＿＿＿＿＿＿＿＿＿＿＿＿＿＿＿＿＿＿。

4. 销售形式方面创新：＿＿＿＿＿＿＿＿＿＿＿＿＿＿＿＿＿＿＿＿＿＿＿＿＿＿＿＿＿＿。

5. 其他创新：＿＿＿＿＿＿＿＿＿＿＿＿＿＿＿＿＿＿＿＿＿＿＿＿＿＿＿＿＿＿＿＿＿＿。

【创新实践】

环节一：根据创新思路，制定详细可行的创新方案，如：写出基于新原料、新工艺、新设备或新销售形式等的实训方案。

环节二：根据实训方案进行创新实践，考察新产品的性能或市场反馈。（该环节可根据实际情况选做）

过程考核：

项目名称	市场调研5%	基础实训80%	创新思路10%	创新实践5%	合计
得分					

 习题

文档
拓展习题

文档
拓展习题答案

一、选择题

1. 木材表面涂装一层涂料主要起（　　）。

A. 保护作用　　　　　　　　B. 装饰作用　　　　　　C. 标志作用　　　　　D. 特殊作用

2. 涂料是由成膜物质、颜料、溶剂和助剂等按一定配方配制而成，加入溶剂的主要目的是（　　）。

A. 构成涂料的基础成分　　　　　　　　　B. 赋予涂料许多特殊性质

C. 降低成膜物质的黏稠度　　　　　　　　D. 改善涂料性能

3.（　　）是产量最大、品种最多、用途最广的涂料用合成树脂。

A. 醇酸树脂　　　　　　　　B. 酚醛树脂　　　　　　C. 聚氨酯树脂　　　　D. 环氧树脂

4. 下列涂料用合成树脂中，耐紫外光的是（　　）。

A. 氟类聚合物　　　　　　　B. 烃类树脂　　　　　　C. 有机硅树脂　　　　D. 乙烯类树脂

5. 增大色漆配方中颜料用量，则PVC值（　　）。

A. 减小　　　　　　　　B. 增大　　　　　　　　C. 不变　　　　　　　　D. 不确定

6. 单体、乳化剂、引发剂、水构成了乳液的基本组成，其中（　　）具有降低单体与水的界面张力的作用。

A. 单体　　　　　　　　B. 乳化剂　　　　　　　C. 引发剂　　　　　　　D. 水

7. 涂料由（　　）和（　　）两部分组成。

A. 固体物　　　　　　　B. 主剂　　　　　　　　C. 不挥发成分　　　　　D. 溶剂

8. 涂料涂饰后，（　　）逐渐挥发而不挥发成分干结成膜，故称不挥发成分为（　　）。

A. 溶剂　　　　　　　　B. 成膜物质　　　　　　C. 易溶物　　　　　　　D. 辅剂

9. 我国几千年前已经使用天然原料（　　）和（　　）作为建筑、车、船和日用品的保护和装饰涂层。

A. 桐油　　　　　　　　B. 树漆　　　　　　　　C. 动物油　　　　　　　D. 植物油

10. 涂料用丙烯酸树脂也经常按其成膜特性分为（　　）和（　　）。

A. 热塑性丙烯酸树脂　　B. 热固性丙烯酸树脂　　C. 溶剂型丙烯酸树脂　　D. 水性丙烯酸树脂

二、判断题

1. 涂料和塑料、橡胶和纤维等高分子材料一样，能够单独作为工程材料使用。（　　）

2. 涂料生产用的成膜物质主要是合成树脂。（　　）

3. 增大成膜物质分子的极性，可以减小涂层的附着力。（　　）

4. 油度能够影响醇酸树脂的性质，油度越长则涂膜富有弹性、比较柔韧耐久，较多地表现出油的特性，适用于室外用品涂装。（　　）

5. 聚氨酯涂料性能优异，应用广泛，宜用于制造浅色涂料。（　　）

6. 乳液聚合的分散介质，可采用日常用水。（　　）

7. 胶束是乳液聚合的场所，单体液滴是单体的贮藏场所。（　　）

8. 在粉末涂料中，最早开发的是环氧粉末涂料。（　　）

9. 树脂水性化的途径只有成盐法一种手段。（　　）

10. 丙烯酸乳液生产过程中加入的乳化剂用量为2% ~ 5%。（　　）

三、填空题

1. 涂料主要由不挥发性物质和挥发性物质按一定比例配制而成，不挥发性物质分为主要成膜物质、次要成膜物质、辅助成膜物质，挥发性物质主要指_____。

2. 涂料分析主要包括涂料原始状态性能分析、涂料施工性能分析和_____。

3. 环氧树脂中因含有_____键，故而对金属、陶土、玻璃、混凝土、木材等具有优良的附着力。

4. 醇酸树脂涂料干燥后形成高度的_____结构，不易老化，耐候性好，光泽能持久不褪，漆膜柔韧而坚牢，并耐摩擦，抗矿物油、抗醇类溶剂性良好。

5. 丙烯酸树脂涂料是一种性能优异的新型涂料。它具有优良的色泽，耐热性能良好，热塑性丙烯酸涂料一般可在_____℃以下使用，热固性丙烯酸涂料耐热性能更好。

6. 在涂料用合成树脂中，_____树脂具有耐紫外光的特性。

7. 聚氨酯树脂中90%以上采用芳香族多异氰酸酯，_____是最早开发、应用最广、产量最大的二异氰酸酯单体。

8. 涂料生产的主要设备有分散设备、_____、调漆设备、过滤设备、输送设备等。

9. 砂磨机主要分_____和_____两大类。

10. _____生产工艺是指将颜、填料均匀分散在基料中加工成成品的物料传递或转化过程，核心是颜、填料的分散和研磨，一般包括混合、分散、研磨、过滤、包装等工序。

四、简答题

1. 涂料的作用是什么？涂料由哪些基本成分组成？

2. 按成膜物质分，涂料可以分为哪几类？涂料的主要性能指标又有哪些？

3. 颜料体积浓度（PVC）对涂膜性质有何影响？增大PVC值，面漆光泽有哪些改变？

4. 醇酸树脂中的含油量用油度表示，油度的表达式是什么？各区段油度对应的油量是多少？

5. 简述涂料配制的一般工艺流程。

模块五

食品添加剂

 学习目标

知识目标 掌握食品添加剂的定义、分类、特点和使用要求；理解防腐剂、增稠剂、着色剂、抗氧化剂、乳化剂等的作用机理和使用方法。

能力目标 掌握各类食品添加剂的合成工艺路线和应用范围；掌握操作技术要点、产品分析检测方法。

 素质目标

了解日用化学品对于社会的重要意义。培养科学、严谨的学习态度。培养学生的创新能力。

文档
食品安全知多少

文档
食品添加剂的
生产现状及发展
动向

文档
人工智能在食品
行业中的应用

项目一
食品添加剂概述

食品是人类生存的物质基础，它提供给人类生命活动所需要的各种营养物质和能量。人们每天必须摄取一定数量的各种食品以维持自己的生命和身体健康，保证正常生长、发育和从事各项活动的能量需求。但是，食品除了要求其营养丰富外，还要求其色、香、味俱佳，并且具有一定的货架寿命。而纯天然食品是很难达到这一要求的，因而食品添加剂在现代食品工业中是必不可少的。

食品添加剂在国外已成为食品生产中最有创造力的领域，其发展非常迅速。近年来随着我国人民生活水平的不断提高，生活节奏的加快，食品消费结构的变化，促进了我国食品工业的快速发展，要求食品方便化、多样化、营养化、风味化和高级化。面临人们食品消费结构变化和食品消费层次提高的挑战，研究开发新型加工食品，扩大方便食品的产量，充分利用食物资源，是我国食品工业的唯一出路。要完成这一艰巨任务，离不开食品添加剂的发展。

一、食品添加剂的定义与分类

1. 食品添加剂的定义

各国对食品添加剂的理解不同，定义也不尽相同。按将食品营养强化剂是否划入食品添加剂的范畴，分为两类：一类以中国、日本和美国为代表，将食品营养强化剂划入食品添加剂的范畴；另一类以联合国、欧盟为代表，不将食品营养强化剂划入食品添加剂的范畴。

我国食品添加剂的定义一般是指，为改善食品品质和色香味以及防腐和加工工艺的需要而加入食品中的天然或者化学合成物质。

2. 食品添加剂的分类

进入 20 世纪以来，随着工业的发展，食品和食品添加剂工业迅速发展起来，食品添加剂的品种显著增多，按来源，食品添加剂可分为天然和化学合成两大类。天然食品添加剂是指利用动植物或微生物的代谢产物等为原料，经提取所获得的天然物质。人工化学合成的食品添加剂是指采用化学手段，使元素或化合物通过氧化、还原、缩合、聚合、成盐等合成反应而得到的物质。目前使用量最大的是人工化学合成食品添加剂。一般而言，天然食品添加剂安全性较高，可按需要添加，化学合成的添加剂安全性相对较低，可限量添加，但并非绝对。

我国许可使用的食品添加剂的品种数为 2300 多种，分为 22 类：①防腐剂；②抗氧化剂；③发色剂；④漂白剂；⑤酸味剂；⑥凝固剂；⑦疏松剂；⑧增稠剂；⑨消泡剂；⑩甜味剂；⑪着色剂；⑫乳化剂；⑬品质改良剂；⑭抗结剂；⑮增味剂；⑯酶制剂；⑰被膜剂；⑱发泡剂；⑲保鲜剂；⑳香料；㉑营养强化剂；㉒其他添加剂。

二、食品添加剂的使用标准

食品添加剂使用标准是提供安全使用食品添加剂的定量指标，包括允许使用的食品添加剂的品种，使用目的（用途），使用范围（对象食品）以及最大使用量（或残留量），有的还注明使用方法。最大使用量通常以 mg/kg 为单位。

制订使用标准，要以食品添加剂使用情况的实际调查与毒理学评价为依据，对某一种或某一组食品添加剂来说，其制订标准的一般程序如下：

① 根据动物毒性试验确定最大无作用剂量或无作用剂量（MNL）。MNL 是指动物长期摄入该受试物而无任何中毒表现的每日最大摄入量，单位为 mg/kg。它是食品添加剂长期（终身）摄入对本代健康无害，并对下代生长无影响的重要指标。

② 将动物实验所得的数据用于人体时，由于存在个体和种系差异，故应定出一个合理的安全系数。一般安全系数的确定，可根据动物毒性试验的剂量缩小若干倍来确定。一般安全系数定为 100 倍。

③ 从动物毒性试验的结果确定人体每日允许摄入量。以体重为基础来表示的人体每日允许摄入量，即指每日能够从食物中摄取的量，此量根据现有已知的事实，即使终身持续摄取，也不会显示出危害性。每日允许摄入量以 mg/kg 体重为单位。

④ 将每日允许摄入量（ADI）乘以平均体重即可求得每人每日允许摄入总量（A）。

⑤ 有了该物质每日允许摄入总量（A）之后，还要根据人群的膳食调查，搞清膳食中含有该物

质的各种食品的每日摄食量（C），然后可分别算出其中每种食品含有该物质的最高允许量（D）。

⑥ 根据该物质在食品中的最高允许量（D），制定出该种添加剂在每种食品中的最大使用量（E）。在某种情况下，二者可以吻合，但为了人体安全起见，原则上最大使用量标准低于最高允许量，具体要按照其毒性及使用等实际情况确定。

三、食品添加剂的一般要求与安全使用

由于食品添加剂毕竟不是食物的天然成分，少量长期摄入也有可能存在对机体的潜在危害。随着食品毒理学方法的发展，原来认为无害的食品添加剂近年来发现可能存在慢性毒性和致畸、致突变、致癌性的危害，故各国对此给予充分的重视。目前国际、国内对待食品添加剂均持严格管理、加强评价和限制使用的态度。为了确保食品添加剂的食用安全，使用食品添加剂应该遵循以下原则：

① 不应对人体产生任何健康危害；

② 不应掩盖食品腐败变质；

③ 不应掩盖食品本身或加工过程中的质量缺陷或以掺杂、掺假、伪造为目的而使用食品添加剂；

④ 不应降低食品本身的营养价值；

⑤ 在达到预期效果的前提下尽可能降低在食品中的使用量。

评价食品添加剂的毒性（或安全性），首要标准是 ADI 值（acceptable daily intake）（人体每日摄入量）。评价食品添加剂安全性的第二个常用指标是 LD_{50} 值（50% lethal dose，半数致死量，亦称致死中量）。

ADI 值：它指人一生连续摄入某物质而不致影响健康的每日最大摄入量，以每公斤体重摄入的质量表示，单位是 mg/kg。对小动物（大鼠、小鼠等）进行近乎一生的毒性实验，取得 MNL 值（动物最大无作用量），其 1/100 ~ 1/500 即为 ADI 值。

LD_{50} 值：它是粗略衡量急性毒性高低的一个指标。一般指能使一群被试验动物中毒而死亡一半时所需的最低剂量，其单位是 mg/kg（体重）。不同动物和不同的给予方式对同一受试物质的 LD_{50} 值均不相同，有时差异甚大。试验食品添加剂的 LD_{50} 值，主要是经口的半数致死量。一般认为，对多种动物毒性低的物质，对人的毒性亦低，反之亦然。

四、食品添加剂的作用

食品添加剂的作用有很多，基本可以归结为以下几个方面：

【1】增加食品的保藏性能　延长保质期，防止微生物引起的腐败和由氧化引起的变质。各种生鲜食品和各种高蛋白质食品如不采取防腐保鲜措施，出厂后将很快腐败变质。为了保证食品在保质期内保持应有的质量和品质，必须使用防腐剂、抗氧剂和保鲜剂。

【2】改善食品的色香味和食品的质构　如色素、香精、各种调味品、增稠剂和乳化剂等。食品的色、香、味、形态和口感是衡量食品质量的重要指标，食品加工过程一般都有碾磨、破碎、加温、加压等物理过程，在这些加工过程中，食品容易褪色、变色，有一些食品固有的香气也散失了。此外，同一个加工过程难以满足产品的软、硬、脆、韧等口感的要求。

【3】有利于食品的加工操作，适应机械化、连续化大生产　食品防腐剂和抗氧保鲜剂在食品工业中可防止食品氧化变质，对保持食品的营养具有重要的作用。同时，在食品中适当地添加一些营养素，可大大提高和改善食品的营养价值。这对于防止营养不良和营养缺乏，保持营养平衡，提高人们的健康水平具有重要的意义。

【4】增加食品的花色品种　食品超市的货架上摆满了琳琅满目的各种食品。这些食品除主

要原料是粮油、果蔬、肉、蛋、奶外，还有一类不可缺少的原料，就是食品添加剂。各种食品根据加工工艺的不同、品种的不同、口味的不同，一般都要选用正确的各类食品添加剂，尽管添加量不大，但不同的添加剂能获得不同的花色品种。

（5）满足不同人群的需要　糖尿病患者既不能食用蔗糖，又要满足甜的需要。因此，需要各种甜味剂。婴儿生长发育需要各种营养素，因而发展了添加矿物质、维生素的配方奶粉。

（6）提高经济效益和社会效益　食品添加剂的使用不仅增加食品的花色品种和提高品质，而且在生产过程使用稳定剂、凝固剂、絮凝剂等各种添加剂能降低原材料消耗，提高产品收率，从而降低生产成本，可以产生明显的经济效益和社会效益。

项目二

食品防腐剂

　　自从人类食物有了剩余，就有了食品保藏的问题，自古以来人们就常采用一些传统的保藏方法来保存食物，如：晒干、盐渍、糖渍、酒泡、发酵等。现在更是有了许多工业化和高技术的方法，如：罐藏、脱水、真空干燥、喷雾干燥、冷冻干燥、速冻冷藏、真空包装、无菌包装、高压杀菌、电阻热杀菌、辐照杀菌、电子束杀菌等。在下列情况下我们有时考虑采用化学防腐剂：①当一些食品不能采用热处理方法加工时；②作为其他保藏方法的一个补充以减轻其他处理方法的强度，同时使产品的质构、感官或其他方面的质量得到提高。

　　添加食品防腐剂并配合其他食品保存方法对防止食品腐败变质有显著的效果，并且使用方便，因而防腐剂在目前食品防腐方面起着重要的作用。

　　由于化学防腐剂使用方便、成本极低，就目前条件下有相当广泛的应用。

一、防腐剂的定义和作用机理

1. 防腐剂的定义

　　防腐剂是一类具有抗菌作用，能有效地杀灭或抑制微生物生长繁殖，以防止食品腐败变质，保护食品原有性质和营养价值为目的的食品添加剂。

2. 化学防腐剂的作用机理

　　化学防腐剂抗微生物的主要作用机理可大致分为具有杀菌作用的杀菌剂和仅具抑菌作用的抑菌剂。杀菌作用或抑菌作用并无绝对界限，常常不易区分。同一物质，浓度高时可杀菌，而浓度低时只能抑菌；作用时间长则可杀菌，作用时间短则只能抑菌。另外，由于各种微生物性质的不同，同一物质对一种微生物具有杀菌作用，而对另一种微生物可能仅有抑菌作用。一般认为，食品防腐剂对微生物的抑制作用是通过影响细胞亚结构而实现的，这些亚结构包括细胞壁、细胞膜、与代谢有关的酶、蛋白质合成系统及遗传物质。由于每个亚结构对菌体而言都是必需的，因此食品防腐剂只要作用于其中一个亚结构便能达到杀菌或抑菌，从而防止食品腐败变质的目的。

　　食品防腐剂的防腐原理，大致有如下4种：①能使微生物的蛋白质凝固或变性，从而干扰其生长和繁殖。②防腐剂对微生物细胞壁、细胞膜产生作用。由于能破坏或损伤细胞壁，或能干扰细胞壁合成的机理，致使胞内物质外泄，或影响与膜有关的呼吸链电子传递系统，从而具有抗微生物的作用。③作用于遗传物质或遗传微粒结构，进而影响到遗传物质的复制、转录、蛋白质的翻译等。④作用于微生物体内的酶系，抑制酶的活性，干扰其正常代谢。

二、防腐剂的分类

根据防腐剂的来源和组成可分为化学合成的和天然的。天然的防腐剂分为动物源天然防腐剂、植物源天然防腐剂、微生物源天然防腐剂。

动物源：蜂胶、鱼精蛋白、壳聚糖、果胶分解物。

植物源：茶多酚、香辛料及银杏叶、竹叶、苦瓜、荷叶、芦荟等植物提取物。

微生物源：细菌素、乳酸链球菌素、纳他霉素、曲酸、溶菌酶等。

化学合成防腐剂按照化学物质可分为有机防腐剂、无机防腐剂两大类。

有机防腐剂可分为酸性有机防腐剂和酯型有机防腐剂。酸性防腐剂如苯甲酸、山梨酸和丙酸以及它们的盐类。这类防腐剂的特点就是体系酸性越大，其防腐效果越好。但酸性防腐剂在碱性条件下几乎无效。酯型防腐剂主要有尼泊金酯、没食子酸酯、单辛酸甘油酯等。这类防腐剂在很宽的 pH 值范围内都有效，毒性也比较低，但其溶解性较低，一般情况下要复配使用，一方面提高防腐效果，另一方面提高溶解度。为了使用方便，可以将防腐剂先用乙醇溶解，然后加入使用。

无机防腐剂，主要是亚硫酸盐、焦亚硫酸盐等，由于使用这些盐后残留的二氧化硫能引起过敏反应，现在一般只将它们列入特殊的防腐剂中。

由于这些化学合成的防腐剂使用有一定的限量，而且经长期的研究发现一些合成防腐剂有诱癌性、致畸性和易引起食物中毒等问题。而天然防腐剂具有抗菌性强、安全无毒、水溶性好、热稳定性好、作用范围广等合成防腐剂无法比拟的优点。因此，近年来，天然防腐剂的研究和开发利用成了食品工业的一个热点，并且发现天然防腐剂不但对人体健康无害，而且还具有一定的营养价值，是今后开发的方向。

三、防腐剂的生产技术

（一）苯甲酸及其钠盐

1. 产品性质

苯甲酸又称为安息香酸，结构式是：Ph-COOH。天然存在于蔓越莓、洋李和丁香等植物中，它是一种常用的有机杀菌剂。苯甲酸及其钠盐对多种微生物细胞呼吸酶系的活性有抑制作用，同时对微生物细胞膜功能也有阻碍作用，因而具有抗菌作用。在 pH 值低的环境中，苯甲酸防腐效果较好。苯甲酸抑菌的最适宜 pH 值为 2.5 ~ 4，pH = 3 时抗菌效果最强。在碱性介质中则失去杀菌、抑菌作用。对一般微生物的完全抑制最小浓度为 0.05% ~ 0.1%。在规定的添加量下使用时，是比较安全的防腐剂。苯甲酸的钠盐水溶性好，常代替苯甲酸作防腐剂使用，但其防腐效果不及苯甲酸。

化学结构式为：

（苯甲酸）　　　　　（苯甲酸钠）

物化性质：苯甲酸纯品为白色有丝光的鳞片或针状结晶，质轻，无臭或微带安息香气味，相对密度为 1.2659，沸点 249.2℃，熔点 121 ~ 123℃，100℃开始升华，在酸性条件下容易随同水蒸气挥发，微溶于水，易溶于乙醇。苯甲酸钠为白色颗粒或晶体粉末，无臭或微带安息香气味，味微甜，有收敛性，在空气中稳定。加入食品后，在酸性条件下苯甲酸钠转变成具有抗微生物活性的苯甲酸。

苯甲酸及苯甲酸钠的溶解度见表 5-1。

表5-1　苯甲酸及苯甲酸钠的溶解度

溶剂	温度/℃	苯甲酸/（g/100mL 溶剂）	苯甲酸钠/（g/100mL 溶剂）
水	25	0.34	50
水	50	0.95	54
水	95	6.8	76.3
乙醇	25	46.1	1.3

苯甲酸钠的 LD_{50} 为 2700mg/kg（大白鼠经口）。ADI 为 $0 \sim 5$mg/kg（以苯甲酸计）。苯甲酸及其钠盐进入机体后，大部分在 $9 \sim 15$h 内与甘氨酸化合成马尿酸，剩余部分与葡萄糖醛酸结合形成葡萄糖苷酸，并全部从尿中排出（图5-1）。用 C_{14} 示踪试验证明，苯甲酸不会在人体内蓄积，由于解毒过程在肝脏中进行，因此苯甲酸对肝功能衰弱的人可能是不适宜的。

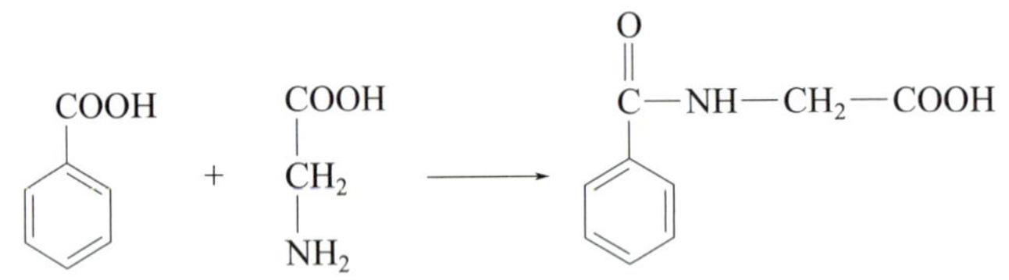

图 5-1　苯甲酸与甘氨酸结合成易于排泄的马尿酸

优点：成本低、供应充足、毒性较低，在酸性食品中使用效果较好，并对酵母、霉菌和细菌都有效。

缺点：防腐效果受 pH 值影响大，且有不良味道。

2. 苯甲酸及其钠盐的生产工艺

苯甲酸的工业生产方法主要有三种：甲苯氧化法、甲苯氯化水解法、邻苯二甲酸脱羧法。

（1）甲苯氧化法

① 合成原理。甲苯在钴盐催化下用空气液相氧化生成苯甲酸。常用催化剂有乙酸、环烷酸、硬脂酸、苯甲酸的钴盐或锰盐以及溴化物。合成反应式如下：

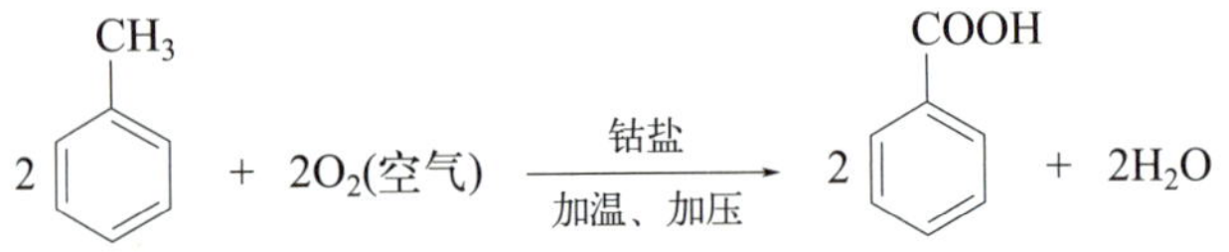

② 工艺过程。甲苯氧化法生产苯甲酸工艺流程如图 5-2 所示。

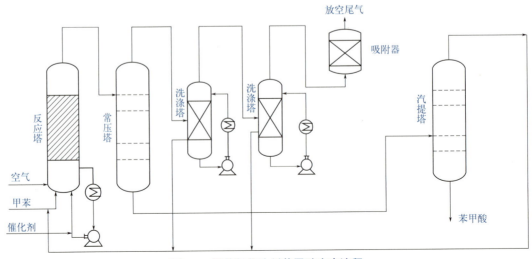

图 5-2　甲苯氧化法制苯甲酸生产流程

新鲜甲苯与回收甲苯和催化剂由底部进入填料反应塔，空气经净化后由反应塔侧下部进入。甲苯在反应塔中与空气进行反应，当反应液达到连续出料所要求的浓度时，由塔顶进入常压蒸馏塔，低沸物中未反应的甲苯及中间产物（苯甲醇、苯甲醛等）经洗涤塔回收返回反应塔，尾气经活性炭吸附后放空。反应生成物由常压塔釜底进入汽提塔，苯甲酸由塔底出料，再进入冷却、结晶等后续工序，制得苯甲酸产品。汽提塔出来的甲苯经油水分离后循环使用。

反应可在间歇或连续操作方式下进行。前者反应温度较低，反应时间较长，适宜小规模生产。

工业上普遍采用在高温、加压下连续液相空气氧化法生产苯甲酸，工艺流程见图5-3。连续液相空气氧化法有完全氧化法和部分氧化法两种。催化剂用量为 $100 \sim 150mg/L$，反应温度根据两种方法氧化程度不同，分别为 200℃ 和 $150 \sim 170$℃，压力为 $1 \sim 3MPa$。

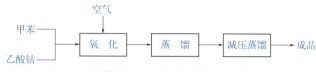

图 5-3　甲苯液相氧化法制备苯甲酸工艺流程

完全氧化法使用的催化剂为乙酸钴，另外加溴化钠作促进剂，反应温度为 200℃，压力 3MPa，此法甲苯转化率高达 99%（质量分数，下同）。氧化反应的收率达 96%，经精馏后苯甲酸的总收率可达 91%，产品纯度为 99.5% 以上。但溴化物腐蚀性较强，因此对氧化塔材质要求较高。

工业上普遍使用的是部分氧化法。部分氧化法所用催化剂与完全氧化法相同，但不另外加促进剂。在反应物中催化剂的浓度为 $100 \sim 150mg \cdot L^{-1}$，反应温度和压力较完全氧化法低，分别为 $150 \sim 170$℃ 和 1MPa。

（2）甲苯氯化水解法　以甲苯为原料，先在光照条件下进行氯化，得到三氯甲苯，后水解得苯甲酸。该法使用氯气，副产物 HCl 对设备腐蚀严重，一般只作为甲苯氯化水解制备苯甲醛和苯甲醇的副产物回收利用的补充方法。

苯甲酸的钠盐水溶性好，常代替苯甲酸作防腐剂使用，但其防腐效果不及苯甲酸，因为苯甲酸钠只有在游离出苯甲酸时才能发挥防腐作用。

工业上生产苯甲酸钠是先由甲苯氧化得苯甲酸，再经碳酸钠在水相中进行中和反应生成盐，再经脱色、过滤、浓缩、结晶、干燥、粉碎而得。合成路线如下：

3. 产品分析检测（GB 1886.183—2016）

含量（以干基计）/%	≥ 99.5	干燥失重 /%	≤ 0.5
熔程 /℃	$121 \sim 123$	重金属（以 Pb 计）/%	≤ 0.001
易氧化物	符合规定	砷（以 As 计）/%	≤ 0.0002
易碳化物	不溶于 17 号比色液	邻苯二甲酸	通过试验
氯化物（以 Cl^{-1} 计）/%	≤ 0.014		

在工业上苯甲酸钠是由苯甲酸和碳酸钠（或碳酸氢钠）在水溶液中进行中和反应生成的，再经脱色、过滤、浓缩、结晶、干燥、粉碎而制得。

4. 产品应用

苯甲酸在常温下难溶于水，使用时需充分搅拌，溶于少量热水或乙醇。苯甲酸钠易溶于水，使用时将其溶于水，较苯甲酸方便。苯甲酸和苯甲酸钠用作防腐添加剂，我国规定可用于酱油、醋、果汁类、果酱类、果子露、罐头，最大使用量为 1.0g/kg；用于葡萄酒、果子酒、琼脂软糖，最大使用量为 0.8g/kg；用于汽酒、汽水，最大使用量为 0.2g/kg；用于果子汽酒，最大使用量为

0.4g/kg；用于低盐酱菜、面酱类、蜜饯类、山楂糕、果味露，最大使用量为 0.5g/kg；浓缩果汁不得超过 2g/kg。

5. 注意事项

苯甲酸应贮存于干燥库房中，包装必须严密，勿受潮变质，防止有害物质的污染。

6. 创新引导

通过此实验，可以得到质量合格的苯甲酸钠并且操作简单。是否可以通过实验创新，改变反应的温度或者压力来提高产率？

（二）山梨酸及其钾盐

1. 产品性质

山梨酸（又名清凉茶酸、花楸酸）即 2,4- 己二烯酸或 2- 丙烯基丙烯酸，1859 年从花楸浆果树的果实中首次分离出山梨酸，它的抗微生物活性是在 1939～1949 年被发现的。结构式为 $CH_3CH=CHCH=CHCOOH$，是一种不饱和单羧基脂肪酸，呈无色或白色结晶或粉末，无嗅或稍带刺激性气味，耐光，耐热，但在空气中长期放置，易被氧化变色而降低防腐效果。沸点 228℃（分解），熔点 133～135℃，微溶于冷水，而易溶于乙醇和冰醋酸。山梨酸钾盐是山梨酸与碳酸钾或氢氧化钾中和生成的盐，其水溶性比山梨酸好且溶解状态稳定，使用方便，二者防腐效果相同。山梨酸及山梨酸钾的溶解度见表 5-2。山梨酸钾盐的化学结构式为：

$$CH_3CH=CHCH=CHCOOK$$
$$C_6H_7O_2K(150.22)$$

表5-2　山梨酸及山梨酸钾的溶解度

溶剂	温度 /℃	山梨酸 /（g/100mL）	山梨酸钾 /（g/100mL）
水	20	0.16	138
水	100	3.8	
乙醇（95%）	20	14.8	6.2
丙二醇	20	5.5	5.8
乙醚	20	6.2	0.1
植物油	20	0.52～0.95	

山梨酸对霉菌、酵母菌和好气性菌均有抑制作用，但对嫌气性芽孢形成菌与嗜酸杆菌几乎无效。其防腐效果随 pH 值升高而降低。山梨酸能与微生物酶系统中巯基结合，从而破坏许多重要酶系，达到抑制微生物增殖及防腐的目的。一般而言，pH 高至 6.5 时，山梨酸仍然有效，这个 pH 值远高于苯甲酸的有效 pH 范围。

一般认为山梨酸及其钾盐的毒性低于苯甲酸及其钠盐，且无异味，目前许多国家都允许使用，有逐步取代苯甲酸及其钠盐的趋势。我国规定山梨酸及其钾盐可用于多种食品、调味品和饮料，最大使用量为 2g/kg。

2. 生产工艺

山梨酸及钾盐的合成方法有四种：以巴豆醛（即丁烯醛）和乙烯酮为原料；以巴豆醛和丙二酸为原料；以巴豆醛和丙酮为原料；以山梨醛为原料。

（1）以巴豆醛（即丁烯醛）和乙烯酮为原料，合成反应式如下：

$$CH_3CH=CHCHO+CH_2=CO \xrightarrow{\text{催化剂}} CH_3CH=CHCH=CHCOOH$$

将巴豆醛与烯酮在含有催化剂（等物质的量的三氟化硼、氯化锌、氯化铝以及硼酸和水杨酸在 150℃下加热处理）的溶剂中，于 0℃左右进行反应。然后加入硫酸，除去溶剂，在 80℃下加热 3h 以上。冷却后，对所析出的粗结晶重结晶得山梨酸。

（2）以巴豆醛和丙二酸为原料，合成反应式如下：

$$CH_3CH=CHCHO+CH_2(COOH)_2 \xrightarrow[90\sim100℃,4h]{吡啶} H_3CCH=CHCH=CHCOOH$$

在反应釜中依次投入 175kg 巴豆醛、250kg 丙二酸、250kg 吡啶，室温搅拌 1h 后，缓缓加热升温至 90℃，维持 90～100℃反应 5h。反应结束后降温至 10℃以下，缓慢地加入 10% 稀硫酸，控制温度不超过 20℃，至反应物呈弱酸性，pH4～5 为止。冷冻过夜，过滤，结晶用水洗，得山梨酸粗品，再用 3～4 倍量 60% 乙醇重结晶，得到纯品山梨酸约 75kg。用碳酸钾或氢氧化钾中和即得山梨酸钾。工艺流程如图 5-4 所示。

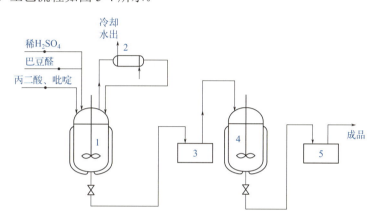

图 5-4 山梨酸生产工艺流程
1—反应釜；2—冷凝器；3,5—离心机；4—结晶釜

（3）以巴豆醛与丙酮为原料，合成反应式如下：

$$CH_3CH=CH-CHO + CH_3-\underset{\underset{O}{\|}}{C}-CH_3 \xrightarrow[催化剂Ba(OH)_2\cdot8H_2O]{缩合} CH_3(CH=CH)_2\underset{\underset{O}{\|}}{C}-CH_3$$

$$\xrightarrow[NaClO]{氧化} CH_3(CH=CH)_2\underset{\underset{O}{\|}}{C}-\underset{\underset{Cl}{\overset{Cl}{|}}}{C}-Cl \xrightarrow[H_2O]{NaOH} CH_3(CH=CH)_2\underset{\underset{O}{\|}}{C}-ONa + HCl$$

此路线采用 $Ba(OH)_2\cdot8H_2O$ 作为催化剂，于 60℃缩合生成 3,5- 二烯 -2- 庚酮，用次氯酸钠氧化，再与 NaOH 反应得到山梨酸，收率可达 90%。

（4）以山梨醛为原料，经催化氧化得山梨酸；再将山梨酸和 K_2CO_3 在乙醇或水溶液中，以 1∶0.5（物质的量之比）的投料比进行中和反应，即得山梨酸钾。氧化反应式如下：

$$CH_3CH=CH-CH=CHCHO \xrightarrow[催化剂Ag_2O,O_2]{氧化} CH_3CH=CH-CH=CHCOOH$$

3. 产品应用

山梨酸难溶于水，使用时先将其溶于乙醇或碳酸氢钠、硫酸氢钾的溶液中，溶解山梨酸时不得使用铜、铁容器和与铜、铁接触。为防止山梨酸挥发，在食品生产中应先加热食品，然后加山梨酸。使用山梨酸作食品防腐剂时，要特别注意食品卫生，若食品被微生物严重污染，山梨酸便成为微生物的营养物质，不仅不能抑制微生物繁殖，反而会加速食品腐败。山梨酸与其他防腐剂复配使用，可产生协同作用，提高防腐效果。

在食品工业中主要用于干酪、腌渍蔬菜、干燥水果（水果干）、果汁、水果糖浆、饮料、蜜饯、面包、糖果等的防霉、防腐，也用于肉品的保鲜。在医药、饲料、化妆品中也有应用。我国

GB 2760—2024 规定了使用范围和最大用量：酱油、人造奶油、琼脂软糖 1g/kg；葡萄酒 0.2g/kg；酱菜、蜜饯、罐头 0.5g/kg；汽水、汽酒 0.2g/kg。

4. 创新导引

可以进行实验提高山梨酸和 K_2CO_3 的投料比例，以提高实验的稳定性和可重复性。

（三）对羟基苯甲酸酯类

1. 产品性质

对羟基苯甲酸酯又称尼泊金酯，其通式为 $p\text{-}HOPhCOOR(R=C_2H_5，C_3H_7 或 C_4H_9)$，主要用于酱油、果酱、清凉饮料等。它是无色结晶或白色结晶粉末，无味，无臭，防腐效果优于苯甲酸及其钠盐，使用量约为苯甲酸钠的 1/10，使用 pH 为 4～8。缺点是使用时因对羟基苯甲酸酯类水溶性较差，常用醇类先溶解后再使用，另外其价格也较高。

我国允许使用的是尼泊金乙酯和丙酯。美国许可使用对羟基苯甲酸的甲酯、丙酯和庚酯。对羟基苯甲酸酯难溶于水，可溶于氢氧化钠溶液及乙醇、乙醚、丙酮、冰醋酸、丙二醇等溶剂。溶解度及熔点见表5-3。

表5-3　对羟基苯甲酸酯类的物理性质

尼泊金酯	熔点 /℃	溶解度 /（g/100g）	
		乙醇中	水中
尼泊金乙酯	116～118	75	0.17
尼泊金丙酯	95～98	95	0.05
尼泊金丁酯	69～72	210	0.02

对羟基苯甲酸酯类对霉菌、酵母和细菌有广泛的抗菌作用。对霉菌、酵母的作用较强，但对细菌特别是对革兰氏阴性杆菌及乳酸菌的作用较差。随着对羟基苯甲酸酯的碳链的增长，其抗微生物活性增加，但水溶性下降，碳链较短的对羟基苯甲酸酯因溶解度较高而被广泛地使用。与其他防腐剂不同，对羟基苯甲酸酯类的抑菌作用不像苯甲酸类和山梨酸类那样受 pH 的影响。对羟基苯甲酸酯具有很多与苯甲酸相同的性质，它们也常常一起使用。缺点是水溶性较差，常用醇类先溶解后再使用，同时价格也较高。对羟基苯甲酸酯的毒性低于苯甲酸，ADI 值为 0～10mg/kg 体重。因为其毒性低、无刺激，安全高效，是目前国际公认的高效广谱防腐剂之一。

2. 生产工艺

（1）酚钾盐羧化-酯化法　以苯酚为原料，在 KOH、K_2CO_3 及少量水存在下，先生成苯酚钾，再与 CO_2 发生羧基化反应，生成对羟基苯甲酸。然后和相应的醇在酸性催化剂作用下酯化，得尼泊金酯。工艺流程如图5-5和图5-6所示。该法合成反应路线如下：

来自贮槽的苯酚在铁制混合器中与氢氧化钾、碳酸钾和少量水混合，加热生成苯酚钾，然后送到高压釜中，在真空下加热至 130～140℃，完全除去过剩的苯酚和水分，得到干燥的苯酚钾盐，并通入 CO_2 进行羧基化反应。开始时因反应激烈，反应热可通过高压釜夹套冷却水除去，后期反应缓和，需要外部加热，温度控制在 180～210℃，反应 6～8h。反应结束后，除去 CO_2，通入热水溶解得到对羟基苯甲酸钾溶液。溶液经木制脱色槽用活性炭和锌粉脱色，趁热用压滤器过滤后，在木制沉淀槽中用稀盐酸（或稀硫酸）酸化，析出对羟基苯甲酸。析出的浆液经离心分离、洗涤、干燥后即得工业用对羟基苯甲酸。

再将对羟基苯甲酸、乙醇、苯和浓硫酸依次加入酯化釜内，搅拌并加热，蒸汽通过冷凝器冷凝后进入分水器，上层苯回流入酯化釜内，当馏出液不再含水时，即为酯化终点。切换冷凝液流出开关，蒸出残余的苯和乙醇，当反应釜内温度升至 100℃后，保持 10min 左右，当无冷凝液流

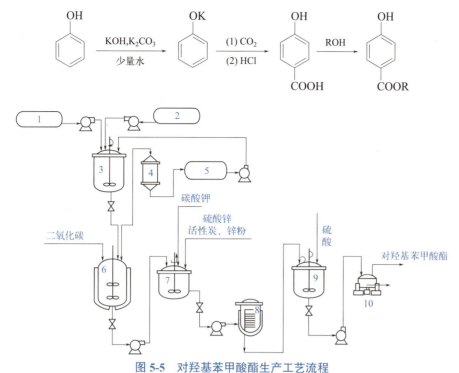

图 5-5　对羟基苯甲酸酯生产工艺流程

1—苯酚贮槽；2—氢氧化钾贮槽；3—混合器；4—冷凝器；5—回收苯酚贮槽；6—高压釜；7—脱色槽；8—压滤器；
9—沉淀槽；10—离心机

出时趁热将反应液放入装有水并不断快速搅拌的清洗锅内。加入 NaOH，洗去未反应的对羟基苯甲酸。离心过滤后的结晶再回到清洗锅内用清水洗两次，移入脱色锅用乙醇加热溶解后，加入活性炭脱色，趁热进行压滤，滤液进入结晶槽结晶，结晶过滤后即得产品对羟基苯甲酸乙酯。

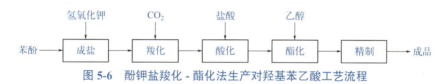

图 5-6　酚钾盐羧化 - 酯化法生产对羟基苯乙酸工艺流程

【2】水杨酸热转位-酯化法　常温下，水杨酸与氢氧化钾反应生成水杨酸钾盐后，以石蜡为热介质在高温下进行转位生成对甲氧基苯甲酸钾盐，然后中和生成对羟基苯甲酸。对羟基苯甲酸再与乙醇反应生成对羟基苯甲酸乙酯。

将氢氧化钾、碳酸钾、水在搅拌下加热溶解后，徐徐加入水杨酸，使 pH 值在 7 ～ 7.5 之间，将反应液先在常压，后在减压下蒸发至干。将介质固体石蜡加热至物料全部熔化，有部分未反应苯酚于 190℃蒸出，随着内温逐渐升高，温度控制在 230 ～ 238℃，搅拌下转位反应 1.5h。反应完毕将反应液冷却倒入分液器中，分去石蜡层（回收使用），将产物液层加热至沸腾，用稀盐酸或稀硫酸调节至 pH 值为 4，加活性炭脱色，趁热过滤。滤液再加酸至 pH 为 1，冷却至室温，析出对羟基苯甲酸，抽滤，滤饼用水洗 1 ～ 2 次，干燥后得对羟基苯甲酸。

以对羟基苯甲酸乙酯为例，按醇 / 酸质量比为 4∶1，在常用的酯化催化剂硫酸存在下回流（反应温度为 75 ～ 85℃）反应 12h。酯化反应结束后，往反应物中加入 3%（质量分数，下同）的氢氧化钠水溶液，经中和除去残留的酸性催化剂后，将反应物溶于 50% 酸热溶液中，加入活性炭脱色 30min，趁热过滤，滤饼用蒸馏水洗涤，在 70 ~ 80℃下干燥得成品。

3. 产品标准

上述生产工艺过程中，选择酯化反应步骤中不同的醇，即可得到不同的尼泊金酯，如对羟基苯甲酸甲酯、对羟基苯甲酸乙酯、对羟基苯甲酸异丙酯、对羟基苯甲酸丁酯等。对羟基苯甲酸异丁酯的质量标准如下：

项目	指标	项目	指标
外观	无色细小晶体或白色结晶粉末	硫酸呈色试验	正常
含量 /%	≥ 99	氯化物（以 Cl^- 计）/%	≤ 0.035
熔点 /℃	75 ~ 77	硫酸盐（以 SO_4^{2-} 计）/%	≤ 0.02
对羟基苯甲酸及水杨酸试验	正常		

4. 产品应用

按我国食品添加剂使用卫生标准，对羟基苯甲酸乙酯可用于酱油，最大使用量为 0.25g/kg；用于醋，最大使用量为 0.25g/kg。对羟基苯甲酸丙酯可用于清凉饮料，最大使用量为 0.20g/kg；用于水果、蔬菜表皮，最大使用量为 0.25g/kg。对羟基苯甲酸丁酯在水中溶解度小，通常都是将其配制成氢氧化钠溶液、乙醇溶液或醋酸溶液使用。在 5%（质量分数，下同）的氢氧化钠溶液中加 20% ~ 25% 对羟基苯甲酸丁酯，然后加到 80℃的酱油中，用量为 0.05 ~ 0.109g/L 即可达到酱油防霉目的，可与苯甲酸合用。

（四）丙酸及丙酸钙

1. 产品性质

丙酸的抑菌作用较弱，但对霉菌、需氧芽孢杆菌或革兰氏阴性杆菌有效，其抑菌的最小浓度在 pH=5.0 时，为 0.01%，pH=6.5 时，为 0.5%。丙酸防腐剂对酵母菌不起作用，所以主要用于面包和糕点的防霉。

丙酸和丙酸盐具有轻微的干酪风味，能与许多食品的风味相容。丙酸盐易溶于水，钠盐（150g/100mL H_2O，100℃）的溶解度大于钙盐（55.8g/100mL H_2O，100℃）。

丙酸钙为白色颗粒或粉末，有轻微丙酸气味，对光热稳定。160℃以下很少被破坏，有吸湿性，易溶于水。在酸性条件下具有抗菌性，pH 小于 5.5 时抑制霉菌较强，但比山梨酸弱。在 pH = 5.0 时具有最佳抑菌效果，丙酸钠 $C_3H_5O_2Na$ 极易溶于水，易潮解，水溶液呈碱性，常用于西点。

丙酸盐常被用于防止烘焙食品和干酪产品中霉菌的生长。丙酸在烘焙食品中的使用量为 0.32%（白面包，以面粉计）和 0.38%（全麦产品，以小麦粉计），在干酪产品中的用量不超过 0.3%。除烘焙食品外，已建议将丙酸用于不同类型的蛋糕、馅饼的皮和馅、麦芽汁、糖浆、经热烫的苹果汁和豌豆。丙酸盐也可作为抗霉菌剂用于果酱、果冻和蜜饯。在哺乳动物中，丙酸的代谢则与其他脂肪酸类似，按照目前的使用量，尚未发现任何有毒效应。丙酸的大白鼠 LD_{50} 为 5160mg/kg，属于相对无毒。国外一些国家无最大使用量规定，而定为"按正常生产需要"使用。

2. 生产工艺

丁烷氧化法制醋酸副产丙酸分离法
① 合成路线：

$$C_4H_{10}+O_2 \longrightarrow C_2H_4O_2+C_3H_6O_2$$

文 档

丙醛氧化法合成
路线

② 工艺流程见图5-7。丁烷和被压缩的空气进入反应器，器中装有含乙酸钴、乙酸锰、乙酸镍和乙酸铬的乙酸，在约170℃，5.5MPa条件下进行氧化反应。反应后的混合物经冷却器冷却后经过分离器分为两相，烃相主要为烃烷，水相含乙酸和其他氧化产物，送去蒸馏系统。第一蒸馏塔回收低沸点馏分，第二蒸馏塔塔顶分出酮和酯的混合物，经处理后作为溶剂，塔底分出混酸、高沸物和水，塔底产物送去第三蒸馏塔，用能与水形成共沸物的醚处理以脱水。脱去水的混酸再进入第四蒸馏塔，用与甲酸形成共沸物的氯化烃处理，塔顶分出甲酸，塔釜排出乙酸和丙酸的混合物，该混合物进入第五蒸馏塔。最后塔顶分出乙酸，塔底得到丙酸。丙酸量为10%～15%。

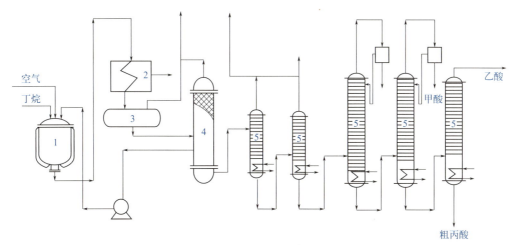

图 5-7　丁烷氧化法制乙酸副产丙酸工艺流程
1—反应器；2—冷却器；3—冷凝物贮槽；4—分馏塔；5—自左向右为第一、二、三、四、五蒸馏塔

四、影响防腐剂防腐效果的因素

（1）pH值　苯甲酸及其盐类，山梨酸及其盐类均属于酸性防腐剂。食品pH值对酸性防腐剂的防腐效果有很大的影响，pH值越低防腐效果越好。

目前有效且广泛使用的防腐剂大多是一些弱亲脂性的有机酸（山梨酸、苯甲酸、丙酸）和无机酸（亚硫酸）。并且这些防腐剂在低pH下较之在高pH条件下更为有效。其中，只有尼泊金酯在pH接近中性时仍具有有效的抑菌作用。这是因为亲脂性弱酸较易穿透细胞膜，到达微生物细胞内部。由于未电离分子比较容易渗透微生物细胞膜，所以pH值是决定防腐剂效果的重要因素。

（2）溶解与分散　防腐剂必须在食品中均匀分散，如果分散不均匀就达不到较好的防腐效果。所以防腐剂要充分溶解而分布于整个食品中，但有的情况并不一定要求完全溶解。例如某些果冻，当相对湿度增高时，霉菌从表面开始繁殖，如果使防腐剂在表面充分分散，当相对湿度上升而表面水分增加时，防腐剂就会溶解，只要达到抑制霉菌的浓度就可以发挥防腐效果。

（3）热处理　一般情况下加热可增强防腐剂的防腐效果，在加热杀菌时加入防腐剂，杀菌时间可以缩短。例如在56℃时，使酵母营养细胞数减少到1/10需要180min，若加入对羟基苯甲酸丁酯0.01%，则缩短为48min，若加入0.5%，则只需要4min。

（4）并用　各种防腐剂都有各自的作用范围，在某些情况下两种以上的防腐剂并用，往往具有协同作用，而比单独作用更为有效。例如饮料中并用苯甲酸钠与二氧化硫，有的果汁中并用苯甲酸钠与山梨酸，可达到扩大抑菌范围的效果。

使用防腐剂的优点是使用方便，无需特殊设备，较经济，对食品结构影响较小。缺点是存在安全性问题，低浓度时抑菌作用有限。

文档
其他食品防腐剂

项目三

食品增稠剂

一、食品增稠剂概述

增稠剂就是指能提高食品黏稠度或形成凝胶的一类食品添加剂。它们都是一类亲水胶体大分子。食品中用的增稠剂大多属多糖类。增稠剂分为天然的和合成的，合成的主要是一些化学衍生胶。天然的又可按其来源不同而分为植物种子胶、植物分泌胶、海藻胶、微生物胶等。

食品增稠剂对保持流态食品、胶冻食品的色、香、味、结构和稳定性起着相当重要的作用。增稠剂在食品中主要是赋予食品所要求的流变特性，改变食品的质构和外观，将液体、浆状食品形成特定形态，并使其稳定；均匀，提高食品质量，使食品具有黏滑适口的感觉。增稠剂还具有以下功效：①起泡作用和稳定泡沫作用；②黏合作用；③成膜作用；④用于保健、低热食品的生产；⑤保水作用；⑥矫味作用。

我国食用的合成增稠剂，是以天然物质为原料的半合成增稠剂，安全性较高，如以纤维素为原料合成的羧甲基纤维素，以淀粉为原料合成的羧甲基淀粉和磷酸淀粉钠等。

增稠剂在食品中有价值的通性包括：在水中有显著的溶解度、因而具有增加水相黏度的能力；亲水大分子之间的相互作用和与水的相互作用的结果，使一些亲水大分子在某些条件下具有很强的凝胶形成能力。食品中还利用亲水胶体的某些性质改善或稳定食品的质构、抑制食品中糖和冰的结晶、稳定乳状液和泡沫，以及利用增稠剂作为风味物质胶囊化的材料，由于增稠剂有多种功能，它也被称为：胶凝剂，乳化剂，成膜剂，持水剂，黏着剂，悬浮剂，上光剂，晶体阻碍剂，泡沫稳定剂，润滑剂，驻香剂，崩解剂，填充剂等。

世界上通用的增稠剂有40多种，目前比较常用的增稠剂有：羧甲基纤维素钠、瓜尔豆胶、明胶、琼脂、果胶、海藻酸钠、黄原胶、卡拉胶、阿拉伯胶、淀粉和变性淀粉等。允许使用的增稠剂品种虽然不多，但选择适当的品种，利用不同性能胶的适当混合，基本上可以满足我们在食品上对增稠剂的各种需要。

二、食品增稠剂种类及生产工艺

（一）海藻酸钠

1. 产品性质

海藻酸钠又称藻酸钠、藻元钠、藻胶钠、褐藻酸钠。分子式为$(C_6H_7NaO_6)_n$，分子量约24万。结构式为：

(M)　　　　(G)　　　　(M)

物化性质：白色或淡黄色无定形粉末。缓慢溶于水，形成黏稠均匀溶液，不溶于乙醇、乙醚、氯仿等有机溶剂。与除镁外的二价以上的金属离子结合后，生成不溶性盐类。黏性在 pH=6～9 时稳定，pH 小于 3 析出沉淀。单价离子可降低黏度，8% 以上的氯化钠会因盐析导致失去黏性。加热到 80℃ 以上则黏性降低。有吸湿性，是亲水性高分子。大白鼠经口服 LD_{50} 大于 5000mg/kg。

海藻酸钠与钙等多价离子可形成热不可逆凝胶，有耐冻性，干燥后可吸水膨胀，具有复原的特性，钙和胶的浓度越大，凝胶强度越大，胶凝形成速度，可以通过 pH、钙浓度（最小 1%，最大 7.2%）、螯合剂而有效地控制。海藻酸钠是最常用的胶凝剂之一，海藻酸铵和镁不能形成凝胶而只能呈膏状。

海藻酸钠能形成纤维状的薄膜，甘油和山梨醇可增强其可塑性，这种膜对油腻物质、植物油、脂肪及许多有机溶剂具有不渗透性，但能使水汽透过，是一种潜在的食品包装材料。

海藻酸钠具有使胆固醇向体外排出的作用，具有抑制重金属在体内的吸收作用，具有降血糖和整肠等生理作用，不被人体所吸收，具有膳食纤维作用。

2. 生产方法

海带、巨藻、墨角藻等原藻经粉碎后以稀酸洗涤干净，用碳酸钠在 70℃ 下制取海藻酸钠，然后用水稀释，过滤除渣。滤液以盐酸酸化，使海藻酸析出，再经压榨脱水后得海藻酸。将海藻酸溶于乙醇中，加次氯酸钠漂白，用氢氧化钠中和、分离，脱除乙醇，经烘干、粉碎后制得海藻酸钠。

3. 工艺流程

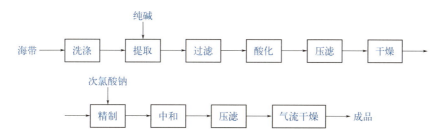

4. 质量标准

指标名称	GB 1886.243—2016
干燥失重（105℃，4h）/%	≤ 15
硫酸灰分 /%	18.0～27.0
水不溶物（干基）/%	≤ 0.6
pH 值	6.0～8.0
黏度 /Pa·s	≥ 0.15
透明度	合乎规定
砷（As）/（mg/kg）	≤ 2.0
重金属（Pb）/（mg/kg）	≤ 5.0

5. 产品应用

海藻酸钠是一种很好的增稠剂、稳定剂和胶凝剂，在国外有"长寿食品"和"奇妙的添加剂"之美称，用于改善和稳定烘焙食品（蛋糕、馅饼）馅、色拉调味汁、牛奶巧克力的质地以及防止冰淇淋贮存时形成大的冰晶；海藻酸盐可用来加工各种凝胶食品，例如速溶布丁、果肉果冻、人造鱼子酱；还可稳定新鲜果汁和啤酒泡沫。可按生产需要适量使用。

6. 创新导引

在酸化过程中将盐酸换成硝酸，是否对酸化过程更加有利，使产品产量加倍？

（二）甲壳素

1. 产品性质

甲壳素又称甲壳质、几丁质、明角质、壳蛋白、壳多糖，是含氮多糖类物质，多糖类之一，含氮约7%，广泛存在于低等植物及虾、蟹等甲壳类动物的外壳中。除具有增稠作用外，还有医学保健作用，如强化免疫力、降低胆固醇、改善消化机能等。

化学结构：

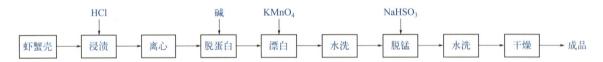

物化性质：白色无定形半透明粉末，不溶于水、有机溶剂和碱，溶于盐酸、硝酸、硫酸等强酸。在酸性条件下可分解成壳聚糖和乙酸。

2. 生产方法

工业中应用的甲壳素取自甲壳动物的甲壳。甲壳动物的甲壳中含有15%～30%的甲壳素。如虾壳中含15%～30%，蟹壳中含15%～20%。这类资源相当丰富。

3. 工艺流程

虾蟹壳 →（HCl）浸渍 → 离心 → 脱蛋白（碱） → 漂白（KMnO₄） → 水洗 → 脱锰（NaHSO₃） → 水洗 → 干燥 → 成品

4. 操作工艺

将水洗风干的虾蟹壳用4%～6%盐酸浸泡，使壳内的碳酸钙、磷酸盐等无机盐（约占壳重45%）溶解变软，离心除去。水洗，用10%氢氧化钠溶液脱除蛋白质。水洗后，用1%高锰酸钾氧化漂白除杂质。再次用水洗后，用1%亚硫酸氢钠洗脱残留的锰酸根，用水充分洗涤后，干燥，得到纯净的甲壳素。

5. 质量标准（参考指标）

外观：白色无定形粉末
有效成分：≥85%

6. 产品应用

甲壳素可广泛用于食品加工。用于啤酒，最大使用量为0.4g/kg；食醋，最大使用量为1.0g/kg；蛋黄酱、花生酱、芝麻酱、氢化植物油、冰淇淋、植脂性粉末，最大使用量为2.0g/kg；乳酸菌饮料，最大使用量为2.5g/kg；果酱，最大使用量为5.0g/kg；脱乙酰甲壳素：肉灌肠（方火腿、圆火腿），最大使用量为6g/kg。

（三）其他类型增稠剂

1. 明胶

明胶为动物的皮、骨、软骨、韧带、肌膜等含有胶原蛋白，经部分水解后得到的高分子多肽

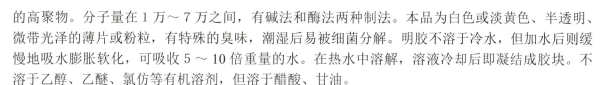

的高聚物。分子量在 1 万～7 万之间，有碱法和酶法两种制法。本品为白色或淡黄色、半透明、微带光泽的薄片或粉粒，有特殊的臭味，潮湿后易被细菌分解。明胶不溶于冷水，但加水后则缓慢地吸水膨胀软化，可吸收 5～10 倍重量的水。在热水中溶解，溶液冷却后即凝结成胶块。不溶于乙醇、乙醚、氯仿等有机溶剂，但溶于醋酸、甘油。

与琼脂相比，明胶的凝固力较弱，5% 以下不能凝成胶冻，一般需 15% 左右。溶解温度与凝固温度相差不大，30℃ 以下凝胶而 40℃ 以上呈溶胶，分子量越大，分子越长，杂质越少，凝胶强度越高，溶胶黏度也越高。等电点时（pH4.7～5.0）黏度最小，略高于凝固点放置，黏度最大。工业上常按黏度将明胶分级：一级品 12°E，二级品 8°E，三级品 5°E。

明胶在冰淇淋混合原料中的用量一般在 0.5% 左右，如用量过多可使冻结搅打时间延长。如果从 27～38℃ 不加搅拌缓慢地冷却至 4℃ 进行老化，能使原料具有最大的黏度。在软糖生产中，一般用量为 1.5%～3.5%，个别的可高达 12%。某些罐头中用明胶作为黏着剂，用量为 1.7%。火腿罐头中加入明胶可形成透明度良好的光滑表面。454 克罐添加明胶 8～10 克。

2. 羧甲基纤维素钠

简称 CMC，是由纤维素经碱化后，通过醚化接上羧甲基而制成的改性纤维素。取代度一般为 0.6～0.8，取代度高的称为耐酸型 CMC；聚合度为 100～500，聚合度高为高黏度 CMC。

本品为白色粉末，易分散于水，有吸湿性，20℃ 以下加热黏度显著上升，80℃ 以上加热，黏度下降，25℃ 时可维持一周黏度不变。干 CMC 稳定，溶液状态可被微生物分解。属酸性多糖，pH5～10 以外黏度显著降低。一般在 pH5～10 范围内的食品中应用。面条、速食米粉中用量为 0.1%～0.2%，冰淇淋中用量为 0.1%～0.5%，还可在果奶等蛋白饮料、粉状食品、酱、面包、肉制品等中应用，价格比较便宜。

3. 变性淀粉

在天然淀粉所具有的固有特性的基础上，为改善淀粉的性能、扩大其应用范围，利用物理、化学或酶法处理，在淀粉分子上引入新的官能团或改变淀粉分子大小和淀粉颗粒性质，从而改变淀粉的天然特性。其中化学法是主要的方法。化学法是利用淀粉中的醇羟基，进行醚化、酯化、氧化、交联等反应而制成。淀粉中有 C6，C2，C3 三个醇羟基，只要少数羟基被取代，就能显著改变其糊化、黏度、稳定性、成膜、凝沉等重要性质。预糊化淀粉具有冷水分散性，用冷水即可调得淀粉糊。淀粉通过醚化或交联，就能防止淀粉的老化，提高冷冻稳定性。

淀粉的变性产物有：糊精、α-淀粉、氧化淀粉、酸变性淀粉、醋酸淀粉、磷酸淀粉、醚化淀粉、酯化淀粉、交联淀粉等。

（四）增稠剂使用注意事项

1. 不同来源不同批号产品性能不同

工业产品常是混合物，其中纯度、分子大小、取代度的高低等都将影响胶的性质。如耐酸性，能否形成凝胶等。在实际应用时一定要做试验加以确定。

2. 使用中注意浓度和温度对其黏度的影响

黏度一般随胶浓度的增加而增加，随温度的增加而下降。许多亲水胶体在水中的分散性不好，容易结块而很难配成均匀的溶液。这可以将增稠剂先和其他配料干混，再在机械搅拌下溶解，也可用胶体磨等多种方法处理。增稠剂在约 2% 或更低浓度时就可表现出理想的功能性质，使用时要考虑温度对黏度的影响。

3. 注意 pH 的影响

如一些酸性多糖，在 pH 下降时黏度有所增加，有时发生沉淀或形成凝胶。很多增稠剂在酸性下加热，大分子会水解而失去凝胶和增稠稳定作用。所以在生产上要注意选择耐酸的品种或控制好工艺条件，不要使对酸不太稳定的增稠剂在酸性和高温下经历太长的时间。

4. 胶凝速度对凝胶类产品质量的影响

用具有胶凝特性的增稠剂制作凝胶类食品时，胶凝剂溶解是否彻底与胶凝的速度是否控制适当，对产品质量影响极大。一般缓慢的胶凝过程可使凝胶表面光滑，持水量高。所以常常用温度、pH 或多价离子的浓度来控制胶凝的速度，以得到期望性能的产品。

5. 多糖之间的协同作用

两种或两种以上的多糖一起使用时会产生协同作用。例如，黄原胶在单独使用时不具有胶凝性质，但是它能与魔芋葡甘露聚糖或刺槐豆胶相互作用而产生凝胶。利用多糖协同作用可以改善胶的性能或节省胶的用量。

许多增稠稳定剂也是很好的被膜剂，可以制作食用膜涂层。如褐藻酸钠，将食品浸入其溶液中或将溶液喷涂于食品表面，再用钙盐处理，即可形成一层膜，不仅能作水分的隔绝层，还可防食品的氧化。在食用膜上可涂一层脂肪，以防止蒸汽迁移。果胶、卡拉胶等用于食品表面可以防止水分损失。含直链 85% 的高直淀粉可以形成透明的膜，在高或低的相对湿度下，都具有极低的氧气渗透度。低 DE 值糊精膜较淀粉膜隔绝水蒸气能力强 2 ~ 3 倍，新鲜水果片浸于 DE 值为 15 的 40% 的溶液形成的膜，能有效地防止果肉组织的褐变。明胶溶于热水通过乳酸或鞣质的交联处理，可形成食用膜。30% 醇溶玉米蛋白乙醇溶液，加 3% 的甘油和防腐剂、抗氧化剂等可形成保鲜食用膜。

总之，增稠稳定剂在食品中有许多用途，在整个食品添加剂中占有重要的地位。

项目四

食用着色剂

一、食用着色剂概述

用于食品着色的染料叫作食用色素或者食品着色剂，食用色素是使食品着色和改善食品色泽的添加剂。人类很早就采用香辛料、莓类和草药来增强食品的香气和颜色。1856 年，William Perkin 首次发明合成色素，进而将其应用于染料工业，到了 20 世纪，则发明了纯食用色素，应用于食品工业中。

美食强调色、香、味、形，色是食品表现质量的重要参数，与食品的风味、品质同等重要。食品的颜色也是消费者选择食品的重要依据。因此，赋予食品鲜明、悦目、逼真、和谐的色彩，对于提高食品的市场价值有重要意义。

现今的食用色素可分为合成色素、仿天然色素和天然色素三大类。合成色素是指自然界不存在、需用化学合成制造的色素，如日落黄、胭脂红、亮蓝。仿天然色素是指天然存在的色素结构，但由化学合成方法或经化学修饰制成，如 β- 胡萝卜素、核黄素、4，4- 二酮 -β- 胡萝卜素、叶绿素铜钠盐。人工合成色素一般较天然色素色彩鲜艳，性质稳定，着色力强，并可任意调色，使用方便，成本低廉。但合成色素不是食品的成分，在合成中还可能有其他副产物等污染，特别是早期使用的一些合成色素，很多发现具有致癌性，所以世界各国对食用合成色素都严格地控制，现食用合成色素使用品种逐渐减少，各国许可使用的多为一些安全性较高的品种。

天然色素是由天然可食用原料，经萃取等加工方法生产的有机色素，如姜黄素、红曲红、栀子蓝、甜菜红等。所谓的天然色素包含"仿天然色素"和"天然色素"两类。天然色素虽然来源丰富，品种众多，安全性比较好，但除少数色素外，一般稳定性差，色泽不艳，纯度不高（色价较低），成本太高，在加工、保存过程中，有的容易褪色，有的容易变色。

　　我国有着丰富的动、植物资源，大力开发研制食用天然色素和食用仿天然色素有着广泛的发展前景和市场潜力，也是我国食用色素的重点发展方向。

二、食用色素种类及生产工艺

（一）β- 胡萝卜素

1. 产品性质

β- 胡萝卜素又称胡萝卜色烯、前维生素 A。分子式为 $C_{40}H_{56}$，分子量为 536.89。化学结构：

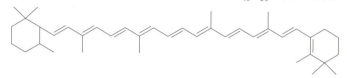

物化性质：β- 胡萝卜素为深红紫色至暗红色有光泽的板状或斜六面体微晶体或结晶性粉末。微具异臭和异味。熔点 176 ～ 180℃。具有较强的亲脂性。不溶于水、丙二醇和甘油，难溶于甲醇、乙醇，可溶于丙酮、氯仿、石油醚、苯和植物油。在橄榄油和苯中的溶解度均为 0.1g/mL，在氯仿中的溶解度为 4.3g/100mL。高浓度时呈橙红色，低浓度时呈橙色至黄色。

在 pH 值 2 ～ 7 的范围内较稳定，且不受抗坏血酸等还原性物质的影响，但对光和氧均不稳定，铁离子会促使其褪色。对油脂性食品着色性能良好。

2. 生产方法

（1）提取法　胡萝卜、辣椒、沙棘、苜蓿、盐藻、蚕沙等天然物中都含有大量的胡萝卜素，可用石油醚等有机溶剂从中提取。

（2）发酵法　微生物发酵法（也叫生物合成法）是指利用微生物培养技术，使微生物在其体内合成β-胡萝卜素，然后自微生物体内分离得到β-胡萝卜素的一种方法。常用的微生物菌株有三孢布拉氏霉菌、红酵母、红假单胞菌、瑞士乳杆菌、球形红杆菌、短杆菌、分枝杆菌、微小杆菌、布拉克须霉菌等。三孢布拉氏霉菌是生产β-胡萝卜素的首选菌株。

（3）合成法

β-紫罗兰酮 —→ β-C$_{14}$醛 —→ β-C$_{15}$醛、β-C$_{19}$醛 —→ β-C$_{40}$二醇 $\xrightarrow{\text{Grignard反应}}$

15,15'-脱氢-β-胡萝卜素 $\xrightarrow{\text{用盐酸脱水缩合}}$ β-胡萝卜素

3. 工艺流程（提取法）

β- 胡萝卜素的制备工艺流程图见图 5-8。

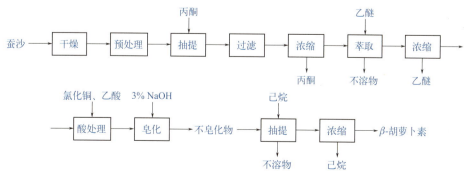

图 5-8　β- 胡萝卜素的制备工艺流程图

4. 操作工艺

将蚕沙干燥后进行预处理，然后用丙酮抽提，过滤得到的抽提液转入浓缩罐，浓缩回收丙酮。浓缩物用乙醚萃取，弃去不溶物。乙醚萃取液经浓缩回收乙醚。浓缩物用乙酸、氯化铜进行酸处理，然后3%氢氧化钠皂化，分出不皂化物，用己烷抽提。抽提液浓缩回收己烷，浓缩物经干燥得 β- 胡萝卜素。

5. 产品应用

β- 胡萝卜素已广泛用作黄色色素。我国 GB 2760—2024 规定 β- 胡萝卜素可用于酒类、果汁、酱菜、饮料、饼干、面包等。

（二）苋菜红

1. 产品性质

苋菜红又称鸡冠花红、蓝光酸性红和食用色素红色 2 号，分子式 $C_{20}H_{11}N_2Na_3O_{10}S_3$，相对分子质量 604.49。属于单偶氮类色素，结构式如下：

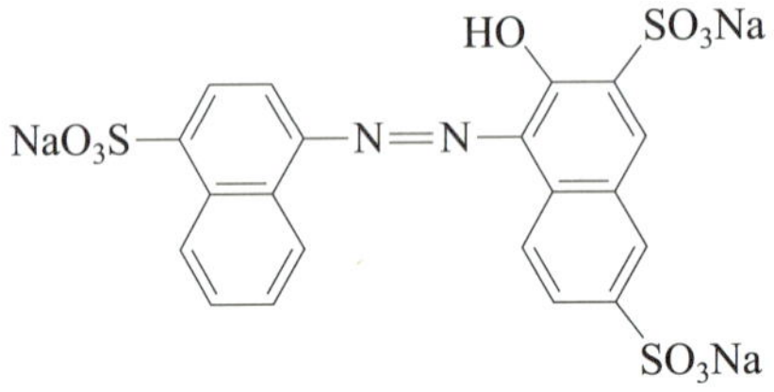

苋菜红为红棕色或紫红色颗粒或粉末，无臭，耐光，耐热，对氧化、还原敏感。它微溶于水，0.01%（质量分数）的水溶液呈品红色，溶于甘油、丙二醇及稀糖浆，稍溶于乙醇和溶纤素，不溶于其他有机溶剂。最大吸收波长为 520nm±2nm。对柠檬酸、酒石酸等稳定，遇碱则变为暗红色。由于对氧化 - 还原作用敏感，故不适合在发酵食品中使用。大白鼠 LD_{50}（腹腔注射）大于 1000mg/kg，有报道称苋菜红可引起大白鼠致癌，但也有报道认为苋菜红无致癌性和致畸性，至今尚无最后定论。

2. 生产方法

苋菜红的合成方法一般是以对氨基萘磺酸为原料重氮化生成 4- 磺基 -1- 偶氮萘的盐酸盐，然后与 R 酸钠（2- 萘酚 -3，6- 二磺酸钠）偶合，然后经盐析、精制而得。其合成反应式如下：

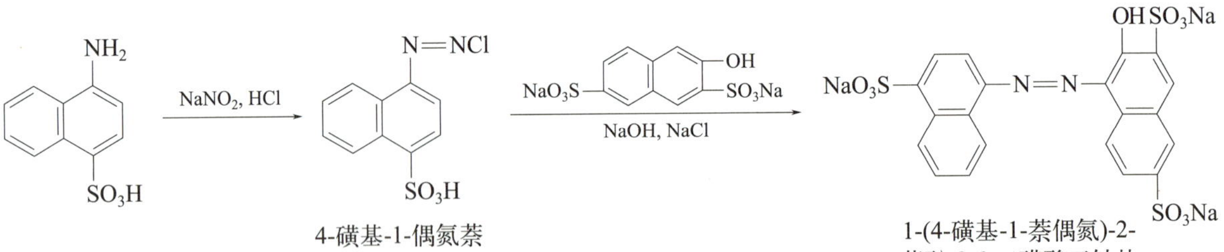

3. 工艺流程

苋菜红的制备工艺流程见图 5-9。

4. 操作工艺

将对氨基萘磺酸用约 10 倍质量的水加热（70～80℃）溶解后，降温至 0～5℃加入盐酸。然后，缓缓地加入亚硝酸钠溶液进行重氮化反应，反应温度控制在 3～5℃，并将反应后的糊状料液维持呈强酸性。将 R 酸钠（2- 萘酚 -3，6- 二磺酸钠）加约 10 倍质量的水，加热，搅拌，再

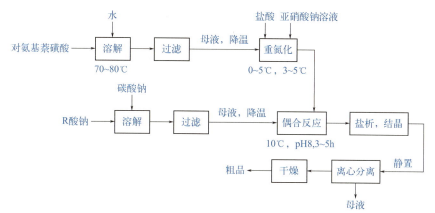

图 5-9　苋菜红的制备工艺流程图

加入碳酸钠至全部溶解，并冷却至 5℃。将对氨基萘磺酸的重氮盐，慢慢加入以上溶液中，在 10℃左右，pH 值为 8 的条件下进行偶合反应 3 ～ 5h。加入食盐搅拌下加热溶解后，停止加热，继续搅拌使物料温度降至室温，静置，析出结晶，结晶完毕，离心分离得粗品苋菜红。

将粗品（可直接使用未经干燥的粗品）溶于约 15 倍质量的 70℃蒸馏水中，搅拌，在全部溶解后，加入适量的碳酸钠，至溶液呈微碱性。过滤去除不溶性杂质后，往母液中加入精制的食盐，搅拌至完全溶解，加入盐酸至 pH 为 6.5 ～ 7.0。溶液静置、结晶、离心过滤、干燥得固体产品。

5. 质量标准

指标名称	要求	指标名称	要求
色泽	紫红色无定型粉末	灼烧残渣 /%	≤ 35
pH	6 ～ 8	干烧减量 /%	≤ 10
砷（As）/（mg/kg）	≤ 2.0	铅（Pb）/（mg/kg）	≤ 15

6. 产品应用

按我国食品添加剂使用卫生标准，苋菜红可用于果味饮料、配制酒、糖果、糕点上彩妆、果脯、碳酸饮料、青梅等，最大使用量为 0.25g·kg⁻¹。

（三）其他合成色素简介

1. 胭脂红

胭脂红又叫丽春红 4R，属单偶氮类色素。化学结构：

胭脂红为红色至深红色粉末，无臭，溶于水呈红色，不溶于油脂。耐光性、耐酸性尚好，但耐热性、耐还原性相当弱，耐细菌性亦较差，遇碱会变成褐色。大白鼠经口 LD_{50} > 8000mg/kg。

2. 柠檬黄

柠檬黄是 3- 羧基 -5- 羟基 -1-（对 - 磺苯基）-4-（对 - 磺苯基偶氮）- 邻氮茂的三钠盐，亦属于单偶氮色素。

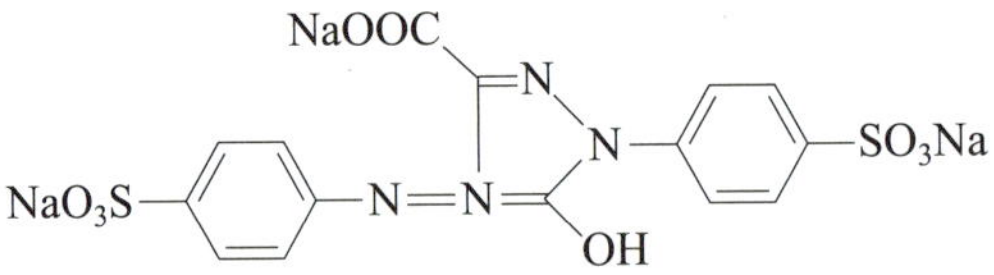

柠檬黄

柠檬黄为橙黄色粉末，无臭，0.1% 水溶液呈黄色，不溶于油脂。耐酸性、耐光性、耐盐性均好，耐氧化性较差，遇碱稍微变红，还原时褪色。大白鼠经口 $LD_{50} > 2000mg/kg$。

3. 日落黄

日落黄又叫橘黄、晚霞黄，是 6- 羟基 -5-［（4- 磺酸基苯基）偶氮］-2- 萘磺酸的二钠盐，属单偶氮色素。

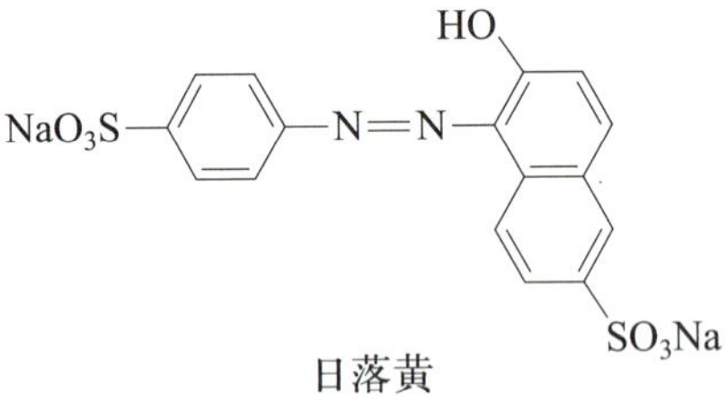

日落黄

日落黄为橙色颗粒或粉末，无臭，易溶于水，0.1% 水溶液呈橙黄色，不溶于油脂。耐光、耐热、耐酸性非常强，耐碱性尚好，遇碱呈红褐色，还原时褪色。

4. 靛蓝

靛蓝又叫酸性靛蓝、磺化靛蓝、食品蓝，是 5,5'- 靛蓝二磺酸的二钠盐属于靛类色素，结构式如下。

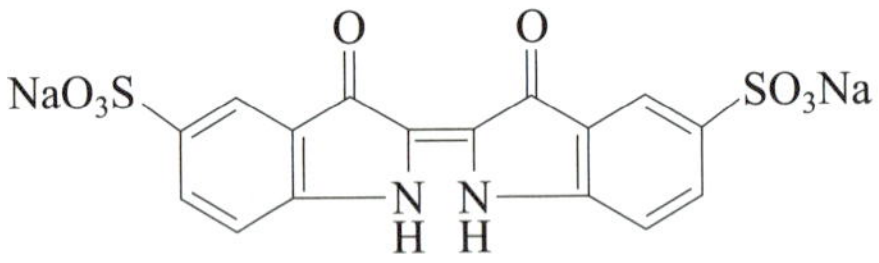

靛蓝

靛蓝为蓝色均匀粉末，无臭，0.05% 水溶液为深蓝色，溶解度较低，21℃时在水中的溶解度为 1.1%，不溶于油脂。稳定性较差，对热、光、酸、碱、氧化、还原都很敏感，还原时褪色，但染着力好。大白鼠经口 $LD_{50} > 2000mg/kg$。很少单独使用，多与其他色素混合使用。

5. 赤藓红

赤藓红又叫樱桃红，或称为 2,4,5,7- 四碘荧光素，由荧光素经碘化而成，赤藓红为红到红褐色颗粒或粉末，无臭，易溶于水，0.1% 水溶液为微带蓝色的红色，不溶于油脂。染着性、耐热性、耐碱性、耐氧化还原及耐细菌性均良好，但耐酸性与耐光性差，因而不宜用于酸性强的清凉饮料和水果糖着色，比较适合于需高温烘烤的糕点类等的着色，一般用量为五万分之一到十万分之一。樱桃红的安全性较高，ADI 为 0 ～ 2.5mg/kg。

6. 亮蓝

亮蓝又叫酸性蓝，属于三苯代甲烷类色素。结构如下：

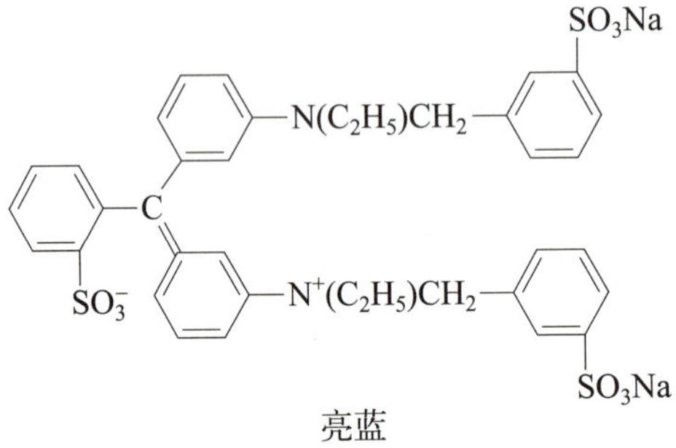

亮蓝

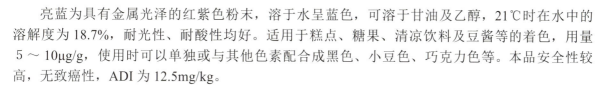

亮蓝为具有金属光泽的红紫色粉末，溶于水呈蓝色，可溶于甘油及乙醇，21℃时在水中的溶解度为18.7%，耐光性、耐酸性均好。适用于糕点、糖果、清凉饮料及豆酱等的着色，用量5～10μg/g，使用时可以单独或与其他色素配合成黑色、小豆色、巧克力色等。本品安全性较高，无致癌性，ADI为12.5mg/kg。

7. 色淀

色淀是指将水溶性色素吸附到不溶性的基质上而得到的一种水不溶性色素。常用的基质有氧化铝、二氧化钛、硫酸钡、氧化钾、滑石、碳酸钙。目前主要使用的是铝色淀。色淀的优点是可以代替油溶性色素，主要用于油基性食品，它可在油相中均匀分散，可在干燥下并入食品。稳定性高，耐光，耐热，耐盐。我国1988年批准使用，可用于各类粉状食品、糖果、糕点、甜点包衣、油脂食品、药剂、药片、化妆品、玩具等。

三、食用合成色素使用注意事项

1. 色素溶液的配制

我国目前允许使用的食用合成色素多为酸性染料，溶液的pH影响色素的溶解性能，在酸性条件下，溶解度变小，易形成色素沉淀。配制水溶液所用的水需除去多价离子，因为这些离子会使合成色素在硬水中的溶解度变小。使用时一般配成1%～10%的溶液，过浓则难于调色。

2. 色调的选择和拼色

色调的选择一般应该选择与食品的名称相一致的色调。由于可以使用的色素品种不多，我们可以将它们按不同比例拼色，理论上讲，由红、黄、蓝三种基本色就可拼出各种不同的色谱来。例如：草莓色（苋菜红73%，日落黄27%），西红柿色（胭脂红93%，日落黄7%），鸡蛋色（苋菜红2%，柠檬黄93%，日落黄5%）。但各种色素性能不同，如褪色快慢不同。以及许多影响色调的因素的存在，在应用时必须通过具体实践，以灵活掌握。

项目五

食品抗氧化剂

一、抗氧化剂的定义及作用机理

食品在贮藏、运输过程中除受微生物的作用而发生腐败变质外，还和空气中的氧发生化学作用，引起食品特别是油脂或含油脂的食品变质，不仅降低食品营养，使食品风味和颜色劣变，而且产生有害物质，危及人体健康。防止食品氧化变质的方法有物理法和化学法。物理法是指对食品原料、加工和贮运环节采取低温、避光、隔氧或充氮密封包装等方法；化学法是指在食品中添加抗氧化剂。

1. 抗氧化剂的定义

抗氧化剂是一类能防止或推迟食品的氧化，提高食品稳定性和延长贮存期的添加剂。

2. 抗氧化剂的作用机理

食品氧化是一个复杂的化学过程。在光、热、酶或某些金属的作用下，食品尤其是油脂或含油脂食品中所含易于氧化的成分如不饱和脂肪酸甘油酯，与空气中的氧发生自动氧化反应，生成过氧化物，进而继续裂解，产生有酸臭味的引起食品腐败的醛、酮、醛酸、酮酸等物质。凡能中断油脂自动氧化链传递反应（或能与链引发产生的自由基发生链终止反应）的物质，或将所生成油脂过氧化物分解为稳定物质的，即可作为抗氧化剂，达到阻止食品氧化或延长食品保存期的目的。

（1）**自由基吸收剂**　脂类化合物的氧化反应通常是自由基历程，抗氧化剂与其自由基反应将自由基转变为稳定产物。

（2）**金属离子螯合剂**　食用油通常含有微量的金属离子，抗氧化剂可以与金属离子发生螯合反应，减小氧化还原电势，稳定金属离子的氧化态。

（3）**氧清除剂**　是通过除去金属中的氧而延缓氧化反应的发生。

（4）**单线态氧猝灭剂**　β-胡萝卜素是单线态氧的有效猝灭剂，由此起到抗氧化作用。

（5）**甲基硅酮抗氧化剂**　甲基硅酮可以产生物理屏障作用，以阻止氧气渗透。当氧化在表面发生时，它可抑制自由基链反应。

（6）**酶抗氧化剂**　由氧化酶和过氧化物作用产生的超氧化物自由基可以被超氧化物歧化酶除去。

二、抗氧化剂的分类

抗氧化剂按其溶解性能可分为油溶性、水溶性两类，油溶性抗氧化剂可以均匀地分布在油脂中，对油脂及含油脂的食品具有很好的抗氧化作用，常用的品种如丁基羟基茴香醚（BHA）、二丁基羟基甲苯（BHT，也称抗氧剂264）、没食子酸丙酯（PG）、维生素E等。水溶性抗氧化剂能溶于水，主要用于防止食品氧化变色以及因氧化而降低食品的风味和质量，还能防止罐头容器里面的镀锡层的腐蚀，常用的品种有抗坏血酸及其钠盐、异抗坏血酸及其钠盐、二氧化硫及其盐类等。

抗氧化剂按来源可分为天然的和人工合成的。天然抗氧剂是从动植物体或其代谢物中提取的具有抗氧化能力的物质，如生育酚混合浓缩物、茶多酚、植酸等。

某些物质，其本身虽没有抗氧化作用，但与抗氧化剂混合使用，却能增强抗氧化剂的效果，这些物质统称为抗氧化剂的增效剂。增效剂主要有螯合增效和酸性增效两类，目前，广泛使用的增效剂有：柠檬酸、磷酸、酒石酸、苹果酸、抗坏血酸等。

三、抗氧化剂的工艺路线

（一）丁基羟基茴香醚（BHA）

1. 产品性质

丁基羟基茴香醚分子式为$C_{11}H_{16}O_2$，也称为叔丁基-4-羟基茴香醚，简称BHA，有3-叔丁基-4-羟基茴香醚（3-BHA）和2-叔丁基4-羟基茴香醚（2-BHA）两种异构体，通常是以前者为主。

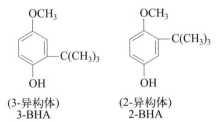

（3-异构体）　　　（2-异构体）
3-BHA　　　　　2-BHA

物化性质：白色或微黄色结晶，熔点48～63℃，沸点264～270℃（98kPa），高浓度时略有酚味，易溶于乙醇（25g/100mL，25℃）、丙二醇和油脂，不溶于水。BHA对热稳定，在弱碱条件下不易被破坏，与金属离子作用不着色。热稳定性好，因此可以在油煎或焙烤条件下使用。

大白鼠口服LD_{50}为2900mg/kg，每日允许摄入量（ADI）暂定为0～0.5mg/kg。食品添加剂

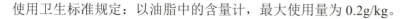

使用卫生标准规定：以油脂中的含量计，最大使用量为 0.2g/kg。

2. 生产工艺

(1) **对羟基茴香醚烃化法**　丁基羟基茴香醚可由对苯二酚与叔丁醇反应，生成2-叔丁基对苯二酚，再在催化剂存在下与硫酸二甲酯反应而制得；也可以磷酸或硫酸为催化剂，对羟基茴香醚与叔丁醇反应制得。

① 反应原理如下。

$$\text{（对羟基茴香醚）} + (CH_3)_3COH \xrightarrow[80℃]{H_3PO_4\text{或}H_2SO_4} \text{（产物）}$$

② 生产原料及规格如下。

名称	规格/%	名称	规格/%
对羟基茴香醚	工业级 ≥ 98	叔丁醇	工业级 ≥ 99
磷酸	工业级 85%	环己烷	工业级 ≥ 98

③ 操作过程如下。

将 124kg 对羟基茴香醚、300L 磷酸（85%）、1000L 环己烷加入反应釜中，加热升温至 50℃，再将 73kg 的叔丁醇滴加入内，1.5h 内滴完，于 80℃左右反应 1 ～ 2h，得到 3- 叔丁基 -4- 羟基茴香醚（3-BHA）和 2- 叔丁基 4- 羟基茴香醚（2-BHA）。

反应后，将反应物用含量为 10% 的氢氧化钠溶液进行中和，使 pH 达到 7，静置分离，除去水层，有机相进行蒸馏以回收溶剂环己烷。将釜残液进行水蒸气蒸馏，产物与水一起馏出，经冷凝、冷却析出粗品，再将其用乙醇溶解、过滤、结晶、分离、干燥得产品。

(2) **对苯二酚烃化、甲基化法**　对苯二酚先烃化，再与硫酸二甲酯单醚化制得。

① 反应原理如下。

$$\text{（对苯二酚）} + (CH_3)_3C\text{—}OH \xrightarrow{H^+} \text{（TBHQ）} \xrightarrow{(CH_3)_2SO_4} \text{（产物）} + \text{（产物）}$$

② 生产原料及规格如下。

名称	规格/%	名称	规格/%
对苯二酚	工业级 ≥ 98	叔丁醇	工业级 ≥ 99
磷酸	工业级 98	硫酸二甲酯	工业级 ≥ 98

③ 操作过程如下。

将对苯二酚、磷酸和溶剂投入反应器中，然后加入叔丁醇，经烃化反应生成特丁基对苯二酚（TBHQ）。然后，在惰性的氮气中将 TBHQ 与锌粉和水混合，升温至回流，加入氢氧化钠中和，在 45min 之内将硫酸二甲酯加入，回流反应 10h。回收溶剂后冷却，得粗品。重结晶后过滤、干燥得产品。

3. 产品应用

按我国食品添加剂使用卫生标准，丁基羟基茴香醚用作抗氧化剂可用于油脂、油炸食品、干鱼制品、饼干、速煮面、膨化食品、罐头、腌腊肉制品等，最大使用量为 0.2g · kg^{-1}。除用于食品外，该产品还可用作包装纸、塑料等的抗氧化剂。

（二）没食子酸丙酯（PG）

1. 产品性质

没食子酸丙酯又称棓酸丙酯，学名是 3,4,5- 三羟基苯甲酸丙酯，分子式 $C_{10}H_{12}O_5$，简称 PG。

物化性质：白色至淡褐色或乳白色结晶，无臭，稍有苦味，易溶于乙醇、丙酮、乙醚而难溶于水、氯仿和油脂。熔点 150℃。对热较稳定，遇光易促进其分解，遇铜、铁离子呈紫色或暗绿色。有吸湿性。pH 为 5.5 左右时，对热比较稳定。

没食子酸丙酯

没食子酸丙酯对猪油抗氧化作用较 BHA 和 BHT 都强些，没食子酸丙酯加增效剂柠檬酸后使抗氧化作用更强，但不如没食子酸丙酯与 BHA 和 BHT 混合使用时的抗氧化作用强，混合使用时，再添加增效剂柠檬酸则抗氧化作用最好。但在含油面制品中抗氧化效果不如 BHA 和 BHT。

虽然 PG 在防止脂肪氧化上是非常有效的，但是它难溶于脂肪，给它的使用带来了麻烦。如果食品体系中存在着水相，那么 PG 将分配至水相，使它的效力下降。此外，如果体系含有水溶性铁盐，那么加入 PG 会产生蓝黑色。因此，食品工业已很少使用 PG 而优先使用 BHA、BHT 和 TBHQ。PG 的 LD_{50} 值为 3800mg/kg（大鼠经口），ADI 值暂定为 0 ~ 0.2mg/kg。

2. 生产工艺

没食子酸丙酯可由没食子酸与相应的醇在质子催化剂的存在下反应生成：五倍子酸性水解制得没食子酸，没食子酸在硫酸催化下，与丙醇发生酯化，得到没食子酸丙酯。

（1）反应原理

（2）工艺流程　如图5-10所示。

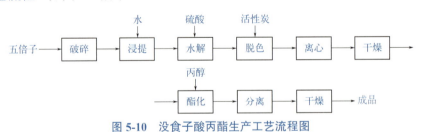

图 5-10　没食子酸丙酯生产工艺流程图

（3）操作工艺　将五倍子除杂后破碎，用4倍的水浸提，水浴加热至50℃，搅拌浸提18h，采用逆循环法共浸提4次，每次18h。过滤，滤液加入5%活性炭，于60℃保温4h脱色，趁热过滤，滤渣洗2~3次，合并滤液洗液，浓缩至含单宁20%以上。

单宁经水解或酶解制得没食子酸。常压水解液中单宁浓度18%~20%，硫酸浓度18%~20%，在回流状态下水解8h，水解率可达95%以上。加压水解是将150kg 95%的硫酸加入1670kg 20%的单宁溶液中，133~135℃和0.18~0.20MPa下搅拌反应2h。反应物冷却至10℃，析出结晶，分离得粗品。将粗品溶解于70~80℃的水中，加入总液量5%的活性炭，保温搅拌10min，趁热过滤。滤液冷却至室温，静置12h，结晶，分离得第一次脱色精品。

将其用同样的方法重结晶一次得第二次脱色精品，并于70℃以下干燥，得200kg没食子酸。酶解法是将浸提液减压下于60℃进行浓缩，至单宁含量达30%~35%。冷至室温后接入总液量

2% 的黑曲霉种子，在 30℃ 左右发酵 8 ～ 9 天，没食子酸沉在下面。以清水洗涤沉淀物，得粗没食子酸。粗品溶解于热水，重结晶得没食子酸。

在酯化反应釜中，加入没食子酸和过量的丙醇，用硫酸作催化剂，加热回流反应 4h。然后蒸馏回收未反应的丙醇。残余物用活性炭脱色，用乙醇重结晶得没食子酸丙酯。

说明：①没食子酸丙酯的酯化反应目前大多选用硫酸作催化剂，尽管硫酸的催化活性较高，但硫酸有一定的氧化性，降低了反应的收率。若反应中使用非氧化性的酸如对甲苯磺酸、十二烷基苯磺酸等作为催化剂，同时使用苯、石油醚或正己烷等作为带水剂，不仅可以提高收率，加速反应，而且可以提高产品品质，降低产品纯化成本。②也可使用强酸性阳离子交换树脂为催化剂，将聚苯乙烯型强酸性阳离子交换树脂加入 3mol/L 的盐酸中搅拌、浸泡 3 次，每次 3h，制得酸性阳离子交换树脂，用此酸型树脂为催化剂，将没食子酸和丙醇搅拌，回流反应 8h，过滤，蒸出丙醇，用活性炭脱色、结晶，得没食子酸丙酯。

由于树脂与产物易于分离，故催化剂可以重复使用，但由于催化剂同反应物接触有限，反应速度较慢。

3. 产品应用

按我国食品添加剂使用卫生标准，没食子酸丙酯用作抗氧化剂可用于油脂、油炸食品、干鱼制品、饼干、速煮面、膨化食品、罐头、腌腊肉制品等，最大使用量为 0.1g·kg⁻¹。与其他抗氧化剂复配使用，用量不得超过 0.105g·kg⁻¹。

4. 安全事项

棕色瓶包装，贮存于阴凉、干燥处，注意防潮、防热。严禁与有毒、有害物质共运混贮。

BHA、BHT 和 PG 三者单独使用时效果比较差，如混合使用或与增效剂柠檬酸、抗坏血酸同时使用则起协同作用，抗氧化效果显著提高，所以实际使用中多为两种或三种混合使用。

（三）茶多酚

1. 产品性质

茶多酚又称维多酚，简称为 TP，是茶叶的主要成分，是茶叶中多酚类物质的总称。

物化性质：纯品为白色无定型粉末，从茶中提取的茶多酚抗氧化剂为白褐色粉末，易溶于水、甲醇、乙醇、丙酮、乙酸乙酯、冰醋酸等。难溶于苯、氯仿和石油醚。对酸、热较稳定。在 160℃ 油脂中 30min 降解 20%，pH=2 ～ 8 时稳定，pH ＞ 8 时在光照下氧化聚合，遇铁生成绿黑色配合物。小白鼠经口服 LD_{50}=10g/kg。

茶多酚常作为抗氧化剂及防腐剂广泛用于动植物油脂、水产品、饮料、糖果、乳制品、油炸食品、调味品及功能性食品，发挥抗氧化、防腐保鲜、护色、保护维生素、消除异味及改善食品风味等作用。另外，茶多酚具有抗氧化和抗衰老、降血脂等一系列很好的药理功能。其抗氧化作用比 BHA 和 VE 强，与 VE 和抗坏血酸并用效果更好。我国规定可用于油脂、糕点，最大使用量为 0.4g/kg；用于调味酱料，最大使用量为 0.1g/kg；用于肉制品和鱼制品，最大使用量为 0.3g/kg；用于油炸食品和方便面，最大使用量为 0.2g/kg（以油脂中的儿茶素计）。

优点：天然抗氧化剂茶多酚，除具有很强的抗氧化作用，以延长货架寿命外，还具有降血脂、降血压、抗衰老、抗菌等多种功能，无毒无害，受到人们普遍欢迎。

缺点：一方面，由于茶多酚的极性极强，在油脂中使用时会因其溶解性较差而影响其功能的发挥；另一方面，茶多酚本身易被氧化而产生新的自由基和具有较强氧化性能的物质，当其累积到一定程度时，将完全抵消茶多酚原有的抗氧化性能，这与通常所期望的抗氧化特性相矛盾。

2. 生产工艺

茶多酚是茶叶中所含的一类多羟基酚类化合物，从茶叶中提取茶多酚的生产方法，主要有离子沉淀萃取法、溶剂萃取法、吸附分离法、低温纯化酶提取法、盐析法和综合提取法等。以下重点介绍溶剂萃取法。

（1）工艺流程　溶剂萃取法制取茶多酚生产工艺过程如图5-11所示。

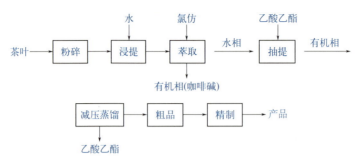

图 5-11　溶剂萃取法制取茶多酚生产工艺流程

（2）操作工艺　将茶叶粉碎后过0.75mm筛，加入10倍量的清水，于90℃下搅拌浸提100min。趁热过滤，滤渣再浸提2次。合并3次滤液，加入等体积氯仿搅拌萃取30min。静置分层，有机层用于制取咖啡因。分取水相，加入3倍量的乙酸乙酯，先后抽提3次，每次20min。静置分层，水相可用于提取茶叶复合多糖。收集有机相，减压蒸馏回收乙酸乙酯。残液浓缩至干，冷却后冷冻干燥得白色粉状品。

溶剂萃取法也可以用乙醇、丙酮等溶剂，但此类方法产品含量只能达到50%～70%。

若需制得含量＞90%的产品，可进一步采用色谱柱分离精制。

说明：第一步的浸提也可使用30%～90%的乙醇代替水进行浸提。将茶叶研磨粉碎后过0.75mm筛，加入浸提锅中，加入5倍量30%～90%乙醇，在35～40℃温度下浸提20min。浸提过程中搅拌数次。过滤，滤渣再用2～3倍含水乙醇重复浸提一次。合并两次滤液，在45℃左右减压浓缩至乙醇基本除去为止。浓缩液用1倍量的氯仿分两次萃取以除去色素、咖啡碱等杂质。氯仿层可提取咖啡因。收集含有茶多酚的水相，用1～2倍量的乙酸乙酯分3次萃取茶多酚，然后45℃左右减压浓缩，回收乙酸乙酯。残余物真空干燥，得茶多酚粗制品。

3. 产品标准

指标名称		指标
外观	≤	浅黄色或茶褐色粉末状或膏状
总灰分 /%	≤	3.0
水分 /%	≤	6.0
铅（Pb）/（mg/kg）	≤	5.0
砷（以 As 计）/（mg/kg）	≤	2.0

4. 产品应用

按我国食品添加剂使用卫生标准，茶多酚可用于油脂、糕点等，最大使用量为0.4g·kg^{-1}。使用方法是先将其溶于乙醇，加入一定量的柠檬酸配成溶液，然后以喷涂或添加的方式用于食品。

5. 安全事项

生产中使用有机溶剂提取，车间内加强通风，注意防火。产品按食品添加剂要求包装贮运。

（四）其他抗氧化剂

1. L-抗坏血酸及其钠盐

又称维生素 C，它可由葡萄糖合成，它的水溶液受热，遇光后易破坏，特别是在碱性及重金属存在时更能促进其破坏。因此，在使用时必须注意避免与金属和空气接触。抗坏血酸常用作啤酒、无醇饮料、果汁等的抗氧化剂，可以防止褪色、变色、风味变劣和其他由氧化而引起的质量问题。这是由于它能与氧结合而作为食品除氧剂，此外还有钝化金属离子的作用。正常剂量的抗坏血酸对人体无毒害作用。

抗坏血酸呈酸性，对于不适于添加酸性物质的食品，可改用抗坏血酸钠盐。例如牛奶等可采用抗坏血酸钠盐。由于成本等的限制，一般用 D- 异抗坏血酸作为食品的抗氧化剂，在油脂抗氧化中也用抗坏血酸的棕榈酸酯。

2. 植酸

植酸又称肌醇六磷酸，大量存在于米糠、麸皮以及很多植物种子皮层中。它是肌醇的六磷酸酯，在植物中与镁、钙或钾形成盐。

植酸有较强的金属螯合作用，除具有抗氧化作用外，还有调节 pH 及缓冲作用和除去金属的作用，防止罐头特别是水产罐头产生鸟粪石与变黑等作用。植酸也是一种新型的天然抗氧化剂。

3. 生育酚混合浓缩物

生育酚即 VE（维生素 E），天然 VE 有七种异构体，作为抗氧化剂的是七种异构体的混合物。生育酚混合浓缩物在空气中及光照下，会缓慢地氧化变黑。生育酚是自然界分布最广的抗氧化剂，它是植物油的主抗氧化剂。通式如下：

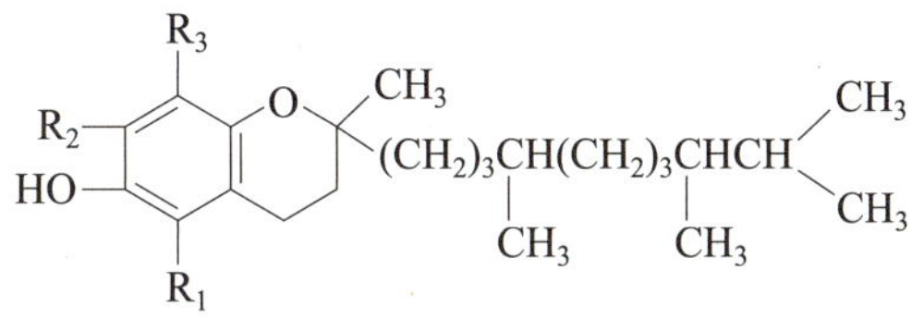

在一般情况下，生育酚对动物油脂的抗氧化效果比对植物油的效果好。有关猪油的实验表明，生育酚的抗氧化效果几乎与 BHA 相同。

4. 甘草抗氧化剂

甘草是从传统中药材中提取的抗氧化成分，是一种既可增甜调味、抗氧化，又具有生理活性的能抑菌、消炎、解毒、除臭的功能性食品添加剂。

5. 磷脂

又叫卵磷脂、大豆磷脂，由大豆榨油后的副产物，经有机溶剂提取分离，进一步乳化、喷雾干燥制成。

四、抗氧化剂的使用注意事项

1. 添加时机

从抗氧化剂的作用机理可以看出，抗氧化剂只能阻碍脂质氧化，延缓食品开始败坏的时间，而不能改变已经变坏的后果，因此抗氧化剂要尽早加入。已有报道指出，在熬油过程中加入抗氧化剂（BHA 和 BHT）更为有效。

2. 适当的使用量

和防腐剂不同，添加抗氧化剂的量和抗氧化效果并不总是正相关，当超过一定浓度后，不但不再增强抗氧化作用，反而具有促进氧化的效果。

3. 抗氧化剂的协同作用

凡两种或两种以上抗氧化剂混合使用，其抗氧化效果往往大于单一使用之和。这种现象称为抗氧化剂的协同作用。一般认为，这是由于不同抗氧化剂可以分别在不同的阶段终止油脂氧化的连锁反应。另一种协同作用即主抗氧化剂同其他抗氧化剂和金属离子螯合剂复合使用。上述两种协同作用已被实践证明，并在油脂抗氧化中普遍采用。

4. 溶解与分散

抗氧化剂在油中的溶解性影响抗氧化效果，如水溶性的抗坏血酸可以用其棕榈酸酯的形式用于油脂的抗氧化。油溶性抗氧化剂常使用溶剂载体将它们并入油脂或含油脂食品，这些溶剂是丙二醇或丙三醇与甘油一油酸酯的混合物。抗氧化剂加入纯油中，可将它以浓溶液的形式在搅拌条件下直接加入（60℃），并必须在排除氧的条件下搅拌一段时间，就能保证抗氧化剂体系均匀地分散至整个油脂中。

5. 金属助氧化剂和抗氧化剂的增效剂

过渡元素金属，特别是那些具有合适的氧化还原电位的三价或多价的过渡金属（Co、Cu、Fe、Mn、Ni）具有很强的促进脂肪氧化的作用，被称为助氧化剂。所以必须尽量避免这些离子的混入，然而由于土壤中存在或加工容器的污染等，食品中常含有这些离子。

通常在植物油中添加抗氧化剂时，同时添加某些酸性物质，可显著提高抗氧化效果，这些酸性物质叫作抗氧化剂的增效剂。如柠檬酸、磷酸、抗坏血酸等，一般认为是这些酸性物质可以和促进氧化的微量金属离子生成螯合物，从而起到钝化金属离子的作用。

6. 避免光、热、氧的影响

使用抗氧化剂的同时还要注意存在的一些促进脂肪氧化的因素，如光尤其是紫外线，极易引起脂肪的氧化，可采用避光的包装材料，如铝复合塑料包装袋来保存含脂食品。

加工和贮藏中的高温，一方面促进食品中脂肪的氧化；另一方面加大抗氧化剂的挥发，例如BHT 在大豆油中经加热至 170℃，90min 就完全分解或挥发。

大量氧气的存在会加速氧化的进行，实际上只要暴露于空气中，油脂就会自动氧化。避免与氧气接触极为重要，尤其对于具有很大比表面积的含油粉末状食品。一般可以采用充氮包装或真空密封包装等措施，也可采用吸氧剂或称脱氧剂，否则任凭食品与氧气直接接触，即使大量添加抗氧化剂也难以达到预期效果。

项目六

食品乳化剂

一、食品乳化剂的定义及作用机理

1. 食品乳化剂的定义

定义：凡是添加少量即能使互不相溶的液体（如油和水）形成稳定乳浊液的食品添加剂称为食品乳化剂，是食品工业中用量最大的添加剂，约占食品添加剂总量的二分之一。

典型的物化性质是表面活性和乳化增溶性，分子中具有亲水和亲油基团，其乳化能力与分子的亲水亲油能力有关。HLB 值越大，其亲水作用越大，相反则亲油性越大。

乳化剂是指具有表面活性，能够促进或稳定乳状液的食品添加剂。乳化剂在食品体系中可以控制脂肪球滴聚集，增加乳状液稳定性；在焙烤食品中可减少淀粉的老化趋势；与面筋蛋白相互作用强化面团特性；乳化剂具有控制脂肪结晶，改善以脂类为基质的产品的稠度等多种功用。

据统计，全世界每年耗用的食品乳化剂有 25 万吨，其中甘油酯占 2/3 ~ 3/4。而在甘油酯中，

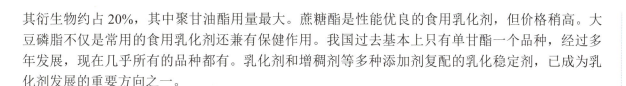

其衍生物约占20%，其中聚甘油酯用量最大。蔗糖酯是性能优良的食用乳化剂，但价格稍高。大豆磷脂不仅是常用的食用乳化剂还兼有保健作用。我国过去基本上只有单甘酯一个品种，经过多年发展，现在几乎所有的品种都有。乳化剂和增稠剂等多种添加剂复配的乳化稳定剂，已成为乳化剂发展的重要方向之一。

2. 乳化剂的其他作用机理

食品乳化剂除乳化作用外，还具有分散、发泡、消泡、润湿等作用，用于人造奶油、冰淇淋、面包、饼干和糕点、巧克力等。乳化剂还可用于肉制品中使肉肠等需要添加淀粉的制品保水性增强、弹性增加，并减少淀粉填充物的糊状感。用于面粉增加面筋强度，提高速溶食品如咖啡、奶粉等的速溶性等。目前国内外使用量最大的有：甘油脂肪酸酯、脂肪酸蔗糖酯、失水山梨醇（醚）脂肪酸酯、丙二醇脂肪酸酯、酪蛋白酸钠和磷脂等。

食用乳化剂在食品中具有多种用途和功能，虽然有些具体的机理还不太清楚，但我们可以归纳如下三个方面：①乳化剂为双亲分子，具表面活性，它们在两相界面上定向排列，形成表面（界面）膜，可以减小表面张力。如乳化、破乳、消泡、润湿等均与此性质有关。②乳化剂分子在临界胶束浓度以上时，缔合形成胶束，相当于增加了新的相。乳化剂形成的介晶相具有较高的黏度。如增稠、增溶等与此性质有关。③乳化剂和食品成分的特殊相互作用，如使面包体积增大、控制脂肪结晶晶型、防止淀粉的老化等均与此性质有关。

二、食品乳化剂的分类

1. 按其离子性分类

（1）离子型乳化剂　此类乳化剂品种较少，主要有硬脂酰乳酸钠、磷脂和改性磷脂以及一些离子性高分子，如黄原胶、羧甲基纤维素等。

（2）非离子型乳化剂　大多数食用乳化剂均属此类，如甘油酯类、山梨醇酯类、木糖醇酯类、蔗糖酯类和丙二醇酯类等。

2. 按分子量大小分类

（1）小分子乳化剂　常见的乳化剂均属此类，如各种脂肪酸酯类乳化剂。

（2）高分子乳化剂　主要是一些高分子胶类，如纤维素醚、海藻酸丙二醇酯、淀粉丙二醇酯等。有些物质从结构上并不同时存在通常意义上的亲水基和亲油基，但在油水分散体系中，一部分保持亲水结构，另一部分形成亲油结构，形成功能意义上的表面活性剂，如多糖类高分子物质（羧甲基纤维素钠、羟乙基纤维素、海藻酸钠等）。

3. 按亲油亲水性分类

（1）油包水类乳化剂　一般指亲油亲水平衡值（HLB值）在3～6之间的乳化剂，如脂肪酸甘油酯类乳化剂、山梨醇酯类乳化剂等。

（2）水包油类乳化剂　一般指HLB值在9以上的乳化剂，如低酯化度的蔗糖酯、吐温系列乳化剂、聚甘油酯类乳化剂等。

三、乳化剂的生产技术

（一）大豆磷脂

1. 产品性质

大豆磷脂又称大豆卵磷脂，简称磷脂，为淡黄色、褐色透明或半透明黏稠物质。主要成分是卵磷脂（24%）、脑磷脂（25%）和肌醇磷脂（33%），此外尚含有35%～40%的油（现在国内已研制生产出含油极少、无异臭的淡黄色粉状或粒状产品）。

2. 工艺流程

大豆磷脂通常是制造大豆油时的副产品，生产工艺步骤如下：

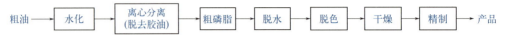

粗油 → 水化 → 离心分离（脱去胶油）→ 粗磷脂 → 脱水 → 脱色 → 干燥 → 精制 → 产品

大豆磷脂的工业化生产工艺流程如图5-12所示。

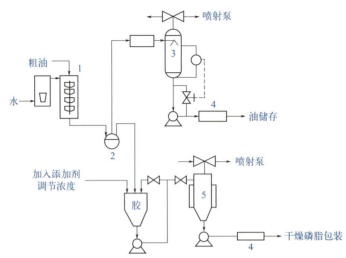

图 5-12　大豆磷脂的工业化生产工艺流程图

1—混合器；2—脱胶离心机；3—脱胶油干燥器；4—冷却器；5—薄膜干燥器

3. 操作工艺

（1）脱胶　脱胶过程可分为间歇和连续两种。间歇法是先将毛油升温至70～82℃，然后加入2%～3%的水及助剂（如乙酐），在搅拌情况下，油和水于反应釜内充分进行水化反应30～60min。反应后的物料送入脱胶离心机。连续法脱胶是在管道中进行的，即原料毛油经过油脂水化、磷脂分离、成品入库等工序基本实现连续生产。

（2）脱水　脱水方式也可采用间歇脱水和连续脱水，最终的产品水分含量应小于0.5%。脱水后的胶状物必须迅速冷却至50℃以下，以免颜色变深。为了防止细菌的腐败作用，常在湿胶中加入稀释的双氧水以起到抑菌的作用。

（3）脱色　以不同的过氧化物作用于不同的颜色体系，具有不同的脱色效果。例如双氧水减少棕色色素，对处理黄色十分有效；过氧化苯甲酰可减少红色素，对处理红色更有效。上述两种脱色剂一起使用，可得到颜色相当浅的磷脂。此外，也有用次氯酸钠和活性炭等物质进行脱色的。

（4）干燥　将磷脂进行分批干燥是最常用的方法，而真空干燥是最合理的方法。由于磷脂在真空干燥时要防止泡沫产生，因此必须小心地控制真空度并采用较长的干燥时间（3～4h）。另外，也可选择薄膜干燥的方法。

（5）精制　将存在于粗磷脂中的油、脂肪酸等杂质除去，从而获得含量较高的磷脂。

4. 质量标准

指标名称		指标
外观	≤	浅黄至棕色透明或半透明的黏稠状或胶状
丙酮不溶物 /%	≥	50
水分及挥发物 /%	≤	1.5

续表

指标名称		指标
正己烷不溶物 /%	≤	0.3
酸值（以 KOH 计）/（mg/g）	≤	70
砷（以 As 计）/（mg/kg）	≤	1
碘值 /（g/100g）		85～95
重金属（以 Pb 计）/（mg/kg）	≤	1
过氧化值	≤	100

5. 产品应用

大豆磷脂是目前唯一工业化生产的天然乳化剂，可用于人造奶油、冰淇淋、糖果、巧克力、饼干、面包和起酥油的乳化。它不仅有乳化作用，还具有重要的生化功能，可增加磷酸胆碱、胆胺、肌醇和有机磷，以补充人体营养的需要。

（二）山梨糖醇酐单油酸酯

1. 产品性质

山梨糖醇酐单油酸酯又称乳化剂 S-80、司本 -80（司盘 -80，Span-80）。分子式 $C_{24}H_{44}O_6$，分子量 428。

物化性质：棕色油状或黏稠体，可分散于水中，溶于苯等多种有机溶剂。属于非离子型表面活性剂，是水 / 油型乳化剂，可与乳化剂 S-60、T-60、T-80 拼混使用，具有优良的乳化、分散和润湿性能。HLB 值为 4.3。小鼠口服 $LD_{50} \geq 10g/kg$ 体重。

2. 生产方法

山梨糖醇脱水后生成山梨糖醇酐（失水山梨醇），再与油酸酯化，生成山梨糖醇酐单油酸酯。

3. 工艺流程

油酸 → 减压蒸馏
活性炭、活性白土
H_2O_2
山梨醇 → 浓缩 → 酯化 → 脱色 → 过滤 → 漂白 → 脱水 → 成品

4. 操作工艺

将油酸投入减压蒸馏釜中，进行减压蒸馏精制，收集 190～235℃ /100×133.3Pa 的馏分。100kg 工业油酸经精制可得淡黄色的精制油酸 84kg。山梨醇置于浓缩釜内，浓缩脱水，使浓度达到 70%～80%。

将 88kg（100% 计）山梨醇投入搪瓷酯化反应釜中，加入精制油酸 130kg、氢氧化钾溶液（含 KOH 约 0.2kg）。搅拌下抽真空，并逐渐加热升温，于 700×133.3Pa 在 200～210℃下维持反应 7h。反应完毕，冷却并静置 24h。自然分层，分离掉下层黑色胶状物。将上层澄清液移入脱色釜内，加热至 65℃，加入活性白土 5kg、活性炭 5kg，搅拌于 80℃下脱色 1h。过滤。在滤液中加入过氧化氢 1.3kg，于 60℃下漂白 0.5h，继续升温脱水，减压，于 105～110℃下保温脱水 5h，得到山梨糖醇酐单油酸酯约 200kg。

注意事项：①工业油酸含杂质较多，酯化前必须减压蒸馏进行精制，否则影响产品色泽和质量；②工业山梨醇若浓度低于70%，必须浓缩脱水，以提高酯化反应产率，降低产品酸值。

5. 产品应用

按我国食品添加剂使用卫生标准，山梨糖醇酐单油酸酯用作食品乳化剂，用于植物蛋白饮料、果汁型饮料、牛乳、奶糖、冰激凌、面包、糕点，最大使用量为 $3.0g \cdot kg^{-1}$；用于奶油、速溶咖啡、干酵母、氧化植物油，最大使用量为 $10.0g \cdot kg^{-1}$。

6. 创新导引

将脱色过程中的温度由80℃提高到100℃，看脱色过程能不能更加快，脱色效果会不会更好。

（三）其他食品添加剂

1. 蔗糖脂肪酸酯

蔗糖脂肪酸酯也称脂肪酸蔗糖酯，简称 SE。其结构式为：

$$CH_2OR_1 \quad CH_2OR_2$$

（R_1、R_2、R_3为脂肪酰基或H）

它是一种性能优良高效且安全的乳化剂，蔗糖脂肪酸酯是以蔗糖部分为亲水基，长碳链脂肪酸部分为亲油基。在体内它可被消化成蔗糖和脂肪酸而被吸收。它是一种安全、无毒、无刺激，且易被生物降解的表面活性剂，因此在食品中的使用没有限制。

生产工艺：

以 DMF 为溶剂，在 K_2CO_3 催化剂存在下，使脂肪酸和非蔗糖醇形成的酯和蔗糖进行酯交换反应。蔗糖一般过量 2～3 倍，在 90℃和减压 9.2～13.2kPa 下进行酯化，反应交换下来的醇不断排出，反应时间为 2～3 小时。未反应的蔗糖需要用甲苯分离除去。

2. 改性大豆磷脂

改性大豆磷脂由浓缩大豆磷脂经化学改性而制成，有较好的亲水性和水包油乳化功能。其丙酮不溶物含量与天然粗磷脂含量相同。但其乳化性和亲水性能较浓缩大豆磷脂有显著提高，在饲料添加性能、液体饲料制备和能量的消化吸收方面有更大的优势。

改性大豆磷脂，别名羟化卵磷脂，在水中很容易形成乳浊液，比一般的磷脂更容易分散和水合，易溶于动植物油。改性大豆磷脂具有较强的抗氧化性，用于生产饲料可减少发霉的危险，延长饲料保存期，并对保护饲料中的多不饱和脂肪酸有一定作用。大豆磷脂改性后在常温下可保持流体状态，使用方便。改性大豆磷脂经脱臭工艺，适口性改善，诱食性增强。

微课
其他食品添加剂

项目七

其他类型的食品添加剂

一、调味剂

调味剂指在饮食、烹饪和食品加工中广泛应用的，用于改善食物的味道并具有去腥、除膻、解腻、增香、增鲜等作用的产品。调味剂能增加菜肴的色、香、味，促进食欲，有益于人体健康。它的主要功能是增进菜品质量，满足消费者的感官需要，从而刺激食欲，增进人体健康。从广义上讲，调味品包括咸味剂、酸味剂、甜味剂、鲜味剂和辛香剂等，像食盐、酱油、醋、味精、糖、八角、茴香、花椒、芥末等都属此类。本项目介绍的调味剂主要包括用于调配食品的甜、酸、鲜、咸等口味的酸味剂、甜味剂、鲜味剂等。

（一）酸味剂

以赋予食品酸味为主要目的的食品添加剂称为酸味剂。除给人以爽快的刺激、增进食欲，提高食品品质外，它还能调节食品的 pH、用作抗氧化剂的增效剂、防止食品酸败或褐变、抑制微生物生长及防止食品腐败等；与碳酸氢钠复配，可制成疏松剂；它还有增加焙烤食品的柔软度的能力。酸味剂主要有柠檬酸、乳酸、酒石酸、苹果酸、食用磷酸等。

目前世界上用量最大的酸味剂是柠檬酸，全世界的生产能力约为160万吨，我国约为3万吨，富马酸和苹果酸的需求将会有很大发展。由于有机酸种类的不同，其酸味特性一般也不同，柠檬酸、L-抗坏血酸、葡萄糖酸具有令人愉快的酸味。*dl*-苹果酸伴有苦味。乳酸、*d*-酒石酸、*dl*-酒石酸、延胡索酸伴有涩味。琥珀酸、谷氨酸伴有鲜味。醋酸伴有异味。

1. 柠檬酸

（1）**产品性质**　柠檬酸又称枸橼酸，因在柠檬、枸橼和柑橘中含量较多而得名。是一种三元羧酸，其学名为3-羟基-3-羧基戊二酸，分子式$C_6H_8O_7$，在自然界中存在于柠檬、柑橘、梅、李子、梨、桃、无花果等水果中。柠檬酸具有无毒、无色、无臭特性，一般为半透明结晶或白色粉末，易溶于水、乙醇、乙腈、乙醚等，不溶于苯，微溶于氯仿。相对密度1.542，熔点153℃（失水）。具有令人愉悦的酸味，入口爽快，无后酸味，安全无毒，被广泛用作食品和饮料的酸味剂。目前，柠檬酸全世界消耗量已达120万吨，年产能达160万吨，市场贸易量为90多万吨，且每年以7%的增长率增长，是目前世界需求量最大的一种有机酸。目前还没有一种可以取代柠檬酸的酸味剂。

（2）**生产方法**　柠檬酸的生产方法有3种：水果提取法，化学合成法，生物发酵法。

水果提取法是将不能食用的次果榨汁，放置发酵，沉淀，用石灰乳中和，然后用硫酸分解，精制而得。该法制得的产品质量较差，经重结晶后，可获得较纯产品。柠檬酸也可以直接从柠檬、橙子、橘子、苹果等柠檬酸含量较高的水果中提取。目前，水果的生产已经产业化，水果产量也随之增加，并且比较集中，在考虑生态果园和综合利用时，可以利用这种方法来提取柠檬酸。但此法成本较高，不利于工业化生产。

化学法合成柠檬酸是采用草酰乙酸与乙烯酮经缩合反应制得：

$$HOOC-\overset{\overset{\displaystyle O}{\|}}{C}-CH_2COOH \ + \ CH_2{=}C{=}O \longrightarrow HO-\overset{\overset{\displaystyle CH_2COOH}{|}}{\underset{\underset{\displaystyle CH_2COOH}{|}}{C}}-COOH$$

化学合成法的原料还可以是丙酮或二氯丙酮。以二氯丙酮为原料的合成路线如下：

$$ClH_2C-\overset{\overset{\displaystyle O}{\|}}{C}-CH_2Cl \xrightarrow{HCN} ClH_2C-\overset{\overset{\displaystyle OH}{|}}{\underset{\underset{\displaystyle CN}{|}}{C}}-CH_2Cl \xrightarrow[H^+]{H_2O} ClH_2C-\overset{\overset{\displaystyle OH}{|}}{\underset{\underset{\displaystyle COOH}{|}}{C}}-CH_2Cl \xrightarrow{HCN}$$

$$NCH_2C-\overset{\overset{\displaystyle OH}{|}}{\underset{\underset{\displaystyle COOH}{|}}{C}}-CH_2CN \xrightarrow[H^+]{H_2O} HOOCH_2C-\overset{\overset{\displaystyle OH}{|}}{\underset{\underset{\displaystyle COOH}{|}}{C}}-CH_2COOH$$

由于化学合成法工艺复杂，成本高，安全性较低，很少使用。

生物发酵法是制取柠檬酸的主要方法，工业上是以淀粉类物质如玉米、红薯以及蜜饯等糖质为原料，用黑曲霉发酵，沉淀，然后用石灰乳中和，所得的柠檬酸石灰用硫酸分解，再经精制而得。以红薯干为原料深层发酵制柠檬酸的生产工艺流程如图5-13所示。整个工艺流程由培菌、发酵、提取和纯化四个工序组成。

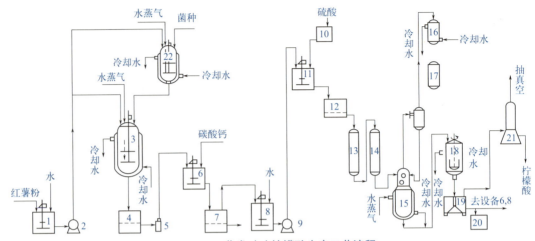

图 5-13　红薯发酵法柠檬酸生产工艺流程

1—拌和桶；2,5,9—泵；3—发酵罐；4,7,12—过滤器；6—中和桶；8—稀释桶；10—硫酸计量槽；11—酸解槽；
13—脱色柱；14—离子交换柱；15—真空浓缩釜；16—冷凝器；17—缓冲器；18—结晶釜；19—离心机；20—母液槽；
21—烘干机；22—种母罐

① 种母醪制备。将浓度为12%～14%的淀粉浆液放入已灭菌的种母罐22中，用表压为98kPa的蒸汽蒸煮糊化15～20min，冷至33℃，接入黑曲霉菌 N-588 的孢子悬浮液，温度保持在32～34℃，在通无菌空气和搅拌下进行培养，5～6天完成。

② 发酵。在拌和桶1中加入甘薯干粉和水，制成浓度为12%～14%的浆液，泵2送到发酵罐3中，通入98kPa的蒸汽蒸煮糊化15～25min，冷至33℃，按8%～10%的接种比接入种醪，在33～34℃下搅拌，通无菌空气发酵。发酵过程中补加 $CaCO_3$ 控制 pH 为2～3，5～6天发酵完成。发酵液中除柠檬酸和大部分水分外，还有淀粉渣和其他有机酸等杂质，故应设法提取、纯化。其提纯工艺过程及参数如图5-14所示。

（3）**产品应用**　按我国食品添加剂使用卫生标准，柠檬酸可用于果酱类、饮料、罐头、糖果、糕点馅、羊奶等，使用量可根据正常生产需要确定；柠檬酸也用作复配薯类淀粉漂白剂的增效剂，最大使用量为0.02g·kg^{-1}。

（4）**安全事项**　硫酸具有强烈的腐蚀性，操作人员应佩戴必要的劳动保护用具；柠檬酸的干燥应在较低温度下进行，否则会失去结晶水而影响产品色泽；柠檬酸具有刺激作用，在工业使用中，接触者可能引起湿疹；粉体与空气可形成爆炸性混合物。遇明火、高热或与氧化剂接触，有引起燃烧爆炸的危险。

2. 苹果酸

（1）**产品性质**　苹果酸在苹果及其他仁果类果实中含量较多，又名2-羟基丁二酸，有两种立体异构体。以三种形式存在，即D-苹果酸、L-苹果酸和其混合物DL-苹果酸。天然存在的苹果酸都是*L*型的，可参与人体正常代谢，几乎存在于一切水果中，以仁果类中最多。

物化性质：白色结晶体或结晶状粉末，有较强的吸湿性，易溶于水、乙醇，有特殊愉快的酸味。相对密度 (d_4^{20})1.595。熔点约130℃，沸点150℃（分解）。易溶于水，1g 本品能溶于1.4mL醇、1.7mL 醚、0.7mL 甲醇、2.3mL 丙醇，几乎不溶于苯。

苹果酸的酸味较柠檬酸强20%（质量）左右，酸味爽口，微有涩苦。苹果酸在口中呈味缓慢，维持酸味时间显著地长于柠檬酸，效果好，并且不损伤口腔和牙齿。与柠檬酸合用，有强化酸味的效果；苹果酸常与人工合成的二肽甜味剂阿斯巴甜配合使用，作为软饮料的风味固定剂。

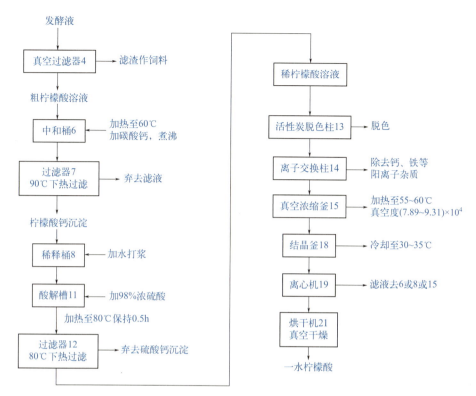

图 5-14 柠檬酸提纯工艺流程

（2）生产方法 苹果酸的生产方法有化学合成法、提取法和生物转化法等。天然的苹果酸是L型的，L型苹果酸可参与正常人体代谢。工业上可用化学合成的方法生产DL型苹果酸，用发酵的方法生产L-苹果酸。

① 从植物果实中直接提取。将未成熟的苹果、葡萄、山楂、樱桃或五味子的果汁煮沸，加入石灰水，生成钙盐沉淀，处理后分离得到L-苹果酸。这种方法局限性大，产量低。

② 化学合成法。根据原料的不同可分为苯氧化法和糠醛氧化法两大类。

a. 苯氧化法。是工业上生产苹果酸最合理的方法。该法以苯为主原料，五氧化二钒为催化剂，在沸腾床或固定床中，350℃下经空气氧化生成顺丁烯二酸酐。然后，用水吸收顺丁烯二酸酐水合成顺丁烯二酸。再在1MPa压强下加热至160～200℃，与水蒸气反应10h生成苹果酸，将反应液浓缩、冷却、结晶、干燥得DL-苹果酸成品，反应式如下：

$$\text{苯} \xrightarrow[\text{V}_2\text{O}_5]{+\text{O}_2} \text{顺丁烯二酸酐} \xrightarrow{+\text{H}_2\text{O}} \text{COOH} \xrightarrow{+\text{H}_2\text{O}} \begin{array}{l} \text{HO—CH—COOH} \\ \text{H}_2\text{C—COOH} \end{array}$$

b. 糠醛氧化法是由戊醛与稀酸作用经水解、脱水和蒸馏制得糠醛，糠醛在钒催化剂作用下气相氧化成顺丁烯二酸酐，再水解成顺丁烯二酸，加温、加压成DL-苹果酸：

$$\text{糠醛} \xrightarrow[\text{V}_2\text{O}_5]{\text{O}_2} \text{顺丁烯二酸酐} \xrightarrow{\text{H}_2\text{O}} \begin{array}{l} \text{COOH} \\ \text{COOH} \end{array} \xrightarrow{\text{H}_2\text{O}} \begin{array}{l} \text{HO—CH—COOH} \\ \text{H}_2\text{C—COOH} \end{array}$$

工艺过程与苯氧化法大体相同。

正在开发的方法还有：以环戊二烯、3-甲基-β-丁内酯等为原料的苹果酸生产工艺。

D-苹果酸不能被人体吸收，而合成法只能生产DL-苹果酸，因此发酵法生产L-苹果酸具有很好的前景。

③ 生物合成法。生物合成法生产 L- 苹果酸的工艺主要有三种:一步合成法是采用葡萄糖类物质为原料通过霉菌直接发酵产生苹果酸;两步发酵法是用糖类物质为原料,由根霉发酵成富马酸或者是富马酸与苹果酸的混合物,再由酵母等菌类转化成苹果酸;生物转化法是采用富马酸或马来酸为原料转化成苹果酸。生物转化法生产 L- 苹果酸的工艺流程如图 5-15 所示。

a. 生物填料的制备。将细胞在生理盐水中的悬浮液与丙烯酰胺及其交联剂与聚合促进剂混合,制成凝胶,再做成 3mm 直径的颗粒。洗涤后,浸泡在含有约 0.3% 牛胆汁的反丁烯二酸钠溶液中,温度控制在 37℃,浸泡 20h,即制成生物填料。

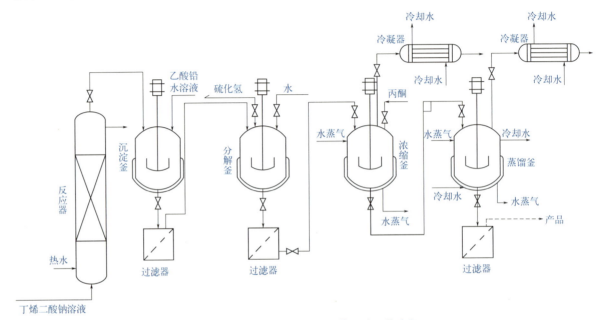

图 5-15 生物转化法生产 L- 苹果酸工艺流程

b. 氢化和分离。将上述生物填料加入长径比大于 10 的反应柱中,将 1mol/L 的反丁烯二酸钠水溶液通过反应柱,柱温控制 37℃,料液停留时间大于 0.5h,流出液与 2.2mol/L 的乙酸铅水溶液一起进入沉淀器中。搅拌下充分接触,使沉淀完全。放料至抽滤器中抽滤,滤饼用少量温水洗涤。将滤饼投入分解釜中,加 20～40 倍的水,搅拌下使沉淀均匀悬浮,然后通入硫化氢;硫化氢的通入量为苹果酸铅沉淀物质量的 2.2～2.5 倍,放料抽滤除去生成的硫化铅。滤液泵入浓缩釜中浓缩成浆状,加入 5～10 倍量丙酮萃取,萃取液抽滤后,滤液泵入蒸馏釜中回收丙酮,浓缩液趁热放出,冷却、结晶,得 L- 苹果酸。

【(3)产品应用】 按我国食品添加剂使用卫生标准,L-苹果酸可用于果冻、清凉饮料、乳酸菌饮料等,使用量可根据正常生产需要确定;苹果酸与柠檬酸复配使用能产生极好的酸味,如苹果酸1份,柠檬0.4份,则能形成接近天然苹果的酸味。

文 档
其他类型的酸味剂

(二)甜味剂

甜味剂是指赋予食品或饲料以甜味的食物添加剂。目前甜味剂种类较多,按其来源可分为天然甜味剂和人工合成甜味剂;按其营养价值分为营养型甜味剂和非营养型甜味剂;按其化学结构和性质分为糖类和非糖类甜味剂。葡萄糖、果糖、蔗糖、麦芽糖、淀粉糖和乳糖等糖类物质,虽然也是天然甜味剂,但因长期被人食用,且是重要的营养素,通常视为食品原料,在我国不作为食品添加剂。

合成甜味剂的共同特征是热值低、没有发酵性,对糖尿病患者、心血管病患者有益。营养性甜味剂是每单位质量赋予甜能力的发热值大于蔗糖相应热值的2%的甜味剂,包括除了异构糖和L- 糖外所有的低甜度甜味剂,其中糖醇类甜味剂的热值和发酵性普遍低于蔗糖,在血液中代谢不受胰岛素控制。非营养性甜味剂是每单位质量赋予甜能力的发热值小于蔗糖甜味剂相应热值的

2%的甜味剂，包括高甜度甜味剂和异构麦芽酮糖、L-糖。

天然非营养型甜味剂日益受到重视，是甜味剂的发展趋势。阿斯巴甜、甜菊糖（也称为甜菊糖苷）及安赛蜜是我国允许使用的非营养型甜味剂代表品种。

1. 甘露醇

（1）**产品性质**　无色至白色针状或斜方柱晶体或结晶性粉末。无臭，具有清凉甜味。甜度为蔗糖的57%～72%。旋光度+23～+24，熔点166℃，相对密度1.52（20℃），沸点290～295℃（467kPa）。1g该品可溶于约5.5mL水（约18%，25℃）、83mL醇，较多地溶于热水，溶于吡啶和苯胺，不溶于醚。水溶液呈酸性。该品是山梨糖醇的异构体，山梨糖醇的吸湿性很强，而该品完全没有吸湿性。甘露醇有甜味，其甜度相当于蔗糖的60%左右。

（2）**生产方法**

① 化学合成法。D-甘露醇由D-甘露糖经催化加氢或用硼氢化钠还原而得。

$$\begin{array}{c}
\text{C}\!\!=\!\!\text{O} \\[-2pt]
\text{HO}\!-\!\text{C}\!-\!\text{H} \\
\text{HO}\!-\!\text{C}\!-\!\text{H} \\
\text{H}\!-\!\text{C}\!-\!\text{OH} \\
\text{H}\!-\!\text{C}\!-\!\text{OH} \\
\text{CH}_2\text{OH}
\end{array}
\xrightarrow[\text{或NaBH}_4]{\text{H}_2/\text{Ni}}
\begin{array}{c}
\text{CH}_2\text{OH} \\
\text{HO}\!-\!\text{C}\!-\!\text{H} \\
\text{HO}\!-\!\text{C}\!-\!\text{H} \\
\text{H}\!-\!\text{C}\!-\!\text{OH} \\
\text{H}\!-\!\text{C}\!-\!\text{OH} \\
\text{CH}_2\text{OH}
\end{array}$$

② 电解还原法。以蔗糖为原料，水解后以无水硫酸钠作导电介质，电解后经过中和、真空浓缩、过滤、结晶精制得成品。

③ 提取法。以海带为原料，在生产海藻酸盐的同时，将提碘后的海带浸泡液，经多次提浓、除杂、离交、蒸发浓缩，冷却结晶而得。

我国利用海带提取甘露醇已有几十年历史，这种工艺简单易行，但受到原料资源、提取收率、气候条件、能源消耗等限制，长期以来，其发展受到制约。20世纪，我国的甘露醇年产量始终未超过8000吨。合成法工艺在我国20世纪80年代开始试验，90年代问世，时间不长，但由于其具有不受原料限制、适合大规模生产等优点，已经取得了长足的发展。

（3）**工艺流程**

① 化学合成法。

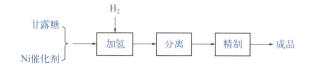

② 电解还原法。

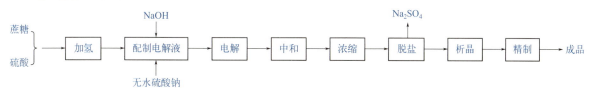

（4）**操作过程**

① 化学合成法。将200kg蔗糖配成50%水溶液，然后加入0.6kg 98%浓硫酸于85℃下水解成葡萄糖和果糖，然后用碱中和，用雷尼镍作催化剂，在氢压4.9～17.7MPa，温度50～150℃条件下剧烈搅拌反应。此时，葡萄糖转化为山梨糖醇，果糖则转化成大致等量的山梨糖醇和甘露醇。将反应液过滤，用活性炭脱色，再用离子交换树脂处理。将所得糖液浓缩，缓慢冷却，结晶，经离心分离，干燥得成品。

以葡萄糖为原料，先在钼酸催化剂存在下异构化为葡萄糖和甘露糖的混合物，然后以0.20%～1.5%纯碱中和后再分别在60℃、110～160℃下两步加氢。然后将反应液过滤，加活性炭脱色，经离子交换处理后浓缩、冷却析晶、分离、干燥得成品。甘露醇收率达42%。

② 电解还原法。在溶解锅中加入蔗糖120kg、蒸馏水约150L，加热溶解过滤。升温至85℃，加浓硫酸198mL（先稀释到1L左右）。经搅拌，于85℃保温45min，立刻冷却，同时加无水硫酸钠25kg作为导电介质，当温度降低到20～25℃时，用5mol/L NaOH中和到pH值为4.0，并稀释到300L，待用。电解前调节糖液至pH值为7.0，在电解槽中以表面涂汞的铅极为阴极。以铅极作为阳极，阳极置于一用素烧瓷片的隔膜中，隔膜中放1mol/L H_2SO_4（电池用），电压5～6V，电流密度1.0～1.2A/cm^2，进行电解。开始时pH值为7.0左右，以后pH值自然上升，到30h后用30%氢氧化钠（工业级）溶液调节到碱浓度为0.7mol/L，保温槽内温度在15～25℃之间，80～100h后，当残糖在15%左右，即可停止电解。将电解液中和到pH值为4.8～5.1，得中和液约420L。

将中和液用活性炭于80℃进行脱色、滤去活性炭即可蒸发，脱色液真空浓缩，锅内温度由50℃逐渐升到80℃。当脱水量甚少，温度达到80℃ (93.3kPa) 时，即可停止蒸发。趁热在搅拌下将85%乙醇160kg加入锅中，在常压下加热到75℃，保温1h抽提，在40.0～53.3kPa下减压过滤，滤去硫酸钠得滤液330L左右。将滤液冷却，搅拌，使温度均匀，晶体松软，24h后冷却到15℃，离心机分离去母液，结晶用10℃以下蒸馏水冲洗。母液可回收乙醇及山梨醇。粗制品用蒸馏水溶解，加活性炭煮沸过滤后进行重结晶，过滤后于70℃烘干24h，包装。

（5）质量标准

项目	中国药典标准	英国药典标准	美国药典标准
含量 /%	98～102.0	98～102.0	96～101.5
澄清度	小于1号浊度液	Less than 1#turbidity	—
氯化物 /%	≤0.003	≤0.005	≤0.007
硫酸盐 /%	≤0.01	≤0.01	≤0.01
草酸盐 /%	≤0.02	—	—
干燥失重 /%	≤0.5	≤0.5	≤0.3
炽灼残渣 /%	≤0.1	≤0.1（硫酸灰分）	—
重金属（Pb）/%	≤0.001	—	—
砷（As_2O_3）/%	≤0.0002	—	≤0.0001
熔点 /℃	166～170	165～170	164～169
山梨醇	—	符合要求	—
细菌内毒素	—	符合要求	—

（6）产品应用　甘露醇主要用于食品和医药工业作甜味剂。在食品方面，本品在糖及糖醇中的吸水性最小，用于麦芽糖、口香糖、年糕等食品的防黏粉，以及用作一般糕点的防黏粉，也用作糖尿病人食品、健美食品等低热值、低糖的甜味剂。

2. 甜菊糖苷

（1）产品性质　甜菊糖苷简称甜菊糖，是从菊科草本植物甜叶菊中精提的新型甜味剂，其甜度为蔗糖的200～300倍，热量只有蔗糖的1/300。与蔗糖、葡萄糖等天然甜味剂，甜蜜素、阿斯巴甜等化学合成甜味剂相比，甜菊糖具有热量低、甜度高、味质好、耐高温、稳定性好等特点，对人体安全无毒，而且还兼有降低血压、促进代谢、治疗胃酸过多等作用，对肥胖症、糖尿病、心血管病、高血压、动脉硬化、龋齿等也有一定的辅助疗效。由于它具有耐热、稳定、防腐等性能，所以加到食品中，不易变性、变质，对酸碱度要求不严，保存期长，不会结块、褐变。甜菊糖是目前世界已发现并经我国原卫生部、轻工业部批准使用的最接近蔗糖口味的天然低热值甜味剂，被誉为"世界第三蔗糖"。甜菊糖是多组分物质，商品名甜菊糖（苷），即以主要成分（甜菊苷）命名。基本化学结构：

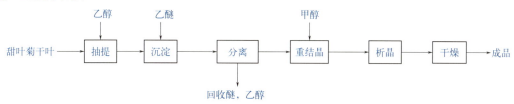

（2）**生产方法** 浸提是甜菊糖提取分离的最常用方法，通常从甜叶菊的叶子提取，有乙醇提取法和热水提取法，将甜叶菊叶片中的可溶物由固体团块中转移到液体（乙醇或热水）中，得到含有溶质的浸提液，提取后经精制得产品。

（3）**工艺流程**

① 乙醇提取法。

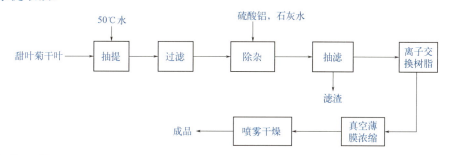

② 热水提取法。

（4）**操作工艺**

① 乙醇提取法。将干燥的甜叶菊叶片用乙醇浸泡提取多次，合并提取液，加入乙醚，析出甜菊糖沉淀。过滤，滤液回收乙醚、乙醇。滤饼为粗品，用甲醇重结晶（活性炭脱色），趁热过滤去渣，滤液冷却析晶，离心回收甲醇，干燥后得产品。

② 热水提取法。将100kg干燥的甜叶菊（我国江苏、福建、新疆等地已有大面积栽培）叶片投入提取锅，加200～300kg 50℃热水浸泡0.5h，然后过滤，如此反复3～5次。合并提取液，在搅拌下向滤液中加硫酸铝和石灰水，以沉淀杂质。静置，沉淀完全后，取出上层清液，下层沉淀用离心机吸滤后，将滤液与上层清液合并，得到预精制液。将预精制液依次通过201×7阴离子交换树脂和001×7阳离子交换树脂，使其脱色，制得脱色精制液。将脱色精制液经真空薄膜浓缩至适当浓度，再将浓缩后的溶液送入喷雾干燥机，即制得白色粉状成品。

（5）**产品应用** 甜菊糖苷是低热量的食品甜味剂，有降低血压、促进代谢、降低胃酸等功效。除常用作蔗糖、甘草苷的增甜剂外，还与柠檬复配改善甜味。主要用于苦味饮料、碳酸饮料和腌制品等。

3. 阿斯巴甜

（1）**产品性质**　阿斯巴甜又称天冬甜素、天门冬酰苯丙氨酸甲酯，俗称甜味素，化学名称 N-L-α-天冬氨酰-L-苯丙氨酸甲酯（α-APM），化学结构式为：

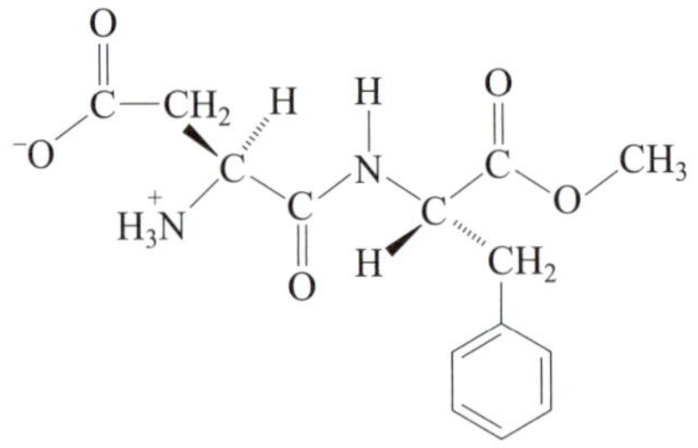

它是一种二肽化合物，为白色晶体粉末，微溶于水和乙醇，在水中不稳定易分解而失去甜味。温度过高时，则发生环化而失去甜味，用于食品时其加工温度不能超过 200℃。

甜味素是一种新型低热、稳定性较好、安全性高、味道纯正、营养型的甜味剂，有强烈甜味，且甜味与砂糖相似，甜度为蔗糖的 100～200 倍，是糖尿病、高血压、肥胖症和心血管病患者的低糖、低热量保健食品的理想甜味剂，可用于糖果、面包、水果、罐头和特种饮料。

物化性质：白色结晶性粉末，无臭，有强甜味，甜味纯正。熔点 246～247℃（分解），不适用于高温烘焙的食品。在强酸性水溶液中可水解产生单体氨基酸，在中性碱性条件下可环化成二酮哌嗪。与蔗糖或其他甜味剂混合使用有协同效应。热值低，安全无害，无龋齿作用。

阿斯巴甜由美国 Searle 公司 1965 年在肽类药剂的研究中偶然发现。Aspartame 是商品名，国内市场上有的不正确地称其为蛋白糖。甜度为蔗糖的 200 倍，甜味和蔗糖接近，无苦后味，与糖、糖醇、糖精等合用有协同作用。

1981 年美国批准使用，法国、比利时、瑞士、加拿大和我国等许多国家相继批准使用。用 Aspartame 作为甜味剂的食品，在包装上必须有适当的警告，以提醒苯丙酮尿症患者忌用。按甜度计算，Aspartame 的价格仅为蔗糖的 1/4～2/4，可用于饮料、果冻、蜜饯、医药、保健食品、日用化妆品等，在美国是处于主导地位的低热值甜味剂。

（2）**生产方法**　阿斯巴甜的基本生产方法有 3 种：化学合成法、酶合成法和基因工程法。根据对国内外行业的了解，目前广泛采用的工业化生产方法主要是化学合成法。

① 化学合成法。目前国内不少厂家采取的合成工艺路线不完全一致，但其合成原理大体相同，即以 L- 天门冬氨酸和 L- 苯丙氨酸为主要原料进行合成。

a. 甲酰基保护氨基法。

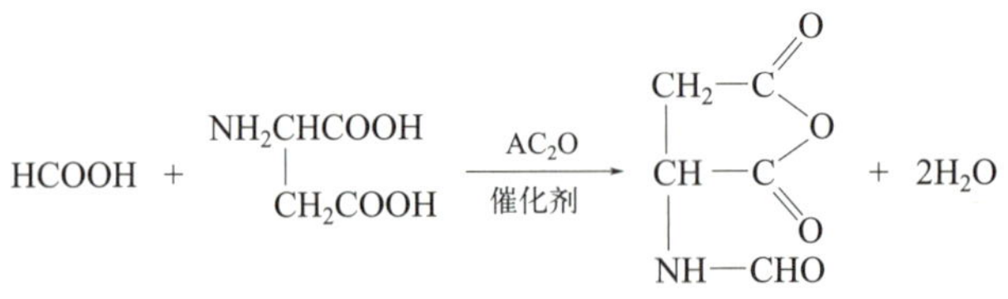

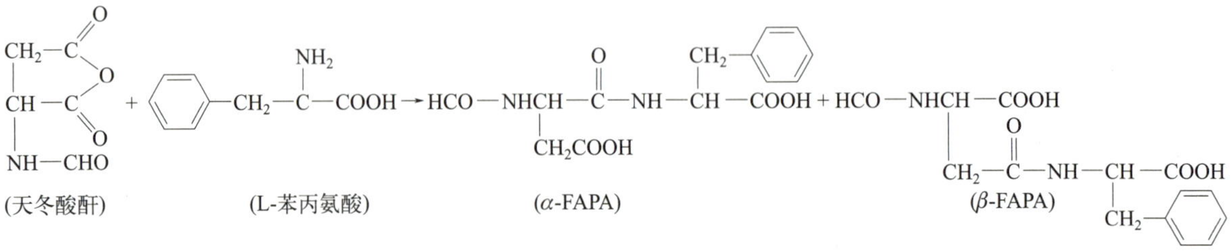

$$HCO-NHCH \overset{\underset{|}{CH_2COOH}}{\overset{O}{\underset{\,}{C}}} -NH-CH\overset{CH_2-\text{苯环}}{\underset{\,}{|}}-COOH + CH_3OH + HCl \longrightarrow HCl \cdot NH_2-CH \overset{\underset{|}{CH_2COOH}}{\overset{O}{\underset{\,}{C}}} -NH-CH\overset{CH_2-\text{苯环}}{\underset{\,}{|}}-COOCH_3 + HCOOH$$

(α-FAPA)　　　　　　　　（甲醇）　　　　　　　　（阿斯巴甜盐酸盐）　　　　　　　（甲酸）

$$HCl\ H_2NCHCONHCHCO_2CH_3 + NaOH \longrightarrow H_2NCHCONHCHCO_2CH_3 + NaCl$$
$$\overset{|}{CH_2COOH} \qquad\qquad\qquad\qquad \overset{|}{CH_2COOH}$$

b. 苄氧甲酰基保护氨基法。此法优点是选择性好（不生成 β- 异构体）、收率较高（80%以上），不足之处是原料成本较高，在保护基苄氧甲酰氯的制备时需使用剧毒的光气。

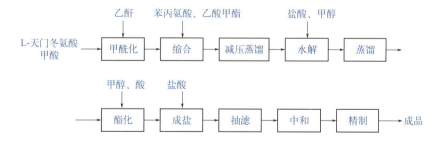

② 酶法。先用化学法合成 N- 苄氧甲酰 -L- 天门冬氨酸及 L- 苯丙氨酸甲酯，然后用嗜热菌蛋白酶作催化剂，合成带保护基的阿斯巴甜前体，再经钯催化还原脱去保护基，得目标产物。

【3】工艺流程

① 化学合成法。

a. 甲酰基保护氨基法。

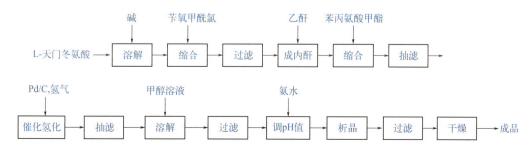

b. 苄氧甲酰基保护氨基法。

② 酶法。

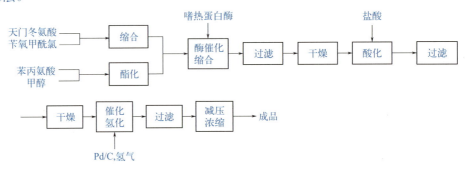

（4）操作工艺（化学合成法）

① 甲酰基保护氨基法。在反应釜中，加入适量氧化镁作为催化剂，再加入95%甲酸、乙酐、L-天门冬氨酸，升温至50℃，搅拌反应2.5h后，加入异丙醇，于48~50℃下反应1.5h后冷却至室温。向体系加入乙酸甲酯和L-苯丙氨酸、乙酸，在室温下反应4.5h。反应完成后，真空蒸馏（80kPa）至物料温度达65℃，得 N-甲酰基-L-天冬氨酰-L-苯丙氨酸。然后加入35%盐酸、甲醇于60℃水解1h，脱去甲酰基，常压70~75℃下蒸馏除去甲醇、酯等组分，然后再加入甲醇、酸加热进行酯化反应，反应结束后加入盐酸生成 α-APM盐酸盐，经抽滤、中和、精制得成品。

② 苄氧甲酰基保护氨基法。在反应器中，加入14%碳酸氢钠溶液，搅拌下加入L-天门冬氨酸，用10%氢氧化钠于2~3℃下调pH为9.5，缓慢加入苄氧甲酰氯，升温至25℃反应1h后，用甲苯萃取，再用盐酸中和至pH=1，放置，过滤得 N-苄氧甲酰天门冬氨酸酐。将制得的L-苯丙氨酸甲酯用乙酸乙酯溶解，加入 N-苄氧甲酰天门冬氨酸酐，搅拌下在18~20℃反应1h，反应完毕，提取 α-缩合物，酸化，抽滤得 α-苄氧甲酰-L-天门冬氨酰-L-苯丙氨酸甲酯晶体。将此晶体溶于甲醇，加入2mol/L盐酸及Pd-C催化剂，通入氢气在室温下反应4h，浓缩除去甲醇，抽滤得 α-APM盐酸盐，将其溶于混合溶剂（甲醇：水=2:1），升温至55℃过滤，然后用氨水调pH值至4.8~5.2，冷却至5℃，放置3h以上过滤、干燥得成品。该法最大优点是选择性好。

（5）质量标准

指标名称	优级品	一级品
含量（以干基计）/%	98~102	98~102
干燥失重（105℃，4h）	≤4.5	≤4.5
比旋光度 $[\alpha]_D^{20}$	+14.5°~+16.5°	+14.5°~+16.5°
透光度（1%，1cm比色皿370nm）	≤0.22	合格
灰分/%	≤0.2	≤0.2
pH值	4.0~6.5	4.5~6.0
重金属（Pb）/（mg/kg）	≤1	≤1
砷（以As计）/%	≤0.003	≤0.003
5-苄基-3,6-二氧-2-哌嗪乙酸（质量分数)/%	≤1.5	≤1.5

（6）产品应用 阿斯巴甜是国内外普遍允许使用的人工合成低热量甜味剂，常与蔗糖或其他甜味剂并用。我国GB 2760—2024规定，可用于各类食品，按操作需要适量使用，一般用量为 $0.3g \cdot kg^{-1}$。

（三）其他种类甜味剂

（1）糖精与糖精钠 糖精（邻-磺酰苯甲酰亚胺），作为一种非营养甜味剂于1897年合成成功，自1900年开始商业上的使用。糖精味极甜，水中溶解度极低，水溶液呈酸性，其钠盐糖精钠甜度为蔗糖的500～700倍，易溶于水，稳定性好，1937年发现，1950年开始使用，60年代成为主要的甜味剂，70年代发现有致癌嫌疑，但现有些国家又恢复使用。我国有生产，且出口外销，成本极低。糖精钠最大的优点是具有极高的稳定性，酸性食品、焙烤食品均可使用。

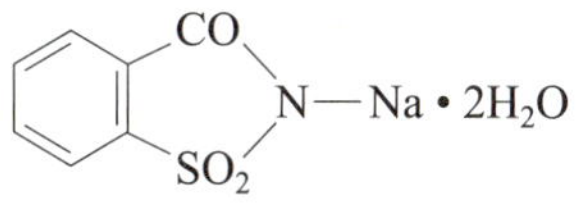

糖精钠 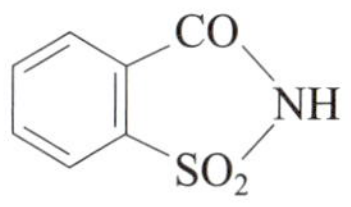　　　　　　　　　　　糖精

（2）**甜蜜素**　化学名为环己基氨基磺酸钠，甜度约为蔗糖的30倍。优点是甜味好，后苦味比糖精少，成本较低。缺点是甜度不高，用量大，易超标使用。1950年问世后，它的使用量逐渐增加，自1955年起环己氨基磺酸盐和糖精结合在一起用于食品的量逐渐增加。1969年10月，美国限制环己氨基磺酸盐的使用，并且在1970年9月禁用。英、日、加拿大等随后也禁用。

根据环己氨基磺酸盐的基本结构，有理由怀疑它们可能致癌，这是因为环己氨基磺酸盐经水解能形成环己胺（图5-16），它是一个致癌物。单胃动物的消化系统中的酶显然不会产生这种结果，但是有证据表明，某些常见的肠道微生物是这个反应的媒介，从尿液中也能分离得到环己胺。环己胺基磺酸盐及被吸收的环己胺的主要排泄途径是尿，因而就使膀胱受到致癌物的威胁。FDA最初禁用环己氨基磺酸盐就是因为它能引发动物的膀胱癌。

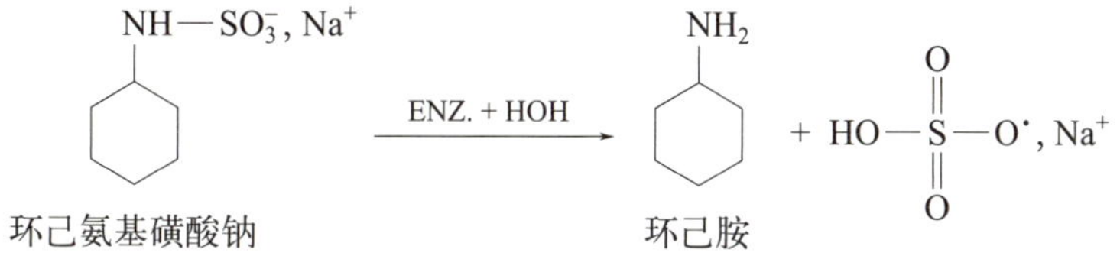

图5-16　环己氨基磺酸盐水解形成环己胺

（3）**安赛蜜**　即6-甲基-2,2-二氧代-1，2，3-氧硫氮杂-4-环乙烯酮钾盐，这个甜味剂的化学名称极为复杂，因而人们创造了一个通俗的商品名称Acesulfame-K，这个名称表明了其结构与乙酰乙酸和氨基磺酸的关系，也表明了它是一个钾盐，市场上也叫AK糖。

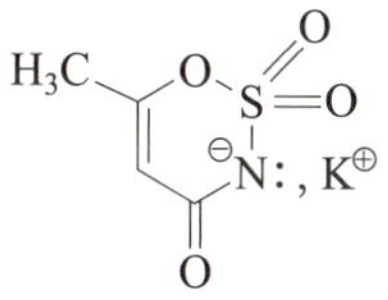

双氧噁噻嗪
Acesulfame-K

AK糖为白色无气味的结晶状物质，1967年由德国人Karl Clauss博士无意间发现。本品甜味比较纯正，以3%蔗糖溶液为比较标准时，Acesulfame-K的甜度约为蔗糖的200倍，无明显后味。易溶于水。稳定性高，不吸湿，耐225℃高温，耐pH2～10，光照无影响。与蔗糖、甜蜜素等合用有明显的增效作用。非代谢性，零卡路里，完全排出体外。所以安全性高，经过20多个国家的独立毒理学试验，国际上已安全使用10年，我国1991年12月批准使用。

（4）**糖醇类甜味剂**　糖醇又叫多元醇，是糖氢化后的产物，一般为白色结晶，和糖一样具有较大的溶解度，20℃时各种糖醇的溶解度如下：木糖醇为168g/100g水、山梨糖醇222g/100g水、蔗糖200g/100g水。糖醇的甜度比蔗糖低，但有的和蔗糖相当。木糖醇为1、麦芽糖醇0.9、麦芽糖醇糖浆0.7、山梨糖醇0.6、甘露醇0.4。

糖醇类甜味剂由于无活性的羰基，化学稳定性较好，150℃以下无褐变，融化时无热分解。由于糖醇溶解时吸热，所以糖醇具有清凉感，粒度越细，溶解越快，感觉越凉越甜，其中山梨糖醇清凉感最好，木糖醇次之。糖醇只有一部分可被小肠吸收，欧洲法规中将多元醇的热量定为2.4kcal/g。糖醇可通过非胰岛素机制进入果糖代谢途径，实验证明不会引起血糖升高，所以是糖尿病人的理想甜味剂。

糖醇不被口腔细菌代谢，具有非龋齿性。糖醇安全性好，1992 年我国已批准山梨糖醇、麦芽糖醇、木糖醇、异麦芽糖醇等作为食品添加剂。

木糖醇是由木糖氢化而得到的糖醇，木糖是由木聚糖水解而得。木聚糖是构成半纤维素的主要成分，存在于稻草、甘蔗渣、玉米芯和种子壳（稻壳、棉籽壳）中，经水解，用石灰中和，滤出残渣，再经浓缩、结晶、分离、精制而得。纯品为无色针状结晶粉末，易溶于水，不溶于乙醇和乙醚。木糖有似果糖的甜味，甜度为蔗糖的 0.65，它不被微生物发酵，不易被人体吸收利用，可供糖尿病和高血压患者食用。

【5】**复合甜味剂**　使用甜味剂时可根据食品的要求选择合适的甜味剂，如低热值食品中可用高甜度甜味剂。但有时要用几种甜味剂混合起来使用以达到较佳的效果，这是因为几种甜味剂并用有以下作用：①可提高安全性，即减少了每一单独成分的量。②可提高甜度，因为不同甜味剂之间有互增甜作用，可以节省成本。③改善口感，减轻一些甜味剂的后苦味，如常用高强度甜味剂代替部分蔗糖而不是全部蔗糖。④提高稳定性等，如使用高强度甜味剂时配合使用增体性甜味剂以给予食品体积、重量、黏度等性状。

（四）鲜味剂

以赋予食品鲜味为主要目的的食品添加剂称为鲜味剂，又称增味剂或风味增强剂，主要为氨基酸类与核苷酸类物质。前者主要是 L- 谷氨酸及其单钠盐（味精），后者主要是 5′- 肌苷酸二钠（5′-IMP·2Na）和 5′- 鸟苷酸二钠（5′-GMP·2Na）。此外，琥珀酸及其钠盐也具有鲜味。

目前国内外消费量最大的仍是第一代鲜味剂——味精（L- 谷氨酸钠），第二代鲜味剂为 5′- 肌苷酸二钠及用 5′- 鸟苷酸二钠、5′- 肌苷酸二钠和谷氨酸一钠复配的强力味精等。第三代鲜味剂即风味或营养味精，是以牛肉、鸡肉、蔬菜等的冷冻干燥产物或其提取物为基料，与其他呈味物质（鲜、甜味剂等）、香料香精等复配而成的新型鲜味剂，它具有更为接近天然的风味。

1. 谷氨酸钠

【1】**产品性质**　L- 谷氨酸钠（MSG）俗称味精，学名为 L- 氨基戊二酸一钠盐，分子式 $C_5H_8NNaO_4·H_2O$，常温下带有一分子结晶水。谷氨酸的 α- 碳原子为手性碳原子，所以谷氨酸一钠有 D 型、L 型和 DL 型三种异构体，只有 L 型具有鲜味。

MSG 即我们通常所说的味精，1866 年首次被分离出来，1908 年日本东京大学池田教授指出该物是鲜味成分。1909 年开始上市出售。MSG 早期由面粉中提取（表 5-4），目前由微生物发酵淀粉原料制成。世界有 20 多个国家生产味精，年产 40 万吨，我国是最大的味精生产国。

表5-4　某些蛋白质中谷氨酸含量

蛋白质来源	谷氨酸 /%
小麦谷蛋白	36.0
玉米谷蛋白	24.5
玉米醇溶蛋白	36.0
花生粉	19.5
棉籽粉	17.6
大豆（饼）	21.0
酪蛋白	22.0
水稻	24.1
鸡蛋清蛋白	16.0
酵母	18.5

味精在 150℃失水，210℃发生吡咯烷酮化生成焦谷氨酸钠。pH 小于 5 时呈酸的形式，易生成焦谷氨酸钠，鲜味下降。pH 大于 7 时，以二钠盐形式存在，鲜味也下降，碱性下加热易消旋化。一般 pH6～8 时味感效应最强，氯化钠是谷氨酸一钠盐的助鲜剂，味精与呈味核苷酸混合使用可使鲜味大大增强，味精除具有鲜味外，还具有改善食品风味的作用。

关于 MSG 的安全性，1968 年，有人提出"中国餐馆综合征"（CRS），即饭后产生瞬时不舒服，脸部发热，胸口胀的感觉，怀疑是中国菜中的味精所致。1969 年有实验证明 MSG 和 CRS 有关，但后来又有许多人的研究不支持该结论，因为，有些人喝了橘子水、咖啡等也产生 CRS。

有人提出，大量摄入 MSG 可能超过人体的代谢能力。日常食物蛋白质中有 10%～35% 是谷氨酸，实验证明在日常使用量范围内并无不良影响。

1996 年 8 月 31 日，美国 FDA 宣布，中国菜中常用的味精对人体无害，可以安全食用，该机构只要求，食品中较多使用时应有所说明，以防少数个别人对味精有不良反应。

（2）生产方法 谷氨酸的制法有化学合成法、发酵法和蛋白质水解法三种。后一种方法已基本淘汰，主要介绍化学合成法和发酵法。

① 化学合成法。使用丙烯腈、丙烯醛、糠醛等为原料，在一定压强下进行化学合成可制得谷氨酸。如以丙烯腈为原料合成谷氨酸的反应式如下：

$$H_2C\!=\!CHCN + CO + H_2 \longrightarrow NC\!-\!CH_2\!-\!CH_2\!-\!CHO$$

$$NC\!-\!CH_2\!-\!CH_2\!-\!CHO + NH_3 + HCN \longrightarrow NC\!-\!CH_2\!-\!\underset{NH_2}{\overset{H}{C}}\!-\!CN$$

$$NC\!-\!CH_2\!-\!\underset{NH_2}{\overset{H}{C}}\!-\!CN + NaOH \xrightarrow{2MPa} NaOOC\!-\!CH_2\!-\!\underset{NH_2}{\overset{H}{C}}\!-\!COONa$$

$$NaOOC\!-\!CH_2\!-\!\underset{NH_2}{\overset{H}{C}}\!-\!COONa + H_2SO_4 \longrightarrow HOOC\!-\!CH_2\!-\!\underset{NH_2}{\overset{H}{C}}\!-\!COOH$$

此种方法得到 D 型及 L 型两种光学异构体的谷氨酸，D 型谷氨酸钠无鲜味。

② 发酵法。此法是 L- 谷氨酸一钠工业生产的主要方法。以薯类、玉米、淀粉等的淀粉水解糖或糖蜜、乙酸、液态石蜡等为碳源，以铵盐、尿素等提供氮源，在无机盐类、维生素等存在情况下，加入谷氨酸产生细菌，在大型发酵罐中通气搅拌，发酵温度为 30～34℃，pH 值为 6.5～8.0，经 30～40h 发酵后，除去细菌，将发酵液中的谷氨酸提取出来，用氢氧化钠或碳酸钠中和，经脱色除铁、真空浓缩结晶、干燥后即得 L- 谷氨酸一钠，含量在 99% 以上。

$$C_6H_{12}O_6 \xrightarrow[\text{微球菌类}]{\text{空气，}NH_3} HOOC\!-\!CH_2\!-\!\underset{NH_2}{\overset{H}{C}}\!-\!COOH \xrightarrow{NaOH} NaOOC\!-\!CH_2\!-\!\underset{NH_2}{\overset{H}{C}}\!-\!COOH$$

（3）质量标准

含量 /%	≥99.0	锌（以 Zn 计）/（mg/kg）	≤5
外观	白色棱柱状结晶	5% 溶液 pH 值	6.7～7.2
铅 /（mg/kg）	≤1	比旋光度 $[\alpha]_D^{20}$	+24.8～+25.3
砷 /（mg/kg）	≤0.3	氯化物 /%	≤0.2

（4）产品应用 L-谷氨酸钠可在各类食品中按生产需要适量使用：在青豆罐头、甜玉米罐头、蘑菇罐头、芦笋罐头、青豌豆罐头（含奶油或其他油脂）、干酪中，其最大用量可按正常生产需要使用，蟹肉罐头0.5g·kg⁻¹；熟腌火腿和熟猪前腿2g·kg⁻¹（以谷氨酸计）；碎猪肉和午餐肉5g·kg⁻¹（以谷氨酸计）；即食羹和汤10g·kg⁻¹（单用或与谷氨酸及其盐合用）。

本品在通常的食品加工和烹调时不分解，但在高温和酸性条件（pH 值在 2.2～4.4）下，会出现部分水解，并转变成 5′- 吡咯烷酮 -2- 羧酸（焦谷氨酸）。在更高的温度和强酸或强碱条件下

（尤其是后者），转化成为 DL- 谷氨酸盐，呈味力均降低。

2. 呈味核苷酸

20 世纪初，日本学者从分析一些食品，如海带、蟹肉、鲜肉等的鲜味成分入手，发现了氨基酸、核苷酸是这些食品鲜味的关键成分。如牛肉鲜味的主要成分是：苏氨酸、赖氨酸、谷氨酸、肌苷酸。多项研究表明食品中的鲜味成分总离不开核苷酸和氨基酸。

呈味核苷酸主要是指：5'- 肌苷酸（5'-IMP）、5'- 鸟苷酸（5'-GMP）。

5'-IMP   5'-GMP

呈味核苷酸

5'-GMP 的鲜味感强度大于 5'-IMP，2',3'- 核苷酸没有鲜味感。另外，5'- 磷酸酯键被磷酸酯酶水解后形成核苷也无鲜味，但该酶在 30℃ 以上就可失活。

一些呈味核苷酸类常与谷氨酸一钠一起使用，因为共同应用时具有增效作用。另外，风味核苷酸具有加强肉类风味的作用，对牛肉、鸡肉等肉类罐头最为有效。呈味核苷酸也可使各种风味更加柔和，还可抑制食品中的不良气味，如硫黄气味，罐头中的铁腥味等。

将核酸水解即可生成 5'- 核苷酸，问题是大多数磷酸酯酶只能将分子的 3'- 磷酸二酯键水解生成没有鲜味的 3'- 核苷酸。现在已在青霉菌和链霉菌的菌株中发现合适的酶，已借助这些酶从酵母核酸中生产 5'- 核苷酸。另一种方法是用发酵法生产肌苷，然后再磷酸化生产 5'- 肌苷酸。我国 1964 年开始研究 RNA 降解法生产，1967 年基本成功，但目前尚未能形成有影响力的产业。年产仅数十吨。日本生产呈味核苷酸能力较强，如味之素株式会社的 I+G（即 50%IMP 和 GMP 的混合物），目前是市场中最常见的产品。

3. 其他鲜味剂

水解动物蛋白（HAP）一般以酶法生产为主，该物可和其他化学调味剂并用，形成多种独特风味。其产品中氨基酸占 70% 以上。水解植物蛋白以大豆蛋白、小麦蛋白、玉米蛋白等为原料，水解度一定范围内（如分子量小于 500）其水解产物不会有苦味，含 N 比 HAP 低。如杭州群力营养源厂的产品，为淡黄色粉末，溶于水呈黄褐色液体，可按 5% ~ 10% 用量加入调味品中。酵母提取物有自溶法和酶法两种生产方法，产品富含 B 族维生素，含 19 种氨基酸，另含呈味核苷酸，而后者味更好。酵母提取物不仅是鲜味剂也是增香剂，在方便面调料、火腿肠等肉制品中都有广泛的应用。如广东东莞市一品鲜调味食品公司生产的一品鲜酵母精 Y101，外观为琥珀色稠厚液体或粉末，建议用量 0.8% ~ 5%。由于各种鲜味剂之间有协同增效作用，适当混合可以使风味更好，成本更低，如目前各类鸡精就属于混合鲜味剂。

二、食品酶制剂

定义：从生物中提取的具有生物催化能力的物质，辅以其他成分，用于加速食品加工过程和提高食品质量的助剂，称为酶制剂，也叫"生物催化剂"。

应用：酶制剂已经广泛应用于食品加工生产中，我国已经生产的用于食品工业的酶有 12 种，如淀粉酶。用酶法生产葡萄糖、饴糖、可溶性淀粉、糊精等要使用各种淀粉酶；酶法制造蛋白饲

● 文档

食品添加剂
新品种

料、软化肉制品（嫩肉粉）等要使用蛋白酶；水果蔬菜加工中，如果汁澄清、罐头防浊通常使用果胶酶；在生产啤酒时要使用各种不同的酶，如淀粉酶、蛋白酶、普鲁兰酶、β- 葡聚糖酶、α- 乙酰脱羧酶、纤维素酶等。

国际生化联合会将酶分为六大类：氧化还原酶类、转移酶类、水解酶类、裂解酶类、异构酶类、合成酶类。

文档

科普知识：美味
的化学反应

拓展阅读

孙宝国院士解读食品添加剂

中国有句古话"民以食为天"，还有"人是铁，饭是钢，一顿不吃饿得慌"。食品的数量和质量都关系到人的生存和身体健康。经过多年的发展，我国的食品供给格局发生了根本性的变化：品种丰富、数量充足、供给有余。

食品添加剂，又是食品中的一个重要部分，它能提高食品质量，维护食品安全，食品添加剂向我们展示的应该是一个"正能量"。食品添加剂怎么样才能既提高食品的质量，又不对人体的健康造成危害呢？只有一条，按照国家标准的要求来使用，不能超范围，不能超量。

迄今为止，我们国家对人体健康造成危害的食品安全事件，没有一件是合理、合法使用食品添加剂造成的，这是客观事实。

那么我们现在对食品添加剂有些误解，整个舆论环境对食品添加剂这个产业的发展，可能还有一些压力，怎么缓解这个压力？这是我们大家都要做的事情。

如果我们每个人都能够客观公正地，以一颗平常心来对待食品添加剂，我相信最终的结果就是：中国的食品质量比国外的食品质量要好，我们舌尖上的享受得到了，我们对人体的健康也维护到了。

双创实践项目　食品防腐剂山梨酸钾生产实训

【市场调研】

要求：1. 自制市场调研表，多形式完成调研。

2. 内容包括但不限于：了解山梨酸钾的市场需求和用户类型、市场规模、分析竞争对手。

3. 完成调研报告。

【基础实训项目卡】

实训班级	实训场地	学时数	指导教师	
		6		
实训项目	食品防腐剂山梨酸钾生产			
所需仪器	四口烧瓶（250mL）、温度计（0 ～ 100℃）、球形冷凝管、滴液漏斗（60mL）、抽滤瓶（500mL）、量筒、电动搅拌机、水浴锅、真空泵、精密 pH 试纸、滤纸			
所需试剂	巴豆醛、丙二酸、吡啶、硫酸、乙醇、氢氧化钾			
实训内容				
序号	工序	操作步骤	要点提示	工艺参数或数据记录
1	投料	向四口烧瓶中依次加入 35g 巴豆醛、50g 丙二酸和 5g 吡啶，室温搅拌 20min，至丙二酸溶解	溶解完全	
2	加热反应	缓慢升温至 90℃，保温在 90 ～ 100℃，反应 3 ～ 4h	加热时注意安全	
3	催化反应	用冰水水浴降温至 10℃以下，缓慢加入质量分数 10% 的稀硫酸，控温 20℃以下，至反应物 pH 为 4 ～ 5 为止	控制好温度和 pH 值	

续表

4	抽滤	冷冻过夜后抽滤，得结晶	放置过程中不要沾染污染物	
5	洗涤	用 50mL 冰水分两次洗涤结晶，得山梨酸粗品	控制温度不可过高	
6	重结晶	将粗品山梨酸倒入烧杯中，用 3～4 倍的质量分数 60% 的乙醇重结晶，抽滤，得山梨酸结晶	使结晶完全	
7	烘干	将山梨酸倒入烧杯中，加入等物质的量的 KOH 和少量水，搅拌 30min，产物浓缩，在 95℃下烘干，得白色山梨酸钾结晶产品	控制烘干温度不可过高	
8	产品检测	按国家标准对产品进行检测	按照 GB 1886.186—2016 标准	

【创新思路】

要求：基于市场调研和基础实训，完成包括但不限于以下方面的创新思路 1 项以上。

1.生产原料方面创新：＿＿＿＿＿＿＿＿＿＿＿＿＿＿＿＿＿＿＿＿＿＿＿＿＿＿＿＿＿＿。

2.生产工艺方面创新：＿＿＿＿＿＿＿＿＿＿＿＿＿＿＿＿＿＿＿＿＿＿＿＿＿＿＿＿＿＿。

3.产品包装方面创新：＿＿＿＿＿＿＿＿＿＿＿＿＿＿＿＿＿＿＿＿＿＿＿＿＿＿＿＿＿＿。

4.销售形式方面创新：＿＿＿＿＿＿＿＿＿＿＿＿＿＿＿＿＿＿＿＿＿＿＿＿＿＿＿＿＿＿。

5.其他创新：＿＿＿＿＿＿＿＿＿＿＿＿＿＿＿＿＿＿＿＿＿＿＿＿＿＿＿＿＿＿＿＿＿＿。

【创新实践】

环节一：根据创新思路，制定详细可行的创新方案，如：写出基于新原料、新工艺、新包装或新销售形式等的实训方案。

环节二：根据实训方案进行创新实践，考察新产品的性能或市场反馈。（该环节可根据实际情况选做）

过程考核：

项目名称	市场调研 5%	基础实训 80%	创新思路 10%	创新实践 5%	合计
得分					

文档

拓展习题

文档

拓展习题答案

习题

一、选择题

1. 对食品添加剂的具体要求描述，下列说法错误的是（　　）。

A. 必须经过严格的毒理学鉴定程序，保证在规定的使用范围内，对人体无毒

B. 应有严格的质量标准，其有害杂质不得超过允许限量

C. 用量少，功效显著，能真正提高食品的内在质量和商品质量

D. 进入人体后可被吸收

2. 下列技术不能用在食品添加剂生产中的是（　　）。

A. 现代发酵工程技术　　　　　　　　　　B. 生物合成技术

C. 转基因技术　　　　　　　　　　　　　D. 细胞杂交和细胞培养技术

3. 下列防腐剂中，抗菌作用最强的是（　　）。

A. 对羟基苯甲酸甲酯　　　B. 对羟基苯甲酸乙酯　　　C. 苯甲酸　　　　　　D. 山梨酸

4. 下列防腐剂中，安全性最好的是（　　）。

A. 对羟基苯甲酸甲酯　　　B. 对羟基苯甲酸乙酯　　　C. 苯甲酸　　　　　　D. 山梨酸

5. 下列物质能作为抗氧化剂增效剂的是（　　）。

A. 乳酸　　　　　　　　　B. 酒石酸　　　　　　　　C. 苯甲酸　　　　　　D. 山梨酸

6. 下列有关生育酚的说法不正确的是（　　）。

A. 耐光、耐紫外线、耐放射线的性能较BHA弱

B. 能防止维生素A在γ射线照射下的分解

C. 能阻止咸肉中产生致癌物亚硝胺

D. 能防止β-胡萝卜素在紫外线照射下的分解

7. 下列抗氧化剂中，抗氧化性能最强的是（　　）。

A. 3-BHA　　　　　B. 茶多酚　　　　　C. 维生素E　　　　　D. 2-BHA

8. 下列能用于茶多酚提取的溶剂是（　　）。

A. 乙醇 丙酮　　　B. THF DMF　　　C. 三氯甲烷 乙酸乙酯　　D. 乙腈 乙酸

9. 世界上耗用量最大的食品添加剂是（　　）。

A. 甜味剂　　　　　B. 酸味剂　　　　　C. 咸味剂　　　　　D. 辛辣剂

10. 食品工业中用得最多的天然食品乳化剂为（　　）。

A. 大豆磷脂　　B. 山梨醇酐脂肪酸酯　　C. 蔗糖脂肪酸酯　　D. 丙二醇脂肪酸酯

11. 目前比较安全的食品防腐剂是（　　）。

A. 苯甲酸类　　　　B. 亚硝酸盐类　　　C. 甲醛　　　　　D. 山梨酸及其盐

12. 食品酸味剂在食品中没有下列哪个作用（　　）。

A. 可用于调节食品体系的酸碱性　　　　B. 可用作香味辅助剂

C. 可作螯合剂　　　　　　　　　　　　D. 酸味剂具有氧化性

13. 糖尿病病人可以使用的甜味剂是（　　）。

A. 甜蜜素　　　　　B. 木糖醇　　　　　C. 阿斯巴甜　　　　D. 糖精钠

14. 食品中添加用于阻止或延缓食品氧化、提高稳定性、延长贮存期的添加剂是（　　）。

A. 食品防腐剂　　　B. 食品抗氧化剂　　C. 防老剂　　　　　D. 着色剂

15. 指出下列食用色素中，不是天然食用色素的是（　　）。

A. 姜黄色素　　　　B. 红曲色素　　　　C. 胭脂红　　　　　D. 胡萝卜素

16. 下列不属于用于保持食品新鲜度的食品添加剂是（　　）。

A. 防腐剂　　　　　B. 抗氧剂　　　　　C. 保鲜剂　　　　　D. 增味剂

17. 下列不属于为方便加工操作而加入的食品添加剂是（　　）。

A. 消泡剂　　　　　B. 凝固剂　　　　　C. 脱模剂　　　　　D. 乳化剂

18. 在食品添加剂中，（　　）是用量最大的食品添加剂。

A. 防腐剂　　　　　B. 甜味剂　　　　　C. 乳化剂　　　　　D. 保鲜剂

19. 下列防腐剂可以在碱性食品中应用的是（　　）。

A. 磷酸　　　　　　B. 苯甲酸　　　　　C. 对羟基苯甲酸酯　　D. 山梨酸

20. 下列属于非营养型甜味剂的是（　　）。

A. 葡萄糖　　　　　B. 甜蜜素　　　　　C. 甘草甜素　　　　D. 罗汉果糖苷

二、填空题

1. 食品添加剂最常用的分类方法是＿＿＿＿＿，我国将食品添加剂按其功能分为＿＿＿＿＿大类。

2. 评价食品添加剂的毒性，首要标准是＿＿＿＿＿，判断食品添加剂安全性的第二个常用指标是＿＿＿＿＿。

3. 对羟基苯甲酸酯是国内外广泛应用的防腐剂之一，它的最大特点是＿＿＿＿＿，能在＿＿＿＿＿下使用，因而使其具有一定的实用价值。

4. 山梨酸作为酸性防腐剂，在＿＿＿＿＿中对微生物有良好的抑制作用，随着pH值增大其防腐效果＿＿＿＿＿，适用于pH值为＿＿＿＿＿以下的食品防腐。

5. 抗氧化剂起作用机理都是依赖自身的＿＿＿＿＿，一种是抗氧化剂＿＿＿＿＿，消耗食品内部和环境中的氧，从而保护食品组织不受氧化；另一种是抗氧化剂通过＿＿＿＿＿从而防止食品组织氧化变质。

6. 天然维生素E按原料不同，其提取的工艺方法有＿＿＿＿＿和＿＿＿＿＿。

7. 调味剂包括＿＿＿＿＿、＿＿＿＿＿、＿＿＿＿＿、增味剂和辛辣剂。

8. 发酵生产柠檬酸生产工艺由_____、_____和_____3个主要操作单元组成。

9. 阿斯巴甜属于_____甜味剂。

10. 食用色素也称为_____，按其来源和性质可分为_____和_____两类，其中靛蓝属于_____。

三、判断题

1. 食品添加剂是食品的正常成分。 （   ）

2. 对羟基苯甲酸酯是唯一的酯型防腐剂，对霉菌、酵母菌和细菌有广泛的抗菌作用。 （   ）

3. 茶多酚是茶叶中多酚类物质的总称，是一种天然抗氧化剂。 （   ）

4. 离子沉淀提取茶多酚工艺所得到产品含量较高，可达95%以上，工艺操作易控制，污染小，是目前使用较广的一条路线。 （   ）

5. 目前，应用得较为广泛的增味剂主要是L-谷氨酸一钠、5-肌（味甘酸二钠和5-鸟苷酸二钠）。 （   ）

6. 食品添加剂可以用来掩盖食品本身或加工过程中的质量缺陷。 （   ）

7. 表面活性剂都可以作为食品乳化剂。 （   ）

8. 对羟基苯甲酸酯类的适用pH值范围为4～8以下。 （   ）

9. 按来源，食品添加剂可分为天然和化学合成两大类。 （   ）

10. 红曲色素是从植物中提取的食用色素。 （   ）

四、简答题

1. 什么是食品添加剂？食品添加剂的发展趋势有哪些？

2. 对食品添加剂的一般要求是什么？

3. 什么是食品防腐剂，有哪些应用？pH适用范围各是多少？

4. 试说明影响防腐剂防腐作用的因素。

5. 什么是抗氧化剂，它有多少类别？

6. 甜味剂的种类有哪些？

7. 什么是增稠剂？增稠剂主要有哪些种类？

8. 大豆磷脂作为食品工业中用得最多的天然食品乳化剂，有哪些优良的性能？

9. 作为食品添加剂，海藻酸钠具有哪些优良的性能？

10. 简述大豆磷脂的生产技术。

模块六

农药

学习目标

知识目标 了解农药的概念、毒性、使用管理等一般性知识，理解杀虫剂、杀菌剂、除草剂和植物生长调节剂的主要分类及作用方式。掌握典型农药品种的合成原理、生产工艺，学会农药的各种施用方法及注意事项。

技能目标 能根据灭杀对象选择适宜的农药品种；学会典型杀虫剂、杀菌剂、除草剂和植物生长调节剂的制备技术，并能够应用相关分析仪器检测农药含量、熔点等指标。

素质目标

了解农药对于国民的重要意义，培养学生科学、认真、严谨的学习态度，培养学生的社会责任感和使命感。

文档
农药的发展趋势

文档
智能化在农药
领域的应用

项目一

农药概述

农药是防治农作物病虫害和草害的药剂，是人类防治病虫害、确保丰收的重要手段和资源。人类使用农药的历史已很悠久，早在 1800 年前，中国农友就已经用含砷矿物毒鼠（《山海经》记载），用矿物汞制剂、砷制剂防治园林害虫（《神农本草经》记载）；1675 年前的东晋时期，炼丹术士葛洪就能炼制砒霜，并有"人食毒砂而死，蚕食之而不饥"的药性记载；200 年前使用烟草水防治水稻螟虫（《潮阳县志》记载），这是朴素农药概念的雏形；明朝李时珍编写的《本草纲目》中记述了 1892 种中草药，其中有些既是中草药，又可以作为杀虫剂、驱虫剂来使用。

微课

农药基础知识

从 20 世纪 90 年代至今，我国的农药的产量和使用量总体呈现倒"V"形的增长趋势。根据相关统计，我国农药产量在 2014 年达到最大量 374.4 万吨，2019 年农药产量为 211.8 万吨；农药使用量在 1991 年至 2013 年快速上升，由 76.53 万吨增加到 180.77 万吨，2013 ～ 2019 年农药使用总量由 180.77 万吨下降到 139.17 万吨。虽然近年来我国农药产量和使用量有所下降，但是整体趋势依旧较高，居世界前列。

我国既是世界人口大国，也是农业大国，农业是国民经济基础，农业的增产主要依赖于化肥、农药、机械化生产手段使用及新杂交品种应用等农业技术的革新。近年来虽然利用生物工程技术使农作物具备了抵抗病虫害的基因，然而，利用化学农药防治病虫草害，减少它们对农业生产的危害，挽回它们所造成的损失，仍是植物保护的中心环节，化学农药至今仍具有不可替代的作用。

一、农药的概念及应用范畴

农药是指用来防治危害农林牧业生产的有害生物（害虫、害螨、线虫、病原菌、杂草及鼠类）和调节植物生长的化学药品，通常也将改善有效成分物理、化学性状的各种助剂包括在内。农药可来源于人工合成的化合物，也可来源于自然界的天然产物；可以是单一的物质，也可以是几种物质的混合物及其制剂。

农药广泛用于农林业生产的产前和产后。就绝大多数品种来说，主要是由化学工业生产而用于农林业的化工产品，是农业生产不可缺少的生产资料之一。在实际生产中，农药的应用远远超出了农林业的范围，有的农药品种同时也是工业品防蛀、防腐以及卫生防疫上常用的药剂。当农药用于防治农业生产的病虫草等有害生物时则称为"化学保护"或"化学防治"；用于植物的生长发育调节时则称为"化学控制"。古代时期人们只是根据直观经验，使用一些天然矿物性物质或有毒植物，零散地对一些有害生物进行自发防治，而现代农药的范畴已经十分广泛，凡基于以下目的所使用的化学品均属于农药：预防、消灭或者控制危害农林牧业的病、虫、草和鼠、软体动物等有害生物的；预防、消灭或者控制仓储物病、虫、鼠和其他有害生物的；调节植物、昆虫生长发育的；用于农业、林业产品防腐或者保鲜的；预防、消灭或者控制危害河流堤坝、铁路、机场、建筑物和其他场所的有害生物的。

我国现代合成农药的研究从 1930 年开始，1943 年建立了中国首家农药厂，主要生产含砷无机物——硫化砷和植物性农药。中华人民共和国成立后，中国农药工业才得以发展。1950 年中国能够生产六六六，1957 年成立了第一家有机磷杀虫剂生产厂——天津农药厂，开始了有机磷农药的生产。20 世纪 70 年代，我国农药产量已经能够初步满足国内市场需要，年年成灾的蝗虫、黏虫、螟虫等害虫得以有效控制。最近 10 年，我国农药工业取得长足发展，形成了包括农药原药生产、制剂加工、原料中间体、科研开发在内的工业体系，已成为精细化学工业的一个重要分支。目前，农药生产企业达 2700 家，产品达 19000 多个，年产量 80 万吨以上，基本覆盖了农药的所有类型，年出口额达到 12 亿美元。

二、农药的分类

农药的种类很多，分类方法各有不同。

1. 按原料的来源及成分分类

【1】 无机农药　主要由天然矿物质原料加工、配制而成，故又称为矿物性农药。其有效成分

是无机化学物质，如石灰（CaO）、硫黄（S）、砷酸钙［$Ca_3(AsSO_4)_2$］、磷化铝（AlP_3）、硫酸铜（$CuSO_4$）。

（2）有机农药

① 天然有机农药：指存在于自然界中可用作农药的有机物质。植物性农药如烟草、除虫菊、鱼藤、印楝、川楝及沙地柏，往往含有植物次生代谢产物如生物碱（尼古丁）、糖苷类（巴豆糖苷）、有毒蛋白质、有机酸酯类、酮类、萜类及挥发性植物精油等。矿物油农药指由矿物油类加入乳化剂或肥皂加热调制而成的杀虫剂，如石油乳剂、柴油乳剂等，其作用主要是物理性阻塞害虫气门，影响呼吸。

② 微生物农药：指用微生物或其代谢产物所制得的农药。如苏云金杆菌、白僵菌、农用抗生素、阿维菌素等。

③ 人工合成有机农药：即用化学手段工业化合成生产的可作为农药使用的有机化合物。如对硫磷、乐果、稻瘟净、溴氰菊酯、草甘膦等。

2. 按防治对象分类

按农药主要的防治对象分类，可分为杀虫剂、杀螨剂、杀线虫剂、除草剂、杀鼠剂及植物生长调节剂。这是一种最基本的分类方法。

3. 按作用方式分类

按照对防治对象起作用的方式，可分为胃毒性农药、触杀性农药、内吸性农药、熏蒸性农药、特异性农药（包括驱避、引诱、拒食、生长调节等作用）。例如杀虫剂可按药剂对虫体的作用方式分为：胃毒剂——昆虫摄入带药的作物，通过消化器官将药剂吸收而显示毒杀作用；触杀剂——药剂接触到虫体，通过昆虫体表侵入体内而发生毒效；熏蒸剂——药剂以气体状态分散于空气中，通过昆虫的呼吸道侵入虫体使其死亡；内吸剂——药剂被植物的根、茎、叶或种子吸收，在植物体内传导分布于各部位，当昆虫吸食这种植物的液汁时，将药剂吸入虫体内使其中毒死亡。以上所列是四种常用的杀虫剂及其作用方式。除此以外，还有引诱剂、驱避剂、拒食剂、不育剂等。除草剂按作用方式也可以分为触杀式和内吸式。

4. 按施药对象分类

（1）土壤处理剂　即以土壤处理法施用的除草剂，将药剂喷洒于土壤表面，或通过混土把药剂拌入土壤中一定深度，建立起一个封闭的药土层，以杀死萌发的杂草。这类药剂是通过杂草的根、芽鞘或胚轴等部位进入植物体内发生毒杀作用，一般是在播种前或播种后出苗前施药，也可在果树、桑树、橡胶树等林下施药。

（2）茎叶处理剂　即以喷洒方式将药剂施于杂草茎叶的除草剂，利用杂草茎叶吸收和传导来消灭杂草，也称苗（期）后处理剂。

5. 按化合物类型分类

有机农药是现代农药的主体，可分为：有机氯、有机磷、氨基甲酸酯、拟除虫菊酯、酰脲类、有机氟、有机硅、羧酸类、腈类、酚类、酰胺类、杂环类、季铵盐类。

一般农药的分类方法见表6-1。

表6-1　农药的分类

按防治对象	分类依据	类别	
杀虫剂	作用方式	胃毒剂、触杀剂、熏蒸剂、内吸剂、引诱剂、驱避剂、拒食剂、不育剂	
	来源及化学组成	合成杀虫剂	无机杀虫剂（无机砷、无机氟）
			有机杀虫剂（有机磷、氨基甲酸酯、拟除虫菊酯）
		天然产物杀虫剂（鱼藤酮、除虫菊素、烟碱等）	
		微生物杀虫剂（细菌毒素、真菌毒素、抗菌素等）	

续表

按防治对象	分类依据	类别		
杀菌剂	作用方式	内吸剂、非内吸剂		
	防治原理	保护剂、铲除剂、治疗剂		
	使用方法	土壤消毒剂、种子处理剂、喷洒剂		
	来源及化学组成	合成杀菌剂	无机杀菌剂（硫制剂、铜制剂）	
			有机杀菌剂（元素有机物、二硫代氨基甲酸类、多菌灵类等）	
		细菌杀菌剂（抗菌素）		
		天然杀菌剂及植物防卫素		
除草剂	作用方式	触杀剂、内吸传导剂		
	作用范围	选择性除草剂、非选择性（灭生性）除草剂		
	使用方法	土壤处理剂、叶面喷洒剂		
	使用时间	播种除草剂、芽前除草剂、芽后除草剂		
	化学组成	无机除草剂		
		有机除草剂（有机膦、苯氧羧酸类、芳胺衍生物类、三氮苯类等）		
植物生长调节剂	来源及化学组成	合成植物生长调节剂（羧酸衍生物、取代醇类、杂环类等）		
		天然植物激素（细胞分裂素、脱落酸等）		
杀鼠剂	作用方式	速效杀鼠剂、缓效杀鼠剂（抗凝血剂）、熏蒸剂、驱避剂、不育剂		
	化学组成	无机杀鼠剂		
		有机杀鼠剂（氟乙酸类、香豆素类、杂环类）		

三、农药的毒理

农药对有机体的毒害作用可分为急性毒性和慢性毒性两种。急性毒性是指药剂一次进入体内后短时间引起的中毒现象。毒害作用的大小取决于物质本身的毒性以及作用于有机体的方式和部位。急性毒性的大小可通过急性毒性试验来判别，方法是随机选取一批指定的试验动物，用特定的试验方法，在确定的试验条件下，给动物体一次较大的药物剂量，使药物对动物体产生作用，通过考察动物体摄入该物质后在短时间内呈现的毒性，以此判定该物质对动物的致死量（LD）或半数致死量（LD_{50}）。LD_{50}指能使一群试验动物的一半中毒死亡所需要的投药剂量，单位为 mg/kg 体重。给药方式有经口、经皮、经呼吸道三种。常用的试验动物为大白鼠和小白鼠。不同种属、年龄和性别的动物对有毒物质的敏感性不一样。农药急性毒性分级标准见表6-2。

表6-2　农药急性毒性分级标准

给药方式	高毒	中毒	低毒
大鼠经口（LD_{50}）　/（mg/kg）	< 50	50～500	>500
大鼠经皮（LD_{50}）　/（mg/kg）	< 200	200～1000	>1000
大鼠吸入（LD_{50}）　/（mg/kg）	< 2	2～10	>10

农药的慢性毒性指药剂长期、反复作用于有机体后，引起药剂在体内的蓄积，或造成体内机能的损害而引起的中毒现象。有些药剂小剂量短期给药不一定引起中毒，但长期连续摄入后，中毒现象逐渐显现。对农药而言，其对人类的慢性毒性大体都归因于农药的稳定性，施过农药的农产品虽经加工、食品烹调，但仍有农药残留其中，经过不断摄入人体内而造成慢性反应毒性。农药慢性毒性的大小，一般用最大无作用量或每日允许摄入量（ADI）表示，这些标准的制定以动物慢性毒性试验结果为依据。最大无作用量也称最大无效量或最大安全量，是指长期摄入仍无任何中毒现象的每日最大摄入量；ADI指人类终生每日摄入某物质，而不产生可检测到的危害健康的估计量，以每千克体重可摄入的量表示，单位为 mg/kg。ADI 的确定是根据慢性毒性试验中对

动物的最大无作用剂量，除以安全系数（100 甚至 1000）换算而来。

四、农药的剂型与加工

农药的原药是脂溶性物质，不溶或难溶于水，一般不能直接使用，必须加工配制成各种类型的制剂，才能使用。制剂的形态称剂型，商品农药都是以某种剂型的形式销售到用户。我国目前使用最多的剂型是乳油（乳剂）、可湿性粉剂、粉剂、悬浮剂、颗粒剂、烟剂、微胶囊剂等十余种剂型。

1. 乳油（EC）

乳油主要是由农药原药、溶剂和乳化剂组成，在有些乳油中还加入少量的助溶剂和稳定剂等。溶剂的用途主要是溶解和稀释农药原药，帮助乳化分散，增加乳油流动性等。常用的有二甲苯、苯、甲苯等。

农药乳油要求外观清晰透明、无颗粒、无絮状物，在正常条件下贮藏不分层、不沉淀，并保持原有的乳化性能和药效。原油加到水中后应有较好的分散性，乳液呈淡蓝色透明或半透明溶液，并有足够的稳定性，即在一定时间内不产生沉淀，不析出油状物。稳定性好的乳液，油球直径一般在 0.1～1μm 之间。

目前乳油是使用的主要剂型，但由于乳油使用大量有机溶剂，施用后增加了环境负荷，所以有减少的趋势。

2. 粉剂（DP）

粉剂是由农药原药和填料混合加工而成。有些粉剂还加入稳定剂。填料种类很多，常用的有黏土、高岭土、滑石、硅藻土等。

对粉剂的质量要求，包括粉粒细度、水分含量、pH 值等。粉粒细度指标，一般为 95%～98% 通过 200 号筛目，粉粒平均直径为 30mm；通过 300 号筛目，粉粒平均直径为 10～15μm。通过 325 号筛目（超筛目细度），粉粒平均直径为 5～12μm。水分含量一般要求小于 1%。pH 值为 6～8。

粉剂主要用于喷粉、撒粉、拌毒土等，不能加水喷雾。

3. 可湿性粉剂（WP）

可湿性粉剂是由农药原药、填料和湿润剂混合加工而成的。

可湿性粉剂对填料的要求及选择与粉剂相似，但对粉粒细度的要求更高。湿润剂采用纸浆废浆液、皂角、茶粕等，用量为制剂总量的 8%～10%；如果采用有机合成湿润剂（例如阴离子型或非离子型）或者混合湿润剂，其用量一般为制剂的 2%～3%。

可湿性粉剂应有良好的润湿性和较高的悬浮率。悬浮率不良的可湿性粉剂，不但药效差，而且往往易引起作物药害。悬浮率的高低与粉粒细度、湿润剂种类及用量等因素有关。粉粒越细，悬浮率越高。粉粒细度指标为 98% 通过 200 号筛目，粉粒平均直径为 25μm，湿润时间小于 15min，悬浮率一般在 28%～40% 范围内；粉粒细度指标为 96% 以上通过 325 号筛目，粉粒平均直径小于 5μm，湿润时间小于 5min，悬浮率一般大于 50%。

可湿性粉剂经贮藏，悬浮率往往下降，尤其经高温悬浮率下降很快。若在低温下贮藏，悬浮率下降较缓慢。可湿性粉剂使用时需加水稀释，用于喷雾。

4. 颗粒剂（GR）

颗粒剂是由农药原药、载体和助剂混合加工而成。

载体对原药起附着和稀释作用，是形成颗粒的基础（粒基），因此要求载体不分解农药，具有适宜的硬度、密度、吸附性和遇水解体率等性质。常用作载体的物质如白炭黑、硅藻土、陶土、紫砂岩粉、石煤渣、黏土、红砖、锯末等。常见的助剂有黏结剂（包衣剂）、吸附剂、润湿剂、染色剂等。

颗粒剂的粒度范围一般在 10～80 目之间。按粒度大小分为微（细）粒剂（50～150 目）、粒剂（10～50 目）、大粒剂（丸剂，大于 10 目）；按其在水中的行为分为解体型和非解体型。

颗粒剂用于撒施，具有使用方便、操作安全、应用范围广及延长药效等优点。高毒农药颗粒剂通常用于土壤处理或拌种沟施。

5. 水剂（AS）

水剂主要是由农药原药和水组成，有的还加入小量防腐剂、润湿剂、染色剂等。该制剂是以水作为溶剂，农药原药在水中有较高的溶解度，有的农药原药以盐的形式存在于水中。水剂加工方便，成本低廉，但有的农药在水中不稳定，长期贮存易分解失效。

6. 悬浮剂（SC）

悬浮剂又称胶悬剂，是一种可流动液体状的制剂。它是由农药原药和分散剂等助剂混合加工而成，药粒直径小于微米。悬浮剂使用时兑水喷雾，常用的悬浮剂有 40% 多菌灵悬浮剂、20% 除虫脲悬浮剂等。

7. 超低容量喷雾剂（ULV）

超低容量喷雾剂是一种油状剂，又称为油剂。它是由农药和溶剂混合加工而成，有的还加入少量助溶剂、稳定剂等。这种制剂专供超低量喷雾机使用，或飞机超低容量喷雾，不需稀释而直接喷洒。由于该剂喷出雾粒细、浓度高，单位受药面积上附着量多，因此加工该种制剂的农药必须高效、低毒，要求溶剂挥发性低、密度较大、闪点高、对作物安全等。如 25% 敌百虫油剂、25% 杀螟松油剂、50% 敌敌畏油剂等。

油剂不含乳化剂，不能兑水使用。

8. 可溶性粉剂（SP）

可溶性粉剂是由水溶性农药原药和少量水溶性填料混合粉碎而成的水溶性粉剂。有的还加入少量的表面活性剂。细度为 90% 通过 80 号筛目。使用时加水溶解即成水溶液，供喷雾使用。如 80% 敌百虫可溶性粉、50% 杀虫环可溶性粉、75% 敌克松可溶性粉、64% 野燕枯可溶性粉、井冈霉素可溶性粉等。

9. 微胶囊剂（MC）

微胶囊剂是用某些高分子化合物将农药液滴包裹起来的微型囊体。微囊粒径一般在 25μm 左右。它是由农药原药（囊蕊）助剂、囊皮等制成。囊皮常用人工合成或天然的高分子化合物，如聚酰胺、聚酯、动植物胶（如海藻胶、明胶、阿拉伯胶）等，它是一种半透性膜，可控制农药释放速度。该制剂为可流动的悬浮体，使用时对水稀释，微胶囊悬浮于水中，供叶面喷雾或土壤施用。农药从囊壁中逐渐释放出来，达到防治效果。微胶囊剂属于缓释剂类型，具有延长药效、高毒农药低毒化、使用安全等优点。

10. 烟剂（FU）

烟剂是由农药原药、燃料（如木屑粉）、助燃剂（氧化剂，如硝酸钾）、消燃剂（如陶土）等制成的粉状物。细度通过 80 号筛目，袋装或罐装，其上配有引火线。烟剂点燃后可以燃烧，但没有火焰。农药有效成分因受热而气化，在空气中受冷又凝聚成固体微粒，沉积在植物上达到防治病害或虫害目的。在空气中的烟粒也可通过昆虫呼吸系统进入虫体产生毒效。烟剂主要用于防治森林、仓库、温室等病虫害。

11. 水乳剂（EW）

水乳剂为水包油型不透明浓乳状液体农药剂型。水乳剂是由水不溶性液体农药原油、乳化剂、分散剂、稳定剂、防冻剂及水经均匀化工艺制成。不需用油作溶剂或只需用少量。

水乳剂的特点有：①不使用或仅使用少量的有机溶剂；②以水为连续相，农药原油为分散相，可抑制农药蒸气的挥发；③成本低于乳油；④无燃烧、爆炸危险，贮藏较为安全；⑤避免或减少了乳油制剂所用有机溶剂对人畜的毒性和刺激性，减少了对农作物的药害危险；⑥制剂的经皮及口服急性毒性降低，使用较为安全；⑦水乳剂原液可直接喷施，可用于飞机或地面微量喷雾。

12. 水分散性粒剂（WG）

入水后能迅速崩解、分散形成悬浮液的粒状农药剂型。产生于 20 世纪 80 年代初，是正在发展中的新剂型。这种剂型兼具可湿性粉剂和浓悬浮剂的悬浮性、分散性、稳定性好的优点，但克服了二者的缺点；与可湿性粉剂相比，它具有流动性好，易于从容器中倒出而无粉尘飞扬等优点；与浓悬浮剂相比，它可克服贮藏期间沉积结块、低温时结冻和运费高的缺点。

农药剂型加工是一门研究农药剂型或制剂的配制理论、助剂配方、加工工艺、质量控制、生物效果、包装、设备及成本等项内容的综合性应用技术科学。通过农药加工技术，可克服农药品种中存在的种种缺陷，进一步提高药效、降低毒性、减少污染，避免对有益生物的危害从而扩大农药品种的使用范围，延长使用寿命，达到安全、高效、经济、合理地应用农药的目的。农药剂型加工为农药的商品化生产和大面积推广应用提供了有效途径，是农药工业的关键组成部分，也是农药学研究的重要方向。

项目二

杀虫剂

微 课

杀虫剂

在我国，农药产量的三分之二是杀虫剂，其品种较多，产量最大，用途最广。杀虫剂是用于防治农业害虫和城市卫生害虫、有害昆虫的化学物质。

一、杀虫剂概述

杀虫剂（insecticide），主要用于防治农业害虫和城市卫生害虫，使用历史长远、用量大、品种多。在 20 世纪，农业的迅速发展，杀虫剂令农业产量大幅升高。但是，几乎所有杀虫剂都会严重地改变生态系统，大部分对人体有害，其他的会被集中在食物链中，所以必须在农业发展与环境及健康中取得平衡。

杀虫剂按作用方式可分为：

① 胃毒剂。经虫口进入其消化系统起毒杀作用，如敌百虫等。

② 触杀剂。与表皮或附器接触后渗入虫体，或腐蚀虫体蜡质层，或堵塞气门而杀死害虫，如拟除虫菊酯、矿油乳剂等。

③ 熏蒸剂。利用有毒的气体、液体或固体的挥发而产生蒸气毒杀害虫或病菌，如溴甲烷等。

④ 内吸剂。被植物种子、根、茎、叶吸收并输导至全株，在一定时期内，以原体或其活化代谢物随害虫取食植物组织或吸吮植物汁液而进入虫体，起毒杀作用，如乐果等。

按毒理作用可分为：

① 神经毒剂。作用于害虫的神经系统，如滴滴涕（DDT）、对硫磷、呋喃丹、除虫菊酯等。

② 呼吸毒剂。抑制害虫的呼吸酶，如氰氢酸等。

③ 物理性毒剂。如矿物油剂可堵塞害虫气门，惰性粉可磨破害虫表皮，使害虫致死。

④ 特异性杀虫剂。引起害虫生理上的反常反应，如使害虫离作物远去的驱避剂，以性诱或

饵诱诱集害虫的诱致剂，使害虫味觉受抑制不再取食以致饥饿而死的拒食剂，作用于成虫生殖机能使雌雄之一不育或两性皆不育的不育剂，影响害虫生长、变态、生殖的昆虫生长调节剂等。

按来源可分为：

① 无机和矿物杀虫剂。如砷酸铅、砷酸钙、氟硅酸钠和矿油乳剂等。这类杀虫剂一般药效较低，对作物易引起药害，而砷剂对人毒性大。因此自有机合成杀虫剂大量使用以后，大部分已被淘汰。

② 植物性杀虫剂。全世界有1000多种植物对昆虫具有或多或少的毒力。广泛应用的有除虫菊、鱼藤和烟草等。此外，有些植物里还含有类似保幼激素、早熟素、蜕皮激素等活性物质。如从喜树的根皮、树皮或果实中分离的喜树碱对马尾松毛虫有很强的不育作用。

③ 有机合成杀虫剂。如有机氯类的DDT、六六六、硫丹、毒杀芬等；有机磷类的对硫磷、敌百虫、乐果等，产量居杀虫剂的第一位；氨基甲酸酯类的西维因、呋喃丹等；拟除虫菊酯类的氰戊菊酯、溴氰菊酯等；有机氮类的杀虫脒、杀虫双等。

④ 昆虫激素类杀虫剂。如多种保幼激素、性外激素类似物等。

少数传统药剂，如矿油乳剂等的作用机理主要在体表起物理杀虫作用，而绝大多数有机合成杀虫剂都进入害虫体内，在一定部位干扰或破坏正常生理、生化反应。进入害虫体内的途径，有的是随取食通过口器进入消化道、渗入血液中，有的是通过表皮，也有的是通过气孔和气管，进入体内的药剂与害虫体内的各种酶系发生生化反应。一些反应使药剂降解失去毒力，但也有些药剂被活化使毒力增强，未被降解（或活化后的化合物）的药剂因作用机理不同而在一定部位发挥毒杀作用，如作用于神经系统或作用于细胞内呼吸代谢过程。

二、有机氯杀虫剂

有机氯杀虫剂是具有杀虫活性的氯代烃的总称。有机氯化合物用作杀虫剂是从20世纪30年代开始的，由于这类制剂对许多昆虫都有效，制造方便，价格便宜，宜大量生产，对温血动物的毒性较低、特效性较长，因此此类杀虫剂中的一些品种在世界上许多国家相继大规模生产和使用，曾在防治虫害方面起过重要作用，代表品种为六六六、DDT及其类似物等。然而其毒性大，化学结构稳定，不易氧化分解，长期使用会破坏生态。自20世纪80年代起全面停止使用，我国也正式停止生产，迅速发展其他新品种，以满足农业生产的需要。

1. 六六六

六六六是由六氯环己烷形成的混合物，其中只有γ-体是活性成分（在六六六中占12%～16%）。采用溶剂提取的方法（常用甲醇）从六六六粗品中得到含量在90%以上的γ-体称为林丹。化学结构式如下：

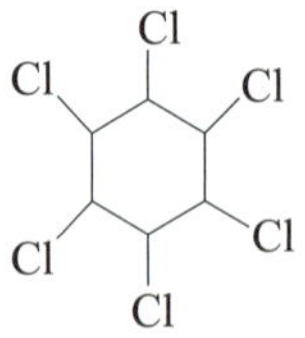

六六六 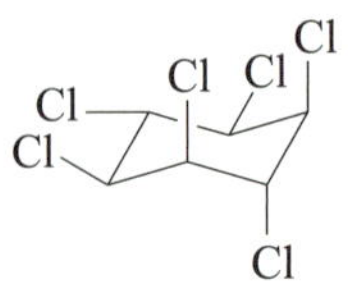　　　　　　林丹(γ-六六六)

工业品六氯环己烷是通过在光照下将氯气通入纯苯中而制备的。这个过程得到的是六氯环己烷各种异构体的混合物，可以通过利用各异构体在有机溶剂中溶解度的不同，而将高含量的γ-异构体提取出来。

工业品六氯环己烷的组成大致为：α-六氯环己烷（55%～60%，甲体）、β-六氯环己烷（5%～14%，乙体）、γ-六氯环己烷（12%～16%，丙体）、δ-六氯环己烷（6%～8%，丁体）、ε-六氯环己烷（2%～9%，戊体）、七氯环己烷（4%）、八氯环己烷（0.6%）。

六六六是作用于昆虫神经的广谱杀虫剂，兼有胃毒、触杀、熏蒸作用，一般加工成粉剂或可湿性粉剂使用。由于用途广，制造六六六的工艺较简单，20世纪50～60年代在全世界广泛生产和应用，曾是我国产量最大的杀虫剂，对于消除蝗灾、防治家林害虫和家庭卫生害虫起过积极作用。

2. DDT

DDT，又叫滴滴涕、二二三，化学名为双对氯苯基三氯乙烷，为白色晶体，不溶于水，溶于煤油，可制成乳剂，是有效的杀虫剂。20世纪上半叶，为防治农业病虫害，减轻疟疾、伤寒、鼠疫等传染疾病危害起到了不小的作用，但其对环境污染过于严重，很多国家和地区已禁止使用。世界卫生组织于2002年宣布，重新启用DDT用于控制蚊子的繁殖以及预防疟疾、登革热、黄热病等。DDT结构式如下：

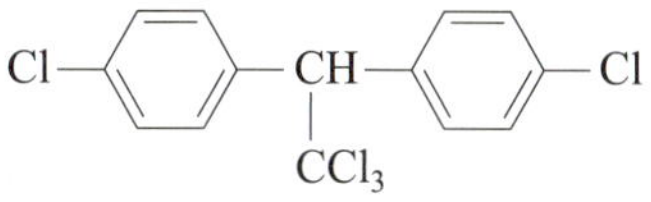

DDT

DDT是由欧特马·勒德勒（Othmar Zeidler）于1874年首次合成，但是这种化合物具有杀虫剂效果的特性却是1939年才被瑞士化学家保罗·赫尔曼·穆勒（Paul Hermann Müller）发掘出来。

3. 氯丹

氯丹化学名为氯化茚（又名八氯茚），琥珀色黏稠液体，沸点175℃，不溶于水，溶于有机溶剂，在碱性溶液中易分解失去杀虫力，可燃，燃烧产生有毒氯化物烟雾。其结构式如下：

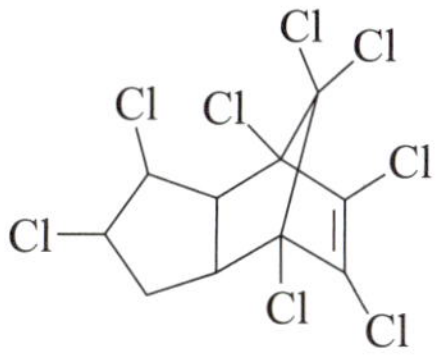

工业品氯丹是一个复杂的混合物，是深褐色黏稠物，有一种臭味。毒性比DDT小，白鼠口服急性半数致死量LD_{50}为570mg/kg。它对害虫有强烈的触杀、胃毒作用。氯丹对各种害虫均有防治效力，尤其适用于防治地下害虫，如蝼蛄、地老虎、稻草害虫等，对防治白蚁效果显著。

合成路线：

① 环戊二烯用氯气分段氯化，制得六氯环戊二烯。

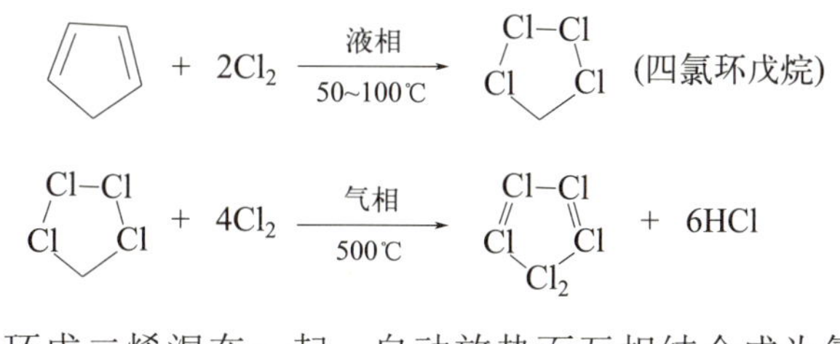

② 六氯环戊二烯和环戊二烯混在一起，自动放热而互相结合成为氯啶，然后再在四氯化碳溶液中通入氯气，氯化成为氯丹原油，含量一般为75%～76%。

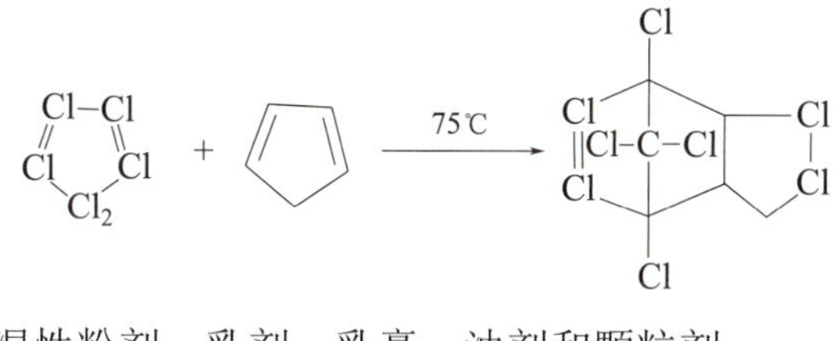

加工剂型有粉剂、可湿性粉剂、乳剂、乳膏、油剂和颗粒剂。

4. 三氯杀螨醇

三氯杀螨醇是一种杀虫谱广、活性高、对天敌和作物安全的有机氯杀螨剂。它作为神经毒剂，对害螨具有较强的触杀作用，无内吸性，对若螨和成螨均有效，可广泛用于棉花、果树、甘蔗、山楂、木瓜和花卉等防治多种害螨，并可用于象蚕体上寄生的虱状芫螨的防治，除对茄子、"红玉、旭日"两种苹果外，对其他作物无药害，是目前我国常用的作物杀螨品种。该药急性经口 LD_{50}=809mg/kg，急性经皮 LD_{50}=5000mg/kg，在生物体内无积累，因此对天敌无害。其结构式如下：

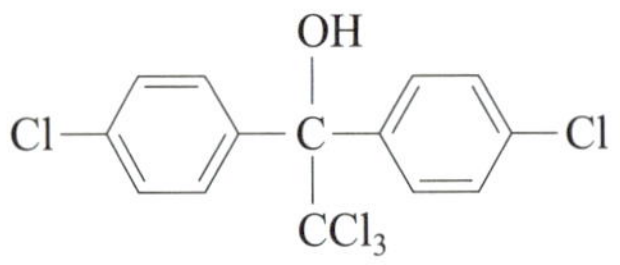

三步法合成路线：

【1】碱解　所谓碱解，就是将起始原料DDT与NaOH作用生成DDE，即1,1-双（氯苯基）-2,2-二氯乙烯，主要包括两种异构体1,1-双（4-氯苯基）-2,2-二氯乙烯（p,p'-DDE）和1-（2-氯苯基）-1-（4-氯苯基）-2,2-二氯乙烯（o,p'-DDE）。实际上，碱解就是DDT的脱氯化氢反应，其化学反应方程式为：

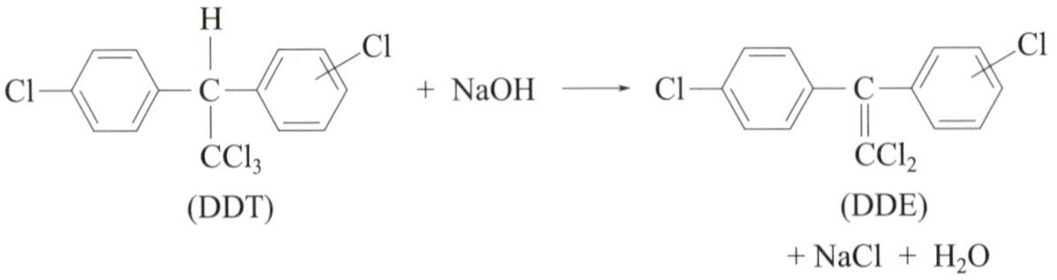

【2】氯化　就是将由DDT的碱解工序得到的DDE通过氯化过程转化为ClDDT，该氯化过程的化学反应式如下：

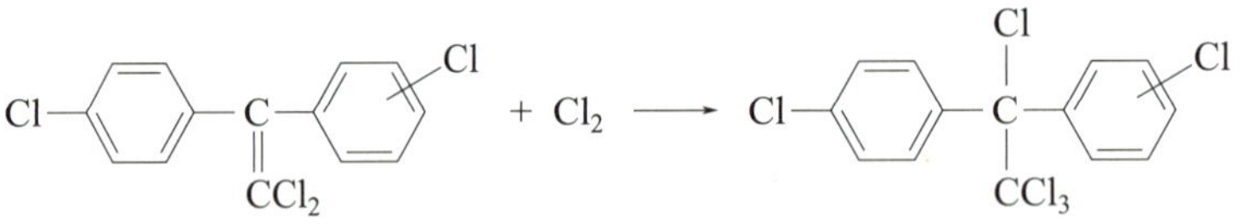

【3】水解　该步反应和二步法的水解反应过程和机理是相似的。也是在催化剂存在下，ClDDT水解生成三氯杀螨醇，同时释放出副产HCl。为有利于反应平衡向生成目的产物的方向移动，要不断去除生成的HCl。

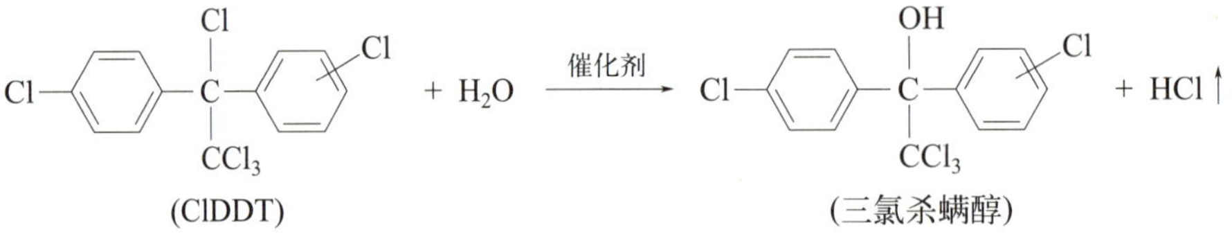

三、有机磷杀虫剂

有机磷杀虫剂是一类最常用的农用杀虫剂，多数属高毒或中等毒类，少数为低毒类，对虫、螨防效较高，大多数兼具多种作用方式，包括触杀、胃毒、内吸、熏蒸等，具有药效高、品种多、无积累等特点。此类杀虫剂大多呈油状或结晶状，色泽淡黄或棕色，有挥发性，呈大蒜样臭味，有机磷在碱性条件下易分解失效，但敌百虫在碱性条件下变成了毒性更强的敌敌畏。其化学结构通式为：

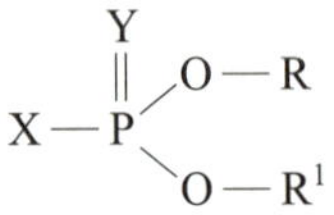

R 和 R^1 代表烷基、芳基、羟基和其他基团；大多数药剂是甲氧基（MeO）或乙氧基（EtO），并且大部分两个 R 基是对称的。X 为烷氧基、丙基或其他取代基，Y 为氧或硫原子。由于代入基团的不同，可以产生多种多样的化合物，各种化合物的毒性相差也很大。

此类化合物的共同特点是：外观为油状液体，具大蒜臭味，颜色较深，沸点高，大部分常温下蒸气压低，不易挥发；大部分不溶或难溶于水，易溶于有机溶剂，在碱性条件下易分解失效。

有机磷杀虫剂发展如此迅速，是因为它具有一系列特点：

（1）品种多　有机磷杀虫剂从化学结构上看，主要是磷酸酯衍生物。这类化合物的分子，可以改变的基团较多，因此只要变换基团即可合成出一系列化合物，并从中筛选出有效的杀虫剂品种。品种多，性能广泛，就能满足农、林、牧各方面的要求。品种多，用药的选择性大，在防治害虫时可以经常更换品种，避免害虫的抗药性。

（2）药效高　有机磷杀虫剂是药效最高的一种杀虫剂。

（3）作用方式好　大多数有机磷杀虫剂具有内吸作用，对害虫的杀伤力较强。

（4）无积累中毒　有机磷杀虫剂容易被植物体所分解，而且分解产物又是植物本身生长所需的肥料。因此有机磷农药施药后在植物、土壤中不会有积累中毒现象产生。在有机磷杀虫剂的研究和应用中，发现有的有机磷杀虫剂还兼有杀菌作用，有的除杀虫外还能除草，因此对有机磷杀菌剂和有机磷除草剂的研究也是很有意义的。

有机磷杀虫剂的毒性作用机理是：有机磷杀虫剂与胆碱酯酶的酯解部位结合形成磷酰化胆碱酯酶，磷酰化胆碱酯酶比较稳定，无分解乙酰胆碱的能力，使乙酰胆碱积聚引起胆碱能神经先兴奋后抑制，并在临床上出现相应的中毒症状。

以下是典型产品的化学结构式：

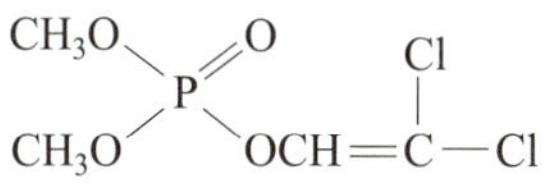

敌敌畏 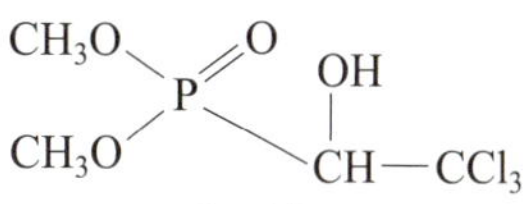　　　　　　　　　　敌百虫

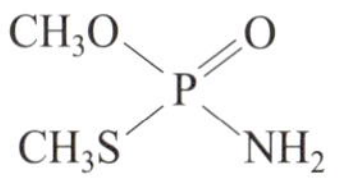

甲胺磷 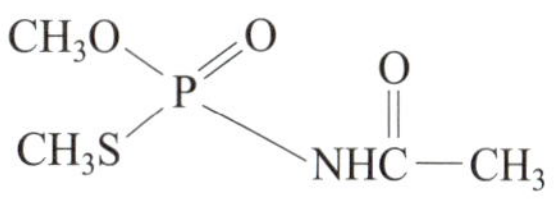　　　　　　　　　　乙酰甲胺磷

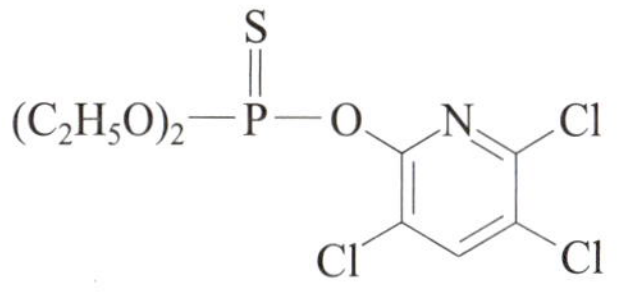

毒死蜱 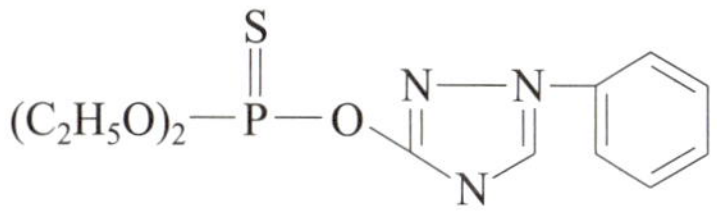　　　　　　　　　　三唑磷

目前中国注册登记并广泛使用的有机磷杀虫剂品种主要有：对硫磷、甲基对硫磷、甲胺磷、乙酰甲胺磷、水胺硫磷、乐果、氧化乐果、敌敌畏、马拉硫磷、辛硫磷、久效磷、甲拌磷、毒死蜱、三唑磷、甲基异柳磷、敌百虫、杀扑磷、丙溴磷等。

1. 敌百虫

学名：O,O-二甲基-（2,2,2-三氯-1-羟基乙基）磷酸酯，属于有机磷农药磷酸酯类型的一种。磷酸分子中羟基被有机基团置换形成磷碳键的化合物成为磷酸，磷酸被酯化即为磷酸酯。每日允许摄入量为 0.01mg/kg。有机磷农药在碱性条件下易分解而失去毒性，在酸性及中性溶液中较稳定，但敌百虫在碱性条件下分解的产物敌敌畏，其毒性增大了 10 倍。其毒性以急性中毒为主，慢性中毒较少。

敌百虫的结构如下：

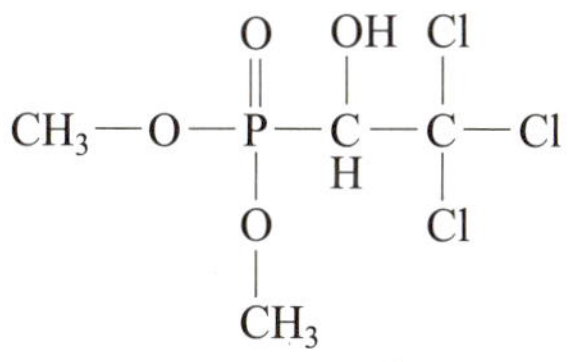

主要用途：用作杀虫剂。适用于水稻、麦类、蔬菜、茶树、果树、桑树、棉花等作物上的咀嚼式口器害虫，及家畜寄生虫、卫生害虫的防治。

敌百虫是在 1952 年由联邦德国法本拜耳公司的 W. 洛仑茨合成的，由该公司首先开始生产。生产方法有两种：

① 两步法。先用甲醇与三氯化磷反应制得亚磷酸二甲酯，再与三氯乙醛重排缩合生成敌百虫原药。具体反应如下：

$$PCl_3 + 3CH_3OH \longrightarrow \ \begin{matrix} H_3CO \\ H_3CO \end{matrix} P \begin{matrix} O \\ H \end{matrix} + 2HCl + CH_3Cl\uparrow$$

$$\begin{matrix} H_3CO \\ H_3CO \end{matrix} P \begin{matrix} O \\ H \end{matrix} + H-\overset{O}{\underset{}{C}}-CCl_3 \xrightarrow{95\sim100℃} \begin{matrix} H_3CO \\ H_3CO \end{matrix} P \begin{matrix} O \\ CH-CCl_3 \\ HO \end{matrix}$$

② 一步法。这种方法是我国广泛采用的，将甲醇、三氯化磷、三氯乙醛三种原料按适当比例同时加入反应器，在低温下减压，经过混合、酯化、脱酸、缩合和脱醛五步合成敌百虫。这个方法可以间歇或连续操作，流程短，可大规模生产。

加工剂型有粉剂、可湿性粉剂、乳剂、液剂、颗粒剂、毒饵剂等。

2. 敌敌畏

敌敌畏（DDVP），化学名称为 *O,O'*- 二甲基 -*O*-（2,2- 二氯乙烯基）磷酸酯，工业产品均为无色至浅棕色液体，挥发性大，室温下在水中溶解度 1%，煤油中溶解度 2% ～ 3%，能溶于有机溶剂，易水解，遇碱分解更快。

敌敌畏的结构如下：

$$\begin{matrix} H_3CO \\ H_3CO \end{matrix} P \begin{matrix} O \\ O-CH=CCl_2 \end{matrix}$$

由于它的杀虫范围广，所以被广泛地用于农作物防治虫害，是目前防治粮棉、果树、蔬菜、仓库和家庭卫生方面害虫的主要药剂。敌敌畏也是胆碱酯酶的一种强抑制剂，它能够使动物体内的胆碱酯酶失去活性，导致体内乙酰胆碱大量积累，从而导致神经中毒死亡。由于其挥发性较强，温度越高，挥发度越大，当它应用于大田作物上时，能够杀死卷在叶内的害虫，残效期短，不致残留在作物上对人畜引起毒害。但它的穿透性能差，因此在大多数情况下用来作熏蒸剂，一些卷在叶内的害虫也可被熏杀。1960 年日本和联邦德国开始生产，我国于 1962 年投入生产。

敌敌畏的合成方法中，较为古老的经典方法是敌百虫碱解法和亚磷酸三甲酯一步法。

敌百虫碱解法是以敌百虫、烧碱作为原料，以水、苯作为双溶剂，是敌百虫与烧碱反应脱去一分子氯化氢发生分子重排过程来生成敌敌畏的方法，其所得敌敌畏含量比较低而且含有水，需要在真空条件下，利用苯水共沸的原理脱去其中的水及部分溶剂苯从而得到敌敌畏原油。但这个方法目前仍存在收率低、消耗高的问题，大多数厂家收率都低于 80%。

亚磷酸三甲酯一步法，又称直接法，是利用亚磷酸三甲酯与三氯乙醛反应，可直接得到无水、高纯度的敌敌畏原油。具体反应方程式如下：

$$(CH_3O)P + CCl_3-CHO \xrightarrow{50℃} \begin{matrix} H_3CO \\ H_3CO \end{matrix} P \begin{matrix} O \\ O-CH=CCl_2 \end{matrix} + CH_3Cl$$

该法具有工艺流程短、设备少、操作人员少等优点；但该法合成过程中对操作温度、物料用量、反应时间等条件要求较高，且这些条件不易控制。

加工剂型有原油、乳剂（50% 和 80%）、油剂、气雾剂、熏蒸片、胶囊包层剂、颗粒剂等。

3. 对硫磷

对硫磷也叫 1605，化学名称为 *O,O′*- 二乙基 *-O-*（4- 对硝基苯基）硫代磷酸酯。它是一种油状液体，工业品带黄或棕黄色，并略带蒜臭味。它不溶于水，能溶于多种有机溶剂。此种杀虫剂在我国使用较久，在防治各种不同的昆虫和螨类方面备受欢迎。其广效性极好，有 400 余种害虫能用它进行有效地防治。对硫磷的结构如下：

$$C_2H_5O \quad \underset{\parallel}{\overset{S}{P}} \quad O \text{—} \bigcirc \text{—} NO_2$$
$$C_2H_5O$$

对硫磷属触杀、胃毒药剂。它能渗透进植物体内，而对植物无药害，残效期约一星期。对硫磷主要用于棉花、果树方面防治蚜虫、红蜘蛛等，用于水稻，防治水稻螟虫、叶蝉等，用于拌种，可防治地下害虫。

合成过程为：五硫化二磷与乙醇反应，生成 *O,O-* 二乙基二硫代磷酸，然后用氯气氯化，生成 *O,O-* 二乙基硫代磷酰氯。再由二乙基硫代磷酰氯在三甲胺催化下与对硝基酚钠合成则得对硫磷。

加工剂型为粉剂、可湿性粉剂、45% 与 50% 的乳剂、烟剂及各种混合剂。

4. 乐果

乐果纯品为白色针状结晶，易被植物吸收并输导至全株。在酸性溶液中较稳定，在碱性溶液中迅速水解，故不能与碱性农药混用。乐果是有机磷内吸杀虫剂中用途较广、产量较大的品种之一。化学名 *O,O-* 二甲基 *-S-*（*N-* 甲基氨基甲酰甲基）二硫代磷酸酯。1951 年美国人 E.I. 霍伯格和 J.T. 卡萨迪发现有杀虫作用，1956 年美国企业开发推广。其结构式如下：

$$CH_3O \quad \underset{\parallel}{\overset{S}{P}} \text{—} SCH_2CONHCH_3$$
$$CH_3O$$

乐果是内吸性有机磷杀虫、杀螨剂。杀虫范围广，对害虫和螨类有强烈的触杀和一定的胃毒作用。乐果在昆虫体内能氧化成活性更高的氧乐果，其作用机制是抑制昆虫体内的乙酰胆碱酯酶，阻碍神经传导而导致死亡。

适用范围：适用于防治多种作物上的刺吸式口器害虫，如蚜虫、叶蝉、粉虱、潜叶性害虫及某些蚧类，有良好的防治效果，对螨也有一定的防效。

后胺解法制备乐果具有原料易得、工艺操作简单、后处理方便等优点，是目前国内厂家普遍采用的合成方法。它是以五硫化二磷为起始原料，由以下三步反应完成。

(1) 硫磷酸铵的制备反应式

$$P_2S_5 + 4CH_3OH \xrightarrow{NH_3} 2 \ CH_3O \ \underset{\parallel}{\overset{S}{P}} \text{—} SNH_4 + H_2S$$
$$CH_3O$$

(2) 硫磷酯的制备反应式

$$CH_3O \ \underset{\parallel}{\overset{S}{P}} \text{—} SNH_4 + ClCH_2COOCH_3 \longrightarrow CH_3O \ \underset{\parallel}{\overset{S}{P}} \text{—} SCH_2COOCH_3 + NH_4Cl$$
$$CH_3O \qquad\qquad\qquad\qquad\qquad CH_3O$$

(3) 乐果的制备反应式

$$CH_3O \ \underset{\parallel}{\overset{S}{P}} \text{—} SCH_2COOCH_3 + NH_2CH_3 \longrightarrow CH_3O \ \underset{\parallel}{\overset{S}{P}} \text{—} SCH_2CONHCH_3 + CH_3OH$$
$$CH_3O \qquad\qquad\qquad\qquad\qquad\qquad CH_3O$$

加工剂型有乳剂（40%，20%）、2% 乐果粉剂、可湿性粉剂、颗粒剂等。

四、氨基甲酸酯类杀虫剂

氨基甲酸酯类杀虫剂是首先发展起来并且投入生产的有机氮杀虫剂。这类农药杀虫效果较好，作用迅速，有较强的选择性，在15℃以下效力也不变。可用于防治越冬幼虫。由于易分解消失，故对人、畜毒性较低，且在体内无积累中毒作用。

氨基甲酸酯类杀虫剂可视为氨基甲酸的衍生物。氨基甲酸是极不稳定的，它会自动分解为二氧化碳和氨。然而，氨基甲酸盐和酯却相当稳定。18世纪，人们就发现毒扁豆（physostigma venenosum）中的毒扁豆碱能使瞳孔缩小，并用于眼科，但用量过多会使病人呼吸困难而死亡。1925年，E. Stedman、J. Barger确定了毒扁豆碱的结构。1952年，H.Gysin发现地麦威（结构式如下）对昆虫有很强的毒杀作用。1953年，联合碳化物公司合成并于1956年开发出甲萘威（西维因）。这类化合物结构中有个共同的官能团N-甲基（或N,N-二甲基）的氨基甲酸酯基。

地麦威

近几十年来，由于有机氯农药的残毒问题，以及有机磷农药的抗性问题的出现，氨基甲酸酯类农药的地位显得更为重要。虽然它的杀虫范围不及有机氯和有机磷那么广泛，但在棉花、水稻、玉米、大豆、花生、果树、蔬菜等作物上都有一定的使用价值。

氨基甲酸酯类杀虫剂的杀虫作用与有机磷杀虫剂相同，都是对胆碱酯酶的抑制作用。但作用机制有所不同。有机磷杀虫剂是水解后抑制胆碱酯酶，而氨基甲酸酯是以它的分子和胆碱酯酶结合，形成分子化合物，水解后又恢复为氨基甲酸酯及活性酶。有机磷化合物水解速度大的，毒性较强，而氨基甲酸酯却与此相反，水解速度小的毒性更大。

根据取代基的变化，可以将氨基甲酸酯类杀虫剂划分为四种类型。

(1) 二甲基氨基甲酸酯 这类化合物都是杂环或碳环的二甲氨基甲酸衍生物，在酯基中都含有烯醇结构单元，氮原子上的两个氢均被甲基取代。这类品种有地麦威、吡唑威、异索威、敌蝇威和抗蚜威等。

(2) 甲基氨基甲酸芳香酯 这类氨基甲酸酯杀虫剂是市场上品种最多的一类，氮原子上一个氢被甲基取代，芳基可以是对、邻和间位取代的苯基、萘基和杂环苯并基等。主要品种为西维因、仲丁威、灭害威、残杀威、除害威、速灭威、害扑威、叶蝉散（异丙威）和克百威等。

(3) 甲基氨基甲酸肟酯 这类化合物是于1966年由Payne及其合作者报道的。由于肟酯基的引入而使此类化合物变得高效高毒。在这类化合物中，烷硫基是酯基中的重要单元。主要品种有涕灭威、灭多威、棉果威、杀线威和抗虫威等。

(4) 酰基（或羟硫基）N-甲基氨基甲酸酯 这是一类新化合物，主要是在第二、三类化合物基础上进行改进并使之低毒化的品种。在结构上，氮原子上余下的一个氢原子被酰基、磷酰基、羟硫基、羟亚硫酰基等基团取代，造成这类化合物在昆虫和哺乳动物中不同的代谢降解途径，以提高其选择性。这类化合物合成难度较高，商品化的品种不多。这类品种有呋线威、棉铃威和磷亚威等。

部分品种的结构式如下：

西维因　　　　　　灭除威　　　　　　呋喃丹

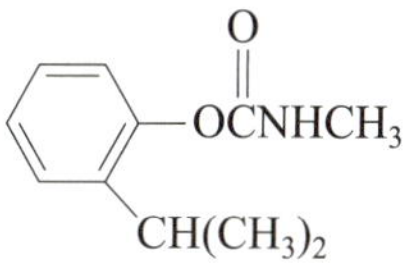

叶蝉散 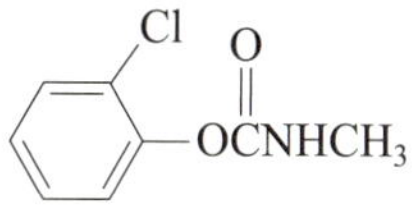　　　　　　　　　　害扑威 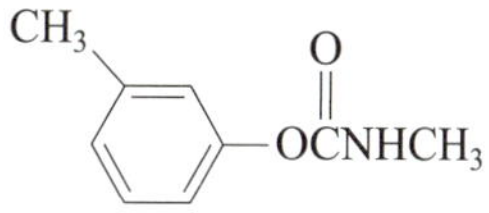　　　　　　　　　　速灭威

1. 仲丁威

仲丁威又称巴沙，属高效、低毒、低残留氨基甲酸酯类杀虫剂。1959年首先由德国拜耳公司合成，我国20世纪70年代开始采用氯甲酸酯法合成仲丁威，近年来采用异氰酸甲酯法生产。化学名称为2-仲丁基苯基甲基氨基甲酸酯。

物化性质：工业品为淡黄色有芳香味的油状黏稠液体，熔点26.5～31℃；纯品为白色结晶，熔点31～32℃，溶解度分别为：水中420mg/L（20℃）、610mg/L（30℃），丙酮、苯、三氯甲烷、二甲苯、甲苯（室温）中为1kg/kg，在弱酸性介质中稳定，对光稳定，但对浓酸和强碱不稳定，受热易分解。

仲丁威对害虫具有强烈触杀作用，并有一定的胃毒、熏蒸和杀卵作用。可防治水稻、茶叶、甘蔗、小麦、南瓜、紫茄和辣椒上的叶蝉、飞虱、蚜虫及象鼻虫等害虫，还可防治棉花上的棉铃虫和棉蚜以及蚊、蝇等卫生害虫。对叶蝉、飞虱有特效，杀虫迅速但残效较短，对蜘蛛等捕食性天敌的杀伤力较小。主要剂型有20%、50%和80%仲丁威乳油。

合成仲丁威的主要原料及规格见下表。

名称	规格/%	名称	规格/%
苯酚	工业品≥99		
2-丁烯	工业品≥94	异氰酸甲酯	≥99
铝粒	工业品≥98	三乙胺	≥98

仲丁威的反应原理：

【1】邻仲丁基酚的合成

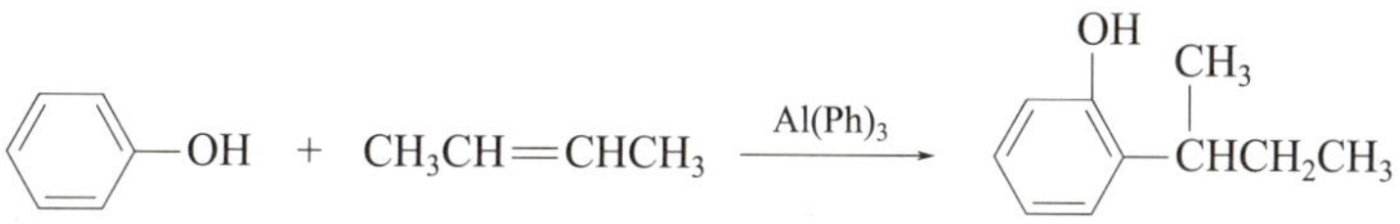

主要副反应有：

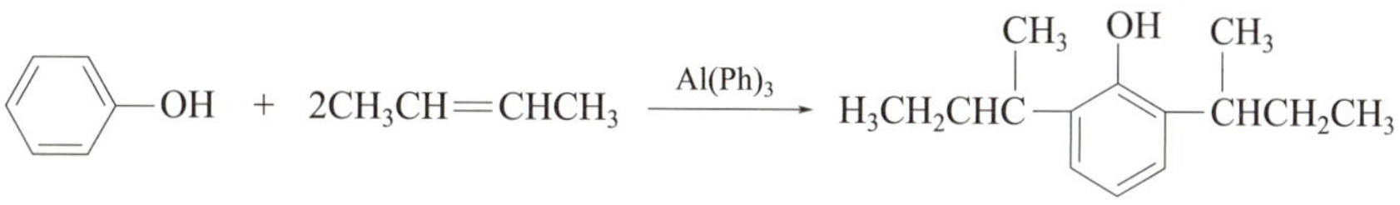

2,6-二仲丁基酚与苯酚可发生歧化反应，生成邻仲丁基酚。

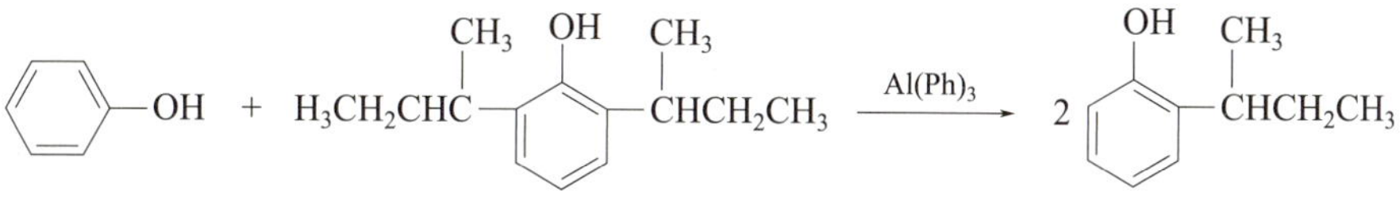

邻仲丁基酚也可由苯酚汽化后与2-丁烯混合，在三氧化二铝催化下气相连续烃化制得。

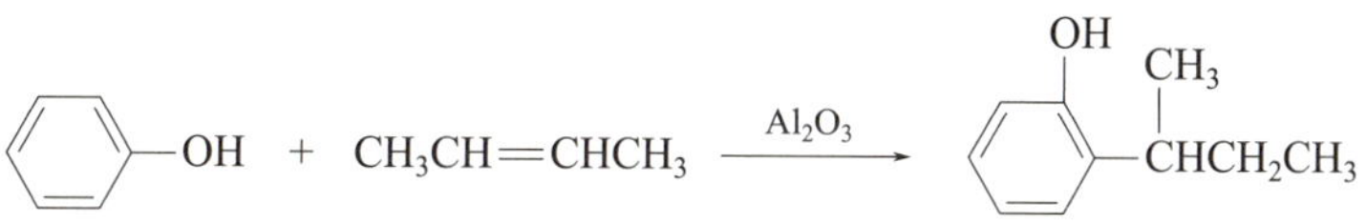

【2】仲丁威的合成

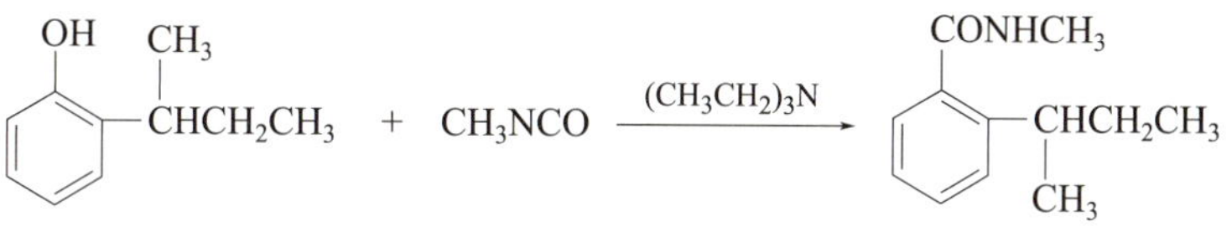

仲丁威的生产工艺流程如下：

(1) 邻仲丁基酚生产工段（见图6-1）

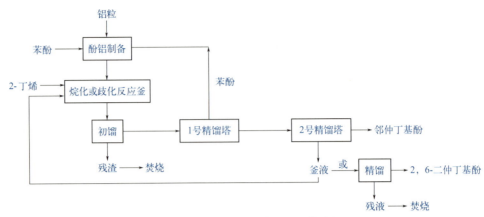

图6-1 邻仲丁基酚生产工段工艺流程

① 三苯基铝（酚铝）的制备。将熔化的苯酚吸入计量罐，计量后投入酚铝反应釜，搅拌加热升温。当温度升到150℃时，投入计量的铝粒，开始反应并放出氢气，反应液自行升温、升压，温度可达165～170℃，压力升到3.9×10^5～$5.9 \times 10^5 Pa$，维持在165～170℃反应0.5h，取样分析酚铝含量≥3%即为合格酚铝苯酚溶液。

② 邻仲丁基酚的合成。将上述合格的酚铝溶液压入烷化反应釜，搅拌下升温到210℃时开始通入已计量的2-丁烯，控制反应温度230～240℃、压力1.3×10^6～$1.5 \times 10^6 Pa$。通完2-丁烯后在210℃下反应0.5h。烷化反应液经真空初馏分去残渣后再精馏得未反应的苯酚、邻仲丁基酚（含量≥98%）和含2,6-二仲丁基酚的釜液。

釜液经歧化，可部分转化为邻仲丁基酚。按上述酚铝制备方法制得合格的酚铝苯酚液和釜液计量投入歧化反应釜，搅拌下升温到140℃时通入少量2-丁烯，再升温到290℃，反应3h后降温到200℃左右，经上述初馏、精馏得未反应苯酚、邻仲丁基酚（含量≥98%）和残液。釜液也可直接经真空精馏制得2,6-二仲丁基酚。

(2) 仲丁威工段（见图6-2）

在缩合反应釜中先投入计量的邻仲丁基酚和三乙胺，搅拌下在1h左右滴加完计量的异氰酸甲酯，控制反应温度在70℃以下，然后在60～70℃继续反应1h，再通入氮气除去多余的异氰酸甲酯得含量≥97%的仲丁威。

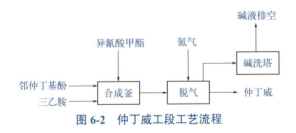

图6-2 仲丁威工段工艺流程

仲丁威的质量标准（HG 3619—1999）：

项目	指标/%			项目	指标/%		
	优等品	一等品	合格品		优等品	一等品	合格品
仲丁威含量	98.0	95.0	90.0	水分	0.2	0.3	0.5
邻仲丁基酚	0.4	0.5	1.0	酸度（以H_2SO_4计）	0.05	0.05	0.05

仲丁威生产安全注意事项：异氰酸甲酯为易燃性、剧毒性液体。沸点37～39℃。受热易起剧烈反应引起燃烧、爆炸。燃烧时会产生氰化氢与氮氧化物等刺激性与毒性气体。因此，必须采用向反应釜中滴加异氰酸甲酯的加料方式。

"三废"处理品：仲丁威的合成无废水与废渣产生，只有在除净过量的异氰酸甲酯过程中产生少量废气，每吨仲丁威产生含 13.7kg 异氰酸甲酯废气，经碱洗塔后排空；邻仲丁基酚生产中废气、废水和废渣量都不大，每生产 1t 邻仲丁基酚产生 8m³ 氢气、10m³ 丁烷以及水喷射泵抽真空时带出的部分低沸点馏分（苯酚与醚类）约 6kg，因为量不大，采取高空排放。废渣主要是酚铝及高沸物。每吨邻仲丁基酚约有 104kg 废渣，焚烧后不产生二次污染。废水主要来自水喷射真空泵系统带出的含酚废气被水吸收后所产生的含酚废水，需定期排放补充，此废水排至工厂总污水处理场集中进行生化处理。

2. 西维因

西维因是一种氨基甲酸酯类杀虫剂，其化学名称为（1- 萘基）-N- 甲基氨基甲酸酯。纯品为白色晶体，水中溶解度为百万分之四十（30℃），在常温和日光下稳定，在碱性条件下易水解失效。有触杀、胃毒和微弱的内吸作用，进入虫体后抑制胆碱酯酶的活性。对作物和森林的多种害虫防治效果好，对不易防治的咀嚼口器害虫，如棉铃虫等药效显著。其结构式如下。

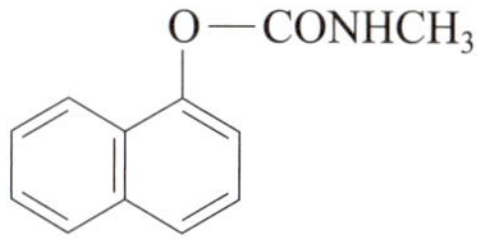

西维因的制备方法：

① 将甲萘酚和烧碱反应，制得萘酚钠。

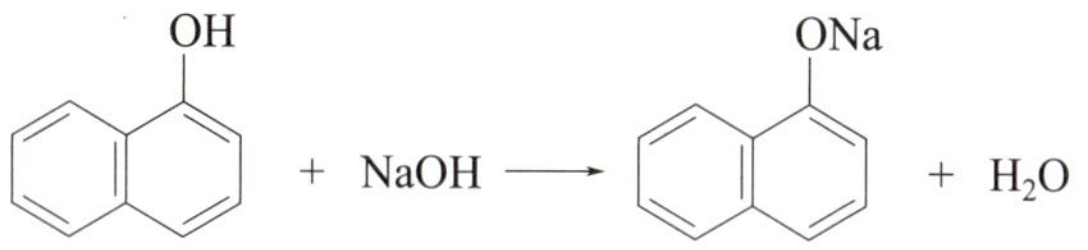

② 与光气作用生成氯甲酸萘酯。

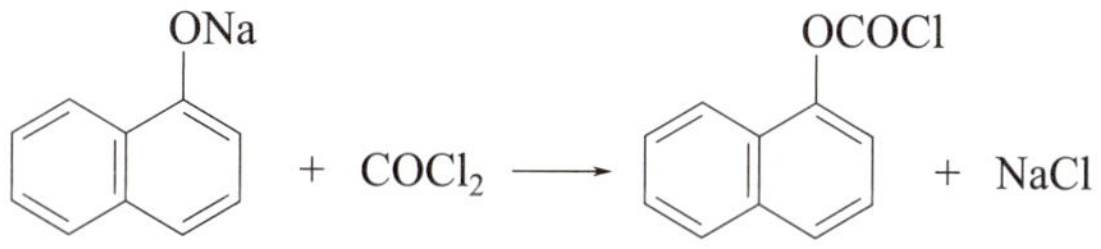

③ 再与甲胺反应，使之转化为氨基甲酸酯，即西维因。

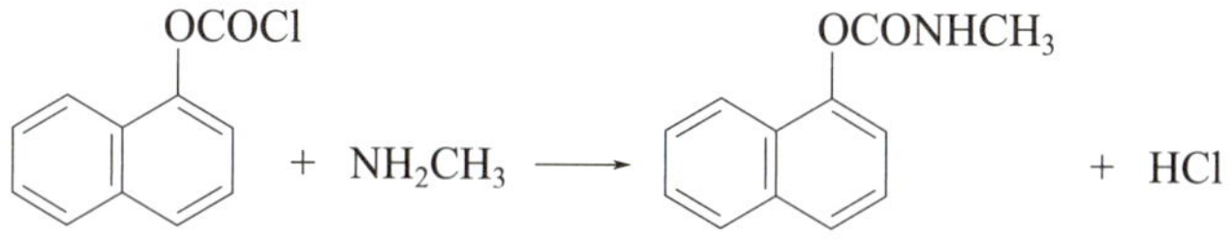

3. 灭多威

灭多威又名灭多虫、乙肟威、甲氨叉威，是一种广谱性氨基甲酸酯类杀虫剂。白色固体。在水中的溶解度为 58g/L，可溶于丙酮、乙醇、甲醇、异丙醇。剂型为可湿性粉剂。其结构式如下：

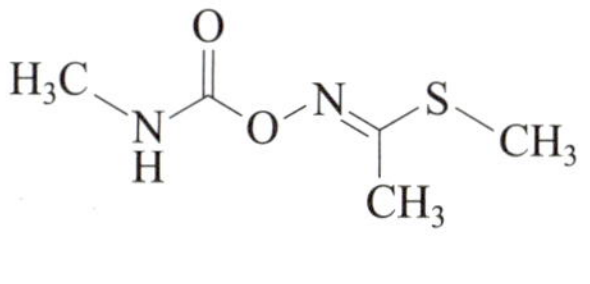

灭多虫为一种内吸性具有触杀、胃毒作用的氨基甲酸酯类的广谱杀虫剂。1966 年由美国 Du Pont（杜邦）公司首批推荐作为杀虫剂、杀线虫剂。适用于棉花、烟草、果树、蔬菜防治蚜虫、蛾、地老虎等害虫，是目前防治抗药性棉蚜良好的替换品种。本品可用作硫双威（thiodicarb）的中间体。

制备方法：乙醛与羟胺（或羟胺硫酸盐）加成，然后失去一分子水生成乙醛肟，由于羟胺硫酸盐较羟胺更稳定，不易被空气氧化，便于保存，工业上用羟胺硫酸盐代替羟胺并在碱性水溶液中反应。生成的乙醛肟经氯化生成氯代乙醛肟，反应在溶剂（N- 甲基吡烷酮）中进行，温度为 −5℃。氯代乙醛肟与甲硫醇反应后生成甲硫乙醛肟，反应温度为 5℃，滴加氢氧化钠溶液至终点 pH 值 6～7。上述甲硫乙醛肟在叔胺催化下与异氰酸甲酯反应制得灭多威。

五、其他类杀虫剂

（一）拟除虫菊酯杀虫剂

大约在 15 世纪，人们发现除虫菊的花有杀虫作用。除虫菊属于菊科，是多年生宿根性草本植物，一般生长在靠近赤道的高地上，除虫菊花中的杀虫成分，总称除虫菊酯，其化学结构为：

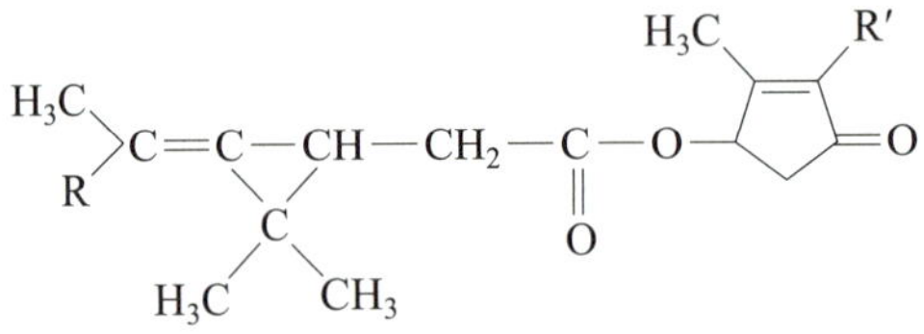

因为杀虫的需要被引种到世界各地，1935 年我国开始少量种植。一般除虫菊花中含杀虫物质仅 1% 左右，而且受栽培条件限制，供应量有限。经半个多世纪的人工模拟合成研究，成功制备出第一种拟除虫菊酯，从此开发出一类高效、安全、新型的杀虫剂——拟除虫菊酯杀虫剂。

拟除虫菊酯是一类能防治多种害虫的广谱杀虫剂，对昆虫具有强烈的触杀作用，有些品种兼具胃毒或熏蒸作用，但没有内吸作用。一般认为，拟除虫菊酯对害虫的杀伤作用，是抑制了昆虫神经传导，扰乱昆虫神经的正常生理，使之由兴奋、痉挛到麻痹而死亡。其用量小、使用浓度低，对人畜较安全，对环境的污染很小。其主要缺点是对鱼毒性高，对某些益虫也有伤害，长期重复使用也会导致害虫产生抗药性。

拟除虫菊酯类杀虫剂有如下特点：

① 高效。其杀虫能力一般比常用杀虫剂高 10～50 倍，且速效性好，击倒力强。

② 广谱。对农林、园艺、仓库、畜牧、卫生等多种害虫，包括咀嚼式口器和刺吸式口器的害虫均有良好的防治效果。

③ 这类药剂的常用品种对害虫只有触杀和胃毒作用，且触杀作用强于胃毒作用，要求喷药均匀。

④ 低毒、低残留。对人畜毒性比一般有机磷和氨基甲酸酯类杀虫剂低，用量少，使用安全性高。由于在自然界易分解，使用后不易污染环境。

⑤ 极易诱发害虫产生抗药性，而且抗药程度很高。

拟除虫菊酯按结构可分为菊酯系列化合物（如胺菊酯等）、二卤菊酯化合物（如溴氰菊酯、二氯苯醚菊酯等）、非环丙羧酸系列化合物（如氟氰菊酯、杀灭菊酯等）、非酯类系列化合物（如醚菊酯、肟醚菊酯等）。以下是典型品种的化学结构：

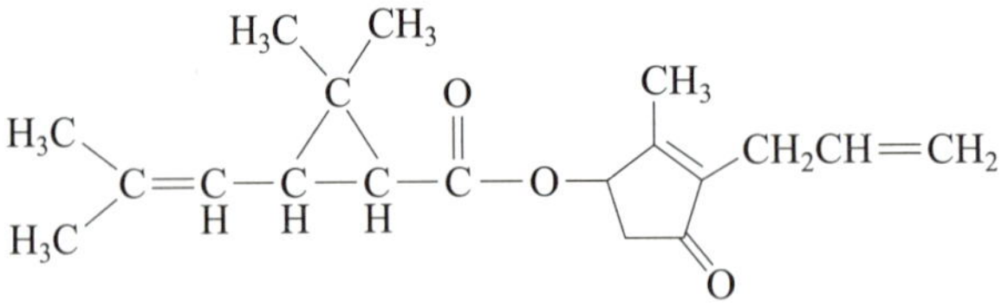

丙烯菊酯

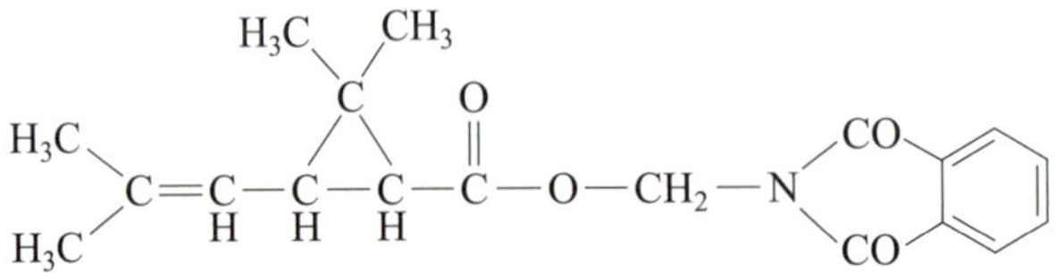

胺菊酯

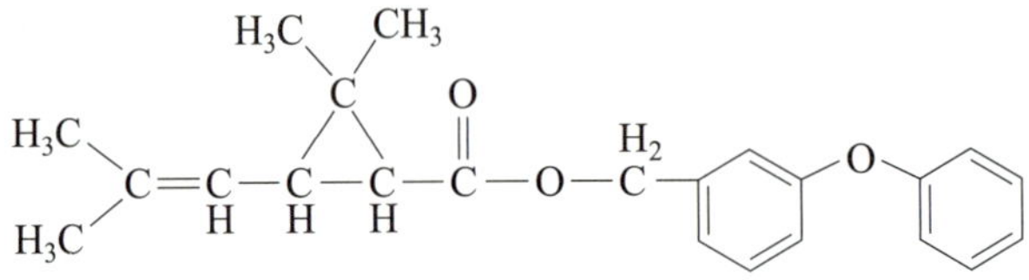

苯醚菊酯

氰苯醚菊酯

1. 氯氰菊酯

氯氰菊酯是一种高效、广谱、中毒、低残留、对光和热稳定的拟除虫菊酯类杀虫剂。1974 年由英国 M．Elliott 成功开发。1975 年起先后在英国 ICI、美国 FMC、瑞士 Ciba-Geigy、日本住友和英荷 Shell 等公司进行生产。我国自 20 世纪 80 年代以来开始生产和使用这个产品。

化学名称：(RS)-α- 氰基 -3- 苯氧基苄基 -(RS)-3-(2,2- 二氯乙烯基)-2,2- 二甲基环丙烷羧酸酯。

氯氰菊酯具有触杀和胃毒作用，无内吸和熏蒸作用。杀虫谱广，作用迅速，对防治鳞翅目、鞘翅目和双翅目害虫非常有效。主要用于防治棉花、烟草、大豆、蔬菜、玉米、果树、林木、葡萄等农作物害虫。也可用于防治牲畜体外寄生虫、居室卫生和工业害虫。

（1）主要原料及规格

原料名称	规格 /%	原料名称	规格 /%	原料名称	规格 /%
二氯菊酸甲酯	98.5	液碱	30.0	环己烷	工业品
间苯氧基苯甲醛	97.0	催化剂	98.0	甲苯	工业品
氰化钠	98.0	乙醇	95.0	次氯酸钠	工业品
光气	65 ～ 75	盐酸	30.0		

（2）生产工艺

① 反应原理。

a. 二氯菊酸的合成。本工艺采用二氯菊酸甲酯在氢氧化钠乙醇水溶液中加热进行皂化、酸化得到二氯菊酸。

b. 二氯菊酰胺的合成。以二氯菊酸与酰氯化剂如氯化亚砜、三氯化磷、三氯氧磷、光气等进行反应得到二氯菊酰氯。

c. 氯氰菊酯的合成。氯氰菊酯的合成方法有：酰氯 - 醚醛法、氰醇法、二氯菊酸钠（钾）等，此处采用酰氯 - 醚醛法，即二氯菊酰氯与醚醛在氰化钠和相转移催化剂作用下进行缩合反应，得到产品。

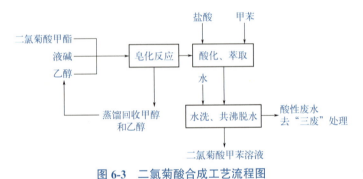

② 工艺流程。

a. 二氯菊酸合成工序（见图6-3）。在1500L反应釜中，分别抽入二氯菊酸甲酯、液碱和乙醇，在搅拌下加热回流2h。常压蒸馏回收乙醇和甲醇。稍冷后加水溶解二氯菊酸钠盐，在常温下加甲苯和盐酸进行酸化，酸化层pH1～2搅拌0.5h，静置分出水层。有机层放入酸化油层储槽，水层再抽入反应釜中，用甲苯抽提两次，水层放入废水槽去"三废"处理。油层合并抽入1500L脱水釜中，进行共沸得无水二氯菊酸甲苯溶液。计量、取样分析，备用。

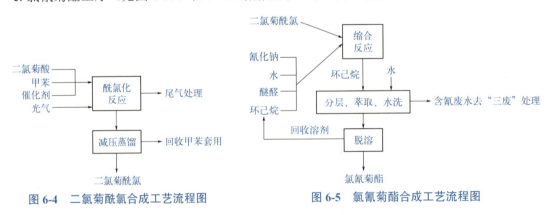

图6-3　二氯菊酸合成工艺流程图

b. 二氯菊酰氯合成工序（见图6-4）。在1500L反应釜中抽入二氯菊酸甲苯溶液，加催化剂，在搅拌下加热升温到80℃，开始通光气，温度保持在80～90℃，反应约1.5h后达到终点，停止通光气。反应尾气由尾气吸收装置回收盐酸。冷后通N_2气吹出过量光气，减压蒸馏回收甲苯，得中间体二氯菊酰氯，密封贮存，计量，取样分析，备用。

c. 氯氰菊酯工序（见图6-5）。在500L溶解釜中，小心加入氰化钠、水，搅拌溶解备用。

图6-4　二氯菊酰氯合成工艺流程图　　　　　图6-5　氯氰菊酯合成工艺流程图

在2000L反应釜中抽入溶解好的氰化钠水溶液，抽入醚醛和环己烷，在搅拌下冷却至0℃时，滴加二氯菊酰氯，约2h滴完。滴完后在0～10℃反应6h。反应结束后，静置，分出水层，水层每次用环己烷抽提两次。合并油层，用适量水洗油层，洗至油层不含氰根为止。合并水层（含氰废水）去"三废"处理。油层抽入2000L脱溶釜，在常压下蒸馏回收环己烷，待环己烷蒸完后，稍冷加甲苯，在减压下蒸馏脱水和回收甲苯。冷却到60℃放料，得产品氯氰菊酯，含量≥92%。

〔3〕质量标准

指标名称		指标 /%	指标名称		指标 /%
产品总收率（以二氯菊酸甲酯计）	≥	84	水分	≤	0.1
氯氰菊酯含量	≥	92	酸度	≤	0.1

〔4〕安全注意事项

① 光气化学反应活性较高，遇水后有强烈腐蚀性。人体吸入后能引起肺水肿等。当泄漏微量光气时，可用水蒸气冲散；较大量光气泄漏时，则用液氨喷淋解毒。

② 氰化钠为剧毒，具刺激性。遇酸或在潮湿空气中吸收水分和二氧化碳，产生有毒气体氢氰酸。吸入、口服或经皮吸收均可引起急性中毒。操作时须佩戴头罩型电动送风过滤式防尘呼吸器。

2. 氟氯氰菊酯

氟氯氰菊酯属含氟高效广谱性拟除虫菊酯类杀虫剂，该品具有很强的触杀和胃毒作用，稍有渗透而无内吸作用，杀虫谱广，持效期长。能有效地防治粮油作物（如玉米、小麦、花生、大豆等）和经济作物（如果树、烟草和蔬菜等）上的鞘翅目、半翅目、同翅目和鳞翅目害虫，如棉铃虫、棉红铃虫、烟芽夜蛾、棉铃象甲、苜蓿叶象甲、菜粉蝶、尺蠖、苹果蠹蛾、菜青虫、小菜蛾、马铃薯甲虫、蚜虫、玉米螟、桃小食心虫、地老虎等。其结构式如下：

氟氯氰菊酯合成工艺路线：以对氟苯甲醛为起始原料，经五步反应制得氟氯氰菊酯。

该工艺的特点是工艺路线较短、一次性投资相对减少、收率高，总收率超过 40%，原材料容易得到。

3. 氰戊菊酯

氰戊菊酯又名速灭杀丁、敌虫菊酯、杀虫菊酯等，原药为褐色黏稠油状液体，相对密度为 1.26（26℃），室温下有部分结晶析出，蒸馏时分解。该品为广谱高效杀虫剂，作用迅速，击倒力强，以触杀为主，可防治多种棉花害虫，如棉铃虫、棉蚜等，广泛用于防治烟草、大豆、玉米、果树、蔬菜的害虫，也可用于防治家畜和仓储等方面的害虫。

制备方法一：由对氯氰苄经烷基化反应、水解、氯化制备 α- 异丙基对氯苯基乙酰氯，再与间苯氧基甲醛及氰化钠反应制得该品。

① 烷基化。α- 异丙基对氯苯基乙腈的制备。将氯氰苄、苯磺酸异丙酯、氢氧化钠按摩尔比 1：1.1：3 的配料比加入石油醚中，在 70℃ 左右搅拌反应 12h。经水洗、干燥、脱溶后再进行减压蒸馏，收集 100～110℃（0.04～0.08kPa）馏分，即得 α- 异丙基对氯苯基乙腈。含量 90%，收率 92% 以下。烷基化剂苯磺酸异丙酯在反应中转化为苯磺酰内，可回收制备苯酚。烷基化剂也可采用溴代异丙烷或氯代异丙烷，在强碱存在下反应。

② 水解，α- 异丙基对氯苯基乙酸的制备。α- 异丙基对氯苯基乙腈与 65% 的硫酸按摩尔比 1：1.3 的比例混合，加热至 140～145℃ 反应 11h。用溶剂萃取，分出酸层，再经水洗、脱溶、冷却结晶得 α- 异丙基对氯苯基乙酸，含量 90%，熔点 85～87℃，收率 90%。

③ 氯化，α- 异丙基对氯苯基乙酰氯的制备。α- 异丙基对氯苯基乙酸和五氯化磷按摩尔比 1：1.1 的比例混合，搅拌升温到 130℃，在 130～140℃ 反应 1h。冷却排除生成的氯化氢，蒸出副产的三氯氧磷后，减压蒸馏，收集 100～103℃（0.4～0.47kPa）馏分，即得 α- 异丙基对氯苯基乙酰氯，含量 95% 以上，收率 95% 以上。

④ 氰戊菊酯的制备。将氰化钠、间苯氧基苯甲醛、α- 异丙基对氯苯基乙酰氯按摩尔比 1.1：1：1.05 的比例依次投入水中，使氰化钠水溶液的浓度为 25%。在 30～35℃ 搅拌反应 12h。用溶剂萃取，水洗，干燥，减压脱除溶剂后即得氰戊菊酯。

制备方法二：一步法。

先将 2-（对氯苯基）-3- 甲基丁酸（或称 α- 异丙基对氯苯乙酸）用三氯化磷或五氯化磷等氯化成 2-（对氯苯基）-3- 甲基丁酰氯，然后与间苯氧基苯甲醛及氰化钠水溶液反应制得氰戊菊酯。国外曾报道一步法采用正庚烷、石油醚、苯、甲苯作溶剂，国内采用无溶剂法。国外报道采用相转移催化剂 TEBA（TBA、四丁基溴化铵等），国内有的单位不加催化剂。

（二）沙蚕毒素类杀虫剂

1922 年，日本学者从生活在浅海泥沙中的沙蚕中分离出一种有毒物质，称为沙蚕毒素。后明确了其化学结构并于 1961 年完成了人工合成，第一个商品化的沙蚕毒素类杀虫剂叫杀螟丹。它在昆虫体内经代谢作用变成沙蚕毒素，使昆虫中毒而亡。其反应过程如下［其中化合物（1）为杀螟丹，（2）为沙蚕毒素］：

（三）植物源杀虫剂

很多含有杀虫成分的植物可以作为杀虫剂。例如，烟叶中含有烟碱，除虫菊花中含有除虫菊素，鱼藤根中含有鱼藤酮等。植物中这些成分含量不多，有的结构复杂，用种植后提取杀虫剂的方法并不经济，还要受气候、土壤等条件的限制。因此，人们在研究清楚这些具有杀虫作用的成分的化学结构及结构变化对活性的影响后，有可能进行结构改造并发现更为优良的杀虫剂。这些杀虫剂可归入植物源杀虫剂。如现在研制出的高效杀虫剂吡虫啉就在结构上与烟碱有很大相似之处（见以下结构式）。植物源杀虫剂的有效成分来源于植物体，在农作物害虫防治中具有对环境友好、毒性普遍较低、不易使害虫产生抗药性等优点，是生产无公害农产品应优先选用的农药品种。现有的品种有苦参碱、氧化苦参碱、烟碱、苦皮藤素、闹羊花素、血根碱、桉叶素、蛇床子素等，还有人工合成的如吡虫啉、啶虫脒等。

烟碱 吡虫啉

（四）特异性杀虫剂

传统的有机合成杀虫剂，几乎都是歼灭性的，一般是杀虫剂直接作用于害虫，在短期内使害虫个体死亡。但是，这一类杀虫剂对人、畜毒性高，在杀伤害虫的同时，也杀伤大量的害虫天敌，而且长期使用会使害虫产生抗药性，对环境污染亦大。近年来发展起来的特异性杀虫剂，是一类新的防治害虫药剂，其杀虫特点是在使用时不直接杀死昆虫，而是在昆虫个体发育时期阻碍或干扰昆虫正常发育，使昆虫个体生活能力降低、死亡，进而使种群灭绝。这类杀虫剂对人、畜安全，选择性高，不会杀伤天敌，害虫不易产生抗药性，不会污染环境，有利于保持生态平衡，这些优点是有机合成杀虫剂无法比拟的，所以称为第三代杀虫剂。主要类型有保幼激素类杀虫剂、蜕皮激素类杀虫剂、几丁质合成抑制剂、引诱剂、拒食剂、驱避剂等。其中前三种又合称为昆虫生长调节剂，它们通过破坏生长发育中的生理过程而使昆虫生长发育异常，并逐渐死亡。其靶标是昆虫所特有的蜕皮、变态发育过程。

1. 保幼激素类杀虫剂

保幼激素类杀虫剂其实就是保幼激素类似物，其代表品种是双氧威和灭幼宝。双氧威是第一个商品化的保幼激素类似物，其化学名称为 2-(4- 苯氧基苯氧基) 乙基氨基甲酸乙酯，可用来防治鞘翅目、鳞翅目的仓储害虫及蚤、蟑螂和蚊幼虫等卫生害虫；灭幼宝可用于蚊类、家蝇、介壳虫、粉虱、桃蚜等卫生和同翅目害虫，其化学名称为 4- 苯氧基苯基 -[2-（2- 吡啶基氧）丙基] 醚。两种典型保幼激素类杀虫剂的化学结构式如下所示：

双氧威 灭幼宝

此类杀虫剂并不是直接抑制昆虫幼虫的危害，它只是防治成虫的危害，这是它的一个重要缺陷。它是一类对害虫毒力高，对温血动物毒性低的杀虫剂，在环境中易分解成无毒的物质，残留量低，对环境无污染，不同种的昆虫对它们的反应差异很大，因此施用后对天敌的影响甚小，除个别品种外，对水生生物的毒性亦较低。

2. 蜕皮激素类杀虫剂

蜕皮激素类杀虫剂干扰昆虫的正常发育，施药后产生不正常蜕皮反应，停止取食，提早蜕皮，但由于不正常蜕皮而无法完成蜕皮，导致幼虫脱水和饥饿而死亡。

现有品种有抑食肼、虫酰肼、氯虫酰肼、甲氧虫酰肼等，呋喃虫酰肼是我国具有自主知识产权的杀虫剂。代表品种的化学结构如下：

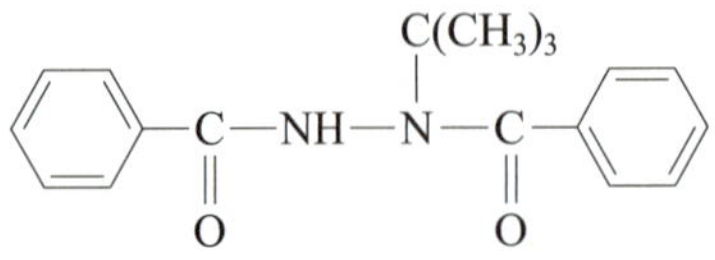

抑食肼

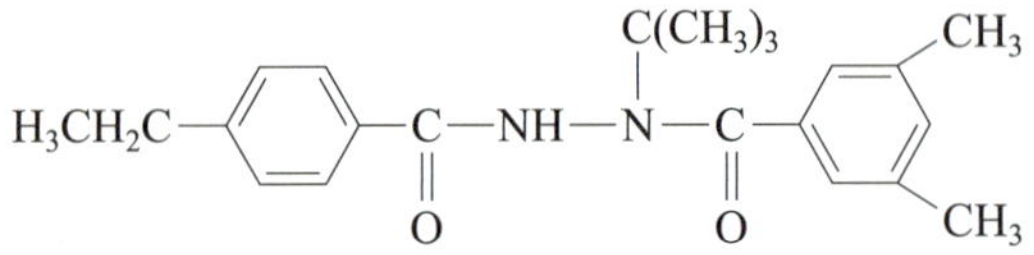

虫酰肼

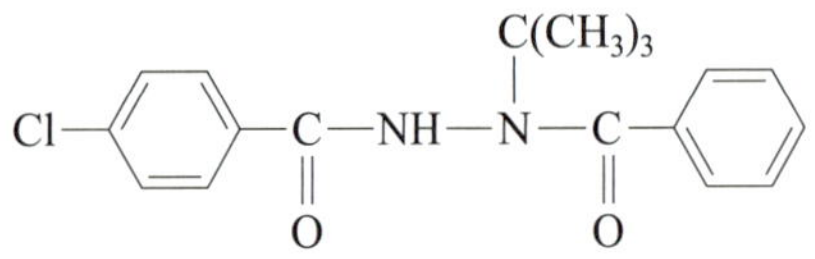

氯虫酰肼

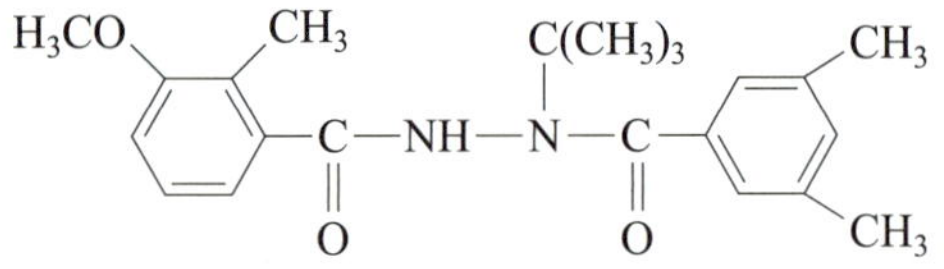

甲氧虫酰肼

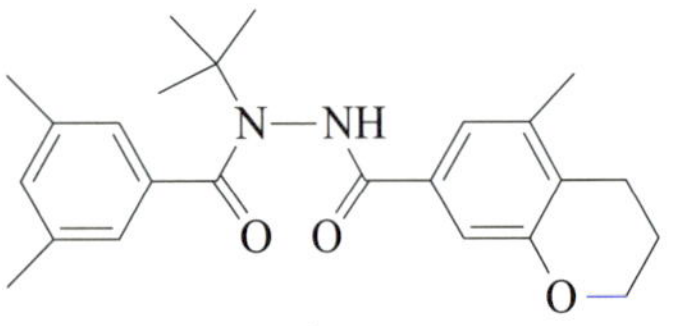

环虫酰肼

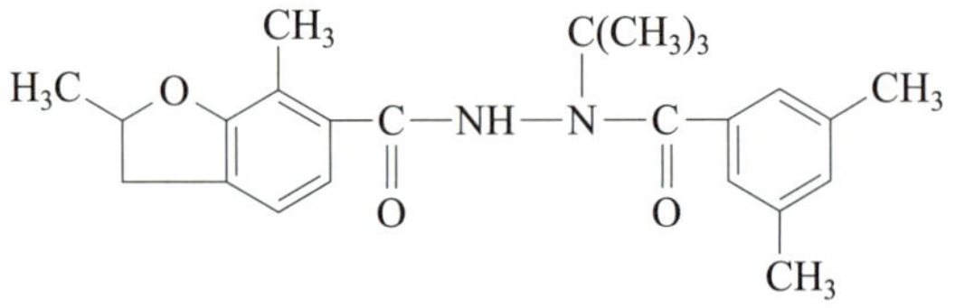

呋喃虫酰肼

3. 几丁质合成抑制剂

几丁质是由 N- 乙酰葡萄糖胺通过 α-1,4 键连接起来的线性多糖，是许多生物的结构性组分，如真菌、线虫、软体动物的表皮，昆虫的外骨骼和围食膜，甲壳动物的外壳和一些藻类的细胞壁中均含有几丁质。

作用于几丁质的形成，阻碍昆虫表皮形成的药剂就为几丁质合成抑制剂。此类药能抑制几丁质在昆虫体内的合成，使昆虫因为不能正常蜕皮或化蛹而死亡；还能干扰有些昆虫 DNA 的合成，导致绝育。此类杀虫剂有苯甲酰基脲类、噻嗪酮及一些植物源物质，中毒幼虫的症状主要为活动减少，取食也减少，发育迟缓，蜕皮及变态受阻。

苯甲酰基脲类杀虫剂有除虫脲、定虫隆、伏虫隆、氟铃脲和氟虫脲等。主要用于防治鞘翅目、鳞翅目、双翅目和膜翅目的一些害虫。

以下是代表产品的化学结构式：

灭幼脲

氟铃脲

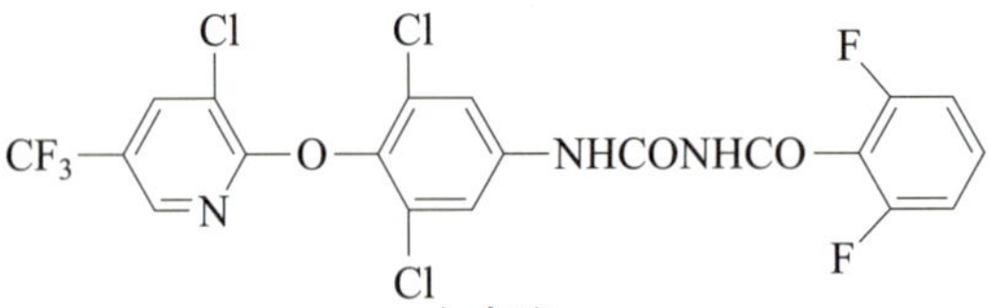

定虫隆

噻嗪酮是第一种防治刺吸式口器害虫（如白粉虱和介壳虫）的杂环类几丁质合成抑制剂。触杀、胃毒作用强，具渗透性。不杀成虫，但可减少产卵并阻碍卵孵化。症状出现在蜕皮和羽化期，使昆虫不得蜕皮而死。其化学结构为：

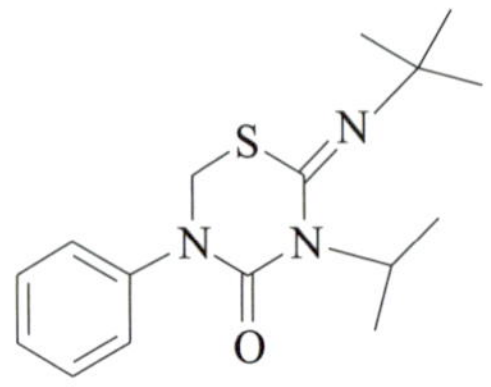

噻嗪酮

（五）生物杀虫剂

针对化学农药的种种弊病，世界上不少国家已研制出一系列选择性强、效率高、成本低、不污染环境、对人畜无害的生物农药。生物农药定义为用来防治病、虫、草等有害生物的生物活体及其代谢产物和转基因产物并可以制成商品上市流通的生物源制剂，包括细菌、病毒、真菌、线虫、植物生长调节剂和转基因植物等。生物农药主要分为植物源、动物源和微生物源三大类型。

植物源农药以在自然环境中易降解、无公害的优势，现已成为绿色生物农药首选之一，主要包括植物源杀虫剂、植物源杀菌剂、植物源除草剂及植物光活化毒素等。目前，自然界已发现的具有农药活性的植物源杀虫剂有杀虫杀菌系列、除虫菊素、烟碱和鱼藤酮等。

动物源农药主要包括动物毒素，如蜘蛛毒素、黄蜂毒素、沙蚕毒素等。目前，昆虫病毒杀虫剂在美国、英国、法国、俄罗斯、日本及印度等国已大量施用，国际上已有 40 多种昆虫病毒杀虫剂注册、生产和应用。

微生物源农药是利用微生物或其代谢物作为防治农业有害物质的生物制剂。最常用的细菌是苏云金杆菌，它是目前世界上用途最广、开发时间最长、产量最大、应用最成功的生物杀虫剂，药效比化学农药高 55%；而病毒杀虫剂则可有效防治斜纹夜蛾核多角体病毒等。

阿维菌素是近几年发展最快的一种大环内酯抗生素，国内已有 198 家企业获得批准生产阿维菌素单剂或以阿维菌素为原料的混配制剂的登记，该药具有很强的触杀活性和胃毒活性，能防治柑橘、林业、棉花、蔬菜、烟草、水稻等多种作物上的多种害虫。

项目三

杀菌剂

微课
杀菌剂

菌是一种微生物，它包括真菌、细菌、病菌等。杀菌剂是指对菌类具有毒性并能杀死菌类的一类物质。杀菌剂可以抑制菌类的生长或直接起毒杀作用。故可用来保护农作物不受病菌的侵害或治疗已被病菌侵害的作物。

随着杀菌剂的发展，现在其内涵有了新的补充，其一是"菌"指一类微生物，包括真菌、细菌、病毒；其二是除"杀灭"作用外，凡是具有抑菌作用和增抗作用的物质也属杀菌剂范畴；其三是作用对象主要是植物。杀菌剂不仅在农、林、牧业上应用非常重要，而且有的品种还被用到工业上。如高效、低毒、低残毒的内吸性杀菌剂"多菌灵"生产后，替代了高毒性的现已被淘汰的有机汞制剂，有效地防治了水稻、三麦、油菜等作物的一些病害，为我国农业丰收起了重要作用。同时发现将"多菌灵"用于纺织工业上，防止棉纱发霉，效果也很显著。

一、杀菌剂的主要分类

直接杀死病菌或抑制病菌的生长和繁殖，用药后菌被毒死，不再生长和繁殖的药物为杀菌剂。用药后菌不再生长、繁殖，当从菌体上去掉药物后，菌继续生长、繁殖或不再繁殖而继续生长的为抑菌剂。能渗透到作物体内，改变作物的新陈代谢使其对菌产生抗性，能预防或减轻病害的为增抗剂。

1. 按化学组成和分子结构分类

有无机杀菌剂和有机杀菌剂两大类，其中根据分子中组成元素的种类不同，可分为元素硫、铜、汞杀菌剂，以及有机硫、有机汞、有机氯、有机磷等杀菌剂。有机杀菌剂又可分为丁烯酰胺类、苯并咪唑类、二硫代氨基甲酸类等。

2. 按杀菌剂的使用方式分类

这种分类方法是根据药剂的使用方式进行划分的。如有叶面喷洒剂、种子处理剂、土壤处理剂（播种前处理或作物生长期使用）、根部浇灌剂、果实保护剂和烟雾熏蒸剂等。

3. 按杀菌剂的作用方式分类

（1）保护性杀菌剂　指仅在病原菌侵入寄主并在其组织内部形成侵染之前施药，从而防止致病菌的侵染，能发挥这种作用的杀菌剂称为保护性杀菌剂。这类杀菌剂一般不能渗透到植物体内，而在植物表面形成毒性屏障来保护植物不受病原菌的侵害。其特点是保护施药处免受病菌侵染。

（2）治疗性杀菌剂　指在病原菌感染后施药，从而消灭或抑制在寄主组织内部形成侵染的病原菌的杀菌剂。

（3）铲除性杀菌剂　指病原菌已侵染到寄主，然后在感染处施药，从而根除患病处（及感染的病菌繁殖点周围的寄主区域）的病原菌的杀菌剂。这种杀菌剂能够治疗在施药处已形成的侵染。

（4）内吸性杀菌剂　指能够进入植物体内，从而产生杀菌或抑菌作用的杀菌剂。它与保护性杀菌剂和局部化学治疗剂（或铲除剂）的不同点在于，它能防止病害在植株上远离施点的部位发展。

（5）非内吸性杀菌剂　与内吸性杀菌剂相反，这类杀菌剂不能渗透植物的角质层，故不能被植物吸收和传导。其防病的主要功能是在植物表面形成毒性屏障。

二、杀菌剂的作用原理

杀菌剂的种类繁多，性质复杂，又受到菌、植物和环境的影响，所以杀菌的机理不完全相同。杀菌剂的作用机理通常按杀菌剂对菌的作用方式可分为：

（1）破坏菌的蛋白质的合成　蛋白质是组成细胞的主要成分，由几百个氨基酸经缩合后聚合而成。由于结构不同，蛋白质的功能也不同。当使用杀菌剂后，蛋白质的合成被破坏，细胞的组成也被破坏，细胞的生长发育受到影响，直至细胞变性死亡。

（2）破坏细胞壁的合成　细胞壁是在生物细胞外面的一层无色透明、有一定硬度的薄膜状物质。它由脂蛋白、类脂质、黏多糖、纤维素等高分子物质组成。不同的菌，细胞壁组成不同。如葡萄球菌的细胞壁，是靠形成糖肽链而生成。如果杀菌剂的作用破坏了糖肽链的生物合成，则细胞壁的功能也就受到了破坏。

（3）破坏菌的能量代谢　菌为了合成体内的各种成分，以维持生长和保持体温，需要不断地消耗能量，这些能量来源于菌体内产生的各种生物化学反应，是在生物酶的催化作用下进行的。生物酶主要由蛋白质组成。这些蛋白质中有巯基（—SH）、氨基（—NH_2）、金属离子等。不同的酶对不同的生化反应起催化作用。如果这些含—SH、—NH_2和金属离子的酶被破坏掉，那么靠这些酶催化的生物化学反应就不能进行。这样，使能量的代谢作用受到破坏。生物细胞就会缺少某一成分而引起细胞的畸形发展直至变性死亡。

（4）破坏核酸的代谢作用　核酸是菌类细胞不可缺少的重要化学成分，是遗传的主要物质基础。它和细胞的生长、发育、分化以及蛋白质的合成有关。核酸是由上千个核苷酸组成，如果某一个核苷酸被抑制，则核酸的代谢作用就要受到影响。

（5）改变植物的新陈代谢　一些病菌侵入植物体内后，由于植物具有菌生长、繁殖的条件和环境，因而菌可以在植物体内生长、繁殖而使植物染病。一些内吸性杀菌剂进入植物体内以后，可以改变植物的新陈代谢，能增强对病菌的抵抗力。

三、杀菌剂的化学结构与生物活性的关系

杀菌剂通过破坏菌的蛋白质或细胞壁的合成，破坏菌的能量代谢或是核酸代谢，改变植物的

新陈代谢，进而破坏或干扰菌体的生长和繁殖，达到杀菌抑菌的目的。杀菌剂的化学结构与生物活性有着密切关系。一般而言，杀菌剂分子结构中必须含有活性基团和成型基团才有杀菌作用。活性基团是对生物有活性的基团（即毒性基团），可与生物体内某些基团发生反应，如与生物体中的巯基、氨基等发生加成反应，或与生物体中的金属元素形成螯合物，或使生物体中的基团钝化，抑制或破坏核酸的合成等。通常具有以下结构的化合物具有杀菌活性：

$$-S-C\equiv N；\quad -N=C=S；\quad \begin{matrix}\\ \diagdown \\ \diagup \end{matrix}N-\underset{\underset{S}{\parallel}}{C}-S-；\quad R-\underset{\underset{O}{\downarrow}}{S}-S-$$

$$-S-CCl_3；\quad -O-CCl_3；\quad -S-CCl_2-CCl_3$$

此外，具有与核酸中的碱基腺嘌呤、鸟嘌呤、胞嘧啶等相似结构的基团也有杀菌活性。

杀菌剂分子进入菌体内，必须通过菌体细胞壁和细胞膜。杀菌剂进入细胞的能力与其分子中成型基团的性质有关。成型基团是一种能够促进穿透细胞防御屏障的基团，通常是亲油性或油溶性的。在脂肪基中，直链烃基比带侧链的烃基穿透能力强，低碳烃基的穿透能力较强；卤素的穿透能力由大到小排列顺序为 F>Cl>Br>I。

对同一类杀菌剂，它的分子结构中含有什么样的成型基团穿透力最好，杀菌活性最高，主要通过各种实验而得，还不能完全根据化合物的结构来判断它的杀菌活性。

四、有机硫杀菌剂

有机硫杀菌剂的特点：杀菌广谱，对鞭毛菌、子囊菌、担子菌和半知菌等真菌和欧氏杆菌、黄单胞杆菌、假单胞杆菌等细菌有生物活性；低毒、安全；一般为非内吸保护性杀菌剂，兼有保护和治疗作用。这类药剂的研制始于 20 世纪 30 年代。

此类杀菌剂主要是二硫代氨基甲酸盐化合物和三氯甲硫基类化合物（如充菌丹、灭菌丹），前者大致分为二甲基二硫代氨基甲酸盐（DDC）和亚乙基双二硫代氨基甲酸盐（EBDC），还有亚丙基双二硫代氨基甲酸盐（如丙森锌），大部分是重金属盐，也有氧化物（如福美双）。

1. 福美双

福美双是二硫代氨基甲酸盐类衍生物。二硫代氨基甲酸盐类是杀菌剂中很重要的一类杀菌剂，它是杀菌剂发展史上最早并大量广泛用于防治植物病害的一类有机化合物。它的出现是杀菌剂从无机到有机发展的一个重要标志。这类杀菌剂具有高效、低毒、对人畜植物安全以及防治植物病害广谱等特点，且价格低廉，因而发展非常迅速，销售量很大。从化学结构上看有一共同点，即它们都是从母体化合物二硫代氨基甲酸衍生而来，具体还可分为美福类、代森类和烷酯类。

以下介绍代表品种美福双的生产工艺。

（1）**产品性质**　福美双是一种广谱、低毒的白色结晶状保护性有机硫杀菌剂。我国自20世纪60年代初开始生产并推广使用，是我国杀菌剂主要品种之一，单剂及其复配制剂被大量使用。

化学名称：双（二甲基氨基硫代甲酰）化二硫

物化性质：纯晶为无色结晶，熔点 146℃，难溶于水，可溶于丙酮、氯仿、乙醇等有机溶剂，不耐热及潮湿。LD_{50} 为 17000mg/kg（小鼠）。主要用于处理种子和土壤，防治禾谷类白粉病、黑穗病及蔬菜病害。加工制剂有 50% 福美双可湿性粉剂。与其他农药混配有多福合剂、托福合剂、锌双合剂、退菌特等。

（2）**主要原料及规格**

原料名称	规格	原料名称	规格
二甲胺	工业级 40%	氯气	工业级
二硫化碳	工业级	液碱	工业级 30%

（3）生产工艺

① 反应原理。

a. 福美钠的合成。

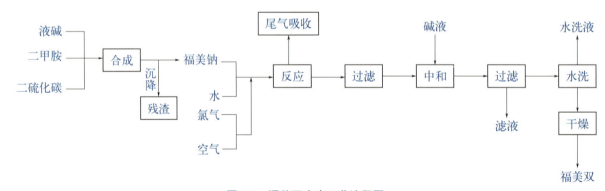

b. 福美双的合成。

氧化剂除氯气外，还有的使用 $NaNO_2$-H_2SO_4 和稀硫酸，也有以氨代碱先合成中间体福美铵，再经氧化制成福美双的工艺。如采用氨水替代氢氧化钠，双氧水替代氯气和空气或亚硝酸钠来制备福美双。该法节省大量的液碱和盐酸，减轻了设备的腐蚀和有害废水的排放，可提高产品收率5%左右。产品质量好，副产肥料硫酸铵，对环境不产生污染。

② 工艺过程。

a. 福美钠工段（见图 6-6）。在 3000L 反应釜中加水 1800kg，在搅拌下投入 30% 液碱 430kg，40% 二甲胺 364kg，釜夹套通冷却水冷却到 10℃ 以下滴加二硫化碳 250kg，控制滴加的速度使反应温度不超过 30℃。二硫化碳滴加完，继续搅拌反应 1.5 ~ 2.0h，然后静置、分出不溶的残渣，反应液分析含量后打入储罐，供福美双工段用。

b. 福美双工段（见图 6-6）。在 3000L 反应釜中加入 1000kg 水，再加 15% 福美钠 1000kg，搅拌并通入空气 - 氯气混合气，当氯气消耗量达 37kg 后检测反应液 pH 值，当 pH 值达到 3 时停止通氯，继续鼓空气 10min，反应物料用稀碱水调整 pH 值为 6 ~ 7，离心过滤、水洗得福美双湿料，经干燥得福美双原粉，所得产品福美双的总收率（以二甲胺计）≥ 92%。

```
液碱 ┐                                          尾气吸收        碱液                     水洗液
二甲胺 ┼→ 合成 ─沉降→ 福美钠 ┬→ 反应 → 过滤 → 中和 → 过滤 → 水洗
二硫化碳 ┘        ↓         水 │                              │        │        │
              残渣       氯气 │                            滤液     干燥
                        空气 ┘
                                                                   福美双
```

图 6-6　福美双生产工艺流程图

（4）注意事项　福美钠工段中，由于二硫化碳极易挥发，且其蒸气能和空气形成爆炸混合物，故在滴加二硫化碳的过程中一定要控制在 10℃ 以下进行，滴加完二硫化碳后使系统缓慢自然升温，并控制在 30℃ 以下反应至终点。福美双工段中，延长反应时间对产品的质量不利。因为福美双长时间和水共热会分解。

2. 灭菌丹

灭菌丹，化学名称为 N- 三氯甲硫基邻苯二甲酰亚胺，是苯二甲酰亚胺的衍生物，属于三氯甲硫基类杀菌剂，为广谱保护性杀菌剂。商品为淡黄色粉末。对人畜低毒，对人的黏膜有刺激性，对鱼有毒，对植物生长发育有刺激作用。常温下遇水缓慢分解，遇碱或高温易分解。灭菌丹在工农业生产中应用广泛，1948 年首次在美国登记上市，现在已有 200 多种产品。其结构式如下：

灭菌丹的制备方法：

(1) 邻苯二甲酰亚胺的合成　将苯酐与尿素以1:0.24的比例称量后混匀。胺化釜在0.5MPa蒸汽加热下预热10min，开动搅拌器，迅速投入混合料，使反应在15～20min内达到完全"喷雾"状态。反应完毕，迅速加水，结晶在水中析出，抽滤得湿邻苯二甲酰亚胺。收率为90%～95%。

$$2 \text{（苯酐）} + (NH_2)_2CO \longrightarrow 2 \text{（邻苯二甲酰亚胺）} NH + H_2O + CO_2$$

(2) 硫代次氯酸三氯甲酯的合成　将水、二硫化碳及浓盐酸加入氯化器中，搅拌降温至28～30℃，开始通氯至吸收完全，反应2～3h，反应后分出油层，经水洗即得硫代次氯酸三氯甲酯。收率为80%。

$$CS_2 + 5Cl_2 + 4H_2O \xrightarrow{12\%HCl} ClSCCl_3 + H_2SO_4 + 6HCl$$

(3) 灭菌丹的合成　将5%NaOH溶液放入缩合釜内，开动搅拌器并降温至-2℃，加入亚胺，搅拌15～20min，使亚胺成为钠盐。在维持反应温度不高于10℃情况下滴加硫代次氯酸三氯甲酯。当反应物pH8～9时出料、过滤、干燥，即得灭菌丹。收率为50%。

$$\text{（邻苯二甲酰亚胺）} NH + ClSCCl_3 \xrightarrow{NaOH} \text{（N—SCCl_3）} N\!-\!SCCl_3 + HCl$$

灭菌丹生产工艺流程见图6-7。

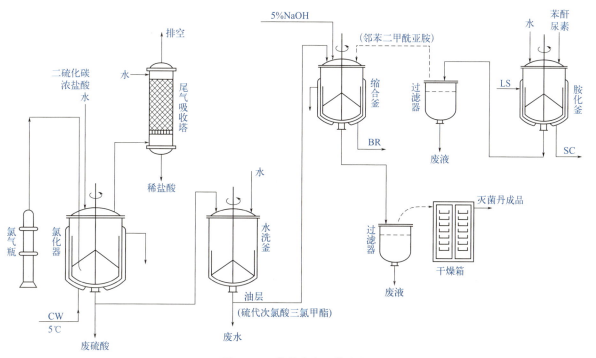

图6-7　灭菌丹生产工艺流程

3. 对氨基苯磺酸钠

对氨基苯磺酸钠又称敌诱钠、磺胺酸钠。分子式 $C_6H_{10}NNaO_5S$，分子量 231.2，可用于防治小麦锈病及其他作物锈病，用原药 250～300 倍液喷雾。对氨基苯磺酸钠也是染料的重要中间体，还用于制造印染助剂、香料及有机合成中。

物化性质：纯品为有光泽的白色结晶，含 2 个结晶水。原药为红褐色或浅玫瑰色结晶。易溶于水，水溶液呈中性，不溶于一般有机溶剂，遇钙产生沉淀。

〔1〕主要原料及规格

原料名称	规格	原料名称	规格
苯胺	工业级 99%	碳酸钠	工业级 98%
硫酸钠	工业级 98%	活性炭	工业一级品

〔2〕生产工艺

① 反应原理：苯胺与浓硫酸发生磺化后，用纯碱中和即得。

② 工艺过程：转鼓反应器内加入 246kg 的 98% 浓硫酸，开启转鼓，1h 内缓慢加入 99% 苯胺 230kg。加热升温，使转鼓内温度升至 160℃，用喷射泵抽真空至 $5.3×10^4Pa$ 以上，再将转鼓内温度升至 200℃，保温 0.5h，再继续升温至 260℃，保温，直至视镜出现黑粉即达终点。真空回转 10min 后，排风冷却至 80℃。加水开动转鼓混合，放入贮槽。将槽内物料升温至 70～80℃，加入碳酸钠 132kg 中和至 pH7～7.5。然后送至已有母液的脱色釜中，调整密度至约 $1.12g/cm^3$，加热至沸腾，加入活性炭脱色并搅拌 0.5h。趁热过滤，滤渣用热水洗涤；滤液浓缩至密度为 $1.18g/cm^3$，送入结晶槽，经 8h 冷却至 30℃。离心过滤，滤液作下批母液，滤饼即为产品。详细生产流程见图 6-8。

苯胺
浓硫酸
→ 磺化 → 转位 → 中和（碳酸钠）→ 脱色（活性炭）→ 真空抽滤 → 浓缩 → 冷却 → 结晶 → 离心过滤 → 成品

图 6-8　对氨基苯磺酸钠的生产工艺流程

〔3〕安全事项　生产中使用苯胺、浓硫酸等有毒或腐蚀性物品，设备应密闭，车间保持良好通风状态。操作人员应穿戴劳动保护用品。内衬塑料铁桶包装，并贮于阴凉、通风、干燥的库房，防止受潮变质。

〔4〕产品质量标准

指标名称	指标	指标名称	指标
外观	粉红色或浅玫瑰色结晶	水不溶物	≤0.1%
对氨基苯磺酸钠含量	≥97%	游离苯胺	≤0.01%

〔5〕对氨基苯磺酸钠产品含量测定　准确称取 25g 试样（准确至 0.0002g），置于 500mL 烧杯中，加蒸馏水 200mL，加热溶解后冷却至室温，移入 500mL 容量瓶中。定容后用移液管取 50mL 试液于 600mL 烧杯中，加蒸馏水 300mL、盐酸 120mL、10%KBr 溶液 10mL，冷却至 10～15℃，以

0.5mol/L NaNO₂标准溶液滴定。近终点用玻璃棒蘸取1滴被滴试液滴在淀粉-KI试纸上，出现浅蓝色即为滴定终点。3min后，再取一滴试液做同样试验仍出现浅蓝色即为终点。同时做一组空白试验。

$$含量（\%）=\frac{c(V-V_1)\times0.2312}{G}\times\frac{500}{50}\times100\%$$

式中　c——亚硝酸钠标准溶液的摩尔浓度，mol/L；

$\quad\quad V$——滴定试样耗用亚硝酸钠标准溶液体积，mL；

$\quad\quad V_1$——空白试样耗用亚硝酸钠标准溶液体积，mL；

$\quad\quad G$——试样质量，g。

五、有机磷杀菌剂

有机磷杀菌剂，具有杀菌或抑菌活性的含磷有机化合物杀菌剂。其基本化学结构是磷酸酯、硫代磷酸酯、磷酰胺类等。此类药剂中有对各种白粉病、水稻病害和各种卵菌有效的内吸性杀菌剂。

有机磷杀菌剂通过与害虫或病菌接触，进入其体内，以达到杀菌和杀虫的目的。这种作用机制主要包括抑制酶活性、干扰代谢过程、阻碍神经传导和破坏细胞膜等多个方面。

1. 三乙磷酸铝

又叫乙磷铝、疫霜灵、霉疫净，属有机磷内吸杀菌剂。它的内吸传导作用是双向的，即向顶性和向基性，能被作物根部吸收向地上部的茎叶传导，也能被上部叶片吸收后向基部叶片传导。兼具有保护和治疗作用。杀菌广谱，对霜霉病有特效，对一些蔬菜疫病也有较好的防治效果。主要用于叶面喷雾，也可浇灌土壤和浸种。其结构式如下：

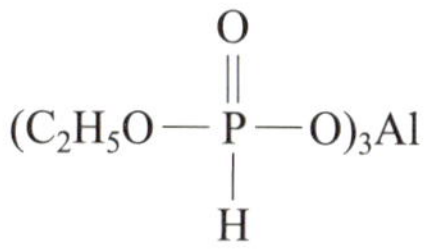

$$(C_2H_5O\!-\!\overset{\displaystyle O}{\underset{\displaystyle H}{\overset{\|}{P}}}\!-\!O)_3Al$$

三乙磷酸铝制备方法：

三氯化磷与乙醇在少量水存在下脱去氯化氢，生成二乙基亚磷酸酯和少量一乙基亚磷酸酯；在稍过量氨水或氢氧化钠作用下，生成一乙基亚磷酸铵（或钠）；再与稍过量的硫酸铝反应生成三乙磷酸铝。

2. 稻瘟净

纯品稻瘟净为无色透明液体，其工业品是黄色油状液体，有微臭。难溶于水，易溶于乙醇、乙醚等。对酸稳定，遇碱不稳定。可制成乳剂和粉剂。具有内吸作用，对水稻各生育期的病害有较好的保护和治疗作用。稻瘟净在水稻上有内吸渗透作用，可阻止菌丝产生孢子，起到保护和治疗作用。此外，稻瘟净对水稻小粒菌核病、纹枯病、颖枯病也有一定的效果，可兼治水稻飞虱、叶蝉。其结构式如下：

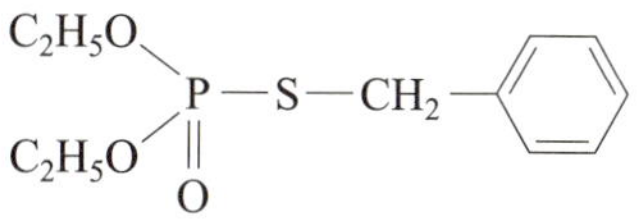

$$\underset{C_2H_5O}{\overset{C_2H_5O}{{}}}\!\!\!\overset{\displaystyle }{\underset{\displaystyle O}{\overset{}{P}}}\!-\!S\!-\!CH_2\!-\!\bigcirc$$

作用机理是在水稻上有内吸渗透作用，抑制稻瘟病菌乙酰氨基葡萄糖的聚合，使组成细胞壁的壳质无法形成，阻止了菌丝生长和孢子产生，起到保护和治疗作用。

稻瘟净的制备步骤如下：

$$PCl_3 + 3C_2H_5OH \longrightarrow (C_2H_5O)_2POH + 2HCl + C_2H_5Cl$$

$$(C_2H_5O)_2POH + Na_2CO_3 \xrightarrow[甲苯]{S} (C_2H_5O)_2\!-\!\overset{\displaystyle O}{\overset{\|}{P}}\!-\!SNa$$

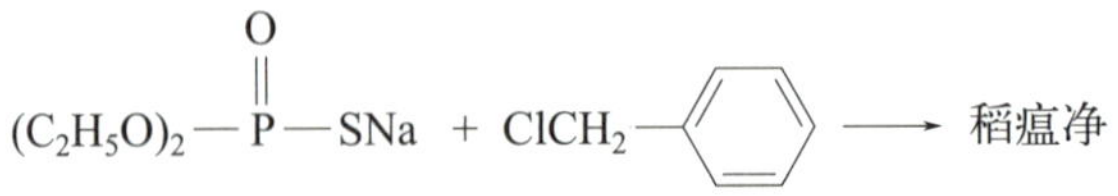

$$(C_2H_5O)_2 \!-\! \overset{\displaystyle O}{\underset{\displaystyle \|}{P}} \!-\! SNa \ + \ ClCH_2\!-\!\bigcirc \longrightarrow 稻瘟净$$

3. 克瘟散

克瘟散又称稻瘟光，淡黄色油状液体。溶于甲醇、丙酮、乙醚、氯仿、苯，实际上不溶于水。在酸性条件下较稳定；在碱性条件下，特别是温度较高时，易发生水解、皂化、酯交换反应。其结构式如下：

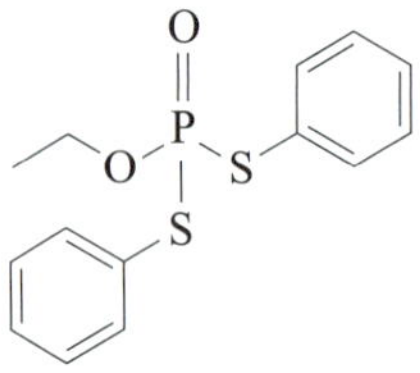

克瘟散是一种广谱性有机磷杀菌剂。有内吸作用，兼有保护和治疗作用。主要用于防治稻瘟病，对水稻叶瘟、穗颈瘟、苗瘟有良好防效。

克瘟散的制备步骤如下：

① *O*-乙基磷酰二氯的制备。三氯氧磷与无水乙醇作用，无水乙醇稍过量，制得 *O*-乙基磷酰二氯。

② 苯硫酚钠的制备。苯氯磺化制得苯磺酰氯，然后在硫酸和锌粉（或铁粉）存在下转化成苯硫酚，中和得相应的酚钠。

③ 克瘟散的合成。*O*-乙基磷酰二氯与苯硫酚钠作用，合成克瘟散。

六、杂环类杀菌剂

化学结构中含有二硫戊环、噁唑、噻唑、嘧啶、三嗪、苯并咪唑、三唑等杂环的有机杀菌剂。

大部分品种具有内吸杀菌活性。稻瘟灵对稻瘟病有效，预防效果好；噁霉灵施于土壤对镰刀菌属、腐霉属、伏革菌属和丝囊霉菌属引起的苗枯萎病有特效；土菌灵施于土壤防治腐霉属、疫霉菌属引起的根腐病、枯萎型的疫病等；嗪氨灵防治花卉病害；噻菌灵可用于收获后的水果和蔬菜贮存中发生的一些病害，如梨黑星病等。

1. 菌核利

菌核利是指可使杂草彻底地或选择性地发生枯死的药剂。原粉为白色结晶，不溶于水，可溶于丙酮、氯仿等有机溶剂。在弱酸介质中稳定，在强碱性或热的强酸性介质中会发生分解。剂型为可湿性粉剂。可用于防治油菜菌病、水稻纹枯病、胡麻叶斑病、稻瘟病及蔬菜、果树上的菌核病、灰霉病等。其结构式如下：

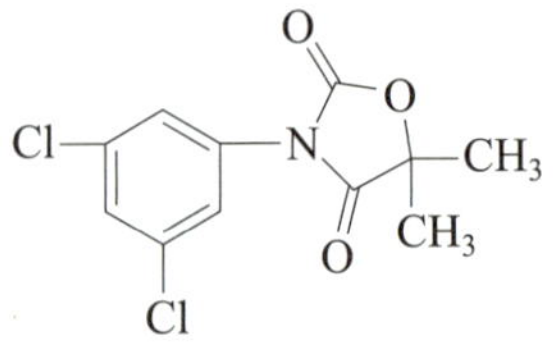

2. 多菌灵

多菌灵是一种广泛使用的广谱苯并咪唑类杀菌剂，也是苯菌灵的代谢产物，又名棉萎灵、苯并咪唑 44 号。它不溶于水，微溶于丙酮、氯仿和其他有机溶剂。其结构式如下：

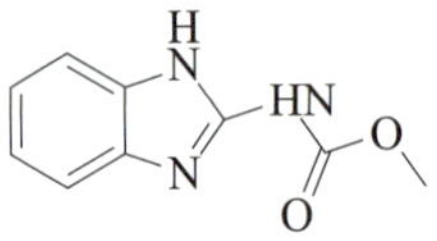

多菌灵可以干扰病原菌有丝分裂中纺锤体的形成，影响细胞分裂，起到杀菌作用。它常用于为谷物或水果杀菌，但在部分国家，这种除菌剂只可用于球场或康乐设施，而不能用于农产品。多菌灵常用于为谷物、柑橘属、香蕉、草莓、凤梨等水果杀真菌，多菌灵的 4.7% 氢氯化物水溶液可用于治疗荷兰榆树病。

3. 三唑酮

三唑酮，白色结晶性粉末，是一种高效、低毒、低残留、持效期长、内吸性强的三唑类杀菌剂。被植物的各部分吸收后，能在植物体内传导。其结构式如下：

$$\text{结构式}$$

对锈病和白粉病具有预防、铲除、治疗等作用。对多种作物的病害如玉米圆斑病、麦类云纹病、小麦叶枯病、凤梨黑腐病、玉米丝黑穗病等均有效。对鱼类及鸟类较安全，对蜜蜂和天敌无害。三唑酮的杀菌机制原理极为复杂，主要是抑制菌体麦角甾醇的生物合成，因而抑制或干扰菌体附着孢及吸器的发育、菌丝的生长和孢子的形成。三唑酮对某些病菌在活体中活性很强，但离体效果很差。对菌丝的活性比对孢子强。三唑酮可以与许多杀菌剂、杀虫剂、除草剂等现混现用。

三唑酮的制备步骤如下：

① 将甲酸铵和水合肼投入缩合釜中，升温，当温度在 140℃时，滴加水合肼，滴加结束后，升温至 160℃，保温反应 3h，脱水 1h，反应结束后，生成的氨气通过三级水吸收，结晶离心，固体为三氮唑。

② 将对氯苯酚、碳酸钾溶解于二氯甲烷中，得到混合体系，升温至 100℃向混合体系中滴加一氯频哪酮，保温 4h，得到中间体 1。

③ 将硫酰氯滴加入中间体 1 的二氯甲烷溶液中（硫酰氯与中间体 1 的摩尔比为 1.5：1），然后在 50℃保温 3h，取样定性合格后，慢慢升温，用水循环真空泵（带负压），抽尾气到三级水吸收，再进入三级碱吸收。减温到 50℃，转料到缩合釜。

④ 将三氮唑加入步骤③的混合体系中，然后升温至 100℃保温 3h，保温结束，降温到 100℃以下，加水搅拌 30min，静置后分去水层，放料抽滤，抽滤出的甲苯溶液进入蒸馏釜，产品先离心甩干，再干燥得到三唑酮。

项目四

除草剂

微 课

除草剂

一、除草剂概述

杂草是目的作物以外的、妨碍和干扰人类生产和生活环境的各种植物类群。杂草是栽培作物的大敌。它大量消耗地力，与作物争夺养料、水分、阳光和空间，妨碍田间通风透光，增加局部气候温度，有些则是病虫中间寄主，促进病虫害发生；寄生性杂草直接从作物体内吸收养分，从而降低作物的产量和品质。此外，有的杂草的种子或花粉还含有毒素，能使人畜中毒。

过去多采用人工除草，劳动强度大，费工费时，除草效果不好。近年来借助化学药剂除草，既可杀死杂草，又不伤害作物，并能在土壤中保持较长时间，继续发挥药效，除草效率大大提高。由于化学除草具有高效、快速、经济的优点，有些品种还兼有促进作物生长的优点，它是大幅度提高劳动生产率、实现农业机械化必不可少的一项先进技术，是农业高产、稳产的重要保障。

除草剂是指使用一定剂量即可抑制杂草生长或杀死杂草，从而达到控制杂草危害的制剂。目前使用的除草剂大都是人工合成的有机化合物，即化学除草剂，多达300种以上，特别是近年来有多种超低用量、新作用点、高选择性的除草剂相继出现，这些超高效除草剂对提高农业生产率、保护生态环境具有极为重要的意义。

二、除草剂的分类

除草剂的分类方式很多，主要根据药剂的作用范围、作用方式、在作物体内的传导性、使用方法和化学结构等进行分类。

1. 按作用范围分类

【1】非选择性除草剂（灭生性除草剂）　这类除草剂对植物缺乏选择性或选择性小，不能将它们直接喷到生育期的作物田里，否则杂草和目的作物均受害或死亡。例如，百草枯、草甘膦、五氯酚钠与氯酸钠等。

【2】选择性除草剂　此类除草剂只杀死杂草而不伤害作物，甚至只杀死一种或某类杂草，不损害任何作物和其他杂草，凡具有这种选择作用的药剂称为选择性除草剂。大多数有机除草剂均属于此类，如2,4-D、西玛津、苯达松、杂草焚、敌稗等。

2. 按作用方式分类

【1】内吸性除草剂　一些除草剂能被杂草根茎、叶分别或同时吸收，通过输导组织运输到植物体的各部位，破坏它的内部结构和生理平衡，从而造成植株死亡。具有这种特性的除草剂叫内吸性除草剂。如2,4-D、西玛津等。

【2】触杀性除草剂　除草剂喷到植物上只能杀死直接接触到药剂的那部分植物组织，但不能内吸传导，具有这种特性的除草剂叫触杀性除草剂。这类除草剂只能杀死杂草的地上部分，对杂草地下部分或有地下繁殖器官的多年生杂草效果较差，如除草醚、五氯酚钠等。

3. 按化学结构分类

现有的除草剂大致分为酚及二苯醚类、苯氧羧酸类、苯甲酸类、联吡啶类、氨基甲酸酯类、硫代氨基甲酸酯类、酰胺类、取代脲类、均三氮苯类、二硝基苯胺类、苯氧基及杂环氧基苯氧基丙酸酯类、磺酰脲类、咪唑啉酮类以及其他杂环类等。代表性产品如图6-9～图6-15所示。

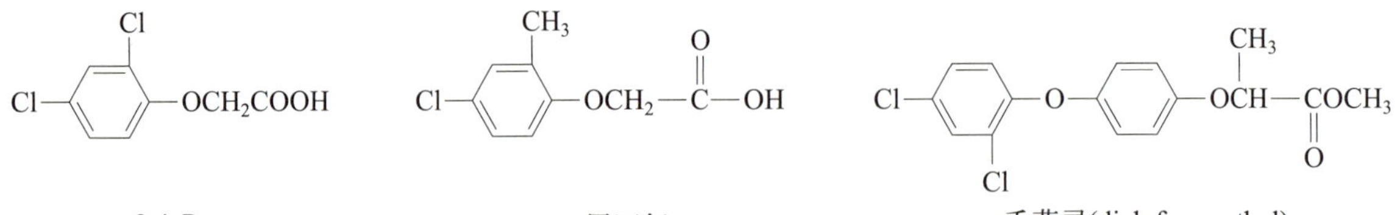

2,4-D　　二甲四氯　　禾草灵(diclofop-methyl)

图 6-9　苯氧羧酸类除草剂代表品种

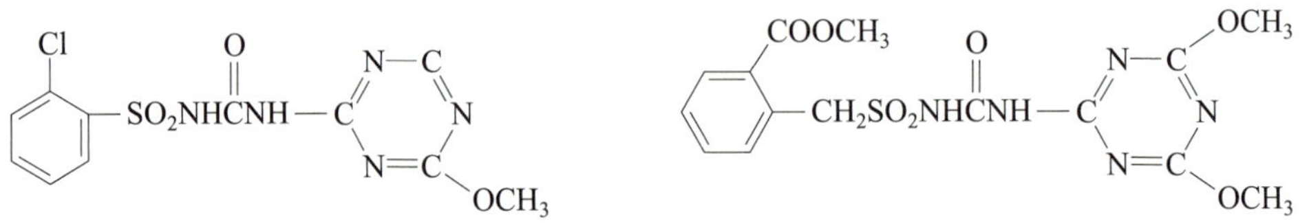

氯磺隆　　苄磺隆

图 6-10　磺酰脲类除草剂代表品种

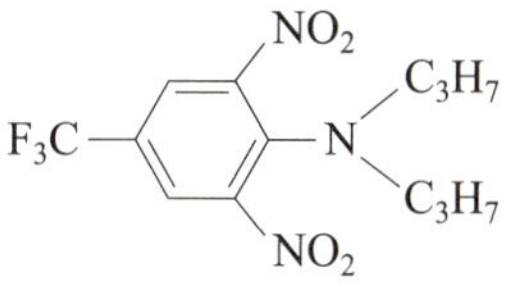

氟乐灵

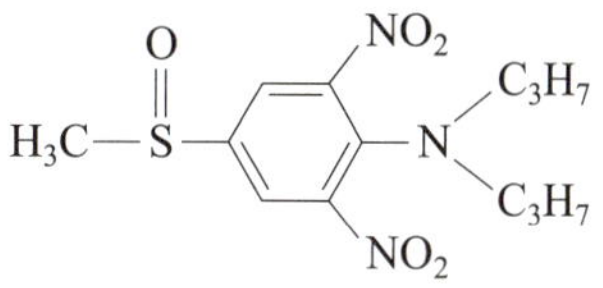

磺乐灵

图 6-11 二硝基苯胺类除草剂代表品种

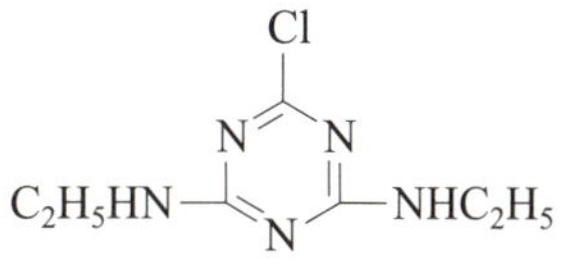

西玛津

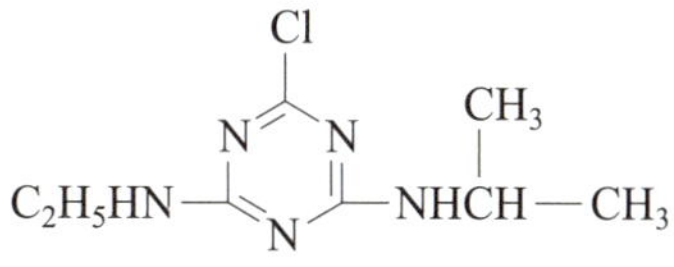

莠去津

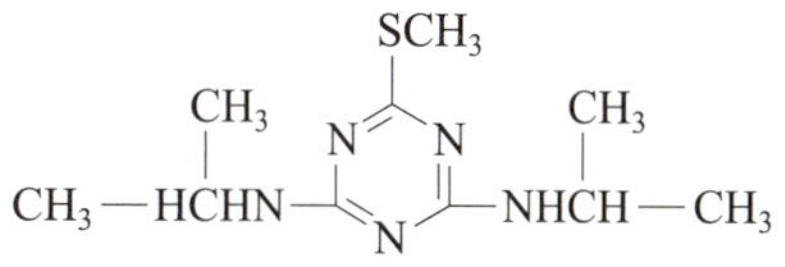

扑草净

图 6-12 均三氮苯类除草剂代表品种

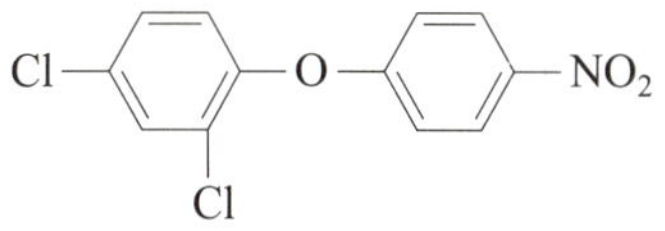

除草醚

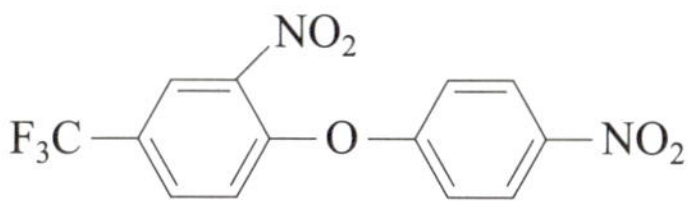

氟甲消草醚(fluorodifen)

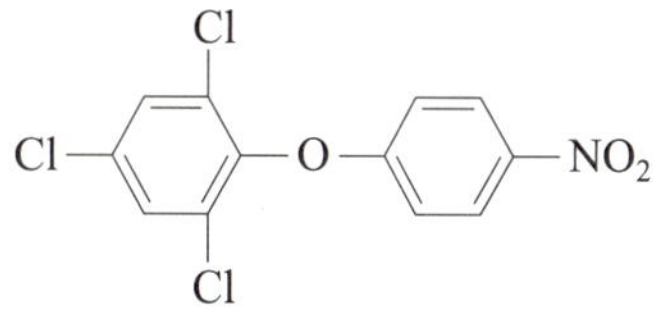

草枯醚(chlornirtofen)

图 6-13 酚及二苯醚类除草剂代表品种

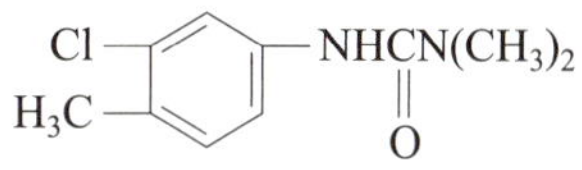

绿麦隆(chlortoluron)

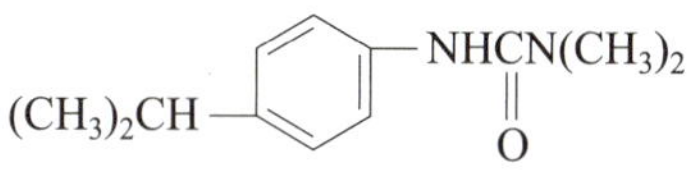

异丙隆(isoproturon)

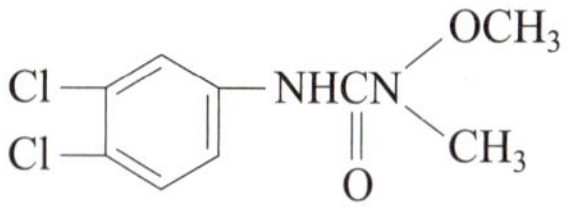

利谷隆(linuron)

图 6-14 取代脲类除草剂代表品种

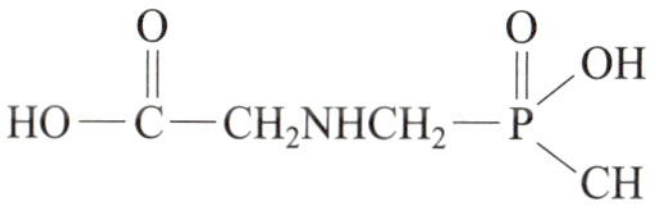

草甘膦

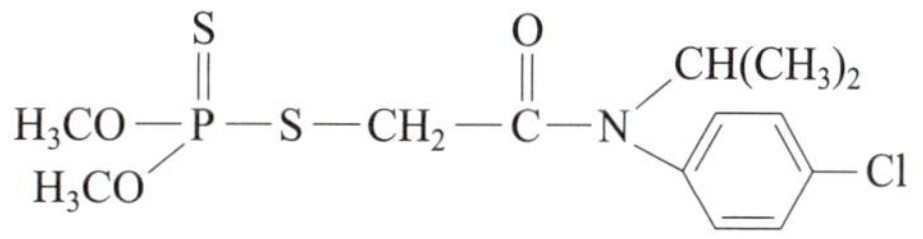

双硫磷

图 6-15 有机磷类除草剂代表品种

三、除草剂的选择性及其作用机理

1. 除草剂的选择性

不同的植物对同一药剂有不同的反应，其原因比较复杂。简单地说有以下几种情况。

（1）药品接触或黏附在植物体上的机会不同 例如煤油是一种能杀死各种植物的灭生性药剂，但如果用在洋葱田里则杂草可杀死，而洋葱很安全，原因是洋葱的叶子是圆锥状直立的，外面有一层蜡质，因此喷洒的煤油滴在洋葱叶子上根本沾不住。一般来说，狭小叶子比宽阔叶子受药机会少，竖立的叶子比横展的叶子受药机会少。把药品撒在土壤表层时，深根性植物比浅根性的植物受药机会少。

（2）药品被植物吸收的能力不同 各种植物的表皮都具有不同的保护组织，施药后，药物能否进入体内，进入多少，与植物保护组织的构造有关。如果表皮有厚蜡质，则药物就不易渗透入植物体内，此植物也就不易被药物杀死。

（3）植物内部生理作用不同 植物在施药后，有的受害较重，有的却很轻或者无害。这主要是由于药物进入植物体内后，不同植物表现出不同的生理特性。如西玛津用在玉米田里，由于玉米体内有一种能分解“西玛津”的解毒物质，因此只要玉米吸入不太多，就不会受害，但对其他杂草来讲，因为体内没有这类物质，所以会引起死亡。

2. 除草剂的作用机理

除草剂的作用机理比较复杂，许多除草剂的作用机理至今尚未十分清楚。总体而言，植物的生长发育是植物体内许多生理生化过程协调统一的表现，当除草剂干扰了其中某一环节时，就会使植物的生理生化过程失去平衡，从而导致植物的生长发育受到抑制或死亡。

（1）**抑制光合作用**　除草剂进入植物体内后，到达叶片对光合作用有强烈的抑制作用，使植物把储存的养分消耗枯竭而又得不到补给，进而导致饿死。如绿麦隆、敌草隆、西玛津等除草剂进入杂草叶内后，使光合作用电子传递受到抑制，氧气的释放被中断，并产生过氧化氢，使杂草受到毒害而被杀死。

（2）**抑制脂肪酸合成**　脂类是植物细胞膜的重要组成成分。现已发现有多种除草剂抑制脂肪酸的合成和链的伸长，如芳氧苯氧丙酸类、环己烯酮类、硫代氨基甲酸酯类、哒嗪酮类。

（3）**抑制氨基酸合成**　某些除草剂如草丁膦的作用靶标是谷氨酰胺合成酶，阻止氨的同化，干扰氮的正常代谢，导致氨的积累，光合作用停止，叶绿体结构被破坏。

（4）**干扰激素平衡**　用激素型除草剂处理植物后，由于它在细胞间的浓度缺乏调控，所以植物组织中的激素（激素型除草剂）浓度极高，干扰植物体内激素平衡，影响植物形态发生，最终导致植物死亡。

（5）**抑制微管与组织发育**　植物细胞的骨架主要是由微管和微丝组成。它们保持细胞形态，在细胞分裂、生长和形态发生中起着重要的作用。如二硝基苯胺类除草剂与微管蛋白结合，抑制微管蛋白的聚合作用，导致纺锤体微管不能形成，从而影响正常的细胞分裂，导致形成多核细胞，肿根。

四、苯氧羧酸类除草剂

在 α-碳位上带有取代基的羧酸类除草剂。其中取代基开始为苯氧基，后来发展为苯氧基及杂环氧基苯氧基；脂肪酸开始为乙酸，后来发展为丙酸、丁酸等。现在开发的主要为苯氧羧酸类和苯氧基及杂环氧基苯氧基丙酸类。苯氧羧酸类除草剂基本的化学结构是：

$$O—R—COOH$$

苯氧羧酸类除草剂可以通过茎叶吸收，也可以通过根系吸收，茎叶吸收的药剂与光合作用产物结合沿韧皮部筛管在植物体内传导，而根吸收的药剂则随蒸腾流沿木质部导管移动，在分生组织积累。叶片吸收药剂的速度取决于三方面的因素：叶片结构，除草剂的特性，环境条件。这类除草剂属于激素类除草剂，在低浓度下，能促进植物生长，在生产上也被用作植物生长调节剂；在高浓度下，植物吸收后，体内的生长素的浓度高于正常值，从而打破了植物体内的激素平衡，影响到植物的正常代谢，导致敏感杂草的一系列生理生化变化，组织异常和损伤，抑制植物生长发育，出现植株扭曲、畸形直至死亡。其在双子叶植物中代谢比在禾本科植物中缓慢，因而双子叶植物耐药力弱，禾本科植物体内可以很快代谢使药剂失去活性而具耐药性。2,4-滴丁酸和2甲4氯丁酸本身无除草活性，须在植物体内经氧化后转变成相应的乙酸后才有除草活性。豆科植物缺乏这种氧化酶，而对这两种除草剂具有耐药性。

苯氧羧酸类农药是第一类投入商业生产的选择性除草剂，主要用作茎叶处理剂，施用于禾谷类作物田、针叶树林、非耕地、牧草场、草坪等，防除一年生和多年生的阔叶杂草，如苋、藜、苍耳、田旋花、马齿苋、大巢菜、波斯婆婆纳、播娘蒿等。

代表品种有：2,4-D 丁酯、2-甲 -4-氯酸、2,4-D 丙酸、2-甲 -4-氯丙酸、2,4-D 丁酸。

1. 2,4-D 丁酯

2,4-D 丁酯主要用于防除禾本科作物田中的双子叶杂草、阔叶杂草、异性莎草科和某些恶性杂草，由 20 世纪 40 年代开发并商品化，至今仍占据巨大市场。我国每年使用量及出口量均很高。化学名称为 2,4- 二氯苯氧乙酸正丁酯，纯品为无色油状液体，难溶于水，易溶于多种有机溶剂。挥发性强，遇碱分解。

（1）主要原料及规格

原料名称	规格	原料名称	规格	原料名称	规格
苯酚	工业级 98%	盐酸	工业级 30%	液碱	30%
液氯	工业级	丁醇	工业级 99%	氯乙酸	工业级 99%

（2）生产工艺

① 反应原理。苯酚氯化后在碱性条件下与氯乙酸钠缩合，缩合产物经酸化后，与正丁醇酯化，即制得 2,4-D 丁酯。

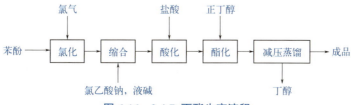

② 工艺过程。将苯酚熔融后放入氯化反应器中，夹套通冷却水降温至 45 ～ 65℃。通氯，控制通入量并保持氯化温度 45 ～ 65℃。8 ～ 9h 后取样测定密度。当相对密度为 1.406 时，物料容积增加 30% ～ 33%，为氯化终点。将氯化产物 2,4- 二氯酚于 50 ～ 70℃加入 30% 氢氧化钠溶液，使物料 pH 为 10。升温至 105℃，开始滴加氯乙酸钠溶液，回流 4 ～ 5h，至缩合反应完成，得 2,4-D 钠悬浮液。将物料降温至 70% 左右，加入 30% 盐酸，调 pH 值至 1 ～ 2。然后加入苯，使 2,4- 二氯苯氧乙酸全部溶解，趁热分出有机层，然后冷却，析出白色结晶，抽滤，干燥，得 2,4- 二氯苯氧乙酸。

将丁醇加入溶解锅，搅拌下加入 2,4- 二氯苯氧乙酸，加热至 100 ～ 110℃，保温 2h，脱出部分水，丁醇回流，然后补加丁醇，氮气压料至酯化釜。升温至 120 ～ 140℃，维持 4h，充分酯化。由醇水分离器分出水分，丁醇回流，当不再出水时停止回流。升温至 160 ～ 170℃，减压蒸出丁醇，即制得 2,4-D 丁酯。

2,4-D 丁酯生产工艺流程见图 6-16。

图 6-16　2,4-D 丁酯生产流程

2.2- 甲 -4- 氯酸

2- 甲基 -4- 氯苯氧乙酸（简称 2- 甲 -4- 氯酸）。1945 年由 Imperial Chemical Industry 开发并推广使用的激素型内吸性苯氧羧酸类除草剂，对植物有较强的生理活性，易被根部和叶面吸收和传导。在低浓度时，对作物有生长刺激作用，可防止落花、落果、形成无籽果实，促进果实成熟及插枝生根等；高浓度时对双子叶植物有抑制生长作用，植物出现畸形，直至死亡。也可以用作植物生长刺激剂，防止番茄等果实早期落花、落果及形成无籽果实，促进作物早熟，加速插条生根。此种除草剂显示的选择性、传导性及杀草活性成为其后除草剂发展的基础，促进了化学除草的发展。

纯品为无色、无气味结晶，熔点 120℃。粗品纯度在 85% ～ 95%，熔点 100 ～ 115℃，微溶于水，易溶于乙醇、丙醇等有机溶剂。能与各种碱类生成相应的盐，一般制成钠盐。

2- 甲 -4- 氯酸的制备原理：

（1）酸合 邻甲酚与氢氧化钠作用转变成邻甲酚钠，然后与氯乙酸钠（由氯乙酸、氢氧化钠和水制备）缩合得到2-甲基苯氧乙酸钠。

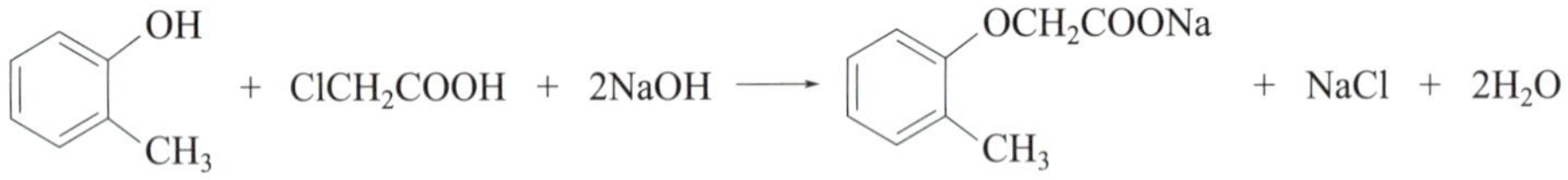

（2）酸化 2-甲基苯氧乙酸钠用盐酸酸化得到2-甲基苯氧乙酸。

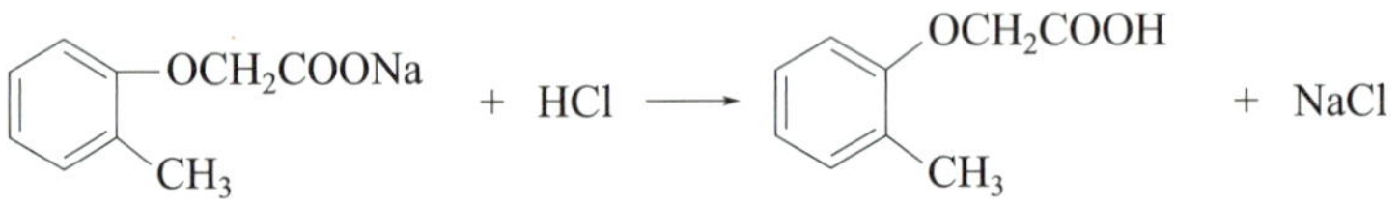

（3）氯化 2-甲基苯氧乙酸与氯气反应生成2-甲基-4-氯苯氧乙酸。但产品一般都是以钠盐的形式存在。

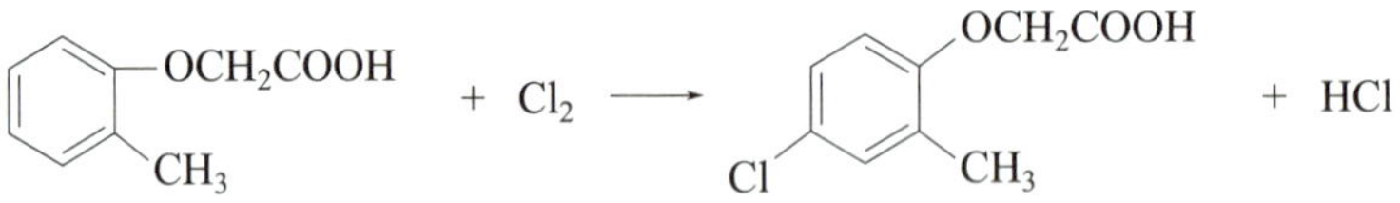

五、酰胺类除草剂

酰胺类除草剂是生产中应用较为广泛的一类除草剂，可以用于玉米、花生、大豆、棉花等多种作物，防除一年生禾本科杂草和部分阔叶杂草，由于该类药剂具有杀草谱广、效果突出、价格低廉、施用方便等优点，在生产中推广应用面积逐渐扩大。

酰胺类除草剂一直居除草剂市场第二位，从美国 Monsanto 公司生产的烯草胺开始，各公司相继开发了敌稗、新燕灵、甲氟胺、毒草胺、甲氧毒草胺、丁草胺、甲草胺、乙草胺、都尔、丙草胺等品种，其中大多数为土壤处理剂。

1. 敌稗

敌稗是一种选择性除草剂，它对大多数禾科和双叶子杂草有较强的杀伤作用，而对禾科中的稻属作物近于无害，所以被称为"属间除草剂"。它是水稻生育期间使用非常有效的除稗剂，杂草接触到敌稗很快就失去水分干枯而死。其结构式如下：

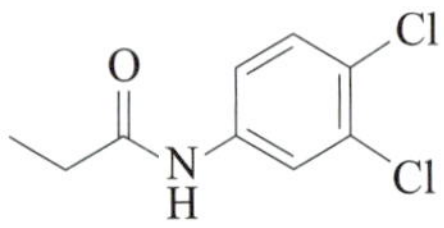

敌稗纯品为白色针状结晶，熔点为 91 ～ 92℃，难溶于水，易溶于苯、乙醇等有机溶剂。一般情况下，它对酸、碱和盐稳定，在土壤中易分解。敌稗毒性较低，对人、畜安全，也不会被皮肤吸收而中毒。敌稗对水生动物的毒性也较低，水中含 $10\mu L/L$ 的敌稗，对鱼虾等无毒害作用。

敌稗制备原理：以邻二氯苯为原料，经硝化、还原、缩合而制得敌稗。

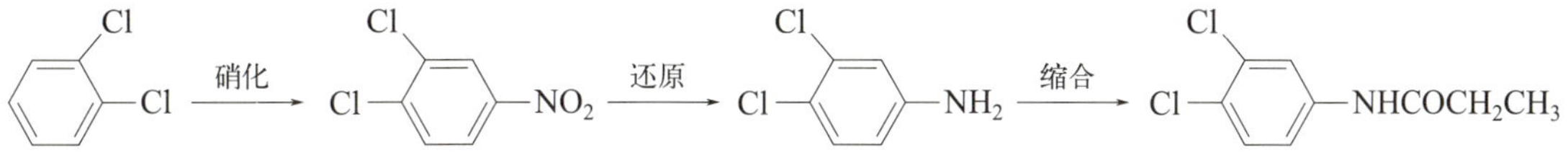

2. 乙草胺

乙草胺纯品为淡黄色液体，原药因含有杂质而呈现深红色。性质稳定，不易挥发和光解。不溶于水，易溶于有机溶剂。由美国孟山都公司于 1971 年开发成功，是世界上最重要的除草剂品种之一，也是我国使用量最大的除草剂之一。其结构式如下：

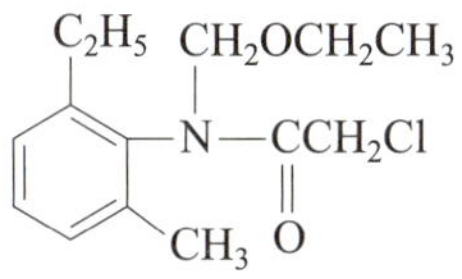

乙草胺是选择性芽前处理除草剂，主要通过单子叶植物的胚芽鞘或双子叶植物的下胚轴吸收，吸收后向上传导，主要通过阻碍蛋白质合成而抑制细胞生长，使杂草幼芽、幼根生长停止，进而死亡。禾本科杂草吸收乙草胺的能力比阔叶杂草强，所以防除禾本科杂草的效果优于阔叶杂草。

乙草胺制备工艺有 MEA（2-乙基-6-甲基苯基胺）的甲亚胺工艺和 MEA 的酰化工艺。现对 MEA 的甲亚胺工艺进行介绍。

① 2-乙基-6-甲基苯基胺（MEA）与甲醛水溶液进行反应，经相分离，共沸脱水法制取 2-乙基-6-甲基苯基甲亚胺（简称甲亚胺）。

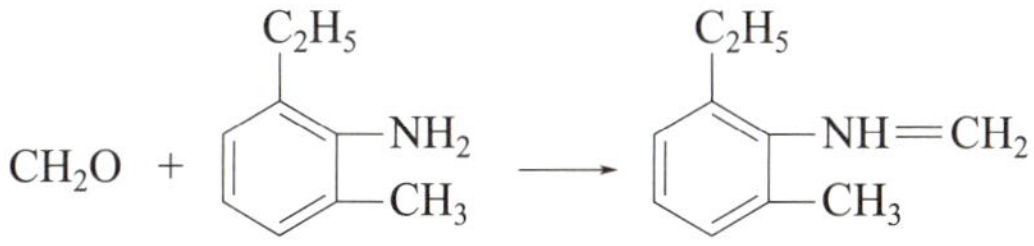

② 甲亚胺进行氯乙酰氯酰化。

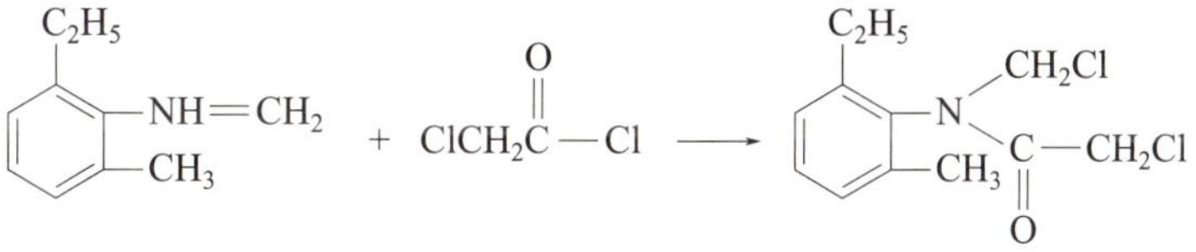

③ 在过量的无水乙醇中进行醇化反应制得乙草胺。

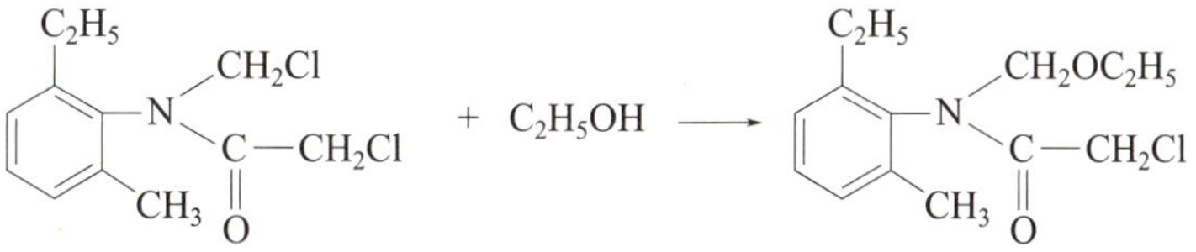

六、其他类除草剂

1. 均三氮苯类除草剂

均三氮苯类除草剂开发较早，1952 年合成了第一种均三氮苯类除草剂——阿特拉津（莠去津）。均三氮苯类除草剂在 20 世纪 50 年代末和 60 年代商品化了多个品种。此类除草剂属内吸传导型选择性除草剂，具有用药量少、药效高、杀草范围广、残效期长等特点。主要用于玉米、高粱等作物的除草，可有效杀死阔叶杂草，剂量高时，可作为土壤消毒剂。这类药剂，对人、畜、鱼类毒性较低。目前，这类除草剂仍在大量施用，如西玛津在很多国家是除草剂的主要品种。以下介绍西玛津的生产技术。

西玛津是均三氮苯类除草剂中开发最早的旱田除草剂。1956 年由瑞士汽巴 - 嘉基有限公司开发，其后在世界很多国家推广应用。我国生产、使用已多年。它属内吸选择性芽前除草剂，用于防除根深作物，可防除洋蓟、芦笋、浆果作物、蚕豆、柑橘、可可、咖啡、林地、橡胶、油棕、橄榄、甘藤，茶园和葡萄田中一年禾本科杂草及许多阔叶杂草。化学名称为 2- 氯 -4,6- 二（乙胺基）- 均三氮苯。

物化性质：无色粉末，熔点 225 ～ 227℃（分解），易溶于乙醇、丙酮。在 20 ～ 22℃的溶解度为水中 5mg/L、甲醇 400mg/L、石油醚 2mg/L，微溶于氯仿和乙基纤维素中。在微酸性或微碱性介质中稳定，但在较高温度下，易被较强的酸或碱水解，生成无除草活性的羟基衍生物。该药无腐蚀性。LD_{50} 为 5000mg/kg（大鼠经口）。

(1) 主要原料及规格

原料名称	规格	原料名称	规格
三聚氯氰	工业级 99%	液碱	工业级 40%
乙胺	工业级 50%	水	自来水

(2) 生产工艺 西玛津的合成有溶剂法和水法两种。

① 水法：将水、三聚氯氰及乳化剂加入反应罐中，用冷冻机使反应温度维持在 0℃左右，加入乙胺水溶液，反应温度上升到 18℃，然后加入氢氧化钠溶液，反应物升温至 70℃并在此温度下保温搅拌 2h，反应结束后离心过滤，湿滤饼干燥、粉碎得西玛津原药。

水法中水廉价易得、无溶剂回收问题，但水法易发生水解反应，产品收率不高，温度较低，消耗低温能量，废水处理量较大。

② 溶剂法：以三氯乙烯等为溶剂，在 30℃以下进行一取代反应，然后进行二取代反应（加入液碱）。在 50℃下，保温反应 1h，用水蒸气蒸馏，回收溶剂，过滤、干燥、粉碎加工，得西玛津原药。

溶剂法属于均相反应过程，克服了水法的缺点，收率较高，但有溶剂回收问题。工业上多采用氯苯作溶剂，三聚氯氰和乙胺发生取代反应，乙胺兼作缚酸剂，加入量的 1/2 在反应中生成乙胺盐酸盐，需加碱中和，中和游离出的乙胺与一取代物继续反应，生成西玛津。

现以水法为例介绍西玛津合成工艺。

① 反应原理

② 工艺过程

向 3000L 搪瓷釜中加入定量的水，开动搅拌，通冷冻盐水降温。当釜内温度降到 0℃，经手孔投入三聚氯氰，搅拌分散均匀（20 ～ 30min），并在此温度下滴加乙胺，反应液温度控制在 -8 ～ -3℃。加完乙胺后，停止通冷却盐水，维持该温度继续反应 30min，然后往合成釜夹套通水，使反应液温度上升至 3 ～ 4℃后放掉冷水，开始滴加液碱。反应液自然升温可达 18℃左右，然后再往合成釜夹套通蒸汽，使反应液温度在 1h 内匀速上升至 70℃，并在此温度下继续搅拌反应 2h。反应完毕，停止通蒸汽，用冷水降温至 30 ～ 40℃，放料离心过滤。滤饼经水洗，离心分离，即得湿西玛津，经干燥得干原药。西玛津生产工艺流程见图 6-17。

50% 西玛津可湿性粉剂加工所用原料配比如下。

西玛津原药：OP 乳化剂：拉开粉：亚硫酸低浆废液（>10%）：硅藻土 =50：1：1：8：40。

配制时将 5 种原料一次加入捏合机中，捏合均匀后的物料进入滚筒干燥器进行干燥。烘干的物料经雷蒙粉磨机磨细，经重力分离器分离，袋式过滤器过滤，再经滚筒混合机混合后包装。

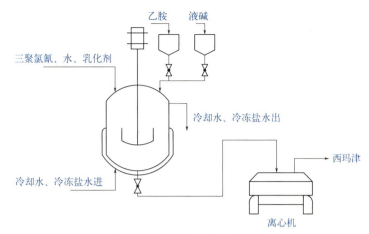

图 6-17　西玛津生产工艺流程

2. 取代脲类除草剂

取代脲类是内吸性传导型除草剂，同时具有一定的触杀作用。这类除草剂发展较快。它具有药效高、用量少、杀草谱广、水中溶解度小、残效期长、既可在出芽前又可在出芽后使用等特点。但大多选择性较差。所以目前对这类除草剂的研究重点是提高其选择性，从原来用于灭生性及阔叶作物扩大到禾谷类作物的农田。我国已投入生产的品种有敌草隆、除草剂一号及绿麦隆。

敌草隆

敌草隆是取代脲类除草剂，属内吸传导型除草剂。本品纯品为无色结晶固体，熔点 158～159℃，易溶于热乙醇，27℃时在丙酮中溶解度为 5.3%，稍溶于醋酸乙酯、乙醇和热苯。难溶于水，在水中的溶解度为 42μL/L（25℃）。在烃类中溶解度也较低。对氧化和水解稳定。其结构式如下：

敌草隆主要用于防除非耕作区一般杂草，防止杂草重新蔓延。该品也用于芦笋、柑橘、棉花、凤梨、甘蔗、温带乔木和灌木的除草。敌草隆属内吸传导型除草剂，具有一定的触杀活力，可被植物的根和叶吸收，以根系吸收为主，杂草根系吸收药剂后，传到地上叶片中，并沿着叶脉向周围传播，抑制光合作用的希尔反应，致使叶片失绿，叶尖和叶缘褪色，进而发黄枯死。敌草隆在低剂量情况下，可作为选择性除草剂使用，高剂量下则可作为灭生性除草剂。

敌草隆的生产工艺如下。

① 氯化。将一定量熔融脱水的对氯硝基苯与适量催化剂无水 $FeCl_3$ 混合后，升温至 100～105℃，开始通氯，氯化温度 100～110℃，反应 8～9h 制得 3,4-二氯硝基苯。

② 还原。将上述硝基化合物还原，制得 3,4-二氯苯胺。

目前国内还有采用在电解质中铁粉和水还原的方法生产。操作过程：将计量的水、铁粉、少量盐酸、电解质氯化铵和硫酸铜混合后，升温至 95～100℃后，滴加 2,4-二氯硝基苯，并保持在回流状态下（105～110℃）反应 3h，过滤，脱水得 3,4-二氯苯胺。

③ 酯化。将甲苯溶液于 0℃通光气饱和，然后滴加 3,4-二氯苯胺，控制温度在 0～10℃，约 15min 加完，接着继续通入光气，缓慢提高反应温度至 40℃，加大光气流量，再升温至 65～75℃，反应 1～2h，物料变清，停通光气，迅速升温至 90～100℃，通氮气或干燥空气，驱除过量光气和盐酸气，得 3,4-二氯异氰酸苯酯甲苯液。

④ 加成。将 3,4-二氯异氰酸苯酯甲苯液冷至 20℃以下，滴加 30%～40% 二甲胺水溶液（酯胺比为 1∶1.05），温度自行上升至 34℃，控制不超过 50℃，滴加终点 pH 为 9～10，15℃反应 2.5h，然后离心过滤，回收溶剂，滤饼水洗呈中性后于 90～100℃干燥，制得敌草隆。

3. 酚及醚类除草剂

酚类除草剂：氧化磷酸化的解偶联剂。如五氯酚钠、二硝基酚等。

醚类除草剂：主要品种有果尔、草枯醚、除草醚等。

除草醚为醚类选择性触杀型除草剂。纯品为淡黄色针状结晶，工业品为黄棕色或棕褐色粉末。难溶于水，易溶于乙醇、醋酸等，易被土壤吸附，向下移动和向四周扩散的能力很小。在黑暗条件下无毒力，见阳光才产生毒力。温度高时效果好，气温在 20℃ 以下时，药效较差，用药量要适当增大；在 20℃ 以上时，随着气温升高，应适当减少用药量。

除草醚可除治一年生杂草，对多年生杂草只能抑制，不能致死。毒杀部位是芽，不是根。对一年生杂草的种子胚芽、幼芽、幼苗均有很好的杀灭效果。

除草醚的合成方法：用 2,4- 二氯苯酚的钾盐和对硝基氯苯在高温下缩合制得。

$$\text{Cl}\text{—}\underset{\text{Cl}}{\bigcirc}\text{—OH} + \text{KOH} \longrightarrow \text{Cl}\text{—}\underset{\text{Cl}}{\bigcirc}\text{—OK} + \text{H}_2\text{O}$$

$$\text{Cl}\text{—}\underset{\text{Cl}}{\bigcirc}\text{—OK} + \text{O}_2\text{N}\text{—}\bigcirc\text{—Cl} \xrightarrow{190℃} \text{Cl}\text{—}\underset{\text{Cl}}{\bigcirc}\text{—O}\text{—}\bigcirc\text{—NO}_2 + \text{KCl}$$

微课

植物生长调节剂

项目五

植物生长调节剂

一、植物生长调节剂概述

1. 植物生长调节剂的定义

在高等绿色植物体内有一种能促进和抑制植物生长的代谢产物，它是植物生命活动不可缺少的物质，人们把这种由植物本身合成的有机化合物称为植物生长素。为了提高农作物的产量和质量，用人工方法合成了一系列类似植物生长素活性的化合物，来控制植物的生长发育和其他生命活动，把人工合成的这类化合物称为植物生长调节剂。

2. 植物生长调节剂的用途

① 抑制植物的生长。如马铃薯、洋葱等贮存时易发芽，用植物生长调节剂处理可以防止发芽。又如早春霜冻时，用抑制剂处理果树，可以推迟果树发芽。

② 促进植物生长，使果实提早成熟。

③ 处理插条。加速植物繁殖，对果树栽培和城市绿化具有重大意义。

④ 使植物抗倒伏，提高植物抗旱、抗寒、抗病、抗盐碱等能力。

⑤ 提高植物的结果率，防止收获前落果，使作物增产。

⑥ 疏花、疏果。如苹果往往开花和结果过多，造成营养供应不足，果实容易脱落，且长得不好。因此在苹果开花时，用生长调节剂来消除过多的花。

3. 植物生长调节剂的分类

根据生理功能的不同，将植物生长调节剂分为三类：植物生长促进剂、植物生长抑制剂以及植物生长延缓剂。根据与植物激素相似的性质，植物生长调节剂可分为生长素类、赤霉素类、细胞分裂素类、乙烯类和脱叶酸类植物生长抑制剂五类。按其化学结构，植物生长调节剂可分为芳基脂肪酸类，如 3- 吲哚乙酸、1- 萘乙酸等；脂肪酸及环烷酸类，如赤霉素等；卤代苯氧脂肪酸类，如 2,4-D、增产灵等；季铵盐类，如矮壮素等；其他类的如乙烯利、青鲜素等。

一些重要的植物生长调节剂如表 6-3 所述。

表6-3　重要的植物生长调节剂

名称	化学结构	性能与作用
吲哚丁酸	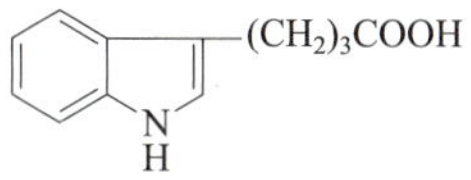 结构式（吲哚-(CH₂)₃COOH）	熔点 123～125℃，不溶于水，溶于醇、醚等有机溶剂。LD₅₀ 为 100mg/kg（小白鼠），对人畜低毒，主要用于促进插条生根
α- 萘乙酸	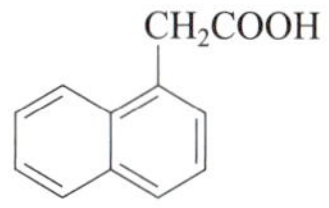 结构式（萘-CH₂COOH）	熔点 130℃。LD₅₀ 为 1000～5900mg/kg（小白鼠），670mg/kg（大白鼠）。主要用于促进菠萝开花，防止落果，使插条生根
萘乙酰胺	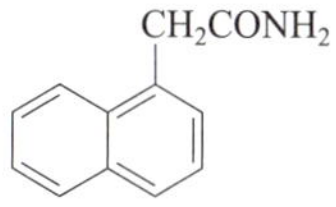 结构式（萘-CH₂CONH₂）	熔点 182～184℃，溶于热水、乙醚、苯。LD₅₀ 为 1000mg/kg（大白鼠）。主要用于花木、烟草插枝时促进根的生长
增产灵	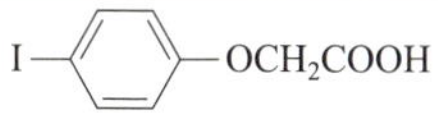 结构式（I-苯基-OCH₂COOH）	熔点 154～156℃，难溶于水，易溶于醇、醚。LD₅₀ 为 1872mg/kg（小白鼠），主要用于大豆、水稻等增产
比久	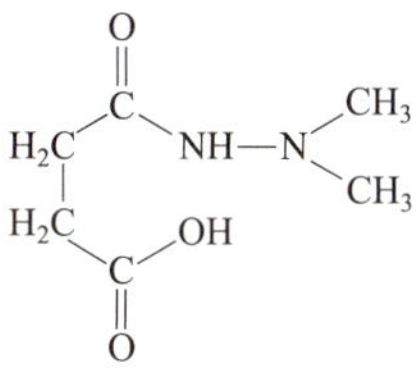 结构式	能抑制植物向上生长，促其矮壮而不影响开花结果，可增加作物耐旱、耐寒的能力，防止落花落果
乙烯利	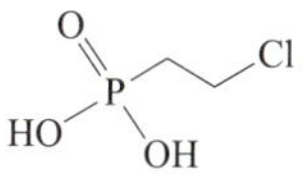 结构式	熔点 75℃，无色结晶，易溶于水和醇，使植物加速成熟、脱落及促进开花，应用于橡胶树、漆树、棉花、小麦等作物

二、生长素

生长素（auxin）是一类含有一个不饱和芳香族环和一个乙酸侧链的内源激素，英文简称为 IAA，其化学本质是吲哚乙酸。另外，4- 氯 -IAA、5- 羟 -IAA、萘乙酸（NAA）、吲哚丁酸等为类生长素。

生长素是第一种被发现的植物激素。生长素中最重要的化学物质为 3- 吲哚乙酸，纯品为白色结晶，难溶于水。易溶于乙醇、乙醚等有机溶剂。在光下易被氧化而变为玫瑰红色，生理活性也降低。植物体内的吲哚乙酸有呈自由状态的，也有呈结合（被束缚）状态的。后者多是酯或肽的复合物。植物体内自由态吲哚乙酸的含量很低，每千克鲜重为 1～100 微克，因存在部位及组织种类而异，生长旺盛的组织或器官如生长点、花粉中的含量较多。生长素有调节茎的生长速率、抑制侧芽、促进生根等作用，在农业上用以促进插枝生根，效果显著。其结构式如下：

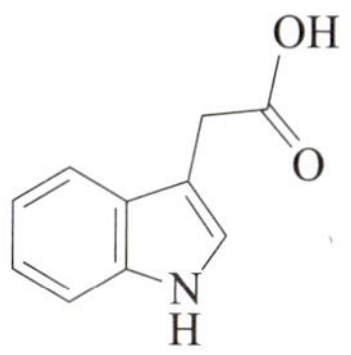

另外，萘氧乙酸、2,4,5- 三氯苯氧乙酸、4- 碘苯氧乙酸等及其衍生物都有生理效应。生长素类的主要生理作用为促进植物器官生长、防止器官脱落、促进坐果、诱导花芽分化。生长素在园艺植物上主要用于插枝生根、防止落花落果、促进结实、控制性别分化、改变枝条角度、促进开花等。

三、生长抑制剂

生长抑制剂、生长延缓剂是指人工合成或天然的能阻碍整个植物或植物的某个特定器官生长的物质，是植物生长调节剂中的一种类型。植物内生的脱落酸及一些酚类化合物，如咖啡酸、香豆酸等，是抑制细胞增殖的纯物质，不具有毒性，但能使细胞停止在细胞周期的特殊阶段。这种抑制是可逆的。

生长抑制剂是抑制顶端分生组织生长的生长调节剂，能干扰顶端细胞分裂，引起茎伸长的停顿和破坏顶端优势，其作用不能被赤霉素所恢复。人工合成、在生产上有使用价值的可分为两类：一类在化学结构上和生长素类似，通过竞争性抑制，产生与生长素相反的作用，如三碘苯甲酸（TIBA）、整形素，均可抑制顶端分生组织的分裂及伸长，消除顶端优势；另一类与生长素或其他植物激素在化学结构上不同，如青鲜素，主要影响核酸的生物合成，干扰顶端分生组织分裂及伸长，常用于防止马铃薯、洋葱、大蒜等在贮藏期发芽。

1. 三碘苯甲酸

纯品为白色粉末，或接近紫色的非晶形粉末。商品为黄色或浅褐色溶液或含 98% 三碘苯甲酸的粉剂。不溶于水，可溶于乙醇、丙酮、乙醚等。较稳定，耐贮存。

三碘苯甲酸被称为抗生长素。阻碍植物体内生长素自上而下的极性运输，易被植物吸收，能在茎中运输，影响植物的生长发育。抑制植物顶端生长，使植物矮化，促进侧芽和分蘖生长。高浓度时抑制生长，可用于防止大豆倒伏；低浓度促进生根；在适当浓度下，具有促进开花和诱导花芽形成的作用。

2. 整形素

整形素为 9- 羟基 -9- 羧酸芴的衍生物。又名氯甲丹。整形素对人、畜安全。

它既可延缓植株营养体的生长和衰老，又可延缓其开花、结果和成熟。

整形素可通过种子、根、叶吸收，它在植物体内的分布不呈极性，其运输方向主要视使用时植物生长发育阶段而定。在营养旺盛生长阶段，主要向上运输，而在果树养分贮藏期，与光合产物的运输方向较为一致，向基部移动。它被吸入植物体内后，在芽和分裂着的形成层等活跃中心呈梯度积累，分裂组织可能是它的主要作用部位。

整形素是植物生长素的抑制剂，药剂通过茎叶吸收，被植物内吸后传导至全身，阻碍内源激素从顶芽向下转运，提高吲哚乙酸氧化酶活性，使生长素含量下降。幼嫩组织中药剂的含量较高，抑制顶端分生组织有丝分裂，减慢分裂速度，拉长线粒体，从而抑制节间伸长，叶面积缩小，阻碍生长素从顶芽向下传导，减弱顶端优势，促进侧芽生长，形成丛生株，并抑制侧根形成。它能抑制顶端分生组织细胞的分裂和伸长、抑制茎的伸长和促进腋芽滋生，使植物发育成矮小灌木状。整形素还具有使植株不受地心引力和光影响的特性。

生长延缓剂是抑制植物亚顶端分生组织生长的生长调节剂，能抑制节间伸长而不抑制顶芽生长，其效应可被活性赤霉素所解除。常用的生长延缓剂有：多效唑（PP333）、矮壮素、比久（B9）、助壮素（PIX）等。

1. 多效唑

多效唑缩写为 PP333，原药为白色固体，是 20 世纪 80 年代研制成功的三唑类植物生长调节剂，是内源赤霉素合成的抑制剂。可提高水稻吲哚乙酸氧化酶的活性，降低稻苗内源 IAA 的水平。明显减弱稻苗顶端生长优势，促进侧芽（分蘖）滋生。秧苗外观表现矮壮多蘖，叶色浓绿，根系发达。解剖学研究表明，多效唑可使稻苗根、叶鞘、叶的细胞变小，各器官的细胞层数增加。示踪分析表明，水稻种子、叶、根部都能吸收多效唑。叶片吸收的多效唑大部分滞留在吸收部位，很少向外运输。多效唑低浓度增进稻苗叶片的光合效率；高浓度抑制光合效率，提高根系呼吸强度，降低地上部分呼吸强度，提高叶片气孔抗阻，降低叶面蒸腾作用。其结构式如下：

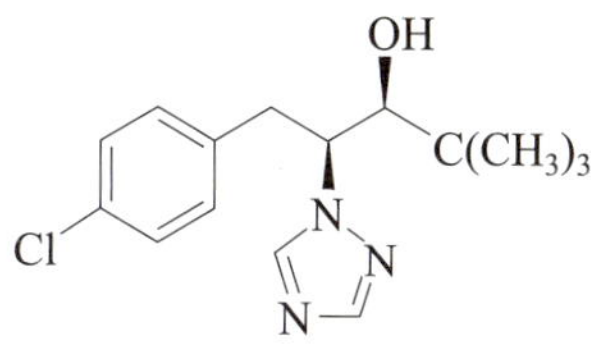

2. 矮壮素

白色结晶。易溶于水，常温下在饱和水溶液的浓度可达 80% 左右。不溶于苯、二甲苯、无水乙醇，溶于丙醇。有鱼腥臭，易潮解。在中性或微酸性介质中稳定，在碱性介质中加热能分解。其结构式如下：

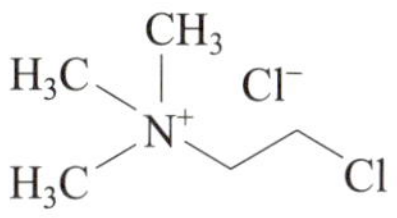

矮壮素的生理功能是控制植株的营养生长（即根茎叶的生长），促进植株的生殖生长（即花和果实的生长），使植株的间节缩短、矮壮并抗倒伏，促进叶片颜色加深，光合作用加强，提高植株的坐果率、抗旱性、抗寒性和抗盐碱的能力。

矮壮素对作物生长有控制作用，能防止倒苗败苗、控长增蘖、株健防倒、增穗增产。

3. 比久

比久又称 N- 二甲胺基琥珀酰胺、丁酰肼等。其结构式如下：

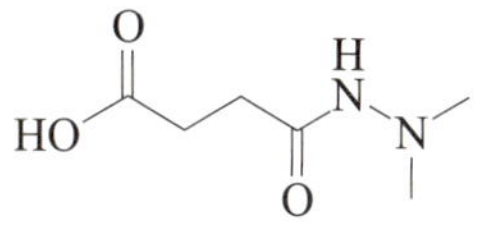

比久多用作生长调节剂。它对双子叶植物敏感，具有良好的内吸、传导性能，能控制作物徒长，调节营养分配，使作物健壮高产，能增加作物的耐寒、耐旱能力，防止落花落果及促进结实增产等。

制备方法：以丁二酸为原料，先脱水制得丁二酸酐，再与偏二甲肼在乙腈中缩合而得。

操作步骤：将丁二酸一次投入反应釜，升温至 215℃ 左右，开始脱水，直至釜温升至 260℃ 左右，出水量达到理论量。在缩合釜中投入乙腈，再加入丁二酸酐，当料温控制在 18℃ 时，慢慢滴加偏二甲肼，反应结束后，离心过滤、干燥得比久。

生长抑制剂与生长延缓剂之间的根本差别在于其效应能否被赤霉素所解除。

四、生长调节剂

植物生长调节剂，是用于调节植物生长发育的一类农药，是人类合成的大量用于调节栽培植物生长、清除杂草的化合物，也用在植物器官或细胞的离体培养中。这些人造化合物简称为植物生长调节剂，简称为 PGR。包括人工合成的具有天然植物激素相似作用的化合物和从生物中提取的天然植物激素。

植物生长调节剂是人们在了解天然植物激素的结构和作用机制后，通过人工合成与植物激素具有类似生理和生物学效应的物质，在农业生产上使用，可有效调节作物的生育过程，达到稳产增产、改善品质、增强作物抗逆性等目的。

常见的植物生长调节剂有速效胺鲜酯（DA-6）、氯吡脲、复硝酚钠、芸苔素、赤霉素、乙烯利、油菜素内酯、水杨酸、茉莉酸等。

1. 赤霉素类

赤霉素种类很多，已发现有 121 种，都是以赤霉烷为骨架的衍生物。广泛分布于被子、裸子、蕨类植物、褐藻、绿藻、真菌和细菌中，多存在于生长旺盛部分，如茎端、嫩叶、根尖和果实种子。

商品赤霉素主要是通过大规模培养遗传上不同的赤霉菌的无性世代而获得的，其产品有赤霉酸（GA3）及 GA4 和 GA7 的混合物。还有些化合物不具有赤霉素的基本结构，但也具有赤霉素的生理活性，如贝壳杉酸等。目前市场供应多为 GA3，又称 920，难溶于水，易溶于醇类、丙酮、冰醋酸等有机溶剂，在低温和酸性条件下较稳定，遇碱中和而失效，所以配制使用时应加以注意。赤霉素类主要的生理作用是促进细胞伸长、防止离层形成、解除休眠、打破块茎和鳞茎等器官的休眠，也可以诱导开花、增加某些植物坐果和单性结实、增加雄花分化比例等。

2. 乙烯类

很久以前，我国果农就知道在室内燃烧一炷香有促使果实成熟的作用，在 19 世纪中叶就有关于燃气街灯漏气会促进附近的树落叶的报道，到 20 世纪初（1901 年）俄国植物学家 Neljubow 才首先证实是乙烯在起作用。直到 1934 年英国 Gane 才首先证明乙烯是植物的天然产物。1966 年正式确定乙烯是一种植物生长调节剂，它和生长素、赤霉素等一样，都是植物激素，不少植物器官都能生成极微量的乙烯。人为地应用乙烯，可起到和植物体生成的乙烯同样的效果。乙烯因在常温下呈气态而不便使用，常用的为各种乙烯发生剂，它们被植物吸收后，能在植物体内释放出乙烯。乙烯发生剂有乙烯利（CEPA）、Alsol、CGA-15281、ACC、环己亚胺等，生产上应用最多的是乙烯利，化学名称为 2-氯乙基膦酸。

乙烯利是一种植物生长调节剂。它具有使植物加速成熟、脱落及促进开花和控制生长等多种生理作用，应用于橡胶树、漆树、烟草、棉花、高粱、水果、蔬菜、小麦等作物。1968 年前后由美国 Amchem Products Inc. 开发成功。我国自 20 世纪 70 年代就已生产使用。

物化性质：纯品为无色针状结晶，熔点 75℃，易溶于水和醇，难溶于苯和二氯甲烷。暴露在空气中极易潮解，水溶液呈强碱性。遇碱（pH>4）逐渐分解，释放出乙烯。不能与碱、金属盐、金属（铝、铜或铁）共存，在酸溶液中较稳定。

乙烯利为低毒农药。大白鼠急性经口 LD_{50} 为 3030mg/kg，在两年饲喂试验中，大鼠接受 ≤ 3000mg/kg 饲料无致癌作用。一般使用 40% 醇剂，或 40%、50% 的水剂。

（1）反应原理　三氯化磷与环氧乙烷酯化得到的亚磷酸三酯在加热条件下重排为膦酸二酯，再通 HCl 酸解得到乙烯利。

$$H_2C \underset{O}{-\!\!-} CH_2 \xrightarrow{PCl_3} (ClCH_2CH_2O)_3P$$

$$(ClCH_2CH_2O)_3P \xrightarrow[重排]{加热} ClCH_2CH_2\overset{O}{\underset{\|}{P}}(OCH_2CH_2Cl)_2$$

$$ClCH_2CH_2\overset{O}{\underset{\|}{P}}(OCH_2CH_2Cl)_2 \xrightarrow[重排]{HCl} ClCH_2CH_2-\overset{O}{\underset{\underset{OH}{|}}{\overset{\|}{P}}}-OH$$

（2）工艺过程

① 在搪玻璃反应釜内，先投入三氯化磷 57kg，夹套通冷冻盐水进行冷却，使料温降至 0℃左右，随即通入汽化的环氧乙烷。通入速度随反应温度变化而加以调节，控制在 30℃左右通完与三氯化磷等重量的环氧乙烷。继续搅拌 4～6h 即完成酯化反应。游离氯控制在 0.1～0.2mg/kg。

② 将上述酯化产物粗品加入带有回流冷凝器和搅拌器的反应釜内，同时加入等重量的邻二氯苯，搅拌，快速升温至 180℃，于此温度下回流反应 3～4h。真空蒸馏，回收溶剂，留在反应釜内的物质为 2-氯乙基膦酸酯粗品。

③ 将 2-氯乙基膦酸酯粗品加入反应釜内，加热升温至 170℃，搅拌，通入氯化氢气体进行

反应。未反应的多余氯化氢气体和生成的氯乙烷一起由反应釜蒸出并经冷凝分出二氯乙烷，未被冷凝的氯化氢进入尾气吸收装置吸收。在175℃反应温度下，不断反应，不断蒸出二氯乙烷，当二氯乙烷的收集量达到 2-氯乙基膦酸酯粗品投料量的 2/3 左右时，即可停止反应，得到棕色酸性液体即为成品，其有效成分为 2-氯乙基膦酸。所得成品既可直接销售，也可配成 30%～40% 的水剂销售。

乙烯利生产工艺流程见图 6-18。

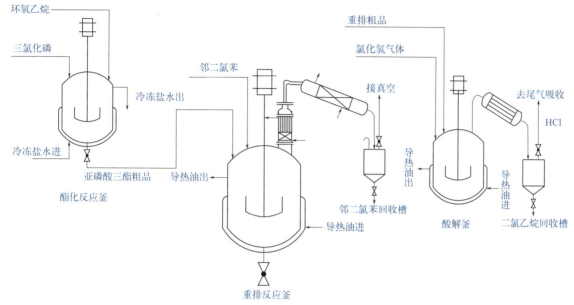

图 6-18　乙烯利生产工艺流程示意图

3. 细胞分裂素

细胞分裂素是一种在植物根尖合成，向茎尖转运的一种重要激素。他们大多数都是嘌呤族衍生物，具有非常独特的生物学活性，这些作用包括：①可促进细胞分裂与伸长（与生长素作用机理不同），使茎增殖，抑制伸长；②诱导芽的分化，促进侧芽的生长；③在根尖合成向上运输，故可以拮抗生长素的生根作用和顶端优势作用；④抑制衰老，可去除仙人球类球体上的老化木栓质。

细胞分裂素需要使用乙醇或者酸溶液溶解配制，常用 0.1mol/L 的盐酸配制成 0.1% 的母液储备。常用的细胞分裂素有：

6-苄基氨基嘌呤，又称 6-BA、绿丹、BAP，是整个细胞分裂素家族中最廉价的一种，对大多数植物效果显著。主要用于促进侧芽（子球）萌生，促进群生效果；同时可以抑制衰老，祛除老化斑；长期低浓度连续使用，可以促进植物表皮的正常生长，提高品质等。

6-呋喃氨基嘌呤，又称激动素、动力精、KT，是最早发现的细胞分裂素物质之一，来源于鲱鱼精子。造价比 6-BA 高，但尚可以接受。效果和 6-BA 几乎一样，但在离体细胞培养中发现 KT 对某些种类（主要就是百合科植物）的促进分化、促进群生效果更好。

拓展阅读

青蒿之母——屠呦呦

屠呦呦（1930 年 12 月 30 日—），浙江宁波人，毕业于北京大学医学院，中国中医科学院首席科学家，"共和国勋章"获得者，首位获得科学类诺贝尔生理学或医学奖的中国人。

她多年从事中药和中西药结合研究，创制出新型抗疟药青蒿素和双氢青蒿素，这些药物挽救了全球特别是发展中国家数百万人的生命，被认为是 20 世纪热带医学的显著突破。

文　档

风云人物

2015年10月5日，屠呦呦因在研制青蒿素等抗疟药方面的卓越贡献，与威廉·C·坎贝尔、大村智共同被诺奖委员会授予该年度诺贝尔生理学或医学奖，以表彰"三人发展出针对一些最具毁灭性的寄生虫疾病具有革命性作用的疗法"，屠呦呦独享其中一半奖金。这是中国科学家因为在中国本土进行的科学研究而首次获诺贝尔科学奖，是中国医学界迄今为止获得的最高奖项。理由为她发现了青蒿素，这种药品可以有效降低疟疾患者的死亡率。

2019年6月，屠呦呦团队针对青蒿素在全球部分地区出现的"抗药性"难题，经过多年攻坚，在"抗疟机理研究""抗药性成因""调整治疗手段"等方面取得新进展，提出应对"青蒿素抗药性"难题的切实可行治疗方案，并在"青蒿素治疗红斑狼疮等适应证""传统中医药科研论著走出去"等方面取得新进展，获得世界卫生组织和国内外权威专家的高度认可。

双创实践项目 植物生长调节剂对氯苯氧乙酸钠生产实训

【市场调研】

要求：1. 自制市场调研表，多形式完成调研。

2. 内容包括但不限于：了解植物生长调节剂的市场需求和用户类型、调研植物生长调节剂的市场"痛点"。

3. 完成调研报告。

【基础实训项目卡】

实训班级	实训场地	学时数	指导教师		
		6			
实训项目	植物生长调节剂对氯苯氧乙酸钠的生产				
所需仪器	100mL 三口烧瓶、滴液漏斗、电热包（或油浴装置）、机械搅拌器（或磁力搅拌器）、球形冷凝管、吸滤装置、250mL 烧杯、10mL 量筒、50mL 量筒、胶头滴管、布氏漏斗、抽滤瓶、电加热套、电动搅拌机、熔点仪、干燥箱、pH 试纸等				
所需试剂	对氯苯酚、氯乙酸、20%NaOH、碘化钾、1∶1盐酸、95% 乙醇				

实训内容				
序号	工序	操作步骤	要点提示	工艺参数或数据记录
1	反应前准备	称取 6.5g(50mmol)对氯苯酚，置于 100mL 三口烧瓶中；加入催化量的 KI。装上球形冷凝管和机械搅拌器，搭好装置，开动机械搅拌，用电热包加热（也可用磁力搅拌，油浴加热）	加热时注意高温；避免烫伤	
2	合成反应	在两个滴液漏斗中分别加入15mL 20% 的 NaOH 水溶液和5.3g(56mmol)氯乙酸溶于 10mL 水的溶液，待三口瓶中的液体开始回流后，将两个滴液漏斗中的液体同时慢慢滴入，约 15min 后滴加完，继续保持回流 40min	控制反应温度与反应物的滴加速度。氢氧化钠有强烈腐蚀性，应小心操作	
3	酸化	停止加热和搅拌，趁热将反应混合液倒入 250mL 烧杯中；趁热边搅拌边滴加 1∶1 盐酸，至 pH 为 1 左右；继续搅拌 10～15min，使其酸化完全	注意酸化终点的确定	
4	结晶抽滤	用冰水快速冷却反应体系使产物结晶完全；用吸滤装置抽滤，滤饼用水冲洗；得到粗产物，称重	粗产品收率计算公式：$$\frac{m_{粗产品}}{\dfrac{m_{对氯苯酚}}{M_{对氯苯酚}} M_{对氯苯氧乙酸}} \times 100\%$$	
5	提纯	将粗产物转入 100mL 圆底烧瓶，先逐量加入乙醇，使固体在乙醇回流状态下完全溶解，再过量 50%；稍冷，加入活性炭脱色，煮沸 5min 后进行保温过滤，再在乙醇溶液回流的状态下逐量加入水，直到有少量固体析出又很快溶解（若烧瓶体积不够，可将混合物转入 250mL 烧杯）；静置，使之自然冷却；抽滤，用冰水充分洗去固体中的乙醇，用空心塞压干。转移到滤纸上，称量；在真空干燥箱中充分干燥，再次称量	精制产品收率计算公式：$$\frac{m_{产物}}{\dfrac{m_{对氯苯酚}}{M_{对氯苯酚}} M_{对氯苯氧乙酸}} \times 100\%$$	

【创新思路】

要求：基于市场调研和基础实训，完成包括但不限于以下方面的创新思路1项以上。

1. 生产原料方面创新：_____。
2. 生产工艺方面创新：_____。
3. 产品包装方面创新：_____。
4. 销售形式方面创新：_____。
5. 其他创新：_____。

【创新实践】

环节一：根据创新思路，制定详细可行的创新方案，如：写出基于新原料、新工艺、新包装或新销售形式等的实训方案。

环节二：根据实训方案进行创新实践，考察新产品的性能或市场反馈。（该环节可根据实际情况选做）

【过程考核】

项目名称	市场调研 5%	基础实训 80%	创新思路 10%	创新实践 5%	合计
得分					

  习题

文档 •·····
拓展习题

文档 •·····
拓展习题答案

一、选择题

1. 下列物质不能作为制备粉剂填料的是（　　　　）。

A. 滑石粉　　　　　　　　B. 陶土　　　　　　　　C. NaCMC　　　　　　　　D. 高岭土

2. 21世纪世界范围的主导型农药是（　　　　）。

A. 昆虫生长调节剂　　　　B. 生物农药　　　　　　C. 磺酰脲类除草剂　　　　D. 氨基甲酸酯类杀虫剂

3. 六六六杀虫剂属于（　　　　）。

A. 有机氯杀虫剂　　　　　B. 有机磷杀虫剂　　　　C. 有机氮杀虫剂　　　　　D. 拟除虫菊酯

4. 下列不属于内吸传导型除草剂的是（　　　　）。

A. 草甘膦　　　　　　　　B. 噁草酮　　　　　　　C. 氧氟草醚　　　　　　　D. 2,4-D

5. 下列不是有机氯农药特点的是（　　　　）。

A. 高效　　　　　　　　　B. 高分解　　　　　　　C. 高残留　　　　　　　　D. 高毒

6. 下列不属于有机氮类农药的是（　　　　）。

A. 西维因　　　　　　　　B. 杀虫脒　　　　　　　C. 胺菊酯　　　　　　　　D. 速灭威

7. 下列不属于敌百虫原料的是（　　　　）。

A. 三氯化磷　　　　　　　B. 甲醇　　　　　　　　C. 三氯乙醛　　　　　　　D. 光气

8. 仲丁威的合成过程中有一个阶段叫作酯化缩合，该过程的控制温度是（　　　　）。

A. 70℃　　　　　　　　　B. 80℃　　　　　　　　C. 90℃　　　　　　　　　D. 100℃

9. 下列不属于植物生长调节剂的是（　　　　）。

A. 矮壮素　　　　　　　　B. 1-萘乙酸　　　　　　C. 耐溴苯腈　　　　　　　D. 多效唑

10. 下列不属于昆虫生长调节剂的是（　　　　）。

A. 拟除虫菊酯　　　　　　B. 除虫脲　　　　　　　C. 双氧威　　　　　　　　D. 定虫隆

二、填空题

1. 农药按来源分为_____、_____和_____，其中农用抗生素属于_____。

2. 农药的基本剂型有_____、_____、_____、_____、_____和_____。

3. 粉剂的制备是将原药与填料按比例混合、研磨、过筛，使其细度达到_____目，填料的作用是_____

_____ 和 _____ 。

4. 有机磷杀虫剂的生物活性是能抑制昆虫体内 _____ 。

5. 除虫菊是赤道附近高地多年生宿根性草本菊科植物，其杀虫的有效成分是 _____ 。

6. _____ 具有毒性小、污染小、对天敌和有益生物影响小等特点，被誉为第三代农药、_____ 和 21 世纪的农药。

7. 杀菌剂通过破坏菌的蛋白质或细胞壁的合成，破坏菌的 _____ 或核酸代谢，改变植物的新陈代谢，进而破坏或干扰菌体的 _____ 和 _____ ，达到抑菌的目的。

8. 微生物杀菌剂是具有杀菌作用的 _____ ，农用抗生素是利用细菌、真菌和放线菌等微生物，在发酵过程中产生的 _____ 加工而成。

9. 多抗霉素是一种广谱杀菌抗生素，主要用于防治 _____ 、 _____ 、腐烂病、白粉病、斑点落叶病等。

10. 含氟农药具有 _____ 、 _____ 、 _____ 以及 _____ 等特点，是农药研究的热点之一。

三、判断题

1. LD$_{50}$ 数值越小，表示药剂的毒性越小。　　　　　　　　　　　　　　　　　　　　　　　　（　　）

2. 农药的剂型，是根据农作物的品种、虫害的种类、农作物的生长阶段和施药地点、病虫害发生期及各地的自然条件而确定的。　　　　　　　　　　　　　　　　　　　　　　　　　　　　　　　（　　）

3. 仲丁威的合成包括三苯基膦制备、烷基化反应、酯化缩合反应等反应。　　　　　　　（　　）

4. 杀菌剂分子进入菌体内，必须通过菌体细胞壁和细胞膜。　　　　　　　　　　　　（　　）

5. 福美双的工业合成的铵盐法省去了盐酸精制工序，节省大量的液碱和盐酸，减轻了设备的腐蚀和有害废水的排放，可提高产品收率 5% 左右。　　　　　　　　　　　　　　　　　　　　　　　（　　）

6. 多抗霉素是目前用量最大的农用抗生素。　　　　　　　　　　　　　　　　　　　（　　）

7. LD$_{50}$ 数值是指 LD$_{100}$ 数值的一半。　　　　　　　　　　　　　　　　　　　（　　）

8. 乳剂的药效比粉剂和可湿性粉剂效果好得多。　　　　　　　　　　　　　　　　　（　　）

9. 2,4-D 丁酯合成的生产流程包括氯化、缩合、酸化、酯化、重结晶。　　　　　　　（　　）

10. 春雷霉素是弱碱性水溶性抗菌剂，不溶于有机溶剂。　　　　　　　　　　　　　　（　　）

四、简答题

1. 农药的定义是什么？农药按用途分为哪几类？目前农药的发展趋势如何？

2. 杀菌剂的化学结构与生物活性有什么关系？

3. 请查阅文献，简述合成敌百虫的过程中酸度是如何影响反应的。

4. 简述灭菌丹的生产工艺过程。

5. 光气是合成农药的一种重要原料，但是光气有剧毒，简要说明光气有何危害，以及防治措施有哪些。

6. 实训项目中为什么要在搅拌下滴加氯乙酸？为什么将对氯苯酚先溶于 NaOH 溶液中，作用何在？

模块七

水处理化学品

模块七

学习目标

知识目标　了解水处理化学品的定义和分类；熟悉凝聚剂和絮凝剂、阻垢分散剂、缓蚀剂、杀菌灭藻剂的常用品种及特点；掌握典型凝聚剂和絮凝剂、阻垢分散剂、缓蚀剂、杀菌灭藻剂的生产技术。

技能目标　能够进行聚丙烯酰胺的合成及水解度的测定；能够辨别聚合反应中的常见现象，并能够对生产中异常情况作出及时的判断和处理；能够对生产数据进行合理的处理和分析。

素质目标

培养安全规范的岗位责任意识；培养化工企业基层员工必备职业素养，弘扬工匠精神；培养分析、总结、提炼、表达的能力。

项目一

基本知识

一、背景概述

　　水资源是人类生活乃至生物赖以生存的极为重要的、不可缺少的物质资源，属于国民经济的基础资源。随着经济的不断发展和人民生活水平的不断提高，对水资源的需求量也越来越大。与

文　档

水处理化学品的
生产现状及发展
趋势

文　档

人工智能赋能化
学工业技术革新

此同时，水资源的污染也日趋严重。

工业用水总量的 80%～90% 主要用来冷却降温，节约用水的关键是尽可能提高冷却水的使用率和重复使用次数。冷却水的循环利用可直接提高水的利用效率，达到节约水资源的目的。为保证循环冷却水的质量，往往投加包括阻垢剂、缓蚀剂、灭藻剂、杀菌剂等多种水处理化学品。这些化学品在工业循环冷却水中，不但要发挥各自的特长，而且还要有良好的相容性以及协同效应，以期更好地完成阻垢、缓蚀、杀菌灭藻、污泥剥离等各项任务。合理用水、节约用水、提高工业用水的重复利用率愈显重要，因此，工业水处理也受到各行各业的普遍关注。水处理行业伴随着经济的快速发展和城市工业化的进程而形成和发展，水资源的短缺和人类环保意识的增强为水处理行业的发展壮大提供了原动力和巨大的市场。

二、水处理化学品的定义和分类

水处理化学品又称水处理剂，早期也称水质稳定剂。它主要指为了除去水的大部分有害物质（如腐蚀物、金属离子、污垢及微生物等）得到符合要求的民用或工业用水而在水处理过程中添加的化学药品，其中包括絮凝剂、阻垢分散剂、缓蚀剂、杀菌剂、锅炉水处理剂以及废水处理剂等化学品，其用途涉及循环冷却水、锅炉水、空调水、饮用水、工业给水、工业废水、污水和油田水处理等多个方面。水处理化学品行业是精细化工产品中的一个重要门类，它对于提高水质，防止结垢、腐蚀、菌藻滋生和环境污染，保证工业生产的高效、安全和长期运行，节水、节能、节材和环境保护等方面均有重大意义。

目前的水处理剂实际上可以分为两类：一类是有明确的分子式、结构式、可以用明确化学物命名的化学品，它是精细化学品的一部分；另一类则是复配产品，没有明确的分子式和化合物名称，而以其用途、性能特点（常冠以牌号）命名的产品，这类产品常常针对某一特定的市场开发生产，需伴随强有力的技术服务出售。人们常将第一类产品称为特种水处理化学品，而将第二种称为专用水处理化学品，本模块主要对特种水处理化学品进行介绍。

水处理剂有十四大类，每一大类中都有 7～8 个产品，而每个产品又有 7～8 个牌号。我国现可生产 100 多个产品，有 800 多个牌号。以有机磷类为例，我国已可生产 HEDP、EDTMP、ATMP、HPA、POCA、PAPEMA，同时还可生产晶体产品、高浓度产品。值得指出的是，尽管有 100 多个产品，但水处理剂的主力产品主要为有机磷中的 HEDP，聚合物中的丙烯酸（酯）共聚物和聚丙烯酰胺。杀菌剂的主力产品要稍多一些，主要是洁尔灭、异噻唑啉酮、二氯异氰脲酸。这些产品性能好、适应性强、有大规模生产装置、价格适中、配伍性优良，在不同的水处理配方中，是首选成分。

缓蚀剂：有机磷及磷酸酯(羟基亚乙基二膦酸HEDP、氨基三亚甲基膦酸
ATMP、乙二胺四亚甲基膦酸EDTMP等)

阻垢剂：聚丙烯酸、丙烯酸共聚物、聚马来酸、聚天冬氨酸等

杀生剂：异噻唑啉酮、洁尔灭、溴代氮川丙酰胺等

絮凝剂：聚丙烯酰胺、聚二烯丙基二甲基氯化铵、聚丙烯酸等

凝聚剂：聚合氯化铝、聚合硫酸铁等

吸附剂：活性炭、沸石等

离子交换树脂：阴离子型、阳离子型、大孔树脂等

（精细化学品）

复配型絮凝剂、凝聚剂

复配阻垢缓蚀剂、杀生剂

复配抗氧剂、脱色剂

复配预膜剂、清洗剂

复配膜阻垢剂、除臭剂

复配重金属螯合剂

（专用化学品）

（水处理化学品）

三、水处理化学品的发展历程

1. 国外发展概况

水处理化学品在发展的初期和中期一般都是简单的无机化合物，如石灰、硫酸、二氧化碳、氯气、磷酸盐等。它们大都为工业原料，价廉易得。但是如果单纯使用无机化合物，水处理效果就会受到一定的限制。因此，开始逐步发展和一些天然的有机化合物复合来达到控制水质的目的。其中，丹宁、淀粉、木质素等都是很早就使用的有机水处理化学品。

20世纪60～70年代是水处理化学品的大发展时期，各种水处理化学品都相继经历了各自发展的鼎盛时期，在此期间各种技术突破层出不穷，品种数量和产量均呈明显上升趋势。为了有效地达到缓蚀、阻垢和杀菌的目的，更好地控制排污水所造成的污染和公害，逐步发展和使用了新型的有机缓蚀剂、有机阻垢剂和有机杀菌剂。其总的趋势是无机水处理化学品正逐步被有机水处理化学品所取代，某些无机水处理化学品往往也只有和有机水处理化学品复合使用才更有效。

20世纪80年代，发达国家水处理化学品一直以8%以上的速度增长，近年来仍保持3%～5%的增幅，其市场已基本趋于饱和并开始转向大量出口。而发展中国家的需求量则是处于高速增长阶段，其中，拉美国家年增长速度达到12%～15%，亚太国家更高达20%。据不完全统计，目前全球水处理化学品市场总值为40亿～50亿美元（包括有机絮凝剂、缓蚀剂、阻垢剂、杀菌剂等），其中美国是水处理化学品生产和消耗最多的国家。

2. 国内发展概况

我国水处理化学品的发展是随着现代水处理技术的引进而发展起来的，开发时间比发达国家晚30～40年，但发展很快，现已形成了自主研制、开发及产业化的体系。

20世纪中叶，中国开始建立现代意义上的污水处理厂。1921年，活性污泥法传播到中国，上海北区污水处理厂建成，成为中国第一座污水处理厂。20世纪50年代，海水淡化技术随着水资源危机的加剧得到了加速发展。中国在这一时期开始研究离子交换膜电渗析海水淡化技术。20世纪80年代，中国水处理化学品行业经历了引进吸收及国产化阶段、创新研发及产业化阶段。在这一时期，中国水处理化学品的品种和性能得到了显著提升，部分产品开始出口。21世纪初中国水处理化学品行业进入完全产业化阶段，市场规模持续增长。新型多功能绿色水处理药剂的开发成为主流发展方向。近年来中国水处理化学品行业继续快速发展，市场规模不断扩大，技术创新活跃，环保需求推动行业向绿色、高效的方向发展。

文档

统筹水资源、水环境、水生态治理

项目二

絮凝剂和凝聚剂

一、絮凝剂和凝聚剂概述

凡是用来将水溶液中的溶质、胶体或者悬浮物颗粒形成絮状物沉淀的物质都叫作絮凝剂。在水处理过程中，絮凝剂能有效去除水中80%～90%的悬浮物和65%～95%的胶体物质，并能有效降低水中的COD_{Cr}值；再者，通过絮凝净化能将水中90%以上的微生物和病毒转入污泥中，使水的进一步消毒杀菌变得更为容易。此外，高分子絮凝剂因具有性能好、适应性强以及脱色效果好等优点，已在其他领域，如制浆造纸、石化、食品、轻纺、印染等行业得以广泛应用。

凝聚剂的应用最早是在20世纪初，用凝聚剂进行工作的快滤池进入给水处理的实践中，其运转经验表明，凝聚剂具有很高的消毒能力。从最早使用的天然凝聚剂到初级合成$AlCl_3$、

FeSO$_4$·7H$_2$O 或硅系列凝聚剂，再到现今使用的高聚合类凝聚剂（如 PAC、PFS、PASS、PAM 等），以及即将到来的生物凝聚剂，人类使用凝聚剂的过程也会经历一个从天然到合成再到天然的循环。混凝方法也由简单的搅拌发展到精确控制搅拌的各种边界条件、选择凝聚剂最适宜应用环境，进而形成许多的混凝理论，在水的净化处理过程起着重要的指导作用。

微课

混凝机理

二、混凝过程和机理

混凝过程和混凝剂在水处理工艺流程中往往居于举足轻重的地位。虽然它常常仅作为前处理环节，为后续分离工序建立前提条件，但它的功能和效果确实影响到全部处理流程和最终水质，而且它的经济费用在运行成本中也占有相当比重。因此，混凝理论和混凝剂生产工艺一直是水处理科技领域中关注和研究的活跃部分。

混凝包括凝聚和絮凝两个过程，其去除对象是粒径在一定范围内的胶体和部分细小悬浮物，可以用来改善原水的浊度、色度等感观指标，还可去除多种高分子有机物、某些重金属和放射性物质。凝聚过程所用的凝聚剂多为无机物，絮凝过程的絮凝剂则多为高分子有机物。

混凝过程机理非常复杂，目前公认的有：压缩双电层、吸附电中和、吸附架桥、网捕卷扫作用四种。

1. 压缩双电层作用机理

胶团双电层的构造决定了在胶粒表面处反离子的浓度最大，随着胶粒表面向外的距离越大则反离子浓度越低，最终与溶液中离子浓度相等，见图 7-1（a）。当向溶液中投加电解质，使溶液中离子浓度增高，则扩散层的厚度将从图上的 Oa 减小至 Ob。

当两个胶粒互相接近时，由于扩散层厚度减小，ζ 电位降低，因此它们互相排斥的力就减小了，也就是溶液中离子浓度高的胶粒间斥力比离子浓度低的要小。胶粒间的吸力不受水相组成的影响，但由于扩散层减薄，它们相撞时的距离就减小了，这样相互间的吸力就增大了。由图 7-1（b）、（c）可见其排斥与吸引的合力由斥力为主变成以吸力为主（排斥势能消失了），胶粒得以迅速凝聚。

根据这个机理，当溶液中外加电解质超过发生凝聚的临界凝聚浓度很多时，也不会有更多超额的反离子进入扩散层，不

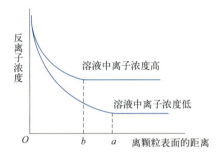

(a) 溶液中离子浓度与扩散层厚度的关系

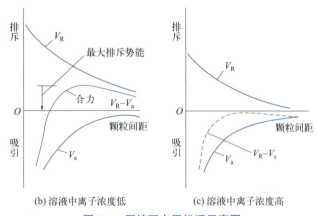

(b) 溶液中离子浓度低   (c) 溶液中离子浓度高

图 7-1　压缩双电层机理示意图

可能出现胶粒改变符号而使胶粒重新稳定的情况。这样的机理是基于单纯静电现象来说明电解质对胶粒脱稳的作用，但它没有考虑脱稳过程中其他性质的作用（如吸附），因此不能解释一些复杂的脱稳现象，例如三价铝盐与铁盐作混凝剂投量过多，凝聚效果反而下降，甚至重新稳定；又如与胶粒带同电荷的聚合物或高分子有机物可能有好的凝聚效果；等电状态应有最好的凝聚效果，但往往在生产实践中 ζ 电位大于零时混凝效果却最好。

2. 吸附电中和作用机理

吸附电中和作用指胶粒表面对异号离子、异号胶粒或链状高分子带异号电荷的部位有强烈的

吸附作用。由于这种吸附作用中和了它的部分电荷，减小了静电斥力，因而容易与其他颗粒接近而互相吸附。此时静电引力常是这些作用的主要方面，但在不少的情况下，其他的作用可超过静电引力。例如，用 Na^+ 与十二烷基胺离子（$C_{12}H_{25}NH_3^+$）去除带负电荷的碘化银溶液造成的浊度，发现同是一价的有机胺离子脱稳的能力比 Na^+ 大得多，Na^+ 过量投加不会造成胶体脱稳，而有机胺离子则不然，超过一定投量时能使胶粒发生再稳现象，说明胶粒吸附了过多的反离子，使原来带的负电荷转变成带正电荷。铝盐、铁盐投加量高时也发生再稳现象以及电荷变号现象。上面的现象用吸附电中和的机理解释是很合适的。

3. 吸附架桥作用机理

吸附架桥作用主要是指高分子物质与胶粒的吸附与桥连，也可理解成两个大的同号胶粒中间由于有一个异号胶粒而联结在一起。高分子絮凝剂具有线型结构，它们具有能与胶粒表面某些部位起作用的化学基团，当聚合物与胶粒接触时，基团能与胶粒表面产生特殊的反应而互相吸附，而聚合物分子的其余部分则伸展在溶液中（见图 7-2 反应 1），可以与另一个表面有空位的胶粒吸附（图 7-2 反应 2），这样聚合物就起了架桥连接的作用。若胶粒少，上述聚合物伸展部分黏结不着第二个胶粒，则这个伸展部分迟早还会被原先的胶粒吸附在其他部位上，这个聚合物就不能起架桥作用了，而胶粒又处于稳定状态（图 7-2 反应 3）。高分子絮凝剂投加量过大时，会使胶粒表面饱和产生再稳现象（图 7-2 反应 4）。已经架桥絮凝的胶粒，如受到剧烈的长时间的搅拌，架桥聚合物可能从另一胶粒表面脱开，重又卷回原所在胶粒表面，造成再稳定状态（图 7-2 反应 5、6）。

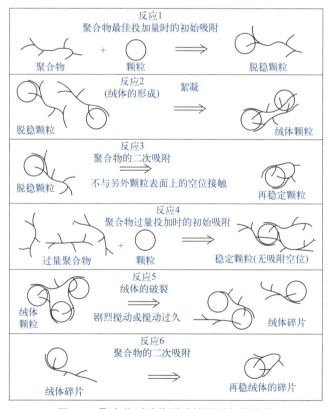

图 7-2　聚合物对胶体脱稳的吸附架桥作用

聚合物在胶粒表面的吸附来源于各种物理化学作用，如范德华力、静电引力、氢键、配位键等，取决于聚合物同胶粒表面二者化学结构的特点。

该机理可解释非离子型或带同电荷的离子型高分子絮凝剂能得到好的絮凝效果的现象。

4. 网捕卷扫作用机理

当金属盐（如硫酸铝或氯化铁）、金属氧化物或氢氧化物（如石灰）作凝聚剂，投加量大得足以迅速沉淀金属氢氧化物 [如 $Al(OH)_3$、$Fe(OH)_3$、$Mg(OH)_2$] 或金属碳酸盐（如 $CaCO_3$）时，水中的胶粒可被这些沉淀物在形成时所网捕。当沉淀物是带正电荷 [$Al(OH)_3$ 及 $Fe(OH)_3$ 在中性和酸性 pH 范围内] 时，沉淀速度可因溶液中存在的阴离子而加快，例如硫酸银离子。此外，水中胶粒本身可作为这些金属氢氧化物沉淀物形成的核心，所以凝聚剂最佳投加量与被除去物质的浓度成反比，即胶粒越多，金属凝聚剂投加量越少。

以上介绍的四种混凝机理，在水处理中不是孤立的现象，而往往可能是同时存在的，只是在一定情况下以某种现象为主而已，目前看来它们可以用来解释水的混凝现象。但混凝的机理尚在发展，有待通过进一步的实验以取得更完整的解释。

微 课

凝聚剂

三、凝聚剂

凝聚剂是指加入水中后通过电中和或压缩双电层使胶体粒子产生脱稳作用的一类化学品。凝聚剂以无机物为主，按金属盐种类可分为铝盐系和铁盐系；按阴离子成分又可分为盐酸系和硫酸系，按分子量不同可分为低分子系和高分子系两大类。

低分子凝聚剂主要为铝盐和铁盐。铝盐中主要有硫酸铝 [$Al_2(SO_4)_3 \cdot 18H_2O$]、明矾 [$Al_2(SO_4)_3 \cdot K_2SO_4 \cdot 24H_2O$]、铝酸钠（$NaAlO_3$）。铁盐主要有三氯化铁（$FeCl_3 \cdot 6H_2O$）、硫酸亚铁（$FeSO_4 \cdot 6H_2O$）和硫酸铁 [$Fe_2(SO_4)_3 \cdot 2H_2O$]。硫酸铝凝聚剂在我国使用最为广泛，三氯化铁是另一种常用的低分子凝聚剂，具有易溶于水，形成大而重的絮体，沉降性能好，对温度、水质和 pH 的适应范围广等优点，但其腐蚀性较强，具有刺激性气味，操作条件差。无机低分子絮凝剂的优点是经济、用法简单，但用量大、残渣多。

高分子凝聚剂是 20 世纪 60 年代以来在传统的铁盐和铝盐基础上发展起来的一类新型水处理药剂。其凝聚效果好，价格相对较低，已逐步有成为主流凝聚剂的趋势。其代表产品有：聚合氯化铝（PAC）、聚合硫酸铝（PAS）、聚合硫酸铁（PFS）等。

复合型高分子凝聚剂是 20 世纪 80 年代研制开发的一种新型凝聚剂，是指含有铝盐、铁盐和硅酸盐等多种具有凝聚或助凝作用的物质，经过一定的工艺形成羟基化的更高聚合度的无机高分子产品。目前，国内外研究得比较多的有：聚合硅酸铝、聚合硅酸铁、聚合硅酸铁铝和聚合硫酸氯化铝等。

（一）主要品种

1. 硫酸铝

硫酸铝含有不同数量的结晶水，$Al_2(SO_4)_3 \cdot nH_2O$，其中 $n = 6$、10、14、16、18 和 27，常用的是 $Al_2(SO_4)_3 \cdot 18H_2O$，其分子量为 666.41，相对密度为 1.61，外观为白色光泽结晶。

硫酸铝易溶于水，水溶液有酸性，室温时溶解度大致是 50%，pH 值在 2.5 以下。沸水中溶解度可以提高至 90% 以上。

硫酸铝适用范围较广泛，可用于饮用水的净化、工业循环冷却水的处理及工业污水的处理。此外，硫酸铝还在造纸工业中用作添加剂，木材工业中用作防腐剂，印染工业中作为媒染剂和印花防止渗色剂，石油工业中用作除臭剂，医药工业中用作收敛剂等。

作为凝聚剂，硫酸铝使用方便，凝聚效果好，不会给处理后的水质带来不良影响，当水温低时硫酸铝水解困难，形成的絮体较松散，处理效果不及铁盐。但是，使用时对水的有效 pH 值范围要求较窄，在 5.5～8 之间。其有效 pH 值随原水的硬度含量而异，对于软水，pH 值为 5.7～6.6；中等硬度的水为 6.6～7.2；硬度较高的水则为 7.2～7.8。在控制硫酸铝计量时应考虑上述特性。有时加入过量硫酸铝，会使水的 pH 值降至铝盐凝聚有效 pH 值以下，既浪费了药剂，又使处理后的水发浑。

硫酸铝在溶液中将按下式发生离解：

$$Al_2(SO_4)_3 \rightleftharpoons 2Al^{3+}+3SO_4^{2-}$$

然后，Al^{3+} 水解生成多种产物：

$$Al^{3+}+nH_2O \rightleftharpoons [Al(OH)_n]^{3-n}+nH^+$$

产物为单、多核羟基配合物，其具有凝聚作用，能捕集水中的胶态杂质而形成絮状沉淀，从而使水澄清。

2. 聚合氯化铝

聚合氯化铝（aluminium polychloride），又名聚合铝、碱式氯化铝。化学通式为 $[Al_2(OH)_nCl_{6-n} \cdot xH_2O]_m$（$m \leqslant 10$，$n=1 \sim 5$）。是介于氯化铝和氢氧化铝之间的产物，通过羟基而架桥聚合，分子中带有数量不等的羟基。无色或黄色树脂状固体。其溶液为无色或黄褐色透明液体，有时因含杂质而呈灰黑色黏液。

聚合氯化铝是目前技术最成熟、市场销售量最大的无机高分子水处理剂，主要用于净化饮用水和给水的特殊水质处理，如除铁、除氟、除镉、除放射性污染物、除漂浮油等。也用于工业废水处理，如印染废水等。此外，还用于精密铸造的硬化剂、印染的漂染剂、造纸的施胶剂、制革的鞣剂、耐火材料的黏结剂等。

聚合氯化铝对水中胶体颗粒和胶体污染物的去除，主要是通过 Al（Ⅲ）水解 - 聚合产物对其进行电性中和、脱稳和吸附架桥作用生产粗颗粒絮凝体而完成的。聚合氯化铝的作用可概括为 3 个方面：①对水中胶体颗粒污染物进行电性中和脱稳的凝聚作用；②对已凝聚的次生粗大颗粒进行吸附架桥的絮凝作用；③除去水中有害离子的吸附和配合作用。

盐基度（Basicity，缩写为 B），又名碱化度，是样品中 OH^- 和 Al^{3+} 的摩尔比的三分之一，即 $B=[OH]/3[Al]$。例如：$Al_2(OH)_5Cl$ 的盐基度为 $B=5/(3 \times 2)=83.3\%$。它是衡量聚合氯化铝中 OH^- 的重要指标，与聚合氯化铝的水解形态分布及混凝效果有密切关系，其值越高，说明化合物中羟基比例越大，其黏结架桥作用越强，但易生成 $Al(OH)_3$ 沉淀而稳定性差。控制适当的盐基度可获得所需的优质氯化铝。目前生产的聚合氯化铝的碱化度一般控制在 50%～80% 之间。

与其他水处理剂相比，聚合氯化铝在性能和使用方面具有以下特点：

① 净化效率高，耗药量少，出水浑浊度低，色度小，过滤性能好，原水浑浊度高时效果尤为显著。

② 温度适应性高，适用的 pH 值范围宽，pH 值在 5 ～ 9 的范围内都可使用。

③ 使用操作方便，对设备和管道腐蚀性小，劳动条件好。

④ 设备简单，操作方便，投加量小，制水成本较低。

聚合氯化铝的生产方法按工艺不同可分为：碱溶法、酸溶法和中和法等。根据所用原料不同可分为：金属铝（如铝灰、铝渣、铝屑等）法、氢氧化铝法、三氧化二铝（如铝矾土、煤矸石等）法等。固体 PAC 是将液体 PAC 用喷雾干燥或滚筒干燥得到的，喷雾干燥是比较理想的干燥方式，适合大规模生产，而生产规模较小的生产企业采用滚筒干燥也是可行的。

3. 三氯化铁

三氯化铁是一种常用的凝聚剂，也是一种极强的氧化剂。主要用作饮水的净水剂和废水的处理净化沉淀剂。此外，在其他行业也有应用：印染工业用作靛蓝染料染色时的氧化剂和印染媒染剂，是有机合成二氯乙烷等的催化剂，生产肥皂的废液回收甘油时的凝聚剂等，银矿和铜矿的氯化浸提剂等。

水处理剂三氯化铁产品有固体和液体两种形式。固体产品为黑棕色六方系结晶，相对密度 2.898，熔点 306℃，分解温度 315℃。液体产品为红棕色液体，相对密度 1.42。水溶液呈酸性，对金属有氧化腐蚀作用。水解形成的絮凝体沉淀性能好。氯化铁对高温浊度水及低温浊度水的净化效果优于硫酸铝等铝盐和硫酸亚铁，适宜的 pH 值范围也较宽，但其溶液的强腐蚀性限制了三氯化铁的更广泛使用。

固体产品氯化铁的制备是以铁屑为原料，在高温下与氯气发生氯化反应生产三氯化铁蒸气，再经冷凝成固体结晶。制备液体氯化铁方法有两种：一是盐酸法，盐酸和铁屑在反应器中反应生产氯化亚铁溶液，再通入氯气进行氯化生产三氯化铁溶液；二是一步氯化法，将氯气直接通入浸泡铁屑的水中进行氯化反应，生产三氯化铁溶液，经澄清过滤，得液体成品。产品质量标准及检测方法详见 GB/T 4482—2018。

4. 聚合硫酸铁（PFS）

聚合硫酸铁（ferric polysulfate），分子式可表示为 $[Fe_2(OH)_n(SO_4)_{3-n/2}]_m$，式中 $n < 2$，$m > 10$。其产品有液体和固体两种。液体产品是红褐色的黏稠液体。固体产品是一种淡黄色的颗粒，相对密度 1.45。水解后可产生多种高价和多核配离子，对水中悬浮胶体颗粒进行电性中和，降低电位，促使粒子相互凝聚，同时产生吸附、架桥交联等作用，从而达到净水目的。该产品具有优良的脱水性能。当与凝聚剂聚合氯化铝联用时，能表现出极强的协同效应。

聚合硫酸铁（简称聚铁）具有投药量低、对水的 pH 值适用范围较宽，同时具有脱色，去除重金属离子，降低水中的 COD（化学需氧量）、BOD（生化需氧量）和提高杀灭细菌效果等优点，广泛用于生活饮用水、各种工业用水、工业废水的净化。

铁盐与铝盐具有相似的絮凝作用机理，于是在聚合氯化铝特性的启迪下，人们开发了铁系无机高分子聚合物——聚合硫酸铁。与聚合氯化铝在水中的水解-缩聚的过程相似，聚合硫酸铁在水中，即提供了多核配离子，它还会继续水解和缩聚（羟基架桥）直至最终生产氢氧化物。聚合硫酸铁及其水解-缩聚过程中产生的聚合物，具有强烈的吸附架桥连接、降低动电位（ζ电位）等作用，凝聚力强，凝聚速度快，絮凝体密度大，沉降快速。

聚合硫酸铁的生产方法多种多样，既可以采用强氧化剂（如 H_2O_2、NaClO、$KClO_3$ 和 MnO_2 等）将亚铁离子直接氧化为铁离子，再经水解和聚合而得到聚合硫酸铁；也可以在催化剂的作用下，利用空气或氧气将亚铁离子氧化为铁离子，同样经水解和聚合而得到聚合硫酸铁。目前，国内外工业化生产聚合硫酸铁普遍采用催化氧化法，并且主要是选用亚硝酸钠、硝酸等作为催化剂。在催化剂的作用下，硫酸亚铁在酸性环境下经氧化、水解和聚合等过程即制得了一种棕红色、黏稠状液体聚合硫酸铁。

催化（以催化剂 $NaNO_2$ 为例）氧化法生产聚合硫酸铁的反应原理如下所示：

（1）催化氧化反应

$$H_2SO_4 + 2NaNO_2 \longrightarrow 2HNO_2 + Na_2SO_4$$
$$H_2SO_4 + 2HNO_2 + 2FeSO_4 \longrightarrow Fe_2(SO_4)_3 + 2NO\uparrow + 2H_2O$$
$$2NO + O_2 \longrightarrow 2NO_2$$
$$H_2SO_4 + NO_2 + 2FeSO_4 \longrightarrow Fe_2(SO_4)_3 + NO\uparrow + H_2O$$

总反应式为：

$$4FeSO_4 \cdot 7H_2O + (2-n)H_2SO_4 + O_2 \longrightarrow 2Fe_2(OH)_n(SO)_{3-n/2} + (30-2n)H_2O \quad (0 \leqslant n < 2)$$

（2）水解反应

$$Fe_2(SO_4)_3 + nH_2O \longrightarrow Fe_2(OH)_n(SO_4)_{3-n/2} + n/2 H_2SO_4$$

（3）聚合反应

$$mFe_2(OH)_n(SO_4)_{3-n/2} \longrightarrow [Fe_2(OH)_n(SO_4)_{3-n/2}]_m$$

因 $NaNO_2$ 有致癌作用，易残存于产品中，因此该催化剂生产的产品不适合于饮用水处理。此外，反应过程中有副产物 NO、NO_2 产生，污染环境，后期尾气处理工序比较复杂。

固体聚铁（SPFS）贮存方便，便于运输。因此，对 SPSF 的需求越来越大。SPSF 的制备通常是将制得的液体产品进行干燥（如喷雾干燥、减压蒸发等）。

聚合硫酸铁的质量好坏主要取决于两个指标，即总铁含量及盐基度，其中盐基度显得尤为重要。盐基度越高，产品聚合度也越高，其形成的矾花越大，凝聚效果越好，聚体的沉降速度越快。总铁含量可以通过投料配比来调节，容易掌握；而盐基度却受到投料配比及一系列操作参数的严重影响。

5. 聚合硅酸铝盐

聚合硅酸铝盐（PASS）是一种新型的复合型无机高分子凝聚剂，是在活化硅酸（聚硅酸）及铝盐凝聚剂基础上发展起来的聚硅酸和铝盐的复合产物。由于 PASS 含有较多的具有良好凝聚效果的反应性铝和聚硅酸，对胶体的混凝过程中可同时产生静电中和、吸附架桥以及网捕等三种功能，并且由于铝离子与硅酸之间存在着吸附配合作用，而使聚硅酸具有一定的稳定性。因此处理水时具有用量少、能生产高密度的絮状物、沉降迅速、处理后残留铝少、处理低温低浊度水有特效等特点，这也使聚合硅酸铝盐成了国内外凝聚剂研制的热点。

国内外报道的 PASS 的制备方法主要有三种：①以矿石、废矿渣、粉煤灰等作为原料，将其中的 SiO_2、Al_2O_3 等以硅酸盐、铝盐等形式提取出来，在一定的条件下反应聚合制备聚合硅酸铝盐（PASS）；②将铝盐引入聚硅酸溶液中制备 PASS；③以硅酸钠、铝酸钠和硫酸铝等作为原料在高剪切工艺下制备聚合硅酸硫酸铝（PASS）。

（二）典型硫酸铝生产技术

硫酸铝的生产方法较多，如硫酸分解铝土矿法、硫酸分解氢氧化铝法等。后一种方法主要用于生产无铁硫酸铝。铝土矿法根据工艺不同可分为：常压法、煅烧法和加压法，常压法铝溶出率低，煅烧法能耗高。所以，硫酸加压分解铝土矿法是目前工业上生产硫酸铝的主要方法。

现对硫酸加压分解铝土矿法进行介绍：

1. 原料准备

铝土矿的主要成分是三水铝石（$Al_2O_3 \cdot 3H_2O$）、一水铝石和二氧化硅，另外还含有微量的铁、钙、镁、钛等金属化合物。根据 Al_2O_3 含量和 Al/Si 不同，铝土矿又被分为高、中、低不同品位矿。由于矿产资源的逐步减少、价格上涨、工艺过程节能的需要等，目前大多数企业已经开始研究将原料由较高品位铝土矿向中低品位，或高低品位搭配方向改变。

铝土矿在参加反应前还要进行一系列处理：①首先用颚式破碎机进行粗粉碎，再用球磨机或雷蒙磨进行细粉碎。矿粉粒度越小，反应速度越快，但粒度太小粉碎费用高，且在沉降工艺中，沉降速度慢。所以，实际生产中，矿粉粒度为 90% 通过 60 目标准筛。②将矿粉与 2 次（或 3 次）洗液混合调浆，调好矿浆备用。该操作可改善矿粉直接加入反应釜带来的工作环境粉尘污染。

2. 生产原理

矿粉和硫酸在一定压力（一般为 0.3MPa）下的密闭容器中发生一系列酸解反应，主反应为：

$$Al_2O_3 + 3H_2SO_4 \longrightarrow Al_2(SO_4)_3 + 3H_2O$$

当 Al_2O_3 过量时，还有一定量碱式硫酸铝生成：

$$Al_2O_3 + 2H_2SO_4 \longrightarrow 2Al(OH)SO_4 + H_2O$$

矿粉中其他金属氧化物，也会不同程度地与硫酸发生大量副反应，生成相应的硫酸盐。反应式如下：

$$Fe_2O_3 + 3H_2SO_4 \longrightarrow Fe_2(SO_4)_3 + 3H_2O$$
$$FeO + H_2SO_4 \longrightarrow FeSO_4 + H_2O$$
$$CaO + H_2SO_4 \longrightarrow CaSO_4 + H_2O$$
$$MgO + H_2SO_4 \longrightarrow MgSO_4 + H_2O$$

铁之外的其他金属含量少，对硫酸铝的影响不大，可以忽略，而我国现行标准对硫酸铝中铁含量有明确的要求，故需要将其清除。

3. 工艺流程

硫酸加压分解铝土矿法生产硫酸铝的工艺流程如图 7-3 所示。

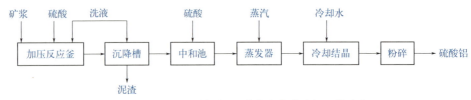

图 7-3　硫酸加压分解铝土矿法生产硫酸铝工艺流程

4. 生产方法

将准备好的矿浆用泵打入反应釜内，加入计量好的浓硫酸，控制混合物的酸浓度为 55% ～ 59%。密闭反应，反应压力 0.3MPa，反应 6 ～ 8h，当 Al_2O_3 溶出率达 80% ～ 90% 及反应液盐基度（Al_2O_3 含量，下同）为 3 ～ 4g/L 时，停止反应。将反应液放入已加入二次洗液的沉降槽中，用压缩空气进行搅拌、洗涤，并加入凝聚剂聚丙烯酰胺加速残渣沉降。沉降结束，将沉降槽上部清液送入中和池，加入硫酸中和至中性或微酸性，盐基度 ＞ 0.1g/L；槽底部的渣浆液要洗涤 5 遍左右，最后用渣浆泵将其打入渣浆池中。中和液送入单效蒸发器中，用蒸汽间歇加热，浓缩温度为 115℃；浓缩液输送到钢带结晶机上，冷凝成固体片。再进入锤式破碎机粉碎成粒径 10 ～ 20mm 后计量，包装。

注意事项：①硫酸浓度越大，反应越快，但浓度过大，反应物料密度大，分散程度低，扩散慢，硫酸铝附着在矿粉微粒表面，阻止了反应的进一步进行。故需要将硫酸稀释成适当浓度才有利于反应的进行。②铝土矿为天然产物，每一批的成分与晶型不尽相同，所以，它与硫酸的反应难以理论比进行。如果硫酸过量，产品就含游离酸，不合格。考虑到氧化铝是两性氧化物，随着条件的不同发生不同的反应。可以将矿粉适当过量，让反应产物中有一部分为碱式硫酸铝，待反应结束后加入硫酸中和，便可生产出符合标准要求的产品。

5. 产品质量标准

硫酸铝固体产品为白色或微带灰色粒状或块状。液体产品为微绿色或微灰黄色。带有微绿色是由于其中含有微量的低价铁，晶体表面的低价铁因被氧化成高价铁而显黄色。我国硫酸铝现行技术指标见表 7-1。

表7-1　硫酸铝现行技术指标

项目		I 类		II 类			
		固体	液体	固体		溶液	
				一等品	合格品	一等品	合格品
氧化铝（Al_2O_3）含量 /%	≥	16	7.0	15.8	15.6	6.0	6.0
铁（Fe）含量 /%	≤	0.0050	0.0025	0.30	0.50	0.25	0.50
水不溶物含量 /%	≤	0.10	0.05	0.10	0.20	0.05	0.10
pH		≥ 3.0	2.0 ～ 4.0	≥ 3.0		2.0 ～ 4.0	

6. 产品包装

水处理剂硫酸铝（固体）的包装为内层聚氯乙烯塑料袋，外层防水编织袋。每袋净重 50kg。产品必须储存在阴凉、通风、干燥、防潮、避热的地方。防止日晒雨淋，并与氧化剂分开存放，搬运过程中切忌损坏包装。

水处理剂硫酸铝（溶液）用玻璃钢槽车或塑料桶包装，每桶净重 25kg、30kg、35kg。

7. 产品使用

（1）在溶解池中注入常温自来水，开启搅拌器；然后加入硫酸铝，硫酸铝与自来水的比例为

1：5～2：5（质量比），混合搅拌至均匀的浅绿色液体为止，完全溶解后加水稀释至所需浓度使用。注意：水的 pH 值在 5～8 之间。

（2）由于原水性质各异，需根据所处理水质的特性进行现场调试或做烧杯试验，选择出最佳使用条件和投药量，已达到最理想的处理效果。凝聚剂处理时，硫酸铝的加药量一般为 5～50mg/L，若为了除磷，投加量可增至 90～110mg/L。

（3）溶解硫酸铝的溶解池，应使用 PVC 塑料或耐腐蚀材料制成。

8. 创新导引

提高水处理系统除污效率中的一个关键环节是强化混凝环节，选择适合处理原水水质的优质高效的混凝剂则是提高混凝效率的重要途径之一。在混凝设施及水力条件一定的情况下，混凝剂种类的选定、投入量的多少直接影响混凝效果及其后续处理，也是水厂制水成本的直接影响因素。在此基础上影响混凝效果的因素还有哪些呢？请查阅资料学习研究。

（三）聚合氯化铝生产技术

我国聚合氯化铝的工业生产基本上都采用酸溶法，而原料的选取大多是因地制宜，不同企业根据原料来源的难易程度及产品要求选用了不同的原料。下面以金属铝酸溶法为例来介绍聚合氯化铝的生产技术。

1. 原料准备

国内多以铝灰（熔炼合金的副产品，主要成分为三氧化二铝和金属铝）为原料，生产聚合氯化铝。原料酸采用的是工业盐酸。

铝灰是一种工业废渣，容易和其他废渣混杂，因而购入厂内的铝灰也应按铝和铝合金的牌号和质量的等级分类保管，以便生产使用和净化处理。

铝灰中含有的氮化铝，当遇水或吸潮后，发生水解反应，生产氨：$AlN+3H_2O \longrightarrow Al(OH)_3+NH_3 \uparrow$。一方面污染环境，另一方面造成碱性条件，促使铝灰中铝和氧化铝的水解，生成氢氧化铝，并随时间的增长而陈化。这种铝灰与盐酸反应时将失去或降低反应活性。因此，铝灰最好在干燥室内贮藏，及时使用。

铝灰在使用前应进行筛分，去除杂物，将块状铝渣和铝灰分别使用。使用前进行水洗，一方面可以除去水溶性的氯化钠、氯化钾、氯化镁等盐类；另一方面还能降低盐酸耗量和产品的氨氮含量。但是，水洗后的铝灰不能再贮存，应随洗随用。

2. 生产原理

铝灰的主要成分是铝，新鲜铝灰中铝主要有两种形态，一种为分散度较大的金属铝细粒，另一种为非晶型 Al_2O_3 和 $\gamma\text{-}Al_2O_3$ 的混合物。两种形态的铝均能与盐酸进行激烈的放热反应，反应可分为溶出、水解、聚合三个过程。反应式表示如下。

溶出反应：
$$2Al+6HCl+12H_2O \longrightarrow 2[Al(OH_2)_6]Cl_3+3H_2 \uparrow$$
$$Al_2O_3+6HCl+9H_2O \longrightarrow 2[Al(OH_2)_6]Cl_3$$

水解反应：
$$[Al(OH_2)_6]Cl_3 \rightleftharpoons [Al(OH_2)_5(OH)]Cl_2+HCl$$
$$[Al(OH_2)_5(OH)]Cl_2 \rightleftharpoons [Al(OH_2)_4(OH)_2]Cl+HCl$$

聚合反应：
$$2[Al(OH_2)_5(OH)]Cl_2 \rightleftharpoons [Al_2(OH_2)_8(OH)_2]Cl_4+2H_2O$$
$$[Al(OH_2)_4(OH)_2]Cl \rightleftharpoons [Al_2(OH_2)_6(OH)_4]Cl_2+2H_2O$$

铝灰中铝的溶出使 pH 值升高，促使配位水发生水解，而水解生成的 HCl 又促使溶出反应继续进行，随着 pH 值继续升高，在相邻两个羟基间发生架桥聚合作用，聚合反应降低了水解产物的浓度，从而促使水解反应继续进行。溶出、水解、聚合反应互相交替促成。使反应向高铝浓度、高盐基度、高聚合度方向发展。

3. 工艺流程

铝灰酸溶法生产聚合氯化铝工艺流程见图 7-4。

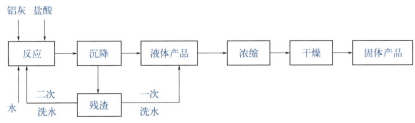

图 7-4　铝灰酸溶法生产聚合氯化铝工艺流程示意图

4. 生产方法

反应开始前，按反应釜总体积计算盐酸和铝灰总投量，投料的总体积一般不得超出反应器总体积的 50%（包括稀释水量），或者按反应器的总体积（m³）1/2 来确定每釜可生产的成品碱式氯化铝溶液量（吨），例如：反应器体积为 10m³，则每次每釜的碱式氯化铝产量约为 5 吨，再按产量计算投料，以免投料过多反应物料溢出。反应投料量的计算可按照下式进行估算：

$$Q = 0.69 A\eta K（100-B）$$

式中　Q——每 1000kg 铝灰需用 31% 工业盐酸的质量，kg；

　　　A——铝灰中的氧化铝质量分数，%；

　　　η——铝灰的氧化铝溶出率，与操作条件和铝灰的质量有关，其值一般为 0.5～0.85；

　　　K——盐酸挥发损失系数，取值范围 1.1～1.2；

　　　B——成品预期的盐基度，根据水源水质而异，一般选用 40%～80%。

将计算好的盐酸量一次用洗水稀释至适当浓度，加入反应釜中，再将洗净的铝灰加入釜中，搅拌均匀后盖上反应釜盖（釜盖上应设有排气口、加料口、观察孔等）。数分钟后，反应激烈，氢气和氯化氢气体向外排出，这时开启喷淋洗水阀门，用洗水吸收氯化氢气体，一定时间以后，氯化氢气体停止溢出，即可关闭喷淋洗水阀门。

反应过程中应补充水分（洗水），并不断搅拌，以免铝灰在釜底结块，同时控制反应温度在 95℃。整个反应过程 6～14h 后变缓慢，这时可加入洗水，使反应物料稀释到密度为 1.25～1.30g/cm³，pH 值 4～4.5，保温自然反应、聚合熟化。为了置换出产品中由于采用合金铝灰而带入的重金属杂质和砷，可在这时加入少量铝块和铝屑。

反应物料经 16～18h 的自然反应、置换和聚合熟化之后，溶液 pH 值略有上升。重金属被置换于铝块或铝屑上，将其取出，用水冲去吸附杂质，留待下次继续使用。将反应溶液进行粗滤，再送入沉淀池。为了进一步去除重金属杂质，可以加入硫化钠溶液搅拌均匀，沉淀。反应残渣用水洗涤两次，第一次洗水合并入原液。第二次洗水供作稀释和补充水用。最后的反应残渣视铝含量大小，或供第二次继续反应，或取出供综合利用。沉淀 1～3 天后的碱式氯化铝溶液经检验合格后，用泵抽入高位槽，作为液体产品出售或生产固体碱式氯化铝用。

注意事项：如果产品的盐基度达不到要求，目前工业上主要采用加入铝酸钙［主要成分为CaO、Al₂O₃、Fe₂O₃，也可表示为CaAl₂(OH)₈］粉的方法来提高产品盐基度。反应式为 5Al₂(OH)₂Cl₄+CaAl₂(OH)₈ ⟶ 6Al₂(OH)₃Cl₃+CaCl₂，产品的碱化度可以提高到65%～70%以上。

5. 产品质量标准

液体产品是无色、淡灰色、淡黄色或棕褐色透明或半透明液体，无沉淀。固体产品是白色、淡灰色、淡黄色或棕褐色晶粒或粉末。我国生活饮用水用聚氯化铝现行技术指标见表7-2。

表7-2　我国生活饮用水用聚合氯化铝现行技术指标（GB 15892—2020）

指标名称		指标（水处理剂）	
		液体	固体
密度（20℃）	≥	1.21	—
氧化铝（Al_2O_3）的质量分数 /%	≥	10	29
盐基度 /%		45.0 ～ 90.0	
水不溶物 /%	≤	0.1	
pH 值（10g/L 水溶液）		3.5 ～ 5.0	
砷（As）的质量分数 /%	≤	0.0001	
铬（Cr）的质量分数 /%	≤	0.0005	
汞（Hg）的质量分数 /%	≤	0.00001	
铅（Pb）的质量分数 /%	≤	0.0005	
镉（Cd）的质量分数 /%	≤	0.0001	

表中所列产品的不溶物、砷、铅、镉、汞、铬的指标均按 Al_2O_3 质量分数为 10% 计，当 Al_2O_3 含量大于 10% 时，应将实际含量折算成 Al_2O_3 为 10% 产品比例，计算出相应的质量分数

聚合氯化铝现行行业标准见表7-3。

表7-3　聚合氯化铝现行化工行业标准（GB/T 22627—2022）

指标名称		指标（工业级）	
		液体	固体
外观		液体产品为白色至黄色或黄褐色液体，无异味。固体产品为白色至黄色或黄褐色颗粒或粉末	
氧化铝（Al_2O_3）/%	≥	8.0	28.0
密度（20℃）/（g/cm³）	≥	1.12	—
盐基度 /%		20 ～ 98	
不溶物的质量分数 /%	≤	0.4	
pH 值（10g/L 溶液）		3.5 ～ 5.0	
氨氮（以 N 计）的质量分数 /%	≤	0.05	
铁（Fe）的质量分数 /%	≤	1.5	
砷（As）的质量分数 /%	≤	0.0005	
铅（Pb）的质量分数 /%	≤	0.002	
镉（Cd）的质量分数 /%	≤	0.0005	
汞（Hg）的质量分数 /%	≤	0.00005	
铬（Cr）的质量分数 /%	≤	0.005	

表中所列产品的不溶物、铁、氨氮、砷、铅、镉、汞、铬的指标均按 Al_2O_3 质量分数为 10% 计，当 Al_2O_3 含量 ≠ 10% 时，应将实际含量折算成 Al_2O_3 为 10% 产品比例，计算出相应的质量分数

6. 产品包装

液体产品用清洁、耐酸碱的专用储罐或聚乙烯塑料桶包装，每桶净重 25kg 或 50kg，也可用槽车运输。固体产品用内衬聚乙烯塑料袋的塑料编织袋包装，每袋净重 25kg 或 50kg。产品应贮存在阴凉、通风、干燥、清洁的库房中。运输过程中要防雨淋和烈日暴晒，应防止潮解。失火时，可用沙土、二氧化碳灭火器扑救。

7. 产品使用

① 根据原水不同情况，使用前可先做小试求得最佳药量。为便于计算，小试溶液配制按质量比，一般以 2% ～ 5% 为好。如配 3% 溶液：称聚氯化铝固体 3g，盛入洗净的 200mL 量筒中，加清水约 50mL，待溶解后再加水稀释至 100mL 刻度，摇匀即可。

② 生产时按聚氯化铝固体∶清水 =1∶9 ～ 1∶15 质量比（液体产品采用 1∶2 ～ 1∶5）

混合溶解即可。氧化铝含量低于 1% 的溶液易水解，会降低使用效果，浓度太高不易投加均匀。

③ 加药按小试求得的最佳投加量投加，并在运行中注意观察调整。如见沉淀池矾花少，余浊大，则投加量过少；如见沉淀池矾花大且上翻，余浊高，则加药量过大，应适当调整。

四、絮凝剂

絮凝剂是指加入水中后使脱稳后的胶体粒子通过粒间搭桥和卷扫等作用形成大的絮体而出现沉降的一类化学品。絮凝剂同无机高分子凝聚剂相比，具有用量少、絮凝速度快、受共存盐类和 pH 值及温度影响小、生成污泥量少、节约用水、容易处理等优点，因而有着广阔的应用前景。目前使用的絮凝剂主要有天然高分子化合物和人工合成高分子化合物两大类。

天然高分子絮凝剂，可以是纯天然提取，但更多是对天然提取物进行改性而得到的高分子化合物。按其来源不同可分为淀粉类衍生物、纤维素衍生物、多糖及其改性絮凝剂、蛋白质类衍生物絮凝剂、改性植物胶以及微生物絮凝剂。天然高分子絮凝剂具有易生物降解、本身或中间降解产物对人体无毒、选择性大、价廉、产泥量少等优点。这类絮凝剂的研究开发为天然资源的利用和生产无毒絮凝剂开辟了新的途径。在众多天然改性高分子絮凝剂中，淀粉、甲壳素的改性絮凝剂的研究、应用尤为引人注目。

人工合成高分子絮凝剂都是水溶性聚合物，也被称为聚电解质。按照其官能团带电性能可分为：阳离子型、阴离子型、两性离子型和非离子型四大类。高分子絮凝剂的单体含有可离解的官能团时，整个聚合物链上就具有大量可离解的基团，常见的基团有 $-NH_3OH$、$-COOH$、$-SO_3H$、$-NH_2OH$ 等。官能团电离即形成聚合物离子，当单体上的官能团在水中电离后，在单体上保留带负电荷的部分（如 $-COO^-$、$-SO_3^-$ 等），则整个聚合物分子形成了带负电荷的大离子，这种聚合物称为阴离子型絮凝剂，如：部分水解聚丙烯酰胺、聚丙烯酸钠，水解聚丙烯腈等；当在单体上保留带正电荷的部分（如 $-NH_3^+$、$-NH_2^+$）而使整个聚合物分子成为一个带正电荷的大离子时，这种聚合物称为阳离子型絮凝剂，如：阳离子聚丙烯酰胺、聚乙烯亚胺、聚（N-甲基-4-乙烯氯化吡啶）、聚（2-甲基丙烯酰氧乙基三甲基氯化铵）；既带有阳离子官能团又带有阴离子官能团的有机高分子絮凝剂，称为两性离子型絮凝剂，如：聚甲基丙烯酸烷基酯的季铵盐或盐酸盐；如果高分子絮凝剂属于不能电离的非电解质，则称为非离子型，如：聚乙烯醇、聚氧化烯、聚丙烯酰胺等。其中以聚丙烯酰胺（PAM）用量最多。

近年来，随着水质污染状况加剧，用水质量标准提高，要求絮凝剂不仅有高效除垢功能，同时还应具有去除 COD、磷、氮以及杀菌灭藻、氧化还原多种功能。因此，无毒、高电荷、高分子量阳离子絮凝剂和天然高分子絮凝剂是今后产业发展的趋势。

（一）主要品种

1. 壳聚糖（chitosan）

甲壳素（chitin），也叫甲壳质、几丁、几丁质、蟹壳素、明角壳蛋白及壳多糖，是由 N-乙酰-2-氨基-2-脱氧-D-葡萄糖以 β-1，4 糖苷键形式连接而成的多糖，其结构式为：

甲壳素在自然界分布非常广泛，而常用于制备甲壳素的原料是甲壳素含量较高的蟹壳和虾壳，并且这两种东西是水产加工中产生的废弃物，任意排放会造成环境污染。

甲壳素糖基上的乙酰基可用强碱水解或酶解脱去一部分或 90% 以上，这种多糖叫壳聚糖或壳多糖。甲壳素也是制备壳聚糖的主要原料。工业壳聚糖为白色或灰白色的半透明片状固体，略带珍珠光泽。壳聚糖分子链上分布着大量的游离氨基，在稀酸溶液中质子化，使壳聚糖分子链上带上大量的正电荷，成为一种聚电解质，一种天然阳离子有机高分子絮凝剂。

2. 丙烯酰胺与淀粉接枝共聚物

自然界中存在大量的淀粉，但用于工业的品种主要为玉米、马铃薯、小麦和木薯等。淀粉是由许多葡萄糖分子脱水聚合而成的一种高分子碳水化合物，分子式为$(C_6H_{10}O_5)_n$，直链淀粉的结构式为：

改性淀粉絮凝剂以其原料易得、价格低廉、无毒性、无二次污染等特点，成为一种极具发展前景的天然高分子絮凝剂。其制备通常采用接枝共聚、醚化和交联三种方法。

丙烯酰胺与淀粉接枝共聚物，其液体产品为黄色半透明胶状黏稠液，固含量5%～10%，pH为7.5～8.5，黏度0.1～0.3Pa·s，较易溶于水。固体产品为白色纤维状粉末，糊化温度为50～55℃。

接枝共聚反应首先是在引发剂作用下生成淀粉自由基，再与丙烯酰胺单体反应，生成接枝产物。引发剂种类众多，其中较常用的有硝酸铈铵、高锰酸钾、过硫酸钾等。

制备淀粉-丙烯酰胺接枝共聚物的方法有多种，其中主要有以下几种。

（1）阳离子单体法 取6g淀粉加入100mL水中，在85℃时搅拌糊化1h，降温后通氮约30min，在45℃保温，加入一定量的丙烯酰胺固体，然后加入0.01～0.05mol/L硝酸铈铵稀硝酸溶液作引发剂，搅拌进行接枝共聚反应约3h，得到淀粉-丙烯酰胺接枝共聚物。当制备阳离子接枝共聚物时，同时加入占丙烯酰胺单体2%～5%的二甲基二烯丙基氯化铵阳离子单体，进行接枝共聚反应约3h，制得一定单体比例的阳离子淀粉接枝共聚物，其液体产品固含量为10%。

（2）硝酸铈盐引发法 于装有搅拌器和惰性气体进口的反应器中，加入1000份水和20～75份的淀粉，搅拌加热至85～95℃，持续30min使淀粉充分溶解，而后冷却至25℃备用。将丙烯酰胺70～250份加入其中，通入氮气脱氧3min，然后加入0.001～0.1mol/L硝酸铈铵硝酸溶液作引发剂，搅拌10min，待混合均匀后可停止搅拌。接枝共聚物反应温度一般控制在30℃，反应时间48h。将所得反应混合物加入相当于其容积530倍的丙酮中，在强力搅拌下进行洗涤，使接枝共聚物沉淀析出，然后再经过过滤、丙酮洗涤、再过滤，于室温下真空干燥，即可得到白色纤维状的固体产品。

（3）γ射线辐射法 该法分两步进行。首先，将过氧化物或过氧化氢加入经γ射线照射过的淀粉中，然后再与丙烯酰胺接枝共聚。如将2g经空气干燥的马铃薯淀粉在γ射线下照射4.9h后，加入过氧化氢280mg/kg，之后将其加入内含丙烯酰胺5g、水10g和七水硫酸亚铁1.75mg的混合液中，浸泡反应15min，即可得到接枝共聚物；将此共聚物加入大量的甲醇中使之沉淀，经干燥后即可得到松散状的白色粉末。由本法制得的产品，其絮凝能力明显提高。

（4）羟甲基化法 也可将上述两种方法得到的淀粉-丙烯酰胺共聚物，通过与甲醛和二甲胺反应使之阳离子化，阳离子化的最佳条件为丙烯酰胺：甲醛：二甲胺（质量比）=1：1：1.5，反应温度50℃，反应时间2h。

淀粉-丙烯酰胺接枝共聚物的性能与聚丙烯酰胺相近，在某些方面甚至优于聚丙烯酰胺，而且价格低廉，可作为絮凝剂、吸水剂直接使用。淀粉-丙烯酰胺共聚物用作絮凝剂时，支链淀粉接枝共聚物由于分支多，分子量高而具有较好的絮凝性能，而且在一定范围内接枝共聚物分子量越大，絮凝性能越好。

3. 聚丙烯酰胺

丙烯酰胺聚合物（acrylamide polymers）是丙烯酰胺的均聚物及其共聚物的统称。工业上凡是含有 50% 以上丙烯酰胺（AM）单体结构单元的聚合物，都泛称聚丙烯酰胺。其他单体结构单元含量不足 5% 的通常都视为聚丙烯酰胺的均聚物。

聚丙烯酰胺（PAM），工业上也称 3# 矾，其结构式为：

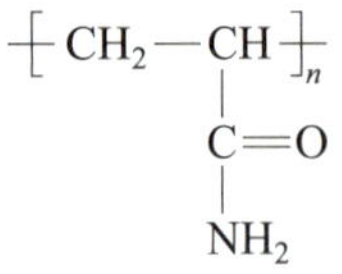

$$\left[CH_2-CH \right]_n$$
$$| \atop C=O$$
$$| \atop NH_2$$

分子量是 PAM 的最重要的结构参数。按其值的大小有低分子量（$< 100 \times 10^4$）、中等分子量（$100 \times 10^4 \sim 1000 \times 10^4$）、高分子量（$1000 \times 10^4 \sim 1500 \times 10^4$）和超高分子量（$> 1500 \times 10^4$）四种。

PAM 在水处理中是作为污水处理的絮凝剂和污泥的脱水剂，是大型污水处理厂必不可少的化学材料。它的使用不但保证了污水的处理工艺的实现，而且可以使污水回用成为可能。在工业水和饮用水的原水处理中，起絮凝澄清作用，以保证获得高质量的水质。低分子量的 PAM 还可以用作工业循环水的水质稳定剂，使工业冷却水得以循环使用。此外，PAM 在其他行业中也有广泛应用：在石油工业中用作驱替剂、钻井泥浆和压裂液添加剂、堵水剂及油田污水处理剂，在造纸工业中用作助滤剂、纸张增强剂和废水处理剂等。

聚丙烯酰胺在水中对胶粒有较强的吸附能力，同时它是线型高分子，在溶液中能充分伸展，因此能很好地发挥吸附架桥作用。将聚丙烯酰胺通过加碱水解，水解产物上的—COONa 基团在水中离解为—COO$^-$，从而使非离子型的聚丙烯酰胺转变成带有羧酸基团的阴离子聚丙烯酰胺。这些带阴离子的基团由于同电相斥，使线型高分子能充分伸展，更有利于吸附架桥，增强絮凝效果。聚丙烯酰胺与铝盐或铁盐配合使用，絮凝效果会更显著提高。

作为水处理剂，聚丙烯酰胺在性能和使用方面具有以下特点：

① 在处理高浑浊度水时效果明显，既可保证水质，又可减少絮凝剂用量，是目前被认为处理高浑浊度水最有效的高分子絮凝剂之一。

② 使用前要先进行水解，需要进行有关试验以掌握水解比和水解时间。

③ 与其他凝聚剂或絮凝剂配合使用时，要进行试验以确定投加次序与投加量，发挥两种药剂的最大效果。

④ 聚丙烯酰胺固体不易溶解，要在机械搅拌的情况下缓慢配制溶液。

⑤ 单体有毒性，用于生活饮用水时应注意投加量。

PAM 的工业产品剂型有水溶胶、粉剂、乳液及水分散型等四类。水溶胶是丙烯酰胺（或者和其他单体）的水溶液经聚合直接得到的一种产品形式，是 PAM 最早期的产品剂型。干粉型产品是由丙烯酰胺的单体水溶液经聚合，再经造粒、干燥、粉碎和过筛等工序制得，是现在应用最广的剂型。干粉型产品除了由水溶液聚合法制备外，还可由反相悬浮法和反相乳液法制得。乳液型产品，俗称"油包水乳液"或"油乳液"，是借助油包水乳化剂将单体水溶液分散在油（饱和烃）介质中经聚合而制得，具有速溶、高固含量和高分子量的特点。水分散型产品，俗称"水包水乳液"或"水乳液"，是借助少量与产品有效组分同类的分散剂和介质调节剂，将较高浓度的单体水溶液分散在水中经聚合而制得。与油包水乳液产品比较，最大的区别是不含有机溶剂类助剂，对环境无二次污染。但其生产成本较高。PAM 的以上四种剂型产品及其主要聚合方法的比较见表 7-4。

表 7-4　聚丙烯酰胺的不同剂型产品及其主要聚合方法的比较

工业产品剂型	粉末	水溶胶	油包水乳液和微乳液	水分散型
聚合工艺	水溶液聚合	水溶液聚合	乳液或微乳液聚合	在水中的分散聚合
操作方式	间歇或连续	间歇或连续	间歇或连续	间歇
技术含量	高	低	很高	很高
设备	复杂	很简单	较复杂	较复杂

续表

外观	白色颗粒	无色或淡黄色胶状体	乳白色或浅黄色乳液	乳白色或浅黄色乳液
介质	水	水	饱和烃类溶剂	水
有效成分 /%	≥85	5～10	20～50	15～30
产品黏度 /（mPa·s）		2000～10000	100～1000	100～500
溶解时间 /min	20～120	20～120	3～5	5～10
分子量上限 /10⁴	1500～2000	＜700	600～1200	600～1200
冻结温度 /℃		约 -1	约 -3	-15
表面活性剂	无	无	有	
分散性	有	无	无	无

4. 丙烯酰胺衍生物

聚丙烯酰胺的化学性质主要表现为聚合物链的断裂降解和活泼酰氨基的化学反应。通过酰氨基的反应可以对 PAM 进行化学改性，在其上引入阴离子、阳离子及其他官能团，制备一系列的功能衍生物，从而进一步扩展 PAM 的性质和应用范围。在某些情况下，通过 PAM 的反应制备其功能性衍生物比共聚法更方便或更廉价，因此，PAM 已成为一个重要的高分子母体。

（1）由丙烯酰胺水溶液制备的衍生物

① 水解聚丙烯酰胺。PAM 在碱的作用下，链上的部分酰氨基水解成羧基，转化为水解聚丙烯酰胺（hydrolyzed polyacrylamide，简称 HPAM）。反应式为

$$\left[CH_2-CH\right]_n + H_2O + NaOH \longrightarrow \left[CH_2-HC\right]_x \left[CH_2-CH\right]_y + NH_3$$
$$\underset{CONH_2}{\qquad} \qquad\qquad\qquad \underset{CONH_2}{\qquad} \underset{COONa}{\qquad}$$

HPAM 是一种常用的阴离子有机高分子絮凝剂，分子量为 $10^6 \sim 10^7$。其结构与 AM 和丙烯酸钠（AA-Na）共聚物的相似。工业生产上常用两种水解工艺：在 AM（丙烯酰胺）聚合前的溶液中加碱，聚合和水解同时进行，称前水解工艺；在 AM 聚合后的 PAM 胶体中加碱进行水解，称后水解工艺。用这两种水解工艺可以很容易得到水解度为 30%（摩尔分数）的 HPAM 产品。要制备高水解度（PAM 中所含阴离子丙烯单元的摩尔或质量比称为水解度），特别是 70% 以上水解度的 HPAM 产品要用 AM 和 AA-Na 的共聚法。

某厂的前水解工艺过程：在配料釜中加入精制过的 AM 溶液，于搅拌下加入（相当于 30% 水解度的需要量）和其他聚合添加剂（如尿素、硫酸钠等）。溶解并调节温度为 25～28℃后，将配好的料装进内壁经过防粘处理的锥底聚合釜，通氮气除氧后加入引发剂引发聚合。2h 后向聚合釜内压入 0.3MPa 的压缩空气，将聚合物胶体压入造粒机进行造粒，得粒径 3～5mm 的胶粒。胶粒在干燥器中热风干燥后，经过粉碎和筛分得 40～60 目粉粒状 HPAM 产品。

我国 PAM 生产厂常采用的后水解工艺过程是：在捏合机或配料釜中加入经过离子交换树脂精制处理过的浓度为 30% 左右的 AM 水溶液 300kg，以及尿素等添加剂，再加入 10% 的 $(NH_4)_2S_2O_8$ 和 10% 的 $NaHSO_3$ 溶液作氧化还原引发剂引发聚合，约 2h 后将 PAM 胶体与碱（NaOH 或 Na_2CO_3）在捏合机中捏合水解，再经烘干、破碎、粉碎和筛分，得 40～60 目粉粒状 HPAM。产品的分子量一般在 900 万～1200 万。

采用前水解工艺易制得溶解性能优异的 HPAM，并且工艺简单，设备投资低，产品水解度均匀，其缺点是水解剂中的杂质影响聚合反应，产品分子量比后水解工艺低。后水解工艺的难点在于如何处理好超高分子量和产品溶解度的矛盾。

② 磺甲基聚丙烯酰胺。磺甲基聚丙烯酰胺（SPAM）是非离子型 PAM 的阴离子改性产品，其结构式为：

$$\left[CH_2-CH\right]_n$$
$$\underset{CONHCH_2SO_3Na}{\qquad}$$

工业化典型生产方法为：在 2% PAM 水溶液中，按 AM ∶ HCHO ∶ NaHSO$_3$=1 ∶ 1 ∶ 1（摩尔比）加入甲醛和 NaHSO$_3$ 溶液，发生磺基化反应生成磺甲基聚丙烯酰胺，然后用 10% NaOH 调节反应物的 pH 至 12.5～13.0。于 65～70℃下反应 2h，得到最大磺甲基化度为 50% 的 SPAM 溶液产品。

③ 氨甲基聚丙烯酰胺。

a. 曼尼希（Mannich）反应产物。PAM 和二甲胺、甲醛进行曼尼希反应（胺、醛和活泼氢化合物三组分的不对称缩合反应）可生成叔胺型的氨甲基丙烯酰胺聚合物。产物再与硫酸二甲酯反应可生成季铵盐，它是一种含有阳离子侧基的丙烯酰胺共聚物，常用作工业废水及市政废水的絮凝剂。其反应式为

$$-CH_2-CH- \ + \ HCHO \ + \ HN(CH_3)_2 \ \longrightarrow \ -CH_2-CH-CH_2-CH-$$
（分别连 C=O、NH$_2$ 和 C=O、HN—CH$_2$—N(CH$_3$)$_2$）

生产方法：在 2%PAM 的水溶液中，按 AM ∶ HCHO ∶ HN(CH$_3$)$_2$=1 ∶ 0.5 ∶ 0.8（摩尔比）加入经预先混合并反应生成二甲基羟甲基胺的溶液，于 40℃反应 2h，然后降温到 20℃。再加入硫酸二甲酯直到体系的 pH 值降到 5，即得氨甲基聚丙烯酰胺溶液。为防止存放过程中凝胶化，可加入 SO$_2$、SO$_3^{2-}$、乙酸-羟胺混合物或磷酸盐作稳定剂。

b. 霍夫曼降解反应产物。PAM 和次氯酸钠或次溴酸钠在碱性条件下发生霍夫曼反应可制得阳离子聚氨基乙烯，反应式为

$$\left[CH_2-CH\right]_n(CONH_2) \ + \ 2NaClO \ + \ 2NaOH \ \longrightarrow \ \left[CH_2-CH\right]_n(NH_2) \ + \ 2Na_2CO_3 \ + \ 2NaCl \ + \ 2H_2O$$

生产方法：将 PAM 稀溶液在搅拌下加到含有 NaOH 和 NaClO 的溶液中，在室温下保持 1h，然后用盐酸中和至 pH 为 8。此时，由于溶液中的盐浓度高，聚氨基乙烯发生盐析呈胶状沉淀而被分离出来，产品溶于水，转化率为 30%～60%。

为使 PAM 在 NaOH 和 NaClO 溶液中的反应能顺利进行，需要过量的碱。为抑制—COONa 的生成，必须在很低的温度下反应。因此，反应需在 NaOH 大大过量和 NaClO 稍过量情况下进行。

（2）丙烯酰胺共聚衍生物

① 丙烯酰胺与阴离子共聚衍生物。丙烯酰胺与阴离子单体共聚生成的衍生物统称阴离子聚丙烯酰胺（APAM）。

丙烯酰胺与丙烯酸钠（阴离子单体）的共聚：向水中加 NaOH 和丙烯酸（AA）以配制丙烯酸钠（AA-Na）溶液，再加 AM 让其溶解得单体总含量为 31.5% 的单体溶液，混合单体中 AA-Na 含量占 41.5%。最后加用量为单体总质量的 0.0721% 的偶氮二异丁腈及用作助溶剂的甲醇，调节溶液 pH 为 7.5，所用氧化还原引发剂由硫酸亚铁铵水溶液和过硫酸铵水溶液组成。以上配制的单体溶液在带速 0.35cm/s 的传送带上于 10℃时开始聚合，物料在聚合区内停留 65min。在聚合区中央附近所成聚合物溶胶温度达 96℃。新形成的溶胶含聚合物 33.9%。溶胶经破碎和二次烘干后粉碎成细粉。最终所得粉状聚合物产物含水分 14.7%，含不溶颗粒 1.3%，残余单体含量为 0.03%。配制出 0.1% 的聚合物溶液，25℃时的黏度为 5.0mPa·s，分子量超过 1000 万。

【应用举例】废水来自机械加工车间粗加工与细加工工段超声波清洗产生的废液，并包括一部分洗手水，pH 为 11.36，含油为 18262mg/L，COD 为 30974mg/L，外观呈蓝绿色并具有难闻的气味。以聚合硫酸铝和 APAM 作为絮凝剂，pH 选样 6.0，5% 聚合硫酸铝的投加量为 20mL/L，APAM 的加入量为 2mL/L。处理后废水含油量为 500mg/L 左右，COD 值为 300mg/L，虽尚需二级处理，但是油、COD 去除率非常高，是很好的一级处理工艺。

② 丙烯酰胺与阳离子共聚衍生物。丙烯酰胺与阳离子单体共聚生成的衍生物统称阳离子聚丙烯酰胺（CPAM）。

丙烯酰胺与二烯丙基二甲基氯化铵（DADMAC）的共聚：水溶液聚合方式，在40℃下用占单体总质量1%的复合引发剂引发AM和DADMAC聚合，反应8h后得到了阳离子度为10%的阳离子型高分子絮凝剂。

这种共聚物是阳离子高分子絮凝剂中最重要的一种。它无毒，性能优良，且共聚单体DADMAC［分子式：$(CH_2=CHCH_2)_2N(CH_3)_2Cl$］是一种最为价廉易得的阳离子单体。该产品应用于污水处理、生活污水处理等方面，在美国和加拿大用于给水处理，尤其是用作中小型水厂的直接过滤，在国内也已被广泛应用。

【应用举例】某药厂采用吸附-混凝-高级化学氧化法处理庆大霉素废水，用聚合氯化铝和CPAM复合混凝。原水水质为：pH 4.8，COD 26500mg/L，BOD 4920mg/L，色度500，SS（悬浮物）为12000mg/L。其处理工艺流程为：废水→吸附→过滤→混凝→氧化→中和→出水。在pH为8，聚合氯化铝与CPAM的用量分别为400mg/L和10mg/L时混凝效果较好，不仅降低了沉降比，而且加快了沉降速率，混凝后的废水再经双氧水—亚铁盐—紫外线处理。当pH为3时，采取三次投加方式加入2.4g/L双氧水，紫外灯照射6h，取得了满意的结果。

③ 两性聚丙烯酰胺。两性聚丙烯酰胺是以分子量为150万～800万、部分水解的聚丙烯酰胺为原料并经过Mannich反应得到的含有—COO⁻和—CH₂—N⁺(CH₃)₃基团的两性高分子絮凝剂，其结构式为：

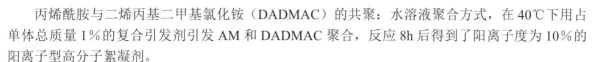

其合成方法通常是将部分水解的聚丙烯酰胺溶解于蒸馏水中，在一定浓度的甲醛、二甲胺和合适的pH值下反应2～4h，得到胺化产物，再向体系中加入HCl-NH₄Cl溶液，可得到分子中同时含有—COO⁻和—CH₂—N⁺(CH₃)₃基团的两性聚丙烯酰胺。

（二）壳聚糖生产技术

壳聚糖的生产工艺包括甲壳素的提取和壳聚糖的制备两大环节。

1. 甲壳素的提取

制备甲壳素的主要操作是脱钙和脱蛋白。首先将虾蟹壳的肉质剔除干净，然后浸泡在4%～6%的稀盐酸中，此时壳中的碳酸钙和磷酸盐等无机盐软化溶解，并释放出二氧化碳气体。

$$CaCO_3+2HCl \longrightarrow CaCl_2+CO_2\uparrow+H_2O$$

酸洗完成后，用水洗去多余的酸。再用10%氢氧化钠稀碱液浸泡，可将壳中的蛋白质萃取出来，也可用酶水解除去蛋白质，最后剩余部分就是甲壳素。

原料处理：虾壳洗净，在103℃干燥20h，粉碎为1mm、2mm和6.4mm三种颗粒。

第一步先进行脱蛋白，把粉碎好的虾壳置于3%NaOH溶液中连续搅拌1h以上，直至将蛋白质全部脱除，反应器外用100℃的沸水浴加热。也可用蛋白酶（Rhozyme-62）来水解，100份1mm的干虾壳粉用1份Rhozyme-62，在14L的发酵罐中于60℃搅拌（400r/min）6h，pH控制在7.0，然后经离心分离，用蒸馏水洗净，在空气中65℃干燥16h。（用稀碱脱蛋白不会明显破坏甲壳素分子链，而酶却会。）

第二步是将脱蛋白后的虾壳用水洗净、沥干，用1.0mol/L HCl在室温浸泡30min，盐酸的用量是虾壳中碳酸钙计算量的3倍以上。过滤，用水洗涤，最后用蒸馏水洗至中性，在103℃干燥3～4h，即得甲壳素。

2. 壳聚糖的制备

甲壳素脱乙酰化制备壳聚糖的过程也就是酰胺的水解过程，酰胺的水解过程可以在强酸或强碱条件下进行。

50g 甲壳素用 2.4L 的 40% NaOH 溶液在 115℃保温 6h，用氮气保护。反应结束后，冷却到室温，过滤，用水洗至中性，干燥，得产物 40g。这种产物大约被脱去了 82%的乙酰基。

进一步纯化的操作如下：将上述 38g 粗壳聚糖溶解在 1L 10%的乙酸中，透析 24h，透析液中滴加 40% NaOH 至 pH 为 7，形成白色絮状沉淀，离心分离，反复用水洗涤至中性，再用乙醇和乙醚洗涤脱水，然后干燥，得产物 28.5g，乙酰基含量为 4%左右，相当于脱除了 85%左右的乙酰基。

把上述产物用 10 倍重的 40% NaOH 溶液在 90℃处理 1h 时，再如上述反复离心和洗涤，则可得到脱除 97%乙酰基的产物，收率为 90%。

3. 创新导引

壳聚糖是一类由高分子化合物组成的天然碱性多糖，在自然界中产量十分丰富，其具有多个活泼基团，可进行酰化、氧化、醚化等反应，且不会对环境造成二次污染，因此广泛用于污水治理和轻工等领域。然而在自然条件下，天然壳聚糖存在水溶性差、pH 适用范围窄等缺点，需要对其进行改性处理，进而限制了壳聚糖的应用推广。研究人员经常利用多种絮凝剂之间的协同特性，复配制作絮凝剂，增强絮凝效果。除此之外，近几年研究比较多的是通过生物降解及与生物絮凝剂复配协同增效絮凝特性。请通过查询资料了解国内外壳聚糖与生物絮凝剂复配的研究。

（三）聚丙烯酰胺生产技术

1. 原料准备

（1）丙烯酰胺 丙烯酰胺，acrylamide（AM），分子式：$CH_2=CHCONH_2$，是丙烯酰胺类聚合物的主要原料，也是最简单和最重要的酰胺类化合物。固体 AM 为无色、无味、无臭的片状晶体，分子量71.08，密度（30/4℃）1.122kg/L，水中（30℃）溶解度为215.5g/100mL，熔点84.5℃，沸点（3.3kPa）125℃，有毒。丙烯酰胺在苯和甲苯中的溶解度随温度增高显著增大，据此可用重结晶法对其提纯。此外，50%丙烯酰胺水溶液也是市售产品的常见品种之一，相对密度（25/4℃）1.038，结晶温度8~13℃，沸点99~104℃，通常加入二价铜离子等作为稳定剂。

虽然丙烯酰胺的制法有很多，但是在当前大规模生产还是采用丙烯腈水合的方法。丙烯腈的水合主要有三种方法：即丙烯腈硫酸水合法、丙烯腈铜催化水合法和丙烯腈生物酶催化水合法。目前国内外生产丙烯酰胺仍以铜催化水合法为主。我国于 20 世纪 60 年代初采用丙烯腈硫酸水合法生产丙烯酰胺，70 年代中期开始用骨架铜催化剂的催化水合法，90 年代后期生物酶催化水合法实现了工业化生产。目前，丙烯酰胺产量的 90% 用于生产丙烯酰胺聚合物。

丙烯腈铜催化水合法工艺流程如图7-5所示。

将精制的丙烯腈和去离子水约按10%丙烯腈浓度比例经计量后进入混合器，并以空速 $2\sim4h^{-1}$ 的速度进入预热器，预热脱氧到 70~110℃后，进入温度 70~125℃、压力 0.29~0.39MPa 的催化水合塔中进行催化水合反应（使用的催化剂可为 Cu-Al、Cu-Al-Zn、Cu-Ni 或 Cu-Cr 等合金），丙烯腈单程转化率控制在 80%~95% 为宜。反应产物减压蒸发得到 15%~25% 的丙烯酰胺水溶液（粗单体），粗单体通过薄膜蒸发器浓缩后得到 25%~50% 的丙烯酰胺水溶液产品。过程中未反应的丙烯腈和去离子水经过汽液分离器和油水分离器分离后再次循环进入催化塔反应。

丙烯酰胺聚合反应放热量较大，约 82.8kJ/mol，而聚丙烯酰胺水溶液的黏度很大，所以散热较困难。工业生产中根据产品性能和剂型要求，可采用低浓度（8%~12%）、中浓度（20%~30%）或高浓度（>45%）的丙烯酰胺溶液聚合。低浓度聚合主要用于制备水溶液产品，中浓度或高浓度聚合适用于生产粉末状产品。

（2）引发剂 丙烯酰胺自由基聚合的引发方式主要有两类：引发剂引发和物理化学活化引发（γ射线辐射引发）。引发剂引发包括单组分引发剂的热或光分解和双组分引发剂氧化还原引发。物理化学引发是指在外加能量源作用下使单体活化而引发聚合，比较典型的活化源包括电子束辐射、紫外线和高能射线照射，电解引发，等离子体聚合，高压、剪切和机械化学引发等。

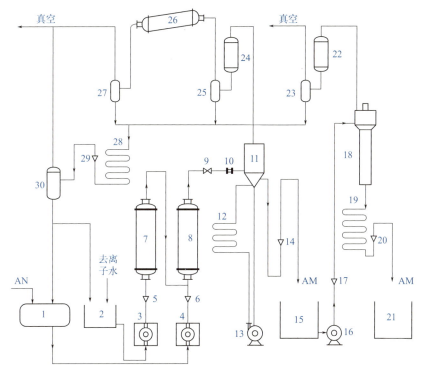

图 7-5 丙烯腈铜催化水合法工艺流程

1—丙烯腈贮槽；2—水贮槽；3,4—计量泵；5,6,14,17,20,29—流量计；7—列管换热器；8—催化塔；9—减压阀；10—视镜；11—蒸发室；12,19,28—热交换器；13—循环泵；15—粗单体贮槽；16—上料泵；18—薄膜蒸发器；21—精单体贮槽；22,24,26—列管冷凝器；23,25,27—汽液分离器；30—油水分离器

工业上常采用的 AM 聚合引发剂是氧化还原引发体系。该体系大致有两类：一类是无机过氧化物 [如 $K_2S_2O_8$、$(NH_4)_2S_2O_8$ 和 H_2O_2 等] 与还原剂（如 $NaHSO_3$、$FeSO_4$ 和 $FeCl_2$ 等）组成；另一类是有机物组成的氧化还原引发体系，如过氧化二苯甲酰、偶氮二异丁腈、偶氮双氰基戊酸钠、偶氮二（2-脒基丙烷）二盐酸盐和过氧化二碳酸酯类等，与叔胺如三乙胺、DMAEMA（甲基丙烯酸二甲氨基乙酯）等构成。有时也使用无机物和有机物复合的引发体系，如 DMAEMA-$K_2S_2O_8$ 或 $K_2S_2O_8$-DMAEMA-$NaHSO_3$。采用这类引发体系能够制得分子量高、水溶性好的聚合物产品。

【3】**配合剂** 溶液中铜、铁离子会对自由基聚合起到阻聚作用，比如当铜离子的含量达到 0.1mg/L 时就会明显地影响到聚合物的分子量。为了消除或减轻铜离子的影响，通常在聚合过程中加入一定量可与金属离子形成配合物的添加剂。常用的如 EDTA-2Na，它可与铜离子形成稳定的配合物，添加后可以产生很好的聚合效果。

【4】**链转移剂** 在丙烯酰胺聚合过程中，如果配方不当，很容易形成肉眼可见的凝胶。对于凝胶的成因，主要是聚合后期的聚合物分子之间发生碳-碳交联所致，而添加少量链转移剂可以防止交联。用于丙烯酰胺聚合的链转移剂有甲酸钠、乙酸钠、硫醇、异丙醇和氮川丙烯酰胺等。由于硫醇和异丙醇的链转移常数较大，通常采用甲酸钠、氮川丙烯酰胺作为链转移剂。

2. 生产原理

【1】**水溶液聚合** 聚丙烯酰胺主要是由丙烯酰胺类单体经自由基聚合反应而制得。AM 的自由基聚合反应符合自由基连锁聚合反应的一般规律，由链引发、链增长和链终止等基元反应组成。此外，还常伴有链转移反应的发生。AM自由基聚合反应式可表示为

$$n\text{H}_2\text{C}=\text{CH}-\text{CONH}_2 \xrightarrow{\text{引发剂}} \left[\text{H}_2\text{C}-\text{CH}\right]_n$$
$$\text{H}_2\text{NOC}$$

自由基聚合过程的动力学链长符合如下关系式：

$$\frac{1}{X_n} = \frac{2k_t R_p}{k_p^2 [M]^2} + C_M + C_1 \frac{[I]}{[M]} + C_S \frac{[S]}{[M]}$$

式中　　　　　　X_n——平均聚合度；

　　　　　　　　R_p——链增长速度；

　　[M]，[I]，[S]——单体、引发剂、溶剂的浓度；

　　C_M，C_1，C_S——单体、引发剂、溶剂的链转移常数；

　　　　　　　k_t，k_p——链终止、链增长速率常数。

引发剂产生的自由基是聚合反应的活性中心，动力学链长与引发剂浓度的平方根成反比。但并不是引发剂的添加量可以无限地降低，因为在引发剂添加量极低时会影响到单体的转化率。

聚合产物分子量随着单体浓度的升高而增大，但是过高的单体浓度又会造成释放的聚合热不易散发，反应速度过快，聚合体系温度很快升高到最高值。而在固定单体含量的前提下，一些使聚合速率增加的因素，如增加引发剂用量、提高聚合温度等，都会使分子量降低。另外，温度升高后，链转移速率常数和链增长常数都随着温度的升高而增加，但一般链转移常数数值较小，活化能较大，温度的影响较为显著。也就是说，二者的比值随着温度的升高而增加，这就使平均聚合度下降。

分子量和溶解度是衡量聚丙烯酰胺产品性能的两个重要指标。聚合过程中如果发生大量的支化或交联，则易造成产物难溶或不溶。因此对聚丙烯酰胺的研究不仅要提高分子量和溶解性，而且要在提高其分子量的同时，不降低或少降低其溶解度。

〔2〕反相乳液聚合　反相乳液聚合是将单体的水溶液借助油包水型乳化剂分散在油介质中，引发聚合后，所得产物是被水溶胀的聚合物微粒（100～1000nm）在油中的胶体分散体，即W/O型胶乳。

聚丙烯酰胺反相乳液的优点是固含量在 20%～40%，比水溶液聚合产品的固含量高，乳液黏度低，聚合中改善了反应的传热和搅拌混合的效果。而聚合物胶乳型产品的速溶特性，较之水溶液和干粉型产品，应用起来更为方便。缺点是生产技术复杂，销售价格较高。

乳化剂的稳定作用原理：对于离子型乳化剂主要是通过静电排斥作用，对于非离子型乳化剂则是通过空间位障作用。但乳液是亚稳态的，它仅是动态稳定体系。由于乳液内相液滴的粒径比可见光的波长更大，所以乳液外观常呈浑浊状态。

对于一般的反相乳液聚合，其聚合机理可分为 4 个阶段：分散阶段、阶段Ⅰ（乳胶粒生成阶段）、阶段Ⅱ（乳胶粒长大阶段）和阶段Ⅲ（聚合反应完成阶段）。其聚合体系示意图如图 7-6 所示。

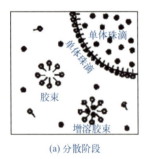 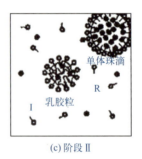 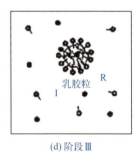

(a) 分散阶段　　　　　　(b) 阶段Ⅰ　　　　　　(c) 阶段Ⅱ　　　　　　(d) 阶段Ⅲ

图 7-6　反相乳液聚合体系示意图

🔩—乳化剂；●—单体；Ⅰ—引发剂；R—自由基；〰〰—聚合物链

3. 生产方法

〔1〕水溶液聚合制备聚丙烯酰胺水溶胶　工艺过程为：用离子交换法精制AM单体水溶液（8%～12%），计量单体水溶液并添加聚合添加剂，调节溶液温度为20～50℃，吹入氮气20min以去除溶解氧；加入引发剂过硫酸铵-亚硫酸氢钠溶液，聚合4～8h，经冷却、出料，得到产品PAM水溶胶。

【2】**水溶液聚合制备聚丙烯酰胺干粉** 由于使用、贮存和运输等，目前国内外使用最多的PAM产品是粉状产品。采用水溶液聚合制造PAM干粉的生产工艺按单体浓度可分为低浓度聚合和中、高浓度聚合。

① 低浓度水溶液聚合工艺。工艺流程图如图7-7所示，工艺过程：将约10% AM 水溶液引发聚合得到呈流动状的胶体PAM；将胶体PAM流延到蒸汽加热的转鼓上形成薄片，随着转鼓慢慢转动，PAM被加热干燥；从滚筒上刮下干的PAM再经粉碎得到粉状PAM产品。

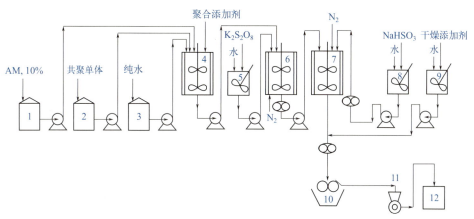

图 7-7 低浓度聚合滚筒干燥粉状聚丙烯酰胺生产工艺流程

1—AM溶液贮罐；2—共聚单体贮罐；3—纯水贮罐；4—配料罐；5—引发剂溶解槽；6—聚合反应釜；7—后反应釜；
8—NaHSO₃溶液配制罐；9—干燥添加剂溶解罐；10—滚筒干燥器；11—粉碎机；12—贮存与包装

② 中浓度水溶液聚合工艺。浓度20%～30%的AM在绝热聚合时放出的热量可使体系温度升高60～90℃。由于PAM溶胶的黏度很大，即使在聚合反应初期也难进行有效的机械搅拌。且因PAM胶块为不良热导体，胶块内部的热量不易传出。为解决聚合热问题，可将AM水溶液流延在槽形的钢板或传输钢带上进行薄层（厚度可达20mm）聚合。用过硫酸盐-亚硫酸盐和水溶性偶氮化合物作为引发剂，或者用光（紫外线）或γ射线来引发聚合反应，聚合反应所产生的聚合热，除散失于周围环境外还被钢带载体所吸收。聚合物的最高温度大约为95℃。控制带速，使得聚合物到达终点时聚合完全。在原反应溶液中加表面活性剂、异丙醇或甘油，或是在钢带上覆盖含氟聚合物膜，能保证聚合物不沾载体。这就使聚合反应有可能在高单体浓度（20%～45%）和较低温度范围内完成。丙烯酰胺聚合物从钢带上取下后，进行破碎、干燥、粉碎和包装。工艺流程如图7-8所示。

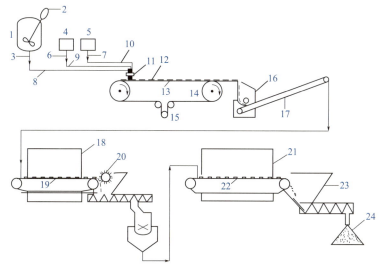

图 7-8 中浓度聚合连续带式薄片聚合制备粉状聚丙烯酰胺工艺流程

1—反应器；2—搅拌器；3,6,7—阀门；4,5—配料罐；8～10—输液管；11—喷头；12—混合料液层；13—传送带；
14—齿轮；15—紧带装置；16—造粒机；17—皮带提升机；18—一次干燥箱；19,22—干燥箱内部输送带；
20—冰块破碎机；21—二次干燥箱；23—粉碎机；24—出料口

（3）反相乳液聚合制备聚丙烯酰胺胶乳

① AM 反向乳液聚合配方。

水相	AM（40%）的水溶液	200g
	$(NH_4)_2S_2O_8$	24mg
	$(NH_2)_2CO$	240mg
	$NH_3 \cdot H_2O$	0.5mL
油相	白油（15#）（d=0.835）	240mL
	复合乳化剂（6% 对油重）	12g
	Span80 ：Op 4=3 ：1 （质量比）	

② 生产方法。将除氧的单体水溶液及其辅料在快速搅拌下缓慢加入溶解有乳化剂的油相中，通入高纯氮气除氧，乳化 30min。加入 0.10% 叔丁基过氧化氢（对乳液重），再加入亚硫酸氢钠。在 40℃下经过诱导期后开始聚合反应，并伴有温升现象，搅拌（300r/min）保温 2h 后，加入添加剂亚硫酸氢钠，以减少残余单体含量。降温出料，获得高 PAM 含量的反相胶乳。产品保存在密封的硬质聚丙烯瓶中或贮存在涂有聚乙烯膜的金属容器中。

4. 产品质量标准

我国执行标准 GB/T 17514—2017 的规定。

（1）适用范围　适用于非离子型和阴离子型的固体及胶体聚丙烯酰胺。

（2）外观　固体产品为白色或微黄色颗粒或粉状；胶体产品为无色或微黄色透明胶状物。

（3）分子量　根据用户要求提供，与标称值的相对偏差不大于10%。

（4）水解度　与标称值的绝对差值不大于2%；非离子型产品，水解度不大于5%。

（5）其他技术指标

项目		指标	
		一等品	合格品
固含量（固体）/%[①]	≥	90.0	88.0
丙烯酰胺单体含量（干基）/%	≤	0.02	0.05
溶解时间（阴离子型）/min	≤	60	90
溶解时间（非离子型）/min	≤	90	120
筛余物（1.00mm 筛网）/%	≤	2	
筛余物（180μm 筛网）/%	≥	88	
水不溶物/%	≤	0.3	1.0
氯化物含量/%	≤	0.5	
硫酸盐含量/%	≤	1.0	

① 胶体聚丙烯酰胺的固含量应不小于标称值。

5. 产品包装

固体粉末颗粒产品采用内衬塑料袋的复合编织袋包装，每袋净重 20～25kg。胶体及乳液产品采用塑料桶包装，每桶净重 25～180kg。固体粉末颗粒产品吸湿性很强，必须包扎严密，禁止储存在高湿环境中，产品在阴凉、干燥、通风常温的环境下保存期为两年，长期存放后经检验无质量变化仍可使用。

6. 产品应用举例

① 利用亚铁盐和 PAM 复合絮凝剂对某厂电镀车间废铬液中 Cr^{6+} 进行处理，原水中的浓度为 307.35g/L。将原水样用去离子水稀释 2000 倍。实验确定，pH 值为 11 和 PAM 用量为 5mg/L 时

絮凝效果最好。出水清澈，Cr⁶⁺含量远低于排放标准。

② 某机械厂的废水处理应用，该废水中 Cr^{6+} 含量约为 100mg/L。在 pH 为 9，投加亚铁盐与 Cr^{6+} 的摩尔比为 3.5∶1，PAM 投加量为 1mg/L，快速搅拌 1min 后，去除率为 96％；再沉静 5min 后，去除率达 99.90％；静置 30min 时，去除率已接近 100%。

项目三

阻垢分散剂及缓蚀剂

一、阻垢分散剂及缓释剂概述

阻垢剂能够防止水垢和污垢产生或抑制其沉积物的生长，其分子结构中一般含有多种官能团，在水处理体系中表现为螯合、吸附和分散作用。工业循环冷却水系统常用的阻垢分散剂主要有聚磷酸盐类阻垢剂、天然高分子阻垢分散剂、有机膦酸盐、聚羧酸类共聚物。

金属材料或制件在周围环境介质的作用下，逐渐产生的损坏或变质现象称为腐蚀。腐蚀给人们带来巨大的经济损失，耗竭了宝贵的能源与资源。为使损失降到最低，国内外学者创造和发展了多种防腐蚀措施，其中，缓蚀剂是应用广泛、效果较显著的手段之一。缓蚀剂又称腐蚀抑制剂，是添加到腐蚀介质中能抑制或降低金属腐蚀过程的一类化学物质，常用于冷却水处理、化学研磨、电解、电镀及酸洗等行业。

二、阻垢分散剂

微课
阻垢分散剂

阻垢剂是投加到循环水中能破坏或控制结晶过程的某一进程，使水垢难以生成的化学品。其阻垢分散机理表现为螯合作用、吸附作用和分散作用等。

常用的阻垢分散剂有聚磷酸盐、有机膦酸盐、磷酸酯、聚丙烯酰胺、木质素、单宁、淀粉及纤维素的衍生物等。近年来，新型阻垢剂的研制和应用取得很大进展，有机膦酸盐、低分子量聚羧酸类阻垢剂，以及聚天冬氨酸钠盐（PASP）等都得到了广泛的应用。

水处理中常用的聚磷酸盐类阻垢分散剂是三聚磷酸钠（NaP_3O_{10}）和六偏磷酸钠（NaP_6O_{18}）。其阻垢机理主要是分散剂在水中形成的阴离子具 -O-P-O-P- 长链形结构，这种阴离子有良好的表面活性，有吸附粒子的良好几何形态，易于置换 CO_3^{2-} 离子，并能使晶粒的表面电位下降，因而有良好的阻垢性能。但是聚磷酸盐阻垢剂磷浓度高，易水解为正磷酸盐，产生磷酸钙沉淀。另外，聚磷酸盐是微生物的营养源，能促进菌藻的滋生。因此，单纯用聚磷酸盐作阻垢剂在冷却水处理中已经逐渐被淘汰，在此不做详细介绍。

（一）主要品种

1. 有机膦酸

有机膦酸既可防止碱土金属盐沉淀，又可阻止腐蚀产物沉积，是广泛应用的阻垢分散剂。

有机膦酸的种类很多，它们的分子结构中都有极稳健的碳 - 磷（C-P）键，这种键比聚磷酸盐中的磷 - 氧 - 磷（P-O-P）键要牢固很多。因此，有机膦酸具有良好的化学稳定性，不易被水解和降解，在较高温度下不易失活性。它与稀硫酸共沸时也不产生磷酸根离子。

有机膦酸对水中的多价金属离子，如 Ca^{2+}、Mg^{2+}、Fe^{2+}、Zn^{2+} 等有强的螯合作用，螯合后的金属离子不能与结垢物质的阴离子接触生成沉淀，而起到阻垢作用。阻垢剂的实际使用浓度很低，所以通过螯合金属离子而起的阻垢作用是有限的。

有机膦酸一般都有良好的控制碳酸钙、硫酸钙、铁甚至磷酸盐从水中析出的能力，具有阻止结垢物质的结晶按正常晶格长大并黏附在金属换热面上的能力。并且，有机膦酸还具有溶限效应（临界值效应），只需用少量的有机膦酸，就可以抑制几百倍的钙成垢。

有机膦酸在高浓度使用（如 30mg/kg 以上）时，对铁有良好的缓蚀作用。有机膦酸与聚羧酸或聚磷酸盐复配使用时，还表现出理想的协同效应，即其效果比单一用任何一种都好。

但是有机膦酸也可与铜形成极为稳定的配合物，会腐蚀铜及铜合金。在使用时，为了抑制铜的溶解，需与锌配合使用。

有机膦酸基本无毒或极低毒性，因此不会对环境造成污染。

有机膦酸的阻垢分散机理主要体现在两个方面：

（1）晶格畸变作用 在微晶核的表面化学吸附了少量有机膦酸，抑制了晶格向一定方向成长，使晶格歪曲，长不大。因此，防止了晶体生长成为较大粒子，即所形成的晶粒要细小得多，颗粒分散度增大。另外，吸附在晶体上的有机膦酸还可使硬垢变软。

（2）配合增溶 有机膦酸在水中离解出的有机膦酸根阴离子与钙、镁等金属离子形成稳定的配合物，从而提高了碳酸钙等晶体析出时的过饱和度，抑制了垢的生成。

有机膦酸品种很多，但在循环冷却水中常用的药剂主要有氨基三亚甲基膦酸（ATMP）、乙二胺四亚甲基膦酸（EDTMP）、羟基亚乙基二膦酸（HEDP）、二亚乙基三胺五亚甲基膦酸（DTPMP）等。

（1）氨基三亚甲基膦酸（amino trimethylene phosphonic acid，简称ATMP） 氨基三亚甲基膦酸是有机膦酸中常用的品种之一。它对碳酸钙阻垢效果最好，可作为硬度大、矿化度高、水质条件恶劣的阻垢剂。在高浓度使用（40mg/kg）时，有良好的缓蚀性能，是一种阴极型缓蚀剂。其结构式为：

$$N\left[CH_2-P\begin{array}{c}O\\\parallel\\\end{array}\begin{array}{c}OH\\OH\end{array}\right]_3$$

氨基三亚甲基膦酸市售商品有固体和液体两种。含量为 50% 的 ATMP 呈淡黄色液状，密度为 1.3～1.4g/cm³；含量在 95% 以上时为无色晶体，熔点 212℃，分解温度 200～212℃，溶于水、乙醇、丙酮、乙醛等极性溶剂，具有较好的化学稳定性，不易被酸碱破坏，也不易水解。

氨基三亚甲基膦酸主要用作工业循环冷却水、锅炉用水、油田水处理中的阻垢剂、缓蚀剂。

氨基三亚甲基膦酸本身基本无毒。美国公共卫生协会曾发表了几种水处理化学品对鱼类的毒性报告，提出了它们的平均容许极限值。在实验的这些化学药品中，属于有机膦酸的仅有氨基三亚甲基膦酸，它对胖头鱼和刺鱼的平均容许极限值为 100mg/L，基本无毒。

（2）羟基亚乙基二膦酸（hydroxy ethylidene diphsphoric acid，简称HEDP） 羟基亚乙基二膦酸又称羟基乙叉二膦酸，分子式：$C_2H_8O_7P_2$，分子量：206.02，结构式：

$$(HO)_2-P\begin{array}{c}O\\\parallel\\\end{array}\begin{array}{c}OH\\|\\CH_3\end{array}\begin{array}{c}O\\\parallel\\\end{array}P(OH)_2$$

羟基亚乙基二膦酸为无色至淡黄色黏稠液。纯品为白色晶体，熔点 198～199℃，相对密度（20℃）1.5～1.6g/cm³，250℃ 以上分解。易溶于水、甲醇、乙醇，在水中有较大的离解常数。化学稳定性好，耐酸碱和氧化剂，它能与铁、铜、铝、锌等多种金属离子形成稳定的螯合物和配合物。能与含活泼氢的化合物形成稳定的加成物，使活泼氧保持稳定。

工业上通常采用冰醋酸与三氯化磷酰基化，再由酰基化合物与三氯化磷水解产物缩合法生产HEDP。将计量的水、冰醋酸加入反应釜中，搅拌均匀。在冷却下滴加三氯化磷，控制反应温度在 40～80℃。反应副产物氯化氢气体经冷凝后送入吸收塔，回收盐酸。溢出的乙酰氯和醋酸经冷凝仍回反应器。滴完三氯化磷后，升温至 100～130℃，回流 4～5h。反应结束后，通水蒸气水解，蒸出残留的醋酸及低沸点物的产品。反应式为

$$PCl_3 + 3CH_2COOH \longrightarrow 3CH_3COCl + H_3PO_3 \longrightarrow$$

HEDP 常用作锅炉水、循环水、油田注水处理中的阻垢缓蚀剂。

（3）乙二胺四亚甲基膦酸（ethylene diamine tetra-methylene phosphoric acid，简称EDTMP）　乙二胺四亚甲基膦酸，又称乙二胺四甲叉膦酸，分子式：$C_6H_{20}N_2O_{12}P_4$，分子量：436.20，结构式：

$$CH_2N[CH_2OP(OH)_2]_2$$
$$CH_2N[CH_2OP(OH)_2]_2$$

EDTMP 纯品为白色晶体，工业品为淡黄色，商品一般为棕黄色透明黏稠液体。相对密度 $1.3 \sim 1.4g/cm^3$。分解温度 $223 \sim 228℃$。在实际使用中，多用乙二胺四亚甲基膦酸钠，其结构式：

$$CH_2N[CH_2OP(ONa)_2]_2$$
$$CH_2N[CH_2OP(ONa)_2]_2$$

乙二胺四亚甲基膦酸及其钠盐，具有较强的螯合性，能与铁（Fe^{2+}、Fe^{3+}）、铜、铝、锌、钙、镁等离子形成稳定的配合物。

乙二胺四亚甲基膦酸及其钠盐既可阻止碳酸钙、硫酸钙成垢，又可阻止水和氧化铁（腐蚀产物）沉淀，对稳定硫酸钙的过饱和溶液最有效。

乙二胺四亚甲基膦酸及其钠盐化学稳定性好，并且在 200℃ 下有良好的阻垢效果。在高浓度使用时，还具有缓蚀性能。当它们和聚羧酸药剂复配使用时，效果更好。

乙二胺四亚甲基膦酸及其钠盐主要用作工业循环冷却水、锅炉用水、电厂循环水的阻垢缓蚀剂。

乙二胺四亚甲基膦酸及其钠盐有三种合成方法：

① 甲醛与乙二胺进行亲核加成生成羟甲基胺，再与 PCl_3 的水解产物酯化。

② 以乙二醇为中间介质，乙二醇与二氯化碳反应生产氯化磷酸酯，再与乙二胺与甲醛反应生产 EDTMP。

③ EDTA，PCl_3 合成法。

前两种方法副产物少，产率高，产品纯度好。但成本高，原料较贵。目前国内仍以①法为主：首先把化学计量的乙二胺加入反应釜中，加适量的水溶解，搅拌均匀。然后在冷却下滴加三氯化磷，反应温度以 $40 \sim 60℃$ 为宜。滴加完毕后升温至 60℃，滴加甲醛水溶液。滴加完毕后再升温至 $100 \sim 120℃$，反应 5h 左右。冷却，用空气吹出残留的氯化氢。加磷酸钠水溶液调 pH 值到 $9.5 \sim 10.5$。出料即为成品。

2. 膦羧酸

膦羧酸分子中同时含有磷酸基—$PO(OH)_2$ 和羧基—COOH 两种功能基团。膦羧酸阻垢分散剂目前应用较多的是 PBTCA，化学名称为 2-膦酸基丁烷-1,2,4-三羧酸（2-phosphonobutane-1,2,4-tricarboxylic acid）。

阻垢分散剂 PBTCA 分子式为 $C_7H_{11}O_9P$，分子量 270.13，结构式：

PBTCA 为无色或淡黄色透明液体，相对密度（20℃）$1.275g/cm^3$，凝固点 $-15℃$。PBTCA 含磷量低，由于它具有膦酸和羧酸的结构特性，使其具有良好的阻垢和缓蚀性能，优于常用的有机膦酸，特别在高温下阻垢性能远优于常用的有机膦酸。耐酸、耐碱、耐氧化剂性能好，能提高锌的溶解度。PBTCA 广泛应用于循环冷却水系统和油田注水系统的缓蚀阻垢，特别适合与锌盐、共聚物复配使用。适用于 pH 值为 7.0 ～ 9.5 范围内及高温、高硬、高碱及需要高浓缩倍数下运行的场合，可使循环冷却水的浓缩倍数提高到 7 以上。此外，PBTCA 在洗涤行业中可作螯合剂及金属清洗剂。

PBTCA 的合成反应包括亲核加成、Michael 反应和水解反应，反应式如下。

亲核反应：

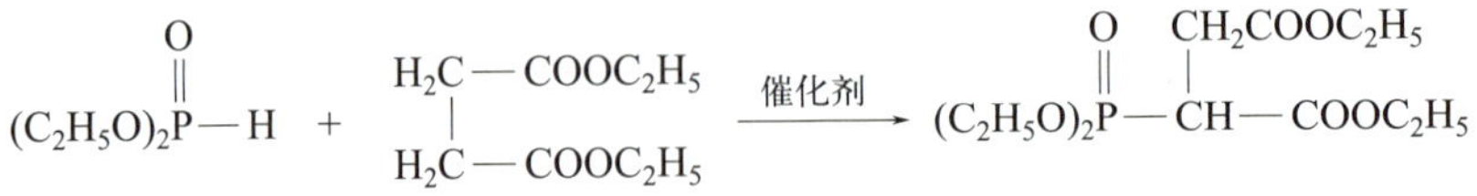

迈克尔（Michael）反应：

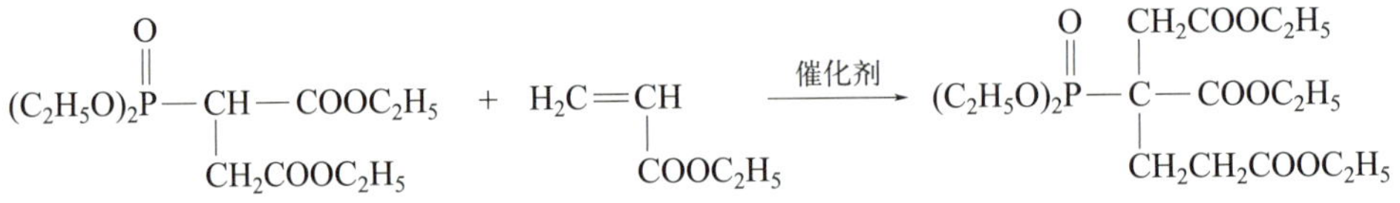

水解反应：

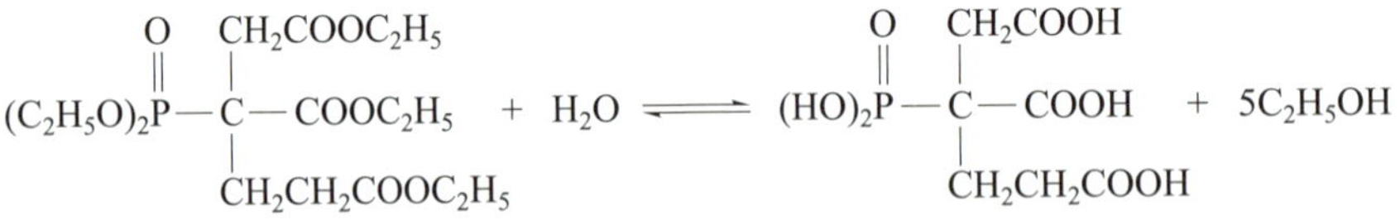

制备方法：先将等摩尔的亚磷酸二乙酯、反丁烯二酸二丁酯加入带有回流冷凝器、加料器、搅拌器以及夹套的反应釜中，加入适量的甲苯作为溶剂，充入保护性气体氮气，开动搅拌，缓慢升温至回流温度，在回流温度下滴加溶有计量的过氧化二苯甲酰的甲苯溶液，控制回流温度并保持此温度至过氧化二苯甲酰 - 甲苯溶液滴加完毕，然后在缓慢回流中继续保温反应 2h。反应结束后，将产物磷酸二乙酯丁二酸与等摩尔的丙烯酸乙酯混合溶于无水甲醇中，加入缩合反应釜，启动搅拌，保持反应体系温度在 20℃左右，缓慢滴加含有甲醇钠的甲醇溶液，进行迈克尔反应。滴加完毕后，维持反应温度继续反应 2h，蒸去甲醇得到产品磷酸二乙酯基 -1,2,4- 三羧酸三乙酯。向缩合得到的产物中加入适量的稀盐酸，进行酸性水解反应，在室温下搅拌反应 20 ～ 30h。水解结束后，减压蒸馏脱除乙醇和氯化氢，得产物 2- 膦酸基丁烷 -1,2,4- 三羧酸，加入去离子水配所需的浓度。

PBTCA 为酸性，操作时注意劳动保护，应避免与皮肤、眼睛等接触，接触后用大量清水冲洗。

3. 聚合物阻垢分散剂

20 世纪 70 年代人们把低分子量的聚羧酸（盐）用作冷却水系统的阻垢剂。所谓低分子质是相对而言的，低分子量的聚羧酸通常是指分子量不超过 10^4，但使用时也有高于 10^4 的。这类防垢剂也具有溶限效应，在现场使用时通常只要几毫克每升就能使结垢情况得到较好的控制。当它们与有机多元膦酸复配使用时，阻垢效果会因协同效应而得到提高。它们能使热交换器壁上的垢层由硬垢或极硬垢转变为软垢或极软垢，从而使垢层易于在水流的冲刷下脱落下来。

聚合物阻垢分散剂包括天然和人工合成聚合物两类。天然聚合物阻垢剂包括淀粉、单宁、纤维素、木质素、腐殖酸、壳聚糖等天然高分子化合物，直接添加使用，或者将以上天然聚合物阻垢剂通过复配以达到适用于某种具体介质环境体系的目的。

人工合成的聚合物阻垢分散剂是低分子量的聚电解质。可作为阻垢分散剂的聚合物种类较多，而目前使用最多的是聚羧酸类物质。

羧酸类共聚物阻垢剂的发展经历了均聚物阻垢剂和共聚物阻垢剂两个阶段。常见的羧酸类单体包括丙烯酸、甲基丙烯酸、马来酸、马来酸酐以及新型的具有多羧基结构的单体，多采用自由基水溶液聚合的方式合成。聚羧酸类阻垢分散剂在实践中应用较多的是丙烯酸的均聚物和共聚物，以及以马来酸为主的均聚物和共聚物。

由于低分子量的聚合物阻垢剂在水系统中表现出很好的溶限效应，因此投加剂的大小是很重要的工艺条件。投加剂量过低，则不起阻垢作用，投加剂量过多，则造成浪费。但究竟多大浓度为合适，这除了与分子量大小有关外，还和所处理的水介质组成及工艺条件有关。虽然许多文献提供了一些数据，但具体使用时应针对水介质和工艺条件，通过试验确定。

关于聚羧酸阻垢分散剂的作用机理，目前尚无定论，但较多的说法有三种：

① 晶格畸变作用。分子量低于10000的聚羧酸的表面电荷对无机物晶体具有影响。聚羧酸是阴离子型聚合物，在碳酸钙晶体形成的早期阶段，它被吸附在结晶表面，使晶体不能正常生长而发生晶格畸变，晶粒变得细小，从而阻止了垢的生产。

② 增溶作用。聚羧酸是阴离子型聚合物，在水溶液中，可离解生产带负电荷的分子键，可与Ca^{2+}形成能溶于水的稳定的化合物，增加了成垢物在水中的溶解度。另外，这种配合物混入晶格内，可使沉淀物变为流态化，具有高效分散作用。

③ 静电斥力作用。聚羧酸在水中电离生成的带负电荷的阴离子有强烈的吸附作用，它会吸附到水中的一些泥沙、粉尘等杂质的粒子上，使其表面带有相同的负电荷。由于静电斥力作用，这些粒子就不会聚集，而是呈分散状态，成为稳定的悬浮液。

还有人认为，聚丙烯酸等能在传热面上形成一种与垢层共沉淀的膜，当这种膜增加到一定厚度时，从传热面上破裂，并带着一定大小的垢层离开传热面。这种膜称为再生自解脱膜。这种假说可以解释聚合物阻垢剂的除垢作用，可以说明为什么聚丙烯酸等对已经结垢的热交换器有良好的清洗效果。

现阶段国内外新型高效阻垢剂的研究，多集中于羧酸类共聚物及其衍生物的研究，通过合成适用于特定成垢环境下的新型多羧基单体，达到满足复杂成垢环境下高效阻垢的目的。

下面对工业上使用较多的几种聚羧酸阻垢分散剂进行介绍：

【1】聚丙烯酸（polyacrylic acid，简称PAA）　聚丙烯酸分子式：$(C_3H_4O_2)n$，结构式：

$$\left[CH_2-CH \right]_n$$
$$\quad\quad\quad |$$
$$\quad\quad COOH$$

聚丙烯酸是目前应用得最广泛的聚羧酸型水处理药剂之一，可以单独使用，一般使用浓度在$2\sim8mg/L$，不超过$10mg/kg$为宜。也可以与聚磷酸盐、有机膦酸盐、钼酸盐、钨酸盐和硅酸盐等水处理药剂复配使用，有较好的协同效应，可在碱性（pH=9）和高浓缩倍数下运行而不结垢，聚丙烯酸排放时不会污染环境。

用作阻垢分散剂的聚丙烯酸是低分子量聚合物，产品为无色至淡黄色液体，可与水无限混溶。有腐蚀性，低毒。

PAA作为阻垢分散剂能将碳酸钙、硫酸钙等盐类的微晶或泥沙分散于水中不沉淀，从而达到阻垢目的，可用作循环冷却水、锅炉水、油田注水的阻垢分散剂。聚丙烯酸及其钠盐，对铜有腐蚀性。为此，在使用时常加入缓蚀剂。

目前工业上生产聚丙烯酸的主要方法是以过硫酸盐为引发剂，在水溶液中将丙烯酸单体聚合而成。

丙烯酸聚合反应式：

$$n H_2C = CH \xrightarrow[60\sim105℃]{(NH_4)_2S_2O_8} \left[CH_2-CH \right]_n$$
$$\quad\quad\quad\quad\quad |\quad\quad\quad\quad\quad\quad\quad\quad\quad\quad\quad\quad |$$
$$\quad\quad\quad COOH \quad\quad\quad\quad\quad\quad\quad\quad\quad\quad COOH$$

按配比为丙烯酸∶过硫酸铵∶水∶NaOH=10∶2∶18∶15准备原料。原料丙烯酸在冬天易冻结，要注意防冻，在夏天要注意不要长时间处于30℃高温以上，否则会聚合产生二聚体，这些都会最终影响产品质量。所用原料水不能含有大量重金属离子，否则不利于聚合。

生产过程：将丙烯酸用真空吸入丙烯酸计量罐内，放入混合槽内与已计量的无盐水充分混合，再用丙烯酸泵打到丙烯酸滴加罐内。将已称量的过硫酸铵分别放入反应釜及过硫酸铵混合槽内，并分别放入已计量的无盐水，待溶解并混合均匀后，将混合槽内的过硫酸铵溶液用泵打到硫酸铵滴加罐内。启动搅拌，通釜夹套蒸汽，升温至65℃，开冷凝器夹套冷却水，然后再均匀滴加丙烯酸溶液及过硫酸铵溶液，保持釜温65～90℃。二者滴加完毕，升温至95～100℃，保温2h。保温结束，夹套通冷却水冷却，得聚丙烯酸产品。

聚丙烯酸钠的制备是向保温结束后的溶液中缓慢滴加已经计量好的碱液，滴加完毕后，搅拌20min，然后往夹套通冷却水，降温至60℃，出料即为成品。生产工艺流程如图7-9所示。

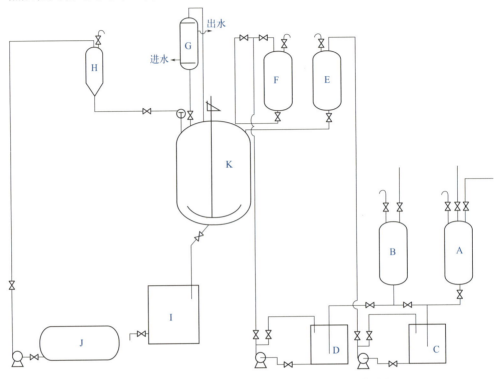

图7-9　丙烯酸水溶液聚合制备聚丙烯酸（钠）工艺流程

A—丙烯酸计量罐；B—软化计量罐；C—丙烯酸混合槽；D—过硫酸铵混合槽；E—丙烯酸滴加罐；
F—过硫酸铵滴加罐；G—换热器；H—碱计量罐；I—成品贮罐；J—碱贮罐；K—反应釜

【2】**水解聚马来酸酐**（hydrolyzed polymaleic anhydride，简称HPMA）　水解聚马来酸酐，又名聚马来酸、聚顺丁烯二酸。结构式：

$$\left[\begin{array}{cc} CH-CH \\ | \quad\quad | \\ COOH \ COOH \end{array}\right]_n \left[\begin{array}{cc} CH-CH \\ \quad \\ O \quad O \end{array}\right]_m$$

HPMA产品为棕黄色透明液，相对密度（25℃）1.18～1.22。

水解聚马来酸酐是一种良好的水处理药剂，也是最早在水处理领域中应用的聚合物阻垢分散剂。它与有机膦复合使用具有良好的抑制水垢结生和剥落老垢的作用。通常以2～5mg/kg与有机膦酸盐复合用于循环水、锅炉水等的阻垢。另外，HPMA有一定的缓蚀作用，与锌盐复配缓蚀效果更好。

作为阻垢分散剂用的水解聚马来酸酐的分子量一般为400～800，产品为酸性，易溶于水，化学稳定性及热稳定性较好，分解温度在330℃以上，具有较强的处理水中钙、镁等金属离子的能力，可抑制碳酸盐类的生成。由于其结构中羧基数比聚丙烯酸多，因此，其阻垢性能优于后者。

水解聚马来酸酐生产工艺一般分为两种：一种是在马来酸酐的甲苯溶液中加入过氧化二苯甲酸进行自由基聚合，分离出溶剂后的聚马来酸酐经水解生成50%左右的聚马来酸，这种方法的优点是产物平均分子量容易控制，产物平均分子量较高。缺点是生产工艺周期长，工艺复杂，能耗高，而且该工艺中需要加入较多的BPO（过氧化苯甲酰），一方面增加成本，另一方面产物溴值增高，不容易达到国家标准。

另一种生产工艺是以水为溶剂的水解聚马来酸酐，该工艺先将马来酸酐加热水解，然后以过氧化氢作引发剂，用微量的金属离子作催化剂使马来酸直接聚合，得到聚马来酸水溶液。该方法的优点是工艺简单、经济，在几小时内可直接得到适合用作水处理剂或助洗剂的低分子量、窄分子量分布的酸型聚马来酸。

（3）马来酸-丙烯酸共聚物（maleic anhydride acrylic acid copolymer，简称MA/AA）　马来酸-丙烯酸共聚物为浅棕黄色透明液体。相对密度（20℃）1.18～1.20，分子量范围280～700，结构式：

$$\left[\begin{array}{c} HC-CH_2 \\ | \\ COOH \end{array} \right]_n \left[\begin{array}{c} CH-CH \\ | \quad\quad | \\ O \quad O \\ \backslash / \\ \end{array} \right]_m \left[\begin{array}{c} CH-CH \\ | \quad\quad | \\ COOH \quad COOH \end{array} \right]_x$$

MA/AA对碳酸盐等具有很强的分散作用，热稳定性高，可在300℃高温等恶劣条件下使用，与其他水处理药剂具有良好的相容性和协同增效作用。MA/AA对包括磷酸盐在内的水垢的生成具有良好的抑制作用。由于其阻垢性能和耐高温性能优异，因此广泛用于低压锅炉、集中采暖、中央空调及各类循环冷却水系统中。MA/AA也可用于纺织印染行业作螯合分散剂使用。

马来酸-丙烯酸共聚物，是以甲苯为溶剂，过氧化苯甲酰为引发剂，以马来酸酐为主，加入少量的丙烯酸共聚后，经水解制得。

制备方法： 取110份无水甲苯和100份马来酸酐单体加到聚合反应釜中，并在整个聚合反应过程中连续通入氮气，控制回流温度120℃左右，维持30min以上使马来酸酐完全溶解为止。再将10份丙烯酸单体和8份过氧化苯甲酰溶解在70份甲苯中，将该溶液滴加到聚合釜中，控制回流温度116℃，当该溶液滴加完后，继续回流1h。冷却、过滤，然后在125℃以下干燥12h，即得白色粉状马来酸酐-丙烯酸共聚物。再经水解得到马来酸-丙烯酸共聚物。

（4）丙烯酸-2-丙烯酰胺-2-甲基丙磺酸共聚物（AA/AMPS）

别名：含AMPS磺酸盐聚合物，磺酸盐聚合物。

分子式：$(C_3H_4O_2 \cdot C_7H_{13}NO_4S)_n$

结构式：

$$\left[\begin{array}{c} CH_2-CH \\ | \\ COOH \end{array} \right]_m \left[\begin{array}{c} CH_2-CH \\ | \\ O=C \quad CH_3 \\ | \quad\quad | \\ HN-C-CH_2SO_3H \\ | \\ CH_3 \end{array} \right]_n$$

丙烯酸与2-丙烯酰胺-2-甲基丙磺酸共聚物（AA/AMPS）是一种磺酸类阻垢分散剂，其中磺酸基团属于亲水性基团，酸性较羧酸强，将其引入共聚物中可以有效地防止弱亲水性共聚物与水中离子反应生成难溶性物质——钙凝胶，从而达到较好的阻垢效率。并且，由于分子结构中含有羧酸基和强极性的磺酸基，能提高钙容忍度，对水中的磷酸钙、碳酸钙、锌垢等有显著的阻垢作用，防止氧化铁的沉积，尤其对磷酸钙阻垢率高。并且分散性能优良，能有效地分散颗粒物，同时稳定金属离子。研究表明，具有强酸和弱酸两种官能团的聚合物水处理剂具有较好的阻垢率。其中强酸基团磺酸基酸性较强，保持着轻微的离子特性，从而促进溶解；而弱酸基团对活性部位有更强的约束能力，抑制结晶生长。它与有机膦、锌盐复配，增效作用明显。特别适合高pH、高碱度、高硬度的水质，是实现高浓缩倍数运行的理想阻垢分散剂之一。广泛用于钢铁、石油化工、化肥、电力等工业的循环冷却水系统。

AA/AMPS产品为淡黄色透明液体，相对密度（20℃）1.05～1.15。AA/AMPS的生产通常采用自由基聚合方法。

【配方】

原料名称	用量/g
马来酸酐	58.8
丙烯酸	29.5

续表

原料名称	用量 /g
2- 丙烯酰胺 -2- 甲基丙磺酸	11.6
过硫酸铵	7.5
甲酸钠	6
双氧水	35.8

【制备方法】

称取一定量的马来酸酐，加热溶化后，再加入一定量的双氧水作为引发剂，升至所需温度，反应一定时间后，加入丙烯酸（AA）、2- 丙烯酰胺 -2- 甲基丙磺酸（AMPS）、甲酸钠分子质量调节剂和水，开动搅拌器。室温下，调节体系的 pH 值为 7 左右。在常压下加热使之完全溶解。当达到预定温度时，加入过硫酸铵引发剂，滴加结束后，升温至 90℃ 左右，反应一段时间后，即可得三元共聚物。

阻垢分散剂 AA/AMPS 产品为酸性液体，操作时注意劳动保护，应避免与皮肤、眼睛等接触，接触后用大量清水冲洗。

（二）氨基三亚甲基膦酸生产技术

氨基三亚甲基膦酸（ATMP）的合成方法较多，目前工业生产中大多数采用的合成方法是以亚磷酸、氨、甲醛为原料在酸性条件下的一步合成法。

1. 原料准备

该法所用的氨可以是氨气、氨水或铵盐，一般用氯化铵。甲醛为甲醛水溶液、三聚甲醛或多聚甲醛；亚磷酸由三氯化磷水解制得。

2. 生产原理

ATMP 的合成反应式：

$$3H_3PO_3+NH_4Cl+3HCHO+6H_2O \longrightarrow N[CH_2PO(OH)_2]_3+10HCl$$

3. 工艺流程

ATMP 的生产工艺流程如下所示：

原料→反应→浓缩→冷却→结晶→分离→成品

4. 生产方法

在装有密封搅拌器、回流冷凝器和滴液漏斗的反应器中，先加入适量的去离子水和甲醛，按氯化铵、甲醛和三氯化磷的摩尔比为 1 ∶ （3 ～ 4.5）∶ （3 ～ 3.1）进行配料，将氯化铵缓缓溶入反应器中。然后控制反应液温度为 30 ～ 40℃，开动搅拌器，再缓慢地将三氯化磷滴入，控制滴加三氯化磷的速度并进行外部冷却，使反应温度保持在 30 ～ 40℃，反应过程中有 HCl 气体逸出，用水吸收的方式回收。待三氯化磷滴加完毕后，通过向夹套通蒸汽将物料升温至 105 ～ 115℃，借助于冷凝器进行保温回流。回流约 0.5h，反应完毕，反应液为黄色澄清液体。

反应物的精制采用蒸汽精制。从反应器底部向物料通过热蒸汽，保持物料温度在 120 ～ 130℃ 为宜，使过热蒸汽带走残存于其中的氯化氢和甲醛等杂质。当冷凝下来的含氯化氢和甲醛的水溶液的 pH 值升到 2 时，即可结束蒸汽精制，再向反应器中通入去离子水降温的无色或微黄色液体并调整产品质量分数至 50% ～ 52% 出料。

固体产品的制备是在精制结束后，将产品冷却至室温进行结晶，然后经分离、干燥，即得外观为白色颗粒状的固体氨基三亚甲基膦酸。ATMP 的质量分数为 55% ～ 75%。

5. 产品质量标准

固体产品标准见 HG/T 2840—2010，产品技术要求见表 7-5。

表7-5　固体氨基三亚甲基膦酸水处理剂的技术要求

指标名称		指标
外观		白色颗粒状固体
活性组分 /%	≥	93
氨基三亚甲基膦酸含量 /%	≥	88
亚磷酸（以 PO_3^{3-} 计）含量 /%	≤	3.0
磷酸（以 PO_4^{3-} 计）含量 /%	≤	0.8
氯化物（以 Cl^- 计）含量 /%	≤	1.0
铁（以 Fe 计）/（μg/g）	≤	20
pH 值（10g/L 水溶液）	≤	2.0

液体产品标准（HG/T 2841—2023）规定：产品外观为无色或微黄色透明液体。技术指标应符合表 7-6 的要求。

表7-6　液体氨基三亚甲基膦酸水处理剂的技术要求

项目		指标
活性组分（以 ATMP 计）含量 /%	≥	50.0
氨基三亚甲基膦酸含量 /%	≥	40.0
亚磷酸（以 PO_3^{3-} 计）含量 /%	≤	3.5
磷酸（以 PO_4^{3-} 计）含量 /%	≤	0.8
氯化物（以 Cl^- 计）含量 /%	≤	1.0
pH 值（10g/L 水溶液）	≤	2.0
密度（20℃）/（g/cm³）	≥	1.30
铁（以 Fe 计）含量 /（μg/g）	≤	20

三、缓蚀剂

（一）缓蚀剂的分类及缓释机理

微课●

缓蚀剂

缓蚀剂是指添加到腐蚀介质中能有效地抑制或延缓金属腐蚀速率的化学品。

缓蚀剂的品种很多，并不是所有的缓蚀剂都适宜于用作冷却循环水缓蚀剂。作为循环水中使用的缓蚀剂需要具备一定的条件：

① 在经济上是有利的，即添加缓蚀剂的方案和其他方案（例如用防腐阻垢涂料涂覆、阴极保护、采用耐蚀材料的换热器以及不加缓蚀剂任其腐蚀后再更换冷却设备等方案）相比，在经济上是合算的或者是可以接受的。

② 它的飞溅、泄漏、排放或经处理后的排放，在环境保护上是容许的。

③ 它与冷却水中存在的各种物质（例如 Ca^{2+}、Mg^{2+}、SO_4^{2-}、HCO_3^-、Cl^-、O_2 和 CO_2 等）以及加入冷却水中的阻垢剂、分散剂和杀生剂是相容的，甚至还有协同作用。

④ 对冷却水系统中各种金属材料的缓蚀效果都是可以接受的，例如，当冷却水系统中同时使用碳钢的和铜合金的换热器时，添加缓蚀剂后，碳钢和铜合金的腐蚀速度都能降低到设计规范规定的范围以内。

⑤ 不会造成换热金属表面传热系数的降低。

⑥ 在冷却水运行的 pH 值范围内（6.0～9.5），有较好的缓蚀作用。

缓蚀剂品种繁多，来源复杂，效果也有较大差异。它们的种类按其成分，可分为无机缓蚀剂和有机缓蚀剂两大类；按其缓蚀机理，可分为阳极型缓蚀剂、阴极型缓蚀剂和混合型缓蚀剂；若按其来源，则可分为天然产物和人工合成产物两类；但目前应用得比较多的分类方法是按缓蚀剂在金属表面形成保护膜的类型来分类的，如表7-7所示。

表7-7　按保护膜的性质分类的缓蚀剂

缓蚀剂的分类		典型缓蚀剂名称	保护膜种类	保护膜特点
氧化膜型（钝化膜型）		铬酸盐 亚硝酸盐 钼酸盐	氧化膜	致密，膜薄（3.0～20mm） 与基础金属的结合紧密 缓蚀性能好
沉淀膜型	水中离子型（与水中钙离子等生成不溶性盐）	聚磷酸盐 正磷酸盐 磷酸盐 锌盐	沉淀膜	多孔，膜厚 与基础金属结合不太紧密 缓蚀效果不佳
	金属离子型（与缓蚀对象的金属离子生成不溶性盐）	疏基苯并噻唑 苯并三氮唑 甲苯基三氮唑		较致密，膜较薄 缓蚀性能较好
吸附模型		胺类表面活性剂	吸附膜	对酸液、非水溶液等，在金属表面清洁的状态下，形成较好吸附层。在淡水中，对碳钢的非清洁表面，难以形成吸附层

（1）钝化膜型　这类缓蚀剂实际上是一种氧化剂，故也称氧化膜型缓蚀剂。例如，铬酸盐、亚硝酸盐、钼酸盐、钨酸盐等，它们的作用是使二价铁氧化成三价铁，即在金属表面上形成一层氧化物膜。这种膜非常致密，可牢固地吸附在金属表面上，使金属表面钝化，阻止了进一步的腐蚀发生。如铬酸盐可在金属表面发生下列反应：

$$CrO_4^{2-}+3Fe(OH)_2+4H_2O \longrightarrow Cr(OH)_3+3Fe(OH)_3+2OH^-$$
$$2Fe(OH)_3 \longrightarrow Fe_2O_3+3H_2O$$

这种膜可与金属表面直接结合，因此十分牢固。但是，如果这种缓蚀剂加入量不够，则不足以使金属表面全部钝化，腐蚀会集中发生在未钝化的部位，造成严重的局部腐蚀。

钝化膜型的缓蚀剂尽管有较好的缓蚀作用，但铬酸盐和亚硝酸盐毒性大。钼酸盐虽无毒，但价格较贵。

（2）沉淀膜型　这类缓蚀剂能与水中某种离子或腐蚀下来的金属离子形成难溶的沉淀物，并在金属表面沉积成膜。这种膜将金属与腐蚀介质隔开，从而阻止了金属的进一步腐蚀。例如，磷酸盐和硅酸盐等都属于沉淀膜型缓蚀剂。但是这类缓蚀剂形成的膜没有与金属表面直接结合，因此附着程度不如钝化膜，而且不够致密，往往是多孔疏松的膜，故缓蚀效果不如钝化膜型缓蚀剂。

例如，硅酸钠可在阳极表面上与腐蚀产物 Fe^{2+} 反应，形成硅酸铁沉淀膜而起缓蚀作用：

$$Fe^{2+}+2NaO \cdot mSiO_2 \longrightarrow FeO \cdot mSiO_2+2Na^+$$

（3）吸附膜型　这类缓蚀剂都是分子中含有氧、氯和（或）硫、磷等原子的有机化合物，这些原子最外层均有未共用电子对，它们可与金属原子的空轨道形成配位吸附。而缓蚀剂分子中的非极性基团起到对金属表面的屏蔽作用，从而在金属表面形成一层疏水膜，使腐蚀介质与金属表面隔开，达到抑制腐蚀的目的。

缓蚀剂的效果受pH值、硬度、盐浓度等水质因素及水温、流速等热交换器的运行工况影响较大。

① pH值影响。常用的聚磷酸盐类缓蚀剂，为了获得最佳缓蚀效果，需要保持pH值在6以上。但pH值在8以上又容易引起碳酸钙和磷酸钙的析出，需要与阻垢剂合用。

② 硬度影响。磷酸盐类缓蚀剂与钙硬度共存时，钙硬度低时（约50mg/L CaCO₃），缓蚀效果差，而钙硬度大于150mg/L且磷酸盐浓度不大时，缓蚀效果比较好。这是由于钙硬度增加时，容易形成金属表面的缓蚀薄膜，抑制了阴极反应。

③ 盐浓度影响。盐浓度主要指硫酸根和氯离子浓度之和，根据缓蚀剂不同，盐类影响程度也不同。例如相同盐浓度情况下，对聚磷酸盐类缓蚀剂的影响远大于重铬酸盐、一二价金属盐缓蚀剂。

④ 其他。在冷却水处理过程中，为了抑制黏泥，常采用氯气、次氯酸钠杀菌剂，而当管理不当时，mg/L 级以上余氯都会增加腐蚀。水温也是影响缓蚀剂效果的一个因素，当水温在 60℃以上时，会出现缓蚀薄膜垢化问题，这时就得采取阻垢措施。

对于流速来讲，一般流速大，缓蚀剂扩散好，缓蚀效果也比较好，但流速过大，钢材腐蚀速度加大。因此良好缓蚀作用需保持一定的水流速。

国内常用的冷却水缓蚀剂有铬盐、锌盐、磷酸盐，但随着环保要求的提高，现在大量使用有机磷酸盐、有机磷酸酯等。钼、钨酸盐也开始使用。

（二）主要品种

1. 锌盐

可溶性的锌盐投入冷却水中，会在紧靠金属表面处形成氢氧化锌沉淀并覆盖在阴极表面，形成性能良好的阴极缓蚀膜。此外，氢氧化锌使紧靠金属的环境呈碱性，进一步减少金属的腐蚀。

锌盐形成保护膜的速度很快，但不持久。因此，锌盐很少单独使用而多与其他缓蚀剂配合使用。锌盐和其他缓蚀剂，特别是与其他阴极型缓蚀剂配合使用有增效作用。一般先由锌盐迅速建立保护膜，抑制发展速度很快的初期腐蚀。然后由其他缓蚀剂或者与锌盐，或者与其他金属离子，或者缓蚀剂本身再在锌盐建立的膜上建立另一层保护膜，从而填补锌盐建立的膜的缺陷，稳固锌盐膜，既克服锌盐的保护作用不持久的缺点，又进一步改善缓蚀性能。在冷却水处理中，锌盐广泛与铬酸盐、聚磷酸盐、硅酸盐和许多有机缓蚀剂配成复合缓蚀剂使用。

锌盐在碱性水中会生成絮状氢氧化锌沉淀而失效，甚至粘覆在传热面上成为垢。因此，在碱性冷却水系统使用锌盐，应与性能良好的阻垢剂配合。

锌盐对鱼类有毒。锌的排放标准是 5μL/L。适当控制锌的浓度，锌盐仍可用于循环冷却水，排污水也可直接排放。此外，锌盐加碱易形成沉淀析出，锌也易被污泥吸附，如果冷却水中用高于 5μL/L 浓度的锌，处理起来也比较容易。

2. 钨酸盐

钨系水处理剂因其无毒无公害，加之我国有着丰富的钨矿资源，因此开发应用前景广阔。钨酸钠是常用的钨系缓蚀剂，其分子式为 $Na_2WO_4 \cdot 2H_2O$。它是无色或白色斜方晶体，可由黑钨矿用烧碱分解后经蒸发结晶等步骤制备，发生的化学反应如下：

$$MnWO_4 \cdot FeWO_4 + 4NaOH \longrightarrow 2Na_2WO_4 + Fe(OH)_2 \cdot Mn(OH)_2$$
$$Na_2WO_4 + CaCl_2 \longrightarrow CaWO_4 + 2NaCl$$
$$CaWO_4 + 2HCl \longrightarrow CaCl_2 + H_2WO_4$$
$$H_2WO_4 + 2NaOH \longrightarrow Na_2WO_4 \cdot 2H_2O$$

钨酸钠生产工艺流程如图 7-10 所示。

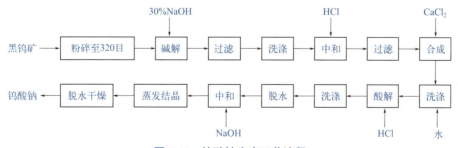

图 7-10 钨酸钠生产工艺流程

每吨 $Na_2WO_4 \cdot 2H_2O$（＞99％）的原料消耗如下：黑钨矿（WO_3 65％）1.32t，烧碱（NaOH 40％）0.715t，盐酸（HCl ＞30％）2.336t。

有机膦酸盐、有机磷酸酯是大量使用的缓蚀剂，并且前已述及它们又是良好的阻垢剂，这种兼具缓蚀和阻垢性能的药剂称之为阻垢缓蚀剂。它们的生产技术已在阻垢剂部分讲述，在此不再赘述。

缓蚀剂的应用将在杀菌灭藻剂部分循环水的综合处理中进行介绍。

项目四

杀菌灭藻剂

在冷却水中含有大量的微生物，这些微生物在冷却水设备的管壁上生成和繁殖，这不仅大大增加了水流的摩擦阻力，引起管道的堵塞，还严重地降低了热交换器的传热效率，同时还会造成危险的孔蚀以致使管道穿孔。为了控制微生物的生长及其所造成的危害，就必须投加杀菌灭藻剂（又称杀生剂）、污泥剥离剂等药剂，以杀灭和抑制微生物的生长和繁殖。

杀菌灭藻剂通常分为氧化型和非氧化型两类。氧化型一般是较强的氧化剂，利用它们所产生的次氯酸、原子态氧 [O] 等，使微生物体内一些与代谢有密切关系的酶发生氧化作用而使微生物被杀灭。该类杀生剂一般是无机化合物，如氯、次氯酸盐、二氧化氯、臭氧、过氧化氢等，用得较广泛的是氯气、漂粉精和二氧化氯。

非氧化型杀生剂主要是有机化合物类，如醛类化合物、硝基化合物、含硫化合物、咪唑啉等杂环化合物、长链胺类化合物、季铵盐以及含卤素的有机化合物。其中应用较广泛的有五氯酚钠、2,2′- 二羟基 -5,5′- 二氯苯甲烷（DDM）、西维因、2,2- 二溴 -3- 氮川丙烯胺、三硫氰基甲烷、季铵盐类。

一种好的杀菌剂，应具备高效、广谱、低毒、稳定、无臭、无刺激性、能与其他药剂配伍、来源广、成本低和使用方便等优点。

一、主要品种

（一）氧化型杀菌剂

目前循环水中采用的氧化杀菌剂有：主要是液氯及次氯酸钙、次氯酸钠。

| O₃ | ClO₂ | NaClO | Ca(ClO)₂ | KMnO₄ | K₂FeO₄ |

O_3 臭氧　　ClO_2 二氧化氯　　$NaClO$ 次氯酸钠　　$Ca(ClO)_2$ 次氯酸钙　　$KMnO_4$ 高锰酸钾　　K_2FeO_4 高铁酸钾

二氯异三聚氰酸　　　　　三氯异三聚氰酸

在氧化型杀菌剂中，氯气是我国各油田早期注水常用的杀菌剂。这种杀菌剂通常具有来源丰富、价格便宜、使用方便、作用快、杀菌致死时间短、可清除管壁附着的菌落、防止垢下腐蚀、污染较小等优点；但氯在循环系统中易于散失，不能起持续杀菌作用，常与非氧化型的药剂联合使用，在碱性和高 pH 值时，用量大，且易与水中的氨生成毒性很大的氯氨，造成严重的环境污染。目前已很少采用。

另一种无机化合物二氧化氯，它是一种强氧化剂，比氯气的氧化能力强 2.5 倍。在冷却水中作为杀菌剂，与氯相比，具有低剂量、作用快、效果好、不与氨反应和不受 pH 影响等优点。因此，近年来国外一些合成氨厂、石油化工厂、炼油厂等都以二氧化氯取代了氯气，控制工业冷却水系统的微生物生长。二氧化氯的杀生周期比较长。0.5μL/L 的二氧化氯在 12h 内对厌氧菌的杀菌能力达 99.9%。

高铁酸钾是一种强氧化型杀菌剂，杀菌速率快、效果好，且没有任何公害和污染问题。但制备过程复杂，成本较高，难以大量推广使用。

次氯酸钙，又称漂粉精，为白色或微灰色的粉状/粒状固体，是由石灰乳氯化、离心、干燥、粉碎而制得。它在水中能生成次氯酸，其杀菌作用与氯相似。

三氯异三聚氰酸，又称三氯异氰尿酸。分子量 232.41，为白色结晶粉末，散发出次氯酸的刺激性气味。是由氰尿酸、NaOH、氯气为原料制得。它在水中能水解，生成次氯酸和异氰尿酸，其杀菌作用与氯相似。

目前工业冷却水系统趋向于在碱性条件下运行，此时通过高效阻垢分散剂控制阻垢，通过高 pH 值环境以及缓蚀剂控制腐蚀。所用阻垢缓蚀剂多为含磷的有机物，磷是生物的营养成分，而且在高 pH 值时氯气杀生效果差。在这种情况下，二氧化氯更具有优势、更有效、更经济。因为二氧化氯的作用不受 pH 值、氨或有机物的影响。它不会形成氯化有机物。

（二）非氧化型杀菌剂

非氧化型杀菌剂又可分为吸附型杀菌剂和渗透型杀菌剂。

1. 吸附型杀菌剂

这类杀菌剂通过吸附在细菌的细胞表面上，在细胞表面形成一个高浓度的离子团，直接影响细胞膜的正常功能。细胞膜是可透性的，它调节着细胞内外离子的出入，又是呼吸、能量转换、营养物运送、膜和细胞壁成分合成的场所。膜被杀菌剂吸附后就改变了电导性、表面张力、溶解性，并可形成配合物，使蛋白质变性，抑制或刺激酶的活性，损害了控制细胞渗透性的原生质膜，从而使细菌致死。

这类杀菌剂多为季铵盐类，季铵盐是一种阳离子型的表面活性剂，常用的季铵盐有：

（1）烷基三甲基氯化铵（又称ATM）

$$\left[R\!-\!\overset{\overset{\displaystyle CH_3}{|}}{\underset{\underset{\displaystyle CH_3}{|}}{N}}\!-\!CH_3 \right]^{+} Cl^{-} \quad (R代表 C_{16}\sim C_{18} 的烷基混合物)$$

（2）二甲基烷基氯化铵（又称DBA）

$$\left[R\!-\!\overset{\overset{\displaystyle CH_3}{|}}{\underset{\underset{\displaystyle CH_3}{|}}{N}}\!-\!CH_2\!-\!\!\bigcirc \right]^{+} Cl^{-} \quad (R代表 C_8\sim C_{16} 的烷基混合物)$$

（3）十二烷基二甲基苄基氯化铵（又称DBL）

$$\left[C_{12}H_{25}\!-\!\overset{\overset{\displaystyle CH_3}{|}}{\underset{\underset{\displaystyle CH_3}{|}}{N}}\!-\!CH_2\!-\!\!\bigcirc \right]^{+} Cl^{-}$$

季铵盐的突出优点是它能穿透黏泥和污垢，因此特别适用于对付产生黏泥和在污垢下滋生的厌氧菌。据报道，5～20μL/L 浓度的 DBA 就能有效地控制硫酸盐还原菌的危害。

季铵盐具有分散能力，在使用过程中发泡，能将杀菌时剥离下来的黏泥分散带出，在旁滤池中过滤除去或随排污水流走。此外，季铵盐还有缓蚀或促进缓蚀的作用。

季铵盐对鱼类的毒性较小，一般认为季铵盐的浓度不高于 4μL/L 可以排放到天然水体中。

季铵盐类杀菌剂的生产技术在阳离子表面活性剂部分已做介绍，在此不再赘述。

2. 渗透型杀菌剂

这类杀菌剂有较强的渗透作用，能透过细菌的细胞壁进入细胞质中，破坏菌体内的生物合成，引起细菌代谢系统紊乱，从而起杀菌作用。主要包括氯酚类、有机醛类和有机氰类。

氯酚类杀菌剂是应用较早的一类杀菌剂，虽然它们杀菌能力很强，但是生物降解性差，残余毒性高，对人的皮肤和黏膜有刺激性，排放入水域后易造成环境污染，使用受到限制。主要产品有：邻氯苯酚、对氯苯酚、2,4-二氯苯酚、2,2′-二羟基-5,5′-二氯二苯甲烷等。

有机醛类杀菌剂包括甲醛、异丁醛、丙烯醛、肉桂醛、苯甲醛、乙二醛、戊二醛等。这类杀菌剂的杀菌效果与其结构有关。效果较好、使用较多的是戊二醛、甲醛和丙烯醛。其中丙烯醛虽有较好的效果，但其毒性及刺激性都极大，而甲醛的杀菌浓度高达几百毫克每升，且刺激性大，很难为现场接受，目前只有戊二醛尚有与其他药剂复配的实例，但价格昂贵。

| 2,2′-二羟基-5,5′-二氯二苯甲烷 | 肉桂醛 | 2,4-二氯苯酚 |

有机氰类杀菌剂杀菌效率高，价格便宜，但在碱性条件下易于分解，且毒性较大。由于本身溶解性较差，通常需要加入一些表面活性剂，以增加溶解性能，提高杀菌效率。这类杀菌剂中最引人注目的是二硫氰基甲烷，是近年来被推荐使用的一种广谱性杀菌剂。它杀菌效果好，用量低，尤其对 SRB（硫酸盐还原菌）的杀菌效果最好，与氯化十二烷基二甲基苄基铵复配使用效果更好。但它的生物降解性不好，排放受到限制。

| 二硫氰基甲烷 | N,N-二甲氨基二硫代甲酸钠 | 2-氰基-3-氨基-3-苯基丙烯酸乙酯 |

使用杀菌剂还应注意下列几点：①各种杀菌剂都不能对全部细菌有满意的杀菌效果，因此应当选择几种药剂配合使用。②杀菌要保持足够的剂量，剂量低了反而刺激菌类新陈代谢，促使其生长。并且要在保证细菌与药剂接触一定时间后还有一定的剩余浓度。③投药可以有三种方式：连续投加、间歇投加、瞬时投加。在投药量相同的情况下，采用瞬时投加。可以保持其一段时间内的高浓度，往往可得到良好的杀菌效果。连续投加药剂消耗量大，只有瞬时投加与间歇投加都不起作用时采用。④为防止细菌的抗药性，可以选择几种药剂，安排日程轮换使用。

二、典型杀菌剂二氧化氯生产技术

二氧化氯（ClO$_2$）是汉弗莱·戴维于 1811 年发现的。根据浓度的不同，二氧化氯是一种黄绿色到橙黄色的气体，分子量 67.45，具有与氯气相似的刺激气味，在 101.325kPa 下沸点 11℃，熔点 −59℃，密度为 3.09g/cm³。它在空气中的体积分数超过 10% 便有爆炸性，但其溶液浓度在 10g/L 以下时没有爆炸危险，而水处理中 ClO$_2$ 的浓度远低于 10g/L。二氧化氯在水中的溶解度是氯的 5 倍，20℃、10kPa 分压时达 8.3g/L，在水中溶解成黄色的溶液。与氯气不同，它在水中不水解，也不聚合，在 pH 值 2～9 范围内以一种溶解的气体存在，具有一定的挥发性。

二氧化氯的毒性比氯气小，其气体分解稳定性高于臭氧。二氧化氯在水中是纯粹的溶解状态，不与水发生化学反应，故它的消毒作用受水的 pH 值影响极小，这是与氯消毒的区别之一。即使在较高的 pH 值下，ClO$_2$ 也有很强的消毒能力。并且二氧化氯是一种氧化剂而不是氯化剂，因此二氧化氯氧化水中有机物时，几乎不生成具有致癌可能性的有机氯化物。

二氧化氯具有广谱抗微生物作用，而且对高等动物细胞无致癌、致畸、致突变作用，具有高度的安全性，被世界卫生组织（WHO）列为 A1 级广谱、安全、高效杀菌消毒剂。但 ClO₂ 性质不稳定、易分解，具有较强的腐蚀性，使用安全性较差，必须在使用地点制造而使其难以作为一种商品包装和储运，其应用受到了一定限制。加有稳定剂（硼酸钠、过硼酸钠、过碳酸钠、碳酸钠等）的稳定态 ClO₂ 克服了上述缺点，也具有高效、广谱的杀菌效果，从而为其应用打开了一个更广阔的市场。

二氧化氯产品有喷雾、固态粉状、液态稳定二氧化氯等多种形式。水处理中应用较多的为液态二氧化氯。

20 世纪 70 年代初期，美国成功地开发了稳定化二氧化氯。稳定化二氧化氯为无色、无味、无腐蚀性的透明水溶液，在 −5 ～ 95℃下稳定存在，不易分解。

稳定化二氧化氯主要是将二氧化氯气体稳定于惰性溶液中，形成含二氧化氯有效成分浓度在 2% 以上的产品。稳定化二氧化氯的生产关键是稳定剂的选择，稳定剂主要有碳酸盐、过碳酸盐、硼酸盐、过硼酸盐等，其中由于碳酸盐价格便宜，来源方便，是最常用的稳定剂。

气态二氧化氯的发生是制备稳定性二氧化氯的关键工序。气态二氧化氯制备方法很多，可归纳为两类：化学法和电解法。所有这些方法中，能够发生高纯气态二氧化氯的并不多，比较成熟的有氯酸钠电解法、亚氯酸钠氧化法、亚氯酸钠酸分解法、甲醇还原法（R8 法）和 20 世纪 80 年代新开发的过氧化氢还原法（SVP-HP）等。

国内工业化制备二氧化氯主要采用氯酸盐还原法，采用的还原剂有：二氧化硫、甲醇、草酸、双氧水、柠檬酸、盐酸、甲酸及其对应的盐以及醇类等。

下面主要对氯化钠甲醇还原法（R8 法）进行介绍。

1. 生产原理

反应式：

$$30NaClO_3+7CH_3OH+20H_2SO_4 \longrightarrow 30ClO_2+23H_2O+10Na_3H(SO_4)_2+6HCOOH+CO_2 \quad （主）$$
$$12NaClO_3+6CH_3OH+8H_2SO_4 \longrightarrow 6ClO_2+18H_2O+4Na_3H(SO_4)_2+6CO_2+3Cl_2 \quad （副）$$

2. 生产技术

反应在高浓度的硫酸介质中进行，硫酸的质量浓度为 4mol/L，氯酸钠与甲醇的物质的量的比为 4∶1，压力 13.3 ～ 16kPa，温度约 70℃，在负压和反应液沸点的温度（约 70℃）下进行操作。反应液进入反应器时沿反应器切线方向流动，使生成的二氧化氯及时逸出，并与受热蒸发的水蒸气一起进入冷凝器。冷凝后的二氧化氯进入吸收塔用水吸收，由于水蒸气的稀释，反应很安全。反应开始后副产物倍半硫酸钠的浓度上升，到饱和时从反应器沉淀下来，并从其中排出，经转筒式真空过滤器分离。二氧化氯制备工艺流程图如图 7-11 所示。

3. 产品质量标准

GB/T 20783—2023 规定：稳定性二氧化氯溶液外观为无色或淡黄色透明液体，无悬浮物。技术指标应符合表 7-8 要求。

表7-8 稳定性二氧化氯溶液技术指标

项目	指标
二氧化氯前体物的质量分数（ClO₂ 计）/%	≥ 2.0
二氧化氯释放量与标识量 * 的比（ClO₂ 计）/%	90 ～ 110
稳定性（以二氧化氯前体物的质量分数下降率计）/%	≤ 10.0
密度（20℃）/（g/cm³）	1.020 ～ 1.060
砷（As）含量 /%	≤ 0.0001
重金属（以 Pb 计）含量 /%	≤ 0.0005
pH	8.2 ～ 9.2

* 标识量为出厂前按产品使用说明书测得的二氧化氯释放量，并标识于产品包装或检验报告上。

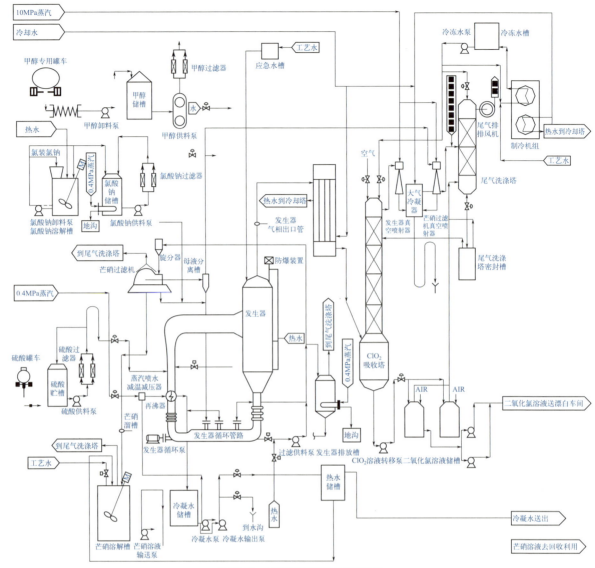

图 7-11　二氧化氯制备工艺流程

4. 实际应用效果举例

① 扬子石化和齐鲁石化公司的几个循环冷却水处理厂，在夏季采用 3 天投加一次 ClO_2 商品液 20mg/L，每月一次投加 ClO_2 商品液 60mg/L 的方案，细菌总数一直维持在 10^3 个 /mL 左右，处理效果非常显著。

② 大庆石化总厂化工厂循环冷却水处理，原来以 Cl_2 杀菌为主，当水质恶化时，及时每班投加 75mg/L 的 Cl_2，但余氯仍常常不达标；于是再冲击性投加 1227 阳离子表面活性剂，投加量高达 100mg/L，但效果仍旧很差，余氯还是不达标，而费用却剧增。后改用每月冲击性投加 ClO_2 商品液 30mg/L，每班再辅以投加 10mg/L 的 Cl_2，余氯即可达标，细菌数也由原来的 10^5 个 /mL 下降到 10^3 个 /mL，到第 5 天厌氧菌杀菌率还维持在 99% 以上。

三、循环水的综合处理

1. 综合处理与复方稳定

循环水的处理目前很少采用单一的方式解决单一的问题，这是因为防垢与防腐的问题常常在同一个系统同时存在。而且要有效地控制循环水系统内的生垢与腐蚀的问题，除了控制水中盐类结晶与消溶之间的平衡关系之外，还必须包括控制悬浮物生成泥垢、控制微生物生成黏垢、控制金属表面的电化学反应。这就需要对循环水进行综合处理。

综合处理包括对补充水进行合格的处理，对循环水进行旁滤等措施。在循环系统内部目前则是投加复合稳定剂，全面控制循环系统内水垢、泥垢、黏垢及电化学腐蚀的问题。

复合稳定剂通常由下列几类成分组成：①缓蚀剂；②分散剂；③整合剂；④杀菌剂；⑤ pH 调节剂。

前四类药剂是常用的药剂，pH 调节剂是为满足缓蚀剂、缓垢剂及螯合剂最适宜的使用条件而用的。

pH 值与循环水中盐类的结垢与溶解平衡的关系密切。在以往的循环水处理中常采用加酸降低 pH 值的办法解决结垢的问题，而以缓蚀剂来控制腐蚀，这样既增加了加酸费用，又增加了缓蚀的任务，运转操作时不易掌握加酸剂量。近年来趋向于把循环水保持在原来的偏碱性条件下，以缓垢剂和分散剂来解决结垢和污垢问题，这就是碱性运转。其缺点是结构和杀菌问题比原先难于控制。

复合稳定的基本思想是在循环系统内首先形成保护膜控制电化学腐蚀，再用分散剂、螯合剂控制循环水中水垢及污垢，由杀菌剂控制微生物。形成保护膜应当在运转前，故称为预膜处理。为使预膜成膜好，可以用提高运行配方浓度的方法，也可用另行专门的预膜配方。

复合稳定剂的配方应当选择各药剂间是相容的药物，最好是互相增效的，不能选用互相起对消化作用的药剂。通常应当根据不同水质，用实验确定。

生产中目前应用的是聚磷酸盐、有机膦、聚丙烯酸钠组成的复合稳定剂，其组成如下。

① 预膜剂：

六偏磷酸钠	75%
硫酸锌	25%

② 预膜适宜条件：

pH	6 ~ 6.5
温度	50℃
时间	4 ~ 24h
Ca^{2+}	大于 50mg/L（室温下，时间要加长）
投加剂量	800mg/L

③ 正常运转稳定剂组成：

六偏磷酸钠	5.5mg/L（循环水中浓度为修补预膜用）
水	70%（72%）
有机膦酸盐（HEDP、EDTMP）	20%（5% ~ 6%）
聚丙烯酸钠	7% ~ 8%（22% ~ 23%）
巯基苯并噻唑	1% ~ 2%
投加量	13mg/L

④ 正常运行控制条件：

总磷（包括有机膦）	6 ~ 8mg/L
总无机磷	4 ~ 6mg/L
正磷盐	2 ~ 5mg/L
pH	7.5 ~ 9（因水质而异）
磷酸钙饱和指数	< 2.5

这是属于碱性运转的例子，其他复合稳定剂的配方还有：

① 聚磷酸盐 - 锌盐。要求 $Ca^{2+} \leqslant 30mg/L$，甲基橙碱度 $M=0$，pH=6 ~ 7。投加量：PO_4^{3-} 300mg/L；Zn^{2+} 3mg/L。

② 六偏磷酸钠 - 硫酸锌 - 苯并噻唑。要求 $Ca^{2+} \leqslant 150mg/L$，pH=8.0 ~ 8.5。

③ 低 pH- 磷酸盐阻垢剂。用 H_2SO_4 或 HCl，降低 pH 值使其为 $6 \sim 7$，使 $CaCO_3$ 转化为 $Ca(HCO_3)_2$，聚磷酸盐为缓蚀剂。

2. 综合处理的操作

（1）清洗 在循环水系统的金属表面形成保护膜，是缓蚀剂缓蚀的基点，成膜好坏对缓蚀效果影响很大，而成膜本身要有洁净的表面。要求除去污垢、油污等杂质。

清洗的方法很多，有手工、机械的方法；有物理的方法，也有化学的方法，要视具体情况决定选用。

化学清洗是化学药剂清洗，有：

① 酸洗。清除金属氧化物及水垢，常用的酸有盐酸、硫酸、硝酸、磷酸、柠檬酸、氨基磺酸等。其中盐酸用得最多，硫酸也用得较多，投加剂量 $5\% \sim 10\%$，对不锈钢宜用 10% 的稀硝酸。

② 碱洗。去除油污、硅垢、硫酸钙垢。

③ 清洗剂清洗。洗涤油污、泥砂、浮锈等污垢。

（2）冲洗 用清水冲洗时投加的药剂。要求使循环水的浊度与补充水的浊度接近。

冲洗后应当立即进行预膜，特别是前道清洗工序是用酸洗的时候。这是因为酸洗后露出的金属表面很容易产生浮锈，一般酸洗后再用 0.2% 左右的 NaOH 液中和。此外，还在冲洗后加 0.2% $NaNO_2$ 液进行钝化处理，目的是使其保持表面干净，不生浮锈，钝化方式是浸泡 4h 以上。

（3）预膜 预膜应当在冲洗结束后立即开始，在尽可能短的时间内完成。预膜剂可以是循环水正常运行下的缓蚀剂配方，也可另用专门的配方，但为了成膜效果好，预膜时投加的药剂浓度要远远高于正常运行的浓度。

预膜的好坏可用挂片的办法进行观测，挂片色泽均匀，无锈斑为好。同时也可将能与 Fe 进行反应的药剂滴于挂片上，成膜好的不易反应。如将 $CuSO_4$ 滴于普通铁片上则立即有红色 Cu 被置换出来，而滴于膜上的 $CuSO_4$ 不易与膜下 Fe 反应，因此要较长时间才能出现红色。

（4）正常运行 正常运行中应当不断监测循环水的水质，严格控制各项操作指标：如浓缩倍数、pH 值、药剂浓度，观察分析系统内结垢、腐蚀以及微生物生长情况。还应分析判断药物本身的稳定情况，以便及时发现问题，及时采取措施。

拓展阅读

污水处理专家——彭永臻

彭永臻，1949 年 2 月出生于黑龙江哈尔滨。1968 ~ 1973 年为原黑龙江生产建设兵团知青，1973 年进入哈尔滨建筑工程学院学习。1981 年作为中国首批硕士研究生毕业于哈尔滨建筑工程学院，1985 年获环境工程专业博士学位。2015 年，当选中国工程院土木、水利与建筑工程学部院士。现任北京工业大学环境科学与工程学科首席教授，城镇污水深度处理与资源化利用技术国家工程实验室主任。主要研究方向为污水生物处理的理论与应用、污水处理系统的自动控制与智能控制、污水脱氮除磷的新工艺与新技术。

目前，全世界的城市污水处理厂，99% 以上都采用微生物处理。让"污水还清"、解决污水脱氮除磷难题、研发新工艺技术，并努力将研究成果推广应用，是彭永臻的科研主攻方向。

北京、海口、赤峰、珠海……全国各地的污水处理厂，都能看到彭永臻带着学生们勘查取样的身影。"我在做学术交流时，都是讲具体工艺、具体技术和具体创新。"彭永臻始终站在科技研发第一线，着力解决实际问题。

近年来，彭永臻带领团队协助与配合北京城市排水集团，将污水脱氮除磷技术应用于 10 余座北京城市污水处理厂，率先突破厌氧氨氧化菌工业化、规模化应用的难题，并建立了我国第一项自主知识产权技术体系——厌氧氨氧化工程建设，解决了北京市污泥消化液处理难题。

几十年扎根一个具体研究方向、解决国家重大需求，彭永臻这样的院士，并不多见。有企业曾用高额的科研经费请他换方向，他拒绝了；一些容易出论文的新方向，动摇了学生们的心思，凭借专业眼光，他笃定地说："污水脱氮除磷再过50年还有新需求，更需要不断创新，你们要有信心。"

从2011年起，经过多年攻关，彭永臻带领团队首次在世界上提出了"短程反硝化耦合厌氧氨氧化"相关研究成果，在国内外发表了该领域的前十篇论文，并在工程上得到了验证。在他们之后，国外才有研究机构跟进相关研究；2009年以来，彭永臻和其学生在更广泛的污水脱氮除磷领域进行研究，发表的论文始终在国际上稳居第一。

在彭永臻的高标准、严要求下，2016年北京工业大学建立了首个依托北京市属院校的国家级科研平台——城镇污水深度处理与资源化利用技术国家工程实验室。同年，彭永臻带领申报的"京津冀区域环境污染控制创新引智基地"，成为首批依托北京市属院校的创新引智基地。

"我与共和国同龄。"彭永臻话语铿锵。新中国走过波折、发展、辉煌的70年，作为同龄人，他虽没逃过时代洪流的裹挟，但却凭借着勤奋和拼搏，走上了自己期望的科研之路，并取得了傲人的成绩。

回顾来时路，彭永臻感慨万千，但科学家的眼光总是看向前方："我发自内心地祝福，希望所有科技工作者，围绕国家的重大需求，解决科技领域的'卡脖子'问题，迎头赶上，把我国建设成为科技强国，实现中华民族复兴的伟大梦想。"

双创实践项目　聚丙烯酰胺的合成及水解度测定

【市场调研】

要求：1. 自制市场调研表，多形式完成调研。

　　　2. 内容包括但不限于：学习由丙烯酰胺合成聚丙烯酰胺的原理及操作方法，熟悉聚丙烯酰胺在碱性条件下的水解反应。同时，掌握一种测定水解度的方法。

　　　3. 完成调研报告。

【基础实训项目卡】

实训班级	实训场地	学时数	指导教师
		10	
实训项目	聚丙烯酰胺的合成及水解度测定		
所需仪器	单口烧瓶（250mL）、三口烧瓶（250mL）、球形冷凝管、温度计（0～200℃）、量筒（100mL）、锚式搅拌器、布氏漏斗、抽滤瓶、分馏装置、水浴锅、电热套		
所需试剂	丙烯酰胺、过硫酸铵、NaOH 溶液、蒸馏水		
实训内容			

序号	工序	操作步骤	要点提示	工艺参数或数据记录
1	聚丙烯酰胺的合成	聚丙烯酰胺是由丙烯酰胺在引发剂作用下聚合而成： $$n\text{H}_2\text{C}=\text{CH}-\text{CONH}_2 \xrightarrow{\text{引发剂}} {\Large[}\text{H}_2\text{C}-\text{CH}{\Large]}_n$$ $$\text{H}_2\text{NOC}$$ 称取5g丙烯酰胺放入200mL烧杯中，加入45mL蒸馏水，得到质量分数为10%的丙烯酰胺溶液。在恒温水浴中，将上述溶液加热至60℃，然后加入15滴质量分数为10%的过硫酸铵溶液，引发丙烯酰胺聚合反应。在聚合反应过程中，慢慢搅拌，注意观察黏度的变化。30min后停止加热，得到聚丙烯酰胺水溶液	聚合反应时要慢慢搅拌，以免聚合太快，造成爆聚	

续表

2	聚丙烯酰胺的水解	聚丙烯酰胺在碱性条件下可发生水解，生成部分水解聚丙烯酰胺 $\left[\text{CH}_2\text{—CH}\right]_n + \text{NaOH} \xrightarrow{\triangle} \left[\text{CH}_2\text{—CH}\right]_{n-x}\left[\text{CH}_2\text{—CH}\right]_x + x\text{NH}_3\uparrow$ 　　CONH$_2$　　　　　　　　　CONH$_2$　　　COONa 称取 2g 聚丙烯酰胺粉末，放入带有搅拌器、回流冷却器、温度计的 250mL 圆底三口烧瓶中，加入 150mL 蒸馏水，再加入 4mL 质量分数为 10% 的 NaOH 溶液，连续搅拌均匀后，称量记录。将水浴温度调至 90℃，使其进行水解反应。在水解过程中，慢慢搅拌，观察黏度变化，并检查氨气的放出情况	水解时黏度变大，可使用锚式搅拌器，搅拌速度要慢
3	水解度测定	每隔 30min 取 4g 样品（准确称量至 0.01g），测定水解度，要求至少水解 2 ～ 3h	第一次取样前应向反应液中加水，使其等于水解前的质量；以后每次取样前均须加水，使水解溶液量等于水解前的量减去取出试样的累积量

【创新思路】

要求：基于市场调研和基础实训，完成包括但不限于以下方面的创新思路1项以上。

1. 生产工艺方面创新：_____。

2. 聚丙烯酰胺水解机理及抑制方法研究：_____。

3. 其他创新：_____。

【创新实践】

环节一：根据创新思路，制定详细可行的创新方案，如：写出基于新原料、新工艺等的实训方案。

环节二：探讨聚丙烯酰胺水解的机理、影响因素以及抑制水解的方法。

【过程考核】

项目名称	市场调研 5%	基础实训 80%	创新思路 10%	创新实践 5%	合计
得分					

文档
拓展习题

文档
拓展习题答案

习题

一、选择题

1. 硫酸铝作为凝聚剂使用时，要求所处理水的pH在（　　）。

A. < 3　　　　　　　　　B. > 9　　　　　　　　　C. 5.5 ～ 8之间　　　　D. 3 ～ 9之间

2. 下列不属于阻垢剂作用的是（　　）。

A. 抑制晶粒的形成　　　　　　　　　　　　B. 阻碍晶粒的正常生长

C. 扰乱晶粒间正常聚集生长的状态　　　　　D. 改变晶粒表面活性

3. 磷酸盐缓蚀剂属于（　　）。

A. 氧化膜型　　　　　　　B. 沉淀膜型　　　　　　C. 吸附模型

4. 配合物 $K[PtCl_3(NH_3)]$ 的配位数是（　　）。

A. 3　　　　　　　　　　B. 4　　　　　　　　　　C. 5　　　　　　　　　　D. 6

5. 下列杀菌灭藻剂中属于非氧化型杀菌剂的是（　　）。

A. ClO_2　　　　　　　　B. 液氯　　　　　　　　C. O_3　　　　　　　　　D. ATM

二、填空题

1. 目前公认的混凝过程机理有_____，_____，_____，和_____

四种。

2. 聚丙烯酰胺进行水解时，水解速度随所加碱的碱性强度和温度的增大而_____。

3. 城市给水是以除去水中的悬浮物为主，主要用_____；工业冷却水处理主要解决_____和微生物滋生，主要用阻垢剂、_____、缓蚀剂、杀菌杀藻剂、软化剂等。

4. 壳聚糖的生产包括_____和_____两大环节。

5. 有机膦酸的分子结构中有极稳健的_____键，这种键比聚磷酸盐中的_____键要牢固很多。因此，有机膦酸具有良好的化学稳定性。

6. 如果聚合氯化铝的盐基度达不到要求，目前工业上主要采用加入_____粉的方法来提高。

7. 膦羧酸类阻垢分散剂分子中同时含有_____和_____两种功能基团。

8. 聚丙烯酰胺，polyacrylamide（PAM），工业上也称_____矾，其结构式为_____。

9. 用于丙烯酰胺聚合的链转移剂有_____、_____、_____、_____和氮川丙烯酰胺等。

10. 稳定化二氧化氯主要是将二氧化氯气体稳定于_____溶液中，形成含二氧化氯有效成分浓度在_____以上的产品。

三、思考题

1. 简述聚合氯化铝的凝聚机理。

2. 简述聚合氯化铝的生产原理。

3. 画出聚合氯化铝生产流程示意图。

4. 简述中浓度水溶液聚合制备聚丙烯酰胺的工艺过程。

5. 简述水解聚丙烯酰胺的制备原理。

6. 简述有机膦酸的阻垢分散机理。

7. 关于聚羧酸阻垢分散剂的作用机理，目前常见的三种说法是什么？

8. 作为循环水中使用的缓蚀剂应具备哪些条件？

9. 什么是稳定性二氧化氯？

10. 如何通过实验测定聚丙烯酰胺的水解度。

模块八

日用化学品

学习目标

知识目标	了解日用化学品的分类及其在人们日常生活中的重要性。熟悉化妆品、洗涤化学品、口腔化学品常用的原料及基础常用配方。
能力目标	能够在给定配方的前提下读懂配方并完成W/O型乳体化妆品的制备；能够对生产中的常见事故作出正确判断并及时处理。

素质目标

了解日用化学品对于社会的重要意义；培养科学、严谨的学习态度；培养创新能力。

日用化学品是人们日常生活中经常使用的精细化学品。随着我国经济的快速发展，人们生活水平的日益提高。日用化学品工业也有了很大的发展。日用化学品种类繁多，本章主要介绍：化妆品，洗涤化学品，口腔日用化学品等，其发展趋势是效用区分更加细致，功能性更强。

文档
日用化学品的生产现状及发展趋势

文档
化妆品行业中的智能化生产技术

项目一

化妆品概述

人类使用化妆品已有几千年的历史。在中国，殷商时期就已使用胭脂，战国时期的妇女就以白粉敷面、以墨画眉。在国外，使用化妆品最早的国家是埃及。化妆品的发展历史，大约可分为下列四个阶段：第一代是使用天然的动植物油脂对皮肤做单纯的物理防护。第二代是以油和水乳化技术为基础的化学成分化妆品。第三代是添加各类动植物萃取精华的化妆品。诸如从皂角、果酸、木瓜等天然植物或者从动物皮肉和内脏中提取的深海鱼蛋白和激素类等精华素，加入化妆品中。第四代是仿生化妆品，即采用生物技术制造与人体自身结构相仿并具有高亲和力的生物精华物质复配到化妆品中，以补充、修复和调整细胞来达到抗衰老、修复受损皮肤等功效，这类化妆品代表了化妆品的发展方向。

一、化妆品的定义及其分类

文　档
污垢去除

各国对于化妆品的定义不尽相同。例如，日本药品管理法中对化妆品的定义是"为了清洁、美化身体，增加魅力，改变容貌，或者为保护皮肤和头发，而涂抹、散布在身体上的对人体作用缓和的制品"；我国规定化妆品是指以涂擦、喷洒或者其他类似方法，施用于人体表面任何部位（皮肤、毛发、指甲、口唇等），以清洁、保护、美化、修饰为目的的日用化学工业产品。

化妆品种类繁多，有各种各样的分类方法，目前国际上对化妆品尚没有统一的分类方法，世界各国的分类方法也不尽相同。下面介绍三种常用的化妆品分类方法。

1. 按剂型分类

文　档
皮肤能呼吸吗？

（1）液态化妆品　如化妆水、花露水、冷烫液、香水等。
（2）油状化妆品　如防晒油、发油、按摩油等。
（3）乳化体化妆品　如奶液、雪花膏、发乳等。
（4）悬浮体化妆品　如粉蜜、水粉、微胶囊型化妆品等。
（5）膏状化妆品　如洗发膏、剃须膏、眼影膏等。
（6）凝胶状化妆品　如防晒凝胶、洁面凝胶等。
（7）粉状化妆品　加香粉、爽身粉等。
（8）块状化妆品　如粉饼、胭脂、眼影等。
（9）锭状化妆品　如唇膏、防裂膏等。
（10）笔状化妆品　如唇线笔、眉笔、眼线笔等。
（11）蜡状化妆品　如发蜡等。
（12）气雾状化妆品　如喷发胶、摩丝等。
（13）薄膜状化妆品　如湿布面膜等。
（14）胶囊状化妆品　如精华素胶囊等。
（15）纸状化妆品　如香粉纸、香水纸等。

2. 按功能和用途分类

（1）洁肤化妆品　是指能去除污垢、洗净皮肤而又不伤害皮肤的化妆品，如清洁霜、清洁蜜、磨面膏、香波、浴液、面膜等。
（2）基础化妆品　也称为面部化妆品或护肤化妆品，是指给皮肤补充水分、油分或养分，具有特殊营养功效的膏霜。如雪花膏、香脂、营养霜、保湿霜、按摩霜等。
（3）美容化妆品　是指用于眼、唇、颊及指甲等部位，以达到改善容颜为目的而使用的化妆品。如唇膏、胭脂、指甲油、眉笔、眼线笔等。随着人们保健意识的增强，也开始注意皮肤的生理学，即同时兼顾美容和护肤。
（4）身体用化妆品　是指除面部皮肤以外的在人体上使用的化妆品，如防晒油、抑汗剂、脱毛露、沐浴液等。
（5）头发用化妆品　包括清洁用、梳理用和保护用的化妆品，以及烫发剂、染发剂和生发剂等。
（6）特殊用途化妆品　包括健美、脱毛、染发等类别的化妆品。

二、化妆品的作用

化妆品的作用大致可以归纳如下：

（1）**清洁作用** 除去面部、皮肤和头发等处的污垢，如清洁霜、洁面乳、沐浴液和洗发香波等。

（2）**保护作用** 用于抵御风寒、烈日，防止皮肤开裂，对面部皮肤和头发等起保护作用，如雪花膏、冷霜、防晒霜、发乳等。

（3）**美化作用** 美化和修饰面部、皮肤和头发，或散发香气等，如香粉、胭脂、唇膏、香水、定型发膏、烫发剂、指甲油、眉笔等。

（4）**营养作用** 增加组织活力，维持皮肤角质层的含水量，使皮肤表面滋润、细嫩，减少面部及皮肤表面的细小皱纹，促进头发生长，赋予皮肤光泽等，如珍珠霜、维生素霜、精华素等。

（5）**治疗作用** 治疗或抑制部分影响外表的某些疾病，作用缓和。如药用牙膏、粉刺霜、祛斑霜、痱子粉等。这类化妆品对人体作用温和，不同于药物。

三、化妆品的质量特性

一般来讲，化妆品的质量取决于消费者对产品的满意程度。就化妆品的质量特性而言，它包括安全性、稳定性、实用性和使用性（如表 8-1 中所列）。当然，经济性和市场的应时性也是重要的因素。因此，企业要想获得高质量的产品，必须在设计、制造和销售方面多做工作。

表 8-1 化妆品的质量特性

特性	要求	特性	要求
安全性	无皮肤刺激、无过敏、无毒性、无异物混入		使用感（与皮肤的相容性、润滑性）
稳定性	不变质、不变色、不变臭	使用性	易使用性（形状、大小、质量、结构、携带性）
实用性	保湿效果、清洁效果、色彩效果、防紫外线效果		嗜好性（香味、颜色、外观设计等）

四、化妆品的安全性

化妆品是人们长期连续使用的日常用品，对其安全性和无刺激性的要求极高，必须确保安全、无毒。在生产过程中要严格按照《化妆品生产企业卫生许可管理办法》和《化妆品监督管理条例》执行，从人员、厂房、车间、设备、原料、包装和生产工艺等各环节把好质量关。并且要求产品必须经过有关部门的毒性、刺激性、功效等指标测试，合格后方可使用及销售。

为了保证化妆品的安全性，防止化妆品对人体产生近期和可能潜在的危害，化妆品安全性评价按下列程序进行。

（1）**第一阶段——急性毒性和动物皮肤、黏膜试验**

① 急性毒性试验：包括急性皮肤毒性试验和急性经口毒性试验。

② 动物皮肤、黏膜试验：包括皮肤刺激试验、眼刺激试验和皮肤变态反应试验，以及皮肤光毒和光变态反应试验。

（2）**第二阶段——亚慢性毒性和致畸试验**

① 亚慢性皮肤毒性试验。

② 亚慢性经口毒性试验。

③ 致畸试验。

（3）**第三阶段——致突变、致癌短期生物筛选试验**

① 鼠伤寒沙门氏菌回复突变试验（Ames 试验）。

② 体外哺乳动物细胞染色体畸变检测试验。

③ 哺乳动物骨髓细胞染色体畸变率检测试验。

④ 动物骨髓细胞微核试验。

⑤ 小鼠精子畸形检测试验。

【4】第四阶段——慢性毒性和致癌试验

① 慢性毒性试验。

② 致癌试验。

【5】第五阶段——人体激发斑贴试验和试用试验

① 斑贴试验。

② 人体试用试验。

五、化妆品原料

化妆品的原料按其在化妆品中的性能和用途可分为主体原料和辅助原料两大类。主体原料是指能够根据各种化妆品类别和形态的要求，赋予产品基础骨架结构的主要成分，它是化妆品的主体，体现了化妆品的性质和功用。而辅助原料则是对化妆品的成型、色、香和某些特性起作用，一般辅助原料用量较少，但不可缺少。

主体原料包括油性原料、粉体原料、胶质原料、溶剂原料和表面活性剂。辅助原料包括香精、色素、防腐剂、抗氧剂、保湿剂和各种添加剂。

（一）主体原料

1. 油性原料

油性原料在化妆品中所起的作用主要为：屏障作用、滋润作用、清洁作用、溶剂作用、乳化作用和固化作用。

从油的来源分类，油性原料可分为 4 类，见表 8-2。

表8-2　按来源不同的油性原料分类

油的分类	举例	在化妆品中的性质和作用
植物油原料	橄榄油、椰子油、棕榈油、杏仁油、霍霍巴油、月见草油等	植物油除具有油性原料的共性外，还保留了天然植物的性质，含有丰富的维生素，有的植物油还是天然芳香油，对皮肤有保养、滋润的作用，易被皮肤吸收
动物油原料	牛羊油、鲨鱼肝油、水貂油、蜂蜡、鲸蜡等	动物油来源于动物的脂肪，从分子结构和成分结构上更加易于人体皮肤的吸收，滋润作用好
矿物油系原料	石蜡油、凡士林	矿物油来源丰富，结构稳定，不易腐败酸败，在皮肤的表面形成油状膜，防止皮肤水分丧失，但不被皮肤吸收
合成（半合成）油原料	羊毛脂及其衍生物、硅酮油及其衍生物、高级脂肪酸、脂肪醇、角鲨烷	保持了原有油性原料的性质，并赋予新的特性，组成稳定，功能突出，应用极为广泛

【1】蜡类　蜡类是指高碳脂肪酸和高碳脂肪醇构成的酯，常见的有巴西棕榈蜡、小烛树蜡、蜂蜡、羊毛脂等。

蜡类的作用如下：①作为固化剂使用，以提高制品的稳定性，如巴西棕榈蜡、小烛树蜡常用作锭状化妆品的固化剂，尤其是小烛树蜡，除作为唇膏的固化剂外，还适于作光亮剂；②可作为摇溶性制品，改善使用感；③可提高液体油的熔点，改进皮肤的柔软程度；④由于分子中疏水性烃链的作用而形成疏水性膜；⑤增强光泽，提高产品价值；⑥改善成型性能，提高操作性。

（2）油脂和蜡的衍生物

① 脂肪酸。常用的脂肪酸有月桂酸、硬脂酸、棕榈酸，与碱类并用时，脂肪酸的一部分与碱反应生成硬脂酸皂，作为乳化剂使用；大部分硬脂酸可作为成膜剂，在皮肤表面形成薄膜，使角质层柔软，保留水分。

② 高碳醇。可用作乳化助剂、油性感抑制剂，如十六醇、十八醇、油醇、羊毛醇。

③ 酯类。可促进皮肤展开性，可用作混合剂、溶剂、增塑剂、柔软剂、光滑剂，赋予透气性。如肉豆蔻酸异丙酯可作水相、油相的混合剂，色素等的溶解剂。

（3）磷脂类　具有乳化、分散、润湿等性能，还可作为加脂剂，滋润肌肤。

（4）金属皂　C_{12} 以上的铝皂、锌皂，常作为油包水型乳液稳定剂、凝胶剂、分散剂，对皮肤具有光滑性、附着性、消光性，另外还有止痒作用。

（5）高碳烃类　高碳烃类在化妆品中主要起到溶剂作用，能净化皮肤表面。此外，它在皮肤表面能形成疏水性油膜，抑制皮肤表面水分的蒸发，提高化妆品的效果。常见的高碳烃类原料有以下几种。

① 角鲨烷。角鲨烷是从深海鲨鱼肝提取的角鲨烯烃经加氢而制成，主要成分为2,6,10,15,19,23-六甲基二十四烷，是一种无臭、无味、无色的透明油状液体。它的稳定性和安全性非常好，并且凝固点低，与液蜡相比，无油腻感，常用在膏霜、乳液等化妆品中。

② 液体石蜡。液体石蜡是烃类原料中用量最大的一种。它是石油在 300℃ 以上蒸馏后除去固体石蜡而精制得到的，其组成为 $C_{15} \sim C_{30}$ 的饱和烃。

液体石蜡为无色、无臭的透明油状液体，有时带蓝色荧光，化学性质稳定。常用的商品牌号依黏度不同有白油 7#、10#、18#、24#，号数越高黏度越大，其中白油 18# 黏度适中，常用于膏霜类化妆品及发油中。

③ 固体石蜡。固体石蜡是将石油原油蒸馏后残留的部分，经真空蒸馏或用溶剂分离得到的无色或白色透明的固体，熔点在 50 ~ 70℃ 之间，主要为 $C_{20} \sim C_{30}$ 直链烃，也有 2% ~ 3% 的侧链烃。它与液体石蜡一样，无色、无臭、化学性质稳定，常用于膏霜及唇膏中。

④ 凡士林。凡士林由石蜡真空蒸馏而得，主要成分为 $C_{24} \sim C_{34}$ 非结晶性烃类。一般认为凡士林是以固体石蜡为外相，液体石蜡为内相的胶体状态。同固体石蜡一样，凡士林常用于膏霜及唇膏中。

⑤ 微晶蜡。微晶蜡是由凡士林等脱油得到的微晶固体，由 $C_{31} \sim C_{70}$ 的支链饱和烃、环烷烃、直链烃等构成，具有黏性和延伸性，熔点较高，一般为 60 ~ 83℃，也常用于膏霜及唇膏中。

（6）硅油　硅油是含有硅氧键（—Si—O—Si—）的一类有机化合物总称。常用的硅油类化合物有二甲基硅油和甲基苯基硅油。

① 二甲基硅油。二甲基硅油的分子式如下：

$$\text{H}_3\text{C}-\underset{\underset{\text{CH}_3}{|}}{\overset{\overset{\text{CH}_3}{|}}{\text{Si}}}-\left[\text{O}-\underset{\underset{\text{CH}_3}{|}}{\overset{\overset{\text{CH}_3}{|}}{\text{Si}}}-\text{O}\right]_n-\underset{\underset{\text{CH}_3}{|}}{\overset{\overset{\text{CH}_3}{|}}{\text{Si}}}-\text{CH}_3$$

二甲基硅油是无色透明的油状物，因其疏水性强，在皮肤上不易被水和汗冲散，可以抑制油分的黏糊感而显出清爽的使用感，还可以帮助其他成分在皮肤和头发上扩展等。二甲基硅油可与其他油分配合使用，适用于所有的化妆品。

② 甲基苯基硅油。甲基苯基硅油是甲基硅油中部分甲基被苯基所取代的产物。甲基硅油不溶于乙醇，而甲基苯基硅油可溶于乙醇，与其他原料相溶性好，可广泛用于化妆品中。

2. 粉体原料

粉体主要用于美容化妆品中，化妆品中使用的粉体有三类：有色粉体、白色粉体和充添粉体。有色粉体和白色粉体的作用是遮盖脸上色斑、粗糙的肌肤和不良的脸色，防止脸上因油脂的分泌物而呈现油光，可使皮肤有光滑的手感。并可散射紫外线、过滤阳光，同时可赋予皮肤宜人的色彩，此外粉体要有吸收皮脂和汗的性质，广泛用于彩妆类，如香粉、胭脂、眼影粉等。

充添粉体是一种遮盖力小的白色粉体，是有色粉体的稀释剂，用于调节色调，同时赋予制品扩展性。它对皮肤有附着性，对汗液和皮脂有吸收性。充添粉体在皮肤上要有良好的扩展性。以前使用滑石粉和云母粉，近年来国外使用球状粉体，多为球状树脂粉末，如尼龙、聚苯乙烯、聚甲基丙烯酸甲酯等有机粉体和球状二氧化硅、球状二氧化钛等无机粉体。

粉体原料的性质主要体现在以下几个方面：

（1）遮盖力　粉体可遮盖肌肤的色斑和不良的肤色。具有良好遮盖力的粉体有钴白粉、锌白粉，碳酸钙也可用于遮盖，同时碳酸钙还可阻挡紫外线。

（2）伸展力　指粉体涂敷于肌肤时，可形成薄膜，平滑伸展，有圆润触感的性能。滑石粉的伸展力最好，还可使用淀粉、金属皂、云母、高岭土等。

（3）附着力　指粉体容易附着于皮肤上，不易脱妆的性能，金属皂的附着力最好。

（4）吸收力　指粉体吸收汗腺和皮肤分泌的多余的分泌物，消除油光的性能，轻质碳酸钙、碳酸镁、淀粉、高岭土等的吸收性均较好。

3. 表面活性剂

（1）去污剂　可在化妆品中充当去污剂的表面活性剂主要是阴离子表面活性剂，还有非离子表面活性剂和两性表面活性剂。表面活性剂的去污作用是其渗透、乳化、增溶、起泡作用的综合表现，这一作用充分体现在洁肤、洗浴产品中。常用的去污剂有：十二烷基硫酸三乙醇胺、脂肪醇聚氧乙烯醚硫酸盐、醇醚磺基琥珀酸单酯二钠盐、直链烷基苯磺酸、烷基磺酸盐、N-酰基谷氨酸盐、油酰氨基酸钠、茶皂素、十二烷基二甲基甜菜碱、椰油酰胺丙基甜菜碱等。

（2）乳化剂　常用的乳化剂有脂肪酸皂、磷酸酯类、脂肪醇聚氧乙烯酯、二元（三元）醇酯、脂肪酸单甘油酯、失水山梨醇脂肪酸酯、聚氧乙烯失水山梨醇脂肪酸酯、葡萄糖苷衍生物等。

（3）调理剂　用作调理剂的表面活性剂主要是阳离子型表面活性剂，它可以改善毛发外观和梳理性，使头发柔软光亮。常用调理剂有：十八烷基三甲基氯化铵、十二烷基三甲基氯化铵、十八烷基二甲基苄基氯化铵、双十二烷基二甲基氯化铵、聚季铵盐等。

（4）稳泡剂　稳泡剂是指具有延长和稳定泡沫保持长久性能的表面活性剂。常用脂肪醇酰胺作为稳泡剂，其中最著名的产品是尼纳尔，又称6501或704。

尼纳尔为淡黄色或琥珀色黏稠液体，具有优良的洗涤性能，产生稳定的泡沫，少量的尼纳尔和其他洗涤剂配合使用可产生良好的增效性。尼纳尔还可用作清洁制品中的增稠剂，对金属具有缓蚀和防锈作用。

使用尼纳尔的配方，其 pH 值应在 8～12 之间，以保持产品外观澄清。尼纳尔具有较强的脱脂性，故应注意其用量。

（二）辅助原料

1. 保湿剂

保湿剂是一种吸湿性物质，它可从周围取得水分而达到一定的平衡。保湿剂添加到化妆品中，不仅可增加皮肤的柔润性，还可延缓化妆品（特别是膏霜类产品）由于水分的蒸发而引起的干裂现象，延长产品的寿命。通常保湿剂可分为三大类，即有机金属化合物、多元醇和水溶性高分子。

2. 防腐剂

常用防腐剂为：对羟基苯甲酸酯类（商品名称为尼泊金酯），咪唑烷基脲，凯松，1-(3-氯丙烯基)-3,5,7-三氮杂-1-偶氮金刚烷氯等。

3. 抗氧剂

抗氧剂的种类有很多，从化学结构上可分为五类：酚类、醌类、胺类、有机酸和醇类、无机酸及其盐类。常见的抗氧剂有：二叔丁基对甲酚（简称 BHT）、叔丁基羟基苯甲醚（简称 BHA）、生育酚（维生素 E）等。

4. 香精

配制香精的各种香料，若按其在调香时的作用和用途可分为：主香剂、调和剂、修饰剂、定香剂，各种香型的香精都是由这四种香料调配而成的。

5. 化妆品用特殊功效添加剂

为了赋予化妆品特殊功能，常加入特殊功能添加剂，具体包括以下几类，即营养性添加剂，如人参、虾、蟹壳、芦荟等提取液；维生素和激素型添加剂，如维生素 C、维生素 A、维生素 B 等；特效天然植物添加剂及专用药物添加剂，如增白药物、抗粉刺药物、生发药物等。

六、基础化妆品

皮肤是人体的表面组织，能够保护人体免受外来刺激和伤害。皮肤的健康与其清洁程度密切相关，基础化妆品具有清洁皮肤表面、补充皮脂不足、滋润皮肤、促进皮肤新陈代谢等重要作用，其种类较多。下面介绍乳液和膏霜的制作工艺。

（一）润肤乳（液）及其生产工艺

润肤乳属于最常用的基础化妆品之一，应具有保持和恢复皮肤常稳态的功能。其中，保持皮肤的湿度平衡是基本要求之一。因此其配方中保湿剂是一个重要成分，一般占 5%～15%，其设计应根据表皮层（特别是角质层）和真皮层的保湿结构进行，补给水分、保湿剂和油分，维持皮肤天然的湿度平衡。此外，润肤乳还应具有柔软功能。

润肤乳的乳化类型多数为 O/W 型，所用表面活性剂以高安全性的非离子型和阴离子型为主，也有的使用蛋白质基表面活性剂作为生命体关联成分。此外，乳液配方中还有油性成分、水性成分，其他防腐剂、金属螯合剂等添加剂。

表 8-3 列举了具有保湿、柔软功能的润肤乳的典型配方。

表8-3　润肤乳的典型配方

成分	原料	O/W 型配方 A/%	O/W 型配方 B/%	O/W 型配方 C/%
油分	硬脂酸（反应后一部分皂化）	2.0		
	鲸蜡醇	1.5	1.0	
	凡士林	4.0	2.0	
	角鲨烷	5.0	6.0	10.0
	甘油三 -2- 乙基己酸酯	2.0		
	二甲基聚硅氧烷		2.0	
	微晶蜡			1.0
	蜂蜡		0.5	2.0
	羊毛脂			2.0
	液体石蜡			20.0

成分	原料	O/W 型 配方 A/%	O/W 型 配方 B/%	O/W 型 配方 C/%
保湿剂	二丙二醇	5.0		
	PEG1500	3.0		
	甘油		4.0	
	1,3-丁二醇		4.0	
	丙二醇			7.0
表面活性剂	失水山梨醇单油酸酯	2.0		
	POE（10）单油酸酯		1.0	
	甘油单硬脂酸酯		1.0	
	失水山梨醇倍半油酸酯			4.0
	POE（20）失水山梨醇单油酸酯			1.0
醇	乙醇		5.0	
黏液质	破布子抽出液（5%溶液）		20.0	
碱	三乙醇胺	1.0		
其他添加剂	防腐剂	适量	适量	适量
	香料	适量	适量	适量
	色料		适量	
水	精制水	74.5	53.5	53.0

在润肤乳的生产工艺中，为控制产品的黏度等物性，选择适宜的乳化条件（添加方法、乳化温度和添加顺序）、搅拌条件、乳化设备、冷却处理条件等都十分重要。一般将分散相加入分散介质中进行预乳化后，再用强力乳化机（如均质机）进行均质乳化，脱气过滤后用热交换器冷却，完成制品。生产工艺流程如图 8-1 所示。

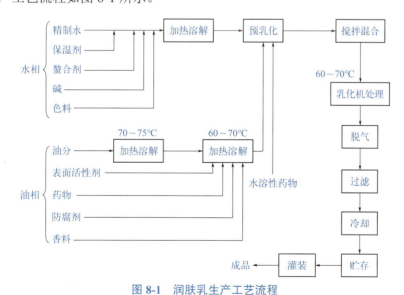

图 8-1　润肤乳生产工艺流程

【**生产实例**】（表 8-3 配方 A）：将保温剂、碱加入精制水中，在 70℃加热调整；将油分溶解后，加入表面活性剂、防腐剂和香料，在 70℃加热调整；将油相加入水相中进行预乳化。在均质搅拌机中将乳化粒子均一后，脱气，过滤，用热交换器冷却，完成制品。

（二）膏霜类化妆品及其生产工艺

护肤用膏霜类化妆品的作用是保持皮肤的湿度平衡，补充水分、保湿剂和油分，使皮肤保湿、柔软。也有其他功能的如洗面霜、按摩霜（膏）、防晒霜、粉底霜等。根据其乳化类型和油分量，习惯上将其大致分为雪花膏、冷霜等类别（表8-4）。

表8-4　膏霜的配方分类

乳化类型	油相量 /%	乳化剂类型	代表性制品类别
O/W 型	10～30	高级脂肪酸皂	雪花膏（油分量 10%～20%）
		非离子表面活性剂	粉底霜
		蛋白质表面活性剂	中性霜（包括润肤霜、营养霜、日霜、晚霜、保湿霜等）
	30～50	脂肪酸皂＋非离子表面活性剂	中性霜，清洁霜
	50～85	蜂蜡＋硼酸＋非离子表面活性剂	冷霜，按摩霜（膏）
W/O 型	20～50	非离子表面活性剂	按摩霜
	50～85	氨基酸＋非离子表面活性剂（氨基酸凝胶乳化）脂肪酸皂＋非离子表面活性剂	冷霜，润肤霜

雪花膏搽在皮肤上会像雪融化一样立即消失，故而得名。它是水和硬脂酸在碱的作用下进行乳化的产物。生产雪花膏的主要原料为硬脂酸、碱、水、香精以及保湿剂。现在还常在配方中加入非离子表面活性剂，以降低碱性并改善其综合性能。

冷霜又称香脂，由于使用时水分挥发带走热量使肌肤有凉爽感，故得名。使用后在皮肤上留下一层油性薄膜，一般在秋冬季使用。典型的冷霜是以蜂蜡-硼砂为基础的 W/O 型乳剂，配方中油、脂、蜡的变化幅度很大。冷霜分瓶装和盒装两种包装，其配方和操作有很大差别。瓶装冷霜有向 O/W 型乳化体发展的趋势。

各种乳化类型的润肤霜都有，但以 O/W 型为主；固态油、脂、蜡的含量较高；pH 值在 4～6.5 之间，和皮肤的 pH 值相近。

表8-5 列举了以上几种膏霜的一些典型配方。O/W 型膏霜的一般生产工艺流程如图8-2 所示。W/O 型膏霜的工艺中除将水相缓慢加入油相中进行预乳化外，其他工序相同。在生产中，乳化和冷却是影响最终制品硬度的主要工序。

表8-5　护肤用膏霜的典型配方

成分	雪花膏配方 A		冷霜（O/W 型）配方 B		冷霜（W/O 型）配方 C		润肤霜（O/W 型）配方 D	
	原料	配比 /%	原料	配比 /%	原料	配比 /%	原料	配比 /%
油分	硬脂酸	15.0	硬脂酸	2.0	蜂蜡	10.0	杏仁油	8.0
	十六醇	1.0	硬脂醇	6.0	鲸蜡	4.0	白油	6.0
			加氢羊毛脂	4.0	白油 18#	35.0	鲸蜡	5.0
			角鲨烷	9.0	杏仁油		鲸蜡醇	2.0
			2-辛基十二烷醇	10.0			羊毛脂	2.0
保湿剂	丙二醇	10.0	1,3-丁二醇	6.0			甘油	5.0
			PEG1500	4.0				
表面活性剂	单硬脂酸甘油酯	1.0	单硬脂酸甘油酯	2.0	棕榈酸异丙酯	5.0	肉豆蔻酸异丙醇酯	2.9
			POE(25) 鲸蜡醇醚	3.0	硼砂		单硬脂酸甘油酯（Arlacel165）	5.0
碱	KOH	0.6						
	NaOH	0.05						
其他	香料、防腐剂	适量	香料、防腐剂	适量	香料、防腐剂	适量	香料、防腐剂	适量
	抗氧剂	适量	抗氧剂	适量	抗氧剂	适量	抗氧剂	适量
	精制水	72.35	精制水	54.0	精制水	37.3	精制水	65.0

【生产实例】（表 8-5 配方 C）：将油相加热到略高于油相原料的熔点，约 70℃；将非离子表面活性剂硼砂溶于水中加热至 90℃维持 20min 灭菌；冷却到比油相稍高的温度，约 72℃。将水相缓慢加入油相中。油 - 水开始乳化时应保持较低温度，一般在 70℃；开始搅拌可剧烈一些，当水溶液加完后应改为缓慢搅拌（较高的乳化温度或过分剧烈的搅拌都有可能制成 O/W 型冷霜）。冷却至 45℃时加香料，40℃时停止搅拌。静置过夜再经三辊机或胶体磨后灌装。

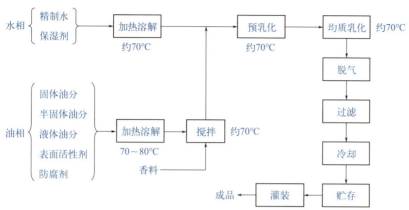

图 8-2　O/W 型膏霜的生产工艺流程

雪花膏配方实例

【粉质雪花膏配方】

原料	1#	2#
硬脂酸	20.0	13.0
鲸蜡醇	0.5	1.0
硬脂醇	—	0.9
甘油硬脂酸单酯	—	1.0
矿物油	—	0.5
橄榄油	—	1.0
甘油	8.0	4.0
尼泊金异丙酯	适量	0.2
氢氧化钠	0.36	—
氢氧化钾	—	0.4
三乙醇胺	1.20	—
香料	适量	适量
蒸馏水	加至 100	加至 100

制法：以 1# 配方为例。在蒸汽夹套釜中，加入硬脂酸及其他全部脂肪部分和防腐剂后，加热至 75 ～ 80℃，使之溶化。另用容器将水加热至 80℃，将其 1/3 加至溶化的油中。将氢氧化钾加到剩下的水中，稍冷后，加到油类物质中，搅拌混合，乳液冷至 55℃，加入香料，在搅拌下令其冷却即得。

【紫草雪花膏配方】

原料	质量份
紫草浸出液	20.0
硬脂酸	
凡士林	0.5
白油	—
甘油单硬脂酸酯	—
羊毛脂醇	—
十六醇	—
丙二醇	8.0

原料	质量份
棕榈酸异丙酯	适量
三乙醇胺	0.36
尼泊金甲酯	—
香精	1.20
蒸馏水	加至100

制法：（1）在带搅拌器的容器中加入硬脂酸、凡士林、白油、甘油单硬脂酸酯、羊毛脂醇、十六醇、棕榈酸异丙酯及尼泊金甲酯，加热至 75～80℃，搅匀后备用。

（2）在另一容器中加入丙二醇、三乙醇胺、紫草浸出液及蒸馏水，加热至70℃，搅匀待用。

（3）在不断搅拌下将步骤（2）所得油状物逐渐加至步骤（1）所得水溶液中，搅拌冷却至40℃时，加入香精搅匀，冷却至30℃，即可出料包装。

七、美容类化妆品

美容化妆品又称彩妆化妆品。美容化妆品主要是指用于脸面、眼部、唇及指甲等部位，以达到掩盖缺陷、赋予色彩或增加立体感、美化容貌目的的一类化妆品。美容化妆品包括唇膏、口红、胭脂、指甲油、眼影膏、睫毛膏、眉笔等。合理地使用一些美容化妆品，可以使人在自然美的基础上达到修饰之目的，显示出独特的韵味来，由此给人以美的享受。

化妆的作用：能使人容光焕发、美丽动人、富有感情、充满自信，又能使皮肤获得充分的保护和营养的补充。

根据使用部位的不同，美容类化妆品可分为脸面用品（粉底霜、香粉、粉饼、胭脂、剃须用品等），眼部用品（眼影粉、眼影膏、眼线笔、睫毛膏、眉笔等），唇部用品（唇膏、唇线笔等），指甲用品（指甲油、指甲白、指甲油脱除剂等）等。

（一）粉类化妆品

粉类化妆品是打底用的一种化妆品，它的主要作用是能遮盖或修饰皮肤本色，遮蔽或弥补面部皮肤的缺陷，从而使皮肤呈现红润、滑嫩并具有细腻的天鹅绒般的质感，为彩妆打下基础。此外，它还具有抵御风沙扑面，减弱冷热刺激及抗紫外线伤害等护肤作用。

1. 散粉

散粉又叫扑粉或香粉，是粉底产品中历史最悠久的一种，它的外观为白色、肉色或粉红色的粉末，除了具有不同香气和色泽外，还可以根据使用的效果不同分为不同遮盖力、吸收性和黏附性的产品。配方中含较多粉质颜料，适宜油性皮肤的妇女使用，多在使用霜、脂型护肤品之后敷用，能消除光泽并使皮肤有细腻感，也可在美容化妆全部完成后，敷粉作定妆用。

【配方】

成分	配方1	配方2	配方3	配方4	配方5
滑石粉	40.0	48.0	45.0	63.0	42.0
高岭土	16.0	18.0	10.0	12.0	13.0
碳酸钙	8.0	5.0	5.0	—	15.0
碳酸镁	15.0	10.0	15.0	5.0	5.0
氧化锌	15.0	10.0	10.0	15.0	15.0
钛白粉	5.0	—	5.0	5.0	10.0
硬脂酸镁	—	4.0	—	—	—
香精，色素			适量		

配方 1 中不含硬脂酸镁，碳酸镁含量较大，氧化锌和滑石粉含量中等，所以遮盖力较轻，吸收性良好，黏附性和滑爽性适当。同样道理，配方 2 具有中等遮盖力，配方 3 具有重遮盖力，配方 4 吸附性较差，配方 5 黏附性较好。

不同类型的香粉分别适用于不同类型的皮肤和不同的气候条件，多油性的皮肤适宜于使用吸收性较好的产品，而干燥性皮肤使用的香粉则要减少碳酸镁和碳酸钙的用量，还可以在香粉中加入脂肪原料，称为加脂香粉。

【制法】香粉的生产过程包括混合、研磨、过筛、灭菌和包装。先将香精加入部分碳酸镁（或碳酸钙）中搅拌均匀，再将色素与滑石粉在球磨机中研磨，加入其他粉料混合，研磨后再通过卧式筛粉机，最后灭菌、包装。

2. 粉底乳

粉底乳又称粉底蜜，可直接用手涂抹在脸上，具有容易涂抹、不油腻、清爽等优点，适用于社交场合的快速定妆。

粉底乳是将粉料添加在乳液中，由粉料、油脂、水三相经乳化而成。与单纯的乳液相比，稳定性较差，对配方和工艺的要求也较高，在颜料的选用、油相的组成、乳化剂的选用、乳化方法和胶体的利用上，有许多问题需研究。

与普通乳液相比，粉底乳中由于无机颜料的种类不同，颜料表面的亲水性不同会发生对油 - 水分散的不均衡，而颜料表面溶出的离子则可能同表面活性剂作用。例如，用脂肪酸皂作表面活性剂时，从颜料表面溶出的高价金属离子，会和表面活性剂作用生成不溶性的脂肪酸盐，使体系变得不稳定，这些都是需要考虑的。另外，为了防止颜料沉降和油 - 水两相分离，可利用保护胶体，如膨润土、高碳醇等。

【配方】

组分	质量分数 /%
二氧化钛	6.0
滑石粉	6.0
硬脂酸	2.0
丙二醇硬脂酸酯	2.0
鲸蜡醇	0.3
白油	3.0
羊毛脂	2.0
肉豆蔻酸异丙酯	8.7
去离子水	64.3
羧甲基纤维素	0.2
膨润土	0.5
丙二醇	4.0
三乙醇胺	1.0
颜料，香精，防腐剂	适量

【制法】将二氧化钛、滑石粉和颜料混合研磨（粉末相）。去离子水中加丙二醇、三乙醇胺溶解（水相）。将粉末相加入水相，用乳化器使粉末分散均匀，保持 70℃（混合相）。其他成分混合，加热溶解，保持在 70℃（油相）。将混合相加入油相中进行乳化，乳化后边搅拌边冷却，至室温停止。

（二）唇膏（口红）

唇膏的作用是点敷于嘴唇，赋予嘴唇以色调，使其具有诱人的色彩和美丽的外貌，同时其油相成分可赋予嘴唇湿润的外观，防止嘴唇干裂，部分唇膏还可保护嘴唇免受紫外线的伤害。

微课 •

口红的制备

1. 唇膏配方组成

(1) 油相原料　包括油脂和蜡，是唇膏的基本原料，又是唇膏的赋形成分，含量一般占90％左右。油相成分对唇膏的质量有重要的影响，它直接关系到唇膏的各种性能，如成膜性、触变性、黏附性、硬度及熔点等。常用的油脂有蓖麻油、可可油、羊毛脂、霍霍巴油、凡士林和白油等，同时也使用各种脂肪酸酯类，如单硬脂酸甘油酯（也称单甘酯）、肉豆蔻酸异丙酯等。常用的蜡有鲸蜡、蜂蜡、小烛树蜡和巴西棕榈蜡。

为提高色素在唇膏中的分散度，有时在油相成分中添加少量的非离子表面活性剂。

(2) 色素　色素赋予唇膏颜色，是唇膏中最重要的成分，通常唇膏的色素由多种颜料调配而成。色素可分为三类，即可溶性颜料、不溶性颜料和珠光颜料。

可溶性颜料可渗入嘴唇外表面对皮肤着色，使用最多的是溴酸红染料，它是溴化荧光红类染料的总称，有二溴荧光红、四溴荧光红和四溴四氯荧光红等。

不溶性颜料具有较好的遮盖力，使唇膏涂在嘴上能留下一层鲜艳的颜色。不溶性颜料是一些极细的固体粉粒，包括有机颜料、有机色淀颜料和无机颜料。其缺点是附着力不好，要与溴酸红染料并用。

珠光颜料多采用合成珠光颜料，比如氧氯化铋、云母 - 二氧化钛膜。表面二氧化钛膜层的厚薄不等，则珠光色泽由银白色至金黄色不等。

2. 配方实例

【配方 1】

组分	质量分数 /%
蓖麻油	50.0
蜂蜡	6.5
羊毛脂	10.5
地蜡	2.0
棕榈酸异丙酯	6.0
聚乙二醇 1000	7.0
小烛树蜡	6.0
溴酸红	1.0
不溶性颜料	10.0
二氧化钛	2.0
香精	适量
防腐剂	适量

【配方 2】

组分	质量分数 /%
蓖麻油	40.0
羊毛脂	15.0
巴西蜡	7.0
蜂蜡	8.0
地蜡	12.0
单甘酯	8.0
溴酸红	2.0
不溶性颜料	8.0
抗氧剂	适量
香精	适量

【配方 3】（防水性）

组分	质量分数 /%
蓖麻油	28.0
羊毛脂	2.5
巴西棕榈蜡	2.5
地蜡	4.0
苯基二甲基硅氧烷	15.0
小烛树蜡	7.0
辛基十二烷醇	10.0
超细二氧化硅	1.0
抗氧剂	适量
防腐剂	适量
颜料基质	30.0

3. 生产工艺

以配方 2 为例说明唇膏生产工艺：将溴酸红溶于 70℃ 的单甘酯中，必要时加蓖麻油充分溶解，制得染料部分。

将烘干磨细的不溶性颜料与液体油脂原料（蓖麻油）混合均匀，保温。

将上述两部分原料混合，抽到真空乳化罐，均质搅拌，抽真空，将油脂和色淀混合物中的空气除去。

将羊毛脂和蜡类在另一容器中加热溶解，经过滤后，加入乳化罐，慢速搅拌，不使色淀颜料下沉，并加入香精，然后注入模型，急剧冷却、脱模，最后过火烘面抛光，获得产品。

（三）指甲油

指甲油能牢固地附在指甲上，具有保护指甲并赋予指甲美观的一种化妆品。

1. 指甲油组成

指甲油的主要成分为成膜物、树脂、增塑剂、溶剂和色素等。

（1）**成膜物** 硝酸纤维素是最好的成膜物，在硬度、附着力、耐摩擦等方面的性能均极优良。采用硝酸纤维素的缺点是易收缩变脆、光泽较差、附着力不强，因此需加入树脂以改善光泽和附着力，加入增塑剂以增加韧性和减少收缩。

（2）**树脂** 过去采用虫胶、达玛树脂等天然树脂。近年来采用合成树脂，有干性和不干性的醇酸树脂、聚乙酸乙烯酯和对甲苯磺酰胺甲醛树脂等。其中以对甲苯磺酰胺甲醛树脂对膜厚度、光亮度、流动性、附着力和抗水性等的改善均有较好效果。

（3）**增塑剂** 最初使用蓖麻油和樟脑等，现在多用邻苯二甲酸酯类。选用时应注意色泽、气味、对黏度和干燥速度的影响，以期达到涂料薄膜柔软、耐久。

（4）**溶剂** 指甲油的挥发成分。必须能溶解硝酸纤维素、树脂、增塑剂等，调节黏度，获得合适的使用感觉，并具有适宜的挥发速度。一般是将溶剂、助溶剂和稀释剂三类混合使用。

溶剂是真正溶解硝酸纤维素的溶剂，包括酯类、酮类和二醇醚类等。

助溶剂不能溶解硝酸纤维素，但与溶剂一起能大大改进溶剂性能，如黏度、流动性等。这类溶剂一般是醇类，例如，向乙酸丁酯中加入丁醇，溶解硝酸纤维素，可使其黏度降低。

稀释剂对硝酸纤维素完全没有溶解能力。它的作用是稳定黏度和增加树脂的溶解性，调整使用感觉。常用的稀释剂有：有甲苯、二甲苯和轻质石脑油等。

（5）**色素** 为赋予指甲油以不透明感和美的化妆色调。一般采用不溶性颜料和色淀，如立索红、有机颜料色淀红和无机颜料二氧化钛等。

（6）**沉淀防止剂** 对于用二氧化钛等无机颜料或大粒珠光颜料的指甲油，为提高其分散稳定性，采用沉淀防止剂。常用有机变性黏土，可赋予指甲油底以触变性而防止沉淀。

2. 配方实例

【配方1】

组分	质量分数/%
硝化纤维素	10.0
醇酸树脂	10.0
邻苯二甲酸丁酯	13.0
乙酸乙酯	30.0
乙酸丁酯	32.0
乙醇	5.0
颜料	适量

【配方2】

组分	质量分数/%
硝化纤维素	15.0
丙烯酸树脂	9.0
柠檬酸乙酰三丁酯	5.0
乙酸乙酯	20.0
乙酸丁酯	14.0
丁醇	6.0
甲苯	31.0
颜料	适量

3. 生产工艺

以配方2为例说明指甲油的生产工艺：在不锈钢罐1中加入硝化纤维素，用丁醇、甲苯润湿。在不锈钢罐2中加入丙烯酸树脂、柠檬酸乙酰三丁酯、乙酸乙酯、乙酸丁酯，混合溶解后加入不锈钢罐1中，搅拌使其完全溶解，加入色素继续搅拌使溶解、混合均匀。

将罐1中的混合物抽入板框式压滤机中，进行过滤，去除杂物后，在静置釜中静置贮存。

（四）其他美容化妆品

1. 眉笔

眉笔是用来画眉毛的一种化妆品，是用油脂和蜡加上炭黑制成的细长的圆条。

有的像铅笔，把圆条装在木杆里作笔芯，使用时，也像铅笔那样把笔头削尖。有的把圆条装在细长的金属或塑料管内，使用时，可用手指将芯条推出来。

眉笔必须具备的性质是：①不太硬，无刺痛感；②均匀分布，不结团；③不碎，不易折断；④无发汗、发粉现象；⑤使用时笔芯不收缩。

铅笔式眉笔：笔芯完全像铅笔一样，把混好颜料的蜡块在压条机内压注出来。

【配方】

原料	质量分数 /%	
	配方 1	配方 2
石蜡	30.0	23.0
矿质	20.0	12.0
巴西棕榈蜡	5.0	5.0
蜂蜡	20.0	10.0
鲸蜡醇	6.0	
羊毛脂	9.0	7.0
液体石蜡		3.0
硬脂酸三乙醇胺		20.0
色素（炭黑）	10.0	20.0

【制法】将全部油脂、蜡放在一起，熔化后加入颜料，不断地搅拌 3～4h，搅拌均匀后，倒入盘内冷却凝固，切成薄片，经研磨机研轧两次，再经压条机压制成眉笔芯。开始时眉笔芯较软而韧，但放置一定时间之后，也会逐渐变硬。

2. 眼影及睫毛膏

眼影是极少量地搽在上下眼皮和外眼角，造成阴影，赋予立体感，突出眼部美，以衬托眼神的美容用化妆品。眼影是用油脂、蜡和颜料制成的产品，也有用乳化体作基体的，可以按需要调配成不同颜色。

睫毛膏是使眼睫毛增加光泽和色泽的化妆品。有固体块状和乳化型膏霜状两种。前者在使用时须将小刷用水润湿后，在膏块上刷擦，使沾上膏体，然后敷在睫毛上；后者可用小刷直接敷用，使用较为方便。

优质睫毛膏应具有易涂敷，在睫毛上不会流淌，不会很快干燥，没有结块，不干裂，对眼睛无刺激性等特点。

眼部化妆品不宜采用有刺激性的煤焦油色素，一般采用无机颜料如炭黑、赭石、铬绿、群青与氧化铁，并可加入铁白粉、氧化锌等以调节色彩。选用时应注意含砷、铜、铅量分别不超过 2mg/kg、10mg/kg、20mg/kg。

项目二

毛发用化学品

毛发是人体的附属器官之一。由于覆盖于人体表面，不论古今中外、男女老幼都非常重视毛发的保护和修饰，其中，头发是人们关注最多的。浓密、光亮的头发，不仅把人衬托得容光焕发、美丽多姿，而且也是一种健康的标志。保护修饰头发，除了需要经常清洗、保持清洁外，为了把头发修饰得更加美丽，还需要通过物理的或化学的方法使头发保持良好的外表。因此，发用类化妆品种类繁多，包括洗发化妆品（液体香波、膏状香波），护发化妆品（发油、发蜡、发乳、发水、发膏、护发素等）。

一、洗发香波

1. 洗发香波配方设计的原则

为了配制各种优质洗发香波提出指导性原则，概括如下。

① 具有适当的洗净力和柔和的脱脂作用。因为去污力和脱脂性是呈正比变化。过高的去污力不但没有必要，而且脱脂作用过强，会造成皮肤和头发的干涩。因此，越是高档次洗发香波和功能性洗发香波，越要选择低刺激和性能温和的表面活性剂。

② 具有良好的发泡性能。要求洗发香波必须能产生致密和丰富的泡沫。因此，洗发香波把泡沫力作为产品质量指标。在配方设计时重点考虑产品的发泡和稳泡性能。

③ 具有适度的黏度。要求洗发香波必须有适当的黏度，不但能提高产品的外观，而且还能提高产品的发泡、稳泡性能。

④ 具有良好的梳理性。这是区别于其他洗涤用品的一个特点，包括湿梳阻力最小，头发干后梳理性好，并无不愉快气味。洗后的头发应具有光泽、潮湿感和柔顺的特点，所有洗发产品均应满足这一要求。

⑤ 使用洗发香波，不应给烫发和染发等操作带来不利影响。

⑥ 洗发香波对眼睛、头皮和头发应无刺激、无毒或毒性很低，要具有高度安全性。

⑦ 易洗涤，耐硬水，在常温下洗发效果最好。

⑧ 各种调理剂和添加剂（如抗静电剂、调理剂、体感增加剂和活性物）的沉积适度，不应产生可见或明显的残留物。

⑨ 各种功能（如清洁能力、调理性和溶解度等）应适用不同的发质和不同的水质。

⑩ 经济成本合理，原料来源有保障，易于制造。

2. 洗发香波的制备

在配方设计时，应使产品满足上述要求，然后选择表面活性剂，并考虑其配伍性良好。当然，要全面达到上述的要求是较困难和复杂的，有些因素是相互矛盾的，只能根据产品的档次、市场的需要和消费者的要求做综合的平衡。

香波常用的原料大致分为具有去污起泡作用的表面活性剂，以及具有赋形或修饰作用的各种添加剂。用这两类原料进行配方设计，可以配制成形态各异和功能不同的香波。

表面活性剂为香波提供了良好的去污力和丰富的泡沫，使香波具有较佳的清洗作用。各种添加剂可增加表面活性剂的去污力和泡沫的稳定性，能进一步改善香波的洗涤功能，增强调理作用，并与硬水中的钙、镁离子相结合，在洗发后不会产生"皂垢"黏附在头发上的现象。

透明香波是比较常见的一种洗发用品，外观清澈透明，常带有各种悦目的色泽，受到人们的喜爱。透明香波必须使用浊点较低的原料，以确保产品在低温下透明澄清。配方中常用的洗涤剂是脂肪醇聚醚硫酸钠、脂肪醇硫酸钠、烷基醇酰胺，在脂肪醇聚醚硫酸钠体系中，可用无机盐来调节黏度。

（1）透明洗发香波的制备　透明香波外观为清澈透明的液体，具有一定的黏度，常带有各种悦目的浅淡色泽，受到消费者欢迎。冷混法和热混法都可用于透明液体香波的配制。

① 冷混法。一般以烷醇酰胺类（月桂基硫酸三乙醇胺）为主要原料和用椰油二乙醇酰胺为助洗剂的体系，水溶性、互溶性均好，可用冷混法。

其步骤是：先将烷醇酰胺类表面活性剂溶解于水中，再加其他助洗剂，待形成均匀溶液后，加入其他成分，如香精、色素、防腐剂、螯合剂等，最后用柠檬酸或其他酸类调节到所需的pH值范围，黏度用无机盐来调节。若加香精后不能完全溶解，可先将它与少量助洗剂混合后，再投入溶液，或者使用香精增溶剂来溶解。

② 热混法。如配方中含有蜡状固体或难溶物质时，则必须采用热混法生产透明液体香波。热混法是将主要表面活性剂溶解于冷水或热水中，在搅拌下加热到60～70℃，然后加入要溶解

的固体原料和脂性原料，继续搅拌，直至符合产品外观需求为止。当温度下降到40℃以下时，加色素、香精和防腐剂等。pH值的调节和黏度的调节一般在环境温度下进行。生产过程的温度最好不要超过60～70℃，以免配方中某些成分遭到破坏。高浓度表面活性剂溶解时，需缓慢加入水中，以免形成黏度极大的固状物，使溶解困难。

【配方】

组分	质量分数/%
脂肪醇聚醚硫酸钠（70%）	20.0
烷基醇酰胺	4.0
氯化钠	2.0
去离子水	74.0
香精、色素、防腐剂	适量
柠檬酸	调pH至6左右

【制法】上述配方可用热混法来制备，需要注意的是70%的脂肪醇聚醚硫酸钠应缓慢加入水中，而不是把水加入洗涤剂中，否则会形成黏性很大的团状物，溶解困难，可以适当加热促进溶解，但加热温度不要超过70℃，以免配方中的某些成分遭到破坏。采用无机盐调节黏度受环境温度的影响很大，应在低温下进行。

（2）珠光香波的制备　珠光香波一般比透明香波的黏度高，呈乳浊状，带有珠光色泽，给人以高档感觉，配方中除了含普通香波的原料外，还加入了固体油（脂）类等水不溶性物质作为遮光剂（如高级醇、酯类、羊毛脂等），使其均匀悬浮于香波中，经反射而得到珍珠般光泽。

① 珠光香波的制备工艺。珠光香波的制备主要采用热混法工艺。其步骤是：先将表面活性剂溶解于水中，在不断搅拌下加热至70℃左右，加入珠光剂及羊毛脂等蜡类固体原料，使其熔化，继续缓慢搅拌，溶液逐渐呈半透明状，控制一定的冷却速度使其冷至40℃左右，加入香精、色素、防腐剂等，最后用柠檬酸调节pH值，冷至室温，即得。若用单硬脂酸乙二醇酯作珠光剂，其加热温度不宜超过70℃。

② 珠光香波制备工艺条件的控制。珠光香波能否有良好的珠光外观，不仅与珠光剂用量有关，而且与搅拌速度和冷却时间有关。快速冷却和搅拌，会使体系外观暗淡无光，而控制一定的冷却速度，可使珠光剂结晶增大，从而获得闪烁晶莹的光泽。加入香精、色素和防腐剂时，体系的温度应在40℃左右。pH值和黏度的调节也应在尽可能低的温度下进行。

【配方】

组分	质量分数/%	组分	质量分数/%
AES	15～25	柠檬酸	适量
月桂醇硫酸铵	10～15	尼泊金甲酯	0.02～0.05
肉豆蔻酸肉豆蔻酯	0.5～1.5	色素	适量
乙二胺四乙酸二钠	0.1～0.3	香精	适量
卡波树脂	0.3～1.2	去离子水	至100

【制法】

① 在带搅拌及可加热与冷却的容器中加入肉豆蔻酸肉豆蔻酯及尼泊金甲酯，加热至65～72℃，待两组分溶解后搅匀。

② 在另一带搅拌器的容器中加入去离子水、卡波树脂、脂肪醇聚氧乙烯醚硫酸钠、月桂醇硫酸铵及乙二胺四乙酸二钠，搅匀后加热至65～70℃。

③ 在不断搅拌下，将步骤②所得混合液加入步骤①所得的混合液中，充分搅匀，冷却至40℃左右，加入色素及香精，搅匀，再加入柠檬酸（50%水溶液），调节pH值至5.0～6.4即制成产品。

二、发乳

发乳是油和水的乳化体系，为轻油性护发产品，不仅能滋润头发、赋予头发光泽，还能促进头发的生长和减少头发的断裂，使用后不会感觉太油腻，携带和使用都很方便，目前已取代了大部分的发油和发蜡市场。

与其他乳化产品相似，发乳的原料有油相、水相、乳化剂和其他添加剂。油相主要有蜂蜡、凡士林、白油、橄榄油、蓖麻油、羊毛脂及其衍生物、硅油、肉豆蔻酸异丙酯、角鲨烷和棕榈酸异丙酯等。水相中除了去离子水之外，还有保湿剂，采用的乳化剂主要是阴离子、非离子乳化剂，配方中还添加赋型剂、防腐剂、螯合剂、香精等。

【配方】

原料	组分	质量分数 /%
油相	聚氧乙烯硬脂酸山梨醇酯	2.0
	单硬脂酸山梨醇酯	2.0
	液体石蜡	40.0
	肉豆蔻酸异丙酯	2.0
	香精、防腐剂、色素	适量
水相	甘油	1.0
	去离子水	53.0

【制法】将水相加热到90℃，油相混合加热到90℃，在搅拌下将油相慢慢加入水相中乳化，冷却到45℃时加入香精，搅拌均匀，冷却到室温。

三、焗油膏

焗油膏是一种高级护发产品，可以给头发补充油脂，修复受损头发。使用时先均匀涂在头发上，然后通过加热套散发蒸汽（或用热毛巾包覆头发），使焗油膏中的营养成分渗透到头发内部，如果在配方中加入渗透剂，也可以不用加热（免蒸油膏）。与其他护发产品相比，焗油膏虽然使用时比较麻烦，但效果却是最好的，而且使用后无油腻感，非常自然，深受消费者的欢迎。

焗油膏中的主要成分是动植物性油脂，如貂油、霍霍巴油等。另外也添加一些对头发有调理作用的硅油、阳离子表面活性剂、丝肽和水解胶原蛋白等，以增强焗油膏的护发功能。

【配方】

组分	质量分数 /%
三辛酸甘油酯	35.0
硬脂酸异十六酯	32.5
环甲基聚硅氧烷	28.0
霍霍巴油	4.0
防腐剂	适量
香精	0.5

【制法】将所有组分混合至均匀，在搅拌下加入香精即得。

项目三

洗涤化学品

根据国际表面活性剂和洗涤剂展览会议（ICSD）用语，所谓洗涤剂，是指以去污为目的而设计配合的制品，由必需的活性成分（活性组分）和辅助成分（辅助组分）构成。作为活性组分的是表面活性剂，作为辅助组分的有助剂、抗沉淀剂、酶、填充剂等，其作用是增强和提高洗涤剂的各种效能。

一、洗涤化学品原料

（一）表面活性剂

表面活性剂的种类繁多，其中在洗涤剂中使用的表面活性剂有：

（1）烷基苯磺酸钠（LAS，ABS）　烷基苯磺酸钠是当今世界各地生产洗涤利用量最多的表面活性剂。市场上各种品牌的洗衣粉几乎都是用它作主要成分而配制的。20世纪60年代以前，用于洗涤剂的烷基苯磺酸钠是带支链的硬性烷基苯磺酸钠（ABS），其生物降解性差。当前世界普遍采用的是直链的软性烷基苯磺酸钠（LAS）。

（2）烷基硫酸钠（AS）　分子式$ROSO_3Na$，又称脂肪醇硫酸钠，是商品洗涤剂的主要成分之一。它的分散力、乳化力和去污力都很好，可用于重垢液体洗涤剂、轻垢液体洗涤剂，也可用于配制餐具洗涤剂、香波、地毯清洗剂、牙膏等。

（3）脂肪醇聚氧乙烯醚硫酸钠（AES）　分子式$RO(C_2H_4O)_nSO_3Na$，易溶于水，在较高浓度下也显示低浊点，去污力及发泡性好。被广泛用于香波、沐浴液、餐具洗涤剂等液洗配方，当它与LAS复配时，有去污增效效果。

（4）仲烷基磺酸钠（SAS）　分子式RSO_3Na，是重要的阴离子表面活性剂，具有良好的润湿性，去污力强，泡沫适中，溶解性好，皮肤刺激小，生物降解性优良。同时与其他表面活性剂的配伍性好，可广泛用于配制各种液体洗涤剂，也可用于配制洗衣粉等洗涤用品。

（5）α-烯基磺酸盐（AOS）　去污性能好，可完全生物降解，耐硬水性好，皮肤刺激性小，原料供应充足，广泛用于各类液体、粉状洗涤剂配方，尤其适用于重垢洗涤剂的配制。

（6）脂肪酸甲酯磺酸盐（MES）　具有良好的钙皂分散能力和较好的去污力，生物降解性好，毒性低。可以用于肥皂粉、块状皂、液体洗涤剂等的配制。在配方中加入MES特别适宜于低温及高硬度水中的洗涤。

（7）脂肪醇聚氧乙烯醚（AEO）　分子式$RO(CH_2CH_2O)_nH$，是非离子表面活性剂中最典型的代表。与LAS一样，是当今合成洗涤剂的最主要活性物之一。

（8）烷基酚聚氧乙烯醚（APE）　分子式R—〇—$O(CH_2CH_2O)_nH$，是非离子表面活性剂。主要用于各类液状、粉状洗涤剂配方，但由于生物降解性不佳，有些国家和地区已开始限制其用量。

（9）脂肪酸烷醇酰胺（Fatty acid alkanolamide）　分子式$RCON(CH_2CH_2OH)_2$，是一类特殊的非离子表面活性剂。脂肪酸烷醇酰胺是洗涤剂常用活性组分之一，与其他表面活性剂复配，可以提高产品的去污力，增加泡沫稳定性和黏度。因此可用于配制香波、餐具洗涤剂等液体洗涤剂。

（10）烷基糖苷（APG）　具有高表面活性，泡沫丰富，去污和配伍性好，而且无毒，无刺激，生物降解迅速、彻底。广泛用于配制洗衣粉、餐具洗涤剂、香波及沐浴液等。

（二）助剂

合成洗涤剂中除表面活性剂外还要有各种助剂，才能发挥良好的洗涤能力。助剂本身少数有去污能力，很多没有去污能力，但加入洗涤剂后，可使洗涤剂的性能得到明显的改善，或可使表面活性剂的配合量降低。因此，助剂可以称为洗涤强化剂或去污增强剂，是洗涤剂中必不可少的重要组分。

1. 助剂的功能

助剂一般应具有如下几种功能：

① 对金属离子有整合作用或有离子交换作用以使硬水软化；

② 起碱性缓冲作用，使洗涤液维持一定的碱性，保证去污效果；

③ 具有润湿、乳化、悬浮、分散等作用，在洗涤过程中，使污垢能在溶液中悬浮而分散，能防止污垢向衣物再附着的抗再沉积作用，使衣物显得更加洁白。

2. 助剂的品种

常用助剂有：

（1）三聚磷酸钠（STPP）　与LAS复配可发挥协同效应，大大提高LAS洗涤性能，两者是"黄金搭档"。STPP在洗涤剂中的作用有：对金属离子有螯合作用，软化硬水；与肥皂或表面活性剂的协同效应；对油脂有乳化去污性能；对无机固体粒子有胶溶作用；对洗涤液提供碱性缓冲作用；使粉状洗涤剂产品具有良好的流动性，不吸潮，不结块等。

（2）碳酸盐　包括碳酸钠、碳酸氢钠、倍半碳酸钠和碳酸钾等，是浓缩洗衣粉中最重要的助剂之一。

（3）硅酸盐　应用最多的是偏硅酸盐和水玻璃。作用：缓冲作用；保护织物作用；软化硬水；抗腐蚀作用；具有良好的悬浮力、乳化力、润湿力和泡沫稳定作用；使粉状洗涤剂松散，易流动，防结块等。

（4）4A分子筛　可与钙离子、镁离子交换，软化硬水。与羧酸盐等复配，是重要的无磷洗涤剂助剂。

（5）过硼酸钠或过碳酸盐　为含氯漂白剂，使洗涤剂具有漂白作用。同时具有消毒、去污作用。低温时需加入活化剂才有漂白作用。

（6）荧光增白剂　洗涤剂中所用的荧光增白剂有：二苯乙烯类、香豆素类、萘酰亚胺类、芳唑类、吡啶类等。

（7）配合剂　洗涤剂中常用的配合剂除磷酸盐外，还有：乙二胺四乙酸（EDTA）、乙二胺四乙酸二钠（EDTA-2Na）、氮川三乙酸（NTA）、柠檬酸钠等。

（8）水溶助长剂　在轻垢和重垢洗涤剂配方中起到增溶、调节黏度、降低浊点和作为耦合剂等作用，也具有喷雾干燥前降低料浆的黏度，防止成品粉结块，增加粉体流动性等作用。

（9）抗污垢再沉积剂　抗污垢再沉积剂的作用主要出于它们对污垢的亲和力较强，把污垢粒子包围起来，使之分散于水中，防止污垢与纤维吸附。常用的是羧甲基纤维素钠，此外还有聚乙烯醇、聚乙烯吡啶烷酮等。

（10）酶　洗涤剂中使用的酶制剂共有四大类：蛋白酶、脂肪酶、淀粉酶、纤维素酶。蛋白酶的作用是把像血、奶、蛋等蛋白类污垢分解成可溶性氨基酸，而被表面活性剂去除；脂肪酶使洗涤剂在低温时也具有对脂肪的优良去除能力；淀粉酶的作用是将如巧克力、土豆泥等淀粉类污垢分解成可溶性糊精而去除；纤维素酶的作用对象是织物表面因多次洗涤出现的微毛和小绒球，将其除去后纤维变得柔软、光滑。

（11）防腐剂　洗涤剂中常用防腐剂有：尼泊金酯类、甲醛、苯甲酸钠、凯松、布罗波尔、三溴水杨酰苯胺、二溴水杨酰苯胺等。

（三）溶剂

在洗涤剂中，甚至在粉状洗涤剂中，现在还使用许多溶剂。如果污垢是脂肪性或油溶性的，溶剂则有助于将污垢从被洗物上清除。洗涤剂中常用的溶剂有：乙醇、异丙醇、乙二醇、乙二醇单甲醚、乙二醇单丁醚、乙二醇单乙醚、松油、四氯化碳、三氯乙烯、二氯乙烷、煤油等。

（四）制皂用油脂

制皂工业所用的油脂有固体油脂、软性油脂及其他油脂。固体油脂包括：牛脂、羊脂、木油（整粒乌桕籽一起压榨而得的油脂）、氢化油、骨油（制备骨胶的副产品）、桕油、棕榈油等；软性油脂有：大豆油、玉米油、米糠油、向日葵油、花生油、鱼油、茶籽油、蚕蛹油、猪油、菜籽油、棉籽油、蓖麻油、橄榄油等。除以上两大类外，用到的还有椰子油、棕榈仁油、木浆浮油、松香、油酸等。

二、洗衣粉

合成洗衣粉是以表面活性剂为主要成分，并配有适量不同作用的助洗剂制得的粉状（粒状）的合成洗涤剂。

粉状洗涤剂的优点是使用方便，产品质量稳定，包装成本较低，便于运输贮存，在井水、河水、自来水、泉水甚至海水等各类水质中都能表现出良好的洗涤去污效果，并且适用于洗涤棉、麻、人造棉、聚酯、尼龙、丙烯腈等化纤、丝、毛等各类织物。

粉状洗涤剂的成型方法随着市场上对产品质量、品种、外观的发展要求的变化而不断地变化。从最初的盘式烘干法，到 20 世纪 40 年代末喷雾干燥技术开始用于洗衣粉制造，开始用的是箱式喷粉，后改为高塔喷粉。50 年代中期，高塔喷雾空心颗粒成型法开发成功，该法所得产品呈空心颗粒状态，易溶解但不易吸潮、不飞扬，因而细粉产品随之被逐渐淘汰。近几年来，由于消费者对加酶、加漂白剂、加柔软剂洗衣粉的需要，以及对浓缩、超浓缩、无磷、低磷等多品种的要求日益增长，新兴起的无塔附聚成型方法备受欢迎。其他如干混法、附聚成型 - 喷雾干燥组合工艺、气胀法也在不断发展中。

1. 组成

洗衣粉是粉末状或粒状的合成洗涤剂，其品种繁多，牌号成百上千，但它们的主要成分所差无几。各种洗衣粉性能上的差异，主要是配方中表面活性剂的搭配及助剂选择不同而产生的。

在洗衣粉中起主导作用的成分是表面活性剂，如烷基苯磺酸钠、烷基磺酸盐、烯基磺酸盐、脂肪醇聚氧乙烯醚、脂肪醇聚氧乙烯醚硫酸盐、烷基硫酸等。这类物质大都是以石油化学产品或油脂化学产品为原料合成的，它们在水中能迅速溶解，并能显示出良好的气泡、增溶、乳化、润湿、分散、去污等性能。

同时，为了降低洗衣粉的成本，进一步改善洗衣粉的综合洗涤去污效果，在洗衣粉中还要加入一些助洗剂及填充剂。洗衣粉中常用的助洗剂有三聚磷酸钠、硅酸钠（水玻璃）、碳酸钠、硫酸钠（芒硝），并常配入 1%～2% 的 CMC 作抗再沉积剂、0.1% 的荧光增白剂。为改善料浆的流动性，增加成品粉的含水量，加入 1%～3% 的甲苯磺酸钠等助剂。也有的洗衣粉中加了色料及香精以改善产品的色泽及气味。

生产洗衣粉使用的助剂有无机助剂和有机助剂。根据其对洗涤作用的影响，又可分为助洗剂和添加剂两类。助洗剂主要是通过各种用途来提高表面活性剂的洗涤效果。

助洗剂必须满足以下几个方面的要求：

（1）一次洗涤性　去除颜料、油脂的能力强，对各种不同的纤维织物有独特的去污力，能改进表面活性剂的性质，可将污垢分散在洗涤剂溶液中，改进起泡性能。

（2）多次洗涤性　抗再沉积性好，防止在织物上产生结垢，防止在洗衣机上产生沉积物。

（3）工艺性　化学稳定性好，工艺上易于处理，不吸湿，具有适宜的气味和色泽，与洗涤剂中的其他组分相容性好，贮存稳定性好。

（4）安全性　对人、动物安全、无毒，对环境无污染，可由生物降解吸附或其他机理脱活，废水处理容易，没有不可控制的累积，无过肥化作用，不影响饮水质量。

（5）经济性　原料易得，价格便宜。

应该指出，助洗剂和添加剂没有明显界限，如蛋白酶，它在洗涤剂中用量很少，但能分解蛋白质污垢，提高洗涤效果。

2. 生产工艺

在全球洗涤剂市场，喷雾干燥法是当前生产空心颗粒合成洗衣粉使用最普遍的方法。

喷雾干燥法主要过程有料浆配制、喷雾干燥、产品分离和包装等工序，其工艺流程示意图和生产装置如图 8-3 和图 8-4 所示。

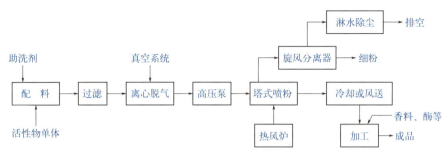

图 8-3　气流式喷雾干燥法生产工艺流程示意图

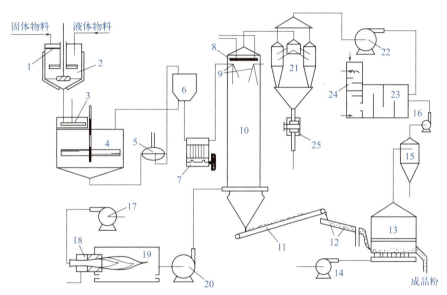

图 8-4　塔式喷雾干燥制合成洗衣粉生产装置

1—筛子；2—配料罐；3—粗滤器；4—中间罐；5—离心脱气机；6—脱气后中间罐；7—三柱式高压泵；
8—扫塔器；9—喷粉枪头；10—喷粉塔；11—输送带；12—振动筛；13—沸腾冷却；14—鼓风机；15—旋风分离器；
16,22—引风机；17—煤气炉一次风机；18—煤气喷头；19—煤气炉；20—热风鼓风机；21—圆锥式旋风分离器；23—粉仓；
24—淋洗塔；25—锁气器

【1】**料浆配制**　严格按照配方中规定的比例和一定次序进行配料，不可颠倒。正常情况下应先在配料罐中加入定量的烷基苯磺酸钠和水并加热到 40～50℃，再依次投入 CMC、荧光增白剂，升温至 50～55℃后投入三聚磷酸钠。由于三聚磷酸钠的水合作用，湿度会进一步升高，控制温度在 60～65℃。再投入碳酸钠和甲苯磺酸钠，待以上物料溶解后，最后加入硅酸钠和芒硝。全部组分投入后，料浆中的固体成分总含量一般应为 60%～65%，黏度保持在 0.5Pa·s（70℃）左右。料浆配好后，不但要经过过滤、脱气，还应在老化罐中老化 30～40min。

【2】**喷雾干燥**　料浆经高压泵以 5.9～11.8MPa 的压力通过喷嘴，呈雾状喷入塔内，与高温热空气相遇，进行热交换。料浆与空气的接触分为逆流和顺流两种，目前工业上主要采用逆流接触来换热。

【3】**产品分离、包装**　干燥后的产品颗粒降落到塔的锥形底部。为保持产品空心颗粒形态不受损坏，产品的传输多采用风力输送装置。从喷雾塔排出的产品温度仍然较高（70～80℃），通过风送不仅使产品被空气逐渐冷却，同时也起到使产品进行老化的作用，以使成品颗粒更加坚实牢固并保持一定水分，滑爽易流动。从喷雾塔刚出来的产品还含有颗粒不整的产品及细粉，应

在风送过程中再把它们分离、筛析出去。

喷粉塔塔顶尾气含有粉尘，经旋风分离器和湿式洗涤器两道工序处理达标后排放到大气。经筛析的洗衣粉再与那些不适宜经高温喷粉干燥的组分，如漂白剂、酶、香精、非离子表面活性剂等进行混合，混合后便可送去包装。

3. 洗衣粉质量标准

我国洗衣料国家标准（GB/T 13171.1—2022）规定的洗衣粉属于弱碱性产品，适合洗涤棉、麻和化纤织物，按品种、性能的规格分为含磷（HL类）和无磷（WL类）两类，每类又分为普通型（A型）和浓缩型（B型）。

（1）HL类　含磷酸盐洗衣粉，分为HL-A型和HL-B型。

（2）WL类　无磷酸盐洗衣粉，总磷酸盐（以P_2O_5计）不大于1.1%，分为WL-A型和WL-B型。

4. 洗衣粉生产实例

（1）无磷洗衣粉配方及制法

【配方】

原料	质量分数 /%	原料	质量分数 /%
十六 / 十八脂肪醇聚乙烯醚	120	荧光增白剂（FWA）	6
乙二胺四乙酸二钠（EDTA-2Na）	42	沸石	558
牛油烷基（AE）	120	烷基苯磺酸钠（ABS-Na）	100
氢化牛油皂	70	硅酸钠	462
SokaLanCP-5	100	氢氧化钠	122

【制法】将各物料拌和成含固量60%的浆料（95℃黏度为11.5Pa·s），通过3mm喷嘴喷雾干燥，1min内将粉由70℃冷却至26℃，即得视密度为0.56kg/L的洗衣粉。

（2）含酶漂白型洗衣粉的配方及制法

【配方】

原料	质量分数 /%	原料	质量分数 /%
牛油醇聚氧乙烯醚（5）	1.9	4A 沸石	103.1
$C_{16} \sim C_{18}$ 脂肪酸聚氧乙烯醚	1.7	硫酸钠	48.6
十二醇 / 十四醇 / 牛油醇聚氧乙烯醚（14：6：8）	17.1	纯碱	12.7
		乙二胺四亚甲基膦酸钠	0.85
十二烷基苯磺酸钠	30.0	四乙酰基乙二胺	2.1
蛋白酶（颗粒）	0.5	消泡剂	3.0
过硼酸钠	25.0	香料	0.2
丙烯酸 / 马来酸共聚物钠盐	16.6	水	40.2

【制法】先将56.9份沸石、1.9份牛油醇聚氧乙烯醚、6份丙烯酸 / 马来酸共聚物钠盐、2份硫酸钠和16.1份水混合，喷雾干燥。在该干燥颗粒上喷雾17.1份十二醇 / 十四醇 / 牛油醇聚氧乙烯醚。另将$C_{16} \sim C_{18}$脂肪酸聚氧乙烯醚1.7份、皂粉6.4份、十二烷基苯磺酸钠30份、沸石46.2份、丙烯酸 / 马来酸共聚物钠盐10.6份、纯碱12.7份、乙二胺四亚甲基膦酸钠0.85份、硫酸钠46.6份和24.1份水混合制浆，喷雾干燥。将该粉粒与先前制的颗粒混合，再加入酶、过硼酸钠、香料、消泡剂、四乙酰基乙二胺等，混合均匀，制得不结块、去污力强的漂白型洗衣粉。

三、液体洗涤剂

液体洗涤剂与粉状洗涤剂相比，使用方便，溶解性好，不产生粉尘，易于计量，因而它在家用净洗制品中发展较快，但除织物柔软剂和香波外，固体净洗制品，如家用洗衣粉、自动餐具洗

涤剂等，仍多用液体制品。从液洗剂发展史来看，它很大程度上都是效仿粉状制品的性能特征。

液体洗涤剂的优点是在冷水中易溶，易分散，在洗衣机的分配器中不易结块，分为均质型、结构型和无水型。最初开发重垢液体洗涤剂（HDL）主要是对衣物进行预处理，后来发展成为与洗衣粉并列的剂型。

在合成洗涤剂产品中，除粉状合成洗涤剂、洗衣粉外，液体合成洗涤剂是数量较大、有发展前途的洗涤用品。

液体合成洗涤剂具有以下优点：①制造工艺和制造设备简单。②液体洗涤剂属于节能型产品，不但制作过程节省能源，在使用过程中也适合低温洗涤。③产品适应范围广，除洗涤作用外，还可以使产品具有多种功能。④使用水作为溶剂或填料，生产成本低。⑤使用时容易定量、易溶解，可以高浓度形式施用于领口和袖口等脏污处。⑥无粉尘污染。其缺点是在液体中各种组分间容易发生反应，如荧光增白剂，特别是漂白剂和漂白活化剂，很难配入液体洗涤剂中。

液体洗涤剂是按产品形态划分出的一类产品，按产品的用途可分为：①重垢液体洗涤剂；②轻垢液体洗涤剂；③柔软液体洗涤剂；④漂白液体洗涤剂；⑤加酶液体洗涤剂；⑥衣领净；⑦衣用干洗剂；⑧预去斑剂共八种。其中产量和用量最大的当数重垢液体洗涤剂和轻垢液体洗涤剂两种。

1. 组成

液体洗涤剂是在一定工艺条件下，由各种原料加工制成的一种复杂混合物。液体洗涤剂产品质量的优劣，除与配方工艺及设备条件有关外，主要取决于所用原料的质量。因此，原料的选择及其质量是非常重要的。

生产液体洗涤剂的原料有两类。一类是主要原料，即起洗涤作用的各种表面活性剂。它们用量大，品种多，是洗涤剂的主体。另一类是辅助原料，即各种助剂。它们在液体洗涤剂中发挥辅助作用，其用量可能不大，但作用非常重要。实际上，主要原料和辅助原料的划分没有严格的界限，如某些辅助原料的用量远超过主要原料，而某些表面活性剂在一种液体洗涤剂中是主要原料，而在另一种液体洗涤剂中只起辅助作用。

液体重垢洗涤剂是近年来发展较快的液体洗涤剂品种，它除了含有 20% 以上的各类表面活性剂之外，还含有相当比例的各种新型助剂。且外观呈均匀稳定流动状态，因此需要较高的配制技巧。为了添加足量的助剂，必须选用特殊的助溶剂、配合剂和稳定剂，如二甲苯磺酸钠（钾）、低级二元醇、乙醇胺、聚乙烯吡咯烷酮、尿素等。还常常利用表面活性剂的相互增溶原理，选用不同类型的表面活性剂形成混合胶束，增强体系溶解稳定性。配方中需加入适量的抗再沉积剂，并辅以一定浓度的无机盐（NaCl 或 Na_2SO_4）以防止其离析，还需加入微量荧光增白剂及防腐剂等。

2. 生产工艺

液体洗涤剂的生产设备，一般只需复配混合或均质乳化设备，相对来讲，比较简单一些。对一般的产品，仅需一个搅拌设备即可生产。但对原料组分多，生产工艺要求苛刻，产品用途有较高要求的中高档产品，应采用化工单元设备、管道化密闭生产，以保证工艺要求和产品质量。

液体洗涤剂生产工艺流程如图 8-5 所示。

（1）原料准备　液体洗涤剂的原料种类多，形态不一，使用时，有的原料需预先熔化，有的需溶解，有的需预混。用量较多的易流动液体原料多采用高位计量槽，或用计量泵输送计量。有些原料需滤去机械杂质，水需进行去离子处理。

（2）混合和乳化　对一般透明或乳状液体洗涤剂，可采用带搅拌的反应釜进行混合，一般选用带夹套的反应釜，可调节转速，可加热或冷却。

（3）混合物料的后处理　包括以下过程：

① 过滤。从配制设备中制得的洗涤剂在包装前需滤去机械杂质。

② 均质老化。经过乳化的液体，其稳定性往往较差，如果再经过均质工艺，使乳液中分散相中的颗粒更细小、更均匀，则产品更稳定。均质或搅拌混合的制品，放在贮罐中静置老化几小

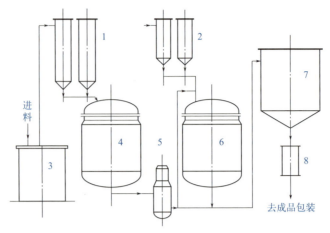

图 8-5 液体洗涤剂生产工艺流程示意图

1—主料加料计量罐；2—辅料加料计量罐；3—贮料罐；4—乳化罐；5—均质机；6—冷却罐；7—成品贮罐；8—过滤器

时，待其性能稳定后再进行包装。

③ 脱气。由于搅拌作用和产品中表面活性剂的作用，有大量气泡混于成品中，造成产品不均匀，性能及贮存稳定性变差，包装计量不准确。可采用真空脱气工艺，快速将产品中的气泡排出。

④ 灌装。小批量生产可采用高位槽手工灌装。规模化生产则采用灌装机流水线作业。

3. 液体洗涤剂生产实例

〔1〕液体洗涤剂配方及制法

【配方】

原料	质量份	原料	质量份
长链脂肪酸	2.0	硅酸钾	0.8
柠檬酸	0.6	添加剂（香色料）	0.28
氢氧化钾	0.5	水	5.32
脂肪酸烷醇酰胺	0.5		

【制法】将氢氧化钾溶于水中，加入长链脂肪酸、柠檬酸，溶解后再加入其余物料，制得液体洗涤剂。

〔2〕无磷液体洗涤剂配方及制法

【配方】

原料	质量分数 /%	原料	质量分数 /%
直链烷基苯磺酸	7～14	丙二醇	2～4
脂肪酸	5～14	三乙醇胺	2～4
十二醇聚氧乙烯醚	5～18	乙二胺四乙酸二钠	1～2
氢氧化钠	2～3	染料、荧光增白剂、香料	适量
乙醇	5～8	水	加至100

【制法】将氢氧化钠与三乙醇胺水溶液依次与丙二醇、脂肪酸、荧光增白剂及直链烷基苯磺酸、十二醇聚氧乙烯醚、乙二胺四乙酸二钠在70℃下混合，然后与染料、香料混匀即得。

四、皂类洗涤剂

从广义上讲，皂是油脂、松香或脂肪酸与碱（有机碱或无机碱）进行皂化或者中和反应所得到的产物。皂是脂肪酸的盐，其脂肪酸的碳原子数一般在 8 ～ 22 个。它的化学通式可用

RCOOMe 表示。式中 R 代表烷基，Me 代表某种金属离子，一般为钠离子或钾离子。

肥皂是传统的洗涤用品，按照其组成、外观与用途的不同，一般分为洗衣皂、香皂、透明皂、功能性香皂和特殊类香皂。洗衣皂要求有较强的去污性，专用来洗涤衣物；香皂主要用来清洁人的皮肤，要求对皮肤温和、无刺激，并有持久的留香；透明皂外观诱人，既可洗衣，也可沐浴；功能性香皂因添加有不同的助剂而具有某种特殊的功效，如抗菌皂等。除此以外的皂归属于特殊类香皂，如钾皂、浮水皂等。

1. 组成

【1】**洗衣皂**　洗衣皂是指洗涤衣物用的肥皂。洗衣皂是人类最早也是使用最普遍的洗涤用品，它在洗涤剂舞台上已称雄至少有2500年，没有其他洗涤用品可与它媲美。直到20世纪40年代以后，人们开发了合成洗涤剂，肥皂才开始衰落。然而就目前我国而论，肥皂仍然是每个家庭必不可少的洗涤用品。

洗衣皂是块状硬皂，主要活性成分是脂肪酸钠盐，根据脂肪酸含量可以分为许多规格，如47型、53型、42型等。此外，洗衣皂中还含有助洗剂、填充料等，如水玻璃、碳酸钠、沸石、着色剂、透明剂、钙皂分散剂、香料、荧光增白剂等。

洗衣皂是碱性洗涤剂，其水溶液呈碱性，去污力好、泡沫适中，使用方便。缺点是不耐硬水，在硬水中洗涤时会产生皂垢，因此用洗衣皂洗涤衣物时，洗涤液会呈浑浊状。而且在硬度大的水（如河水、泉水等）中，肥皂的去污力会下降。

【2】**香皂**　同洗衣皂一样，香皂也是块状硬皂，带有芳香气味。香皂一般以牛油、羊油、椰子油、猪油、柏油等动植物油脂为原料，经皂化制得脂肪酸钠皂。除钠皂外，香皂中还添加各种添加剂，如香精、钛白粉、泡花碱、抗氧化剂、螯合剂、杀菌剂、除臭剂、富脂剂、着色剂、透明剂、荧光增白剂等。

由于香皂质地细腻，气味芬芳，可用来洗手、洗脸、洗发、洗澡。近年来，香皂产量稳中有增，其花色品种不断增多。这是香皂发展的主流。

香皂与洗衣皂的区别如下：

① 从用途上分，洗衣皂主要是用来洗涤衣物等，而香皂主要是用于人体清洁，如用于洗手、沐浴等。

② 从制作原料上说，虽然香皂洗衣皂都是用动植物油脂和碱经过皂化反应而制成的，但两种产品对油脂原料要求有所不同，制作香皂所使用的油脂主要是牛油、羊油、椰子油、松香等。制皂以前先经过碱炼、脱色、脱臭等精炼处理，使之成为无色、无味的纯净油脂。而制造洗衣皂所用的油脂是各种动植物油、硬化油等，一般不需经过复杂的精炼处理。香皂在加工时工序比较多，如要经过皂基干燥、配料，混合与均化、压缩出条、切块打印等工序，而洗衣皂加工过程则简单得多。因此香皂的制造成本比洗衣皂高。

③ 香皂总脂肪含量达80%以上，而洗衣皂一般只有60%以上。

④ 香皂的气味芬芳，这是因为香皂在加工过程中加进了一定数量的香精。洗衣皂虽然也有部分产品加香，但其香精品质差，加入香精量也比香皂少。各类香精价格悬殊，尤其是天然香精，价格更高。这就是为什么同样都是肥皂，而价格却相差很多。

2. 生产工艺

【1】**肥皂的生产原理**　肥皂可以油脂为原料与苛性碱溶液反应制取，反应式如下：

$$(RCOO)_3C_3H_5+3NaOH \longrightarrow 3RCOONa+C_3H_5(OH)_3$$

也可以脂肪酸为原料用苛性碱中和制取。

$$RCOOH+NaOH \longrightarrow RCOONa+H_2O$$

还可以甲酯为原料与苛性碱溶液进行皂化反应制取。

$$RCOOCH_3+NaOH \longrightarrow RCOONa+CH_3OH$$

（2）肥皂的生产工艺流程

油脂→精炼→皂化→皂基→干燥→配料→均化→压条→切块→打印→包装→成品

皂化废液→净化→蒸发→蒸馏、精炼→甘油

① 油脂的精制。油脂是制造肥皂的主要原料，用一般的油脂制造肥皂须进行预处理之后才能使用。这是由于在天然动植物油脂中除含制皂所需要的甘油三酯外，还含有杂质，如泥沙、料坯粉末、纤维素、其他杂质，以及游离脂肪酸、磷脂、色素、胶质、蛋白质、具有特殊气味的不皂化物等。因此皂化之前，油脂需经过脱胶、脱酸、脱色、脱臭、硬化等处理。

制香皂时，对油的质量要求很严格，已大大超过国内一般食用油的水平。预处理包括脱胶、脱酸、脱色、脱臭4个工序，必要时还必须进行加氢处理。

a. 脱胶。脱胶是除去油脂中磷脂、蛋白质以及其他结构不明的胶质和黏液质，但不能降低油脂中游离脂肪酸的含量。常用的脱胶方法有水化法和酸炼法两种。水化法是利用胶质能溶于油中，但在遇水情况下能从油中沉析出来的特性来进行的；酸炼法是利用浓硫酸处理，除去油中胶质之类的杂质焦化和沉淀。一般加酸量为油量的0.5%～1.5%。

现代化脱胶方法是采用磷酸来处理油脂。生产时，毛油先经过滤除去泥沙、纤维等不溶性杂质，再加热至40～50℃与磷酸混合，使其中的胶质与磷酸进行凝聚反应，同时油中的重金属离子也与磷酸形成磷酸盐沉淀。然后混合物与热水混合，使凝聚物转移到水相，再利用离心机进行分离，重相为胶质和水，轻相为油相。油相进入真空干燥器进行脱水、脱气处理，排除水分和空气后即为脱胶油。现代化脱胶处理除了回收磷脂（如使用豆油、向日葵籽油等含磷高的油脂时）和油脂水解前处理要单独进行外，其他工序均是与脱酸或脱色处理结合。

b. 脱酸。脱酸是除去油脂中的游离脂肪酸，常用碱炼法和蒸馏法。碱炼法（化学精炼法）是用烧碱中和油脂中游离脂肪酸的方法；蒸馏法（物理精炼法）是利用蒸馏技术除去游离脂肪酸的方法。

这里介绍碱炼法。碱炼时通常用15%左右的稀碱液与游离脂肪酸发生中和反应生成肥皂，同时也与一些色素如棉酚之类起反应。其中，生成的肥皂具有一定的吸附作用，可以将蛋白质、色素等杂质吸附下来。因此，碱炼既有脱酸作用，也有明显的脱色效果。

现代化的制皂法中一般采用连续碱炼法。由于碱液浓度低，且油与碱的接触时间很短，碱炼时与油脂发生皂化的可能性很小。少量的皂角可用高速离心机进行分离。例如，瑞典阿法-拉伐尔公司的短促混合（short-mix）连续碱炼法，从毛油进入到精油出来仅十几分钟，油与碱的接触时间仅有几秒钟。以下以阿法-拉伐公司的短促混合法来说明连续碱炼法的生产工艺。

如图8-6所示，毛油从贮罐用泵打入粗滤器除去机械杂质，在换热器1中加热到碱炼适宜温度。磷酸由定量泵定量输入热油中，用量为0.05%～0.2%，在混合器2中混合均匀并发生反应，使胶质等杂质以及钙、镁等离子凝聚。在混合器3中，油与液碱混合，碱的用量为中和游离脂肪

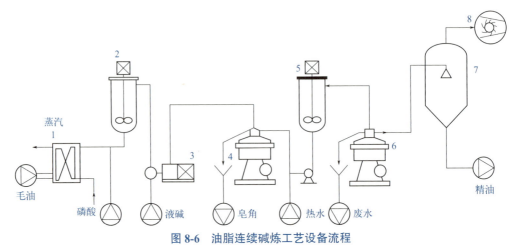

图8-6 油脂连续碱炼工艺设备流程

1—换热器；2,3,5—混合器；4,6—离心机；7—真空干燥器；8—真空泵

酸理论碱量的 115% ～ 150%。碱与油短暂混合生成肥皂，立即进入离心机 4 中进行分离，皂角进入贮罐贮存。中性油进入混合器 5 与热水混合洗涤，油与肥皂水溶液在离心机 6 中得到分离，洗涤水进入贮罐回收利用，油（约含 0.5% 水分）则进入真空干燥器 7 进行脱水干燥处理。脱除水分和气体的油脂即为脱酸精油。

c. 脱色。碱炼对油脂虽有一定的脱色作用，但达不到白色香皂的质量要求，因此脱色处理是不可缺少的。脱色也有化学法和物理法两种方法。化学脱色法是用氧化剂、还原剂来除去油脂中的色素。例如，采用氧化剂可破坏棕榈油中的类胡萝卜素，使红色消失；采用硫酸、锌粉反应产生新生态氢，可将米糠油中的叶绿素还原成黄色。化学脱色法仅限于低质油脂的处理，使其能适于洗衣皂的生产。物理吸附法是采用活性白土等吸附剂来吸附油脂中的色素，适用于制造香皂用的高质量油脂的处理。吸附剂主要为活性白土（漂土），一般用量为 3% ～ 5%，若要提高脱色效果，在活性白土中还可加入 0.2% ～ 0.3% 的活性炭。脱色温度视油脂种类、质量和脱色要求而定，一般为 105 ～ 130℃，如椰子油、棕榈仁油、猪油、茶油在 105℃ 左右，牛羊油在 105 ～ 125℃，棕榈油在 125 ～ 130℃。连续脱色工艺流程如图 8-7 所示。

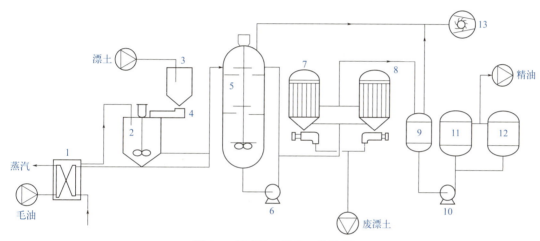

图 8-7　油脂连续脱色工艺流程
1—换热器；2—混合器；3,9—缓冲罐；4—螺旋输送器；5—漂白锅；6,10—定量泵；7,8—自动过滤机；
11,12—精细过滤机；13—真空泵

脱酸油脂在换热器 1 中加热到脱色所需的温度，部分热油送入混合器 2 中与定量漂土混合。漂土从贮罐经螺旋输送器 4 定量输送，在混合器中与油形成浆状混合物，在真空作用下送入漂白锅 5 中，并保持一定的停留时间。漂白锅中配有搅拌器及浅盘装置，大部分油脂直接吸入漂白锅与配成浆状的漂土充分混合接触，同时通过夹套加热以保持适宜的温度。

从漂白锅出来的混合油由泵 6 送入自动过滤机 7、8 进行过滤，漂土留在机内，精油进入缓冲罐 9，再用泵 10 送入精细过滤机 11、12，除去夹带的细微漂土，精油经换热器冷却后进入贮罐，即得脱色精油。

为保证连续生产，采用两台自动过滤机和精细过滤机交替使用，当一台过滤机集满漂土后，混合油就进入另一台过滤机。然后对停止使用的过滤机通入压缩空气，把漂土中的残油压入正在使用的滤机中，再用蒸汽压干滤饼，此时压出的油送入浊油罐。压干的漂土自动从滤布上部落下来，通过自动下料带排出。

d. 脱臭。天然油脂常常具有特殊的气味，无论是牛羊油的膻气，还是椰子油的香气等，都会影响外加香味的纯正。因此，作为香皂用油脂必须进行脱臭处理。一般采用过热蒸汽汽提的方法，即在高温高真空度下除去油脂中的气味物质。汽提温度越高，脱臭所用的时间越短。一般汽提温度为 250℃，真空度维持在 400 ～ 660Pa。高真空度的作用除了降低臭味物质的沸点外，更重要的是保护油脂在高温条件下不被空气氧化。直接通入的过热蒸汽主要起搅拌作用，使脱臭油脂在不断翻动下汽化不皂化物，另外还能降低汽化物质的分压，达到很好的汽提作用。

经过脱臭处理的油脂除了脂肪酸甘油酯外，几乎所有的有机挥发物都被除去了，其中包括植物甾醇、维生素 E 之类的天然抗氧剂。因此与空气接触极易氧化，所以脱臭油脂不能直接从 250℃ 高温下排出，必须冷却到 50℃ 下才能与空气接触。为了贮存安全，还必须加入柠檬酸之类的抗氧剂，加入量为 0.01%～0.02%。

e. 氢化。不论是香皂还是洗衣皂，均对制皂用油的凝固点有一定的要求。液体油只能与凝固点高的固体油相配合才能使用。最典型的香皂油脂配比是牛羊油 80%，椰子油 20%，其混合脂肪酸的凝固点约为 39℃。但中国牛羊油产量很少，很难实现这一配方，因此需用氢化油来代替。目前国内用量最大的是氢化猪油（凝固点为 56℃）和氢化棉籽油等。氢化油脂统称为硬化油，在制皂厂中硬化油加工车间是一个很重要的辅助车间。

油脂氢化之前应经过脱胶、脱酸及脱色处理。油脂加氢有间歇工艺和连续工艺两种。连续工艺主要用于单一品种的油脂厂，若需要在同一设备中加工不同油脂或生成不同要求的氢化产品，则间歇式有利。现代油脂加氢不仅能使不饱和油脂饱和化，而且具有高度的选择性，能使二烯酸、三烯酸氢化成单烯酸，也能使顺式双键酸氢化成反式双键酸。选择性氢化可提高油脂的营养性、抗氧化性等。

② 皂基制备。皂基的制备方法有很多，有传统的冷制皂法、半沸制皂法、间歇式沸煮制皂法及现代的续皂化法和中和制皂法。其工序可表示如下：

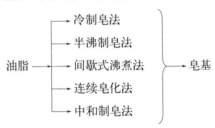

a. 油脂皂化法。油脂在烧碱作用下进行皂化反应是制皂工业最基本的反应。油脂皂化可分为间歇式和连续式两种；但不管是间歇式大锅煮皂，或连续式抽脂皂化工艺，均包括皂化、盐析、碱析、整理 4 个过程，见图 8-8。

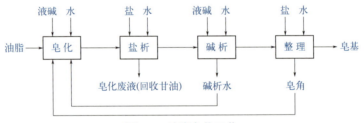

图 8-8　油脂皂化工艺

在皂化反应釜中，首先加入原料油脂，然后慢慢放入计量过量 2%～3% 的 NaOH 溶液，或加入碱析操作中的碱析水。为缩短皂化诱导期，使皂化反应顺利进行，适当加入一定量的皂角。

物料加热，同时通入直接蒸汽搅拌，使油脂与碱液充分接触，以达到均相皂化的目的。由于皂化反应是放热反应，必须控制皂化反应温度，勿使温度上升过高造成溢锅。在皂化操作开始时，蒸汽可以开大一些，然后关小，保持皂化料上下缓缓循环翻动。皂化反应结束，得到均匀、透明的饴糖状反应物。皂化工序要求皂化过程中始终保持一定量的游离碱（0.3%～0.5%），皂化反应在均相状态进行，皂化率控制在 95% 左右。

皂化后的皂胶中加入食盐溶液进行盐析，使皂粒与含甘油的盐水进行分离，下层为含甘油水，送甘油车间回收制皂副产品甘油。

盐析后的皂化物料中，先加入部分清水，加热使皂粒转入"闭合"状态，然后分批加入 NaOH 溶液，在蒸汽翻动下对未皂化油脂进行补充皂化。当皂化完全后，加入过量碱使皂胶逐步析出。当 NaOH 超过一定量时，水分、甘油可溶在碱溶液中，而皂粒从碱溶液中析出，此过程称为碱析。碱析的作用，一是提高皂化率使皂化完全；二是降低皂基含甘油量，提高甘油回收率；三是排除皂胶中盐类、蛋白质、纤维和色素等杂质。

整理是煮皂工艺的最后工序，目的是调整碱析后皂胶内水分、皂基脂肪酸含量、电解质含量，并最后排除遗留在皂胶中的杂质，以获得纯净的适于肥皂后加工的皂基。整理是将碱析皂粒用水闭合，用 NaOH 和 NaCl 溶液精心调整它们的含量和比例，制成光亮、透明的脂肪物含量为 55% 左右的皂基。

该工艺优点是设备简单，投资少，缺点是蒸汽耗量大，设备占地面积大，生产周期长，操作工人要求有丰富的经验。目前国内大部分制造厂仍采用该工艺。

b. 中和制皂法。该法是将油脂预先水解得到脂肪酸，将其精制、配合后用碱中和制成肥皂。用于中和法的碱，不仅可以用苛性钠，而且可以用碳酸钠。

$$RCOOH+NaOH \longrightarrow RCOONa+H_2O$$

中和法的优点是：①可以采用质量较差的油脂为原料，而且无需特殊处理，因为在脂肪酸精馏过程中可以得到精制；②工艺比较简单，省去了油脂脱酸、脱色、脱臭及煮皂过程中的洗涤与整理的工序；③容易调整配方，如通过脂肪酸组成分析，合理配合，提高肥皂质量；④中和制皂法可减少因碱炼而损失的游离脂肪酸，以及脱色时废白土带油的损失，使脂肪酸利用率提高。

中和制皂法也有间歇式及连续式两种皂化工艺。间歇式制皂法是先把近饱和的碳酸钠溶液加入皂化釜，加热煮沸，然后把脂肪酸原料慢慢加入，这时有大量的二氧化碳生成。为使混入原料中的少量油肥皂化，有时要加少量苛性钠溶液煮沸。再经过盐析，得到皂基。

3. 肥皂质量标准

【1】洗衣皂　洗衣皂标准QB/T 2486—2008规定：皂体的外观图案、字迹清晰，皂形端正，色泽均匀，无明显杂质和污迹，无油脂酸败等不良气味。

洗衣皂的理化性质应符合表 8-6 的规定。

表8-6　洗衣皂的理化性能指标

项目		指标	
		I 型	II 型
干钠皂 /%		≥ 54	≥ 43 ～< 54
乙醇不溶物 /%	≤	15.0	—
发泡力（5min）/mL	≥	4.0×10^2	3.0×10^2
氯化物（以 NaCl 计）/%	≤	1.0	
游离苛性碱（以 NaOH 计）/%	≤	0.30	
总五氧化二磷 [a]/%	≤	1.1	
透明度 [b][(6.50±0.15)mm 切片]/%		25	

[a] 仅对标准无磷产品要求；
[b] 仅对本标准规定的透明型产品。

【2】香皂　中国香皂国标（QB/T 2485—2023）规定：香皂的皂体外观图案、字迹清晰，色泽均匀，无明显杂质和污迹；特殊外观要求产品除外（如带彩纹、带彩色粒子等）。气味要求应有稳定的香气，无油酸腐败等不良异味。理化性能见表8-7。

表8-7　香皂的理化性能指标

项目		指标	
		I 型	II 型
干钠皂 /%	≥	83	—
总有效物含量 /%	≥	—	53
水分和挥发物 [a]/%	≤	15	30

续表

项目		指标	
		Ⅰ型	Ⅱ型
总游离碱（以 NaOH 计）/%	≤	0.10	0.30
游离苛性碱（以 NaOH 计）/%	≤	0.10	
氯化物（以 NaCl 计）/%	≤	1.0	
总五氧化二磷 [b]/%	≤	0.5	
透明度 [c][(6.50±0.15)mm 切片]/%	≥	25	

[a] 测试结果折算后为负数时，所有需折算项目结果以实测值计；

[b] 仅对标准无磷产品要求；

[c] 仅对本标准规定的透明型产品。

4. 配方举例

【普通洗衣皂配方 1】

原料	质量份	原料	质量份
皂基	100	香精	0.4
硅酸盐	20	31# 荧光增白剂（二苯乙烯三嗪型）	0.1
着色剂	适量		

【普通洗衣皂配方 2】

原料	质量份	原料	质量份
皂基	100	香精	0.4
硅酸盐	10	31# 荧光增白剂	0.1
钛白粉	0.1		

项目四

口腔卫生用品

• 文档

牙齿与口腔清洁

常用的口腔卫生用品有牙膏、牙粉、漱口水等。目前产量最大、应用最为普及的口腔卫生用品是牙膏。牙膏是最常用的清洁牙齿用品，具有良好的清洁作用，适当的摩擦作用不损坏牙齿，对口腔无刺激作用，能达到防龋、消除口臭的效果。

一、口腔卫生用品的分类

洁牙是保持口腔清洁的有效手段。口腔清洁可以减少龋齿的发病率，减轻口臭。另外，刷牙时由于牙刷的摩擦作用，可以促进血液循环，促使牙龈变得坚韧健康，增加对细菌的抵抗力，减少牙龈炎等疾病。

口腔卫生用品按使用时是否使用牙刷分为刷牙制品和漱口剂两大类。刷牙制品又可分为牙粉、牙膏、液体洁牙剂；漱口剂也可按用法和形状分为原液型、浓缩型和粉末型等（见表8-8）。其中牙膏是刷牙制品中产量最大、品种最多的一类产品。

由表8-8可以看出，口腔卫生用品主要由摩擦剂、表面活性剂和药效成分组成。摩擦剂可将黏附在牙齿表面的食物磨碎、清除。表面活性剂使牙膏在口腔内迅速分散、扩散，同时渗透到牙齿表面的沉淀物中，使沉淀物迅速分解。另外，表面活性剂产生的泡沫具有携带污垢的作用。所加的药效成分根据其功能，可具有预防龋齿、防治牙周炎、防治口臭、预防牙结石以及清洁烟斑的作用。

表8-8 口腔卫生用品分类

分类	形状	成分	特征
刷牙制品	牙粉	摩擦剂、发泡剂、香精、药物等	摩擦剂70%～90%
	牙膏	摩擦剂、发泡剂、黏结剂、香精、药物等	摩擦剂<60%
	液体洁牙剂	黏结剂、保湿剂、增溶剂、香味剂、药效成分等	不含摩擦剂
漱口剂	原液型	溶剂、保湿剂、增溶剂、香味剂、药效成分等	直接使用原液，使用方便
	浓缩型	溶剂、保湿剂、增溶剂、香味剂、药效成分等	使用时需用水稀释
	粉末型	保湿剂、增溶剂、香味剂、药效成分等	使用时需用水稀释，携带方便

二、牙膏

牙膏是和牙刷配合，通过刷牙达到清洁、健美、保护牙齿之目的的一种口腔卫生用品。每天坚持早晚各刷牙一次，可以使牙齿表面洁白、光亮，保护牙龈，减少龋齿机会，并能减轻口臭。特别是临睡前刷牙，可以减少口腔细菌以及糖类分解产生的酸对牙釉质的侵蚀，更有效地保护牙齿。

随着物质、文化生活水平的提高，特别是对保护牙齿重要意义认识的提高，人们对牙膏的品质和功能的要求也越来越高。

（一）牙膏的性能

（1）适宜的摩擦力　为了除去牙齿表面的牙菌斑、软垢、牙结石和牙缝内的嵌塞物，预防龋齿和牙周病的发生，美化牙齿，适当的清洁性是十分必要的。清洁性主要是依靠粉末的摩擦力和表面活性剂的起泡去垢力来实现的。因此，一种牙膏必须具有适宜的摩擦力，摩擦力太强会损伤牙齿本身或牙周组织，摩擦力太弱，就起不到清洁牙齿的作用。

（2）优良的起泡性　尽管牙膏的质量不取决于泡沫的多少，但在刷牙过程中应有适度的泡沫。丰富的泡沫不仅感觉舒适，而且能促进牙膏迅速扩散、渗透到牙缝和其他牙刷接触不到的部分，有利于污垢的分散、乳化和去除。

（3）具有抑菌作用　口腔内存在很多细菌，其中不少是有害牙齿健康的致病菌（如变性链球菌、乳杆菌和放线菌等）。为了保障牙齿的健康，牙膏中必须含有抑菌的有效成分，以抑制口腔内细菌的繁殖，降低细菌对食物的发酵能力，从而减少酸的产生及对牙齿的腐蚀。

（4）提高牙齿和牙周组织的抗病能力　性能优良的牙膏，不仅不会损伤牙齿，而且能促进再矿化作用，提高牙齿的抗酸能力，减少龋齿的发生，并对某些牙周病有一定的治疗效果。

（5）有舒适的香气和口感　牙膏的香气和口感是消费者决定是否购买的重要因素。因此不仅要从口腔卫生的角度考虑，而且必须考虑在使用中和使用后有令人满意的清爽感觉。

（6）良好的外观和使用性能　牙膏应具有一定的稠度，易从软管中挤出，且挤出时膏体呈均匀、光亮、细腻而又柔软的条状物，并在牙刷上保持一定的形状。刷牙时，既能覆盖牙齿，又不致飞溅。吐掉后口中易漱净及使用后牙刷容易清洗等。

（7）稳定性　牙膏膏体在贮存和使用期间必须具有物理和化学稳定性，即不腐败变质、不分离、不发硬、不变稀、pH值不变。药物牙膏应具有一定的疗效有效期。

（8）安全性　牙膏是与口腔相接触的日常生活用品，因此要求无毒性，对口腔黏膜无刺激性。

（二）牙膏原料

1. 摩擦剂

摩擦剂是牙膏配方中的主体成分，主要用途为除去牙齿表面的污垢，赋予光泽，不磨损牙齿。摩擦剂大多为无机粉末，选用时考虑毒性、刺激性、气味、供应能力等。

碳酸钙有轻质和重质两种，均为无色无味的白色粉末，粒度在 $15\mu m$，可用作牙膏摩擦剂。重质比轻质摩擦力强，天然碳酸钙的摩擦力也很好，但是色泽较差，杂质含量也较高。

磷酸氢钙有二水合物和无水两种。二水合物有中等的磨蚀性和光泽性，应用广泛。需加入稳定剂，以防止牙膏结块、发硬等。一般使用焦磷酸钠和磷酸镁等稳定剂。

无水磷酸氢钙的摩擦力较好，一般与含水磷酸氢钙混合使用，可以增强清洁牙齿的作用。无水磷酸氢钙用量为 3%～6%。

此外，碳酸镁、磷酸三钙、焦磷酸钙、磷酸钙、不溶性偏磷酸钠、氢氧化铝和二氧化硅等也可用作摩擦剂。

2. 发泡剂

发泡剂使牙膏产生泡沫，在口腔中迅速扩散，并使香气易于诱发，用量一般为 2%～3%。发泡剂一般都从表面活性剂中选用，要求无毒、无刺激、无味，常用的有月桂醇硫酸钠、N-月桂酰基肌氨酸钠、N-月桂酰基谷氨酸钠、月桂酰基磺基乙酸钠、二辛基磺基琥珀酸钠等。

（1）月桂醇硫酸钠（K_{12}）　泡沫丰富且稳定，去污力强，且碱性较低，对口腔黏膜刺激小，是普遍采用的牙膏发泡剂。

（2）N-月桂酰基肌氨酸钠（S_{12}）　其化学式为 $C_{12}H_{25}CONHCH_3COONa$。$S_{12}$除具有发泡作用外，还能防止口腔内糖类的发酵，减少酸的产生，有一定的防龋齿作用。另外，S_{12}水溶性好，用它制成的膏体稳定细腻，泡沫比较丰富，且容易漱洗，在酸、碱介质中都很稳定。因此，S_{12}是一种较为理想的发泡剂。

3. 黏合剂

也称胶黏剂，可防止牙膏中粉末成分和液体成分分离，赋予牙膏适宜黏弹性的形状，易于从牙膏中挤出成型，一般用量为 1%～2%。常用的有羧甲基纤维素钠（CMC），可显著增加牙膏黏度，对人体无毒。还可用海藻酸钠、黄蓍树胶粉、聚乙二醇等。

4. 保湿剂

保湿剂的作用在于防止膏体水分蒸发，甚至能吸收空气中的水分，以防止膏体干燥变硬，不易挤出，并能降低牙膏的冻点，使牙膏在寒冷地区也能使用。此外，还可赋予膏体以光泽。因此，保湿剂也称赋形剂，普通牙膏中保湿剂的用量为 20%～30%，透明牙膏中高达 75%。常用的保湿剂有甘油、山梨糖醇、丙二醇、木糖醇等。山梨糖醇具有适当的甜度，并能赋予牙膏清凉感，与甘油配合使用效果很好；丙二醇的吸湿性很大，但略带苦味，在美国主要用作防腐剂；木糖醇，既有蔗糖甜味，又有保湿性和防龋效果。

5. 香精和色素

牙膏中的香料具有多种功能，一方面可以遮蔽发泡剂等原料带来的异味，赋予膏体以清新、爽口的感觉；另一方面可以利用香料的抗菌活性来强化牙膏的生理活性功能，其用量为 1%～2%。

牙膏的香精香气以水果香型、留兰香型为主，其他有薄荷、茴香、豆蔻等香型。药物牙膏加入适量的香精和颜料，能遮盖一部分气味和颜色，含肥皂牙膏的香精用量可以多加一些。含合成洗涤剂牙膏的香精用量可少加一些。

半透明或透明牙膏呈微黄色，不像一般牙膏颜色洁白，为了美观可以加入一些水溶性食用色素。

6. 特殊添加剂

包括甜味剂、抗菌剂和矫味剂等。糖精钠是牙膏中的主要甜味剂，它很稳定，无发酵弊病。抗菌剂主要有苯甲酸钠、对羟基苯甲酸酯类、山梨酸等。为预防蛀牙，减轻牙周疾病，还可添加一些药剂，如氟化物、日扁柏素、尿囊素、甘草酸及其盐、月桂酰基肌氨酸钠和铜叶绿酸钠等。

7. 牙膏的药效成分

牙膏作为口腔用品，不仅为了清洁牙齿，更重要的是预防或减轻口腔和牙齿疾病，为了达到这一目的，常加入一些特殊的化学药品或制剂。

（1）防龋齿的药物

① 增强牙齿耐酸性的药物。在洁牙制品中添加氟化物。常用的氟化物有氟化钠、氟化亚锡、单氟磷酸钠（Na_2PO_3F）等。

② 杀灭龋齿病原体的药物。在牙膏制品中广泛使用具有广谱杀菌力的药物是洗必泰乙酸盐，又称氯己定或乙酸双氯苯双胍己烷。

（2）预防牙周炎的药物　牙周炎是发生于牙周组织周围的炎症，其症状一般为牙龈红肿、出血，严重时也会化脓。牙周炎是由牙垢引起的，因此只要在牙膏配方中加入可以抑制牙垢的杀菌剂和广义的消炎剂就可以预防牙周炎。杀菌剂即如前所述的洗必泰乙酸盐，广义的消炎剂包括收敛剂、抗菌剂、血液循环促进剂等。

（3）清除烟斑的药物　经常吸烟者的牙齿表面往往牢固地吸附着一层黑褐色的污垢，这主要是由烟碱的作用而产生的。烟碱又称尼古丁，其分子内含有吡啶和吡咯环，吡咯环极易氧化，甚至在空气中氧化变成褐色，清除极为困难。烟斑不仅影响口腔卫生、牙齿美观，而且和口腔疾病关系密切。

研究表明，植酸（肌环己六醇 -6- 磷酸酯）及其钠盐，作用于牙面上可使烟斑膨松，使坚固的烟斑崩解和漂起，从而达到去烟渍的效果。

（4）防治口臭的药物　引起口臭的原因很多，如口腔不洁、口腔炎症、慢性肠胃炎等，从口腔疾病的病因分析主要是厌氧菌感染。口腔中的厌氧菌会使蛋白质和肽分解、代谢，产生硫化氢和甲硫醇、甲硫醚等挥发性硫化物。因此，抑制厌氧菌的生长可防治口臭。常用的抑制厌氧菌生长的药物有甲硝唑、替硝唑等。

（三）牙膏的制备工艺

牙膏的制备工艺包括两种：一种是湿法溶胶制膏工艺，另一种是干法制胶工艺。湿法制胶工艺又分为常压法和真空法。由于牙膏是一种复杂的混合物，它是将粉质摩擦剂分散在胶性凝胶中的悬浮体，因此要制造性质稳定的膏体，除了选用合格的原料、设计合格的配方外，制膏工艺和制膏设备也极其重要。

湿法溶胶制膏工艺是目前国内外普遍采用的一种工艺路线，包括常压法和真空法两种。

（1）常压法制膏工艺　常压法制膏的一般生产过程如下：首先将水、润湿剂、胶黏剂、香料、甜味剂及药物成分准确称量，再按照规定的制造条件在混合机中进行混合，但是由于胶黏剂（如CMC等）吸水，膨润性强，所以应该先加入制成预备液，再加入摩擦剂和发泡剂制成粗膏体，然后将粗膏体在研磨机中或胶体磨中进行研磨，脱气后灌装入牙膏管中。因此，常压法制膏工艺由制胶、捏合、研磨、真空脱气、灌装及包装等工序组成，其生产工艺设备流程如图8-9所示。以下对各工序分别进行论述。

① 制胶。首先将保湿剂吸入制胶锅中，使胶黏剂 CMC 或羟乙基纤维素等粉粒充分润湿，以便溶解均匀，然后在高速搅拌下加入水、糖精和其他水溶性添加剂（如使用液状发泡剂也在此时加入），胶黏剂遇水后溶胀成胶体，继续搅拌。待胶水均匀透明，无粉粒为止，打入胶水贮罐放置一段时间，使黏液进一步均化。这时 CMC 为高分子化合物，溶液具有高黏度，不易扩散。由于搅拌条件等因素的影响，或多或少有部分软胶粒或包心胶粒团存在，在贮罐内先放置一段时

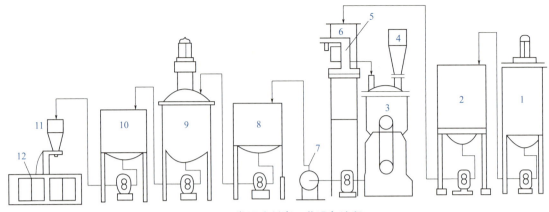

图 8-9　常压法制膏工艺设备流程

1—制胶锅；2—胶水贮罐；3—捏合机；4—粉料加料斗；5—磅秤；6—胶水计量桶；7—胶体磨；8—暂贮罐；
9—真空脱气釜；10—贮膏罐；11—灌装机；12—包装机

间，可以使胶粒充分膨胀胶溶，在微粒自动位移的作用下使胶水进一步得到均化。

② 捏合。捏合是制备牙膏的重要工序。首先将胶水打入捏合机，加入摩擦剂、粉状发泡剂和香精等，捏合均匀。捏合时间的控制非常重要，捏合时间太短，膏体不均匀；捏合时间太长，打入空气太多，膏体发松，难以出料。

③ 研磨。经捏合的膏体，由齿轮泵或往复泵送到胶体磨进行研磨，在机械的剪切力下，使胶体或粉料的聚集团进一步均质分散，使膏体中的各种微粒达到均匀分布。

④ 真空脱气。真空脱气是为了改善膏体的成型状况。经脱气处理后的膏体光亮细腻，成条性好。脱气用的脱气机有真空脱气釜和离心脱气机两种。

⑤ 灌装及包装。牙膏的灌装封尾是由自动灌装机完成的，灌装量可根据产品的规格和要求进行调节。灌装封尾后的牙膏，由人工或自动包装机进行包装。

从以上论述可以看出，常压法制膏工艺设备简单，且每一台设备功能单一，制造和维修比较方便，操作易于进行，但也有许多不足之处：①工序多，管线长，膏体输送不易进行，在调换品种时设备清洗困难，占地面积大；②分散均匀化效率低，各个工序独立操作，膏体虽然经过较长的生产流程，但却得不到很好的机械分散效果，要借助于放置贮存来均化，生产周期长，生产效率低；③由于制胶、捏合等在非真空条件下进行，必然混入大量的空气，产生气泡，影响膏体的质量；④膏体在脱气机中进行脱气，香精会被部分抽出，使香气损失较大。

【2】**真空法制膏工艺**　真空法制膏工艺是将制胶、捏合、研磨、脱气等4个工序在同一台设备中完成，因此也叫湿法一步法。这种工艺使用多效制膏釜，釜内既有慢速锚式搅拌器和快速桨式搅拌器，又有竖式胶体磨。整个操作在真空条件下进行，各个部分相互配合、协同操作，具有许多优点：①物料分散性好，生产周期短；②占地面积小，有利于自动化生产；③各步操作都在真空下进行，避免了敞口制膏设备易混入气体、脱气不完全及易受环境污染等缺点，制得的膏体光亮、均匀、细腻；④在非排气的静真空下加入香料，避免香料损失，降低原材料损耗。因此，真空法制膏工艺是一种较好的制膏工艺，目前世界上各先进的牙膏生产公司大多数都采用这种工艺。

（四）配方举例

普通牙膏是指不加任何药物成分的不透明牙膏，其主要作用是清洁牙齿和口腔，预防牙结石的沉积和龋齿的发生，保持牙齿的清洁和健康，并赋予口腔清爽之感。

普通牙膏的基础配方为（质量分数）：摩擦剂40%～50%，保湿剂20%～30%，增稠剂1%～2%，发泡剂1.5%～2.5%，甜味剂0.1%～0.5%，防腐剂0.1%～0.5%，香精1%～1.5%，其余为水。基础配方确定后，通过小试对配方进行调整，使其各项指标符合牙膏的标准 GB/T 8372—2017（见表8-9）。

表8-9 牙膏指标要求

技术要求	项目	指标	
感官指标	膏体	洁净、无异物、色泽正常	
	香味	符合规定香型	
理化指标	稠度 /mm	9 ~ 33	
	挤膏压力（推荐性）/kPa	40	
	泡沫量 /mm	60	
	pH 值（推荐性）	5.5 ~ 10.5	
	稳定性	膏体不溢出管口，不分离出水，香味色泽正常	
	过硬颗粒	玻片无划痕	
	总氟量（质量分数）/%	0.05 ~ 0.15	适用于含氟牙膏
		0.05 ~ 0.11	适用于儿童含氟牙膏
	可溶氟或游离氟量（质量分数）/%	0.05 ~ 0.15 适用于含氟牙膏	
		0.05 ~ 0.11 适用于儿童含氟牙膏	
卫生指标	细菌个数 / 个·克$^{-1}$	500	
	粪大肠菌群 / 个·克$^{-1}$	不得检出	
	绿脓杆菌 / 个·克$^{-1}$	不得检出	
	金黄色葡萄球菌 / 个·克$^{-1}$	不得检出	
	重金属含量（Pb）/mg·kg^{-1}	15	
	砷含量 /mg·kg^{-1}	5	

以下为典型普通牙膏的配方及其制法：

【配方 1】

组分	质量分数 /%
碳酸钙	39.0
山梨糖醇	22.0
CMC	1.1
K$_{12}$	1.3
糖精	0.1
香料	1.0
尼泊金乙酯	适量
去离子水	余量

【配方 2】

组分	质量分数 /%
焦磷酸钙	42.0
甘油	18.0
角叉胶	0.9
K$_{12}$	0.2
糖精	0.09
香料	1.1
尼泊金丙酯	适量
去离子水	余量

【制法】将水、甘油（或山梨糖醇）加入真空混合机中，再加入 CMC 或角叉胶，充分混合。然后加入焦磷酸钙或碳酸钙摩擦剂和十二烷基硫酸钠（K$_{12}$）。最后加入溶解于一部分精制水的糖精钠、香料、尼泊金酯，均匀混合后，减压脱气。

制作时要注意，如果混合或脱气不充分，经过一段时间会产生固液分离现象。

三、漱口剂

漱口剂是口腔卫生用品中的一个品种，它与人们常用的口腔卫生用品牙膏一样，有清洁口腔、保护牙齿的功能，更具有使用方便、不伤牙龈等特点，尤其适用于正处在生长发育时期的儿童、孕妇、出差旅行者、野外作业者等不方便刷牙的人群。目前，在许多经济发达国家，人们使用漱口剂清洁口腔已是很普遍的现象；在中国，由于多方面的限制，很少有人使用漱口剂。但是，随着人们口腔保健意识的增强，漱口剂将得到越来越多人的认可和使用。漱口剂在形态上与刷牙液类似，但与刷牙液不同的是不使用牙刷，仅向口腔中滴入适量，含漱后吐出。漱口剂有原液型、浓缩型和粉末型，其中原液型较为普及。

漱口剂的功能是将口腔净化，防止口臭，使口腔感到爽快。配合药物成分的制品，有预防龋齿和牙周炎的功效。

1. 漱口剂的组成

漱口剂由水、乙醇、保湿剂、表面活性剂、香精和其他添加剂等组成。

（1）乙醇　漱口剂中要含有一定量的乙醇。乙醇可降低溶液的表面张力，溶解一些不溶于水的添加剂，增强溶液的渗透性，同时还具有防冻、收敛和杀菌作用。乙醇的量要适宜，如果量过高，会使漱口剂的香味受到影响，而且对口腔的黏膜产生刺激；如果乙醇的用量过低，漱口剂的渗透性又减弱，使用后口腔产生乏味感。一般，乙醇在溶液中的用量为10%～25%。

（2）保湿剂　保湿剂在漱口剂中的作用是，使溶液具有适度的黏度和流动性，并有一定的甜度，使用漱口剂后能保持良好的口感。更主要的是，一定量的保湿剂可降低溶液的冻点，使溶液在低温条件下不结冻，保证漱口剂的质量稳定。保湿剂在漱口剂中的用量一般为10%～15%，用量过多有利于细菌的生长。

（3）香精　香精在漱口剂中很重要，它能掩盖溶液中的一些不良气味，使人们使用漱口剂后有提神醒脑、口腔清爽愉快之感，好的香精可激发人们对产品的兴趣。漱口剂的香精对质量影响至关重要，它能够掩盖其他原料带来的不良气味。一般可以根据不同需要选择香型，但漱口剂常常使用的是具有明显凉爽感的香型，这类香型常用的香精有冬青油、薄荷油、黄樟油和茴香油等，用量一般为0.5%～2.0%。

（4）表面活性剂　用于漱口剂的表面活性剂有非离子型（如吐温类）、阴离子型（如十二烷基硫酸钠等）以及两性表面活性剂等，主要起增溶作用。这是因为配方中的乙醇虽然对不溶于水的物质有一定的溶解作用，但用量有限，因此漱口剂中必须添加适量的表面活性剂，使不溶于水的物质充分溶解，保证溶液的透明度。另外，表面活性剂可增加溶液的渗透性，除去留在牙缝中食物残渣、牙垢等，并有起泡作用，通过含漱使口腔有一种清洁爽快的感觉。有时将常用的增溶剂与发泡性较好的表面活性剂复配使用，以保证溶液的透明度和泡沫量，防止由于表面活性剂含量高而影响口感和香味。阳离子表面活性剂如十二烷基三甲基氯化铵、十六烷基三甲基氯化铵等，在漱口剂中起杀菌作用。表面活性剂在漱口剂中的用量较低，一般为0.1%～2%。

此外，漱口剂还需加入适量的甜味剂，如糖精、葡萄糖和果糖等，以及防龋剂、脱敏剂、中草药提取液等药物，用量为0.05%～2%。各种组分的主要功能如表8-10所列。

表8-10　各种组分的主要功能

结构组成	主要功能	常用原料
乙醇	起清洁作用和杀菌作用，并对某些香料组分起增溶作用	食用级乙醇
保湿剂	缓和刺激作用；抑制在瓶盖上因水分蒸发析出结晶	甘油、丙二醇、山梨（糖）醇
表面活性剂	增溶香精；有时具有起泡作用，除去口腔的污垢，或起杀菌或抑菌作用	十二烷基硫酸钠盐、吐温类非离子表面活性剂
增稠剂	赋予产品一定黏度	天然或合成水溶性聚合物（食品级）
水	溶剂和介质	去离子水
药物（抗菌剂、氟化物、脱敏剂）	增加抗菌作用，能与唾液蛋白和口腔黏膜作用；防龋齿；脱敏	洗必泰、氟化钠、氯化锶
食用香精	使漱口剂在使用时有愉快感，使口腔用时和用后有清新、凉爽的口感；有些香精有杀菌作用	薄荷、留兰、冬青
着色剂	改善产品外观，赋色	薄荷香用绿色，肉桂香用红色等食用色素

以上各种组分的用量根据不同的漱口水功能，变化幅度较大。如乙醇在不同的配方中可加入质量分数为10%～50%，当香精用量高时，乙醇用量应多些，以增加对香精的溶解性。

2. 漱口剂的配方及制法

【配方】

原料	质量分数 /%	原料	质量分数 /%
乙醇	15.0	磷酸二氢钠	0.1
甘油	10.0	香料	适量
聚氧乙烯氢化蓖麻油	2.0	着色剂	适量
糖精钠	0.15	水	72.7
苯甲酸钠	0.05		

【制法】将甘油、聚氧乙烯氢化蓖麻油加入精制水中溶解，再加入溶解于乙醇中的香料，混合均匀后，再加入糖精钠、苯甲酸钠、磷酸二氢钠和着色剂，溶解后过滤即可。

拓展阅读

古人用什么洗涤用品？

古人爱洗澡，定期洗浴甚至成为一种休假制度。洗浴离不开洗涤用品，在没有现代香皂、洗发水的情况下，古人进澡堂带什么洗涤用品？

先秦时期淘米水"潘"曾是高级洗涤用品

从史料记载可以知道，先秦时期的人们洗浴时所使用的去污用品，是一种叫"潘"的用品。记载先秦时期典章制度的《礼记》中，记载了当时的洗浴要求。《礼记》中的《玉藻》篇中有这样的说法："日五盥，沐稷而靧粱。"这里的"沐"是洗头发，"沐稷"即用淘洗稷的水来洗头发；"靧"即洗脸，"靧粱"就是用淘粱的水来洗脸。整个句子连起来理解，就是每天洗五遍手，用淘洗稷粱的水来洗头洗脸。

淘洗稷粱的水，其实就是今天所说的淘米水，这种水古人又称为"渐米水"。作为一种洗浴用品，古人专称为"潘"或"潘汁"。东汉许慎《说文解字》记载"潘，渐米水也"。现代仍有人将淘米水作为洗手嫩肤的秘方，长期用淘米水洗手会让手变得白嫩。

南北朝时期流行用皂荚洗沐

用淘米水作洗涤用品，成本其实并不低。在谷物并不富足的古代，淘米水对普通人家来说可谓奢侈品。于是，古人寻找到了一种更为廉价的洗涤物质——皂荚。

皂荚，是中国特有的苏木科皂荚树所结出的果实，含有胰皂质，其汁有极强去污能力。唐人段成式《酉阳杂俎·草篇》中有这样的说法："鬼皂荚，生江南地，泽如皂荚，高一二尺，沐之长发，叶去衣垢。"

用皂荚洗沐，在南北朝时期的南朝率先开始流行。从史料所记来看，皂荚还是一种颇为讲究的洗沐用品，上层贵族洗浴时都用。《南史·齐本纪》记载，齐明帝萧鸾便"常用皂荚"。

宋元时期，皂荚仍是一种常用的去垢用品，宋人张耒《皂荚树》诗中写道："不缘去垢须青荚，自爱苍鳞百岁根。"直到今天，偏远农村中还有人用皂荚代替洗衣粉来洗涤衣物。

双创实践项目　洗衣粉的生产

【市场调研】

要求：1. 自制市场调研表，多形式完成调研。

2. 内容包括但不限于：了解洗衣粉的市场需求和用户类型、市场规模、分析竞争对手。

3. 完成调研报告。

【基础实训项目卡】

实训班级	实训场地	学时数	指导教师
		6	

实训项目	洗衣粉的生产
所需仪器	烧杯（50mL、200mL）、水浴锅、温度计（0～100℃）、托盘天平、电动搅拌器
所需试剂	烷基苯磺酸钠（LAS）、脂肪醇聚氧乙烯醚（AEO₉）、脂肪醇硫酸钠（K₁₂）、氢氧化钠、羧甲基纤维素钠（CMC）、水玻璃、碳酸氢钠、碳酸钠、三聚磷酸钠、硫酸钠

实训内容				
序号	工序	操作步骤	要点提示	工艺参数或数据记录
1	CMC 溶解	浆 2gCMC、15g 水加入 200mL 烧杯中，浸泡 30min，搅拌均匀，待用	CMC 要浸泡透	
2	K₁₂ 溶解	取 50mL 烧杯，加入 2g K₁₂ 和 17g 去离子水，放入水浴锅中加热溶解	K₁₂ 是轻质粉末，取用时要避免粉尘飞扬	
3	料浆配制	按配方量称取物料，将 LAS、AEO₉ 加入配制好的 K₁₂ 溶液中，在水浴锅上加热并搅拌溶解，控温在(60±5)℃,加入配好的 CMC 溶液、水玻璃、三聚磷酸钠、硫酸钠等，搅拌均匀	配料过程中要保持料浆温度在 (60±5)℃，以助于物料溶解，利于搅拌和防止结块，使料浆均匀；总固体物含量控制在 55%～65% 之间	
4	干燥成型	采用喷粉设备或附聚成型设备将料浆干燥成粉	若无干燥设备，也可采用自然干燥或 85℃ 以下烘干后粉碎	
5	产品外观检测	根据指标要求对产品进行物理指标检测（颜色、气味、颗粒度）	白色或着色颗粒或粉体，无异味，颗粒流动性好	
6	物理化学指标检测	根据指标要求对产品进行物理化学指标检测（pH、去污力、起泡性）	质量分数为 1% 的产品水溶液 pH≤10.5；泡沫丰富，去污力大于指标洗衣粉	

【创新思路】

要求：基于市场调研和基础实训，完成包括但不限于以下方面的创新思路1项以上。

1. 生产原料方面创新：_____。

2. 生产工艺方面创新：_____。

3. 产品包装方面创新：_____。

4. 销售形式方面创新：_____。

5. 其他创新：_____。

【创新实践】

环节一：根据创新思路，制定详细可行的创新方案，如：写出基于新原料、新工艺、新包装或新销售形式等的实训方案。

环节二：根据实训方案进行创新实践，考察新产品的性能或市场反馈。（该环节可根据实际情况选做）

过程考核：

项目名称	市场调研 5%	基础实训 80%	创新思路 10%	创新实践 5%	合计
得分					

一、选择题

1. 下列各项不属于洗涤剂原料中的表面活性剂的是（　　）。

A. 烷基硫酸盐（AS）　　　　B. LAS　　　　　　　C. 脂肪醇聚氧乙烯醚　　　D. 尼泊金酯

2. 下列（　　）不是国标中对洗衣粉物理化学指标的考察项。

A. 总活性物含量　　　　　　　B. 总五氧化二磷　　　　　　C. pH 值　　　　　　　　D. 流动性

3. 下面关于肥皂生产工艺中油脂的精制过程，表述错误的是（　　）。

A. 脱胶的目的是除去油脂中的磷脂、蛋白质以及其他结构不明的胶质和黏液质

B. 脱酸是去除油中的游离脂肪酸的处理工序

C. 碱炼对油脂有很好的脱色作用，因此不需要再对油脂进行脱色处理

D. 油脂中的气味物质挥发性较油脂大，因此脱臭普遍采用蒸汽蒸馏的方法

4. 化妆品的油性原料按来源不同分为4类，下面属于矿物油原料的是（　　）。

A. 橄榄油　　　　　　　　　　B. 蜂蜡　　　　　　　　　　C. 凡士林　　　　　　　　D. 高级脂肪酸

5. 下面对于牙膏的主要原料摩擦剂描述正确的是（　　）。

A. 主要用途为除去牙齿表面的污垢，赋予光泽，不磨损牙齿

B. 摩擦剂大多为有机聚合物

C. 主要作用是防止牙膏中粉末成分和液体成分分离

D. 摩擦剂主要有苯甲酸钠、对羟基苯甲酸酯类、山梨酸等

6. AES 是（　　）的简称。

A. 烷基苯磺酸钠　　　　　　　B. 脂肪醇聚氧乙烯醚硫酸盐

C. α- 烯烃磺酸钠　　　　　　　D. 脂肪硫酸盐

7. 化妆品中防腐抗菌剂的用量控制在（　　）。

A. $0.5\% \sim 10\%$　　　　　　B. $0.1\% \sim 5\%$　　　　　C. $0.01\% \sim 0.5\%$　　　D. $0.1\% \sim 1\%$

8. 洗衣粉中常用的助洗剂CMC的使用量为（　　）。

A. $0.5\% \sim 10\%$　　　　　　B. $1\% \sim 2\%$　　　　　　C. $0.01\% \sim 0.5\%$　　　D. $0.1\% \sim 1\%$

9. 香精在化妆品中的比例一般小于（　　）。

A. 0.1%　　　　　　　　　　　B. 0.5%　　　　　　　　　　C. 1%　　　　　　　　　　D. 10%

10. 化妆品中的保湿剂通常分为（　　）三大类。

A. 有机金属化合物、多元醇和水溶性高分子

B. 有机金属化合物、聚酯和水溶性高分子

C. 多元醇、聚酯和水溶性高分子

D. 有机金属化合物、聚酯和多元醇

二、填空题

1. 牙膏中的_____可增强牙齿的耐酸性。

2. 防晒因子的缩写是_____。

3. 虽然碱炼对油脂有很好的脱色作用，但仍需要对油脂进行_____。

4. 脂肪醇聚氧乙烯醚硫酸盐的英文简称是_____。

5. 化妆品中的保湿剂通常分为_____、_____和_____三大类。

6. 牙膏的主要原料摩擦剂的主要用途为_____，_____，_____。

7. 脱酸是_____。

8. 污垢的去除过程可分为三步：_____、_____、_____。

9. 洗涤助剂分为_____和_____两类。

10. 当前生产合成洗涤剂最普遍使用的方法是_____。

三、判断题

1. 乳油在硬水中使用效果更好。　　　　　　　　　　　　　　　　　　　　　　　（　　）

2. 洗涤剂中助剂的功能之一是对金属离子有螯合作用或有离子交换作用以使硬水软化。　　（　　）

3. 洗涤剂中助剂的功能之一是起酸性缓冲作用，使洗涤液维持一定的酸性，保证去污效果。　（　　）

4. 油脂精制过程中的脱胶环节的目的是除去油脂中的磷脂、蛋白质以及其他结构不明的胶质和黏液质。　　　　　　　　　　　　　　　　　　　　　　　　　　　　　　　　（　　）

5. 唇膏的配方主要由油性原料和香精两种组分构成。　　　　　　　　　　　　　　（　　）

文　档
拓展习题

文　档
拓展习题答案

6. 牙膏的主要原料摩擦剂的主要作用是防止牙膏中粉末成分和液体成分分离。　　　　（　　）

7. 牙膏的主要原料摩擦剂主要有苯甲酸钠、对羟基苯甲酸酯类、山梨酸等。　　　　（　　）

8. 肥皂生产工艺中，油脂的气味物质挥发性较油脂大，因此脱臭普遍采用蒸汽蒸馏的方法。　（　　）

9. 当前生产合成洗涤剂最普遍使用的方法是喷雾干燥法。　　　　（　　）

10. 牙膏中的氟元素可增强牙齿的耐酸性。　　　　（　　）

四、简答题

1. 画出气流式喷雾干燥法生产洗衣粉的过程示意图。

2. 化妆品中粉质原料的性质主要体现在哪几个方面？

3. 查阅资料，写出1～2个膏霜类化妆品的配方。

4. 简述唇膏的组成。

5. 指甲油由哪些成分构成？

6. 简述胭脂的生产步骤。

7. 牙膏的主要原料有哪些？

8. 透明牙膏的基础配方包括哪些成分？

模块九

香精香料

学习目标

知识目标　了解香料和香精的概念、分类及功能；掌握香精与香料的主要品种的生产工艺；掌握香料与香精的鉴别与分析方法。

技能目标　能进行相关溶液的配制以及检验样品的制备；能根据香料与香精的种类和检验项目选择合适的分析方法；能掌握一定的香料与香精的区分技巧。

素质目标

具有精益求精的工匠精神；具有严谨细致的质量意识；具有绿色安全的环保理念；具有创新精神。

项目一

香精

文　档

香精香料的生产现状及发展趋势

文　档

人工智能在香精香料行业的应用

香精又叫调和香料，是由几种乃至几十种香料调配而成。一般市售的香料，无论是天然的还是合成的，除少数品种外都是成分单一的香料单体，香气韵味往往不够理想，通常不能单独使用。只有将香料配制成香精以后，才能用于加香产品中。

一、香精的分类

1. 按香型分类

香型，是用来描述某种香料、香精或含香产品的香气类型或格调。香精按照不同的香气特征可以分为以下几类：

（1）花香型　花香型的香精以鲜花的香气为特征，如玫瑰、茉莉、百合、紫罗兰等。这些香精常用于香水、护肤品和一些食品制品中。

（2）木质香型　木质香型的香精具有木材的香气，如檀香、雪松、橡木等。它们通常用于男性香水、香熏产品和部分清新剂中。

（3）果香型　果香型的香精以水果的香味为主，如苹果、草莓、柠檬、桃子等。这些香精广泛用于食品、饮料和香水中。

（4）香料香型　香料香型的香精具有辛辣和香料的气息，如肉桂、丁香、黑胡椒等。它们通常用于烘焙、烹饪、香水和护肤品中。

（5）甜香型　甜香型的香精以糖果、巧克力、蜂蜜等甜食的香味为主。这些香精用于制作甜点、巧克力、糖果、饼干和饮料中。

（6）海洋香型　海洋香型的香精模拟了海洋、海风和水的清新气息。它们通常用于清洁产品、香水和个人护理产品中。

（7）绿叶香型　绿叶香型的香精具有新鲜的植物叶子和草地的香气，如青草、迷迭香、薄荷等。它们用于香水、清新剂和护肤品中。

（8）奶香型　奶香型的香精具有奶制品的香气，如牛奶、奶油、酸奶等。它们常用于糕点、冰淇淋、饮品和香水中。

（9）烟熏香型　烟熏香型的香精模拟了烟熏或烤烟的气味，如烟熏肉、烤面包和烤坚果。它们通常用于食品和肉制品中。

2. 按剂型分类

（1）水溶性香精　水溶性香精通常由多种化学成分组成，包括天然香料、合成香料以及可溶于水的载体物质。水溶性香精主要用于食品和饮料行业，广泛应用于果汁、碳酸饮料、糖果、糕点、冰淇淋、口香糖、奶制品和各种调味品中。

（2）油溶性香精　油溶性香精有两类常用溶剂，其一是天然油脂，如花生油、菜籽油、芝麻油、橄榄油和茶油等；其二是有机溶剂，如苯甲醇、三乙酸甘油酯等。以天然植物油脂配制的油溶性香精主要用于食品工业中，如糕点、糖果等；而以有机溶剂配制的油溶性香精，一般用于化妆品中，如霜膏、发油等。

（3）胶体香精　胶体香精的制备是将香气化合物溶解在水相中，然后使用乳化剂将其分散在油相中，从而形成一个稳定的胶体系统。胶体香精主要是含有大量水分的食品中，如奶制品、酱料、饮料等。由于胶体香精的特性，它们可以在这些产品中提供持久的香气，且不会分离或沉淀。

（4）粉末香精　粉末香精由香气化合物与适当的粉末载体物质混合而成。粉末香精广泛应用于食品工业中，如巧克力、烘焙产品、即溶饮料、坚果和糖果涂层等。此外，粉末香精还用于香熏产品，如香熏蜡烛和香熏石。

（5）囊固体香精　囊固体香精是一种特殊剂型的香精，它通常包含在小囊固体颗粒中。囊固体香精的制备主要涉及将香气化合物封装在微小的固体颗粒或胶囊中，在使用时香味化合物可以缓慢释放。囊固体香精通常用于一次性产品，如洗衣袋或冲泡式咖啡包。囊固体香精的优点在于能够精确控制香气的释放速度和强度。

3. 按用途分类

香精按用途可分为食用香精、日用香精和其他用途香精三大类。

（1）**食用香精** 包括食品用、烟用、酒用、药用香精。

（2）**日用香精** 包括化妆品、洗涤用品、香皂、洁齿用品、熏香、空气清新剂等。

（3）**其他香精** 包括塑料、橡胶、人造革、工艺品、涂料、饲料、引诱剂等。

二、香精的构成

好的香精留香时间长，且自始至终香气圆润纯正，绵软悠长，香韵丰润，给人以愉快的享受。因此，为了了解在香精配制过程中，各香料对香精性能、气味及生产条件等方面的影响，首先需要分析它们的作用和特点。

1. 从香料在香精中的作用出发

香精中的每种组分的作用是不尽相同的，根据各组分在香精中的作用分类，可以分为主香剂、合香剂、修饰剂、定香剂和稀释剂。

（1）**主香剂** 亦称主香香料，是决定香气特征的重要组分，是形成香精主体香韵和基本香气的基础原料，在配方中用量较大。在香精配方中，有时只用一种香料作主香剂，但多数情况下都是用多种香料作主香剂。

（2）**合香剂** 亦称协调剂，调和香精中各种成分的香气，使主香剂香气更加突出、圆润和浓郁，其香型应与主香剂的香型相同。合香剂的挥发性比主香剂大，往往是最先从调合香料中挥发出来的成分。

（3）**修饰剂** 亦称变调剂，它能以某种香料的香气去修饰另一种香料的香气，使香精格调发生变化，从而使之别具风韵。用作修饰剂香料的香型与主香剂香型不属于同一类型，是一种用量很少就可奏效的暗香成分。

（4）**定香剂** 亦称保香剂。定香剂不仅本身不易挥发，而且能减缓其他易挥发香料的挥发速度，从而使整个香精的挥发速度减慢，留香时间长，全体香料紧密结合在一起，使香精的香气特征或香型始终保持一致，是保持香气持久稳定的关键香料。

（5）**稀释剂** 香料的香味过浓时，会强烈刺激嗅觉，即使是玫瑰或茉莉之类的高档精油也会使人感觉不到芬芳的香味。遇到这种情况时，必须用合适的稀释剂将香味调淡。作为稀释剂本身应该完全无味，且易于溶解所有香料，安全性和稳定性良好，价格低廉。水溶性香精一般使用乙醇作稀释剂，也有使用苄醇、甘油、二辛基己二酸酯等作溶剂的。油溶性香精一般选用核桃油、茶籽油、橄榄油等精炼过的植物油和矿物油作为稀释剂。

在调香过程中，上述各组分在配方中都有一定的比例。根据香精的类型和应用，各组分间的比例不同。一般来说，合香剂为25%左右，修饰剂为20%左右，稀释剂为5%左右，主香剂和定香剂为50%左右。

2. 从香料在香精中的挥发度出发

根据香精配方中香料的挥发度，可以将香精中的香料分为头香、体香与基香三个相互关联的组成部分。

（1）**头香** 亦称顶香，是对香精嗅辨时最初的香气印象。用作头香的香料一般挥发度高，留香时间短。其作用是让香气更加活泼，隐蔽基香和体香的抑郁部分，让香气更加平衡。

（2）**体香** 亦称中香，也称为中调，是在头香之后，立即被嗅感到的中段主体香气，它能使香气在相当长的时间中保持稳定，代表了香气的主题。体香的香气是承前启后，贯穿始终，使得整体香气协调且没有跳跃感。

（3）**基香** 亦称尾香，是在香精的头香和体香挥发之后，留下来的最后香气，也称为后调。基香成分一般分子量较大，挥发性低，初始不容易闻到，它是最后显现并持续时间最长的香味，可以持续数小时到数天。

三、调香

调配香精的过程称为调香。调香不仅是一项工业技术，同时也是一门艺术。调香师与画家、音乐家一样，都可以称为艺术家。调香师能用各种香料，调配出令人身心愉悦的香气。因此，调香师不但应具有香料方面的科学知识，还应具备一定的艺术水平。

尽管现代科学技术发展迅速，但是鼻子仍然是调香师不可取代的"工具"。一位好的调香师既要有嗅觉灵敏的鼻子，又要有好的嗅觉记忆，而这种嗅觉记忆能力是在调香实践中不断地训练和培养出来的。调香师的鼻子不仅要能分辨不同的单体香料和复合香料的香韵，还应对原料的真伪和来源、香气的浓淡等具有一定的鉴别能力。

（一）调香的基本术语

为了更好地了解调香的基本工作，理解调香工艺中经常用到的一些术语是非常有必要的。常用的调香基本术语如下：

（1）香型　描述某一种香精或加香制品的整体香气类型或格调。
（2）香韵　描述某一种香料、香精或加香产品中带有某种香气韵调。
（3）香势　描述香气本身的强弱程度。
（4）调和　将几种香料混合在一起而发出的一种协调一致的香气。
（5）修饰　用某种香气去修饰另一种香气，使之在香精中发生特定效果，从而使香气变得别具风格。
（6）香基　香基是由多种香料调和而成的具有一定香型的混合物。

（二）调香方法

在调香工作中，要根据香精的用途，适当地调整头香、体香和基香的种类及配比。在调整香料的配比时，要注重香料之间的平衡。头香、体香和基香的比例关系直接影响到整体香味的层次感和持久性。精细的配比工作需要进行多次试验和调整，以达到理想的效果。总体而言，调香是一门充满创造性和艺术性的工作，通过深入了解香精的性质、产品定位和目标市场，调整香料间的种类及配比，可以创造出令人难忘的独特香味，使产品在市场上脱颖而出。调香中头香、体香和基香的常用香料见表9-1。

表9-1　调香中头香、体香和基香的常用香料一览表

天然香料			合成香料		
头香	体香	基香	头香	体香	基香
橘子油	香茅油	岩兰草油	辛醛	癸醛	苯乙醇
薰衣草油	橙花油	广藿香	苯乙醛	乙酸香茅酯	麝香酮
橙叶油	丁香油	玫瑰净油	樟脑	乙酸香叶酯	甲基紫罗兰酮
玫瑰油	保加利亚玫瑰油	茉莉净油	甲酸苄酯	龙脑	灵猫酮
芫荽油	留兰香油	薰衣草净油	异松油烯	柠檬醛	紫罗兰酮
月桂油	松针油	秘鲁香脂	甲酸香茅醇	乙酸松油酯	香兰素
薄荷油	众香子油	泰国安息香	d-柠檬烯烃	丁香酚	茉莉酮
依兰油	银白金合欢净油	橡苔净油	甲酸苯乙酯	香茅醛	戊基桂醛
柠檬油	罗勒油	柏木油	乙酸戊酯	香叶醇	桃醛
橄榄油	马鞭草油	檀香油	乙酸乙酯	香茅醇	己基桂醛

（三）调香的一般要求

1. 稳定性

香精的稳定性是指香精在存储和使用过程中保持其化学和物理性质的能力。香精通常是由多种香料组成的复杂混合物，而这些成分可能在不同的条件下发生相互作用，导致香精的性质发生变化。

香精的稳定性是调香工作中不能忽视的重要内容。对香精中的香料成分的物理化学性质要了然于胸，对配方要进行细致严谨的验证。要充分考虑到配方的光稳定性、热稳定性、抗氧化性、成分相容性、pH 值稳定性、微生物稳定性。

为了验证香精的稳定性，可以通过一些快速强化的方法来进行验证，例如加温法、冷冻法、光照法等。

2. 持久性

香精的持久性是指香精在一定的使用环境下，在一定的介质中的香气停留时间限度。一般认为，香气的持久性与香精成分分子量的大小、沸点高低、化学结构特点有关。香气的持久性与配方中的体香和基香成分有关，且受定香剂的影响较大。

延长香精的持久性是一项十分复杂的工作，涉及的因素很多，只能从原则上和定香剂的使用上做一些总结。例如：在不影响香型和香气特性的前提下，优先选用分子量大、黏度大的香料或定香剂来达到延长持久性的目的。

3. 安全性

随着香精的使用量和使用范围越来越大，人们在日常生活生产中与之接触的机会越来越多，因此香精的安全性越来越引起人们的关注。香精的安全性也是调香工作的主要问题之一。

例如，香料是香精中的关键成分。然而，有些香料可能引起某些人群的过敏反应，因此调香师需要在配方中选择对大多数人安全的香料。同时，一些香精中的溶剂可能对皮肤产生刺激，因此在制定香精配方时，需要选择对皮肤友好的溶剂。

香精的安全性取决于其中所含成分是否符合安全性要求。因此，要求调香师在添加某种成分时，既要考虑香精的使用要求，例如稳定性和持久性，又要把安全性考虑进去。稳定性、持久性和安全性，三位一体，是合格的香精产品不可缺少的特性。

（四）调香工作的基本内容

1. 调香操作

首先应按照香料的挥发度，选好基香香料（即打底的原料），然后配入特定香型的主香剂（许多的基香香料同时又是主香剂），再加入辅助剂（即协调剂和变调剂）、头香剂，最后加入定香剂。按照配方比例和所配制的香精总量计算好每一种组分的质量，每种香料的品种、规格和含量应该认真核对，称量应准确，操作要细致。

2. 香精熟化

新调配的香精香味是粗糙的，有时甚至还有刺鼻味，因此要有一个熟化过程。所谓香精熟化就是把新调配出来的香精密封起来，置阴凉处，使其发生各种化学反应。放置一定时间（不同香精熟化时间也不一样）后，香精就会具有圆润、柔和、甘美、醇郁的香味，至此即完成了熟化。熟化过程中会发生一系列复杂而又相互影响的化学反应，其中包括酯的生成、酯的醇解、酯基转移、缩醛的生成、缩醛基的转移、希夫碱（Schiff）的生成、聚合和自动氧化等。

3. 调香环境

香精的调配要有一个清净的环境，既没有杂物和灰尘，也没有发出气味的物件。对于食用香精的调配，还必须符合有关食品卫生的标准。对此，调香师应做好周密的设计，尽可能排除一切不利的主观和客观因素。

4. 调香师的训练

香料的调配没有一定的方程式，香料品质的鉴定和对各组分用量的探索只能依靠嗅觉对香料进行调配时，要模仿天然花香和果香等人们喜爱的香味也只能依靠嗅觉。因此，调香师应不断训练嗅觉，提高辨香能力。只有在嗅觉灵敏度提高、经验不断丰富的情况下，才能辨别每种香精的香型和其中主要香成分及其大致的配比。此外，还要熟悉和牢记各种香料的理化性质、使用范围、浓淡程度等，并了解其在调香中和调香后可能发生的变化。要有一定的分析、预测能力，防止调配出来的香精产生不必要的颜色和气味等。调香师在具有了一定的辨香和仿香能力之后，还应不断提高文化艺术修养，在实践中丰富想象力，设计出新颖的幻想型香精，使人们生活更加丰富多彩。最后，调香师还应养成良好的工作习惯，掌握每个操作过程的内容和可能出现的问题，以便能系统地找出每次调香中的缺点，及时进行调整和补充。

5. 调香配方的探索

完成一种香精的配制，必须经过拟方—调配—修饰—加香等反复实践才能确定，名牌香精难于模仿的原因就在于此。要获得人们喜爱的香精配方，或者创新一种具有独特风味的香精，往往有一个探索的过程。首先，调香师凭借自己的经验、感觉和灵感以想象的形象设想出一种香味；其次，调香师通过使用花香香料，再配以各种各样的香成分，使香气接近所设想的香精风韵，并做好记录，写下处方；最后，在此基础上经过长时间的组合、修正和发展，其间可能要做上千次甚至更多的配方试验，依靠调香师灵敏的嗅觉和有秩序的工作方法，也依靠人们的鉴评来对香精配方做不断的改进和补充，直至符合要求为止。

（五）调香的生产工艺简介

调香的第一步是香精配方的拟定，在香精配方拟定以后，还需要根据不同的香精剂型采用不同工艺进行生产，主要有不加溶剂型香精、水溶性和油溶性型香精、乳化香精和粉末香精。下面简单介绍一下这几种剂型的香精的生产工艺。

1. 不加溶剂的液体香精的生产工艺

不加溶剂的液体香精的生产工艺见图9-1。

图 9-1　不加溶剂的液体香精生产工艺简图

香精制造工艺中重要的环节之一是"熟化"。目前，香精熟化最普通的方法是把调配出来的香精密封起来，置阴凉处，让其自然熟化，经过一定时间后，香精的香气就会变得和谐、圆润、柔和。熟化过程中会发生一系列复杂的化学变化，科学理论暂时还不能对此作出令人满意的解释。

2. 水溶性和油溶性香精的生产工艺

水溶性和油溶性香精的生产工艺见图9-2。

水溶性香精常用质量分数为40%～60%的乙醇作溶剂，用量占香精总量的80%～90%（质量分数），也可用丙二醇、丙三醇代替乙醇。

油溶性香精常用精制天然油脂作溶剂，用量约为香精总量的80%（质量分数），也可用苄醇、丙二醇、三乙酸甘油酯等代替天然油脂。

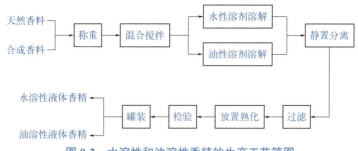

图 9-2　水溶性和油溶性香精的生产工艺简图

3. 乳化香精的生产工艺

乳化香精的生产工艺见图 9-3。

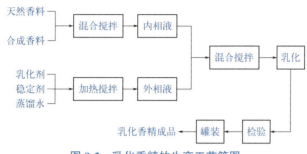

图 9-3　乳化香精的生产工艺简图

常用的稳定剂：阿拉伯胶、果胶、明胶、淀粉、羧甲基纤维素钠等。

常用的乳化剂：大豆磷脂、单硬脂酸甘油酯、二乙酸蔗糖六异丁酸酯等。

乳化常用设备：胶体磨、高压匀浆器。

胶体粒度：分散粒子的最佳直径为 1～2μm。

4. 粉末香精的生产工艺

粉末香精的生产工艺见图 9-4。

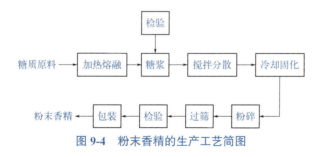

图 9-4　粉末香精的生产工艺简图

常用的粉末香精的生产方法有熔融体粉碎法、微粒型快速干燥法、载体吸收法、粉碎混合法（当所用的香原料都为固体时，制造粉末香精最简便的方法就是采用粉碎混合法，如香英兰粉末香精的制备）、微胶囊型喷雾干燥法。

（六）常用香精

1. 日用香精

（1）花香型日用香精　花香型日用香精是一类以花卉香调为主导的香精，旨在为使用者带来清新、柔和的花香体验。这类香精常常融入各种花香成分，如玫瑰、茉莉、百合等，以其独特的芬芳和愉悦的气息，营造出充满女性魅力和自然感的香氛。花香型香精主要用于香水、花露水、空气清新剂、洗发水、清洁剂、香皂等日化产品中。

【留兰果香型牙膏用香精配方】

组分	质量分数 /%	组分	质量分数 /%
水杨酸甲酯	3	甜橙油	5
留兰香油	66	葛缕子油	1.5
香叶油	1	百里香油	2
薄荷脑	20	香兰素	1.5

【薰衣草类洗涤剂香精配方】

组分	质量分数 /%	组分	质量分数 /%
乙酸芳樟酯	36	纯种芳樟叶油	15
柠檬油	2	香柠檬油	10
玳玳叶油	4	香叶油	2
乙酸松油酯	4	苯乙醇	2
玫瑰醇	2	二甲苯麝香	5
香兰素	1.5	安息香浸膏	4
秘鲁浸膏	2	3% 灵猫酊剂	4
广藿香油	1.5	香豆素	5

(2) 非花香型日用香精 日用香精一般将非花香划分为十二个香韵，即青滋香、草香、木香、蜜甜香、脂蜡香、膏香、琥珀香、动物香、辛香、豆香、果香和酒香。非花香型日用香精一般由一种或一种以上的非花香香韵或一种以上的花香香韵所组成，只是非花香香韵处于主导地位。

非花香型日用香精可以分为模仿型和创香型两大类。模仿型非花香型香精旨在模拟或仿效自然中的气味，例如麝香、檀香等，这类香精通常试图再现特定的自然香气。创香型非花香型香精则是调香师通过独特的配方，创造出新颖的香调，而非受限于模仿特定的自然香气。这类香型包括素心兰型、馥奇型、古龙型、东方型、龙涎-琥珀型、麝香-玫瑰型等。

【麝香香精配方】

组分	质量分数 /%	组分	质量分数 /%
麝香	15	岩兰草油	5
异丁香酚苄醚	3	十五内酯	15
檀香油	5	肉桂醇	2
酮麝香	10	树兰油	2
洋茉莉醛	1	环十五酮	5
水杨酸苄酯	10	α-紫罗兰酮	1
萨利麝香	3	水杨酸异丁酯	5
甲基紫罗兰酮	1	二甲苯麝香	2
香豆素	5	灵猫香酊剂	2
愈创木油	8		

【古龙香精配方】

组分	质量分数 /%	组分	质量分数 /%
香柠檬油（配制）	18	柠檬油	20
迷迭香油	4	乙酸芳樟酯	10
玳玳花油	21	甜橙油	10
白柠檬油	2	玳玳叶油	15

2. 食用香精

广义上的食用香精指的是所有直接或间接进入人或动物口中的含香产品中的香精，是由可安全食用的挥发性芳香物质、溶剂、载体及某些食品添加剂所组成的具有一定香型的混合体。食用香精按用途可以分为食品香精、烟用香精、酒用香精、药品香精、饲料香精等。

食用香精在可食用含香产品生产中具有辅助作用、稳定作用、补充作用、赋香作用、矫味作用等。它是可食用含香产品的组分之一，虽没有营养价值，但它能赋予可食用含香产品美好的嗅觉和味觉，起到加香助味的作用。

（1）食品香精

① 水溶性香精：将香基溶于一定浓度的乙醇、丙二醇、去离子水或蒸馏水中，必要时加酊剂、浸提液或浓缩果汁。通常使用量为 0.05% ~ 0.15%。溶解或分散于水中成为透明，有轻微的头香，但缺乏耐热性。主要用于清凉饮料、冷食、冰淇淋、果冻等。

【柠檬香精配方】

组分	质量分数 /%	组分	质量分数 /%
柠檬醛	0.5	乙酸芳樟油	0.02
黑香豆酊	0.07	月桂醛	0.01
橘子油	5	乙醇	79.4
乙酸乙酯	1	柠檬油	1
蒸馏水	13		

② 油溶性食品香精：将香基溶于丙三醇、三乙酸甘油酯、植物油等脂溶性溶剂中，香精浓度高，不易分散于水中，但耐热性、保留性优良。各种允许添加的食用香料都可以用于油溶性香精中，因此油溶性香精的原料比水溶性香精的原料来源更加广泛。油溶性食用香精主要用于糖果、饼干、糕点、口香糖等，在不同食品中的用量不同，一般的使用量为 0.05% ~ 0.5%。

【椰子香精配方】

组分	质量分数 /%	组分	质量分数 /%
椰子醛	10	丁香油	0.3
香兰素	2	戊内酯	2
苯甲醛	0.5	植物油	85.2

③ 乳化香精：乳化香精属于水包油型乳化液体，即分散相（内相）为油相，连续相（外相）为水。这种乳化液体是一种热力学上的不稳定体系。控制分散相粒子的大小是香精配制的技术要点。乳化香精的分散相主要包括芳香剂、增重剂和抗氧化剂。芳香剂也被称为香基，而增重剂的作用在于调整油相的相对密度，使其接近水相的相对密度。乳化香精的连续相则主要包括乳化剂、增稠剂、防腐剂、pH 调节剂、调味增香剂、色素以及水。

食品乳化香精主要应用于柑橘香型汽水、果汁、可乐型饮料、冰淇淋、雪糕等食品中，其使用量一般为 0.1% ~ 0.3%。乳化香精的贮存期通常为一年左右，存放温度维持在 5 ~ 27℃ 之间。过冷或过热都可能导致乳化香精体系的稳定性下降，最终产生油水分离现象。

【柠檬乳化香精配方】

组分	质量分数 /%	组分	质量分数 /%
柠檬香精	6	松香酸甘油酯	6
苯甲酸钠	1	色素	1
乳化剂	4	蒸馏水	82

（2）烟用香精

烟用香精是一种专门用于烟草制品中的香味添加剂，它在烟草制造过程中起到调味和改善口感的作用。烟用香精通常是由天然或合成的香料成分经过混合、提取和精制而成，可以使烟草制品呈现出多种口味，从而提供更多选择，迎合吸烟者的个性化口味偏好。烟用香精可以分为水溶性香精、油溶性香精、乳化香精和粉末香精。目前，国内使用的烟用香精大多为水溶性香精。

【烟用薄荷香精配方】

组分	质量分数 /%	组分	质量分数 /%
L- 薄荷醇	5	乙基麦芽酚	5
异戊酸异戊酯	10	焦香呋喃酮	3
异丁酸苯氧乙酯	15	2- 甲基丁酸乙酯	2
蜂蜜浸膏	25	甘油	5
乙醇	10	丙二醇	20

（3）酒用香精　酒用香精通常采用脱臭食用酒精和蒸馏水作为溶剂，经过科学配比和精心勾兑，利用多种酒用香料根据酒的生产需求而制成。适量添加酒用香精于酒中能显著提升酒的口感、品质和层次感，同时可大幅减少固态基酒的使用量，从而有效降低酒的生产成本。

酒用香精的添加量一般在 1% ～ 5%，具体用量应根据实际工艺和原料质量进行试验调整。酒用香精由主香剂、助香剂和定香剂组成。主香剂主要在闻香方面发挥作用，具有挥发性较高、香气停留时间较短的特点，用量虽不多，但香气极为突出。助香剂的作用是辅助主香剂，使酒香更加纯正、浓郁、清雅、细腻、协调和丰满。在酒用香精的组成中，除主香剂用香料外，其他香料主要起助香剂的作用。定香剂的主要作用是使酒在空杯时留香持久，回味悠长。例如，安息香香膏、肉桂油等香料可作为酒用香精的定香剂。

【酱香型白酒香精配方】

组分	质量分数 /%	组分	质量分数 /%
甲酸乙酯	1	乙酸	3
乙酸乙酯	10	丙酸	1
乙酸异戊酯	1	丁酸	1
丁酸乙酯	1	丙醇	0.5
乳酸乙酯	0.5	丁醇	3
乙醛	27	异丁醇	2
乙缩醛	22	仲丁醇	1
丙三醇	22	异戊醇	3
乳酸	4	己醇	1

项目二

天然香料

天然香料有动物性天然香料和植物性天然香料。动物性天然香料是指从某些动物的生殖腺分泌物和病态分泌物中提取出来的含香物质。而植物性天然香料是指从天然植物的花、果、叶、茎、根、皮中提取的含香物质。

一、动物性天然香料

动物性天然香料主要有四种：麝香、海狸香、灵猫香和龙涎香，它们均用作定香剂，广泛应用于香水或高级化妆品，但价格十分昂贵。虽然这些动物性天然香料在香水制造中有着非常重要的作用，但由于采集的困难和道德上的考量，现代香水工业更倾向于使用合成香料以减少对动物性天然香料的依赖。

1. 麝香

麝香是生长在我国西藏、四川、云南等省、自治区和北印度、尼泊尔等地的雄麝鹿的生殖腺分泌物。麝香粉末的主要成分是动物性树脂和动物性色素，其中芳香成分为饱和大环酮——麝香酮，化学名称为 3-甲基环十五烷酮，质量分数只有 2% 左右。另外，还含有环十四酮、5-环十五烯酮等十几类大环化合物。麝香的香气具有温暖、动感、木质等特性，有时带有微妙的甜味和花香，广泛应用于香水制造、药物制备、香熏和精油等行业中。

文　档

香与分子结构的关系

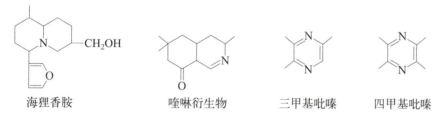

3-甲基环十五烷酮　　　5-环十五烯酮

麝鼠香也是麝香的一种，是源自麝鼠的天然香料，具有独特的香气。尽管麝鼠香不如麝鹿麝香那么昂贵，但它在香水和护肤品中均有一定的使用。例如，当麝鼠香以底调成分用于古典香水中时，会赋予香水深沉、性感的韵味。

2. 海狸香

海狸香来源于栖息在小河岸或湖沼中的海狸，主要产于俄罗斯的西伯利亚和加拿大等地。新鲜的海狸香为乳白色黏稠物，久置后为褐色树脂状。其主要成分为动物性树脂，除含有微量的水杨苷、苯甲酸、苯甲醇、对乙基苯酚外，其主要成分为含量 4%～5% 的结构尚不明的结晶性海狸香素。1977 年，瑞士化学家在海狸香中分析鉴定出海狸香胺、喹啉衍生物、三甲基吡嗪和四甲基吡嗪等含氢成分。海狸香的主要用途是作为香水的基调成分，赋予香水深邃、持久的香气。它也被添加到香烟、香粉和药物中。

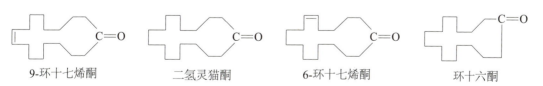

海狸香胺　　　　喹啉衍生物　　　三甲基吡嗪　　　四甲基吡嗪

3. 灵猫香

灵猫有大灵猫和小灵猫两种，生长于我国长江中下游和非洲、南美及东南亚等地。灵猫香的大部分成分为动物性黏液质、动物性树脂及色素。其主要成分为仅占 3% 左右的不饱和大环酮——灵猫酮，化学名称为 9-环十七烯酮，另有二氢灵猫酮、6-环十七烯酮、环十六酮等八类大环酮化合物。灵猫香除可作为高级香水香精的定香剂外，还有清脑功效，是一种名贵中药材。

9-环十七烯酮　　　二氢灵猫酮　　　6-环十七烯酮　　　环十六酮

4. 龙涎香

龙涎香最初来自抹香鲸的消化系统，是一种由鲸类胃部产生的排泄物，其形状和外观类似于坚硬的蜡块。这些块状物质通常会漂浮在海洋中，经海水和阳光处理后，香气变得更加浓郁而均匀。龙涎香本身几乎没有香气或仅具有微弱的温和乳香动物香气，但可作为优良的定香剂使用。其香之品质最为高尚，是配制高级香水香精的极品。

龙涎香的主要化学成分为约含 25% 的龙涎香醇，其灰分中主要含氧化钙 6.21%、氧化镁 9.88%、五氧化二磷 4.65%、二氧化硅 6.02%。

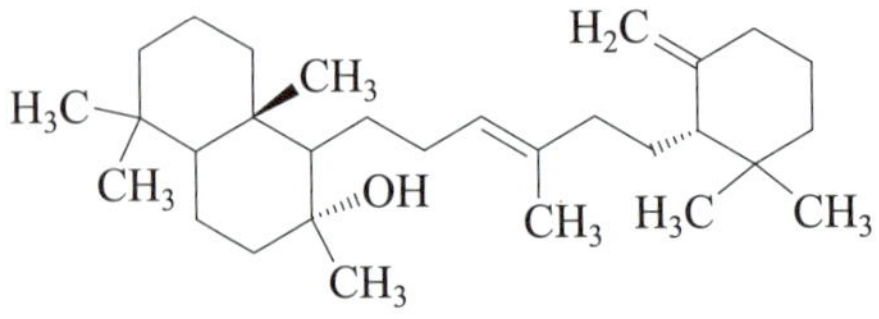

龙涎香醇

二、植物性天然香料

大多数植物性天然香料呈油状或膏状，少数呈树脂或半固态。根据他们的形态和制法，通常称为精油、浸膏、酊剂、净油、香脂、香树脂、油树脂等。

迄今为止，从天然香料中分离出来的有机化合物已有 5000 多种。分子结构种类极其复杂，大体上可以分为如下几大类：萜类化合物、芳香族化合物、脂肪族化合物和含氮、含硫化合物。

【1】萜类化合物　广泛存在于天然植物中，往往是构成各种精油的主要香成分。例如，松节油中的蒎烯（质量分数为80%左右）、柏木油中的柏木烯（质量分数为80%左右）、薄荷油中的薄荷醇（质量分数为80%左右）、山苍籽油中的柠檬醛（质量分数为80%左右）等均为萜类化合物。根据碳原子骨架中的碳的个数来分类，有单萜（C_{10}）、倍半萜（C_{15}）、二萜（C_{20}）、三萜（C_{30}）、四萜（C_{40}）之分。从化学结构的角度来分类，有开链萜、单环萜、双环萜、三环萜、四环萜。除此之外，还有不含氧萜和含氧萜等。

① 萜烃。

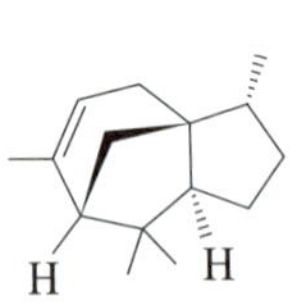

柏木烯 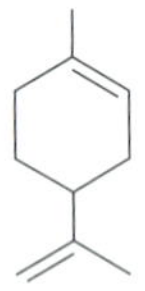　　　柠檬烯 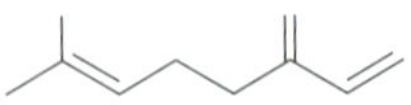　　　月桂烯

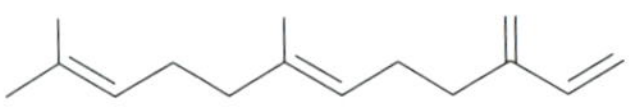

金合欢烯 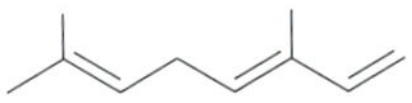　　　　　罗勒烯

② 萜醇。

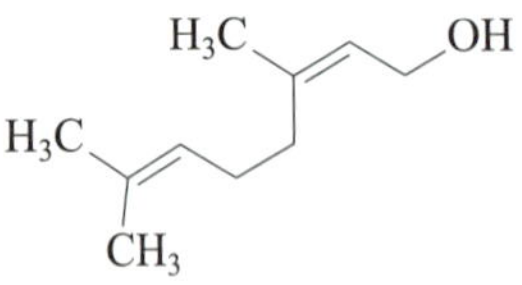

橙花醇 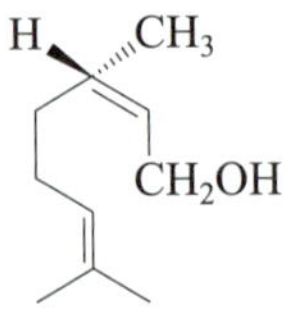　　　香茅醇 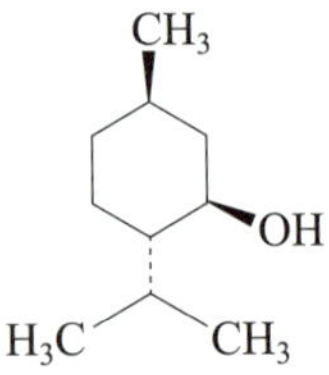　　　薄荷醇

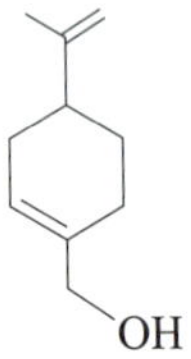

紫苏醇 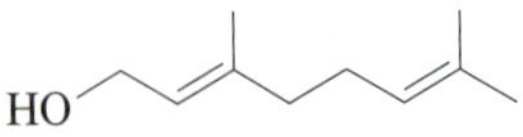　　　香叶醇 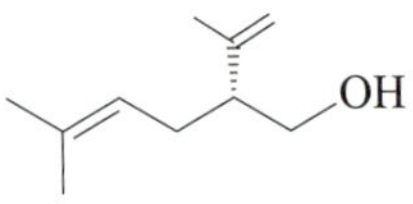　　　薰衣草醇

③ 萜醛。

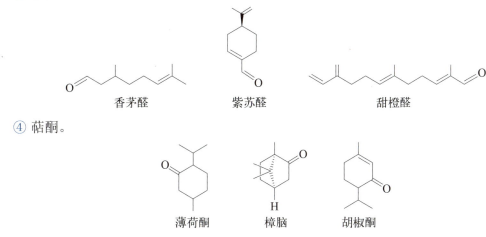

香茅醛　　　　　　紫苏醛　　　　　　　甜橙醛

④ 萜酮。

薄荷酮　　　　　樟脑　　　　胡椒酮

（2）芳香族化合物　在植物性天然香料中，芳香族化合物仅次于萜类，它们的存在也相当广泛。例如玫瑰油中含有苯乙醇（质量分数为2.8%左右）、香英兰油中含有香兰素（质量分数为2%左右）、苦杏仁油中含有苯甲醛（质量分数为80%左右）、肉桂油中含有肉桂醛（质量分数为80%左右）、茴香油中含有茴香油（质量分数为80%左右）、黄樟油中含有黄樟油素（质量分数为90%左右）、茉莉油中含有乙酸苄酯（质量分数为65%左右）等。

苯甲醛　　　　　　　肉桂醛　　　　　　　香兰素

丁香酚　　　　　　　百里香酚　　　　　　苯乙醇

（3）脂肪族化合物　脂肪族化合物在植物性天然香料中也广泛存在，但其含量和作用一般不如萜类化合物和芳香族化合物。茶叶及其他绿叶植物中含有少量的顺-3-己烯醇，由于它具有青草的青香，所以也称为叶醇，在香精中起青香香韵变调剂作用。2-己烯醛亦称叶醛，是构成黄瓜青香的天然醛类。2,6-壬二烯醛存在于紫罗兰叶中，故有紫罗兰叶醛的美名，它在紫罗兰、水仙、玉兰、金合欢香精配方中起着重要的作用。芸香油中含有70%左右的甲基壬基甲酮，因是芸香油中的主要成分而得名芸香酮。

叶醛　　　　　　　　叶醇　　　　　　　乙酸苄酯

（4）含氮、含硫化合物　含氮、含硫化合物在天然芳香植物中存在很少，但在葱蒜、谷物、豆类、花生、咖啡、可可等食品中都有发现。虽然它们属于微量化学成分，但由于香势往往极强，所以对物质的香味影响很大。含氮化合物主要包含芳香胺、吲哚化合物和硝基化合物。含硫化合物主要包含硫醚和硫酮。

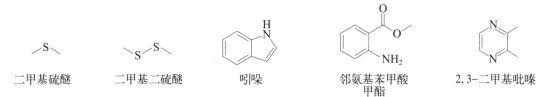

二甲基硫醚　　　二甲基二硫醚　　　　吲哚　　　　邻氨基苯甲酸　　　2,3-二甲基吡嗪
　　　　　　　　　　　　　　　　　　　　　　　　　甲酯

三、植物性天然香料的生产技术

植物性天然香料的生产方法主要有水蒸气蒸馏法、压榨法、浸提法和吸附法四种，现将这四种方法介绍如下：

1. 水蒸气蒸馏法

水蒸气蒸馏法的特点是设备简单、容易操作、成本低、产量大。除在沸水中主香成分容易溶解、水解或分解的植物原料外（如茉莉、紫罗兰、金合欢、风信子等一些鲜花），绝大多数芳香植物均可用水蒸气蒸馏法生产精油。

传统的水蒸气蒸馏法生产精油有3种主要形式：水中蒸馏、水上蒸馏、水汽蒸馏。

（1）水中蒸馏 将蒸馏的原料放入水中，使其与沸水直接接触。适用于玫瑰、橙花等用直接水蒸气蒸馏易黏着结块、阻碍水蒸气透入的品种。而对于薰衣草等含有酯类的品种，则易发生水解作用，故不宜采用。

（2）水上蒸馏 于蒸馏锅下部增装一块多孔隔板，原料装于板上，板下面盛水，水面距板有一定距离，水受热而成饱和蒸汽，穿过原料而上升。在蒸馏过程中，使原料与沸水隔离，从而可减少水解作用。

（3）水汽蒸馏 与水上蒸馏方法基本相同，只是水蒸气来源和压力不同。此方法的锅内不加水，而是将锅炉发生的水蒸气通入蒸馏锅下部，穿过多孔板及其上面的原料而上升。因此，此法水解作用小，蒸馏效率高，适用于薰衣草花穗的蒸馏。该法对设备条件要求较高，需要附设锅炉，适用于大规模生产。

水蒸气蒸馏法生产工艺流程见图9-5。利用精油的挥发性，虽其沸点大都在150～300℃，但通入水蒸气即可在低于100℃时被蒸馏出。在蒸馏前应先将原料适当干燥、粉碎，均匀装入带筛板的蒸锅中，从筛板下面通入水蒸气，上升的水蒸气均匀通过料层，精油通过水渗作用从植物组织中逸出，随水蒸气上升，经蒸馏锅上方导气的鹅颈管、冷凝管进入油水分离器，最后分离出精油。

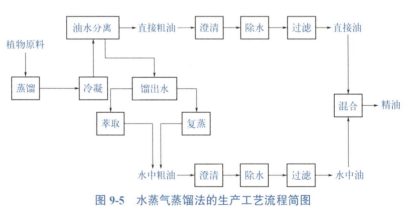

图 9-5 水蒸气蒸馏法的生产工艺流程简图

动 画

简单蒸馏装置

2. 压榨法

在柑橘类的精油中，例如红橘油、甜橙油、柠檬油、香柠檬油、圆柚油、佛手油等，萜烯和萜烯衍生物含量高达90%以上。这些化合物在高温下或经长期放置，会发生氧化、聚合等反应而导致精油变质，不能用水蒸气蒸馏法生产。压榨法的最大特点是生产过程可以在室温下进行，柑橘油中的萜烯类化合物不发生化学反应，从而确保精油质量。

压榨法生产柑橘类精油，一般生产方法可以分为两类：一种是传统的生产方法，主要包括整果锉榨法和果皮海绵吸收法，这些方法最早起源于意大利和法国，属于手工业小规模生产方法；另一种是近代生产方法，主要包括整果冷磨法和果皮压榨法。这些方法目前广泛被中国天然香料厂使用，在此不作介绍。

3. 浸提法

浸提法亦称萃取法，是用挥发性有机溶剂将原料中某些成分浸提出来。当溶剂与被浸提物料接触时，溶剂则由物料表面向内部组织中渗透，同时对组织内部某些成分进行溶解。当组织内部溶液浓度高于周围溶剂浓度时，由于浓度差则自然产生扩散推动力，高浓度向低浓度方向扩散，这样就不断地将溶解下来的物质传递到溶剂中去。

按照浸提时采用的溶剂不同，可以将浸提法分为挥发性溶剂浸提、非挥发性溶剂浸提和超临界浸提三种方法。最常用的是挥发性溶剂萃取法。目前常用的溶剂有石油醚、乙醇、苯、二氯乙烷等。如果一般挥发性溶剂的萃取温度对热敏性香成分有影响，则使用液化的丙烷、丁烷或二氧化碳作溶剂，在特殊的耐压设备中萃取。用液化二氧化碳作溶剂时，还可采用超临界萃取法，在较低温度下无需加热除去溶剂，对食品香料的加工萃取极为适合，制品香气更加接近天然原料，且无溶剂残留。但因设备投资大，技术要求较高，工业上的应用尚不广泛。随着科学技术的发展，近临界和超临界的液体二氧化碳、液体丙烷等已用于浸膏、油树脂的提取，所得到产品质量甚佳。

用浸提法从芳香植物中提取芳香成分，所得的浸提液中，尚含有植物蜡、色素、脂肪、纤维、淀粉、糖类等难溶物质或高熔点杂质。蒸发浓缩将溶剂回收后，往往得到的是膏状物质，称为浸膏。用乙醇溶解浸膏后滤去固体杂质，再通过减压蒸馏回收乙醇后，可以得到净油。直接使用乙醇浸提芳香物质，则所得产品称为酊剂。

常见的浸提法生产浸膏工艺流程见图9-6。比较典型的浸膏和净油产品如大花茉莉浸膏、墨红浸膏、桂花浸膏、树苔浸膏、茉莉净油、白兰净油等在我国均有大量生产。

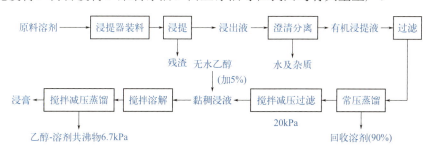

图 9-6　浸提法生产浸膏工艺流程简图

茉莉浸膏、桂花浸膏生产过程中使用的溶剂是石油醚，采用两步蒸馏法（常压蒸馏 + 减压蒸馏）回收溶剂。浸提法可在低温下进行，能更好地保留芳香成分的原有香韵。

由于残渣中含有大量的有机溶剂，在回收溶剂的同时，还可得到精油副产品。所以，最好能对残渣进行处理。

浸膏中含有大量的植物蜡等杂质，使其应用受到限制。可利用乙醇对芳香成分溶解受温度变化影响小，而对植物蜡等杂质的溶解度随温度降低而下降的特点，先用乙醇溶解浸膏，经降温除去不溶杂质，然后再除去乙醇，制取净油。具体生产流程见图9-7。

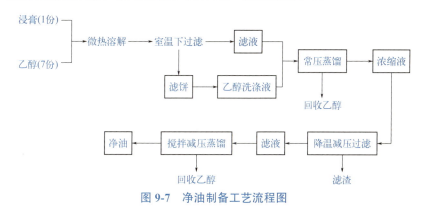

图 9-7　净油制备工艺流程图

4. 吸附法

在天然香料生产方法中，吸收法加工过程温度低，芳香成分不易破坏，产品香气质量最佳。但由于吸收法手工操作较多，生产周期长，生产效率低，一般不常用。此法所加工的原料，大多是芳香化学成分容易释放、香势强的茉莉花、兰花、橙花、晚香玉等名贵花朵。

最早应用的吸附法为冷吸附法。将采摘下来仍有生命力的鲜花，如茉莉和晚香玉等花朵放在涂有精制油脂的花框上，然后将花框叠起置放在低温室中。经过一段时间要更换花朵，多次更换后使油脂吸附鲜花的香成分达到饱和。然后用乙醇进行萃取，制成的产品称为香脂净油。也可利用活性炭吸附的原理，制成精油。近年来研发了多种新的多孔聚合物吸附剂，吸附技术有了进一步的发展，并发展了使用液化二氧化碳为脱附的溶剂的技术，使精油质量和产率有显著的提高。

固体吸附剂吸收法是苏联从 20 世纪 60 年代开始采用的生产天然植物精油的方法，所采用的固体吸附剂为活性炭、硅胶等。鲜花释放出的芳香成分被固体吸附剂吸收后，再用石油醚洗涤活性炭，然后将石油醚蒸除，即可得到精油。

项目三

单离香料

天然香料是多种化合物的混合物，将某种化合物从天然香料中分离出来，称为单离。单离取得的香料称为单离香料。单离香料生产方法分为物理方法和化学方法两大类。物理方法包括分馏法、冻析法、重结晶法三种，而化学方法包括硼酸酯法、酚钠盐法、亚硫酸氢钠法。

1. 分馏法

分馏是从天然香料中单离某一化合物最普遍采用的一种方法。例如从芳樟油中单离芳樟醇，从香茅油中单离香叶醇。

分馏法生产的关键设备是分馏塔，为防止分馏过程中受热温度过高引起香料组分的分解、聚合、相互作用，一般采用减压蒸馏。

2. 冻析法

冻析是利用香料中各组分的凝固点不同，用低温使天然香料中某些化合物呈固体状析出，然后将析出的固体状化合物与其他液体状成分分离，从而得到较纯的单离香料。例如从薄荷油中提取薄荷脑，从柏木油中提取柏木脑。冻析法生产薄荷脑晶体的流程见图 9-8。

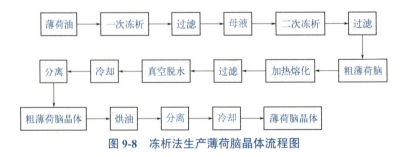

图 9-8 冻析法生产薄荷脑晶体流程图

3. 硼酸酯法

硼酸酯法是从天然香料中单离醇的主要方法之一，其生产工艺流程如图 9-9 所示。硼酸与精油中的醇可以生成高沸点的硼酸酯，经减压分馏，先将精油中低沸点成分回收，所剩高沸点的硼酸酯，经皂化反应使醇游离出来，分离出来的醇再经减压蒸馏即可得到精醇。玫瑰木油中的芳樟醇（约80%）。檀香木油中的檀香醇（约80%）均可采用此法单离，其反应原理和生产过程可以简单归纳如下。

（1）生产原理

$$3R{-}OH + B(OH)_3 \longrightarrow B(O{-}H)_3 + 3H_2O$$
$$B(O{-}H)_3 + 3NaOH \longrightarrow 3R{-}OH + Na_3BO_3$$

（2）工艺流程

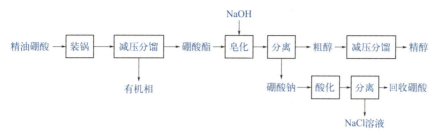

图9-9　硼酸酯法从精油中单离醇的生产工艺流程简图

4.酚钠盐法

酚钠盐法是指酚类化合物与碱作用生成溶于水的酚钠盐。利用这一反应，使含酚类香料的水相与天然精油中其他化合物组成的有机相分离，再用无机酸处理水相使酚类还原。例如在丁香油和丁香罗勒油中，均含有约80%的丁香酚，要想将丁香酚从精油中单离出来，可采用酚钠盐法。如图9-10所示，酚类化合物与碱作用生成溶于水而不溶于有机溶液的酚钠盐，将酚钠盐分离出来以后，再用无机酸酸化，酚类化合物便可重新析出。其反应原理和生产过程可以简单归纳如下。

（1）生产原理

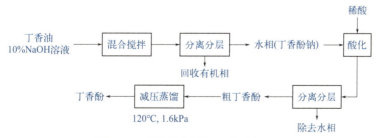

（2）工艺流程

图9-10　酚钠盐法制备丁香酚流程图

5.亚硫酸氢钠法

亚硫酸氢钠可以使亲酯性的羰基化合物（醛、酮等）转变成亲水性的加成化合物而分离。例如，香茅油中约含有40%的香茅醛，分离香茅油便可得到粗香茅醛。粗香茅醛与浓度为35%的亚硫酸氢钠发生加成反应，可生成磺酸钠盐沉淀物，经过滤将其分离出来后再用氢氧化钠水溶液处理可得纯香茅醛，其流程见图 9-11。

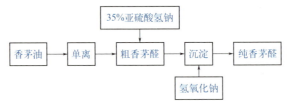

图 9-11　亚硫酸氢钠法制备香茅醛流程图

项目四

合成香料

天然动植物香料往往受自然条件的限制及加工因素等条件的影响，造成产量和质量不稳定，无法满足众多加香制品的需求。利用单离香料或化工原料通过有机合成的方法制备的香料，具有化学结构明确、产量大、品种多、价格低廉等特点，可以弥补天然香料的不足，增大了有香物质的来源，因而得以长足发展。

目前文献记载的合成香料有 4000 ～ 5000 种，常用的有 700 种左右。国内能生产的合成香料有 400 余种，其中香兰素、香豆素、洋茉莉醛等合成香料在国际上享有盛名。在香精配方中，合成香料占 85% 左右，有时甚至超过 95%。

一、合成香料的分类

合成香料可根据化学结构、合成方式、香气特征、原料来源等进行分类。其中最常用的分类方法是根据化学结构的不同来分类，以便于掌握其化学性质及合成方法。下面按化学结构分类法简单介绍各类香料的基本特征。

1. 烃类化合物

脂肪烃类化合物大部分是没有香味的，或具有不愉快的气味，很少在香料工业中应用，仅少数的烃类如己烷和高级烷烃在香料工业中可作辅料使用。芳香烃类化合物也只有极少数可用于香料工业，如二苯甲烷因具有橘似香味，可用于配制橘油及香叶油等，在香料工业中苯通常作为香料加工的辅料，如作萃取剂和溶剂等。

应用比较广泛的烃类是萜烯类化合物，用于仿制天然精油及配制香精，它也是合成含氧萜烯化合物的重要原料，如松节油成分中的 α- 蒎烯和 β- 蒎烯可合成许多重要的单体香料。再如月桂烯、柠檬烯除能用于调配花香型和果香型香精外，也是合成萜类香料的重要原料。α- 蒎烯和 β- 蒎烯的结构式如下：

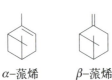

α-蒎烯　　β-蒎烯

2. 醇类化合物

目前，调香中使用的醇类化合物也可作为合成其他香料单体的中间体，大多由化学方法合成。醇类化合物的香味与其分子结构有密切关系，一般来说，低碳饱和脂肪醇的香强度随碳原子数的增加而增强，但当增至 10 个碳原子后，香味就随着碳原子数的增加而逐渐减弱。通常由饱

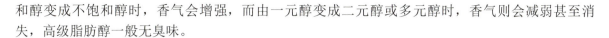

和醇变成不饱和醇时，香气会增强，而由一元醇变成二元醇或多元醇时，香气则会减弱甚至消失，高级脂肪醇一般无臭味。

3. 酚类和醚类化合物

酚类化合物是重要的合成香料的原料，如苯酚、邻甲苯酚被大量地用来合成香豆素和水杨醛等香料。另外，酚的衍生物如百里香酚、香芹酚、丁香酚等既是常用的调香原料，又可用来合成其他香料。近几年来，百里香酚就被广泛地用来合成薄荷脑。

醚类化合物也是重要的合成香料，如多环醚（内醚）、大环醚以及龙涎醚等都是非常珍贵的合成香料。许多对称脂肪醚，当烃基为 6 ～ 7 个碳原子时，香气随分子量的增加而增强，但到一定程度后就随之减弱。此类化合物很少用来调香。一般而言，由苯酚或萘酚合成的醚类化合物，大多数具有强烈的令人愉快的香气，较广泛地用来调配多种香精。

4. 醛类化合物

醛类化合物在香料工业中占有十分重要的地位。很多醛类既可直接用于调配多种香精，又可作为合成其他香料的原料。例如，香茅醛、柠檬醛等被广泛用来调配皂用、食用和香水用香精。同时，它们也是合成紫罗兰酮、甲基紫罗兰酮、羟基香茅醛、L- 薄荷脑等重要香料的原料。

5. 酮类化合物

酮类化合物中的低级脂肪酮一般不宜直接用作香料，但可作为香料合成工业的原料。如丙酮就被广泛用于合成萜类香料和紫罗兰酮等。在碳原子数为 7 ～ 12 的不对称脂肪酮中，有一部分具有强烈令人不愉快的气味，只有甲基壬基酮可用作香料。但芳香族酮类中的许多化合物却具有令人喜爱的香气，一般可直接用于调香。

另外，萜类酮在酮类香料中也占有很重要的地位，它们中的大多数是天然植物精油的主要香成分，可直接从精油中单离出来。但是，近年来由于某些资源濒于枯竭，产量远不能满足市场的需要，因此许多国家开始了人工合成萜类酮香料的工作。

6. 缩醛类化合物

缩醛类化合物的化学性质较活泼，在空气、光、热的影响下极易被氧化成酸，在碱性介质中则易发生羟醛缩合，因此在碱性加香产品如香皂中添加此类香料时，会使产品变色并逐渐失去应有的香气。有些醛类香料还具有令人不快的刺鼻气味，而缩醛类则无此缺点，它们在碱性介质中稳定且不变色，其香味也比醛类化合物淡雅，因而缩醛类合成香料相继出现在香料工业中。

缩醛类合成香料的香气与对应的醛不同，香味优异持久、别具风格，因此在调香中的应用日益扩大。例如苯乙醛缩二甲醇和苯乙醛相比不仅具有稳定不易变色的优点，而且其香味也优于苯乙醛。苯乙醛缩二甲醇除可用于调配皂用香精外，还被广泛用于调配铃兰、玫瑰、紫丁香等各种香型的日用和食用香精。

7. 羧酸类化合物

近几年来，人们发现某些发酵和加热食品的香成分中含有大量的羧酸类化合物，例如威士忌酒不仅含有醋酸，还含有异戊酸、辛酸、癸酸和月桂酸。食品香成分分析数据最新结果表明，在常吃的食品中含羧酸类化合物 80 种以上。此外，羧酸类化合物在植物精油中亦含有不少，例如香叶油中就含有 29 种游离酸。

8. 酯类化合物

羧酸酯类化合物以游离态广泛存在于自然界中，各种食品如面包、咖啡、牛乳和各种酒类也含有很多羧酸酯类化合物。大多数酯类化合物具有新鲜悦人的青香、果香的香气，例如苯甲酸己酯、苯甲酸苄酯等。尽管此类化合物在调配任何一种香型的香精时不能给予决定性的香气，但它在香精中可起到加强与润和其香气的作用，还有一些酯类化合物具有定香剂的作用，所以在调配各种香型的香精中可添加酯类化合物。

9. 内酯类化合物

内酯类香料化合物在自然界中存在较少，但其香气一般较为高雅，适合调配各种香精，例如常用的香豆素。内酯类化合物还具有酯类化合物的特征，香气上都具有特殊的果香。现已发现在一些植物精油中含有内酯类化合物，例如意大利产的茉莉精油中就含有茉莉内酯。内酯类化合物因受原料来源的制约，加上工艺复杂，在应用上受到了一定的限制。

10. 含氮类化合物

此类香料尽管数量不太多，但作用却很大。例如，硝基麝香在调香中不仅可赋予香精优雅的麝香香气，而且具有良好的定香作用，通常和天然麝香一起用来调配各种香精。在各种合成麝香中，硝基麝香的产量占第一位。常用的硝基麝香有葵子麝香、酮麝香、二甲苯麝香等。

11. 含硫、含卤及杂环类化合物

含硫类化合物主要有硫醇、硫醚两大类。在许多天然植物精油和食品（尤其是加热食品）中都有含硫化合物。例如熟肉中含硫化合物就有 32 种。此外，在韭菜、大蒜、洋葱等蔬菜中也存在含硫化合物。

含卤类化合物能作为香料使用的品种很少，在调香中的用量也不大，常见的有、ω-溴代苏合香烯、合成橡苔及结晶玫瑰等。

杂环类化合物广泛存在于天然植物精油和各种加热食品中，例如动物的血色素和植物的绿色素分子中均含有杂环化合物。在许多天然食品中也含有多种杂环类香料，如生西红柿中就含有 2-异丁基噻唑，且具有特异的西红柿气息。

二、合成香料的生产技术

合成香料的生产，是利用单离香料、煤化工产品或石油化工产品为原料，通过有机合成的方法来制备香料。同有机合成一样，香料合成也有氧化、还原、水解、缩合、酯化、卤化、硝化、环化、加成等单元操作。这里按原料来源的不同，将合成香料的生产进行简单分类介绍。

1. 用单离香料合成香料

首先通过物理或化学方法分离出单离香料，再将其作为原料，利用有机合成方法，生产出一系列的合成香料。

（1）香兰素的人工合成

产品性质：香兰素是人类所合成的第一种香料，天然存在于烟叶、芦笋、咖啡和香荚兰中，具有甜香带粉气的豆香，微辛但较干，留香持久。香兰素为白色或浅黄色针状或结晶状粉末，熔点 82～83℃，沸点 284℃，闪点大于 147℃，溶于 125 倍的水、20 倍的乙二醇及 2 倍的 95% 乙醇。

生产方法：以黄樟素为原料合成香兰素是一种较为成熟的路线。首先将黄樟素在高温浓碱下异构为异黄樟素，再经氧化、开环得原儿茶醛，最后将原儿茶醛进行甲基化得香兰素和异香兰素的混合物。最后，利用香兰素和异香兰素在碱溶液中溶解度不同的特性将香兰素分离。

生产工艺：其合成工艺路线图如图 9-12 所示。

产品质量标准：

项目		指标	标准
熔点		81～83℃	GB/T 617—2006
在乙醇中的溶解度（25℃）		1g 试样全溶于 3mL 70% 或 2mL 95% 乙醇中	GB/T 14455.3—2008
干燥失重（质量分数）/%	≤	0.5	DB 13T 1236—2010
砷（以 As 计，质量分数）/%	≤	0.0003	GB/T 7686—2016
重金属（以 Pb 计，（质量分数）/%	≤	0.001	GB/T 9735—2008

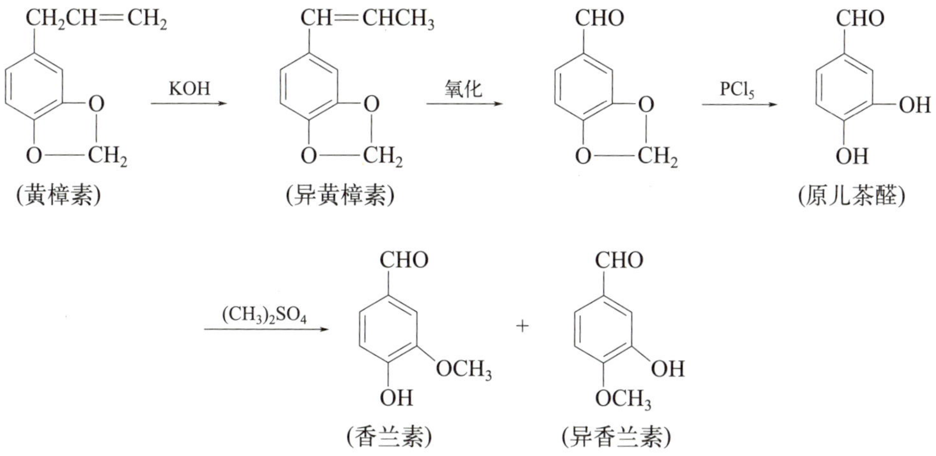

图 9-12　黄樟素合成香兰素的工艺路线图

产品应用：香兰素广泛应用于食品香精中，特别是运用在各种需要增加奶香气息的调香食品中，用于配制香草、巧克力等香型的香精。此外，香兰素在日化产品和医药中间体等领域也有广泛应用。

（2）紫罗兰酮的人工合成

产品性质：紫罗兰酮为无色至微黄色液体，呈暖的木香和具有较强的紫罗兰香气，稀释后呈鸢尾根香气，再与乙醇混合，则呈紫罗兰香气。紫罗兰酮沸点237℃，闪点115℃。不溶于水和甘油，溶于乙醇、丙二醇、大多数非挥发性油和矿物油。天然品存在于金合欢油、桂花浸膏等中，是一种常用的合成香料。

生产方法：山苍子油亦称姜籽油，主要由山苍子（山胡椒）树的果实经蒸汽蒸馏而得。主要成分是柠檬醛，含量达 70% ~ 80%。从山苍子油中单离出来的柠檬醛是一种很重要的香料原料，例如将柠檬醛与丙酮作用，可得假性紫罗兰酮，在浓硫酸的存在下经环合可得具有优雅淡然的紫罗兰香气的 α- 紫罗兰酮、β- 紫罗兰酮和 γ- 紫罗兰酮等。

生产工艺：合成工艺路线如图9-13所示。

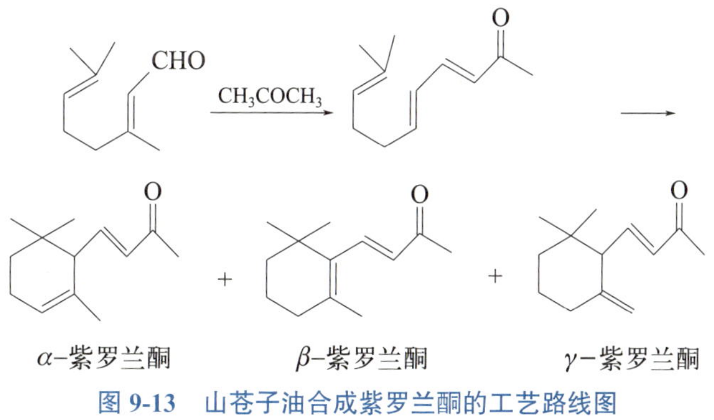

图 9-13　山苍子油合成紫罗兰酮的工艺路线图

产品质量标准：

项目		指标	标准
在乙醇中的溶解度（25℃）		1mL 试样全溶于3mL 70%（体积分数）或 10mL 60%（体积分数）乙醇中	GB/T 14455.3—2008
α- 紫罗兰酮含量（质量分数）/%	≥	85（异构体含量总和≥ 95）	GB 1886.142—2015
折光指数（20℃）		1.497 ~ 1.502	GB/T 14454.4—2008
相对密度（25℃ /25℃）		0.927 ~ 0.933	GB/T 11540—2008

产品应用：在各种香精配方中，紫罗兰酮能起到修饰、和合、增甜、增花香、圆熟等作用，是配紫罗兰花、桂花、树兰、玫瑰、金合欢、含羞花、晚香玉、铃兰、春兰、素心兰、木香等香

型的常用香料，也适用于配制悬钩子、草莓、樱桃、葡萄、凤梨等浆果香或果香及坚果、花香等食用香精，还可少量用于酒香及烟草香精中。纯度较低的可用于皂用香精。

2. 用煤化工产品合成香料

中国煤资源非常丰富，其储量和产量均列世界前茅。煤化工产品的开发和利用具有广阔前景。

煤在炼焦炉炭化室中受高温作用发生热分解反应，除生产炼铁用的焦炭外，尚可得到煤焦油和煤气等副产品。这些焦化副产品经过进一步分馏和纯化，可得到酚、萘、苯、甲苯、二甲苯等基本有机化工原料。用基本有机化工原料，可以合成出大量芳香族香料和硝基麝香等极有价值的香料化合物。如苯与乙酰氯在无水氯化铝存在下，可合成出具有山檀香气的苯乙酮。苯转化为邻苯二酚以后，在氧化铝存在下，300℃时与甲醇进行甲基化反应生成愈创木酚。愈创木酚与三氯甲烷反应最终可生成香兰素。再如，利用甲苯可制得苯甲醇、苯甲醛、桂醛等常用香料。还可以以间二甲苯和异丁烯为原料，在三氯化铝存在下进行叔丁基化反应，由此合成出酮麝香、二甲苯麝香和西藏麝香。

(1) 甲苯合成肉桂醛

产品性质：肉桂醛通常称为桂醛，天然存在于斯里兰卡肉桂油、桂皮油、藿香油、风信子油和玫瑰油等精油中。肉桂醛为无色或淡黄色液体，熔点 -7.5℃，沸点 253℃，难溶于水、甘油和石油醚，易溶于醇和醚，能随水蒸气挥发。

生产方法及工艺：以甲苯为原料来合成肉桂醛是一种常用的肉桂醛人工合成方法。其工艺路线如图 9-14 所示。

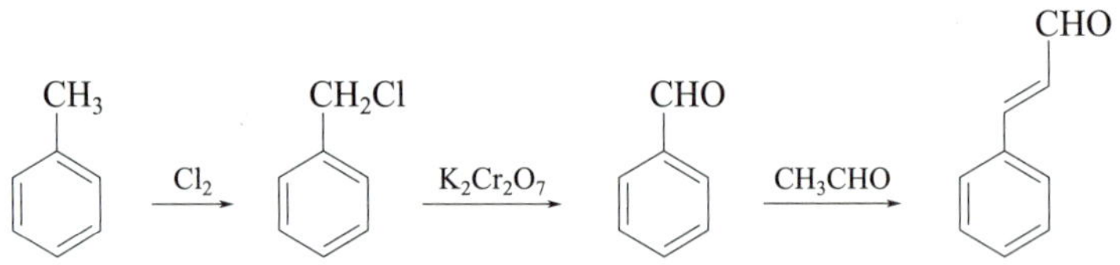

图 9-14 甲苯合成肉桂醛工艺路线图

产品质量标准：

项目	指标	标准
在乙醇中的溶解度（25℃）	1mL 试样全溶于 1mL90%（体积分数）乙醇中	GB/T 14455.3—2008
α- 己基肉桂醛含量（质量分数）/% ≥	98.0	GB 28346—2012
酸值（以 KOH 计）/（mg/g） ≤	10.0	GB/T 14455.5—2008
折光指数（20℃）	1.619～1.625	GB/T 14454.4—2008
相对密度（25℃/25℃）	1.046～01.053	GB/T 11540—2008

产品应用：肉桂醛作为羟酸类含香化合物，有良好的持香作用，在调香中作配香原料使用，使主香料香气更清香。因其沸点比分子结构相似的其他有机物高，因而常用作定香剂。肉桂醛常用于皂用香精，调制栀子、素馨、铃兰、玫瑰、苹果、樱桃等香型。肉桂醛既可调制各种口味的香型，又可对口腔起到杀菌和除臭的双重功效，因此常用于牙膏、口香糖、口气清新剂等口腔护理品。

(2) 苯合成香兰素

生产方法及工艺：香兰素是一种用量极大的合成香料，除了可以用单离香料进行合成外，还可以用煤化工产品，例如苯进行合成，以扩大产量，满足需求。用苯合成香兰素的路线如图 9-15 所示。

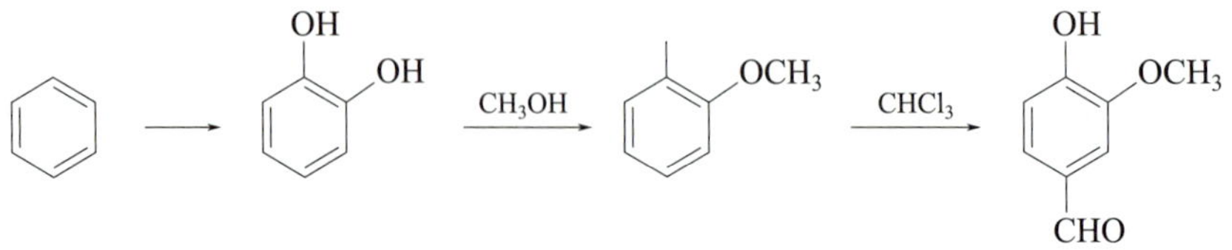

图 9-15 苯合成香兰素工艺路线图

3. 用石油化工产品合成香料

大约在 40 年前，国外已经开始利用乙炔、丙酮、异戊二烯等石油化工产品为原料，进行萜类化合物的全合成实验研究。以廉价的石油化工产品为基本原料的香料化合物全合成，已成为国内外香料工业界开发的重要领域。从石油和天然气加工过程中，可以直接或间接得到大量的基本有机化工原料。利用这些石油化工原料，除可以合成大量众所周知的脂肪族醇、醛、酮、酯等一般香料化合物外，还可合成芳香族香料、萜类香料、合成麝香以及其他宝贵的合成香料。

(1) 以乙烯为原料合成苯乙缩醛

产品性质： 苯乙缩醛通常呈淡黄色至黄色的液体，具有强烈的肉桂香味，密度约为 $1.05g/cm^3$，熔点为 $-7 \sim -6℃$，沸点为 $248 \sim 251℃$。可溶于许多有机溶剂，如乙醇、乙醚和丙酮。然而，在水中的溶解度相对较小。

生产方法： 在 250℃下，以银为催化剂，乙烯可以氧化成环氧乙烷。环氧乙烷与苯发生弗里德尔 - 克拉夫茨反应，可制得 β- 苯乙醇。β- 苯乙醇不但是玫瑰香精的主香剂，而且可以合成苯乙醇酯类、苯乙醛、苯乙缩醛等香料化合物。

生产工艺： 生产工艺路线见图 9-16。

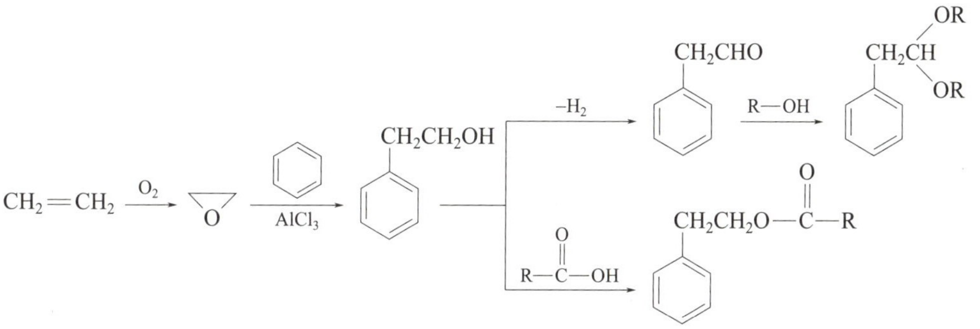

图 9-16　以乙烯为原料合成苯乙缩醛类生产工艺路线图

产品质量标准：

项目	指标	标准
酸值（以 KOH 计）/（mg/g）　≤	1.0	GB/T 14455.5—2008
折光指数（20℃）	1.378 ~ 1.386	GB/T 14454.4—2008
相对密度（25℃ /25℃）	0.822 ~ 0.831	GB/T 11540—2008

产品应用： 苯乙缩醛是肉桂香料的主要成分之一，具有肉桂独特的香味，其广泛应用于糕点、饼干、巧克力、调味品和饮料等食品饮品中。同时，苯乙缩醛也是许多香水配方中的重要成分之一，其温暖、辛辣、甜美的香调可以赋予香水复杂而令人愉悦的气味。

(2) 以异戊二烯为原料合成薰衣草醇

产品性质： 薰衣草醇外观呈无色至淡黄色液体，溶于乙醇等有机溶剂，沸点为 $94 \sim 95℃$，相对密度为 0.8785，折射率为 1.4683，比旋光度为 $-10.20°$。

生产方法： 异戊二烯是一种很受香料制造者关注的石油化工原料，其来源不仅十分丰富，而且价格也较低廉。用于香料的萜类化合物大多数属于单萜和倍半萜，而异戊二烯是合成这些萜类化合物的重要原料之一。异戊二烯与氯化氢发生加成反应，可以生成异戊烯氯，然后与丙酮反应也可以生成甲基庚烯酮。如果异戊烯氯与异戊二烯反应，则可制备薰衣草醇。

生产工艺： 生产工艺路线如图 9-17 所示。

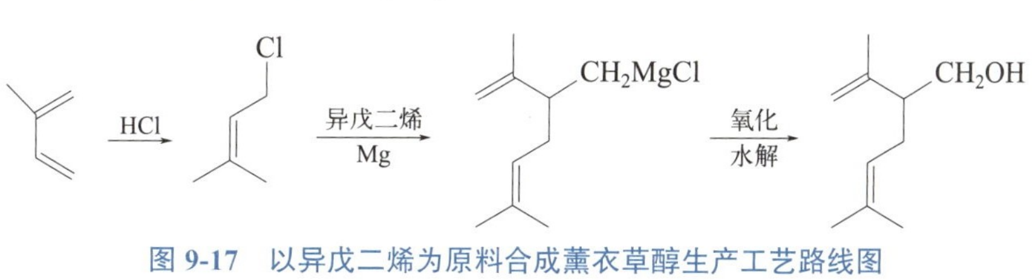

图 9-17　以异戊二烯为原料合成薰衣草醇生产工艺路线图

产品质量标准：

项目	指标	标准
酸值（以 KOH 计）/（mg/g） ≤	1.0	GB/T 14455.5—2008
折光指数（20℃）	1.4600 ～ 1.4660	GB/T 14454.4—2008
相对密度（20℃ /20℃）	0.887 ～ 0.897	GB/T 11540—2008

产品应用：薰衣草醇是许多香水中的常见成分之一，它独特的清新花香使其成为香水中的常用基调。在日化产品领域，薰衣草醇因其温和的花香，被广泛用于护肤品和化妆品中，如洗发水、护发素、香皂、面霜和身体乳液等。

三、典型产品生产方案

1. 愈创木酚合成香兰素生产技术

（1）反应原理　愈创木酚是典型的单离香料，自然界中广泛存在于愈创木树脂、松油和硬木干馏油中。愈创木酚和乙醛酸在碱性条件下缩合生成3-甲氧基-4-羟基扁桃酸，然后缩合产物在碱性条件和催化剂存在下被氧化成3-甲氧基-4-羟基苯乙酮酸，脱去羧基生成香兰素。其反应原理见图9-18。

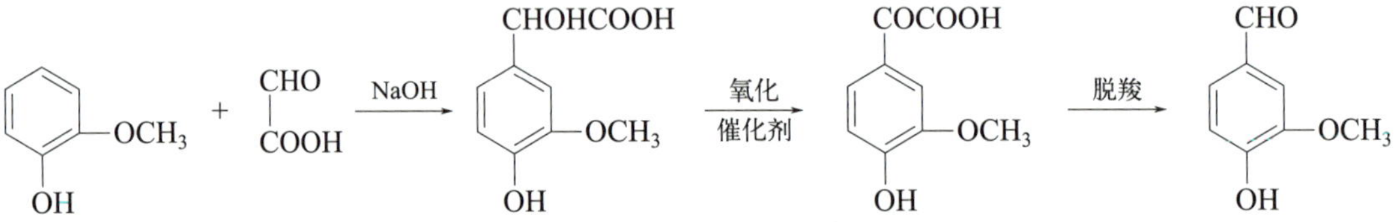

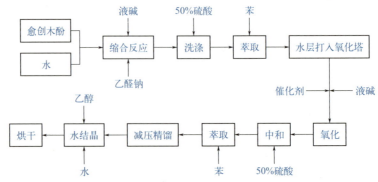

图 9-18　愈创木酚合成香兰素反应原理图

（2）生产原料及规格

愈创木酚：外观为无色至微黄色液体或固体；香气为浓重的烟熏香气，稍带药香香气；相对密度 1.112 ～ 1.143（15℃），熔点 31 ～ 32℃，沸点 204 ～ 206℃，凝固点 ≥ 27.5℃，纯度 ≥ 99.0%。

乙醛酸：外观为无色至淡黄色结晶；水分 ≤ 0.2%，相对密度 1.090（15℃），熔点 28 ～ 29℃，沸点 216 ～ 217℃，纯度 ≥ 99.0%。

（3）消耗定额（吨/吨）　愈创木酚：1.13；乙醛酸：1.92；液碱：4.93；硫酸：2.37；苯：0.3；乙醇：0.2；催化剂：0.15。

（4）生产工艺　以愈创木酚和乙醛酸合成香兰素的生产工艺如图9-19所示。

图 9-19　愈创木酚和乙醛酸合成香兰素的生产工艺

① 缩合工序。将愈创木酚和水计量后投入缩合釜，开搅拌，通温水加热升温至 37℃，分别滴加配制好的液碱和乙醛酸钠盐溶液，然后降温至室温，在搅拌下用 50% 硫酸酸化缩合液至

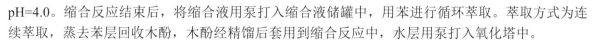

pH=4.0。缩合反应结束后，将缩合液用泵打入缩合液储罐中，用苯进行循环萃取。萃取方式为连续萃取，蒸去苯层回收木酚，木酚经精馏后套用到缩合反应中，水层用泵打入氧化塔中。

② 氧化工序。萃取液水相物料用泵打入氧化塔中后，加入计量好的液碱、催化剂和水，混合均匀后放入氧化反应器中，开氧化反应器循环泵，通蒸汽加热升温。当温度升至95℃时，通入压缩空气，在此条件下保持一定时间后，之后停止通入空气，继续升温。当温度升至103℃时，开始脱羧，氧化反应结束。降温至40℃左右，将氧化液用泵打入中和釜中，用50%硫酸进行酸化，将中和液用泵打入中和液储罐。

③ 萃取工序。香兰素在纯苯中溶解度较大，将中和后的氧化液在萃取塔内用苯进行循环萃取，萃取方式为连续萃取，萃取塔进中和液和苯，苯层在蒸苯锅内将苯蒸净得到香兰素粗品。

④ 精馏工序。萃取后得到的香兰素粗品含有部分杂质，如：邻位香兰素、苯等有机杂质，利用香兰素和其他杂质沸点不同的特点，采用减压精馏方法将杂质分离，精馏产品进入水结晶工序。

⑤ 结晶烘干工序。结晶釜内投入去离子水，搅拌升温，投入精馏工序送来的主馏料，加入乙醇使主馏料全部溶解。当温度升至55℃时，开冷水降温，待有结晶析出时，加入析出水，继续降温脱水。母液脱净后，用去离子水洗料，之后投入流化床干燥器中烘干，获得香兰素产品，经检测合格后包装。

⑥ 废水的处理。乙醛酸法合成香兰素生产装置产生的废水主要在香兰素萃取工序。废水中含有无机盐和少量的有机物，有机物为草酸、未被氧化的中间体3-甲氧基-4-羟基扁桃酸以及未反应的乙醛酸等无机物，主要为硫酸盐类，用氧化钙处理后可将无机盐除去，可直接排放至污水厂进行生化处理。

〔5〕产品质量标准

指标名称		指标	质量标准
色状		白色至微黄色针状结晶或结晶性粉末	GB 1886.16—2015
香气		类似香荚兰豆香气	GB/T 14454.2—2008
在乙醇中的溶解度（25℃）		1g 试样全溶于 3mL 70%（体积分数）乙醇或 2mL 95% 乙醇中应是透明液	GB/T 14454.3—2008
干燥后失重（质量分数）/%	≤	0.5	DB 13T 1236—2010
砷含量（AS 计，质量分数）/%	≤	0.0003	GB/T 7686—2016
重金属含量（以 Pb 计，质量分数）/%	≤	0.0010	GB/T 9735—2008
香兰素含量（质量分数）/%	≥	99.5	GB 1886.16—2015

〔6〕创新引导

① 合成香兰素的原料，有松柏苷、丁香酚、黄樟素等，请自行查阅资料，分析与本方案中的原料愈创木酚相比，用其他原料生产香兰素的优缺点是什么？

② 在以愈创木酚和乙醛酸为原料合成香兰素的反应中，伴有副反应，产物为邻位香兰素和二醛。请自行查阅资料，从催化剂和反应条件入手，在不影响主反应的前提下，采取哪些方法可以抑制副反应的发生？

2. 乙炔 - 丙酮法合成芳樟醇生产技术

〔1〕反应原理　乙炔和丙酮是常用的石油化工产品。丙酮和乙炔在碱性催化剂催化下反应生成3-甲基-1-丁炔-3-醇，甲基丁炔醇在加压下的氧化铝载钯-铅催化剂上被部分催化氢化成3-甲基-1-丁烯-3-醇，再与乙酰乙酸甲酯、乙酰乙酸乙酯、双烯酮或甲基异丙基醚反应，即制得甲基庚烯酮，甲基庚烯酮与乙炔反应生成脱氢芳樟醇，脱氢芳樟醇选择性氢化可得到芳樟醇。其反应原理如图9-20所示。

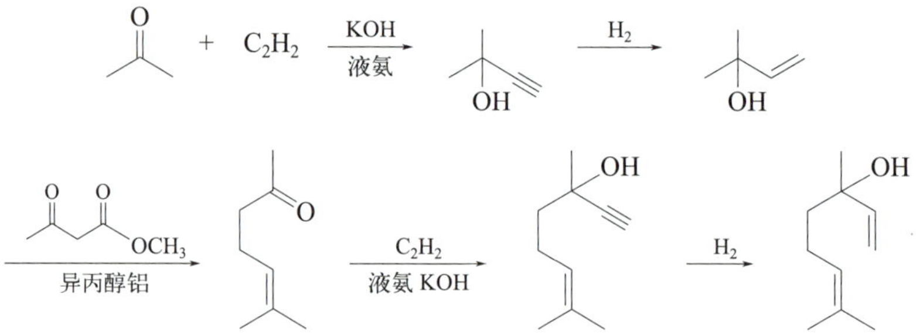

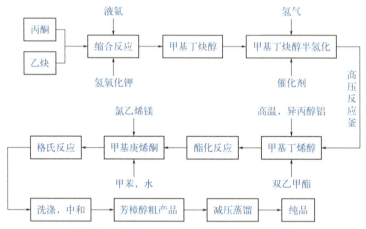

图 9-20　乙炔 - 丙酮法合成芳樟醇

(2) 生产原料及规格

丙酮：色度 /Hazen（铂 - 钴色号）≤ 5；密度（20℃）为 0.789 ～ 0.791g/cm³；酸度（以乙酸计）≤ 0.002；水 ≤ 0.3；甲醇 ≤ 0.05；纯度 ≥ 99.5。

乙炔：乙炔体积分数 ≥ 98.0%；硫化氢含量范围为硝酸银试纸不变色。

(3) 生产工艺　以乙炔和丙酮合成芳樟醇的生产工艺如图9-21所示。

图 9-21　乙炔和丙酮合成芳樟醇的生产工艺

① 甲基丁炔醇的合成工序。先将单批所需催化剂加入反应釜，反应釜氮气试压后，先将氮气排净，然后抽真空。将乙炔、氨通过流量计计量，按照 1∶3 的比例通入混合气罐，开启混合气压缩机，待压缩机油压正常后打开压缩机进气阀，混合气经压缩机加压，出口冷凝器冷却后成液状进入高位槽。高位槽内液体达到标定液位后关闭压缩机。开启高位槽底部与高压釜之间的连接阀门、高位槽与高压釜之间的平衡管阀门，将混合液转移至反应釜，转毕关闭相关阀门。利用高压柱塞泵将计量好的丙酮以一定速度打入反应釜。进料结束后继续反应一段时间，进料过程及后续反应过程尽量保持温度不产生大的波动。反应结束，利用高压柱塞泵将计量好的氯化铵水溶液打入反应釜，搅拌 10 分钟。打开系统排气阀，缓慢释放釜内压力，让未反应的乙炔及氨进入闪蒸罐气化，随后可转移至混合气罐循环套用。反应釜与闪蒸罐压力平衡后，釜内剩余压力通过实验室自制缓冲装置、水吸收装置排放至常压。物料取出进行气相分析。

② 甲基丁炔醇半氢工序。先将甲基丁炔醇及催化剂投入高压反应釜，关闭相关投料阀门，往反应釜内充氮气，确认反应釜不漏气后，将反应釜内压力释放；然后再充氮气以置换掉釜内可能存在的空气。关闭氮气阀门，往反应釜内充入氢气，再排掉氢气，重复 3 次，以置换掉釜内的氮气。置换毕设置氢气减压阀压力，设置反应釜内温度开始反应，反应过程注意反应釜温度变化，发现反应釜温度有下降趋势时立即关闭氢气阀门，取样分析。

③ 甲基庚烯酮的制备工序。称取定量双乙甲酯及异丙醇铝投入反应釜，开动搅拌，设置油浴温度开始升温；按比例称取定量氢化反应制备的甲基丁烯醇备用；待反应釜内温度达到设定温度后，开始缓慢滴加甲基丁烯醇；开始反应后有甲醇、二氧化碳产生，因甲基丁烯醇沸点相对较低，可能随甲醇一起汽化损失，需要控制添加速度以控制反应釜另一出口处温度，以尽量使甲基

丁烯醇回流至反应釜内参加反应。滴加结束后再保温反应一定时间，取样分析。反应结束后，物料先用稀硫酸洗涤至略酸性，然后再用氢氧化钠溶液洗涤至中性，减压蒸馏得到甲基庚烯酮精品。

④ 格氏试剂制备工序。将 THF（四氢呋喃）、镁粉投入已有母液（氯乙烯镁）的反应釜后用蒸汽将混合物升温，一次性加入 VCM（氯乙烯）配比投料量的 9%～10%，关小氯乙烯滴加阀门，继续升温后关蒸汽，待釜温升至指定温度后排尽蒸汽，判断引发成功后迅速通入冷却水，控制反应温度。滴加剩余的 VCM，滴加完毕继续反应一定时间，使反应完全。开启冷却水降温，使未反应完全的镁粉得以沉淀，以减少原料的损失。

⑤ 甲基庚烯酮与格氏试剂反应合成芳樟醇工序。称取定量格氏试剂投入反应釜，开动搅拌，用低温冷却循环装置冷却；按比例取定量第③步反应制备的甲基庚烯酮/甲苯混合溶液，放入恒压滴液漏斗备用；升温，开始缓慢滴加甲基庚烯酮；滴加结束后再保温反应一定时间，取样分析。反应结束后，先往反应釜中加定量甲苯，然后减压回收其中的四氢呋喃。四氢呋喃保持搅拌，冷却后往反应釜中加水，此时会出现沉淀物，为水解产生的碱式氯化镁，注意观察，沉淀不再增多时立即停止滴加水。固液分离，上清液用硫酸洗涤至略酸性，然后再用碳酸氢钠溶液洗涤至中性，减压条件下先取出其中的四氢呋喃、甲苯，再升温蒸馏去除其中的低沸点杂质，最后蒸出的物料即为芳樟醇，残留在蒸馏容器内的为高沸点杂质。

（4）产品质量标准

指标名称	指标	质量标准
色状	无色	GB 1886.148—2015
状态	液体	GB 1886.148—2015
香气	具有令人愉悦的花香香气	GB/T 14454.2—2008
溶解度（25℃）	1g 试样全溶于 4mL 60%（体积分数）乙醇或 2mL 70% 乙醇中	GB/T 14454.3—2008
相对密度（25℃/25℃）	0.858～0.867	GB/T 11540—2008
芳樟醇含量（质量分数）/% ≥	95.0	GB 1886.148—2015
折光指数（20℃）	1.461～1.465	GB/T 14454.4—2008

（5）芳樟醇的应用　芳樟醇等萜烯类化合物对白色链球菌、葡萄球菌、大肠杆菌和变形杆菌等有良好的抗菌活性。相关报告显示，芳樟醇的抗菌效果是苯酚的五倍，与香茅醇的抗菌功效很相似。此外，国外民间很早就有将含有芳樟醇的挥发油和植物作为催眠和镇静剂使用的报道。萜烯醇有机化合物可使牙粉中的葡聚糖酶的稳定性得到提高，进而更加有效地防止齿斑。

在日化产品领域，芳樟醇是常用的除臭剂。例如，对于令人作呕的大蒜制剂、硫化烃以及多硫化物的不良气味，芳樟醇有很强的掩盖能力。此外，芳樟醇也是人、畜粪便和各种动物的排泄物除臭剂的主要组成部分。

（6）创新引导

① 芳樟醇的物理提取方法有超临界流体提取法和超声波提取法等多种方法，请查阅文献资料，比较不同物理提取方法的优缺点。

② 在该生产方案中，甲基丁炔醇半氢化反应是合成步骤中的重要一环，该反应需要用到林德拉催化剂。请查阅资料，常用的氢化催化剂还有哪些？本方案为什么用的是林德拉催化剂？

项目五

香精香料的鉴别与分析

香精香料与人们的生活息息相关，从日化品到风味食品，都离不开香精香料。因此，香精香料与人们的健康关系密切，其产品质量必须经过严格检测。香精香料的鉴别与分析主要包括物理检验和化学分析两方面。

一、香精香料的样品制备技术

由于香精香料的组成非常复杂，样品预处理对样品的分析起着至关重要的作用。目前常用的主要有分子蒸馏和萃取法。

1. 分子蒸馏

分子蒸馏是一种在精油样品制备中广泛应用的分离技术。该方法利用不同成分之间的沸点差异分离和提纯精油中的各种成分。在分子蒸馏过程中，混合物首先被加热，然后通过蒸馏设备（如分子蒸馏塔），不同成分逐一蒸发、冷却。分子蒸馏能够精确控制温度和压力，因此可以有选择性地提取和分离精油中所需的化合物。该方法特别适用于分离沸点高、黏度大、热敏性的天然精油。

2. 萃取法

(1) 溶剂萃取法　该方法使用特定的有机溶剂，将香气化合物从原始基质中分离出来。等到提取物被溶解在溶剂中，就可以通过分离或蒸发溶剂的步骤来获得纯净的提取物。该方法的优点是操作简单，且可以通过选择不同的萃取溶剂有选择性地提取香气成分，但是提取效率不高和香气成分的损失是溶剂萃取法的缺点。

(2) 液液萃取法　液液萃取法是一种分离混合物中不同组分的化学技术。在液液萃取中，不同物质在两个不相溶的液体相（通常是水和有机溶剂）之间存在分配差异，混合物首先与合适的有机溶剂混合，使目标成分从一个相转移到另一个相中。然后，通过分离两个相，可以获得目标成分的富集物。液液萃取可以通过选择合适的有机溶剂和操作条件，实现对特定目标化合物的高度选择性富集，从而有效地分离混合物中的目标成分。

(3) 超临界萃取法　超临界萃取法是一种用于提取含香物质中的有效成分的高效技术。该方法首先将溶剂（通常是超临界二氧化碳）推向其临界状态，在这种状态下，超临界二氧化碳可以渗透到原料中，提取其中的目标化合物。超临界萃取法的主要优点是对温度和压力的高度可控性，以及溶剂的可回收利用。该方法提取的香味物质纯度高、损失少，因其高效性和绿色环保而备受欢迎。

(4) 固相萃取技术　固相萃取技术，简称SPE，是一种常用的样品制备方法，用于化学分析中的目标化合物的富集和分离。这一技术是利用特定的固相材料（通常是吸附剂或树脂），将溶液中的目标分子吸附到材料表面上，然后通过洗脱步骤将其分离出来。SPE可应用于多个领域，包括化学分析、环境监测、食品药品以及生物化学。它能够极大地提高分析的准确性和灵敏度，同时减少杂质的影响，而且费用低。

二、香精香料的物理检验

目前，香气、香味和色泽的检验评定，主要还是靠人的嗅觉或味觉进行。其具体方法如下。

1. 香气与香味评定

香气的鉴定，主要是采用与同种标准质量香气相比较的方法。将等量的待测试样和标准样品，分别放在相同的容器中，用辨香纸分别蘸取待测试样和标准样品，用夹子夹在测试架上，然后每隔一定时间，作嗅感进行评比，鉴别其头香、基香、尾香细微的变化，对香气质量进行全面评价。

不易直接辨别其香气质量的产品，例如香气特强的液体或固体样品，可先用溶剂稀释至相同浓度，然后蘸在辨香纸上评定。常用的溶剂有水、乙醇、苄醇、苯甲酸苄酯、邻苯二甲酸二乙酯等。

香气评定可以参考 GB/T 14454.2—2008 进行。

食用型香精香料，除了进行香气辨别外，还要进行香味评定。

2. 折光指数检定

折光指数检定是香精香料物理检验中的一项重要内容。它是指在恒定温度下，通过测量光线从空气射入液体香精香料时的入射角正弦与折射角正弦之比，来确定香精香料的折光指数。这一指标反映了光线在物质中传播速度的变化，是衡量香精香料纯度和质量的关键参数。折光指数的检定通常使用符合国家标准的折光仪进行，测量前需对仪器进行校准，并确保样品纯净、无杂质。通过准确的折光指数检定，可以判断香精香料中是否掺杂了其他物质，从而有效评估其纯度和质量，为香精香料的品质控制和科学研究提供有力支持。折光指数检定可以参照 GB/T 14454.4—2008 进行。

三、香精香料的化学分析

1. 气相色谱 – 质谱联用

这种技术可以确定化合物的结构和组成以及它们的相对浓度，常用于分析复杂混合物中的挥发性化合物。其工作见图 9-22。

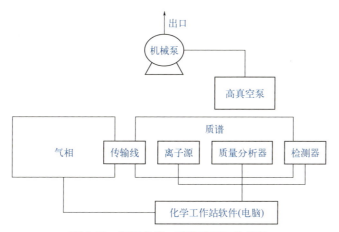

图 9-22　气相色谱 - 质谱联用工作原理

动画

气相色谱工作流程

2. 液相色谱 – 质谱联用

液相色谱 - 质谱联用是一种适用于非挥发性和极性成分的分析方法。它在香精与香料的分析中通常用于检测那些无法通过气相色谱 - 质谱分析的成分，例如一些天然香料中的多酚类化合物。

3. 核磁共振技术

在香精与香料的鉴别分析中，核磁共振技术已经被广泛应用。通过观察样品中不同核自旋的共振信号，核磁共振可以确定香精香料中目标含香化合物的分子结构和组成。

4. 红外光谱

在香精香料的含香物质的分析中，红外光谱能够准确快速地提供目标物质所含的官能团等结构信息。

5. 酸碱滴定

这是一种常见的化学分析方法，用于测定香精和香料中的酸度或碱度。它有助于确定某些香精和香料的稳定性和适用性。

6. 电子鼻技术

电子鼻技术是一种受启发于人类嗅觉系统而研发的新兴技术，它利用一系列化学传感器来模拟嗅觉对气味的识别。这些传感器能够识别气味分子并产生特定的电信号，特别适用于香精与香料的鉴别。电子鼻技术可以快速、准确地区分不同的香精香料成分，甚至能够检测微小的气味变化。其工作原理见图9-23。

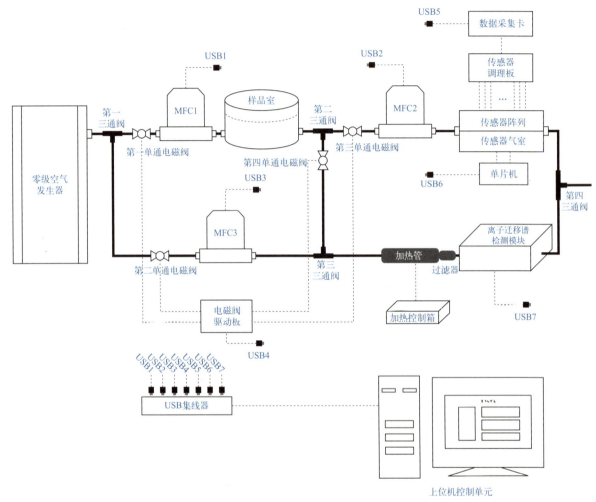

图 9-23   电子鼻技术工作原理图

7. 生物传感器

生物传感器是一种基于生物分子相互作用的新兴技术，可以利用生物分子如酶、抗体和细胞来检测香精和香料中的化合物。这些生物传感器通常具有高度的特异性和敏感性，可以用于鉴别和定量分析含香物质。

坚持科技创新，自主研发，做中国自己的食用香料

——中国香料之父孙宝国

孙宝国，男，1961年2月28日出生于山东招远，汉族，北京工商大学（原北京轻工业学院）工学学士、工学硕士，清华大学工学博士，北京工商大学教授，博士生导师，我国著名香料专家，中国工程院院士。孙院士将所有精力都集中在学科的发展与科学的研究上，他专注食品香料、香精的研究，关注食品产业其他领域的发展。他说："营养健康是食品之本，色香味是食品之魂，中国传统食品现代化要固本培元并重。"他坚持自主研发、科研创新，带领科研团队成功合成了重要食品香料甲基 2-甲基-3-呋喃基二硫醚，打破国外产品的垄断地位，让世界含硫香料市场重新洗牌。

20 世纪中后期，美国国际香料公司是世界香料生产巨头，掌控着全球重要含硫香料的生产、销售命脉。同时，该公司限制这些香料向中国出口，仅出口相关的香精，其中原因之一就是香精的附加值更高且保密性强。我国急需的此类香料只能通过香港转口进来，加之层层海关关税，各种原因让个别肉味香料价格比黄金还要昂贵！

从研究生阶段开始研究食用香料、香精，孙宝国本人的科研工作不断深入的过程也是我国肉味香料、肉味香精工业从无到有、从小到大的发展过程。孙宝国和其他科研人员以食品香料甲基糠基二硫醚为突破口，以 Bunte 盐为中间产物，高选择性、高转化率地攻克了不对称二硫醚类食品香料制造关键技术，以远远低于国外同类香料的成本合成了重要食品香料甲基 2- 甲基 -3- 呋喃基二硫醚。从此，彻底打破了美国对这种香料的垄断！

孙宝国常说"落后就要挨打"，在他的研发过程中最切实的体会是"落后就要挨宰"，在别人垄断技术、垄断产品、垄断市场的情况下，"落后"就只能接受垄断价格，多花冤枉钱。孙宝国带领科研团队打破国外产品垄断后，将同类产品的价格从每公斤 14 万元降到了现在的几千元。随后，孙宝国带领技术团队不断研发产品体系，完善生产工艺，扩大产能，让我国不仅成为含硫香料生产强国，而且堪称第一大国。

习近平总书记说过，"科技立则民族立，科技强则国家强"。实践证明，我国自主创新事业是大有可为的，我国广大科技工作者是大有作为的。我们完全有基础、有底气、有信心、有能力抓住新一轮科技革命和产业变革的机遇，乘势而上，大展宏图。

双创实践项目　食品的调香实训

【市场调研】

要求：1. 自制市场调研表，多形式完成食用香精市场调研。

2. 内容包括但不限于：了解食用香精的市场需求和用户类型、调研食用香精的市场"痛点"。

3. 完成调研报告。

【基础实训项目卡】

实训班级	实训场地	学时数	指导教师		
		6			
实训项目	食品的调香				
所需仪器	滤纸条（0.5～1cm 宽，10～18cm 长，12 条 / 组）、纸片（8 cm 长，10cm 宽，3 张 / 组）、一次性杯（5 个 / 组）、5mL 移液管（5 支 / 组）、100mL 量筒（1 只 / 组）、洗耳球				
所需试剂	草莓香精、香蕉香精、橘子香精、桂花香精、红烧肉香精（已知香精 8 人 / 份，未知香精 8 人 / 份，编号为 $1^{\#}～5^{\#}$）；肉香粉、乙基麦芽酚、五香粉（8 人 / 份）；柠檬水、蔗糖、95% 乙醇				
实训内容					
序号	工序	操作步骤	要点提示	工艺参数或数据记录	
1	记忆香精、香料的香型、香韵	（草莓香精、香蕉香精、橘子香精、桂花香精、红烧肉香精） ① 要在辨香纸上写明被辨评对象的顺序（先评判未知还是闻过已知香精再评判）名称、日期和时间。 ② 采用纸条，将其一头浸入拟辨香料或香精中，蘸上 1～2cm，对比时长度要蘸得相等。 ③ 嗅辨时，样品不要触及鼻子，要有一定的距离（刚可嗅到）。 ④ 随时记录嗅辨香气的结果，包括香韵、香型、强度，并根据自己的体会，用贴切的词汇描述香气	嗅香的环境应该没有异味，不干扰嗅香过程		

续表

2	未知香精辨别	在未标明名称的 $1^{\#}\sim5^{\#}$ 香精样品中，进行观察、嗅辨后，写出香精名称和香型	具体步骤同上	
3	记忆添加剂的香型、香味特点	（肉香粉、乙基麦芽酚、五香粉）采用纸片，将固态样品少量置于纸片中心，再进行嗅辨	所用纸片应保证干净无异味	
4	分析检测	产品检测指标:色泽、状态、香气、酯含量、相对密度、折光指数、水分	相关检测标准查阅国标	
5	配制柠檬汁	模拟天然果汁饮料的调香、加香实验，试配制柠檬汁饮料，记录用量和呈香效果。	要求添加若干香精混合，体会一下混合后香精的呈香效果	

【创新思路】

要求：基于市场调研和基础实训，完成包括但不限于以下方面的创新思路1项以上。

1. 生产原料方面创新：＿＿＿＿＿＿＿＿＿＿＿＿＿＿＿＿＿＿。

2. 生产工艺方面创新：＿＿＿＿＿＿＿＿＿＿＿＿＿＿＿＿＿＿。

3. 产品包装方面创新：＿＿＿＿＿＿＿＿＿＿＿＿＿＿＿＿＿＿。

4. 销售形式方面创新：＿＿＿＿＿＿＿＿＿＿＿＿＿＿＿＿＿＿。

5. 其他创新：＿＿＿＿＿＿＿＿＿＿＿＿＿＿＿＿＿＿。

【创新实践】

环节一：根据创新思路，制定详细可行的创新方案，如：写出基于新原料、新工艺、新包装或新销售形式等的实训方案。

环节二：根据实训方案进行创新实践，考察新产品的性能或市场反馈。（该环节可根据实际情况选做）

【过程考核】

项目名称	市场调研 5%	基础实训 80%	创新思路 10%	创新实践 5%	合计
得分					

拓展习题

拓展习题答案

习题

一、选择题

1. 香精在食品中的主要作用是（　　）。

A. 增加营养价值　　B. 改善食品口感　　C. 增强或赋予食品特定香气　　D. 延长保质期

2. 下列（　　）不属于天然香料的来源。

A. 植物提取物　　B. 动物分泌物　　C. 微生物发酵产物　　D. 化学合成

3. 合成香料与天然香料相比，其优势通常不包括（　　）。

A. 成本更低　　B. 香气更稳定　　C. 更容易调控香气特征　　D. 安全性更高

4. 在调香过程中，头香主要负责（　　）。

A. 提供持久的背景香气　　B. 给予初次的强烈印象　　C. 维持香气的平衡　　D. 增添复杂层次感

5. 下列（　　）不是评估食用香料安全性的主要考虑因素。

A. 每日允许摄入量（ADI）　　B. 急性毒性　　C. 慢性毒性及致癌性　　D. 香气的浓郁程度

6. 食用香料在食品中的添加量通常（　　）。

A. 非常高，以掩盖不良风味　　B. 适中，以增强或平衡食品风味

C. 极少，仅作为装饰用途　　D. 不受限制，可根据需要自由添加

7. 下列（　　）不属于日用化学品中常用的香料类型。

A. 精油　　　　　　　　　B. 精油衍生物　　　　　　C. 合成麝香　　　　　　D. 食用香精

8. 感官评价在香精香料开发中的首要目的是（　　）。

A. 确定最佳配方比例　　　　　　　　　　　　B. 评估产品的市场潜力

C. 了解消费者对香气的偏好　　　　　　　　　D. 确保产品符合既定的香气标准

9. 在调香实践中，为了创造复杂而持久的香气，调香师通常会（　　）。

A. 单独使用一种香料　　　　　　　　　　　　B. 依赖头香和基香，忽略体香

C. 精心挑选并混合多种香料　　　　　　　　　D. 尽可能提高香料的浓度

10. 高档香料麝香常用作定香剂，它属于（　　）。

A. 人工合成香料　　　　　　B. 植物性天然香料　　　　C. 动物性天然香料　　　D. 生物工程香料

二、名词解释

1. 单离香料：

2. 香精：

3. 食用香精：

4. 挥发性化合物：

5. 日用化学品香精：

参考文献

[1] 钱旭红. 精细化工概论 [M]. 2 版. 北京：化学工业出版社, 2000.

[2] 仓理. 精细化工工艺 - 有机篇 [M]. 北京：化学工业出版社, 1998.

[3] 吴绍祖, 张玉兰. 实用精细化工 [M]. 兰州：兰州大学出版社, 1993.

[4] 赵世民. 表面活性剂：原理、合成、测定及应用 [M]. 北京：中国石化出版社, 2005.

[5] 汤鸿霄. 无机高分子絮凝理论与絮凝剂 [M]. 北京：中国建筑工业出版社, 2006.

[6] 李明阳. 化妆品化学 [M]. 北京：科学出版社, 2002.

[7] 刘程, 李江华. 表面活性剂应用手册 [M]. 2 版. 北京：化学工业出版社, 2004.

[8] 董银卯. 化妆品 [M]. 北京：中国石化出版社, 2000.

[9] 方海林, 刘方, 董锐, 等. 高分子材料加工助剂 [M]. 北京：化学工业出版社, 2007.

[10] 董银卯. 化妆品配方设计与生产工艺 [M]. 北京：中国纺织出版社, 2007.

[11] 丁忠传. 化工生产流程图解 [M]. 3 版. 北京：化学工业出版社, 1997.

[12] 顾继友. 胶接理论与胶接基础 [M]. 北京：科学出版社, 2003.

[13] 王慎敏. 胶黏剂合成、配方设计与配方实例 [M]. 北京：化学工业出版社, 2003.

[14] 冯光烒. 胶黏剂配方设计与生产技术 [M]. 北京：中国纺织出版社, 2009.

[15] 李和平. 胶黏剂生产原理与技术 [M]. 北京：化学工业出版社, 2009.

[16] 向明, 蔡燎原, 张季冰. 胶粘剂基础与配方设计 [M]. 北京：化学工业出版社, 2002.

[17] 朱洪法. 精细化工：产品、技术与配方 [M]. 北京：中国石化出版社, 1998.

[18] 姚蒙正. 精细化工产品合成原理 [M]. 2 版. 北京：中国石化出版社, 2000.

[19] 曾繁涤. 精细化工产品及工艺学 [M]. 北京：化学工业出版社, 1997.

[20] 陈昭琼. 精细化工产品配方、合成及应用 [M]. 北京：国防工业出版社, 1999.

[21] 朱洪法. 精细化工产品配方与制造 [M]. 北京：金盾出版社, 1995.

[22] 周学良. 精细化工产品手册 [M]. 北京：化学工业出版社, 2002.

[23] 沈一丁. 精细化工导论 [M]. 北京：中国轻工业出版社, 2006.

[24] 张洁. 精细化工工艺教程 [M]. 北京：石油工业出版社, 2004.

[25] 李和平. 精细化工工艺学 [M]. 2 版. 北京：科学出版社, 2007.

[26] 方雪昀. "双碳"背景下煤化工企业绿色转型思考 [J]. 中国集体经济, 2024 (04): 21-24.

[27] 李祥新, 朱建民. 精细化工工艺与设备 [M]. 北京：高等教育出版社, 2008.

[28] 宋启煌. 精细化工工艺学 [M]. 2 版. 北京：化学工业出版社, 2004.

[29] 钱伯章, 王祖钢. 精细化工技术进展与市场分析 [M]. 北京：化学工业出版社, 2005.

[30] 黄玉媛, 杜上鉴. 精细化工配方研究与产品配制技术 [M]. 广州：广东科技出版社, 2002.

[31] 梁亮. 精细化工配方原理与剖析 [M]. 北京：化学工业出版社, 2007.

[32] 刘德峥. 精细化工生产工艺学 [M]. 北京：化学工业出版社, 2000.

[33] 王大全. 精细化工生产流程图解 [M]. 北京：化学工业出版社, 1999.

[34] 徐崇泉. 精细化工实验 [M]. 哈尔滨：哈尔滨工业大学出版社, 2004.

[35] 强亮生, 王慎敏. 精细化工综合实验 [M]. 4 版. 哈尔滨：哈尔滨工业大学出版社, 2006.

文档

其他参考文献